FANGZHI DIANLI SHENGCHAN SHIGU DE ERSHIWUXIANG ZHONGDIAN
YAOQIU CHAPING SHISHI ZHINAN

防止电力生产事故的
二十五项重点要求查评实施指南

广东省能源集团有限公司
西安热工研究院有限公司　　编著

中国电力出版社
CHINA ELECTRIC POWER PRESS

内 容 提 要

本书对《防止电力生产事故的二十五项重点要求》（国能安全〔2014〕161 号）涉及发电企业的条文进行了清单化和表格化的解析，分别制定了每个条款的评价要求、评价方法和评价标准，便于现场对照检查和落实，便于上级部门监督管理。

本书在《防止电力生产事故的二十五项重点要求》所列事故类型的基础上，结合近年发电企业安全生产实际情况和上级监管工作要求，增加了：防止风力发电机组及周边山林着火事故，防止生物质发电厂燃料堆场（仓库）着火事故，防止热力系统污染事故，防止高温紧固件失效，防止汽轮机滑销系统故障，防止汽轮机主汽阀、调阀卡涩，防止燃气轮机热部件烧蚀，防止信息与网络安全事故等类型，涵盖事故类别 95 类，涉及各类型发电企业的相关专业。

本书是各类发电企业落实《防止电力生产事故的二十五项重点要求》的辅助工具，同时也是生产技术管理和培训的辅助教材。本书适合全国发电企业从事相关专业的工作人员阅读学习使用。

图书在版编目（CIP）数据

防止电力生产事故的二十五项重点要求查评实施指南/广东省能源集团有限公司，西安热工研究院有限公司编著. —北京：中国电力出版社，2021.4（2021.6 重印）
ISBN 978-7-5198-5371-6

Ⅰ. ①防… Ⅱ. ①广… ②西… Ⅲ. ①电力工业－安全事故－事故预防－指南 Ⅳ. ①TM08-62

中国版本图书馆 CIP 数据核字（2021）第 033888 号

出版发行：中国电力出版社	印　　刷：三河市万龙印装有限公司
地　　址：北京市东城区北京站西街 19 号	版　　次：2021 年 4 月第一版
邮政编码：100005	印　　次：2021 年 6 月北京第二次印刷
网　　址：http://www.cepp.sgcc.com.cn	开　　本：787 毫米×1092 毫米　横 16 开本
责任编辑：孙　芳	印　　张：33
责任校对：黄　蓓　朱丽芳　常燕昆	字　　数：792 千字
装帧设计：赵姗姗	印　　数：3001—3500 册
责任印制：吴　迪	定　　价：132.00 元

《防止电力生产事故的二十五项重点要求查评实施指南》

编 委 会

主 任 委 员：李灼贤

副主任委员：黄镇海　李明亮　周玉明　文联合　饶苏波　苏立新　朱利军　郭俊文

委　　　员：王　进　陈绍群　杨海胜　杨　柏　陈　旺　唐永光　胡文斌　熊　凯　马剑民　都劲松
　　　　　　赵志丹　柯于进　陈　仓　曹浩军　张宇博

主　　　编：朱利军

副　主　编：郭俊文　陈庆辉

编写人员（按专业列出）：

电气一次专业：刘　瞻　叶国华　吕尚霖　许丽筑　王文志

电气二次专业：李泽财　叶国华　都劲松　陈晓东　曹浩军　王春平　傅宁涛

锅炉专业：张良平　骆文波　张宇博　杨　辉　黄　慧　党黎军　聂剑平　陈　越　毕武林　颜祝明

汽轮机专业：崔来建　杨　涛　刘丽春　郑　国　侯龙通

燃气轮机专业：张宇博　王庆韧　赵风臣　杨　涛

热工（含监控自动化）专业：刘孝国　镇竞新　文怀周　魏　韬　徐楠楠　牛瑞杰　冯　铭　李壮扬　刘　锋

金属专业：马翼超　刘承鑫　范志东　张志博　牛　坤　黄　赞

环保专业：杨　君　袁永权　高沛荣　刘国军　马骁骅　余子炎

化学专业：陈　浩　杨　君　柯于进　陈文中

水轮机专业：裴海林　夏绍云　兰　昊　马　优　周玉辉

水工专业：汪俊波　王义国　程　帅　刘梓元

风力机专业：李晓博　陈　仓

主要审查人员：朱利军　熊　凯　陈庆辉　张宇博　张良平

前　　言

　　2014年，国家能源局发布的《防止电力生产事故的二十五项重点要求》（简称二十五项反措），是电力行业严格落实"安全第一、预防为主、综合治理"的安全生产方针、有效防范电力生产事故的重要法宝。近年，国内接连发生的多起电力安全生产事故，暴露出有关单位在贯彻落实二十五项反措中仍存在缺失、安全管理仍存在漏洞等问题。

　　为了深刻吸取教训，2019年初，广东省能源集团有限公司组织开展了针对发电企业的二十五项反措专项查评活动。专项活动的重要内容之一就是编写了《防止电力生产事故的二十五项重点要求查评实施指南》（以下简称指南），目的是将二十五项反措要求清单化、表格化，便于现场对照检查整改，便于上级管理部门监督评价。本指南由广东省能源集团有关技术人员和西安热工研究院有限公司有关专家共同编著完成，全面体现了行业的最新技术监督要求，充分吸纳了广东省能源集团和国内同行近10年各类事故案例所形成的反措，内容全面、切合实际、可操作性强、实用价值高。本指南涉及事故类别95类，共计1318项条文。评分标准按每类事故100分设定，根据对应的评价要求、评价方法和评分标准进行考评，并针对性提出存在的问题和改进意见。本指南编著历时近2年，经过多次修订，并通过了广东省能源集团系统各单位的自查评价和部分代表单位的抽查检验，实际应用效果较好。

　　希望本书的出版对二十五项反措的落实、发电企业生产管理水平的提高、专业技术人员技能的提升等起到积极的促进作用。由于各发电企业生产特点和作业环境有差别，本指南内容仅供参考。限于编者实践经验和理论水平，谬误之处在所难免，敬请各位读者和专家们不吝赐教，多提宝贵意见，使之不断完善，更加切合实际，更好地服务于发电企业安全生产。

编　者

2020年11月

目　录

二十五项反措检查评价表

编号	二十五项重点要求内容	标准分	评价要求	评价方法	评分标准	扣分	存在问题	改进建议
	2　防止火灾事故							
1	**2.2　防止电缆着火事故**	100	【涉及专业】电气一次、电气二次、热工，共17条 电缆防火工作必须抓好设计、制造、安装、运行、维护、检修各个环节的全过程管理。 电缆防火设计时，应严格把控施工工艺、合理选择防火材料、落实各项防火措施					
1.1	2.2.1　新、扩建工程中的电缆选择与敷设应按有关规定进行设计。严格按照设计要求完成各项电缆防火措施，并与主体工程同时投产	8	【涉及专业】电气一次、电气二次、热工 （1）设计、施工应符合 GB 50217—2018《电力工程电缆设计标准》、DL 5190.4—2019《电力建设施工技术规范　第4部分：热工仪表及控制装置》中"7 电线和电缆的敷设及接线"的规定。 （2）新建、改建和扩建工程项目的电缆防火安全设施设备必须与主体工程同时设计、同时施工、同时投入使用，确保合理配置和及时到位。 （3）抓好设计、制造、安装、运行、维护、检修各个环节的全过程管理	查阅电缆设计、施工、竣工、维护、检修维护图册、资料	（1）设计、施工未依据 GB 50217—2018 扣4分，热控电缆施工未依据 DL 5190.4—2019 扣4分。 （2）设计、施工的防火措施不符合 GB 50217—2018、DL 5190.4—2019 中的条款要求，每项扣2分。 （3）电缆设计、施工、竣工、维护、检修图册、资料不完整，存在不合格项，每项扣2分。 （4）电缆防火安全设施设备未与主体工程同时设计、同时施工或同时投入使用，每项扣8分			
1.2	2.2.2　在密集敷设电缆的主控制室下电缆夹层和电缆沟内，不得布置热力管道、	4	【涉及专业】电气一次、电气二次、热工 （1）GB 50217—2018《电力工程电缆设计标准》第 5.1.9 条规定，在隧道、沟、浅槽、竖	检查电缆束夹层、沟道	电缆夹层、沟道内存在热力管道、油气管或其他可能引起着火的管道、设备，扣4分			

1

编号	二十五项重点要求内容	标准分	评价要求	评价方法	评分标准	扣分	存在问题	改进建议
1.2	油气管以及其他可能引起着火的管道和设备		井、夹层等封闭式电缆通道中，不得布置热力管道，严禁有可燃气体或可燃液体的管道穿越。 （2）若电力电缆过于靠近高温热体又缺乏有效隔热措施，将加速电缆绝缘老化，引发电缆绝缘击穿、短路着火					
1.3	2.2.3 对于新建、扩建的变电站主控室、火电厂主厂房、输煤、燃油、制氢、氨区及其他易燃易爆场所，应选用阻燃电缆	6	【涉及专业】电气一次、电气二次、热工 GB 50217—2018《电力工程电缆设计标准》第7.0.5条规定，火力发电厂主厂房、输煤系统、燃油系统及其他易燃易爆场所，宜选择阻燃电缆	检查重要场所、易燃易爆场所电缆的阻燃性	变电站主控室、火力发电厂主厂房、输煤系统、燃油系统、制氢区、制氨区及其他易燃易爆场所采用非阻燃电缆或等级过低的阻燃电缆，扣6分			
1.4	2.2.4 采用排管、电缆沟、隧道、桥梁及桥架敷设的阻燃电缆，其成束阻燃性能应不低于C级。与电力电缆同通道敷设的低压电缆、控制电缆、非阻燃通信光缆等应穿入阻燃管，或采取其他防火隔离措施	6	【涉及专业】电气一次、电气二次、热工 （1）GB 50217—2018《电力工程电缆设计标准》第7.0.6条规定，电缆多根密集配置时的阻燃电缆，应采用符合GA 306.1—2007《阻燃及耐火电缆 塑料绝缘阻燃及耐火电缆分级及要求 第1部分：阻燃电缆》规定的阻燃电缆，并应根据电缆配置情况、所需防止灾难性事故和经济合理的原则选择适合的阻燃等级和类别，同一通道中不宜将非阻燃电缆与阻燃电缆并列配置。 （2）在大型火电厂主厂房和输煤、燃油及其他易燃易爆场所，可根据重要程度采用A、B、C三类阻燃电缆。 （3）采用排管、电缆沟、隧道、桥梁及桥架敷设的阻燃电缆，其成束阻燃性能应不低于C级。 （4）低压电缆、控制电缆、通信光缆与电力电缆同通道时，应具有防火隔离措施，如采用阻燃管、隔离槽等。 （5）在同一通道中，存在阻燃需求时，不宜把非阻燃电缆与阻燃电缆并列配置	查阅电缆图册、资料，检查同通道敷设的电力、热工电缆	（1）大型火电厂主厂房和输煤、燃油及其他易燃易爆场所电缆阻燃性能低于C级，扣3分；采用排管、电缆沟、隧道、桥梁及桥架敷设的阻燃电缆，其成束阻燃性能低于C级，扣3分。 （2）新建、扩建、改建的发电机组工程，同通道电力、热工电缆未隔离，扣3分。 （3）同一通道中，存在阻燃需求时，非阻燃电缆与阻燃电缆并列配置，扣3分			

编号	二十五项重点要求内容	标准分	评价要求	评价方法	评分标准	扣分	存在问题	改进建议
1.5	2.2.5 严格按正确的设计图册施工,做到布线整齐,同一通道内不同电压等级的电缆,应按照电压等级的高低从下向上排列,分层敷设在电缆支架上。电缆的弯曲半径应符合要求,避免任意交叉并留出足够的人行通道	6	【涉及专业】电气一次、电气二次、热工 (1)电缆布线应整齐有序,符合设计图册和标准要求。 (2)GB 50217—2018《电力工程电缆设计标准》第 5.1.3 条规定,电缆数量较多时,若在同一侧的多层支架上敷设,应按电压等级由高至低的电力电缆、强电至弱电的控制和信号电缆、通信电缆"由上而下"的顺序排列。当水平通道中含有 35kV 以上高压电缆,或为满足引入盘柜的电缆允许弯曲半径要求时,宜按"由下而上"的顺序排列。在同一工程中或电缆通道延伸于不同工程的情况,均应按相同的上下排列顺序配置。 (3)电缆、光缆的弯曲半径应符合 DL 5190.4—2019《电力建设施工技术规范 第 4 部分:热工仪表及控制装置》第 7.4.14 条的要求	查看现场,查阅设计图册	(1)电缆布线不符合设计图册要求,扣 2 分。 (2)支架分层排序不符合要求,扣 2 分。 (3)弯曲半径不符合要求,扣 2 分			
1.6	2.2.6 控制室、开关室、计算机室等通往电缆夹层、隧道、穿越楼板、墙壁、柜、盘等处的所有电缆孔洞和盘面之间的缝隙(含电缆穿墙套管与电缆之间缝隙)必须采用合格的不燃或阻燃材料封堵	4	【涉及专业】电气一次、电气二次、热工 电缆引至盘、台、箱、柜的开孔部位及贯穿隔墙、楼板的孔洞处,均应采用合格的防火材料进行封堵	查看现场	(1)封堵时未采用合格的防火材料,扣 4 分。 (2)室内通往外界的电缆沟道、竖井等未严密封堵,扣 2 分。 (3)开关柜通往柜外的一、二次线槽盒、孔洞未严密封堵,扣 2 分			
1.7	2.2.7 非直埋电缆接头的最外层应包覆阻燃材料,充油电缆接头及敷设密集的中压电缆的接头应用耐火防爆槽盒封闭	4	【涉及专业】电气一次、电气二次 明确了电缆接头的防火措施	查看现场	(1)非直埋电缆接头的最外层未包覆阻燃材料,扣 2 分。 (2)充油电缆接头、敷设密集的中压电缆接头未采用耐火防爆槽盒封闭,扣 2 分			

编号	二十五项重点要求内容	标准分	评价要求	评价方法	评分标准	扣分	存在问题	改进建议
1.8	2.2.8 扩建工程敷设电缆时，应与运行单位密切配合，在电缆通道内敷设电缆需经运行部门许可。对贯穿在役变电站或机组产生的电缆孔洞和损伤的阻火墙，应及时恢复封堵，并由运行部门验收	6	【涉及专业】电气一次、电气二次、热工 （1）扩建或改造工程敷设电缆时应接受运行部门审查、验收。 （2）重新打开的或新增的电缆孔洞应及时封堵，并通过运行部门验收	查阅验收资料，查看现场	（1）未经运行部门（或单位）审查、验收，扣4分。 （2）电缆孔洞未及时封堵或封堵不合格，扣2分			
1.9	2.2.9 电缆竖井和电缆沟应分段做防火隔离，对敷设在隧道和主控室或房内构架上的电缆要采取分段阻燃措施	8	【涉及专业】电气一次、电气二次、热工 （1）电缆竖井、电缆沟应分段防火隔离。 （2）电缆支架应分段采取阻燃措施	查阅电缆图册，查看现场	（1）电缆竖井、电缆沟未分段防火隔离，扣4分。 （2）电缆支架未分段阻燃，扣4分			
1.10	2.2.10 应尽量减少电缆中间接头的数量。如需要，应按工艺要求制作安装电缆头，经质量验收合格后，再用耐火防爆槽盒将其封闭。变电站夹层内在役接头应逐步移出，电力电缆切改或故障抢修时，应将接头布置在站外的电缆通道内	8	【涉及专业】电气一次、电气二次、热工 据统计，因电缆接头故障而导致的电缆火灾、爆炸事故占电缆事故总量的70%左右，因此： （1）应尽量减少电缆接头。 （2）如难以避免，也应通过验收且以耐火防爆槽盒封闭。 （3）布置在变电站夹层的接头应移出，电缆改造或故障抢修时，应将接头布置在变电站外的电缆通道内	查阅电缆图册，查看现场	（1）存在不必要的电缆接头，扣2分。 （2）电缆接头工艺不良，扣2分；未以耐火防爆槽盒封闭，扣2分。 （3）变电站夹层存在电缆接头，扣2分			
1.11	2.2.11 在电缆通道、夹层内动火作业应办理动火工作票，并采取可靠的防火措施。在电缆通道、夹层内使用的临时电源应满足绝缘、防火、防潮要求。工作人员撤离时应立即断开电源	8	【涉及专业】电气一次、电气二次、热工 （1）电缆通道、夹层的动火作业应办理动火工作票，并采取可靠防火措施。 （2）电缆通道、夹层内的临时电源应满足绝缘、防火、防潮要求。 （3）工作人员撤离时应立即断开电源	查阅工作记录，查看现场	（1）未办理动火工作票或防火措施不完备，扣4分。 （2）临时电源存在安全隐患，扣2分。 （3）撤离时未及时断开电源，扣2分			

编号	二十五项重点要求内容	标准分	评价要求	评价方法	评分标准	扣分	存在问题	改进建议
1.12	2.2.12 变电站夹层宜安装温度、烟气监视报警器，重要的电缆隧道应安装温度在线监测装置，并应定期传动、检测，确保动作可靠、信号准确	8	【涉及专业】电气一次、电气二次、热工 通过可靠的在线温度监测装置和温度、烟气报警装置，有效防范变电站夹层、重要电缆隧道着火	查看现场	（1）变电站夹层不具备温度、烟气报警，扣2分。 （2）重要电缆隧道未设置温度在线监测，扣3分。 （3）温度、烟气报警和温度监测存在缺陷，扣3分。 （4）定期传动、检测记录不健全，扣2分			
1.13	2.2.13 建立健全电缆维护、检查及防火、报警等各项规章制度。严格按照运行规程规定对电缆夹层、通道进行定期巡检，并检测电缆和接头运行温度，按规定进行预防性试验	8	【涉及专业】电气一次、电气二次、热工 （1）建立电缆维护管理制度，强调防火、报警要求。 （2）定期巡检电缆通道及夹层，关注电缆和接头运行温度。 （3）进行规定的预防性试验	查阅管理制度、巡检记录及试验记录	（1）电缆维护管理制度不健全，未强调防火、报警要求，扣4分。 （2）未按期巡检或巡检记录不健全，扣2分。 （3）预防性试验记录不健全，扣2分			
1.14	2.2.14 电缆通道、夹层应保持清洁，不积粉尘，不积水，采取安全电压的照明应充足，禁止堆放杂物，并有防火、防水、通风的措施。发电厂锅炉、燃煤储运车间内架空电缆上的粉尘应定期清扫	4	【涉及专业】电气一次、电气二次、热工 （1）电缆通道、夹层应清洁、不积粉尘、不积水、防火、通风。 （2）定期清扫锅炉、燃煤储运车间内架空电缆上的粉尘	查看现场	（1）存在积灰、通风、防火、防水问题，每项扣2分。 （2）未定期清扫锅炉、燃煤储运车间内架空电缆上的粉尘，扣2分			
1.15	2.2.15 靠近高温管道、阀门等热体的电缆应有隔热措施，靠近带油设备的电缆沟盖板应密封	4	【涉及专业】电气一次、电气二次、热工 靠近热体的电缆应有隔热措施，靠近带油设备的电缆沟盖板应密封合格	查看现场	（1）靠近高温管道、阀门等热体的电缆未采取隔热措施或隔热措施不合格，扣2分。 （2）靠近带油设备的电缆沟未密封或密封不合格，扣2分			
1.16	2.2.16 发电厂主厂房内架空电缆与热体管路应保持足够的距离，控制电缆不小于0.5m，动力电缆不小于1m	4	【涉及专业】电气一次、电气二次、热工 （1）架空电缆与热体管路应保持足够的距离，控制电缆不小于0.5m，动力电缆不小于1m。	查看现场	明敷电缆与热力管道之间无隔板防护时，平行敷设时，控制和信号电缆净距不大于500mm，电力电缆净距不大于1000mm；交叉敷设时，控制和信号电缆净距大于			

编号	二十五项重点要求内容	标准分	评价要求	评价方法	评分标准	扣分	存在问题	改进建议
1.16		4	（2）DL 5190.4—2019《电力建设施工及验收技术规范 第4部分：热工仪表及控制装置》第7.4.7条规定，明敷的电缆不宜平行敷设于热力管道上部，电缆与热力管道之间无隔板防护时，相互间距平行敷设时电缆与热力管道保温大于500mm，交叉敷设应大于250mm，与其他管道平行敷设相互间距应大于100mm。 （3）DL/T 5182—2004《火力发电厂热工自动化就地设备安装、管路及电缆》第7.1.3条规定，明敷电缆与热力管道之间无隔板防护时，平行敷设，控制和信号电缆净距应大于500mm，电力电缆净距大于1000mm；交叉敷设，控制和信号电缆净距应大于250mm，电力电缆净距大于500mm		250mm，电力电缆净距不大于500mm，每发现一处扣2分			
1.17	2.2.17 电缆通道临近易燃或腐蚀性介质的存储容器、输送管道时，应加强监视，防止其渗漏进入电缆通道，进而损害电缆或导致火灾	4	【涉及专业】电气一次、电气二次、热工 应定期巡检，重点监视临近易燃或腐蚀性介质容器、管道的电缆通道	查阅巡检记录	未定期巡检、监视临近易燃或腐蚀性介质容器、管道的电缆通道，扣4分			
2	2.3 防止汽轮机油系统着火事故	100	【涉及专业】汽轮机、金属、燃气轮机，共13条 主要指汽轮机和燃气轮机的润滑油系统、密封油系统、顶轴油系统、临时滤油机等油系统的"跑、冒、滴、漏"，遇明火或接触高温热源、电加热运行方式等造成的着火事故以及事故排放系统可靠性等					
2.1	2.3.1 油系统应尽量避免使用法兰连接，禁止使用铸铁阀门	10	【涉及专业】汽轮机、金属、燃气轮机 （1）为防止油系统火灾，油系统应尽量使用焊接连接，尽量避免使用法兰盘连接。	查看现场油系统连接方式及阀门材质，	（1）油系统法兰连接较多，存在安全隐患，扣2～4分。			

编号	二十五项重点要求内容	标准分	评价要求	评价方法	评分标准	扣分	存在问题	改进建议
2.1		10	法兰连接可能增加漏点，特别是在热体附近的法兰盘，产生泄漏遇热源容易产生火灾、爆炸。 （2）使用法兰盘时应装金属罩壳，金属罩壳的主要作用：一是隔热，防止长时间高温受热引起油质劣化；二是防止法兰漏油喷到邻近的高温热源上，引起火灾。 （3）油系统禁止使用铸铁阀门，原因在于当周围存在热体时，铸铁阀门易吸热蓄热，油系统泄漏时，容易发生着火使机组被迫停运或危及汽轮机安全运行的事故；铸铁中含有较活泼的化学元素容易与汽轮机油发生反应，尤其是汽轮机油的酸度超标后对阀门的腐蚀较为严重；铸铁比较硬脆，抗拉能力差，油系统停运和运行时温差较大，且安装时有残余应力，容易造成铸铁阀门爆裂，导致漏油	查阅阀门设备说明书，查阅规程、检修台账	（2）油系统采用法兰连接未采取防喷溅措施的，扣5分。 （3）油系统使用铸铁阀门的，扣10分			
2.2	2.3.2 油系统法兰禁止使用塑料垫、橡皮垫（含耐油橡皮垫）和石棉纸垫	8	【涉及专业】汽轮机、燃气轮机 （1）塑料、橡胶密封件长时间受冷暖交替的温度变化会使密封件收缩变硬失去弹性，严重时甚至会断裂引发漏油；石棉纸垫片经过油的浸泡后会变软、融化，起不到密封的作用。 （2）油系统垫片选用应参照 DL 5190.3—2019《电力建设施工技术规范 第3部分：汽轮发电机组》附录 C 执行	查看现场，查阅设计文件、检修文件、设备台账、规程及反事故措施	油系统法兰发现使用塑料垫、橡皮垫（含耐油橡皮垫）和石棉垫片的，每发现一处扣2分			
2.3	2.3.3 油管道法兰、阀门及可能漏油部位附近不准有明火，必须明火作业时要采取有效措施，附近的热力管道或其他热体的保温应紧固完整，并包好铁皮	10	【涉及专业】汽轮机、燃气轮机 （1）油管道法兰、阀门及可能漏油部位附近有明火作业时，容易引发火灾、爆炸事故。必须明火作业时，应开具动火票，采取有效的安全措施，准备好充足的灭火设施后再开工。	查看现场油管道法兰、阀门及可能漏油部位附近的热力管道或其他热体的保温，	（1）必须采用明火作业的，未开具动火工作票，或开具动火票但未采用有效的安全措施的，扣10分。			

编号	二十五项重点要求内容	标准分	评价要求	评价方法	评分标准	扣分	存在问题	改进建议
2.3		10	（2）油管道法兰、阀门及可能漏油部位附近的热力管道或其他热体的保温应紧固完整，并包好金属铁皮，防止长时间辐射热造成油质恶化，甚至引起火灾	查阅油系统动火工作票、规程及反事故措施	（2）油管道法兰、阀门及可能漏油部位附近的热力管道或其他热体的保温有破损、松弛现象，保温外无铁皮，每发现一处扣2分			
2.4	2.3.4 禁止在油管道上进行焊接工作。在拆下的油管上进行焊接时，必须事先将管子冲洗干净	5	【涉及专业】金属 （1）GB 26164.1—2010《电业安全工作规程 第1部分：热力和机械》规定：在油管道上进行焊接工作，易引发火灾、爆炸事故；拆下的油管道内经常残留油、油气，焊接时易发生爆燃等火灾事故，焊接时必须事先将管子冲洗干净，避免直接在油管道上进行焊接工作。 （2）禁止在运行或停备状态的油管道进行焊接工作。必须在油管道上进行焊接工作时，应按要求办理工作票，将需要焊接作业的油管道与运行或停备状态的油系统断开，并对管道进行冲洗。 （3）焊接前应对管道油气浓度进行检测，并进行记录，油气浓度合格后，方可进行焊接作业	查看油系统检修现场，查阅油系统区域施工的相关制度措施、油系统检修记录、油系统检修工作票	（1）无油系统管道焊接施工措施、安全措施以及技术方案，扣3分。 （2）未对系统进行隔离阻断或办理工作票，直接在油管道上进行焊接工作，扣5分。 （3）油管焊接前未进行清洗工作或无相应记录，扣2分；焊接前未对管道油气浓度进行检测或无相应记录，扣1分			
2.5	2.3.5 油管道法兰、阀门及轴承、调速系统等应保持严密不漏油，如有漏油应及时消除，严禁漏油渗透至下部蒸汽管、阀保温层	8	【涉及专业】汽轮机、燃气轮机 （1）油管道法兰、阀门及轴承、调速系统、临时滤油机等部位易发生漏油引发火灾的危险点，应提高检修水平，保证不漏。油系统检修时，法兰、阀门和接头的结合面应认真刮研，做到结合面接触良好，确保不漏、不渗；在轴承外油档检修时，应注意检查其下部回油孔，以防止回油孔堵塞或漏油；主机各轴瓦及密封瓦如果漏油，应加装回收油的装置，并保证回油管通畅。	查看现场设备，查阅检修记录	（1）现场检查发现油管道法兰、阀门及轴承、调速系统、临时滤油机等有漏油，每发现一处扣2分。 （2）发现漏油时，未及时消除，也未做安全措施，扣8分。 （3）临时滤油机工作时，没有专人旁站监护，扣5分			

编号	二十五项重点要求内容	标准分	评价要求	评价方法	评分标准	扣分	存在问题	改进建议
2.5		8	（2）漏油渗透至下部蒸汽管、阀保温层等高温区域将引发火灾。油系统有漏油时，应及时消除。运行人员应加强巡检，对于易发生火灾的危险点要重点巡视和检查，发现问题及时汇报					
2.6	2.3.6　油管道法兰、阀门的周围及下方，如敷设有热力管道或其他热体，这些热体保温必须齐全，保温外面应包铁皮	8	【涉及专业】汽轮机、金属 （1）油管道法兰、阀门容易产生漏点，这些部位周围及下方如敷设有热力管道或其他热体，长时间热辐射会造成油质恶化，甚至引起火灾，因此这些热体保温必须齐全，保温外面应包铁皮。 （2）油管道距离热源应有一定距离（不小于150mm），严禁油管道与热源一同被保温包裹	查阅系统图，现场查看油管道法兰、阀门下方热体保温情况，确认油管道与热源距离	（1）油管道法兰、阀门的周围及下方热体保温外未包铁皮，每发现一处，扣4分；油管道法兰、阀门的周围及下方的热力管道或其他热体保温存在破损、缺失情况，每发现一处，扣2分。 （2）油管道外壁与热源保温层外表面距离小于150mm，或者油管道直接与热源一同被保温包裹，每发现一处，扣4分。 （3）油系统管道存在强行对口、焊缝呈灰色或黑色，扣3分			
2.7	2.3.7　检修时如发现保温材料内有渗油时，应消除漏油点，并更换保温材料	8	【涉及专业】汽轮机、燃气轮机 保温材料内有渗油时，明火或高温时引发保温自燃	查看现场，查看检修记录	（1）未消除漏油点，扣8分。 （2）消除了漏油点，但未更换保温材料，扣4分			
2.8	2.3.8　事故排油阀应设两个串联钢质截止阀，其操作手轮应设在距油箱 5m 以外的地方，并有两个以上的通道，操作手轮不允许加锁，应挂有明显的"禁止操作"标识牌	10	【涉及专业】汽轮机、燃气轮机 （1）设置两个串联钢质截止阀目的是为了防止只有一个阀门时内漏造成漏油事故。设置三个及三个以上阀门，不利于快速处理事故。 （2）事故排油阀采用铸铁材质时，由于铸铁铸件中含有较活泼的化学元素，易与汽轮机油发生反应，尤其是汽轮机油的酸值超标后对阀门的腐蚀更为严重，容易导致漏油。 （3）当厂房主油箱及其附属设备着火时，事故排油阀距离油箱过短时，不利于操作人员的人身安全。	查看现场	（1）事故排油阀数量设置不足或多出两个，扣10分。 （2）事故排油阀采用铸铁材料的，每发现一处扣2分。 （3）事故排油阀操作手轮距油箱距离不足5m，操作通道少于两个，扣10分。 （4）事故排油阀操作手轮加锁，未悬挂"禁止操作"标志牌的，扣10分。 （5）若事故排油阀安装在室外阀门井内，阀门井无防雨水、防腐蚀措施，扣6分。 （6）事故排油阀操作手轮位置不便于紧急操作，扣5分。			

编号	二十五项重点要求内容	标准分	评价要求	评价方法	评分标准	扣分	存在问题	改进建议
2.8		10	（4）操作手轮加锁不利于快速处理事故，悬挂"禁止操作"标识牌则是为了防止误操作，防止油箱跑油。 （5）事故排油阀安装在室外阀门井内时，阀门井内应有防雨水、防腐蚀措施。 （6）事故排油阀操作手轮位置应便于紧急操作。 （7）海边电厂应进行事故排油管道防腐检查		（7）海边电厂从未进行过事故排油管道防腐检查，扣5分			
2.9	2.3.9 油管道要保证机组在各种运行工况下自由膨胀，应定期检查和维修油管道支吊架	5	【涉及专业】金属 （1）油系统管道应布置合理，油管道支吊架运行工况下能自由伸缩。 （2）定期开展油系统管道支吊架的检查与维护，同时完成相应的记录及技术台账	查看现场、查阅油管道支吊架运行工况定期检查维护记录及技术台账	（1）油管道运行状态下无法自由膨胀或支吊架存在异常，扣5分。 （2）无定期检查维护记录或技术台账，扣3分			
2.10	2.3.10 机组油系统的设备及管道损坏发生漏油，凡不能与系统隔绝处理的或热力管道已渗入油的，应立即停机处理	10	【涉及专业】汽轮机 机组油系统的设备及管道损坏发生漏油，不能与系统隔绝处理的或热力管道已渗入油，无法立即处理的，为防止事故进一步扩大，保护设备安全，应立即停机处理	查看现场、查阅运行操作规程及反事故措施	（1）运行操作规程中未写明相关内容及规定，扣10分。 （2）反事故措施中，未体现相关内容，扣10分。 （3）机组油系统的设备及管道损坏发生漏油时，不能与系统隔绝处理或热力管道保温已渗入油，未立即停机处理，扣10分			
2.11	新增：定期对油系统管道焊口开展监督抽查	5	【涉及专业】金属 （1）检修期间应制订油系统焊口的检验计划，C修根据检修计划安排检查，每个A修或B修应对不少于10%的焊口进行检查；当发现超标缺陷后，应扩大检查比例，对发现的缺陷应及时进行处理或制订相应的消缺计划。	查阅检修项目计划、油系统管道焊口检验报告、消缺计划	（1）未按要求在检修期间开展油系统管道焊口检查，扣5分；管道存在超标缺陷未及时处理或未制订消缺计划，扣5分。 （2）油系统管道焊口抽检方法不符合要求，扣2分。 （3）油系统管道焊口抽检范围不符合要求，扣2分			

编号	二十五项重点要求内容	标准分	评价要求	评价方法	评分标准	扣分	存在问题	改进建议
2.11		5	（2）根据焊口结构选用相应的检验方法，对接焊口应至少采用射线检测或其他有效方法对内部缺陷进行检测，对于频繁振动或应力较大的焊口，应增加表面检测。存在插入式焊口的油系统管道，在加强监督检验的同时，根据机组检修计划，可适当更换为对接焊口。（3）抽检范围应具有代表性，至少应包含抗燃油、顶轴油、润滑油等管道					
2.12	新增：机组运行过程中，应加强对油系统管道的巡检，对有振动现象的油系统管道，应及时查明原因，消除振动问题，并开展对振动油系统管道的检查	5	【涉及专业】金属、汽轮机（1）油系统管道频繁振动，易引发管道应力增大，造成管道薄弱部位发生疲劳失效，引发设备故障。（2）加强油系统管道的巡检，对振动管道应查明原因、消除振动，并开展对振动油管道的检查	查看现场、查阅巡检记录及报告	（1）油系统管道存在振动，未采取有效措施予以消除，扣5分。（2）油系统管道频繁振动，未在对应检修期开展振动油系统管道检查，扣3分			
2.13	新增：严格按照质量技术标准、规程、作业文件包规定的设备检修工艺及步骤开展油系统设备检修工作。加强机组设备检修全过程管控和检修质量验收。定期开展油系统隐患排查治理工作。强化消防安全管理，提升应急处置水平。定期开展消防培训和事故应急演练工作	8	【涉及专业】汽轮机、燃气轮机（1）应根据汽轮机油系统泄漏着火导致机组被迫停运事件制定预防措施。（2）规范检修作业标准，避免设备隐患，按设备检修计划开展油系统设备检修工作。（3）定期开展油系统隐患排查治理工作。（4）强化消防安全管理，提升应急处置水平，结合集团公司消防安全领域专项整治工作要求及有关工作安排，及时消除消防安全管理漏洞和设备隐患。确保消防报警系统、灭火系统、消防应急力量处在可靠备用状态。定期开展消防培训和事故应急演练工作	查阅油系统设备检修等文件、消防设备定期检验记录、隐患排查记录及消防培训和事故应急演练记录	（1）未制定汽轮机油系统泄漏着火预防措施，扣3分。（2）未按设备检修计划开展油系统设备检修工作，无检修文件记录，扣6分。（3）未定期开展油系统隐患排查治理工作，无隐患排查治理记录，扣8分。（4）未及时消除油系统消防安全管理漏洞和设备隐患，未对消防报警系统、灭火系统、消防应急设备进行定期检验，无消防设备定期检验记录，扣6分。（5）未定期开展消防培训和事故应急演练工作，无定期开展消防培训和事故应急演练记录，扣6分			

编号	二十五项重点要求内容	标准分	评价要求	评价方法	评分标准	扣分	存在问题	改进建议
3	**2.4　防止燃油罐区及锅炉油系统着火事故**	100	【涉及专业】锅炉、电气一次，共10条 （1）燃油罐区发生着火事故如处理不及时极有可能导致油罐爆炸；锅炉油系统发生火灾会造成设备烧坏，锅炉不能正常运行，严重时机组会被迫停运，同时火灾引发爆炸或应急、抢修过程中可能发生人身伤害。 （2）电厂应制定防止燃油罐区及锅炉油系统着火事故的措施和应急预案，提高防火、防爆能力，预防和减少火灾损失和伤害，保证锅炉安全稳定运行					
3.1	2.4.1　严格执行《电业安全工作规程　第1部分：热力和机械》（GB 26164.1—2010）中第6章有关要求	15	【涉及专业】锅炉 GB 26164.1—2010《电业安全工作规程　第1部分：热力和机械》第6章"燃油（气）设备的运行和检修"中对燃油罐区及锅炉油系统提出了明确要求，其中需重点关注的有： （1）发电厂内应划定燃油（气）区。燃油区周围必须设置围墙，其高度不低于2m，并挂有"严禁烟火"等明显的警告标示牌，动火应办动火工作票。锅炉房内的燃油母管检修时，应按寿命管理要求加强检查；运行中巡回检查路线应包括各单元燃油（气）母管管段和支线。 （2）必须制定燃油（气）区出入管理制度。非值班人员进入燃油(气)区人员应进行登记，交出火种，关闭手机、对讲机等通信设施，不准穿钉有铁掌的鞋子，并在入口处释放静电。 （3）燃油（气）区的一切设施（如开关、刀闸、照明灯、电动机、空调机、电话、门窗、电脑、手电筒、电铃、自起动仪表接点等）均应为防爆型。当储存、使用油品为闪点不小于60℃的可燃油品时，配电间、控制	查阅防止燃油罐区及锅炉油系统着火事故措施，抽查燃油罐区围墙、消防设施和电气设备等，查看呼吸阀、阻火器检查记录，检查避雷装置、接地装置，查阅卸油加温温度记录，查看检修用工具类型，检查检修动火工作票	（1）防止燃油罐区及锅炉油系统着火事故措施未依据GB 26164.1—2010相关要求，扣15分；不全面的，每缺少一条扣1分。 （2）不符合GB 26164.1—2010有关要求，每发现一项扣1～5分			

编号	二十五项重点要求内容	标准分	评价要求	评价方法	评分标准	扣分	存在问题	改进建议
3.1		15	操作间的电气、通信设施可以不使用防爆型，但设施的选用应符合标准 GB 50058—2014《爆炸危险环境电力装置设计规范》的规定。电力线路必须是暗线或电缆。不准有架空线。 （4）燃油（气）区内应有符合消防要求的消防设施，必须备有足够的消防器材，并处在完好的备用状态。燃油（气）区宜安装在线消防报警装置。 （5）卸油区及燃油（气）罐区必须有避雷装置和接地装置。燃油（气）罐接地线和电气设备接地线应分别装设。输燃油（气）管应有明显的接地点。燃油（气）管道法兰应用金属导体跨接牢固，热力管道尽可能布置在燃油（气）管道的上方。每年雷雨季节前应检查，并测量接地电阻。 （6）油车、油船卸油加温时，原油应不超过 45℃，重油不应超过 80℃。 （7）油车、油船卸油时，严禁将箍有铁丝的胶皮管或铁管接头伸入仓口或卸油口。在正常作业状态时，卸油管道安全流速不应大于 4.5m/s。 （8）卸油区内铁道必须用双道绝缘与外部铁道隔绝。油区内铁路轨道必须互相用金属导体跨接牢固，并有良好的接地装置，接地电阻不大于 5Ω。 （9）油船、汽车卸油时，应可靠接地，输油软管应接地。 （10）油罐的顶部应装有呼吸阀或透气孔。储存轻柴油、汽油、煤油、原油的油罐应装呼吸阀；储存重柴油、燃料油、润滑油的油罐应装透气孔和阻火器。运行人员应定					

编号	二十五项重点要求内容	标准分	评价要求	评价方法	评分标准	扣分	存在问题	改进建议
3.1		15	期进行下列检查：①呼吸阀应保持灵活好用；②阻火器的铜丝网应保持清洁畅通。 （11）油罐测油孔应用有色金属制成。油位计的浮标同绳子接触的部位应用铜料制成。运行人员应使用铜制工具或专用防爆工具操作。 （12）油区检修应使用防爆工具（如有色金属制成的工具）。紧急情况下，如使用铁制工具时，应采取防止产生火花的措施，例如涂油、加铜垫等。 （13）燃油设备检修需要动火时，应办理动火工作票。动火工作票的内容应包括动火地点、时间、工作负责人、监护人、审核人、批准人、安全措施等项。发电企业应明确规定动火工作的批准权限					
3.2	2.4.2 储油罐或油箱的加热温度必须根据燃油种类严格控制在允许的范围内，加热燃油的蒸汽温度，应低于油品的自燃点	10	【涉及专业】锅炉 （1）储油罐或油箱的加热根据燃油种类应控制在允许的范围内，按 GB 26164.1—2010《电业安全工作规程 第 1 部分：热力和机械》第 6.2.2 条规定，油车、油船卸油加温时，原油应不超过 45℃，重油不应超过 80℃；0 号柴油不应超过 55℃。 （2）加热燃油的蒸汽温度应低于油品的自燃点	查阅油质化验分析表、运行规程	（1）燃油加热温度高于允许范围，每高出 5℃，扣 5 分。 （2）管理和操作人员不熟悉油品自燃点，扣 5 分。 （3）加热燃油用蒸汽温度高于油品自燃点，扣 10 分			
3.3	2.4.3 油区、输卸油管道应有可靠的防静电安全接地装置，并定期测试接地电阻值	10	【涉及专业】锅炉、电气一次 （1）防止静电积聚在油罐、管线和油泵，必须有良好的防静电接地装置，并根据情况接成通路，不准与其他接地连接在一起。 （2）定期测试油区、输卸油管道接地电阻值，按照 DL/T 596—1996《电力设备预防性试验规程》要求，试验周期应不超过 6 年，接地电阻值不应大于 30Ω	查看现场油区、输卸油管道，查阅接地电阻值测试记录	（1）防静电安全接地装置不完善，缺少一处扣 5 分。 （2）油区、输卸油管道防静电接地装置与其他接地相连，扣 5 分。 （3）未定期进行接地电阻值测试，扣 10 分。 （4）电阻值不满足要求，扣 10 分			

编号	二十五项重点要求内容	标准分	评价要求	评价方法	评分标准	扣分	存在问题	改进建议
3.4	2.4.4 油区、油库必须有严格的管理制度。油区内明火作业时，必须办理明火工作票，并应有可靠的安全措施。对消防系统应按规定定期进行检查试验	15	【涉及专业】锅炉 （1）在防止油区内产生火源方面，一是对燃油区划定明确的禁火区，设置禁火标志；二是要采取防止产生火花或电火花的措施；三是禁止将火种带入油区以及在油区明火作业前必须严格执行明火作业的有关规章制度。 （2）油区明火作业时，应办理一级动火工作票，要严格遵守 DL 5027—2015《电力设备典型消防规程》的有关规定；动火检修时，动火监护人应联系油库值班员每两小时对现场进行可燃物气体浓度测量。 （3）GB 26164.1—2010《电业安全工作规程 第 1 部分：热力和机械》第 6.4.4 条要求：动火工作票的内容应包括动火地点、时间、工作负责人、监护人、审核人、批准人、安全措施等项。发电企业应明确动火工作的批准权限。 （4）消防系统应按 GB 50974—2014《消防给水及消火栓系统技术规范》"14 维护管理"、DL 5027—2015《电力设备典型消防规程电力规范》"附录 F 灭火器的分类、使用及原理"等规定定期进行检查试验： （a）消防水系统：每月应手动启动消防水泵运转一次，每周应模拟消防水泵自动控制的条件自动启动消防水泵运转一次，每季度应对消防水泵的出流量和压力进行一次试验。	查看现场油区、油库的安全设施，检查动火工作票，查阅消防系统定期试验记录	（1）未制定油区、油库管理制度，扣15分。 （2）燃油区未划定明确的禁火区或未设置禁火标志，扣10分。 （3）未办理一级动火工作票即开展油区明火工作，扣15分。 （4）一级动火工作票不完善或错误，每缺失或错误一项扣5分。 （5）油区明火作业时，安全措施不到位，扣10分。 （6）明火检修时，油库值班员未按要求对现场进行可燃物浓度测量，每发现一次扣10分。 （7）未对消防系统进行定期检查测试，扣10分			

编号	二十五项重点要求内容	标准分	评价要求	评价方法	评分标准	扣分	存在问题	改进建议
3.4		15	（b）泡沫灭火器（含固定式和移动式泡沫灭火器，固定式适用于单罐容量大于 $200m^3$ 的油罐，移动式适用于单罐容量小于等于 $200m^3$ 的油罐）：泡沫灭火器应由专业单位负责保养、维修，每季度应定期检查，距出厂年月期满三年后每隔两年或灭火器再充装前应逐个对灭火器筒体、贮气瓶和推车式灭火器喷射软管组件进行水压试验，试验压力为 2.1MPa。按照 GA 95—2007《灭火器维修与报废规程》的规定，从出厂日期算起，水基型灭火器的使用期限为 6 年。 （c）二氧化碳灭火器：每季度应定期检查，灭火器不论已经使用还是未经使用，距出厂年月期满五年，以后每隔二年，必须送至指定的专业维修单位进行水压试验，按 GA 95—2007《灭火器维修与报废规程》的规定，从出厂日期算起，二氧化碳灭火器和贮气瓶的使用期限为 12 年。 （d）干粉灭火器：每季度应定期检查，灭火器距出厂年月期满五年后每隔二年或再充装前应送至指定的专业维修单位，逐具对灭火器筒体和推车式灭火器喷射软管组件进行水压试验，试验压力为 2.6MPa；从出厂日期算起，干粉灭火器的使用期限为 10 年					
3.5	2.4.5 油区内易着火的临时建筑要拆除，禁止存放易燃物品	10	**【涉及专业】锅炉** 油区内易着火的临时建筑应完全拆除，油区内应无易燃物品，以消除着火隐患	查看油区情况	（1）易着火的临时建筑未拆除，每发现一处扣 5 分。 （2）油区存在易燃物品，每发现一处扣 5 分			

编号	二十五项重点要求内容	标准分	评价要求	评价方法	评分标准	扣分	存在问题	改进建议
	2.4.6 燃油罐区及锅炉油系统的防火还应遵守 2.3.4、2.3.6、2.3.7 的规定							
3.6	2.3.4 禁止在油管道上进行焊接工作。在拆下的油管上进行焊接时，必须事先将管子冲洗干净	10	【涉及专业】锅炉 （1）GB 26164.1—2010《电业安全工作规程 第1部分：热力和机械》规定：在油管道上进行焊接工作，易引发火灾、爆炸事故；拆下的油管道内经常残留油、油气，焊接时易发生爆燃等火灾事故，焊接时必须事先将管子冲洗干净，避免直接在油管道上进行焊接工作。 （2）禁止在运行或停备状态的油管道进行焊接工作。必须在油管道上进行焊接工作时，应将需要焊接作业的油管道与运行或停备状态的油系统断开，然后对管段进行冲洗。 （3）焊接前运行人员应对管道油气浓度进行检测，并进行记录，油气浓度合格后，方可进行焊接作业	查看油系统检修现场，查阅油系统区域施工的相关制度措施、油系统检修记录、油系统检修工作票	（1）无油系统管道焊接施工措施、安全措施以及技术方案，扣2分；未对系统进行隔离阻断，直接在油管道上进行焊接工作，扣5分。 （2）油管焊接前未进行清洗工作或无相应记录，扣2分。 （3）焊接前运行人员未对管道油气浓度进行检测，扣2分，未进行记录，扣2分			
3.7	2.3.6 油管道法兰、阀门的周围及下方，如敷设有热力管道或其他热体，这些热体保温必须齐全，保温外面应包铁皮	10	【涉及专业】锅炉 （1）油管道法兰、阀门容易产生漏点，这些部位周围及下方如敷设有热力管道或其他热体，长时间热辐射会造成油质恶化，甚至引起火灾，因此这些热体保温必须齐全，保温外面应包铁皮，铁皮应完好无严重变形或破损。对热力管道或其他热体进行检修后应及时恢复保温和铁皮。 （2）油管道距离热源应有一定距离（不小于150mm），严禁油管道与热源一同被保温包裹	查阅系统图，现场查看油管道法兰、阀门下方热体保温情况，确认油管道与热源距离	（1）油管道法兰、阀门的周围及下方的热力管道或其他热体保温存在破损、缺失情况的，每发现一处扣3分。 （2）油管道外壁与蒸汽管道保温层外表面距离小于150mm，或者油管道直接包在蒸汽管道保温层中，每发现一处扣5分。 （3）油管道法兰、阀门的周围及下方热体保温外未包铁皮或铁皮存在严重缺陷，每发现一处扣3分。 （4）油系统管道存在强行对口、焊缝呈灰色或黑色，扣10分			

17

编号	二十五项重点要求内容	标准分	评价要求	评价方法	评分标准	扣分	存在问题	改进建议
3.8	2.3.7 检修时如发现保温材料内有渗油时,应消除漏油点,并更换保温材料	10	【涉及专业】锅炉 保温材料内有渗油时,明火或高温时易引发保温自燃	查看现场,查看检修记录	(1)未消除漏油点,扣 10 分。 (2)消除了漏油点,但未更换保温材料,扣 5 分			
3.9	2.4.7 燃油系统的软管,应定期检查更换	5	【涉及专业】锅炉 燃油系统各软管应开展定期(参考厂家推荐软管使用年限)检查更换工作	查阅燃油系统软管定期检查更换记录,查看现场软管老化情况	(1)未制定燃油系统软管定检制度,扣 5 分。 (2)未开展燃油系统各软管的定期检查工作,扣 5 分。 (3)定期检查记录不完善,每缺少一处扣 2 分。 (4)软管老化未及时更换,每发现一处扣 5 分			
3.10	新增:应定期检查维护燃油系统管路接头、弯管等,及时清理燃油滤网,在进行油管路系统检修工作时应规范操作,防止损坏接头部件	5	【涉及专业】锅炉 (1)做好燃油系统设备台账管理工作,应定期检查燃油系统管路接头、弯管,发现裂纹等缺陷及时处理,并做好燃油系统缺陷记录、整理、分析工作。 (2)及时清理燃油滤网。 (3)在进行油管路系统检修工作时应操作规范,防止损坏螺纹结构、垫片等接头密封部件	查阅检修记录、设备台账、缺陷记录	(1)燃油系统设备台账或缺陷记录不完善,扣 1～5 分。 (2)未定期检查燃油系统管路接头、弯管,扣 5 分。 (3)油系统管路接头密封不严、弯头磨损超标、管路存在裂纹等缺陷未及时处理,扣 5 分。 (4)滤网差压超标未及时清理滤网,扣 5 分。 (5)在进行油管路系统检修工作时操作不规范,损坏接头密封部件,扣 5 分			
4	2.5 防止制粉系统爆炸事故	100	【涉及专业】锅炉、热工,共 4 条 参考:GB 26164.1—2010《电业安全工作规程 第 1 部分:热力和机械》、DL/T 5203—2005《火力发电厂煤和制粉系统防爆设计技术规程》、DL/T 5145—2012《火力发电厂制粉系统设计计算技术规定》、DL/T 748.4—2016《火力发电厂锅炉机组检修导则 第 4 部分:制粉系统检修》、GB 15577—2018《粉尘防爆安全规程》					

编号	二十五项重点要求内容	标准分	评价要求	评价方法	评分标准	扣分	存在问题	改进建议
4.1	2.5.1 严格执行《电业安全工作规程 第1部分：热力和机械》（GB 26164.1—2010）中有关锅炉制粉系统防爆的有关规定	35	【涉及专业】锅炉 防止制粉系统爆炸事故应参考引用 GB 26164.1—2010《电业安全工作规程 第1部分：热力和机械》中有关锅炉制粉系统防爆的有关规定。 主要包括以下内容： （1）当制粉设备内部有煤粉空气混合物流动时，严禁打开检查门。开启锅炉的看火门、检查门、灰渣门时，应缓慢小心，工作人员应站在门后，并选好向两旁躲避的退路。 （2）为了防止煤粉爆炸，在起动制粉设备前，必须仔细检查设备内外是否有积粉自燃现象，若发现有积粉自燃时，应予清除，然后方可起动。 （3）运行中的制粉系统不应有漏粉现象。制粉设备的厂房内不应有积粉，积粉应随时清除。发现积粉自燃时，应用喷壶或其他器具把水喷成雾状，熄灭着火的地方。不得用压力水管直接浇注着火的煤粉，以防煤粉飞扬引起爆炸。 （4）在球磨机运行中，禁止在传动装置和滚筒下部清除煤粉和钢球。 （5）禁止在制粉设备附近吸烟或点火。不准在运行中的制粉设备上进行焊接工作。如需在运行中的制粉设备附近进行焊接工作，必须采取必要的安全措施，并得到生产领导的批准。 （6）对给粉机进行清理或掏粉前，应将给粉机电动机的电源切断，挂上警告牌，并应注意防止自燃的煤粉伤人。	检查防止制粉系统爆炸事故措施和执行情况	（1）防止制粉系统爆炸事故措施不符合 GB 26164.1—2010 相关要求，每发现一条扣4分。 （2）现场操作未按照 GB 26164.1—2010 执行，每发现一处扣4分			

编号	二十五项重点要求内容	标准分	评价要求	评价方法	评分标准	扣分	存在问题	改进建议
4.1		35	（7）禁止把制粉系统的排气排到不运行（包括热备用）的或正在点火的锅炉内，也不准把清仓的煤粉排入不运行（包括热备用）的锅炉内。 （8）制粉系统应有足够的防爆门，选择防爆门的结构形式和安装地点时，应注意到防爆门动作时不致烫伤工作人员，不应正对电缆或电缆桥架。 （9）制粉设备检修工作开始前，应将有关设备内部积粉完全清除，并与有关的制粉系统可靠地隔绝。如需进入内部工作时，应将有关人孔门全部打开（必要时应打开防爆门），以加强通风。 （10）直吹式锅炉制粉系统，在停炉或磨煤机切换备用时，应先将该系统煤粉烧尽或清理干净					
4.2	2.5.2 及时消除漏粉点，清除漏出的煤粉。清理煤粉时，应杜绝明火	25	【涉及专业】锅炉 （1）磨煤机运行过程中，发现有漏粉情况，应立即停磨并组织人员进行消缺；若无法及时停磨时，应采取临时封堵措施，消除或减少漏粉情况。 （2）消缺后应立即清理设备和保温上的煤粉，特别注意制粉系统附近电缆槽架隔离密封及积粉问题，严重时应及时清理。 （3）清理煤粉时，应杜绝明火	查阅相关措施、运行检修记录，查看现场制粉系统漏粉情况	（1）制定的反事故措施缺少及时清除漏出煤粉的相关内容，扣20分。 （2）运行过程中制粉系统出现漏粉未及时清除，每发现一次扣10分。 （3）制粉系统附近设备及保温上积粉未及时清理，发现一处扣10分。 （4）制粉系统附近电缆槽架隔离密封措施不到位，扣10分；槽架内存在较为严重积粉问题，扣25分。 （5）清理煤粉时，现场有明火，没有采取消除明火的措施，扣25分			

编号	二十五项重点要求内容	标准分	评价要求	评价方法	评分标准	扣分	存在问题	改进建议
4.3	2.5.3 磨煤机出口温度和煤粉仓温度应严格控制在规定范围内，出口风温不得超过煤种要求的规定	25	【涉及专业】锅炉、热工 （1）磨煤机出口温度应按照 DL/T 5145—2012《火力发电厂制粉系统设计计算技术规定》第 5.3.6 条"磨煤机出口最高允许温度"的相关规定执行。 （2）按照 DL/T 5203—2005《火力发电厂煤和制粉系统防爆设计技术规程》规定，贮仓式制粉系统热风送粉应使燃烧器入口接管处气粉混合物温度不超过下列数值：烟煤＜160℃，褐煤＜100℃。 （3）制粉系统末端介质最低温度，应比水露点温度高 2℃（直吹式系统）和 5℃（贮仓式系统）。露点温度指在干燥剂中水汽含量不变，保持气压一定的情况下，使干燥剂冷却达到饱和时的温度。终端干燥剂的含湿量和露点根据 DL/T 5145—2012 第 5.4.3 条相关公式计算。当空气的绝对压力为 100.725kPa 时，也可按 DL/T 5145—2012 附录表 G.1 查取相应含湿量下的水露点温度	查阅运行规程，运行历史曲线和异常记录	（1）制定的反事故措施缺少控制磨煤机出口温度的相关内容，扣 25 分。 （2）未对磨煤机出口温度和煤粉仓温度进行监控，扣 25 分；监控有缺陷，扣 15 分；磨煤机出口温度自动控制系统未投入自动，扣 25 分；未设置温度报警，扣 15 分；磨煤机未设置消防灭火装置，扣 25 分。 （3）运行过程中，磨煤机出口温度长时间超出报警值，每次扣 3 分			
4.4	新增：燃烧挥发分较高煤种时，煤粉仓内的煤粉应及时置换，或定期将存粉烧掉，重新进粉；不应将某台磨煤机作为固定备用磨煤机，以免原煤仓内原煤贮存时间过长引起自燃	15	【涉及专业】锅炉 执行 DL/T 5203—2005《火力发电厂煤和制粉系统防爆设计技术规程》第 5.3.5 条、第 5.3.6 条和第 5.5.3 条要求： （1）不应将某台磨煤机作为固定备用磨煤机，以免原煤仓内原煤贮存时间过长引起自燃。 （2）煤粉在煤粉仓内贮存时间过长，会压实、流动不畅；挥发分高的煤粉析出可燃气体易发生爆炸；长期不流动的煤粉会发生自燃。为避免上述情况，煤粉仓内的煤粉应及时置换，或定期将存粉烧掉，重新进粉。	查阅煤质化验报告、配煤掺烧记录、配煤掺烧方案、运行规程	（1）燃烧挥发分较高煤种时，无煤仓置换措施或记录，扣 15 分。 （2）煤粉仓内的煤粉长时间未置换，存在自燃风险，扣 15 分。 （3）将某台磨煤机作为固定备用磨煤机，导致原煤仓内原煤贮存时间过长，扣 15 分			

编号	二十五项重点要求内容	标准分	评价要求	评价方法	评分标准	扣分	存在问题	改进建议
4.4		15	（3）前苏联防爆规程规定原煤的允许贮存时间一般为：泥煤10日、褐煤20日、其他煤种 30 日。各国煤的特性不完全相同，煤种的划分也有差异，不能照搬这些具体时间，要根据使用的煤质特性确定。煤粉在煤粉仓或原煤在筒仓和原煤仓中允许贮存时间，应根据其黏性、自燃倾向性和爆炸感度，在制定运行规程时给出具体规定					
5	**2.6　防止氢气系统爆炸事故**	100	【涉及专业】化学、汽轮机，共 6 条应采取必要的防护措施和监测手段防止氢冷设备和制氢、储氢装置发生氢气泄漏、着火、爆炸事故					
5.1	2.6.1　严格执行《电业安全工作规程　第 1 部分：热力和机械》（GB 26164.1—2010）中"氢冷设备和制氢、储氢装置运行与维护"的有关规定	20	【涉及专业】化学严格执行 GB 26164.1—2010《电业安全工作规程　第 1 部分：热力和机械》、DL/T 1928—2018《火力发电厂氢气系统安全运行技术导则》、GB 50177—2005《氢气站设计规范》的相关规定，其主要条款包括：（1）氢气设备附近严禁烟火，严禁放置易燃易爆品，并设警示牌。人员进入氢站前应消除静电，关闭移动通信工具，严禁携带火种。制氢室应设漏氢检测装置。（2）制氢系统设备及管道的冷凝水，应经各自专用的疏水装置或排水水封排至室外。水封上的气体放空管应通过阻火器接至室外安全处。（3）制氢系统首次使用或检修后，应进行气密性试验，介质应选用氮气。	查阅规章制度、运行规程、检定记录，了解制氢设备运行情况	（1）氢站未设严禁烟火指示牌或人员进入氢站存在违规行为，扣 10 分；氢站放置易燃易爆品或制氢室未安装漏氢检测装置，扣 20 分。（2）制氢系统冷凝水未按要求排至室外，扣 20 分。（3）制氢系统首次使用或检修后，未进行气密性试验，扣 10 分。（4）氢气系统气体置换不符合要求，扣 10 分。（5）未在线检测制氢设备和氢冷发电机的氢气纯度、湿度、含氧量及制氢设备氧中氢含量或检测数据有误，扣 10 分。（6）氢气系统配备的在线氢气纯度仪、湿度仪、检漏仪、安全阀未按规定周期检定，扣 10 分；压力表、减压阀未按规定周期检定，扣 5 分。			

编号	二十五项重点要求内容	标准分	评价要求	评价方法	评分标准	扣分	存在问题	改进建议
5.1		20	（4）电解制氢系统、氢罐和供氢母管首次启动、大修后启动或长时间停运启动前，都应进行气体置换。制氢系统的置换应使用氮气，氢罐和供氢母管的气体置换宜采用氮气或二氧化碳。 （5）应在线检测制氢设备和氢冷发电机的氢气纯度、湿度、含氧量，以及制氢设备的氧中氢含量。 （6）氢气系统配备的压力表、减压阀、安全阀，在线氢气纯度仪、湿度仪、检漏仪每年需经相应资质单位进行检定。如送检不便，纯度仪和检漏仪也可由电厂利用标气自行检定		（7）其他不符合 GB 26164.1—2010、DL/T 1928—2018、GB 50177—2005 的项目，扣 5～20 分			
5.2	2.6.2 氢冷系统和制氢设备中的氢气纯度和含氧量必须符合《氢气使用安全技术规程》（GB 4962—2008）	20	【涉及专业】化学 氢冷系统和制氢设备中的氢气纯度和含氧量必须达标，防止氢气爆炸。 （1）制氢设备中的氢气纯度应≥99.8%，含氧量≤0.2%。 （2）氢冷发电机内的氢气纯度应≥96.0%，含氧量≤2.0%	查阅氢气纯度、含氧量监测记录	（1）氢气纯度不达标，扣 5～10 分。 （2）氢气含氧量不达标，扣 5～10 分			
5.3	2.6.3 在氢站或氢气系统附近进行明火作业时，应有严格的管理制度，并应办理一级动火工作票	20	【涉及专业】化学 在氢站或氢气系统附近进行明火作业时，应有严格的管理制度，并应办理一级动火工作票，防止氢气爆炸	查阅相关管理制度及动火工作票	（1）未制定氢站或氢气系统附近进行明火作业的管理制度，扣 10 分。 （2）进行明火作业时，未办理一级动火工作票，扣 20 分			
5.4	2.6.4 制氢场所应按规定配备足够的消防器材，并按时检查和试验	20	【涉及专业】化学 （1）根据 GB 50140—2005《建筑灭火器配置设计规范》，制氢站配备的灭火器应选择磷酸铵盐干粉灭火器、碳酸氢钠干粉灭火器、二氧化碳灭火器或卤代烷灭火器。灭火器的数量应满足第 7 章"灭火器配置设计计算"的要求。 （2）应保证消防器材在使用年限内，每年应至少对消防器材进行一次全面检验	查看氢站消防器材的配备情况、使用年限、检验记录	（1）氢站配备的消防器材选型不当、数量不足，或有器材不能正常使用，扣 20 分。 （2）未定期进行消防器材检验或消防器材超过使用年限，扣 10 分			

编号	二十五项重点要求内容	标准分	评价要求	评价方法	评分标准	扣分	存在问题	改进建议
5.5	2.6.5 密封油系统平衡阀、压差阀必须保证动作灵活、可靠，密封瓦间隙必须调整合格	10	【涉及专业】汽轮机 防止发电机进油、漏氢、氢气纯度下降	查看现场，查阅设计文件、检修文件	（1）密封油系统平衡阀、压差阀发生卡涩、泄漏现象，扣10分。 （2）发生发电机进油，漏氢超标，氢气纯度下降超标现象，扣10分。 （3）密封瓦间隙大，发生漏油、漏氢现象，扣10分			
5.6	2.6.6 空气、氢气侧各种备用密封油泵应定期进行联动试验	10	【涉及专业】汽轮机 定期试验保证密封油压力，密封油油氢压差值在合适范围内，定期试验周期一般为半个月或一个月，也可结合机组启动时联锁保护试验进行	查看现场，查阅定期试验报告（记录）	（1）定期试验未包括空气、氢气侧各种备用密封油泵联动试验内容，扣10分。 （2）定期试验后，未编写试验报告（记录），扣8分。 （3）联动试验不合格，且未及时对故障设备进行检修的，扣10分			
6	2.7 防止输煤皮带着火事故	100	【涉及专业】锅炉，共4条 电力输煤系统大多用栈桥输送方式运输，这种方式因空间狭小、位置高、设备集中、廊道窜风效应大，会带来输煤系统着火初期不易发现，产生明火后发展迅速，扑救困难等特点。输煤皮带着火大多由堆积在输煤系统、辅助设备、电缆排架等各处的积粉自燃等原因引起，要加强输煤系统设备设施积粉的日常清扫和巡查、检查工作，建立完善的工作制度					
6.1	2.7.1 输煤皮带停止上煤期间，也应坚持巡视检查，发现积煤、积粉应及时清理	25	【涉及专业】锅炉 （1）在输煤皮带停止上煤期间，及时发现并清理掉积煤、积粉是防止输煤皮带着火的必要措施。 （2）对于输煤系统的吸尘方式采用电除尘的，应密切监视除尘器的运行状态，防止积煤、积粉导致电除尘内部短路着火。	检查输煤皮带间管理制度，查阅运行检修记录，查看现场输煤皮带间及输煤系统电除尘器	（1）管理制度无输煤皮带停止上煤期间清理积煤、积粉相关措施，扣25分。 （2）输煤皮带停止上煤期间，因积煤、积粉自燃引起输煤皮带着火，扣25分。 （3）停止上煤期间，输煤皮带的积煤、积粉未及时清理，每发现一处扣5分。			

编号	二十五项重点要求内容	标准分	评价要求	评价方法	评分标准	扣分	存在问题	改进建议
6.1		25	（3）输煤皮带停止上煤期间，托辊不转易剧烈摩擦生热，长时间未处理易引燃皮带，应加强运行期间的巡视检查，发现卡涩及时处理		（4）除尘器异常运行而未采取处理措施，扣 10 分；由于积粉、积煤导致除尘器内部着火故障，扣 25 分。 （5）皮带托辊停转未及时处理，每发现一次扣 5 分			
6.2	2.7.2 煤垛发生自燃现象时应及时扑灭，不得将带有火种的煤送入输煤皮带	25	【涉及专业】锅炉 自燃的煤被送到输煤及研磨设备，易造成燃烧和爆炸事故。因此，电厂应制定完善的煤垛管理制度，若煤垛发生自燃现象，应及时扑灭，防止带有火种的煤送入下游的输煤皮带引发着火事故	查看现场，查阅煤垛管理制度、运行检修记录	（1）管理制度无应对煤垛自燃的安全措施，扣 25 分。 （2）带有火种的煤未被扑灭送入输煤带，扣 25 分。 （3）煤垛有自燃现象未采取措施及时扑灭的，每发现一处扣 5 分			
6.3	2.7.3 燃用易自燃煤种的电厂必须采用阻燃输煤皮带	25	【涉及专业】锅炉 按照 DL/T 5187.1—2016《火力发电厂运煤设计技术规范 第 1 部分：运煤系统》第 6.2.16 条要求：输送褐煤及高挥发分、易自燃煤种时，应采用阻燃输送带	查看燃用煤质情况，查阅输煤系统设备说明书	电厂燃用易自燃煤种而未采用阻燃输煤皮带，扣 25 分			
6.4	2.7.4 应经常清扫输煤系统、辅助设备、电缆排架等各处的积粉	25	【涉及专业】锅炉 挥发分较高的煤种更易发生积粉自燃，自燃后会烧损输煤皮带、烧坏输煤栈桥等输煤系统设备及附近的其他设施。电厂应经常清扫输煤系统、辅助设备、电缆排架等各处的积粉，防止因积粉自燃引发的着火事故	查阅输煤系统管理制度，查看现场输煤皮带间的积粉情况	（1）管理制度无清扫积粉相关规定或措施，扣 25 分。 （2）现场发现输煤系统、辅助设备、电缆排架等各处积粉严重且未及时清理，扣 10～25 分			
7	2.8 防止脱硫系统着火事故	100	【涉及专业】环保、电气一次，共 7 条 HJ 179—2018《石灰石石灰-石膏湿法烟气脱硫工程通用技术规范》第 7.2.3 条规定：非金属材料主要可选用玻璃鳞片树脂、无溶剂树脂陶瓷、玻璃钢、塑料、橡胶、陶瓷类用于防腐蚀和磨损。脱硫系统喷淋层、浆液管道、箱罐普遍采用玻璃钢，净烟气、低温原烟气段、吸收塔、浆液箱罐等内衬普遍采					

编号	二十五项重点要求内容	标准分	评价要求	评价方法	评分标准	扣分	存在问题	改进建议
7		100	用玻璃鳞片树脂，除雾器的材质普遍采用聚丙烯，衬胶施工使用的丁基类胶水等都是易挥发、燃点较低的物质。近几年国内在脱硫系统的施工过程中已多次发生火灾事故，应引以为鉴					
7.1	2.8.1　脱硫防腐工程用的原材料应按生产厂家提供的储存、保管、运输特殊技术要求，入库储存分类存放，配置灭火器等消防设备，设置严禁动火标志，在其附近5m范围内严禁动火；存放地应采用防爆型电气装置，照明灯具应选用低压防爆型	30	【涉及专业】环保、电气一次 （1）在脱硫系统的建设、改造、检修等施工过程中，依据 GB 26164.1—2010《电业安全工作规程》及 DL 5009.1—2014《电力建设安全工作规程　第1部分：火力发电》要求，制定改造方案（检修文件包、施工方案）和防止火灾措施。 （2）DL 5009.1—2014《电力建设安全工作规程　第1部分：火力发电》第 4.14.2 条规定防腐应符合下列要求：脱硫防腐施工进入塔、罐内作业前，应检查使用的电气线缆完好；玻璃鳞片施工时，施工现场及周边严禁动火，严禁在设备和烟道内、外壁进行焊接、切割、打磨等能产生明火的作业；临时建筑及仓库的设计应符合 GB 50016—2018《建筑防火设计规范》的规定；库房应通风良好，配置足够的消防器材，设置"严禁烟火"警示牌，严禁住人。 （3）方案、措施内容全面，应包含"按照脱硫防腐工程用的原材料生产厂家提供的储存、保管、运输特殊技术要求，入库储存分类存放，配置灭火器等消防设备，设置'严禁动火'标志，在其附近5m范围内严禁动火；采用防爆型工具、装置、控制开关，照明应选用12V防爆灯具；检修电源应采用漏电保护器，电源线必须使用软橡胶电缆，不能有接头"等内容，并在施工过程中严格实施	查看施工现场，查阅近三年C修及C修以上检修的检修文件包、改造方案、措施、实施记录等	（1）未制定改造方案和防止火灾措施，扣30分。 （2）已制定改造方案和防止火灾措施内容不全面，缺少"库房、消防器材、'严禁烟火'警示牌"内容，每缺少一项扣5分。 （3）改造方案和防止火灾措施缺少"采用防爆型工具、装置、控制开关，照明应选用12V防爆灯具；检修电源应采用漏电保护器，电源线必须使用软橡胶电缆"内容，每缺少一项扣5分			

编号	二十五项重点要求内容	标准分	评价要求	评价方法	评分标准	扣分	存在问题	改进建议
7.2	2.8.2 脱硫原、净烟道，吸收塔，石灰石浆液箱、事故浆液箱、滤液箱、衬胶管、防腐管道（沟）、集水箱区域或系统等动火作业时，必须严格执行动火工作票制度，办理动火工作票	10	【涉及专业】环保 （1）DL 5009.1—2014《电力建设安全工作规程 第1部分：火力发电》第7.2.6条规定脱硫系统试运应符合下列要求：所有衬胶、涂磷的防腐设备上（脱硫塔、球磨机、衬胶泵、烟道、箱罐、管道等），不得进行明火作业。确需进行作业时，应有防止火灾的专项安全技术措施。 （2）动火作业现场应接引好消防水带，消防水压力应合格，并保证消防水随时可用。 （3）动火作业必须办理一级动火工作票，并按照要求做好安全措施。按一级动火要求，安全监察部门等相关人员必须到场。 （4）动火作业开工前停止其他无关作业，避免交叉作业	查看施工现场，查阅动火工作票，检查除雾器冲洗水系统状态	（1）未办理动火工作票扣10分。 （2）动火工作票未按一级动火工作票办理，扣5分；动火工作票内容不全面，措施不完善，扣1～5分。 （3）动火作业现场消防水未能可靠备用，扣5分。 （4）动火施工现场有交叉作业，扣5分			
7.3	2.8.3 脱硫防腐施工、检修时，检查人员进入现场除按规定着装外，不得穿带有铁钉的鞋子，以防止产生静电引起挥发性气体爆炸；各类火种严禁带入现场	15	【涉及专业】环保 （1）脱硫防腐施工、检修时，检查人员进入现场，必须依据GB 26164.1—2010《电力安全生产工作规程 第1部分：热力和机械》规定着装，穿棉质服装，禁止使用合成纤维或毛织品工作服及擦布，避免静电产生火花，禁止穿带钉子的鞋。 （2）工作面应采用防火花材料铺筑。 （3）DL 5009.1—2014《电力建设安全工作规程 第1部分：火力发电》第4.14.2条规定：蓄电池室、脱硫塔、氨区、氢区、油区等危险区域，应悬挂"严禁烟火"等警示标识，严禁带入任何火种（如打火机等）。 （4）做好现场出入登记签名记录及火种交出记录	查看施工现场，查阅检修规程（方案、措施等）、出入现场记录等	（1）检修规程（方案、措施等）内容中着装要求不全面，每缺少一项扣3分。 （2）施工现场人员着装不规范，扣5分。 （3）施工现场工作面不符合要求，扣5分。 （4）无现场出入登记签名记录及火种交出记录扣5分，记录内容不全面扣1～5分			

编号	二十五项重点要求内容	标准分	评价要求	评价方法	评分标准	扣分	存在问题	改进建议
7.4	2.8.4 脱硫防腐施工、检修作业区，现场应配备足量的灭火器；防腐施工面积在10m²以上时，防腐现场应接引消防水带，并保证消防水随时可用	10	【涉及专业】环保 （1）按照 GB 50140—2005《建筑灭火器配置设计规范》要求，脱硫防腐施工、检修作业区，现场应配备足量的灭火器（灭火器数量的确定依据 $N=a/r*b/r$ 计算得出，其中 a 为计算单元长，b 为计算单元宽，r 为消防器材的最大保护距离）。 （2）防腐现场应接引好消防水带，消防水压力应合格，并保证消防水随时可用。 （3）制定防火措施或应急预案	查看施工现场，查阅防火措施或应急预案	（1）未制定防火措施或应急预案，扣10分。 （2）施工现场未配置灭火器及接引消防水带，扣10分；消防器材不足，扣3分。 （3）消防水不能做到随时可用，扣3分			
7.5	2.8.5 脱硫防腐施工、检修作业区 5m 范围设置安全警示牌并布置警戒线，警示牌应挂在显著位置，由专职安全人员现场监督，未经允许不得进入作业场地	10	【涉及专业】环保 （1）DL 5009.1—2014《电力建设安全工作规程 第 1 部分：火力发电》第 4.14.2 条规定：蓄电池室、脱硫塔、氨区、氢区、油区等危险区域，应悬挂"严禁烟火"等警示标识，严禁带入任何火种。脱硫防腐施工、检修作业区 5m 范围设置安全警示牌并布置警戒线，并设置醒目的"禁止烟火"标志。 （2）防腐施工时严禁在该区域打磨、动火、吸烟及其他无关工作。 （3）有专职安全人员现场监督，未经允许不得进入作业场地	查看施工现场，查阅方案、措施、检修规程以及相关记录	（1）方案、措施、检修规程无相关内容，扣10分。 （2）施工现场未设置安全警示牌和警戒线扣5分，施工现场 5m 范围内出现打磨、动火、吸烟及其他无关工作，扣5分。 （3）施工现场无专职安全人员现场监督，扣5分；无出入登记记录，扣5分；存在未经允许进入作业场地的情况，扣5分			
7.6	2.8.6 吸收塔和烟道内部防腐施工时，至少应留2个以上出入孔，并保持通道畅通；至少应设置2台防爆型排风机进行强制通风，作业人员应戴防毒面具	10	【涉及专业】环保 （1）DL 5009.1—2014《电力建设安全工作规程 第 1 部分：火力发电》第 4.14 条规定：防腐施工时作业人员应按规定佩戴防护面具；脱硫防腐施工：在塔、罐内进行油漆、防腐作业时，应强制通风；环氧树脂、玻璃鳞片、喷涂聚脲作业时，应设排风装置，保持通风良好；人应站在上风方向，并戴防毒	查看施工现场，查阅方案、措施或检修规程	（1）方案、措施、检修规程无相关内容扣10分；内容不全面，扣1～5分。 （2）施工现场未按要求保证 2 个以上出入口，扣5分。 （3）施工现场未设置2台防爆型排风机进行强制通风，扣3分；施工现场作业人员未佩戴防毒面具，扣3分			

编号	二十五项重点要求内容	标准分	评价要求	评价方法	评分标准	扣分	存在问题	改进建议
7.6		10	口罩及橡皮手套；作业面周围严禁使用明火，并配备消防设施。第 7.2.6 条规定：作业人员进入脱硫系统增压风机、烟气换热器、脱硫塔、烟道前，应充分通风换气、排水，严禁进入空气不流通的作业场所进行工作。 （2）吸收塔和烟道内部防腐施工应至少打开吸收塔两个以上出入口，确保吸收塔内以及烟道内通风顺畅，防止易燃易爆气体积聚。 （3）至少设置 2 台防爆型排风机进行强制通风，作业人员应佩戴防毒面具					
7.7	2.8.7 脱硫塔安装时，应有完整的施工方案和消防方案，施工人员须接受过专业培训，了解材料的特性，掌握消防灭火技能；施工场所的电线、电动机、配电设备应符合防爆要求；应避免安装和防腐工程同时施工	15	【涉及专业】环保、电气一次 （1）依据 GB 26164.1—2010《电业安全工作规程 第 1 部分：热力和机械》及 DL 5009.1—2014《电力建设安全工作规程 第 1 部分：火力发电》要求，制定改造方案（检修文件包）和防止火灾措施。 （2）脱硫塔施工作业项目应有施工方案或作业指导书，经审批后实施。对所有施工人员进行具体的施工安全技术措施交底并签字，确保施工人员切实掌握材料的特性，掌握消防灭火技能。 （3）施工场所的电线、电动机、配电设备应符合防爆要求。与吸收塔相通的防腐管道、烟道的膨胀节、软连接等部位附近的电缆应涂刷足够长度的防火涂料，其电缆桥架盖板齐全，封堵严密。 （4）电缆桥架、电动执行机构附近的膨胀节、软连接、PP 管等可燃部分，应采取加装防护罩等防火隔离措施，防止电缆、电动机接线短路着火，引发吸收塔火灾。	查看施工现场，查阅施工方案和消防方案，查阅施工人员培训记录	（1）无施工方案和消防方案，扣 15 分；内容不完善，扣 1～15 分。 （2）施工人员无培训记录，扣 10 分。 （3）施工场所的电线、电动机、配电设备不符合防爆要求，每项扣 3 分。 （4）电缆桥架、电动执行机构附近的膨胀节、软连接、PP 管等可燃部分，未采取加装防护罩等防火隔离措施，每项扣 3 分。 （5）安装和防腐工程同时施工，扣 10 分			

编号	二十五项重点要求内容	标准分	评价要求	评价方法	评分标准	扣分	存在问题	改进建议
7.7		15	（5）避免安装和防腐工程同时施工。在吸收塔内安装工作未完工前，严禁防腐材料进入吸收塔内。进一步检查确定周围无任何火源、需要防腐的部位处于常温，无其他易燃物品，打磨和电焊工具电源拆除并移走，方可按照玻璃树脂鳞片的施工工艺和安全要求实施防腐工作。同时，消防人员在场并准备好相应的消防器材					
8	**2.9　防止氨系统着火爆炸事故**	100	【涉及专业】环保、热工、电气一次、金属，共10条 GB 50160—2008《石油化工企业设计防火规范》中，液氨的火灾危险性分类定性为乙类第A项。据《安全工程大辞典》，常压、常温下空气中氨气爆炸极限：15.7%～27.4%（体积）。燃煤电厂中的氨气主要用于脱硝系统的还原剂，以液氨形式贮存于氨站。按照GB 18218—2018《危险化学品重大危险源辨识》临界量10t以上的氨（液氨、氨气）属于重大危险源，火电厂的氨站一般是重大危险源					
8.1	2.9.1　健全和完善氨制冷和脱硝氨系统运行与维护规程	15	【涉及专业】环保 （1）严格执行国能安全〔2014〕328号《燃煤电厂液氨罐区安全管理规定》，不断完善运行规程、检修规程等氨区安全管理制度，并定期审核、修订，保证其有效性。	查阅运行规程、检修规程、应急预案、反事故演练记录	（1）脱硝氨系统运行规程、检修规程、液氨泄漏应急预案缺少一项扣10分。 （2）运行规程、检修规程内容不全面，未依据设备改造及时更新完善，扣5分。			

编号	二十五项重点要求内容	标准分	评价要求	评价方法	评分标准	扣分	存在问题	改进建议
8.1		15	（2）依据集团公司《电厂液氨运输、接卸安全管理规定》，结合电厂的实际情况，制定本厂的氨系统运行与维护规程，并及时更新、完善。 （3）依据集团公司《液氨泄漏事件应急预案》，结合电厂的实际情况，制定电厂《液氨泄漏事件应急预案》及现场处置方案。定期开展应急预案演练或反事故演练		（3）液氨泄漏应急预案及现场处置方案内容不全面，可操作性不强，未开展应急预案演练或反事故演练，扣5分			
8.2	2.9.2 进入氨区，严禁携带手机、火种，严禁穿带铁掌的鞋，并在进入氨区前进行静电释放	10	【涉及专业】环保、电气一次 （1）国能安全〔2014〕328号《燃煤发电厂液氨罐区安全管理规定》第八条规定：氨区大门入口处应装设静电释放装置。静电释放装置地面以上部分高度宜为1m，底座应与氨区接地网干线可靠连接。氨区入口处设置静电消除装置，宜采用不锈钢管配空心球形式，地面以上部分高度为1m，底座应与氨区接地网干线可靠连接，进入氨区前进行静电释放，消除人体静电。 （2）国能安全〔2014〕328号《燃煤发电厂液氨罐区安全管理规定》第二十四条规定：进入氨区应先触摸静电释放装置，消除人体静电并按规定进行登记。禁止无关人员进入氨区，禁止携带火种或穿着可能产生静电的衣服和带钉子的鞋进入氨区。 （3）DL/T 335—2010《火电厂烟气脱硝（SCR）系统运行技术规范》第9.2.5条规定：还原剂制备区外宜设置火种箱、静电触摸板，出入氨区必须进行登记记录，禁止携带如打火机等一切火种。无线通信工具应关机并存放在指定地点	查看现场，查阅出入氨区登记记录	（1）未设置静电消除装置或静电消除装置接地不合格，扣5分；静电消除装置未定期检测，扣2分。 （2）未设置通信设备及火种存储箱扣3分，发现进入氨区前未进行静电释放扣3分，发现氨区人员未按要求着装扣3分。 （3）未按要求进行出入登记并交出手机、火种，扣3分			

编号	二十五项重点要求内容	标准分	评价要求	评价方法	评分标准	扣分	存在问题	改进建议
8.3	2.9.3 氨压缩机房和设备间应使用防爆型电器设备，通风、照明良好	10	【涉及专业】环保、电气一次 （1）国能安全〔2014〕328号《燃煤发电厂液氨罐区安全管理规定》第七条规定：氨区电气设备应满足GB 50058—2014《爆炸危险环境电力装置设计规范》，符合防爆要求。氨区所有电气设备、远程仪表、执行机构、热控盘柜等均应选用相应等级的防爆设备，防爆结构选用隔膜防爆型Ex-d，防爆等级不低于ⅡAT1。 （2）氨区应保持良好的通风和照明	查看现场	（1）氨区电气设备、远程仪表、执行机构、热控盘柜等未使用防爆设备，每项扣5分，防爆等级不够每项扣3分。 （2）氨区照明设备故障未及时修复，扣3分			
8.4	2.9.4 液氨设备、系统的布置应便于操作、通风和事故处理，同时必须留有足够宽度的操作空间和安全疏散通道	10	【涉及专业】环保 氨区设备、系统的布置应满足GB 50058—2014《爆炸危险环境电力装置设计规范》中"3.1.3 在爆炸性气体环境中应采取下列防止爆炸的措施"、GB 50160—2008《石油化工企业设计防火规范》中"表 5.2.1 设备、建筑物平面布置的防火间距（m）"的相关要求，必须留有足够宽度的操作空间和安全疏散通道，便于操作、通风和事故处理	查看现场	（1）未留有足够宽度的操作空间，扣5分。 （2）无安全疏散通道，扣5分			
8.5	2.9.5 在正常运行中会产生火花的氨压缩机启动控制设备、氨泵及空气冷却器（冷风机）等动力装置的启动控制设备不应布置在氨压缩机房中。库房温度遥测、记录仪表等不宜布置在氨压缩机房内	10	【涉及专业】环保、热工 （1）氨站设计应满足GB 50058—2014《爆炸危险环境电力装置设计规范》中"3.1.3 在爆炸性气体环境中应采取下列防止爆炸的措施"相关要求，氨压缩机启动控制设备、氨泵及空气冷却器（冷风机）等动力装置的启动控制设备应布置在通风良好的空间，不应布置在氨压缩机房中。 （2）库房温度遥测、记录仪表等不宜布置在氨压缩机房内	查看现场	（1）氨压缩机启动控制设备、氨泵及空气冷却器（冷风机）等动力装置的启动控制设备布置在氨压缩机房中，扣10分。 （2）库房温度遥测、记录仪表等布置在氨压缩机房内，扣5分			

编号	二十五项重点要求内容	标准分	评价要求	评价方法	评分标准	扣分	存在问题	改进建议
8.6	2.9.6 在氨罐区或氨系统附近进行明火作业时，必须严格执行动火工作票制度，办理动火工作票；氨系统动火作业前、后应置换排放合格；动火结束后，及时清理火种。氨区内严禁明火采暖	10	【涉及专业】环保 （1）GB 26164.1—2010《电业安全工作规程 第1部分：热力和机械》第9.7条规定：储氨罐、以氨为介质设备、氨输送管道及阀门等动火检修时，必须使用动火工作票。在检修前必须做好可靠的隔绝措施，对设备管道等用惰性气体进行充分的置换，经检验合格后方可动火检修。 （2）国能安全〔2014〕328号《燃煤发电厂液氨罐区安全管理规定》第三十四条规定：氨区及周围30m范围内动用明火或可能散发火花的作业，应办理动火工作票，在检测可燃气体浓度符合规定后方可动火。 （3）氨区内进行明火作业时，必须严格执行动火工作票制度，办理一级动火工作票。按一级动火要求，安全监察部门等相关人员必须到场，做好安全措施。 （4）氨系统动火作业前后应用氮气进行置换吹扫，直至合格后方可进行动火作业。同时，消防人员在场并准备好相应的消防器材。应每隔2~4h测定一次现场可燃气体的含量是否合格，当发现不合格或异常升高时应立即停止动火，在未查明原因或排除险情前不得重新动火。 （5）动火结束后，及时清理火种。 （6）氨区内严禁明火采暖	查看现场，查阅施工方案或检修规程、动火工作票	（1）未办理动火工作票，扣10分；氨区内动火工作票未按一级动火票办理，扣5分。 （2）动火工作票内容不全面，动火前、后措施不完善，扣1~5分；施工方案或检修规程相关内容不全面，扣5分。 （3）动火过程，相关人员未按规定到场监护，扣5分。 （4）动火前未进行氮气置换吹扫扣5分，动火前及动火过程未按要求检测可燃气体浓度扣5分，每隔2~4h未测定现场可燃气体的含量扣3分。 （5）动火结束后，没有及时清理火种，扣5分。 （6）在氨区采用明火取暖的扣5分			
8.7	2.9.7 氨储罐区及使用场所，应按规定配备足够的消防器材、氨泄漏检测器和视频监控系统，并按时检查和试验	10	【涉及专业】环保、热工 （1）国能安全〔2014〕328号《燃煤发电厂液氨罐区安全管理规定》第十二条规定：氨区宜设置消防水炮，消防水炮应采用直流/	查看现场，查阅运行、检修规程	（1）未配备足够的消防器材，扣10分。 （2）未配备氨泄漏检测仪，扣10分。 （3）氨泄漏检测仪配置数量不够，每缺少一个扣2分。			

编号	二十五项重点要求内容	标准分	评价要求	评价方法	评分标准	扣分	存在问题	改进建议
8.7		10	喷雾两用，能够上下左右调节，位置和数量以覆盖可能泄漏点确定。 （2）液氨储罐组围墙外应布置不少于3只室外消火栓，消火栓间距应根据保护范围计算确定，不宜超过30m。 （3）喷淋水应取自高压消防水系统，室外消火栓用水应取自低压消防水系统。 （4）国能安全〔2014〕328号《燃煤发电厂液氨罐区安全管理规定》第十四条规定：氨区应设置事故报警系统和氨气泄漏检测装置。液氨储存罐、蒸发区及卸料区应分别设置氨气泄漏检测仪（至少6个氨气泄漏检测仪：液氨储存区、卸氨槽车区、卸料压缩机区、液氨蒸发器区、气氨缓冲罐区）并定期检验或比对（至少每半年一次）。氨气泄漏检测仪检测并显示空气中氨气的浓度，在超限时发出报警及启动自动喷淋水装置。氨泄漏检测报警值为15mg/m³，保护动作值为30mg/m³。 （5）国能安全〔2014〕328号《燃煤发电厂液氨罐区安全管理规定》第十三条规定：氨区应设置能覆盖生产区的视频监视系统，视频监视系统应传输到本单位控制室（或值班室）。同时传输到消防值班室		（4）氨泄漏检测仪未按要求开展定期校验或比对，扣5分。 （5）氨区未设置视频监视系统扣10分，视频监视系统未传输到本单位控制室（或值班室）扣5分			
8.8	2.9.8 氨储罐的新建、改建和扩建工程项目应进行安全性评价，其防火、防爆设施应与主体工程同时设计、同时施工、同时验收投产	10	【涉及专业】环保 （1）《中华人民共和国安全生产法》第二十八条规定：生产经营单位新建、改建、扩建工程项目的安全设施，必须与主体工程同时设计、同时施工、同时投入生产和使用。第二十九条规定：矿山、金属冶炼建设项目和用于生产、储存、装卸危险物品的建设项目，应当按照国家有关规定进行安全评价。	查看现场，查阅安全性评价及验收资料	（1）未及时进行安全性评价，扣10分。 （2）氨储罐的防火、防爆设施未与主体工程同时设计、同时施工、同时验收投产，扣10分。 （3）氨储罐的防火、防爆设施在设计、施工、验收阶段有缺陷未及时整改，扣5分			

编号	二十五项重点要求内容	标准分	评价要求	评价方法	评分标准	扣分	存在问题	改进建议
8.8		10	（2）氨储罐的新建、改建和扩建工程项目应进行安全性评价，必须由工艺、排给水、消防专业共同设计，确保与罐体直接相联的阀门、法兰、液位计及仪表等可能发生泄漏的部位均在消防喷淋的覆盖范围内。 （3）氨储罐的防火、防爆设施应与主体工程同时设计、同时施工、同时验收投产					
8.9	新增：氨管道应按照《特种设备安全法》以及属地质量监督管理部门相关规定，办理相关手续，并定期开展监督检验	5	【涉及专业】金属 （1）氨管道按照属地质量监督管理部门办理相关手续，同时纳入厂内特种设备管理。 （2）建立相应台账，制订监督检验计划	查阅注册登记证书、技术台账、监督检验计划及报告	（1）未按照属地特种设备管理规定进行管理，扣 5 分。 （2）未建立氨管道的技术台账或未制定监督检验计划，扣 5 分			
8.10	新增：氨系统压力容器应按照 TSG 21—2016《固定式压力容器安全技术监察规程》的要求进行定期检验，并对相关安全附件开展定期校验工作	10	【涉及专业】金属 （1）氨系统压力容器，如储罐等，要严格按照《特种设备安全法》、TSG 21—2016《固定式压力容器安全技术监察规程》要求，进行登记注册，开展使用管理工作，建立使用管理台账。 （2）对氨系统压力容器开展定期检验、年度检查工作。 （3）开展对氨系统压力容器巡检，并进行记录。 （4）制定氨系统压力容器检修隔离措施、安全措施、技术措施等。 （5）对氨系统压力容器相关安全附件进行校验	查阅登记注册证书、技术台账，查看压力容器定期检验及年度检验报告，查阅巡检记录，查阅检修隔离措施、安全措施及技术措施，查看安全附件校验报告	（1）氨系统压力容器未进行登记注册，扣 10 分；未建立使用管理台账，扣 3 分。 （2）氨系统压力容器未开展定期检验工作，扣 10 分；未开展年度检验工作，扣 3 分。 （3）氨系统压力容器未开展巡检或无相应记录，扣 2 分。 （4）未制定氨储罐检修隔离措施、安全措施及技术措施等，扣 5 分。 （5）相关安全附件未进行校验，扣 5 分			

编号	二十五项重点要求内容	标准分	评价要求	评价方法	评分标准	扣分	存在问题	改进建议
9	**2.10 防止天然气系统着火爆炸事故**	100	**【涉及专业】燃气轮机、热工、金属，共19条** 天然气系统除针对燃气电站外，还见于燃煤火电厂天然气再燃和点火系统。天然气具有易燃易爆特性，故其火灾爆炸隐患应引起重视					
9.1	2.10.1 天然气系统的设计和防火间距应符合《石油天然气工程设计防火规范》（GB 50183—2004）的规定	6	**【涉及专业】燃气轮机** 天然气调压站及系统的设计应符合 GB 50183—2004《石油天然气工程设计防火规范》的规定，调压站方位、防火距离以及重要安全附件的配置应符合以下要求： （1）天然气区域布置应根据天然气站场、相邻企业和设施的特点及火灾危险性，结合地形与风向等因素，合理布置。天然气站场宜布置在城镇和居住区的全年最小频率风向的上风侧。在山区、丘陵地区建设站场，宜避开窝风地段。 （2）石油天然气站场与周围居住区、相邻厂矿企业、交通线等的防火间距，不应小于 GB 50183—2004《石油天然气工程设计防火规范》表 4.0.4 的规定。石油天然气站场与相邻厂矿企业的石油天然气站场毗邻建设时，其防火间距可按 GB 50183—2004 表 5.2.1、表 5.2.3 的规定执行。一、二、三、四级石油天然气站场内总平面布置的防火间距除另有规定外，应不小于 GB 50183—2004 表 5.2.1 的规定。石油天然气站场内的甲、乙类工艺装置、联合工艺装置的防火间距，应符合下列规定：	查阅设计资料，查看现场	（1）调压站与场内其他设施的布置不合理，未考虑全年最小频率风向及厂址地形影响的，扣 5 分。 （2）调压站与厂外建筑、调压站与厂内装置间的防火间距不符合要求，每项扣 3 分。 （3）进出天然气调压站的天然气管道未设置紧急切断阀和手动关断阀，或两个阀门之间未配置自动放散阀，扣 3 分。 （4）调压站及露天天然气前置模块未按规定设置避雷针或防雷接地装置，扣 3 分。 （5）天然气系统及管道未按要求设置防静电措施，每处扣 2 分			

编号	二十五项重点要求内容	标准分	评价要求	评价方法	评分标准	扣分	存在问题	改进建议
9.1		6	（a）装置与其外部的防火间距应按 GB 50183—2004 表 5.2.1 中甲、乙类厂房和密闭工艺设备的规定执行； （b）装置间的防火间距应符合表 5.2.2-1 的规定； （c）装置内部的设备、建（构）筑物间的防火间距，应符合表 5.2.2-2 的规定。 （3）在进出站场（或装置）的天然气总管上设置紧急截断阀，是确保事故时能迅速切断气源的重要措施。为确保原料天然气系统的安全和超压泄放，在进站场的天然气总管上的紧急截断阀前，应设置安全阀和泄压放空阀。 （4）避雷针或防雷接地装置设置应符合《石油天然气工程设计防火规范》第 9.2 条要求。 （5）天然气系统及管道防静电措施应符合《石油天然气工程设计防火规范》第 9.3 条要求					
9.2	2.10.2　天然气系统的新建、改建和扩建工程项目应进行安全评价，其防火、防爆设施应与主体工程同时设计、同时施工、同时验收投产	5	【涉及专业】燃气轮机 （1）《中华人民共和国安全生产法》第二十八条规定：生产经营单位新建、改建、扩建工程项目（以下统称建设项目）的安全设施，必须与主体工程同时设计、同时施工、同时投入生产和使用。 （2）第二十九条规定：矿山、金属冶炼建设项目和用于生产、储存、装卸危险物品的建设项目，应当按照国家有关规定进行安全评价。	查阅设计、安装、投产验收资料，查看现场	（1）天然气系统防火防爆设施未与主体工程同时设计、同时施工，同时验收投产，每项扣 2 分。 （2）未开展项目安全评价，扣 5 分；项目安全评价报告不完善，每项扣 1 分。 （3）天然气区域投入生产前未经当地消防部门验收合格，扣 5 分			

编号	二十五项重点要求内容	标准分	评价要求	评价方法	评分标准	扣分	存在问题	改进建议
9.2		5	（3）第三十一条规定：矿山、金属冶炼建设项目和用于生产、储存危险物品的建设项目竣工投入生产或者使用前，应当由建设单位负责组织对安全设施进行验收；验收合格后，方可投入生产和使用。安全生产监督管理部门应当加强对建设单位验收活动和验收结果的监督核查					
9.3	2.10.3 天然气系统区域应建立严格的防火防爆制度，生产区与办公区应有明显的分界标志，并设有"严禁烟火"等醒目的防火标志	5	【涉及专业】燃气轮机 要求电厂针对厂内天然气系统制定专门防火防爆制度，并按要求完善相关标志标识	查阅管理制度，查看现场标志标识	（1）未制定天然气系统防火防爆制度，扣5分；防火防爆制度不完善，扣1～2分。 （2）生产区与办公区没有明显的分界标志，扣2～3分。 （3）现场防火防爆标志不完善，每缺一项扣1分			
9.4	2.10.4 天然气爆炸危险区域，应按《石油天然气工程可燃气体检测报警系统安全技术规范》（SY 6503—2008）的规定安装、使用可燃气体检测报警器	6	【涉及专业】热工、燃气轮机 SY 6503—2008《石油天然气工程可燃气体检测报警系统安全技术技术规范》已更新为SY/T 6503—2016《石油天然气工程可燃气体检测报警系统安全规范》。 （1）电厂应在天然气调压站、前置模块、燃料模块、燃气轮机间等可能积聚可燃气体的区域设置可燃气体检测报警系统，报警信号应引至集控室。 （2）同时应为巡检人员配置便携式可燃气体检测报警器。可燃气体检测报警器应经检验合格。 （3）可燃气体检测报警器安装应符合SY/T 6503—2016《石油天然气工程可燃气体检测报警系统安全规范》第7条规定。	查阅设计安装资料、设备检验资料、设备说明书、检测报告，查看可燃气体报警器配置情况	（1）可燃气体检测器每缺少一处，扣4分。 （2）可燃气体报警信号未引至集控室，每处扣2分。 （3）巡检人员未配置便携式可燃气体检测报警器，扣5分。 （4）查看现场可燃气体检测器投入情况，安装不牢固、不准确或未投入，每处扣3分。 （5）可燃气体检测器未取得经国家指定机构或其授权检验单位相应的计量器具制造认证、防爆认证和消防认证，每个扣2分。 （6）已投用的可燃气体探测器检测周期超过一年或检测记录不全，每个扣2分			

编号	二十五项重点要求内容	标准分	评价要求	评价方法	评分标准	扣分	存在问题	改进建议
9.4		6	（4）电厂应根据 SY/T 6503—2016《石油天然气工程可燃气体检测报警系统安全规范》第 4.4 条规定，可燃气体检测器应取得经国家指定机构或其授权检验单位相应的计量器具制造认证、防爆认证和消防认证。生产企业应在说明书中明确产品的预期使用寿命。已投用的可燃气体探测器检测周期不应超过一年					
9.5	2.10.5　应定期对天然气系统进行火灾、爆炸风险评估，对可能出现的危险及影响应制定和落实风险削减措施，并应有完善的防火、防爆应急救援预案	5	【涉及专业】燃气轮机 要求电厂制定完善的天然气系统防火防爆应急救援预案，充分评估火灾、爆炸风险	查阅防火防爆、应急救援预案，风险评估清单	（1）天然气系统火灾爆炸风险评估不完善，每缺一项扣 1 分。 （2）未建立天然气系统防火防爆应急救援预案，扣 5 分			
9.6	2.10.6　天然气系统的压力容器使用管理应按《特种设备安全监察条例》（国务院令第 549 号）的规定执行	5	【涉及专业】燃气轮机、金属 （1）天然气系统内的压力容器，如储罐，要严格按照《特种设备安全法》、TSG 21—2016《固定式压力容器安全技术监察规程》要求，开展天然气系统的压力容器使用管理工作，建立使用管理台账。 （2）对天然气系统压力容器开展定期检验、年度检查工作。 （3）开展对天然气系统压力容器巡检，并进行记录。 （4）按要求对天然气系统压力容器进行登记注册	查阅压力容器使用管理档案、使用登记证、定期检验报告、巡检记录等	（1）未建立天然气系统压力容器使用管理台账，扣 5 分。 （2）未按要求对天然气系统压力容器定期检验或年度检查，扣 5 分。 （3）无天然气系统压力容器巡检记录，扣 2 分。 （4）天然气系统压力容器未注册，扣 5 分			

编号	二十五项重点要求内容	标准分	评价要求	评价方法	评分标准	扣分	存在问题	改进建议
9.7	2.10.7 天然气系统中设置的安全阀，应做到启闭灵敏，每年至少委托有资格的检验机构检验、校验一次。压力表等其他安全附件应按其规定的检验周期定期进行校验	6	【涉及专业】燃气轮机、金属 （1）天然气管道安全阀及其他安全附件检验、校验应按要求制定检验、校验计划，按《特种设备安全法》第三十九条规定："特种设备使用单位应当对其使用的特种设备的安全附件、安全保护装置进行定期校验、检修，并作出记录。 （2）建立相关技术台账。 （3）天然气系统中泄压与放空装置的配置应符合 GB 50183—2004《石油天然气工程设计防火规范》第 6.8 条和 GB/T 36039—2018《燃气电站天然气系统安全生产管理规范》第 4.2 条要求	查阅设计资料和安全阀、压力表等其他安全附件的台账及校验报告、查看现场	（1）天然气系统安全阀未按要求定期检验，扣 5 分。 （2）未建立技术台账，扣 3 分。 （3）天然气系统安全阀有卡涩或泄漏问题未做检修更换处理，每项扣 3 分。 （4）天然气系统的压力表未列为强制计量校验表计，或未按规定周期进行强检，扣 6 分。 （5）天然气调压站内安全阀的泄放气体未引入同级压力的放空管线，扣 3 分			
9.8	2.10.8 在天然气管道中心两侧各 5m 范围内，严禁取土、挖塘、修渠、修建养殖水场、排放腐蚀性物质、堆放大宗物资、采石、建温室、垒家畜棚圈、修筑其他建筑（构）物或者种植深根植物，在天然气管道中心两侧或者管道设施场区外各 50m 范围内，严禁爆破、开山和修建大型建（构）筑物	5	【涉及专业】燃气轮机 明确了厂内、厂外天然气管道周围的要求，应定期（每周）巡查天然气管线，对天然气管线中心两侧违规情况及时清除	查阅设计资料、巡查记录，查看天然气管道情况	（1）未定期巡查天然气管线，扣 2 分。 （2）天然气管道周围存在不符合规定的情况，每项扣 2 分			
9.9	2.10.9 天然气爆炸危险区域内的设施应采用防爆电器，其选型、安装和电气线路的布置应按《爆炸和火灾危险环境电力装置设计规范》（GB 50058）执行，爆炸	5	【涉及专业】燃气轮机 天然气爆炸危险区域内的电气设备应满足 GB 50058—2014《爆炸和火灾危险环境电力装置设计规范》的以下要求： （1）爆炸性环境内电气设备保护级别的选择应符合 GB 50058—2014《爆炸和火灾危	查阅设计资料，查看现场	（1）天然气危险爆炸区域内的设施未采用防爆电器，扣 5 分；天然气危险爆炸区域电气设备的防爆等级不符合要求，每项扣 2 分。 （2）天然气爆炸危险区域电缆、导线不符合设计要求，每项扣 2 分			

编号	二十五项重点要求内容	标准分	评价要求	评价方法	评分标准	扣分	存在问题	改进建议
9.9	危险区域内的等级范围划分应符合《石油设施电器装置场所分类》（SY/T 0025）的规定	5	险环境电力装置设计规范》表 5.2.2-1 的规定。电气设备保护级别（EPL）与电气设备防爆结构的关系应符合 GB 50058—2014《爆炸和火灾危险环境电力装置设计规范》表 5.2.2-2 的规定。 （2）爆炸性环境电缆配线的技术要求应符合 GB 50058—2014《爆炸和火灾危险环境电力装置设计规范》表 5.4.1-1 的规定。 （3）天然气爆炸危险区域内的设施应采用防爆电器					
9.10	2.10.10 天然气区域应有防止静电荷产生和集聚的措施，并设有可靠的防静电接地装置	6	【涉及专业】燃气轮机 （1）静电火花是导致天然气着火爆炸的重要诱因，应采取基本的防静电措施。设备接地是最重要的措施之一。 （2）依据 GB/T 36039—2018《燃气电站天然气系统安全生产管理规范》第 5.5 条要求，防静电接地装置每年检测不得少于一次。 （3）天然气区域防止静电荷产生和集聚的措施设置应符合 GB 50183—2004《石油天然气工程设计防火规范》第 9.3 条要求	查阅设计资料，查看现场	（1）天然气系统无防静电接地，扣 6 分。 （2）防静电接地装置安装部位不全，每处扣 2 分。 （3）防静电接地装置安装不牢靠、损坏，每处扣 2 分。 （4）防静电接地装置的接地电阻不符合标准要求，每处扣 2 分。 （5）防静电接地装置，每年检测不得少于一次，未做到的，扣 2 分。 （6）在天然气调压站等重要区域的防静电接地装置处未设置使用提示或说明，每处扣 1 分			
9.11	2.10.11 天然气区域的设施应有可靠的防雷装置，防雷装置每年应进行两次监测（其中在雷雨季节前监测一次），接地电阻不应大于 10Ω	5	【涉及专业】燃气轮机 （1）天然气区域设施的防雷装置配置应符合 GB 50183—2004《石油天然气工程设计防火规范》第 9.3 条要求。 （2）严格按照二十五项重要要求内容监测防雷装置，确保指标合格	查阅设计资料、检测报告，查看现场	（1）未设防雷装置，扣 5 分。 （2）防雷装置未定期监测，扣 3 分。 （3）防雷接地装置检测结果不合格，每次扣 2 分			

编号	二十五项重点要求内容	标准分	评价要求	评价方法	评分标准	扣分	存在问题	改进建议
9.12	2.10.12 连接管道的法兰连接处，应设金属跨接线（绝缘管道除外），当法兰用5副以上的螺栓连接时，法兰可不用金属线跨接，但必须构成电气通路	5	【涉及专业】燃气轮机 天然气管道系统以及不能保持良好接触的弯头等管道连接处，应采用金属导体跨接牢固	查看现场	（1）未按要求采用金属跨接，每处扣1分。 （2）金属管路中间非导体管路段，未做屏蔽保护，每处扣1分。 （3）非导体管路上的金属件未跨接、接地，每处扣1分			
9.13	2.10.13 在天然气易燃易爆区域内进行作业时，应使用防爆工具，并穿戴防静电服和不带铁掌的工鞋。禁止使用手机等非防爆通信工具	5	【涉及专业】燃气轮机 规定了检修时工器具、工作服、通信工具等的要求	查阅检修维护规程、安全管理制度，检修记录	（1）天然气系统内作业时未使用防爆工具或天然气系统区域内存放非防爆工具，扣5分。 （2）进入天然气区域未穿不带铁掌的工鞋，扣5分。 （3）在天然气系统内使用非防爆通信工具，扣5分			
9.14	2.10.14 机动车辆进入天然气系统区域，排气管应带阻火器	5	【涉及专业】燃气轮机 对进入天然气系统机动车的要求	查阅安全管理制度，查看现场	机动车进入天然气区域时，未带阻火器，扣5分			
9.15	2.10.15 天然气区域内不应使用汽油、轻质油、苯类溶剂等擦地面、设备和衣物	5	【涉及专业】燃气轮机 对天然气区域使用物品的要求	查阅安全管理制度，查看现场	发现天然气区域使用汽油、轻质油、苯类溶剂等擦地面、设备和衣物，扣5分			
9.16	2.10.16 天然气区域需要进行动火、动土、进入有限空间等特殊作业时，应按照作业许可的规定，办理作业许可	5	【涉及专业】燃气轮机 明确天然气区域特殊作业时应办理工作票等作业许可	查阅安全管理制度、工作票记录	（1）动火作业时，未办理工作票，扣5分。 （2）动土作业时，未办理工作票，扣5分。 （3）进入有限空间作业时，未办理工作票，扣5分			
9.17	2.10.17 天然气区域应做到无油污、无杂草、无易燃易爆物，生产设施做到不漏油、不漏气、不漏电、不漏火	5	【涉及专业】燃气轮机 明确对天然气区域日常安全文明生产的要求	查看现场	（1）天然气区域有明显油污、杂草，每处扣2分。 （2）生产设施存在漏油、漏气、漏电、漏火等问题，每处扣2分。 （3）天然气区域管道锈蚀严重，每处扣2分			

编号	二十五项重点要求内容	标准分	评价要求	评价方法	评分标准	扣分	存在问题	改进建议
9.18	2.10.18 应配置专职的消防队（站）人员、车辆和装备，并符合国家和行业的标准要求，制定灭火救援预案，定期演练	6	【涉及专业】燃气轮机 明确了消防人员和装备的要求	查阅灭火应急预案资料，查看现场	（1）未配置专职的消防队（站）人员、车辆和装备，扣6分；存在不符合项，每项扣2分。 （2）未制定灭火应急预案，扣6分。 （3）未定期演练，扣3分			
9.19	2.10.19 发生火灾、爆炸后，事故有继续扩大蔓延的态势时，火场指挥部应及时采取安全警戒措施，果断下达撤退命令，在确保人员、设备、物资安全的前提下，采取相应的措施	5	【涉及专业】燃气轮机 明确了事故状态下的应急程序和重点措施	查阅灭火应急预案资料，查看现场	（1）火场指挥部应及时采取安全警戒措施和相应处置命令，扣5分。 （2）应急预案不完善，扣2~3分			
10	新增：防止风力发电机组及周边山林着火事故	100	【涉及专业】风力机、电气一次、电气二次、热工，共31条					
	2.11 防止风力发电机组着火事故	64	根据已发生的风电机组火灾事故，其着火原因主要有电气故障、机械故障、雷击等。 电气故障一般包括电缆接线短路、松动、放电及热缩套绝缘老化，电缆绝缘层、护套存在破损，电控柜内接线端子、插头存在绝缘破损、过热氧化、放电现象。风电机组在运行时出现的电缆故障以及在输电和配电时造成的电弧。 机械故障一般包括风机转动部件润滑不足、滚动轴承失效等。 雷击是在高海拔、山区等雷暴天气比较频繁的地区风电机组起火的原因之一。虽然现在很多风电机组安装有避雷针及叶片防雷保护系统，但在某些情况下无法避免雷击损伤					

编号	二十五项重点要求内容	标准分	评价要求	评价方法	评分标准	扣分	存在问题	改进建议
10.1	2.11.1 建立健全预防风力发电机组（以下简称风机）火灾的管理制度，严格风机内动火作业管理，定期巡视检查风机防火控制措施	6	【涉及专业】风力机 （1）应建立预防风机火灾的管理制度，并结合实际情况及时进行完善。 （2）制定风机防火措施、防止油系统渗漏着火措施、风机内临时电源使用管理办法。 （3）严格风机内动火作业管理。制定风机内动火作业管理制度，开展作业前办理动火工作票，严格执行动火作业审批制度，落实作业现场安全检查措施，动火作业时应避开或隔离润滑油（脂）、电气线路、电缆等易燃物，现场应配备足够的消防灭火装置。 （4）每季度巡视检查风机防火控制措施的落实情况，定期检测电缆接头温度	查阅反事故措施、相关管理制度及巡检记录	（1）未建立预防风机火灾的管理制度，扣6分；未及时更新完善制度，扣2分。 （2）未制定风机防火措施，扣2分；未制定防止油系统渗漏着火措施，扣2分；未制定风机内临时电源使用管理办法，扣2分。 （3）风机内动火作业管理制度未制定或不完善，扣3～6分；开展作业前未办理动火工作票、未严格执行动火作业审批制度，扣2分；未落实作业现场安全检查措施，扣2分；动火作业时未避开或隔离润滑油（脂）、电气线路、电缆等易燃物，扣2分；未配置足够的消防设备，扣2分。 （4）未开展每季度巡视检查风机防火控制措施落实情况，扣2分			
10.2	2.11.2 严格按设计图册施工，布线整齐，动力电缆、控制电缆及光纤按规定分层布置，电缆的弯曲半径应符合要求，避免交叉	4	【涉及专业】风力机、电气一次、电气二次 （1）应按设计图册进行电缆施工。 （2）布线整齐，动力电缆、控制电缆及光纤按规定分层布置。 （3）电缆的弯曲半径应符合 GB 50168—2018《电气装置安装工程　电缆线路施工及验收标准》中表 6.1.7 的相关要求，避免交叉	查阅设计图册，现场检查电缆布置情况	（1）未按设计图册进行电缆施工，扣2分。 （2）布线不整齐，动力电缆、控制电缆及光纤未按规定分层布置，视严重程度扣2～4分。 （3）电缆的弯曲半径不符合 GB 50168 的相关要求，扣2分			

编号	二十五项重点要求内容	标准分	评价要求	评价方法	评分标准	扣分	存在问题	改进建议
10.3	2.11.3 风机叶片、隔热吸音棉、机舱、塔筒应选用阻燃电缆及不燃、难燃或经阻燃处理的材料，靠近加热器等热源的电缆应有隔热措施，靠近带油设备的电缆槽盒应密封处理，电缆通道采取分段阻燃措施，机舱内涂刷防火涂料	6	【涉及专业】风力机、电气一次、电气二次 （1）风机叶片、隔热吸音棉、机舱、塔筒应选用阻燃电缆及不燃、难燃或经阻燃处理的材料。 （2）靠近加热器等热源的电缆应有隔热措施，靠近带油设备的电缆槽盒应密封处理。 （3）电缆通道采取分区、分段阻燃措施，防止电缆延烧扩大火灾范围。 （4）机舱内齿轮箱润滑油管、冷却液管、液压站油管、发电机、主控柜、变频器柜、电缆等处应涂刷防火涂料	查阅风机叶片、隔热吸音棉、机舱、塔筒选用的电缆及材料清册，现场检查	（1）风机叶片、隔热吸音棉、机舱、塔筒存在未选用阻燃电缆及不燃、难燃或经阻燃处理的材料的情况，扣2分。 （2）发现靠近加热器等热源的电缆未设置隔热措施，扣2分。 （3）靠近带油设备的电缆槽盒未进行密封处理，扣2分；电缆通道未采取分段阻燃措施，扣2分。 （4）机舱内设备未按规定要求刷防火涂料，扣2分；防火涂料涂刷不完善，扣2分			
10.4	2.11.4 风机内禁止存放易燃物品，机舱保温材料必须阻燃。机舱通往塔筒穿越平台、柜、盘等处电缆孔洞和盘面缝隙采用有效的封堵措施且涂刷电缆防火涂料	4	【涉及专业】风力机、电气一次、电气二次 （1）风机内禁止存放易燃物品，机舱保温材料必须阻燃。 （2）机舱通往塔筒穿越平台、柜、盘等处电缆孔洞和盘面缝隙应使用防火泥或阻燃电缆隔板进行封堵，且涂刷电缆防火涂料，确保电缆着火后不延烧到其他区域，减少电缆火灾的二次危害	查看现场	（1）风机内存放易燃物品，扣2分。 （2）机舱保温材料非阻燃材质，扣2分。 （3）机舱通往塔筒穿越平台、柜、盘等处电缆孔洞和盘面缝隙没有使用防火泥或阻燃电缆隔板进行封堵，扣2分；未涂刷电缆防火涂料，扣2分			
10.5	2.11.5 实时监视主轴轴承温度、齿轮箱油温及轴承温度、发电机轴承及绕组温度、变流器温度、机舱内环境温度变化，发现异常及时处理	4	【涉及专业】风力机 应通过风机SCADA系统实时监视主轴轴承温度、齿轮箱油温及轴承温度、发电机轴承及绕组温度、变流器温度、机舱内环境温度变化，每日对各温度参数的变化进行分析，发现温度存在异常时应及时处理	查阅运行规程及设备监控记录	（1）未通过风机SCADA系统实时监视主轴轴承温度、齿轮箱油温及轴承温度、发电机轴承及绕组温度、变流器温度、机舱内环境温度变化，扣2分。 （2）发现存在温度异常时没有及时处理，扣2分			

编号	二十五项重点要求内容	标准分	评价要求	评价方法	评分标准	扣分	存在问题	改进建议
10.6	2.11.6 母排、并网接触器、励磁接触器、变频器、变压器等一次设备动力电缆必须选用阻燃电缆，定期对其连接点及设备本体等部位进行温度检测	4	【涉及专业】风力机，电气一次 （1）母排、并网接触器、励磁接触器、变频器、变压器等一次设备动力电缆应选用阻燃电缆。 （2）电缆敷设时应尽量减少电缆中间接头数量，并严格按照 GB 14315—2008《电力电缆导体用压接型铜、铝接线端子和连接管》和厂家规定的工艺要求制作中间接头。应将中间接头用高强度的防爆耐火槽盒进行封闭。 （3）每年对设备动力电缆连接点及设备本体等部位进行温度检测，温度应小于90℃	查阅设备动力电缆设备清册及温度检测记录	（1）母排、并网接触器、励磁接触器、变频器、变压器等一次设备动力电缆存在未选用阻燃电缆的情况，扣2分。 （2）电缆敷设时未按照 GB 14315—2008 和厂家规定的工艺要求制作中间接头，扣2分；未将中间接头用高强度的防爆耐火槽盒进行封闭，扣2分。 （3）未对设备动力电缆连接点及设备本体等部位每年进行温度检测，扣2分；电缆温度高于90℃时未开展进一步检查及原因分析，扣2分			
10.7	2.11.7 风机机舱、塔筒内的电气设备及防雷设施的预防性试验应合格，并定期对风机防雷系统和接地系统检查、测试	4	【涉及专业】风力机，电气一次 （1）风机机舱、塔筒内的电气设备及防雷设施的预防性试验应合格；电气设备的预防性试验主要包括电缆绝缘性能测试，发电机定、转子绝缘性能测试，导电轨绝缘性能测试，电气控制柜内清扫检查、接线紧固检查，并网接触器的接触电阻测试等项目。 （2）每年按照 DL/T 475—2017《接地装置特性参数测量导则》、GB/T 36490—2018《风力发电机组 防雷装置检测技术规范》的要求对风机防雷系统和接地系统进行检查、测试。叶片接闪器至叶根引下线末端的过渡电阻不大于 0.24Ω。风机各段塔筒连接处的过渡电阻不大于 200mΩ。风机基础接地电阻应小于 4Ω	查阅试验报告或记录，查阅定期检查测试记录	（1）风机机舱、塔筒内的电气设备及防雷设施的预防性试验不合格，扣2分。 （2）未定期对风机防雷系统和接地系统进行检查、测试，扣2分			

46

编号	二十五项重点要求内容	标准分	评价要求	评价方法	评分标准	扣分	存在问题	改进建议
10.8	2.11.8 严格控制齿轮箱润滑油加热温度在允许温度范围内，并有可靠的超温保护	4	【涉及专业】风力机，热工 （1）应严格控制齿轮箱润滑油加热温度在允许范围内，齿轮箱油温大于 15℃时加热器应停止工作。 （2）齿轮箱润滑油系统应有可靠的超温保护	查阅保护逻辑，现场运行历史数据	（1）齿轮箱润滑油加热温度超过 15℃时加热器未停止工作，扣 2 分。 （2）齿轮箱润滑油系统没有超温保护，扣 2 分			
10.9	2.11.9 高速轴制动系统必须采取对火花或高温碎屑的封闭隔离措施	2	【涉及专业】风力机 高速轴制动系统应安装刹车盘保护罩对制动时可能产生的火花或高温碎屑进行封闭隔离	查看现场	高速轴制动器未安装刹车盘保护罩，扣 2 分			
10.10	2.11.10 风机机舱的齿轮油系统应严密、无渗漏，法兰不得使用铸铁材料，不得使用塑料垫、橡胶垫（含耐油橡胶垫）和石棉纸、钢纸垫	4	【涉及专业】风力机 （1）每季度对风机机舱的齿轮油系统进行检查，齿轮油系统应严密、无渗漏。 （2）法兰不得使用铸铁材料，不得使用塑料垫、橡胶垫（含耐油橡胶垫）和石棉纸、钢纸垫	查看现场，查阅法兰及垫片材料清单	（1）风机齿轮油系统存在渗漏现象，扣 2 分。 （2）法兰存在使用铸铁材料的情况，扣 2 分；存在使用塑料垫、橡胶垫（含耐油橡胶垫）和石棉纸、钢纸垫的情况，发现一处扣 2 分			
10.11	2.11.11 风机机舱、塔筒内应装设火灾报警系统（如感烟探测器）和灭火装置。必要时可装设火灾检测系统，每个平台处应摆设合格的消防器材	4	【涉及专业】风力机 （1）风机机舱、塔筒内应装设火灾报警系统（如感烟探测器）和灭火装置。火灾报警系统的配置应符合 GB 50116—2015《火灾自动报警系统设计规范》的要求。灭火装置应满足以下条件：①灭火剂对保护区内设备不应存在二次污染，喷发后应便于清理；在低温环境下，采用的灭火装置应无需辅助加热设施也能正常工作；②电气柜区域内，必须选用无导电性的气体灭火装置；③在油污污染的区域，应选用抗复燃、具备去油污的灭火剂，灭火剂喷发后，便于清理。 （2）必要时可装设自动消防系统或火灾检测系统，每个平台处应摆设合格的消防器材如干粉灭火器、灭火弹等	查看现场	（1）风机机舱、塔筒内未装设火灾报警系统（如感烟探测器）和灭火装置，扣 2 分；火灾报警系统和灭火装置不完善，扣 2 分。 （2）在有必要的重点区域未装设自动消防系统或火灾检测系统，扣 2 分。 （3）存在平台未摆设消防器材，发现一处扣 2 分。 （4）消防器材存在不合格情况，发现一处扣 2 分			

编号	二十五项重点要求内容	标准分	评价要求	评价方法	评分标准	扣分	存在问题	改进建议
10.12	2.11.12 塔筒的醒目部位必须悬挂安全警示牌，应尽量避免动火作业，必要动火时保证安全规范	4	【涉及专业】风力机 塔筒的醒目部位必须悬挂安全警示牌，应尽量避免动火作业，必要动火时保证安全规范	查看现场，查阅动火作业安全措施	（1）塔筒的醒目部位未悬挂安全警示牌，发现一处扣2分。 （2）动火作业安全规范不完善，扣2分；动火作业中存在不符合安全规范的情况，扣2分			
10.13	2.11.13 风机塔筒内的动火作业必须开具动火作业票，作业前消除动火区域内可燃物，且应用阻燃物隔离。氧气瓶、乙炔气瓶应摆放、固定在塔筒外，气瓶间距不得小于5m，不得暴晒。电焊机电源应取自塔筒外，不得将电焊机放在塔筒内，严禁在机舱内油管道上进行焊接作业，作业场所保持良好通风和照明。动火结束后清理火种	6	【涉及专业】风力机 （1）风机塔筒内的动火作业必须开具动火作业票，作业前清除动火区域内的可燃物，且应用阻燃物隔离。 （2）氧气瓶、乙炔气瓶应摆放、固定在塔筒外，气瓶间距不得小于5m，不得暴晒。 （3）电焊机电源应取自塔筒外，不得将电焊机放在塔筒内，严禁在机舱内油管道上进行焊接作业，作业场所保持良好通风和照明。 （4）动火结束后清理火种	查阅动火作业票，查看现场	（1）风机塔筒内动火作业未开具动火作业票，扣2分。 （2）动火作业前未清除动火区域内可燃物，未用阻燃物进行隔离，扣2分。 （3）氧气瓶、乙炔气瓶摆放、固定在塔筒内，扣2分；气瓶间距小于5m，扣2分；气瓶存在暴晒的情况，扣2分。 （4）电焊机电源取自塔筒内，扣2分；将电焊机放在塔筒内，扣2分；在机舱内油管道上进行焊接作业，扣2分；作业场所通风和照明条件不良，扣2分。 （5）动火结束后未及时清理火种，扣2分			
10.14	2.11.14 进入风机机舱、塔筒内，严禁带火种、严禁吸烟，不得存放易燃品。清洗、擦拭设备时，必须使用非易燃清洗剂。严禁使用汽油、酒精等易燃物	4	【涉及专业】风力机 （1）进入风机机舱、塔筒内，严禁带火种，严禁吸烟，不得存放易燃品。 （2）清洗、擦拭设备时，应使用非易燃清洗剂，严禁使用汽油、酒精等易燃物	查阅操作规程，查看清洗剂使用情况	（1）进入风机机舱、塔筒内，发现带火种、吸烟及存放易燃品的情况，扣2分。 （2）清洗、擦拭设备时，使用易燃清洗剂，扣2分；存在使用汽油、酒精等易燃物的情况，扣2分			
10.15	风机各系统部件非金属油管鼓包、渗漏等破损必须立即更换，确保风力发电机组内无积油	2	【涉及专业】风力机 每季度对风机各系统部件非金属油管进行巡检，出现鼓包、渗漏等破损现象必须立即更换，确保风力发电机组内无积油	查看现场	（1）未对风机各系统部件非金属油管每季度进行巡检，扣2分。 （2）非金属油管出现鼓包、渗漏等破损现象而未更换，导致积油现象，扣2分			

编号	二十五项重点要求内容	标准分	评价要求	评价方法	评分标准	扣分	存在问题	改进建议
10.16	定期对风机电缆接线端子力矩进行检查，防止螺栓松动造成接触电阻增大发热	2	【涉及专业】风力机 每年对风机电缆接线端子力矩进行检查，力矩值应符合风机厂家维护手册的要求	查阅巡检记录	未做到每年对风机电缆接线端子力矩进行检查，扣2分			
	防止风电场区域山林火灾	**36**	【涉及专业】风力机					
10.17	风电场应根据所处区域的实际情况，建立健全风电场消防规章制度。配备消防专责人员并建立有效的消防组织网络和训练有素的群众性消防队伍	2	【涉及专业】风力机 （1）应建立风电场消防规章制度。 （2）应配备风机专责人员并建立有效的消防组织网络	查阅规章制度	（1）风电场未建立完善消防规章制度，扣2分。 （2）未配备消防专责人员，未建立有效的消防组织网络，扣2分			
10.18	定期进行全员消防安全培训、开展消防演练和火灾疏散演习，定期开展消防安全检查	2	【涉及专业】风力机 （1）每年进行全员消防安全培训、开展消防演练和火灾疏散演习。 （2）每年开展消防安全检查	查阅规章制度和培训、演练记录	（1）未做到每年进行全员消防安全培训、开展消防演练和火灾疏散演习，扣2分。 （2）未做到每年开展消防安全检查，扣2分			
10.19	风电场生产、生活设备周围应设置防火隔离带，并定期清除杂草等可燃物	2	【涉及专业】风力机 （1）风电场生产、生活设备周围应设置防火隔离带。 （2）每年应对风电场生产、生活设备周围的杂草等可燃物进行清除	查看现场	（1）风电场生产、生活设备周围未设置防火隔离带，扣2分。 （2）风电场生产、生活设备周围未做到每年清除杂草等可燃物，扣2分			
10.20	风电场投产后，消防设施应同步配齐并投入使用	4	【涉及专业】风力机 （1）风电场必须配备足够的干粉灭火器和灭火工具，电缆沟道及电缆夹层中必须敷设感温电缆，值班室、设备间、休息室、厨房、库房应设感温感烟报警装置。 （2）风电场配置的消防设施，如消防水龙头、水管等，以及其他消防器材要保证合格有效，消防设备及器材不得移作他用。	查看现场	（1）消防设施未配备器齐全并投入使用，扣2分。 （2）消防设施、器材不合格，扣2分。 （3）消防水系统以及消防器材、火灾报警系统未做到每年进行检查试验，扣2分；检查发现问题后，未开展修理，扣2分			

编号	二十五项重点要求内容	标准分	评价要求	评价方法	评分标准	扣分	存在问题	改进建议
10.20		4	（3）风电场内消防水系统以及消防器材、火灾报警系统应每年进行检查试验，确保良好，发现问题及时修理完善					
10.21	风电场运维人员应定期对现场安全防火情况进行检查	2	【涉及专业】风力机 重点检查：每季度检查现场是否有野外吸烟和擅自动火现象；灭火器材配备是否齐全、完好，是否存在超期现象；电气设备及电源线是否存在安全隐患，隐患问题是否纠正和处理，并做好相应的记录	查看现场	未定期进行现场安全防火情况检查扣2分			
10.22	进入风电场从事勘察设计、施工作业、设备调试、检修维护、运行巡检、参观检查等人员都应经安全交底，严格遵守山林防火有关规定，发现违规用火和森林火灾立即采取有效措施	2	【涉及专业】风力机 （1）电厂应对进入风电场从事勘察设计、施工作业、设备调试、检修维护、运行巡检、参观检查等人员进行山林防火安全交底教育。 （2）相关人员应遵守山林防火有关规定，发现违规用火和森林火灾，立即拨打火警电话，并采取有效措施进行灭火	查看现场	（1）未对进入风电场从事勘察设计、施工作业、设备调试、检修维护、运行巡检、参观检查等人员进行山林防火安全交底教育，扣2分。 （2）发现相关单位人员不遵守山林防火规定，存在违规用火和森林火灾现象，未采取措施，扣2分			
10.23	风电场所有员工宿舍要做好用电安全管理工作，防止宿舍内发生火灾	2	【涉及专业】电气一次、风力机 （1）风电场所有员工宿舍生活用的电气设备必须保证接线良好，无过热和绝缘老化现象。 （2）所有员工离开宿舍时，应切断室内用电设备的电源，防止宿舍内发生火灾	查看现场	（1）风电场员工宿舍生活用电气设备接线不良，存在过热和绝缘老化现象，扣2分。 （2）所有员工离开宿舍时，室内用电设备的电源未切断，扣2分			

编号	二十五项重点要求内容	标准分	评价要求	评价方法	评分标准	扣分	存在问题	改进建议
10.24	风电场存有汽油、柴油、酒精等易燃易爆物品时的，必须保存在室内专门的仓库里，并专人负责。库房应阴凉干燥、通风良好，库门上锁。煤气罐等生活设施必须与灶房火源隔离放置，并定期检查，防止漏气。严禁在易燃易爆物品周围进行电焊或切割等作业	2	【涉及专业】风力机 （1）风电场存有汽油、柴油、酒精等易燃易爆物品时的，必须保存在室内专门的仓库里，并专人负责。库房应阴凉干燥、通风良好，库门上锁。 （2）煤气罐等生活设施必须与灶房火源隔离放置，每季度开展定期检查，防止漏气。 （3）严禁在易燃易爆物品周围进行电焊或切割等作业	查看现场	（1）风电场存有汽油、柴油、酒精等易燃易爆物品时的，未保存在室内专门的仓库里，无专人负责，扣2分；库房未做到阴凉干燥、通风良好，库门未上锁，扣2分。 （2）煤气罐等生活设施与灶房火源之间未进行隔离，扣2分。 （3）在易燃易爆物品周围进行电焊或切割等作业，扣2分			
10.25	应定期检查风电场区域内所使用的一切电气设施及电源线是否有损坏、老化、裸露及使用不当现象，临时电源线布置要根据现场实际情况尽量采用地埋敷设，避免采用架空线，特别是春秋防火期内，严禁将电线架在树干上或从树木林中穿过	2	【涉及专业】电气一次、风力机 （1）每月开展风电场区域内所使用的一切电气设施及电源线安全检查，对损坏、老化、裸露及使用不当现象应立即整改。 （2）临时电源线布置要根据现场实际情况尽量采用地埋敷设，避免采用架空线。特别是春秋防火期内，严禁将电线架在树干上或从树木林中穿过	查看现场	临时电源线架在树干上或从树木林中穿过，扣2分			
10.26	风电场应在进入山林的路口和施工作业地点醒目处设置防火宣传牌和警告标志，任何人不得擅自移动或撤除	2	【涉及专业】风力机 风电场应在进入山林的路口和施工作业地点醒目处设置防火宣传牌和警告标志，任何人不得擅自移动或撤除	查看现场	进入山林的路口和施工作业地点醒目处无相关宣传牌和警告标志，扣2分			

编号	二十五项重点要求内容	标准分	评价要求	评价方法	评分标准	扣分	存在问题	改进建议
10.27	加强对风电场区域机动车辆的安全管理。进入风电场区域内的机动车辆，必须配备灭火器，采取有效措施，严防漏火、喷火和机动闸瓦脱落引起火灾。在森林行驶的与风电场有业务往来的各类车辆，应当对驾乘人员进行防火安全教育，严防车上人员随意丢弃火种、烟头引起火灾	2	【涉及专业】风力机 （1）进入风电场区域内的机动车辆，必须配备灭火器，采取有效措施，严防漏火、喷火和机动闸瓦脱落引起火灾。 （2）在森林行驶的与风电场有业务往来的各类车辆，应当对驾乘人员进行防火安全教育，严防车上人员随意丢弃火种、烟头引起火灾	查看现场	（1）进入风电场区域内的机动车辆，未配备灭火器，扣2分。 （2）未对有业务往来的各类车辆驾乘人员进行防火安全教育，扣2分			
10.28	加强对风电场区域吸烟的管理。风电场区域内严禁游动吸烟，有施工单位承担作业项目的，应在现场设立吸烟室，室内设有灭火器和水桶，专人负责管理。吸烟人员应统一到吸烟室吸烟，吸剩的烟头掐灭后扔到装有水的桶内，严禁随地乱扔	2	【涉及专业】风力机 （1）风电场区域内严禁游动吸烟。 （2）有施工单位承担作业项目的，应在现场设立吸烟室，室内设有灭火器和水桶，专人负责管理。吸烟人员应统一到吸烟室吸烟，吸剩的烟头掐灭后扔到装有水的桶内，严禁随地乱扔	查看现场	（1）存在游动吸烟现象的，扣2分。 （2）吸烟人员未统一到吸烟室吸烟，吸剩的烟头随地乱扔，扣2分			
10.29	加强风电场施工作业区域的安全管理。在山林中施工时，每个施工作业点至少配备两个以上的干粉灭火器。风电场区域内施工临时用电必须严格按照标准进行布置，符合"一闸一保"管理规定，严禁私拉乱接	4	【涉及专业】风力机 （1）在山林中施工时，每个施工作业点至少配备两个以上的干粉灭火器，并确保在有效期内。 （2）风电场区域内施工临时用电必须严格按照 GB 26860—2011《电力安全工作规程 发电厂和变电站电气部分》的规定进行布置，符合"一闸一保"管理规定，严禁私拉乱接	查看现场	（1）未按要求配置灭火器，扣2分。 （2）临时施工用电不按照标准进行布置，扣2分			

编号	二十五项重点要求内容	标准分	评价要求	评价方法	评分标准	扣分	存在问题	改进建议
10.30	风电场区域内动火作业时，应严格执行动火作业制度规定，必须履行相关的审批手续。动火前，应开动火工作票，划定工作范围，清除工作范围内的易燃物品，设置防火隔离带。动火过程中，必须设专人监护，并在动火现场周围配置足量的灭火器，有关人员要全过程监督。动火结束后，彻底熄灭余火，待确认无误后方可离开	2	【涉及专业】风力机 （1）风电场区域内动火作业时，必须履行相关的审批手续。 （2）动火前，应开动火工作票，划定工作范围，清除工作范围内的易燃物品，设置防火隔离带。 （3）动火过程中，必须设专人监护，并在动火现场周围配置足量的灭火器，有关人员要全过程监督。 （4）动火结束后，彻底熄灭余火，待确认无误后方可离开	查看现场	动火作业未履行审批手续或者作业过程中违反相关规定，扣2分			
10.31	严肃风电场区域森林防火期的安全管理。森林防火期内严格控制火源，防火警戒期林区内严禁一切野外用火。遇有五级以上大风天气，严禁明火作业	4	【涉及专业】风力机 （1）森林防火期内严格控制火源，防火警戒期林区内严禁一切野外用火。 （2）遇有五级以上大风天气，严禁明火作业	查阅安全管理制度，查看现场	（1）森林防火期内未按规定控制火源，扣2分。 （2）防火警戒期林区内存在野外用火的情况，扣2分。 （3）五级以上大风天气仍然明火作业，扣2分			
11	**新增：防止生物质发电厂燃料堆场（仓库）着火事故**	**100**	**【涉及专业】锅炉、电气一次、电气二次、热工，共44条** 生物质发电厂应结合 DL 5027—2015《电力设备典型消防规程》、GB 50974—2014《消防给水及消火栓系统技术规范》等标准相关内容，制定并落实防止燃料堆场（以下简称料场）、燃料仓库着火事故的措施					

编号	二十五项重点要求内容	标准分	评价要求	评价方法	评分标准	扣分	存在问题	改进建议
	燃料堆放（贮存）、燃料调度管理	32	**【涉及专业】锅炉、电气一次，共12条** 生物质燃料在一定的环境温度下堆积储存时，因多种反应而产热，由于其导热性能一般较差，当堆内的热量难以向环境扩散时，堆内温度会逐渐升高即发生自加热，在一定条件下自加热过程可能加速，直至燃料的着火温度而自燃。该过程一般包括内部温度逐渐升高的自加热、温度快速升高的自加热加速和发生阴燃或产生火焰的自燃3个阶段。应加强燃料堆放（贮存）管理工作，并做好调度使用管理，防止燃料发生自燃					
11.1	半露天堆场和露天堆场单堆不宜超过 20000t，超过 20000t 时，应采取分堆布置。燃料仓库宜集中成组布置，半露天堆场和露天堆场宜集中布置	3	**【涉及专业】锅炉** DL 5027—2015《电力设备典型消防规程》第9.3.1 条相关要求： （1）单堆燃料不超 20000t 为限，超过 20000t 时，要分堆。 （2）燃料仓库宜集中成组布置，半露天堆场和露天堆场宜集中布置	查看现场，查阅堆存记录	（1）单堆超过 20000t，每超过 1000t 扣 0.5 分。 （2）燃料仓库未集中成组布置，扣 1.5 分；半露天堆场和露天堆场未集中布置，扣 1.5 分			
11.2	燃料的调配使用应做到先进先出	3	**【涉及专业】锅炉** DL 5027—2015《电力设备典型消防规程》第9.3.4 条相关要求： 为防止原料堆放时间长发热引起火灾事故，燃料调度使用必须坚持先进先出的原则	查看现场、查阅燃料进出库时间记录台账	燃料使用未做到先进先出，每发现一次扣 0.5 分			

编号	二十五项重点要求内容	标准分	评价要求	评价方法	评分标准	扣分	存在问题	改进建议
11.3	到达堆存周期的任何品种燃料必须优先安排调度使用。 未到达堆存周期的，但是定期测温时发现料堆内部温度超过80℃，在挖开检查时发现燃料有碳化自燃迹象的任何品种燃料，即使未到达堆储周期，必须立即调度使用，且在转运装车时必须对燃料进行严密监控，避免由于碳化燃料挖开接触氧气发生自燃。意外情况导致燃料着火的，为避免火种残留，对于不确定是否有火种残料部分的燃料必须优先安排调度使用，且在使用过程中严密监控燃料情况，避免带火星燃料上至皮带，造成皮带或料仓着火	3	【涉及专业】锅炉 不同种类、品质燃料堆存周期按以下要求执行： （1）水分低于40%的干树皮散料堆放时间不允许超过90天。 （2）水分超过40%的树皮散料堆放时间不允许超过60天。 （3）棚内堆放的树皮碎料和甘蔗渣碎料，如果水分大于40%由于堆放密度高，易腐败碳化引起自燃，堆放时间一律不得超过60天。 （4）甘蔗渣包料在棚内堆放必须要超过30天才可使用，堆放时间不超过200天。露天堆放90天内使用。 （5）木尾碎料棚内的存放时间不超过60天	查阅燃料进库及调度使用记录台账，查阅燃料堆存检查台账及异常报告，测温记录本	（1）到达堆存周期的燃料未及时安排调度使用，超过堆存周期每超出1天扣0.25分。 （2）未到达堆存周期的，但是定期测温时发现料堆内部温度超过80℃，在挖开检查时发现燃料有碳化自燃迹象的任何品种燃料，未及时调度使用，发现一次扣1.5分。 （3）意外情况导致燃料着火的，未优先安排调度使用，发现一次扣1.5分；在使用过程中出现带火星燃料上至皮带的情况，扣2分；造成皮带或料仓着火，扣3分			
11.4	燃料仓库、燃料破碎及燃料输送系统应设置通风、喷雾抑尘或除尘装置	3	【涉及专业】锅炉 DL 5027—2015《电力设备典型消防规程》第9.3.5条相关要求	查看现场	燃料仓库、燃料破碎及燃料输送系统没有设置通风、喷雾抑尘或除尘装置，扣3分			
11.5	料场内严禁吸烟，严禁使用明火，严禁焚烧物品。料场内因生产必须使用明火的情况，动火作业应符合本细则"料场动火作业管理"相关要求	3	【涉及专业】锅炉 DL 5027—2015《电力设备典型消防规程》第9.3.9（2）条要求：堆场内严禁吸烟，严禁使用明火，严禁焚烧物品	查看现场	（1）料场内有吸烟或烟头，发现一次扣1分。 （2）料场内使用明火的，没有办理动火工作票，没有监护的，或料场内焚烧物品，扣3分			

编号	二十五项重点要求内容	标准分	评价要求	评价方法	评分标准	扣分	存在问题	改进建议
11.6	码垛时要严格控制水分，稻草、麦秸、芦苇、甘蔗等含水量不应超过20%，树皮、木片等燃料含水量不应超过30%，并做好记录	3	【涉及专业】锅炉 　　水分含量是生物质燃料自加热的最重要影响因素之一。通常，潮湿的生物质具有很强的自加热倾向，这是因为自加热的最重要过程是在水分足够时的微生物生长和呼吸作用，而水分是微生物活动的必要条件之一。研究表明，稻草水分低于22%～29%、牧草水分低于25%～30%时几乎没有微生物活动，甘蔗渣水分低于29%时微生物活动显著减弱，而约20%时则停止。因此，码垛时应严格控制生物质燃料的水分含量，如果水分超标应做好定时测温等防控措施并减少堆存时间。 　　结合DL 5027—2015《电力设备典型消防规程》第9.3.9（5）条要求，码垛时燃料水分控制要求如下： 　　（1）燃料水分含量应进行测量并做好记录。 　　（2）码垛时要严格控制水分，稻草、麦秸、芦苇含水量不宜超过20%，树皮、木片等燃料含水量不宜超过30%	查阅堆存燃料水分含量测试记录	（1）燃料水分含量未进行测量，扣3分；测量了未做好记录，发现一次扣1分。 　　（2）码垛时，稻草、麦秸、芦苇、甘蔗含水量超过20%，树皮、木片等燃料含水量超过30%，扣0.5～2分			
11.7	不同品种、品质（含水率）、规格燃料严禁混合堆放，且堆垛间必须有明显间隔	3	【涉及专业】锅炉 　　料棚堆存燃料宜按同一料棚堆存同一种、同一规格燃料的原则，如堆存不同品种、规格燃料，料堆之间必须设置分割区，分割区不得低于1m	查看现场，查看燃料堆存管理制度	（1）无燃料堆存管理制度，扣3分。 　　（2）不同种类、品质、规格燃料没有分开堆存，发现一次扣1.5；虽分开堆存但区域分界不明显，发现一处扣0.5分。 　　（3）料棚堆存燃料未按同一料棚堆存同一种、同一规格燃料的原则，扣1分。 　　（4）料棚如堆存不同品种、规格燃料，料堆之间未设置分割区，或分割区低于1m，扣2分			

编号	二十五项重点要求内容	标准分	评价要求	评价方法	评分标准	扣分	存在问题	改进建议
11.8	燃料码垛后，要定时测温。稻草、麦秸等易发生自燃的原料，当温度上升到 40~50℃时（其他不易发生自燃的原料，温度达到 60~80℃时），要采取预防措施，并做好测温记录；当温度达到 60~70℃时（其他不易发生自燃的原料达到 80℃时），必须拆垛散热，并做好灭火准备。在高温季节、大雨过后，要加大测温和巡检的频次，对凹陷变形部位、可能有雨水渗漏部位等应重点测温	3	【涉及专业】锅炉 研究表明，生物质燃料的自加热过程中，微生物活动导致的温度升高主要在 0~70℃，其中以 20~60℃ 范围内的贡献最为重要。一般在 80℃ 以上可检测出氧化反应。 参考 DL 5027—2015《电力设备典型消防规程》第 9.3.9 (7) 条相关要求： (1) 燃料码垛后，要定时测温。 (2) 对于稻草、麦秸等易发生自燃的原料，当温度上升到 40~50℃ 时，要采取预防措施，并做好测温记录；当温度达到 60~70℃ 时，必须拆垛散热，并做好灭火准备。 (3) 对于其他不易发生自燃的原料，当温度上升到 60~70℃ 时，要采取预防措施，并做好测温记录；当温度达到 80℃ 时，必须拆垛散热，并做好灭火准备。 (4) 在高温季节、大雨过后，要加大测温和巡检的频次，对凹陷变形部位、可能有雨水渗漏部位等应重点测温	查看测温制度，查阅测温记录和异常处置记录	(1) 无定期测温和温度异常处理制度，扣 2 分。 (2) 未严格执行制度，未对堆存燃料定期测温，现场检查无测温记录，扣 3 分。 (3) 发现燃料堆温度异常，未按制度要求执行处理措施，扣 3 分。 (4) 在高温季节、大雨过后，未加大测温和巡检的频次，扣 3 分			
11.9	燃料堆垛与照明灯杆距离不宜小于灯杆高的 1.5 倍。照明灯杆应有可靠的防倒塌措施，照明灯具应选用低压防爆型	2	【涉及专业】锅炉、电气一次 参考 DL 5027—2015 第 9.3.9 (15) 相关要求： (1) 燃料堆垛与照明灯杆距离不宜小于灯杆高的 1.5 倍。 (2) 照明灯杆应有可靠的防倒塌措施。 (3) 照明灯具应选用低压防爆型	查看现场	(1) 燃料堆垛与照明灯杆距离小于灯杆高的 1.2 倍，扣 1 分。 (2) 照明灯杆没有可靠的防倒塌措施，扣 2 分。 (3) 照明灯具没有选用低压防爆型，发现一处扣 1 分			

编号	二十五项重点要求内容	标准分	评价要求	评价方法	评分标准	扣分	存在问题	改进建议
11.10	料场应建立巡回检查制度，定期对堆储燃料进行检查，掌握料场燃料存储安全情况并做好记录，发现隐患及时报告处置	2	【涉及专业】锅炉 （1）应建立料场巡查制度，巡查制度包括巡查周期、巡查方法、异常报告处置程序等，并严格执行。 （2）加强节假日期间的厂区周围和料场的巡视检查，及时发现燃放烟花爆竹引起的着火隐患	查阅定期巡查制度和相关记录	（1）没有建立定期巡查制度，扣2分。 （2）定期巡查制度未特别规定节假日期间注意事项，扣2分。 （3）制度没有严格执行，没有定期巡查，没有记录，扣2分。 （4）对整个燃料场区域进行定期巡查，但未见记录，扣2分。 （5）节假日期间未加强巡检，扣2分			
11.11	露天料垛顶部应采取有效的防雨、防日晒措施。刹底距离地面应在10cm以上或设置一定放水坡度。料垛周边的排水设施应保持畅通，雨后及时清理料垛底部或周边积水，防止雨水从料垛底部进入	2	【涉及专业】锅炉 参考执行NB/T 34064—2018《生物质锅炉供热成型燃料工程运行管理规范》第12.2.4条要求，露天料垛顶部应采取有效的防雨、防日晒措施。刹底距离地面应在10cm以上或设置一定放水坡度	查看现场	（1）露天料垛顶部没采取有效的防雨、防日晒措施，发现一处扣1分。 （2）垛顶披檐到结顶没有滚水坡度，存在雨水从上部渗入风险，发现一处扣1分。 （3）垛基与地面齐平，未设置一定放水坡度，扣2分。 （4）料垛周边的排水设施存在堵塞，发现一处扣1分。 （5）雨后未及时清理料垛底部或周边积水，现场有积水情况，发现一处扣0.5分			
11.12	宜采取人工配合机械的方式堆垛，防止燃料被压实；若采取单独机械作业时，应避免装载机等重型机械登至垛顶作业	2	【涉及专业】锅炉 堆积密度直接影响燃料的传热过程。堆积的生物质材料可看作多孔介质，其内部热量主要通过导热及孔隙内对流（气体包括水蒸气流动）形式向外扩散。如果燃料堆压实，那么其内部空气循环（对流传热）弱，因而热量不易向外扩散而易导致自燃。因此，应避免重型机械登至垛顶作业，导致燃料被压实	查看现场	采取单独机械作业时，存在装载机等重型机械登至垛顶作业的情况，发现一次扣1分			

编号	二十五项重点要求内容	标准分	评价要求	评价方法	评分标准	扣分	存在问题	改进建议
	燃料堆场（仓库）消防设备设施管理	13	【涉及专业】锅炉、电气一次，共5条 生物质电厂料场应设计全覆盖的消防设备设施，且保证消防设备设置完好可用					
11.13	燃料仓库、露天堆场、半露天堆场应有完备的消防系统和防止火灾快速蔓延的措施。消火栓位置应考虑防撞击和防燃料自燃影响使用的措施	2.5	【涉及专业】锅炉 DL 5027—2015《电力设备典型消防规程》第9.3.2条要求：生物质料场应有完备的消防系统和防治火灾蔓延的措施，消防栓应有防撞装置	查看现场	（1）消防系统未全覆盖燃料堆场，扣2.5分。 （2）消防栓没有防撞装置，扣1.5分。 （3）料场内消防栓被燃料堵塞或埋没，扣0.5~2.5分			
11.14	厂外收贮站宜设置在天然水源充足的地方，四周宜设置实体围墙，围墙高度应不低于2.2m	2	【涉及专业】锅炉 DL 5027—2015《电力设备典型消防规程》第9.3.3条要求： （1）厂外收贮站宜设置在天然水源充足的地方。 （2）收贮站四周宜设置实体围墙，围墙高度应不低于2.2m	查看现场	（1）厂外收贮站附近天然水源不充足，扣2分。 （2）收贮站四周未设置实体围墙，扣2分；围墙高度低于2.2m，扣1分			
11.15	料场消防用电设备应当采用单独的供电回路，并在发生火灾切断生产、生活用电时仍能保证消防用电	3	【涉及专业】电气一次、锅炉 严格按照DL 5027—2015《电力设备典型消防规程》第9.3.9（12）条要求，料场消防设备供电采用单独供电回路	查看现场，查阅设计图纸	（1）料场消防设备供电没有采用单独回路，扣3分。 （2）在发生火灾切断生产、生活用电时，料场消防设备供电不能保证消防用电，扣3分			
11.16	料场应配置红外监控系统和视频监控系统对料场燃料进行监控，并安排人员24小时值守，发现异常及时处理	2.5	【涉及专业】锅炉 红外监控系统报警温度一般设置为60℃，当红外监控系统发出报警后，消防队员必须进行就地检查和测温，对报警情况进行验证，如报警属实，应立即按规定进行处理	查看现场	（1）料场未配置红外监控系统或视频监控系统对料场燃料进行监控，扣2.5分。 （2）未安排人员24小时值守，扣1~2.5分。 （3）红外监控系统报警温度设置不合理，扣1分；发出报警，未及时处理，扣1分；因发出报警未及时处理导致着火事件发生，扣2.5分			

编号	二十五项重点要求内容	标准分	评价要求	评价方法	评分标准	扣分	存在问题	改进建议
11.17	燃料堆场（仓库）消防水系统设计应符合 GB 50974—2014《消防给水及消火栓系统技术规范》相关要求。消防水系统必须随时保证可靠备用。消防水系统流量、压力和火灾延续时间应符合要求，电动消防水泵应具有低压力联锁启动功能，必要时应启动柴油消防水泵	3	【涉及专业】锅炉、热工 （1）对于可燃材料露天、半露天堆场，室外消防系统设计流量应符合 GB 50974—2014《消防给水及消火栓系统技术规范》表 3.3.5 的相关要求，燃料仓库消防设计流量应符合 GB 50974—2014 表 3.4.1 的相关要求。 （2）GB 50974—2014 第 4.1.4 条：堆场的室外消防栓系统宜高压或自动启泵的临时高压消防给水系统；第 8.2.3 条：高压和临时高压消防给水系统管网的工作压力应根据系统最大可能供水压力确定，但不应小于 1.0MPa，临时高压消防给水系统应根据平时和消防时压力比较确定。 （3）对于露天、半露天堆场，消防给水系统的火灾延续时间（达到设计流量的供水时间）不应小于 6h，对于燃料仓库不应小于 3h	查看现场，查阅消防系统设计图	（1）燃料堆场（仓库）消防水系统存在不符合 GB 50974—2014 要求的情况，扣 0.5～3 分；因缺陷无法投入使用，扣 3 分。 （2）消防水压力不符合要求，扣 3 分。 （3）电动消防水泵没有低压力联锁启动功能，扣 1.5 分。 （4）电动消防水泵低压力时不能启动柴油消防水泵，扣 1.5 分。 （5）消防给水系统的火灾延续时间不满足要求，每低于要求值 1h 扣 1.5 分			
	料场作业机械管理	8	【涉及专业】锅炉，共 3 条 加强料场作业车辆管理，避免因为作业车辆排气、自燃等造成料场火灾					
11.18	汽车、拖拉机等机动车进入原料场时，易产生火花部位要加装防护装置，排气管必须戴性能良好的防火帽。配备有催化换流器的车辆禁止在场内使用。严禁机动车在料场内加油；如因特殊情况必须在场内加油，应在指定安全区域加油，并做好消防安全措施	3	【涉及专业】锅炉 严格按照 DL 5027—2015《电力设备典型消防规程》第 9.3.9（8）条要求：车辆排气装置、易产生火花部位应安装防火罩或防护装置；配备有催化换流器的车辆禁止在料场内使用；严禁机动车在厂内流动加油	查看现场	（1）料场内工程机械排气管、电瓶等易产生火花部位无防火罩或防护装置，扣 3 分。 （2）料场内有配有催化换流器的车辆在使用，发现一次扣 1 分。 （3）没有特殊情况机动车在场内加油，发现一次扣 1 分。 （4）因特殊情况必须在场内加油，未设置指定安全区域，扣 2 分；未做好消防安全措施，扣 1 分			

编号	二十五项重点要求内容	标准分	评价要求	评价方法	评分标准	扣分	存在问题	改进建议
11.19	常年在料场内装卸作业的车辆要经常清理防火帽内的积炭，杜绝车辆漏油、积油，定期检查维护蓄电池接线情况，确保车辆性能安全可靠	2	【涉及专业】锅炉 （1）按照 DL 5027—2015《电力设备典型消防规程》第 9.3.9（10）条要求，应定期清理车辆防火罩积炭。 （2）应定期检查车辆漏油、积油情况和蓄电池接线情况	查阅车辆管理制度，查看现场	（1）常年在料场内装卸作业的车辆没有定期清理车辆防火罩积炭，扣 2 分。 （2）车辆漏油、积油，未及时处理，扣 2 分。 （3）蓄电池接线不良，扣 1 分，因接线不良引起短路事件，扣 2 分			
11.20	料场内装卸作业结束后，一切车辆不准在堆场内停留或保养、维修。发生故障的车辆应当拖出场外修理，对于无法拖离现场的情况，应加强监护，做好隔离和消防措施	3	【涉及专业】锅炉 按照 DL 5027—2015《电力设备典型消防规程》第 9.3.9（11）条要求，车辆发生故障或定期保养维修应在料场内指定地点进行，且指定地点必须有充足的灭火器材	查看现场	（1）车辆维修、保养没有在指定地点进行，扣 2 分。 （2）车辆维修、保养点没有配备灭火器材的，扣 1 分。 （3）故障车辆无法拖出场外时，隔离和消防措施不完善，扣 3 分			
	料场出入管理	7.5	【涉及专业】锅炉，共 3 条 严格控制料场出入车辆、人员，严控火种					
11.21	燃料入场前，应当设专人对燃料进行严格检查，确认无火种隐患后，方可进入原料区	3	【涉及专业】锅炉 按照 DL 5027—2015《电力设备典型消防规程》第 9.3.9（3）条要求，燃料入场前，应当设专人对燃料进行严格检查，确认无火种隐患后，方可进入原料区	查看现场	（1）燃料入场前，未设专人对燃料进行严格检查，扣 1.5 分。 （2）存在火种隐患，并带入原料区，发现一次扣 1.5 分			
11.22	料场运输燃料车辆主入口应设置门岗，24h 值班，其他人员出入口应安装门禁	2	【涉及专业】锅炉 料场进出口应设置门岗或安装门禁，严格控制人员、车辆出入	查看现场	（1）料场主出入口没有设置门岗，扣 2 分。 （2）料场其他人员出入口没有设置门禁，扣 2 分			
11.23	门卫对入场人员和车辆要严格检查、登记并收缴火种	2.5	【涉及专业】锅炉 料场出入口应严格检查出入人员，并登记，严禁携带火种进入料场	查看现场，查阅记录	没有对出入人员、车辆进行检查，没有检查记录，发现一次扣 1 分			

编号	二十五项重点要求内容	标准分	评价要求	评价方法	评分标准	扣分	存在问题	改进建议
	警示标示管理	**8**	【涉及专业】锅炉，共4条 料场出入口、厂内应设置明显的警示标示					
11.24	收贮站应当设置警卫岗楼，其位置要便于观察警卫区域，岗楼内应安装消防专用电话或报警设备	2	【涉及专业】锅炉 按照 DL 5027—2015《电力设备典型消防规程》第9.3.9（1）条设置警卫岗楼	查看现场	（1）收贮站未设置警卫岗楼，扣2分。 （2）收贮站警卫岗楼位置不便于观察警卫区域，扣2分。 （3）岗楼内未安装消防专用电话或报警设备，扣2分			
11.25	在料场出入口和料场内适当地点必须设立醒目的防火安全标志牌和"禁止吸烟"的警示牌。料场周边应放置"禁止燃放烟花爆竹"的警示牌	2	【涉及专业】锅炉 （1）应按照 DL 5027—2015《电力设备典型消防规程》第9.3.9（2）条要求，在料场出入口、料场内设置警示标志。 （2）料场周边应放置"禁止燃放烟花爆竹"的警示牌	现场检查安全标志牌和警示牌	（1）料场出入口没有设置料场安全管理标志牌，扣1分。 （2）料场内没有设置"禁止吸烟"警示牌，扣1分。 （3）料场周边未放置"禁止燃放烟花爆竹"的警示牌，扣2分			
11.26	在料场内醒目位置设立厂内消防报警电话和值长电话标示，便于发现异常时及时报告处理	2	【涉及专业】锅炉 料场内醒目位置设立厂内消防报警电话和值长电话	查看现场	（1）料场内无厂内消防报警电话标示，或标示模糊不清，扣1分。 （2）料场内无值长电话标示，或标示模糊不清，扣1分			
11.27	燃料堆应放置移动或固定标识卡，标志卡内容应全面完整	2	【涉及专业】锅炉 燃料堆应放置移动或固定标识卡，标识卡必须包含以下内容： （1）堆放燃料品种。 （2）开始堆放时间。 （3）堆放周期。 （4）风险提示	查看现场	（1）燃料堆未放置移动或固定标识卡，扣2分。 （2）标志卡内容不完整，发现一处扣0.5分			
	料场电气设备管理	**25.5**	【涉及专业】电气一次、锅炉、电气二次，共10条 供电电缆敷设、照明设备、电气设备故障易造成火灾事故					

编号	二十五项重点要求内容	标准分	评价要求	评价方法	评分标准	扣分	存在问题	改进建议
11.28	粉尘飞扬、积粉较多的场所宜选用防尘灯、探照灯等带有护罩的安全灯具，并对镇流器采取隔热、散热等防火措施	2.5	【涉及专业】电气一次 按照 DL 5027—2015《电力设备典型消防规程》第 9.3.6 条要求，对于料场内粉尘飞扬、积粉较多的场所宜选用防尘灯、探照灯等带有护罩的安全灯具，并对镇流器采取隔热、散热等防火措施	查看现场	（1）粉尘飞扬、积粉较多的场所选用的防尘灯、探照灯等不是带有护罩的安全灯具，发现一处扣 0.5 分。 （2）未对镇流器采取隔热、散热等防火措施，发现一处扣 0.5 分			
11.29	料场内应当采用直埋式电缆配电。埋设深度应当不小于 0.7m，其周围架空线路与堆垛的水平距离应当不小于杆高的 1.5 倍，堆垛上空严禁拉设临时线路	2.5	【涉及专业】电气一次 按照 DL 5027—2015《电力设备典型消防规程》第 9.3.9（13）条要求，供电电缆采用直埋方式，埋深不小于 0.7m，其周围架空线路与堆垛的水平距离应当不小于杆高的 1.5 倍，堆垛上空严禁拉设临时线路	现场检查电缆沟，测量堆垛与灯杆距离，检查临时电缆敷设	（1）未采用直埋方式，或埋深小于 0.7m，扣 1 分。 （2）架空线路与堆垛距离小于灯杆高度 1.5 倍，发现一处扣 0.5 分。 （3）堆垛上空有临时电缆，发现一处扣 1 分			
11.30	料场内机电设备的配电导线，应当采用绝缘性能良好、坚韧的电缆线。料场内严禁拉设临时线路和使用移动式照明灯具。因生产必须使用时，应当经管理部门审批，并采取相应的安全措施，用后立即拆除	2.5	【涉及专业】电气一次 按照 DL 5027—2015《电力设备典型消防规程》第 9.3.9（14）条要求，料场机电设备电缆的配电导线绝缘层应完好；临时用电应按程序审批	现场检查料场供电电缆，查阅临时用电审批记录	（1）料场机电设备供电电缆绝缘有破损，发现一处扣 1.5 分。 （2）拉设临时线路和使用移动式照明灯具未经审批，扣 2.5 分。 （3）临时用电未采取相应的安全措施，或用后未立即拆除，扣 2.5 分			
11.31	料场内的电源开关、插座等，必须安装在封闭式配电箱内。配电箱应当采用非燃材料制作。配电箱应设置防撞设施	2.5	【涉及专业】电气一次 按照 DL 5027—2015《电力设备典型消防规程》第 9.3.9（16）条要求，堆场内的电源开关、插座等，必须安装在封闭式配电箱内。配电箱应当采用非燃材料制作。配电箱应设置防撞设施	查看现场	（1）堆场内的电源开关、插座等，没有安装在封闭式配电箱内，扣 2.5 分。 （2）配电箱没有采用非燃材料，或配电箱没有设置防撞设施，扣 2.5 分			
11.32	使用移动式用电设备时，其电源应当从固定分路配电箱内引出	2.5	【涉及专业】电气一次 按照 DL 5027—2015《电力设备典型消防规程》第 9.3.9（17）条要求，使用移动式用电设备时，其电源应当从固定分路配电箱内引出	查看现场	使用移动式用电设备时，其电源没有从固定分路配电箱内引出，扣 2.5 分			

编号	二十五项重点要求内容	标准分	评价要求	评价方法	评分标准	扣分	存在问题	改进建议
11.33	电动机应当设置短路、过负荷、失压保护装置。各种电器设备的金属外壳和金属隔离装置，必须接地或接零保护。门式起重机、装卸桥的轨道至少应当有两处接地	2.5	【涉及专业】电气二次 按照 DL 5027—2015《电力设备典型消防规程》第 9.3.9（18）条要求，电动机应当设置短路、过负荷、失压保护装置。各种电器设备的金属外壳和金属隔离装置，必须接地或接零保护。门式起重机、装卸桥吊的轨道至少应当有两处接地	现场查看	（1）电动机没有设置短路、过负荷、失压保护装置，扣2.5分。 （2）电器设备的金属外壳和金属隔离装置，没有接地或接零保护，扣2.5分。 （3）门式起重机、装卸桥的轨道没有接地，扣2.5分；仅1处接地，扣1分			
11.34	料场内作业结束后，应拉开作业用电源。料场使用的电器设备，必须由持有效操作证的电工负责安装、检查和维护	2.5	【涉及专业】电气一次、锅炉 按照 DL 5027—2015《电力设备典型消防规程》第 9.3.9（19）条，执行料场内用电规范	查阅料场用电管理制度	（1）堆场内作业结束后，未及时拉开作业用电源，发现一次扣1分。 （2）堆场使用的电器设备，不是由持有效操作证的电工负责，扣2.5分			
11.35	料场应当设置避雷装置，使整个堆垛全部置于保护范围内。避雷装置的冲击接地电阻应当不大于10Ω	2.5	【涉及专业】电气一次 按照 DL 5027—2015《电力设备典型消防规程》第 9.3.9（20）条要求，料场应当设置避雷装置，使整个堆垛全部置于保护范围内。避雷装置的冲击接地电阻应当不大于10Ω	查看现场，查阅接地电阻测试记录	（1）料场内没有设置避雷装置，扣2.5分。 （2）避雷装置的冲击接地电阻大于10Ω，扣1.5分			
11.36	避雷装置与堆垛、电器设备、地下电缆等应保持3.0m以上距离。避雷装置的支架上不准架设电线	2.5	【涉及专业】电气一次 DL 5027—2015《电力设备典型消防规程》第 9.3.9（21）条相关要求	查看现场	（1）避雷装置与堆垛、电器设备、地下电缆等距离小于3.0m，扣2分。 （2）避雷装置的支架上架设电线，扣2分			
11.37	料场内任何施工用电无论工程大小必须办理施工用电申请，审批后方可进行作业	3	【涉及专业】电气一次	查阅料场用电管理制度	料场内施工用电未办理施工用电申请，发现一次扣1分			
	料场动火作业管理	10	【涉及专业】锅炉，共4条 主要防范动火作业因管理不到位，措施落实不到位引起火灾					

编号	二十五项重点要求内容	标准分	评价要求	评价方法	评分标准	扣分	存在问题	改进建议
11.38	料场内因生产必须使用明火，应当经单位消防管理、安监部门批准，审批后方可进行作业。明火作业时必须执行动火工作票制度，并采取可靠的安全措施	4	【涉及专业】锅炉 （1）按照 DL 5027—2015《电力设备典型消防规程》第 9.3.9（4）条要求执行料场动火作业必须执行动火工作票制度。 （2）动火工作票的内容应包括动火地点、时间、工作负责人、监护人、审核人、批准人、安全措施等项。应明确动火工作的批准权限	现场检查动火工作票执行情况	（1）堆场内因生产必须使用明火，但未办理动火工作票，发现一次扣1分。 （2）动火工作票不规范，存在不符合要求项，每发现一项扣1分。 （3）堆场内进行动火作业，没有采取可靠的安全措施，发现一次扣2分			
11.39	料场内如堆满燃料原则上严禁动火作业，如存在重大安全隐患需动火作业消除时，作业前必须对料堆上方是否有可燃气体进行检测，如无可燃气体，必须铺设防火材料等措施确保火星、火源与燃料有效隔离后才可进行作业，如有可燃气体，严禁进行动火作业，可采用物理隔离的措施将安全隐患进行隔离，待燃料清空后再消除隐患。料场内动火作业过程项目负责人和消防队员必须全过程进行监控	4	【涉及专业】锅炉	现场检查动火工作票执行情况	（1）料场内如堆满燃料如重大安全隐患需动火作业消除时，作业前未对料堆上方的可燃气体进行检测，扣4分。 （2）检测后如无可燃气体，未铺设防火材料等措施确保火星、火源与燃料有效隔离，就进行动火作业，发现一次扣3分。 （3）检测后如有可燃气体，进行动火作业，扣4分。 （4）检测后如有可燃气体，未采用物理隔离的措施将安全隐患进行隔离，扣4分。 （5）料场内动火作业过程项目负责人和消防队员未全过程进行监控，发现一次扣2分			
11.40	动火作业结束后，必须全面检查现场，消除遗留火种	2	【涉及专业】锅炉 动火作业结束后，现场严禁遗留火种	查看现场，查阅动火作业管理制度	动火作业结束后，没有认真检查，造成现场遗留火种的，扣2分			
	燃料输送系统管理	7.5	【涉及专业】锅炉、电气一次 动火作业结束后，现场严禁遗留火种					

编号	二十五项重点要求内容	标准分	评价要求	评价方法	评分标准	扣分	存在问题	改进建议
11.41	生物质燃料输送系统机械设备转动部分应采取可靠的防止燃料粉尘堆积的措施	2	【涉及专业】锅炉 生物质燃料输送系统机械设备应设置防护罩，避免燃料粉尘堆积，造成堆积粉尘摩擦着火	查看现场	燃料输送系统机械设备转动部分无可靠的防止燃料粉尘堆积的措施，现场检查发现转动部分有粉尘堆积的扣2分			
11.42	生物质燃料输送系统应具有可靠的、有效的防尘、抑尘、通风措施	2	【涉及专业】锅炉 燃料输送系统应设置可靠的、有效的喷雾抑尘、无动力除尘或布袋除尘等防尘、抑尘、通风措施，避免输送廊道、栈桥粉尘浓度过高，增加粉尘爆炸的风险	查看现场	燃料输送系统无防尘、抑尘、通风措施，或防尘、抑尘、通风措施无效的，扣2分			
11.43	生物质燃料输送系统应采用防爆性能良好电气设备，电气线缆不宜驳接，电气设备接线柱应具有性能良好的绝缘保护	1.5	【涉及专业】电气一次、锅炉 燃料输送系统应采用防爆型电气设备，电气设备接线柱应具有性能良好的绝缘保护，电气线缆不宜驳接，避免电气设备产生火花引爆粉尘	查看现场	（1）燃料输送系统电气设备未采用防爆型的，发现一处扣0.5分。 （2）燃料输送系统电气线缆有驳接的，未做好绝缘处理的，发现一处扣0.5分。 （3）电气设备接线柱未采用绝缘包裹的，发现一处扣0.5分			
11.44	生物质燃料输送系统应定期监测粉尘浓度，并对易积尘部位进行定期清理	2	【涉及专业】锅炉 （1）燃料输送系统应建立粉尘定期监测和定期清理等管理制度，并严格执行管理制度中应包含粉尘浓度限制规定，且应有粉尘浓度超限的应急处理措施。 （2）定期清理制度应包含清理周期	查看现场，查阅粉尘清理制度	（1）未建立粉尘定期监测和定期清理制度的，扣1分。 （2）制度未严格执行的，扣1分			
12	**3　防止电气误操作事故**	**100**	【涉及专业】电气二次、电气一次，共7条					
12.1	3.5　采用计算机监控系统时，远方、就地操作均应具备防止误操作闭锁功能	20	【涉及专业】电气二次 电气闭锁可采用多种方式实现，计算机监控系统由于已经采集了全站遥信、遥测量，可由它输出具有闭锁功能的触点串入操作回路来实现就地及远方操作电气闭锁的功能；也可用电磁型继电器和硬接线逻辑回路实现；或在监控系统里采用微机"五防"闭锁逻辑实现	查阅图纸或现场核对	（1）监控系统和就地回路未设置防误闭锁功能，扣20分。 （2）发现防误闭锁功能或闭锁逻辑不完善，每处扣10分			

编号	二十五项重点要求内容	标准分	评价要求	评价方法	评分标准	扣分	存在问题	改进建议
12.2	3.6 断路器或隔离开关电气闭锁回路不应设重动继电器类元器件，应直接用断路器或隔离开关的辅助触点；操作断路器或隔离开关时，应确保待操作断路器或隔离开关位置正确，并以现场实际状态为准	20	【涉及专业】电气二次 凡参与电气闭锁的断路器和隔离开关（包括接地开关）均应采用其辅助触点，以构成电气闭锁逻辑回路，而不能使用重动继电器的触点。这样可保证在变电间隔进行停电检修时，其断路器或隔离开关（包括接地开关）送出的用于闭锁逻辑判断的辅助触点能真实地反映设备的实际状态。考虑到辅助开关出现故障，不能真实地反映设备的实际状态，导致闭锁逻辑出现误判断，因此在本条后半部分特别强调了操作断路器或隔离开关（包括接地开关）时，应以现场状态为准	查阅图纸或现场核对；查阅运行规程	（1）断路器或隔离开关电气闭锁回路设置重动继电器类元器件，扣20分。 （2）运行规程（或操作票）中，操作断路器或隔离开关时，无确认断路器或隔离开关现场实际状态的内容，扣20分			
12.3	3.7 对已投产尚未装设防误闭锁装置的发、变电设备，要制订切实可行的防范措施和整改计划，必须尽快装设防误闭锁装置	20	【涉及专业】电气二次 为了有效防止电气误操作，要求凡有可能引起电气误操作的高压电气设备，均应装设防误闭锁装置。防误闭锁装置应能实现防止误分（误合）断路器、带负荷拉（合）隔离开关（手车触头）、防止带地线（接地开关）合断路器（隔离开关）、防止误入带电间隔五防功能。"五防"功能中除防止误分、误合断路器可采用提示性的装置外，其他"四防"均应用强制性的装置。新建、扩建工程的防误装置应与主设备同时投运；在新建、扩建和改造的工程中，应选用"五防"功能齐全、性能良好的成套高压开关柜。现场应加强对新投运高压开关柜防误闭锁功能的现场试验、检查和验收工作。如发、变电设备未装设防误闭锁装置（如电磁锁、机械锁等），极易导致电气误操作事故发生	查阅防范措施和整改计划	（1）未制订切实可行的防范措施和整改计划，扣20分。 （2）防范措施和整改计划不完善，每处扣5分			

编号	二十五项重点要求内容	标准分	评价要求	评价方法	评分标准	扣分	存在问题	改进建议
12.4	3.8 新、扩建的发、变电工程或主设备经技术改造后，防误闭锁装置应与主设备同时投运	10	【涉及专业】电气二次 防误闭锁装置使用是有效地防止电气误操作事故发生的技术措施，因此新、扩建变电站工程或主设备经技术改造后，防误闭锁装置应与主设备同时投运以防止电气误操作事故发生	查看现场	防误闭锁装置未与主设备同时投运，扣10分			
12.5	3.9 同一集控站范围内应选用同一类型的微机防误系统，以保证集控主站和受控子站之间的"五防"信息能够互联互通、"五防"功能相互配合	10	【涉及专业】电气二次 同一集控站范围内应选用同一类型的微机防误系统，否则，会因微机防误系统非同一类型，其功能和通信规约等存在差异，导致集控站系统工作效率下降，甚至不能正常工作	查看现场或查阅图纸资料	同一集控站范围内未选用同一类型的微机防误系统，扣10分			
12.6	3.10 微机防误闭锁装置电源应与继电保护及控制回路电源独立。微机防误装置主机应由不间断电源供电	10	【涉及专业】电气二次 防误装置电源与继电保护及控制回路电源独立，极大地提高了防误闭锁装置工作的可靠性，避免微机防误闭锁装置电源与继电保护及控制回路电源相互影响、相互制约。采用不间断电源供电是确保微机系统正常工作的有效措施	查阅图纸或查看现场	（1）防误闭锁装置电源未与继电保护及控制回路电源独立，扣10分。 （2）微机防误装置主机不是由不间断电源供电，扣10分			
12.7	3.11 成套高压开关柜、成套六氟化硫（SF$_6$）组合电器（GIS/PASS/HGIS）"五防"功能应齐全、性能良好，并与线路侧接地开关实行连锁	10	【涉及专业】电气二次、电气一次 防止误操作造成人员设备损伤，防止误分误合断路器，防止带负荷分合隔离开关，防止带电分合接地开关，防止带地线合断路器，防止误入带电间隔	查看现场或查阅成套高压开关柜技术资料	"五防"功能不齐全、性能存在问题，扣10分			
13	4 防止系统稳定破坏事故	100	【涉及专业】电气二次、热工，共14条					
	4.1 电源	40						
13.1	4.1.6 并网电厂机组投入运行时，相关继电保护、	10	【涉及专业】电气二次 继电保护、安全自动装置和电力专用通信	查看现场	（1）每一保护装置或自动装置未投入运行，扣10分。			

编号	二十五项重点要求内容	标准分	评价要求	评价方法	评分标准	扣分	存在问题	改进建议
13.1	安全自动装置等稳定措施、一次调频、电力系统稳定器（PSS）、自动发电控制（AGC）、自动电压控制（AVC）等自动调整措施和电力专用通信配套设施等应同时投入运行	10	等设施对于机组并网后安全稳定运行有着重要作用。因此，电厂应与电网公司相关部门密切协调，做好管理和技术措施，确保能够同时投入		（2）保护装置或自动装置投入运行存在缺陷，每一处扣 5 分			
13.2	4.1.8 并网电厂发电机组配置的频率异常、低励限制、定子过电压、定子低电压、失磁、失步等涉网保护定值应满足电力系统安全稳定运行的要求	10	【涉及专业】电气二次 （1）频率异常保护应按照 DL/T 684—2012《大型发电机变压器继电保护整定计算导则》第 4.8.2 条和 GB/T 31464—2015《电网运行准则》第 5.4.2.3.2 条进行设置。300MW 及以上的发电机组，运行中允许其频率变化的范围为 48.5～50.5Hz。 （2）低励限制的动作曲线应与失磁保护配合，在磁场电流过小或失磁时低励限制应首先动作。 （3）定子过电压保护应按照 DL/T 684—2012《大型发电机变压器继电保护整定计算导则》第 4.8.4 条设置，其整定值根据电机制造厂提供的允许过电压能力或定子绕组的绝缘状况决定。 （4）定子低电压保护一般不设置。GB/T 14285—2006《继电保护和安全自动装置技术规程》第 4.2.3.1 条规定，1MW 及以下单独运行的发电机，如中性点侧有引出线，则在中性点侧装设过电流保护，如中性点侧无引出线，则在发电机端装设低电压保护。	查阅定值单	频率异常、低励限制、定子过电压、失磁、失步等涉网保护定值整定每一处整定不符合标准要求，扣 5 分			

编号	二十五项重点要求内容	标准分	评价要求	评价方法	评分标准	扣分	存在问题	改进建议
13.2		10	（5）失磁保护应按照 DL/T 684—2012《大型发电机变压器继电保护整定计算导则》第4.6 条设置。发电机失磁保护采用的阻抗、机端电压、转子电压（有刷励磁系统）等组合判据应能正确区分失磁故障和区外故障、系统振荡。 （6）失步保护应按照 DL/T 684—2012《大型发电机变压器继电保护整定计算导则》第4.7 条设置。失步保护应能区分失步振荡中心所处的位置；当失步振荡中心在发电机—变压器组内部时，失步保护应动作停机（1～2 次滑极），为防止电厂全停，机组失步保护滑极次数可整定不同值；当振荡中心在发变组外部，根据发电机组特性，允许失步运行5～20 个振荡周期					
13.3	4.1.9 加强并网发电机组涉及电网安全稳定运行的励磁系统及电力系统稳定器和调速系统的运行管理，其性能、参数设置、设备投停等应满足接入电网安全稳定运行要求	10	【涉及专业】电气二次、热工 励磁系统及电力系统稳定器和调速系统的性能、参数设置、设备投停等应满足电网安全稳定运行要求	查阅定值单和试验报告	（1）无励磁系统、电力系统稳定器和调速系统的性能试验报告，每缺一份报告，扣2分。 （2）无励磁系统、电力系统稳定器和调速系统的参数设置清单，每缺一份清单，扣2分。 （3）设备投停不符合电网运行要求，每处扣2分			
13.4	4.3.7 加强有关计算模型、参数的研究和实测工作，并据此建立系统计算的各种元件、控制装置及负荷的模型和参数。并网发电机组的保护定值必须满足电力系统安全稳定运行的要求	10	【涉及专业】电气二次 主要涉及励磁系统模型、参数的研究和实测工作。定值部分见继电保护部分（二十五项反措第 18 章）	查阅试验报告	（1）无励磁系统参数建模试验报告，扣10分。 （2）励磁系统参数建模试验报告不完善，每处扣5分。 （3）并网发电机组的保护定值不符合要求，每处扣5分			

编号	二十五项重点要求内容	标准分	评价要求	评价方法	评分标准	扣分	存在问题	改进建议
	4.4　二次系统	45						
13.5	4.4.1　认真做好二次系统规划。结合电网发展规划，做好继电保护、安全自动装置、自动化系统、通信系统规划，提出合理配置方案，保证二次相关设施的安全水平与电网保持同步	5	**【涉及专业】电气二次** 在电网发生事故时，继电保护和安全自动装置正确动作对事故进行隔离，通信自动化系统准确地将信息反馈到调度部门，对于保证电网稳定运行，缩小事故影响范围具有重要作用。因此第 4.4.1～4.4.3 条强调了二次系统规划和设计的重要性，通过完善二次系统规划，提高二次系统的可靠性	查看现场	配置的继电保护、安全自动装置、自动化系统、通信系统等二次设备与电网发展不同步，每处扣 5 分			
13.6	4.4.2　稳定控制措施设计应与系统设计同时完成。合理设计稳定控制措施和失步、低频、低压等解列措施，合理、足量地设计和实施高频切机、低频减负荷及低压减负荷方案	5		查看现场	失步、低频、低压解列等稳定控制措施设计应与系统设计同时完成，不符合要求每处扣 5 分			
13.7	4.4.3　加强 110kV 及以上电压等级母线、220kV 及以上电压等级主设备快速保护建设	5		查看现场及查阅定值单	110kV 及以上电压等级母线、220kV 及以上电压等级主设备无快速保护，扣 5 分			
13.8	4.4.4　一次设备投入运行时，相关继电保护、安全自动装置、稳定措施、自动化系统、故障信息系统和电力专用通信配套设施等应同时投入运行	5	**【涉及专业】电气二次** （1）第 4.4.4～4.4.6 条对二次系统基建阶段提出了具体要求。一是要全面投产；二是严格技术把关，避免将设备隐患带入运行中。 （2）由于安全自动装置动作范围较大，逻辑复杂，判断条件多样，一旦出现缺陷将影响全局。因此特别强调了安全自动装置的验收环节，防止因局部软件或控制逻辑问题导致安全自动装置不正确动作。同时要求建设单位应重视零缺陷移交，运行单位应及早介入工作，熟悉设备，消除隐患，减少因二次系统缺陷所造成的非计划停电	查看现场	一次设备投入运行时，二次相关设备未同时投入运行，每处扣 5 分			
13.9	4.4.5　加强安全稳定控制装置入网管理。对新入网或软、硬件更改后的安全稳定控制装置，应进行出厂测试或验收试验、现场联合调试和挂网试运行等工作	5		查阅试验报告和相关资料	缺少出厂测试或验收试验、现场联合调试报告，扣 5 分			

编号	二十五项重点要求内容	标准分	评价要求	评价方法	评分标准	扣分	存在问题	改进建议
13.10	4.4.6 严把工程投产验收关，专业人员应全程参与基建和技改工程验收工作	5		查看现场和相关资料	缺少工程投产验收报告或相关资料，扣5分			
13.11	4.4.8 加强继电保护运行维护，正常运行时，严禁220kV及以上电压等级线路、变压器等设备无快速保护运行	5	【涉及专业】电气二次 切除故障时间与稳定裕度成反比，切除时间越短，稳定裕度越大。切除时间长，则稳定裕度降低，还可能超出稳定极限切除时间，造成系统失去暂态稳定。因此，缩短故障切除时间是提高系统稳定水平和输电线路输送功率极限的重要措施。缩短保护动作时间需要选用新型快速保护，也可以按电压等级配置相应快速原理的保护。因此，应严格执行电网调度管理规程有关规定，对无快速保护的220kV及以上电压等级线路、变压器等设备必须停电，不允许继续运行	查看现场或查阅定值单	220kV及以上电压等级线路、变压器等设备快速保护未投入，扣5分			
13.12	4.4.9 母差保护临时退出时，应尽量减少无母差保护运行时间，并严格限制母线及相关元件的倒闸操作	10	【涉及专业】电气二次 对于母线无母差保护时，严格限制母线相关元件的倒闸操作	查看运行规程或操作票	（1）运行规程中，无母差保护退出时，限制母线及相关元件的倒闸操作规定，扣10分。 （2）操作票中，母差保护退出时有倒闸操作记录，扣10分			
	4.5 无功电压	15						
13.13	4.5.4 提高无功电压自动控制水平，推广应用自动电压控制系统	10	【涉及专业】电气二次 运行经验表明，自动电压控制系统（AVC）对于降低网损、提高电压合格率、保证系统安全经济运行、减轻运行人员工作强度等均具有积极作用	查看现场	（1）未按调度要求投入AVC装置，扣10分。 （2）AVC装置存在缺陷，每处扣5分			

编号	二十五项重点要求内容	标准分	评价要求	评价方法	评分标准	扣分	存在问题	改进建议
13.14	4.5.10 发电厂、变电站电压监测系统和能量管理系统（EMS）应保证有关测量数据的准确性。中枢点电压超出电压合格范围时，必须及时向运行人员告警	5	【涉及专业】电气二次 （1）电压监测系统和能量管理系统（EMS）测量数据应准确。 （2）电压范围设置应符合当地调度要求，当超出范围时，应设置报警提醒运行人员处理	查看现场	（1）电压监测系统和能量管理系统（EMS）有关测量数据不准确，扣5分。 （2）电压范围设置超出调度运行的电压范围，扣5分			
	5 防止机网协调事故							
14	**5.1 防止机网协调事故**	**100**	【涉及专业】电气二次、热工、汽轮机，共31条					
14.1	5.1.1 各发电企业（厂）应重视和完善与电网运行关系密切的保护装置选型、配置，在保证主设备安全的情况下，还必须满足电网安全运行的要求	3	【涉及专业】电气二次 设计、选型应满足电网安全运行要求	查看现场	保护装置选型、配置不合理，存在缺陷，扣3分			
14.2	5.1.2 发电机励磁调节器（包括电力系统稳定器）须经认证的检测中心的入网检测合格，挂网试运行半年以上，形成入网励磁调节器软件版本，才能进入电网运行	3	【涉及专业】电气二次 建立励磁调节器（包括电力系统稳定器PSS）软件版本认证机制，完善逻辑设计、优化参数整定，确保发电机组涉网特性满足国家、行业标准要求，进而达到消除事故隐患的目的	查阅相关资料	未采用经有资质单位认证厂家的产品，扣3分			
14.3	5.1.3 根据电网安全稳定运行的需要，200MW及以上容量的火力发电机组和50MW及以上容量的水轮发电机组，或接入220kV电压等级及以上的同步发电机组应配置电力系统稳定器	3	【涉及专业】电气二次 PSS（Power System Stabilizer）即电力系统稳定器，它借助自动电压调节器控制同步电机励磁，抑制电力系统功率振荡。在发电机组加装PSS，适当整定PSS有关参数，将提供附加阻尼力矩，提高电力系统动态稳定水平	查看现场及查阅定值单	（1）未配置电力系统稳定器，扣3分。 （2）电力系统稳定器未按调度要求投入，扣3分。 （3）电力系统稳定器参数整定不合理，扣3分			

编号	二十五项重点要求内容	标准分	评价要求	评价方法	评分标准	扣分	存在问题	改进建议
14.4	5.1.4 发电机应具备进相运行能力。100MW 及以上火电机组在额定出力时,功率因数应能达到−0.95～−0.97。励磁系统应采用可以在线调整低励限制的微机励磁装置	4	【涉及专业】电气二次 发电机进相运行是电网对发电机组的基本要求。根据 GB/T 31464—2015《电网运行准则》中关于发电机进相能力的要求,在电网调度发出指令以后,发电机应能在数分钟之内从迟相进入进相运行状态,由此满足电网调整无功的需求。应明确,要以发电机自带厂用电系统为试验条件,不能把通过启动备用变压器带厂用电的进相试验结果上报电网调度,作为进相运行的依据	查阅试验报告和定值单	(1) 未开展进相试验,扣 4 分。 (2) 无进相试验报告,扣 2 分。 (3) 进相能力达不到当地调度要求,扣 4 分。 (4) 励磁系统不具备在线调整低励限制功能,扣 1 分			
14.5	5.1.5 新投产的大型汽轮发电机应具有一定的耐受带励磁失步振荡的能力。发电机失步保护应考虑既要防止发电机损坏又要减小失步对系统和用户造成的危害。为防止失步故障扩大为电网事故,应当为发电机解列设置一定的时间延迟,使电网和发电机具有重新恢复同步的可能性	4	【涉及专业】电气二次 失步运行属于应避免而又不可能完全排除的发电机非正常运行状态。发电机失步往往起因于某种系统故障,故障点到发电机距离越近,故障时间越长,越易导致失步。在失步至恢复同步或解列发电机之前,发电机和系统都要经受短时间的失步运行状态。失步振荡对发电机组的危害主要是轴系扭振和大电流冲击。为减轻失步对系统的影响,在一定条件下,应允许发电机组短暂失步运行,以便采取措施恢复同步运行或在适当位置解列。对于单机对系统的振荡而言,一般情况下,直接切除不会对电网产生太大影响。失步保护应能区分失步振荡中心所处的位置;当失步振荡中心在发电机—变压器组内部时,失步保护应动作停机(1～2 次滑极);当振荡中心在发变组外部,根据发电机组特性,允许失步运行 5～20 个振荡周期	查阅定值单	定值整定不符合要求,扣 4 分			

编号	二十五项重点要求内容	标准分	评价要求	评价方法	评分标准	扣分	存在问题	改进建议
14.6	5.1.6 为防止频率异常时发生电网崩溃事故，发电机组应具有必要的频率异常运行能力。正常运行情况下，汽轮发电机组频率异常允许运行时间应满足表5-1的要求。 **表5-1 汽轮发电机组频率异常允许运行时间** 参见下表	4	【涉及专业】电气二次 　　电力系统由于某种原因造成有功功率不平衡时，频率将偏离额定值。偏离的程度与系统有功功率不平衡情况及系统的负荷频率特性等因素有关。如果系统频率下降时处理不当而将机组跳闸，则此时机组跳闸造成的系统功率短缺将进一步导致频率降低，因而形成连锁反应，严重时最终导致系统崩溃。所以为防止电网频率异常时发生电网崩溃事故，发电机组应具有必要的频率异常运行能力。同时，机组低频保护整定必须与系统频率降低特性协调，即系统频率降低不应使机组保护动作而引起恶性连锁反应。限制机组频率升高是由其调速器来实现。一般要求系统事故时限制机组的暂态最高转速不超过额定转速的107%～108%。GB/T 14285—2006《继电保护和安全自动装置技术规程》中规定，发电机组应装设低频保护，保护动作于信号并有低频累计时间显示。特殊情况下当低频保护需要跳闸时，保护动作时间可按汽轮机和发电机制造厂的规定进行整定，但必须符合表5-1规定的每次允许时间	查阅定值单	定值整定不符合标准要求，扣4分			
	5.1.7 发电机励磁系统应具备一定过负荷能力	4						

表5-1 汽轮发电机组频率异常允许运行时间

频率范围（Hz）	允许运行时间	
	累计（min）	每次（s）
51.0 以上～51.5	>30	>30
50.5 以上～51.0	>180	>180
48.5～50.5	连续运行	
48.5 以下～48.0	>300	>300
48.0 以下～47.5	>60	>60
47.5 以下～47.0	>10	>20
47.0 以下～46.5	>2	>5

编号	二十五项重点要求内容	标准分	评价要求	评价方法	评分标准	扣分	存在问题	改进建议
14.7	5.1.7.1 励磁系统应保证发电机励磁电流不超过其额定值的 1.1 倍时能够连续运行	2	【涉及专业】电气二次 随着电网规模的扩大、电压等级的提升，应发挥发电机对电网电压的支撑及调节作用，对发电机励磁系统过负荷能力提出具体要求。GB/T 7409.3—2007《同步电机励磁系统大、中型同步发电机励磁系统技术要求》"5 基本性能"中要求：当同步发电机的励磁电压和电流不超过其额定值的 1.1 倍时，励磁系统应能保证长期连续运行；励磁系统的顶值电流应不超过 2 倍额定励磁电流，允许持续时间应不小于 10s	查阅定值单	励磁定值不符合标准要求，扣 2 分			
14.8	5.1.7.2 励磁系统强励电压倍数一般为 2 倍，强励电流倍数等于 2，允许持续强励时间不低于 10s	2		查阅定值单	励磁强励定值不符合标准要求，扣 2 分			
14.9	5.1.9 机组并网调试前 3 个月，发电厂应向相应调度部门提供电网计算分析所需的主设备（发电机、变压器等）参数、二次设备（电流互感器、电压互感器）参数及保护装置技术资料，以及励磁系统（包括电力系统稳定器）、调速系统技术资料（包括原理及传递函数框图）等	2	【涉及专业】电气一次、电气二次、热工 并网调试前 3 个月，发电厂应向相应调度部门提供电网计算分析所需的以下技术材料： （1）主设备（发电机、变压器等）参数。 （2）二次设备（电流互感器、电压互感器）参数及保护装置技术资料。 （3）励磁系统（包括电力系统稳定器）。 （4）调速系统技术资料（包括原理及传递函数框图）等	查阅技术资料和台账	技术资料不完整，每项扣 1 分			
14.10	5.1.10 发电厂应根据有关调度部门电网稳定计算分析要求，开展励磁系统（包括电力系统稳定器）、调速系统、原动机的建模及参数实测工作，实测建模报告需通过有资质试验单位的审核，并将试验报告报有关调度部门	2	【涉及专业】电气一次、热工 （1）发电厂应根据调度部门电网稳定计算分析要求，开展励磁系统（包括电力系统稳定器）、调速系统、原动机的建模及参数实测工作。 （2）建模及参数实测试验报告需有资质的单位审核	查阅试验报告	（1）无励磁系统的建模及参数实测报告，扣 2 分。 （2）励磁系统的建模及参数实测报告不规范，每处扣 1 分。 （3）无调速系统、原动机的建模及参数实测报告，扣 2 分。 （4）调速系统、原动机的建模及参数实测报告不规范，每处扣 1 分			

编号	二十五项重点要求内容	标准分	评价要求	评价方法	评分标准	扣分	存在问题	改进建议
14.11	5.1.11 并网电厂应根据《大型发电机变压器继电保护整定计算导则》(DL/T 684—2012)的规定，电网运行情况和主设备技术条件，认真校核涉网保护与电网保护的整定配合关系，并根据调度部门的要求，做好每年度对所辖设备的整定值进行全面复算和校核工作。当电网结构、线路参数和短路电流水平发生变化时，应及时校核相关涉网保护的配置与整定，避免保护发生不正确动作行为	4	【涉及专业】电气二次 应按 DL/T 684—2012《大型发电机变压器继电保护整定计算导则》的规定及调度部门要求，每年度对保护定值进行全面复算和校核工作；当电网结构、线路参数和短路电流水平发生变化时，应及时校核相关涉网保护	查看保护定值校核记录	(1) 未每年度开展保护定值全面复算和校核工作，扣4分。 (2) 当电网结构、线路参数和短路电流水平发生变化时，未及时校核相关涉网保护，扣4分。 (3) 复算和校核工作存在错误或不完整，每处扣2分			
	5.1.12 发电机励磁系统正常应投入发电机自动电压调节器(机端电压恒定的控制方式)运行，电力系统稳定器正常必须置入投运状态，励磁系统(包括电力系统稳定器)的整定参数应适应跨区交流互联电网不同联网方式运行要求，对 0.1～2.0Hz 系统振荡频率范围的低频振荡模式应能提供正阻尼	8						

编号	二十五项重点要求内容	标准分	评价要求	评价方法	评分标准	扣分	存在问题	改进建议
14.12	5.1.12.1 利用自动电压控制系统对发电机调压时,受控机组励磁系统应投入自动电压调节器	4	【涉及专业】电气二次 励磁系统的主要任务是维持发电机电压在给定水平和提高电力系统的稳定性。为提高系统静态和暂态稳定水平,发电机励磁系统正常投入发电机自动电压调节器(机端电压恒定的控制方式)运行,维持发电机机端电压为恒定值	查看现场	发电机励磁调节器未投入自动电压调节方式,扣4分			
14.13	5.1.12.2 励磁系统应具有无功调差环节和合理的无功调差系数。接入同一母线的发电机的无功调差系数应基本一致。励磁系统无功调差功能应投入运行	4	【涉及专业】电气二次 大多数发电机组为单元接线,主变压器电抗大(15%左右),导致变压器电压降落较大。国际上广泛采用负调差来提高电厂高压侧母线电压,充分利用发电机无功储备,提高系统电压稳定性。国内也有越来越多的机组采用负调差。DL/T 279—2012《发电机励磁系统调度管理规程》要求,对于多机并列于同一电气母线运行的机组,原则上要求各励磁系统的增益和电压调差率应基本一致。为了在电厂内多台并网发电机组之间均衡分配无功,保证运行发电机组具有合理的无功裕度,对机组无功调差特性提出以上要求	查阅定值和试验报告	无功调差系数不符合要求,扣4分			
	5.1.13 200MW 及以上并网机组的高频率、低频率保护,过电压、低电压保护,过励磁保护,失磁保护,失步保护,阻抗保护及振荡解列装置、发电机励磁系统(包括电力系统稳定器)等设备(保护)定值必须报有关调度部门备案	16						

编号	二十五项重点要求内容	标准分	评价要求	评价方法	评分标准	扣分	存在问题	改进建议
14.14	5.1.13.1 自动励磁调节器的过励限制和过励保护的定值应在制造厂给定的容许值内，并与相应的机组保护在定值上配合，并定期校验	4	【涉及专业】电气二次 "机网协调"技术管理分为两级，第一级为发电机组涉网保护与电网保护之间的协调；第二级为发电机组控制系统（如励磁、调速系统等）的特性与电网保护之间的协调。其原则为"在保障发电机组安全的基础上，在机组能力的范围内，充分发挥机组对电网安全的支撑能力"。应关注和发电机过负荷、强励、发电机及主变压器过励磁、发电机定子过电压等能力相关的励磁系统过励、V/Hz、过电压等限制与发电机组、励磁变压器保护的配合关系，应争取达到"既不超越机组的能力，使机组受到伤害；也不束缚机组的能力，使对电网安全支撑受到削弱"。发电机过励限制环节通过计算励磁绕组在励磁电流超出长期运行最大值的发热量，达到某常数来限制调节器输出以限制发电机转子电流，达到保护发电机转子的目的。V/Hz限制的作用体现在两个方面：一是在额定频率下限制发电机端电压；二是避免发电机及主变压器过励磁	查阅定值单	过励限制和过励保护整定不符合要求，扣4分			
14.15	5.1.13.2 励磁变压器保护定值应与励磁系统强励能力相配合，防止机强励时保护误动作	4		查阅定值单	励磁变压器保护定值整定与励磁强励能力不配合，扣4分			
14.16	5.1.13.3 励磁系统V/Hz限制应与发电机或变压器的过励磁保护定值相配合，一般具有反时限和定时限特性。实际配置中，可以选择反时限或定时限特性中的一种。应结合机组检修期检查限制动作定值	4		查阅定值单	V/Hz限制与发电机或变压器的过励磁保护定值不配合，扣4分			
14.17	5.1.13.4 励磁系统如设有定子过压限制环节，应与发电机过压保护定值相配合，该限制环节应在机组保护之前动作	4		查阅定值单	励磁定子过压限制环节与发电机过压保护定值不配合，扣4分			
	5.1.15 发电机组一次调频运行管理	12						

编号	二十五项重点要求内容	标准分	评价要求	评价方法	评分标准	扣分	存在问题	改进建议
14.18	5.1.15.1　并网发电机组的一次调频功能参数应按照电网运行的要求进行整定，一次调频功能应按照电网有关规定投入运行	4	【涉及专业】热工 （1）机组一次调频的死区、响应时间、转速不等率、稳定时间、负荷上限等功能参数、性能指标应满足 GB/T 28566—2012《发电机组并网安全条件及评价》第 5.2.8.1 条及当地电网公司的要求，第 5.2.8.1 条要求如下： "1　火电机组速度变动率一般应设计为 4%～5%；水电机组速度变动率（永态转差率）一般设计为 3%～4%。 2　机组参与一次调频的死区应小于或等于｜±0.033｜Hz（火电机组）、｜±0.05｜Hz（水电）；响应滞后时间应小于 3s（火电）、8s（水电），稳定时间应小于 1min。 3　机组一次调频的负荷响应速度应满足：燃煤机组达到 75%目标负荷的时间应不大于 15s，达到 90%目标负荷的时间应不大于 30s，燃气机组达到 90%目标负荷的时间应不大于 15s。 4　火电机组参与一次调频的负荷变化幅度不设置下限。机组参与一次调频的负荷变化幅度调频上限可以加以限制，但限制幅度不应过小，并符合有关规定。 5　发电机组调速系统的传递函数及各环节参数应由有资质的单位测试，建立可直接用于电力系统仿真的计算模型，并报所在电网调度机构；如发生参数变化，应及时报所在电网调度机构。" （2）机组一次调频功能应始终在投入状态（当地电网未做要求的除外），特殊工况退出一次调频功能时，应经过审批程序	审核一次调频组态设计及一次调频试验报告	（1）功能参数、性能指标存在不符合项，每项扣 2 分。 （2）运行机组一次调频功能超过 24h 未投入，扣 2 分；一次调频功能退出未按程序审批，扣 2 分			

编号	二十五项重点要求内容	标准分	评价要求	评价方法	评分标准	扣分	存在问题	改进建议
14.19	5.1.15.2　新投产机组和在役机组大修、通流改造、数字电液控制系统（DEH）或分散控制系统（DCS）改造及运行方式改变后，发电厂应向相应调度部门交付由技术监督部门或有资质的试验单位完成的一次调频性能试验报告，以确保机组一次调频功能长期安全、稳定运行	4	【涉及专业】热工 （1）新投产机组应向电网调度部门提交一次调频性能试验报告。 （2）在役机组在大修、重大改造、重要改变后，可能引起负荷控制较大变化，应向调度部门提交新的一次调频试验报告。 （3）试验应由技术监督部门或有资质的试验单位完成。 （4）通过试验确保一次调频长期安全、稳定。 （5）一次调频试验及验收参照GB/T 30370—2013《火力发电机组一次调频试验及性能验收导则》执行	审核一次调频试验报告	（1）未按期进行一次调频试验，扣4分。 （2）一次调频试验存在不合格项，每项扣2分；缺少典型工况，每个缺失工况扣2分			
14.20	5.1.15.3　发电机组调速系统中的汽轮机调门特性参数应与一次调频功能和自动发电控制调度方式相匹配。在阀门大修后或发现两者不匹配时，应进行汽轮机调门特性参数测试及优化整定，确保机组参与电网调峰调频的安全性	4	【涉及专业】汽轮机、热工 汽轮机调门流量特性，尤其是顺序阀工况的调门流量特性应与一次调频和AGC运行相适应。执行机构的合理线性度是保证有功调节和一次调频运行安全的基础，当调门特性线性度较差或存在影响正常调节的拐点时，应及时进行汽轮机调门特性参数测试及整定	查阅汽轮机调门特性参数测试报告	（1）新建机组未进行汽轮机调门流量特性试验，扣4分。 （2）在阀门大修或改造后未进行调门流量特性测试及优化整定，扣4分。 （3）发现汽轮机调门特性参数与一次调频功能和AGC控制不匹配时，未及时进行汽轮机调门特性参数测试优化，扣4分。 （4）因调门流量特性不佳导致一次调频或AGC控制不合格，扣4分			
	5.1.16　发电机组进相运行管理	12						

编号	二十五项重点要求内容	标准分	评价要求	评价方法	评分标准	扣分	存在问题	改进建议
14.21	5.1.16.1　发电厂应根据发电机进相试验绘制指导实际进相运行的 P-Q 图，编制相应的进相运行规程，并根据电网调度部门的要求进相运行。发电机应能监视双向无功功率和功率因数。根据可能的进相深度，当静稳定成为限制进相因素时，应监视发电机功角进相运行	4	【涉及专业】电气二次　　低励限制的作用是限制发电机进相运行深度，低励限制曲线是按发电机不同有功功率静稳定极限及发电机端部发热条件确定。低励限制曲线应与失磁保护配合。DL/T 843—2010《大型汽轮发电机交流励磁机励磁系统技术条件》有明确要求。现场检查及 RTDS 仿真性能检测均表明，低励限制 UEL 控制策略和参数选择至关重要，参数选择不当时，会使发电机组进相运行中发生较大的不稳定扰动	查阅运行规程和试验报告	（1）未绘制 P-Q 图或绘制的 P-Q 图存在错误，扣4分。（2）运行规程中无发电机进相工况的相关要求，扣4分			
14.22	5.1.16.2　并网发电机组的低励限制辅助环节功能参数应按照电网运行的要求进行整定和试验，与电压控制主环合理配合，确保在低励限制动作后发电机组稳定运行	4		查阅定值单和试验报告	（1）低励限制定值不合理，扣4分。（2）未开展低励限制功能试验，扣4分			
14.23	5.1.16.3　低励限制定值应考虑发电机电压影响并与发电机失磁保护相配合，应在发电机失磁保护之前动作。应结合机组检修定期检查限制动作定值	4		查阅定值单	低励限制定值与发电机失磁保护配合不合理，扣4分			
	5.1.17　加强发电机组自动发电控制运行管理	4	【涉及专业】热工					

编号	二十五项重点要求内容	标准分	评价要求	评价方法	评分标准	扣分	存在问题	改进建议
14.24	5.1.17.1 单机 300MW 及以上的机组和具备条件的单机容量 200MW 及以上机组，根据所在电网要求，都应参加电网自动发电控制运行	2	【涉及专业】热工 （1）自动发电控制（AGC），指发电机组工况调整、运行由控制系统自动完成，机组的出力也直接由调度中心遥调。其功能主要有：维持电力系统频率为额定值，控制区域电网之间联络线功率交换，优化经济运行。 （2）DL/T 1210—2013《火力发电厂自动发电控制性能测试验收规程》规定了煤粉锅炉发电机组 AGC 性能测试验收的内容、条件、方法，以及应达到的品质指标	查看运行画面	运行机组 AGC 月度投入率不满足当地电网要求，扣 2 分			
14.25	5.1.17.2 发电机组自动发电控制的性能指标应满足接入电网的相关规定和要求	1		查阅 AGC 性能试验报告、查看运行画面	AGC 指标不满足电网要求，扣 1 分			
14.26	5.1.17.3 对已投运自动发电控制的机组，在年度大修后投入自动发电控制运行前，应重新进行机组自动增加/减少负荷性能的测试以及机组调整负荷响应特性的测试	1		查阅 AGC 性能试验报告、查看运行画面	大修后未及时开展 AGC 性能试验或指标不合格且未处理，扣 1 分			
	5.1.18 发电厂应制订完备的发电机带励磁失步振荡故障的应急措施，并按有关规定做好保护定值整定，包括：	8						
14.27	5.1.18.1 当失步振荡中心在发电机—变压器组内部时，应立即解列发电机	4	【涉及专业】电气二次 失步保护应能区分失步振荡中心所处的位置；当失步振荡中心在发电机—变压器组内部时，失步保护应动作停机（1～2 次滑极）	查阅定值单	失步定值整定不合理，扣 4 分			

编号	二十五项重点要求内容	标准分	评价要求	评价方法	评分标准	扣分	存在问题	改进建议
14.28	5.1.18.2 当发电机电流低于三相出口短路电流的60%～70%时（通常振荡中心在发电机—变压器组外部），发电机组应允许失步运行5～20个振荡周期。此时，应立即增加发电机励磁，同时减少有功负荷，切换厂用电，延迟一定时间，争取恢复同步	4	【涉及专业】电气二次 当振荡中心在发变组外部，根据发电机组特性，允许失步运行5～20个振荡周期，保护动作于信号	查阅定值单	失步定值整定不合理，扣4分			
	5.1.19 发电机失磁异步运行	**8**						
14.29	5.1.19.1 严格控制发电机组失磁异步运行的时间和运行条件。根据国家有关标准规定，不考虑对电网的影响时，汽轮发电机应具有一定的失磁异步运行能力，但只能维持发电机失磁后短时运行，此时必须快速降负荷。若在规定的短时运行时间内不能恢复励磁，则机组应与系统解列	4	【涉及专业】电气二次 失磁异步运行属于应避免而又不可能完全排除的非正常运行状态。该条款执行应确保失磁定值整定符合 DL/T 684—2012《大型发电机变压器继电保护整定计算导则》及南方电网要求，对于不允许发电机失磁运行的系统，其延时一般取 0.5～1.0s，动作于停机	查阅定值单	失磁定值整定不合理，扣4分			
14.30	5.1.19.2 发电机失去励磁后是否允许机组快速减负荷并短时运行，应结合电网和机组的实际情况综合考虑。如电网不允许发电机无励磁运行，当发电机失去励磁且失磁保护未动作时，应立即将发电机解列	4		查阅运行规程	运行规程无相关内容，扣4分			

编号	二十五项重点要求内容	标准分	评价要求	评价方法	评分标准	扣分	存在问题	改进建议
14.31	5.1.20 电网发生事故引起发电厂高压母线电压、频率等异常时，电厂重要辅机保护不应先于主机保护动作，以免切除辅机造成发电机组停运	3	【涉及专业】电气二次、热工 （1）厂用重要高压和低压辅机电动机及变频器的保护不应先于主机保护动作。常见的问题如电压暂降（低电压穿越）问题，引起引风机、一次风机、给煤机等重要辅机跳闸，造成发电机组被迫停运。 （2）电厂重要辅机的认定可参考 DL/T 5153—2014《火力发电厂厂用电设计技术规程》"附录 B 火力发电厂常用厂用负荷特性参考表"。 （3）电动机低电压保护定值按照 DL/T 5153—2014《火力发电厂厂用电设计技术规程》第 8.6 条、第 8.7 条要求设置。重要辅机电动机电源防范电压暂降的措施可采取：带综保装置的可以投入欠压重启动功能；机械保持式断路器（接触器）或永磁式接触器；采用延时释放回路或双位置继电器回路；直流或 UPS 供电等方案。 （4）重要辅机变频器防范低电压穿越措施（如短时断电后转速跟踪再启动功能），按照 DL/T 1648—2016《发电厂及变电站辅机变频器高低电压穿越技术规范》第 5.1 条设置	查阅定值单、图纸、说明书，查看现场	（1）重要辅机电动机电源防范电压暂降功能未投入或定值设置不合理，扣 3 分。 （2）重要辅机变频器电源防范电压暂降功能未投入或定值设置不合理，扣 3 分			
	6 防止锅炉事故							
15	**6.1 防止锅炉尾部再次燃烧事故**	100	【涉及专业】锅炉、热工，共 45 条					
15.1	6.1.1 防止锅炉尾部再次燃烧事故，除了防止回转式空气预热器转子蓄热元件发	3	【涉及专业】锅炉 拓展了"锅炉尾部"的范围，除了传统部位外，还要包括脱硝装置的催化剂部位以及	查阅规程及反事故措施	（1）未制定防止锅炉尾部再次燃烧事故措施，扣 3 分。			

编号	二十五项重点要求内容	标准分	评价要求	评价方法	评分标准	扣分	存在问题	改进建议
15.1	生再次燃烧事故外，还要防止脱硝装置的催化元件部位、除尘器及其干除灰系统以及锅炉底部干除渣系统的再次燃烧事故	3	锅炉底部的干排渣系统、除尘器和干除灰系统。电厂应编制防止锅炉尾部再次燃烧事故的技术措施，该措施应符合电厂设备特点并涵盖空预器、脱硝催化剂、除尘器（含湿式除尘）及其干除灰系统、干排渣系统等系统设备		（2）反事故措施制定内容与电厂设备特点不相符，每处扣1分。 （3）防止锅炉尾部再次燃烧事故措施未包含空气预热器、脱硝装置、除尘器及其除灰系统、干排渣系统，扣1分			
	6.1.2 在锅炉机组设计选型阶段，必须保证回转式空气预热器本身及其辅助系统设计合理、配套齐全，必须保证回转式空气预热器在运行中有完善的监控和防止再次燃烧事故的手段	18	【涉及专业】锅炉、热工 对空气预热器设计阶段的要求，同样适用于空气预热器技术改造，现役机组配置不满足时应按要求进行改造					
15.2	6.1.2.1 回转式空气预热器应设有独立的主辅电机、盘车装置、火灾报警装置、入口风气挡板、出入口风挡板及相应的连锁保护	4	【涉及专业】锅炉、热工 （1）电厂回转式空气预热器进/出口风烟挡板、独立主辅电机、盘车装置、火灾报警装置等配置应齐全。 （2）空气预热器相关联锁、保护、报警设置应合理、全面。包括主辅电机、进出口风烟挡板联锁、轴承温度高、烟温高、火灾等报警	查阅系统图、保护逻辑，查看现场设备	（1）未设置独立的主、辅电机保护，扣2分。 （2）未设置独立盘车装置，扣2分。 （3）未设置轴承温度高、烟温高、火灾报警，每项扣2分。 （4）空气预热器烟气侧、空气侧进/出口未设置烟气/风挡板，扣2分。 （5）联锁保护或报警设置不合理，每项扣1分。 （6）空气预热器联锁保护试验记录不全，每项扣1分			

编号	二十五项重点要求内容	标准分	评价要求	评价方法	评分标准	扣分	存在问题	改进建议
15.3	6.1.2.2 回转式空气预热器应设有可靠的停转报警装置，停转报警信号应取自空气预热器的主轴信号，而不能取自空气预热器的马达信号	3	【涉及专业】热工、锅炉 （1）空气预热器停转检测测点数应大于等于3个，且相互独立。 （2）空气预热器停转测量信号应取自空气预热器主轴。 （3）应以三个完全独立的开关量信号三取二判断空气预热器停转，任一停转信号为"1"触发声光报警	现场检查停转测点数量及测点位置，检查DCS监控及组态逻辑	（1）空气预热器停转检测信号未取自空气预热器主轴，扣3分。 （2）以单点或双点信号判断空气预热器停转，扣2分。 （3）空气预热器停转测点数量为1个或2个，扣2分。 （4）未设计空气预热器停转声光报警，或停转信号为"1"未触发声光报警，扣2分			
15.4	6.1.2.3 回转式空气预热器应有相配套的水冲洗系统，不论是采用固定式或者移动式水冲洗系统，设备性能都必须满足冲洗工艺要求，电厂必须配套制订出具体的水冲洗制度和水冲洗措施，并严格执行	4	【涉及专业】锅炉 （1）DL/T 750—2016《回转式空气预热器运行维护规程》第11.2条要求：电厂可根据设备状况以及回转式空气预热器堵灰对运行经济性、安全性的影响等因素综合考虑选择合适的冲洗方法和冲洗周期。 （2）DL/T 750—2016 第11.3条规定：回转式空气预热器停运后，根据 DL/T 611 相关要求，可利用回转式空气预热器系统配套的水冲洗装置或移动式高压水冲洗装置对受热面进行离线水冲洗。 （3）应编制配套的空气预热器水冲洗制度或水冲洗措施，措施中应有明确的冲洗后干燥措施	查阅系统图、制度和措施，查阅历次冲洗记录，检查水冲洗设备	（1）未制定空气预热器水冲洗制度或水冲洗措施，扣3分。 （2）空气预热器水冲洗措施未包含隔离及现场保护措施，防止人身伤害、回转式空气预热器卡塞或损坏冲洗设备的检查和防范措施，冲洗工艺及方法（冲洗介质、冲洗顺序），排灰（水）措施，干燥措施等，每缺1项扣1分。 （3）空气预热器水冲洗制度中规定的冲洗压力超过厂家要求值，扣2分。 （4）空气预热器水冲洗制度中未明确水冲洗合格的验收标准，扣2分。 （5）空气预热器水冲洗制度中未明确冲洗后的空气预热器干燥措施（自然晾干或烘干），扣2分。 （6）空气预热器冷端吹灰器为非双介质吹灰器，扣1分。 （7）水冲洗记录不完整，如空气预热器水冲洗记录表中未记录实际水冲洗压力、喷头与蓄热元件间距离，每缺1项扣1分			

编号	二十五项重点要求内容	标准分	评价要求	评价方法	评分标准	扣分	存在问题	改进建议
15.5	6.1.2.4 回转式空气预热器应设有完善的消防系统，在空气及烟气侧应装设消防水喷淋水管，喷淋面积应覆盖整个受热面。如采用蒸汽消防系统，其汽源必须与公共汽源相联，以保证启停及正常运行时随时可投入蒸汽进行隔绝空气式消防	3	【涉及专业】锅炉 （1）回转式空气预热器应设有完善的消防系统，防止着火发生时事故扩大化。 （2）如采用蒸汽消防系统，其汽源必须与公共汽源相联，以保证启停及正常运行时随时可投入蒸汽进行隔绝空气式消防	查阅系统图、消防系统调试记录，查看现场消防系统设备	（1）空气预热器未设置消防水系统或消防蒸汽系统，扣3分。 （2）采用消防水作为空气预热器消防系统的机组，空气预热器未设置消防水喷淋管，扣2分。 （3）采用消防水作为空气预热器消防系统的机组，消防水喷淋管未覆盖空气预热器整个受热面，扣2分。 （4）采用消防蒸汽作为空气预热器消防系统的机组，消防蒸汽汽源未与辅汽联箱等公共汽源相联，扣3分			
15.6	6.1.2.5 回转式空气预热器应设计配套有完善合理的吹灰系统，冷热端均应设有吹灰器。如采用蒸汽吹灰，其汽源应合理选择，且必须与公共汽源相联，疏水设计合理，以满足能够满足机组启动和低负荷运行期间的吹灰需要	4	【涉及专业】锅炉、热工 （1）回转式空气预热器冷、热端吹灰器应满足吹灰要求。 （2）如采用蒸汽吹灰器汽源、疏水管道应合理，在运行状态下疏水坡度小于0.2%。 （3）不应采用再热器事故喷水减温后的蒸汽作为吹灰汽源	查阅系统图，查看吹灰器及其疏水管道	（1）空气预热器冷热端未设置吹灰器，扣3分。 （2）空气预热器汽源未与辅汽联箱等公共汽源相联，扣4分。 （3）机组启动时辅汽联箱等公共汽源压力不满足空气预热器吹灰要求，扣3分。 （4）空气预热器热端、冷端吹灰器疏水管设计坡度不满足要求，发现一处扣2分。 （5）空气预热器吹灰疏水系统未采取温度控制，扣1分。 （6）采用再热器事故喷水减温后的蒸汽作为吹灰汽源，扣2分			
15.7	6.1.3 锅炉设计和改造时，必须高度重视油枪、小油枪、等离子燃烧器等锅炉点火、助燃系统和设备的适应性与完善性	13	【涉及专业】锅炉 少油点火、等离子点火燃烧器燃用煤质特性应符合制造厂设计要求，并符合 DL/T 1316—2014《火力发电厂煤粉锅炉少油点火系统设计与运行导则》、DL/T 1127—2010《等离子体点火系统设计与运行导则》相关要求.				

编号	二十五项重点要求内容	标准分	评价要求	评价方法	评分标准	扣分	存在问题	改进建议
15.7	6.1.3.1 在锅炉设计与改造中，加强选型等前期工作，保证油燃烧器的出力、雾化质量和配风相匹配	2	【涉及专业】锅炉 油燃烧器选型合理，保证雾化质量良好，着火稳定	查阅技术协议、设备说明书等设计资料	（1）油枪喷嘴孔径不符合设计要求，扣1分。 （2）油枪雾化片结构不符合设计要求，扣1分。 （3）油燃烧器的出力、雾化质量和配风不匹配，扣2分			
15.8	6.1.3.2 无论是煤粉锅炉的油燃烧器还是循环流化床锅炉的风道燃烧器，都必须配有配风器，以保证油枪点火可靠、着火稳定、燃烧完全	2	【涉及专业】锅炉 油燃烧器和风道燃烧器都应设计配风器。配风器执行机构动作必须灵活可靠	查阅技术协议、图纸，查看油燃烧器	（1）油燃烧器或风道燃烧器未设计相应助燃风，扣2分。 （2）油燃烧器或风道燃烧器对应的助燃风未设计配风执行机构，扣2分。 （3）配风器执行机构卡涩未处理，扣1分			
15.9	6.1.3.3 对于循环流化床锅炉，油燃烧器出口必须设计足够的油燃烧空间，保证油进入炉膛前能够完全燃烧	2	【涉及专业】锅炉 循环流化床锅炉床下点火油燃烧器应有足够的燃烧空间	查看现场，查阅图纸	（1）床下点火油燃烧器布置位置不符合设计要求，扣2分。 （2）床下空间高度不足，布风板处存在油渍碳化现象，扣2分			
15.10	6.1.3.4 锅炉采用少油/无油点火技术进行设计和改造时，必须充分把握燃用煤质特性，保证小油枪设备可靠、出力合理，保证等离子发生装置功率与燃用煤质、等离子燃烧器和炉内整体空气动力场的匹配性，以保证锅炉少油/无油点火的可靠性和锅炉启动初期的燃尽率以及整体性能	3	【涉及专业】锅炉 （1）少油点火、等离子点火燃烧器燃用煤质特性应符合制造厂设计要求，并符合 DL/T 1316—2014《火力发电厂煤粉锅炉少油点火系统设计与运行导则》"5 少油点火系统设计及燃烧器布置方式"、DL/T 1127—2010《等离子体点火系统设计与运行导则》"4 等离子点火系统的煤质适应性"相关要求。 （2）锅炉设计燃用烟煤或褐煤，煤质特性满足下述要求时可采用等离子点火系统： （a）烟煤：灰分 $A_{ar} \leqslant 35\%$，且 $M_{ar} \leqslant 10\%$，$V_{daf} \geqslant 32\%$（即 $V_{ar} \geqslant 18\%$）；	查阅煤质资料、启机记录、运行参数历史趋势	（1）少油点火/等离子点火燃烧器燃用煤质灰分超出设计要求，每超过1个百分点扣1分。 （2）少油点火/等离子点火燃烧器燃用煤质水分高于设计要求，每偏高1个百分点扣1分。 （3）少油点火/等离子点火燃烧器燃用煤质挥发分低于设计要求，每偏低1个百分点扣1分			

编号	二十五项重点要求内容	标准分	评价要求	评价方法	评分标准	扣分	存在问题	改进建议
15.10		3	（b）褐煤：灰分 $A_{ar} \leqslant 30\%$，且 $M_{ar} \leqslant 25\%$，$V_{daf} \geqslant 40\%$（即 $V_{ar} \geqslant 18\%$）。 （3）当煤质参数不满足（2）规定的范围时，应通过调整煤粉细度、煤粉浓度、一、二次风速、煤粉/空气混合温度，加大等离子体发生器的功率等措施，并经试验验证后，方可采用等离子点火技术					
15.11	6.1.3.5　所有燃烧器均应设计有完善可靠的火焰监测保护系统	4	【涉及专业】热工、锅炉 （1）应设计有油火检、煤火检，火检冷却风应可靠，火检强度信号应准确，火焰监视工业电视画面应清晰。 （2）磨煤机的火检启动允许、火检跳闸保护设计应符合 DL/T 1091—2018《火力发电厂锅炉炉膛安全监控系统技术规程》的要求	查阅设计图纸，查看运行画面	（1）油火检、煤火检装置缺失或故障停用，每发现一处扣 2 分。 （2）火检冷却风风压不满足要求，扣 2 分。 （3）火检信号不稳定，精度差，每发现一处扣 1 分。 （4）电厂装有火焰监测工业电视，但电视信号不稳定或画面不清晰，每发现一处扣 1 分。 （5）磨煤机的火检启动允许、火检跳闸保护设计不符合 DL/T 1091—2018 的要求，扣 4 分。 （6）失去火检冷却风的锅炉 MFT 保护条件中的延时时间过长或过短，与火检探头耐热性能不匹配，扣 2 分			
	6.1.4　回转式空气预热器在制造等阶段必须采取正确保管方式，应进行监造	3	【涉及专业】锅炉、热工 空气预热器的设备保管应符合 DL/T 855—2004《电力基本建设火电设备维护保管规程》、DL/T 586—2008《电力设备监造技术导则》的相关要求					

编号	二十五项重点要求内容	标准分	评价要求	评价方法	评分标准	扣分	存在问题	改进建议
15.12	6.1.4.1 锅炉空气预热器的传热元件在出厂和安装保管期间不得采用浸油防腐方式	1	【涉及专业】锅炉 空气预热器设备保管应符合制造厂要求，不得采用浸油防腐方式，并采取必要的遮雨措施	查阅监造报告、安装资料	（1）空气预热器蓄热元件出厂和安装保管期间采用浸油防腐方式，扣1分。 （2）空气预热器蓄热元件安装保管期间露天放置，且未采取遮雨措施，扣1分			
15.13	6.1.4.2 在设备制造过程中，应重视回转式空气预热器着火报警系统测点元件的检查和验收	2	【涉及专业】热工、锅炉 从防止空气预热器再燃烧事故角度考虑，回转式空气预热器着火报警系统测点元件的检查和验收是要点，必须配套齐全，检验合格	查阅监造报告，核查着火报警检测装置的功能和性能	（1）空气预热器未配置着火报警检测元件，扣2分。 （2）报警检测元件存在缺陷、故障，每处扣1分			
	6.1.5 必须充分重视回转式空气预热器辅助设备及系统的可靠性和可用性。新机基建调试和机组检修期间，必须按照要求完成相关系统与设备的传动检查和试运工作，以保证设备与系统可用，连锁保护动作正确	8	【涉及专业】锅炉、热工					
15.14	6.1.5.1 机组基建、调试阶段和检修期间应重视空气预热器的全面检查和资料审查，重点包括空气预热器的热控逻辑、吹灰系统、水冲洗系统、消防系统、停转保护、报警系统及隔离挡板等	2	【涉及专业】锅炉、热工 （1）按照 DL/T 750—2016《回转式空气预热器运行维护规程》"5 启动前的检查"，在机组基建、调试阶段和检修期间，对包括空气预热器的热控逻辑、吹灰系统、水冲洗系统、消防系统、停转保护、报警系统、隔离挡板、轴承装置等系统或设备，进行全面检查。 （2）高度重视空气预热器轴承等本体关键部件在采购、验收、安装、检修、运行等全过程的质量监督工作，相关参数参考 DL/T 750—2016 附录 A。	查阅技术协议、调试报告、检修文件包、空预器热控逻辑、油质化验报告	（1）空气预热器辅助系统及设备（吹灰系统、水冲洗系统、消防系统、停转保护、报警系统、隔离挡板、轴承装置）技术协议与行业标准不相符，每处扣1分。 （2）空气预热器保护定值过高或过低，使保护提前或迟滞触发，每处扣1分。 （3）空气预热器保护逻辑存在误发或拒发保护隐患，扣2分。 （4）空气预热器轴承等关键部件在采购、验收、安装、检修等阶段未做好质量监督工作，出现实际情况与技术要求不符，扣2分。			

编号	二十五项重点要求内容	标准分	评价要求	评价方法	评分标准	扣分	存在问题	改进建议
15.14		2	（3）应利用检修机会对空气预热器轴承润滑油进行化验分析，掌握油质变化情况，出现油质老化等情况应及时处理。 （4）空气预热器运行过程中，应关注电流、轴承温度等运行参数的变化情况，出现异常时应及时分析处理		（5）未对空气预热器轴承润滑油进行化验分析，或化验发现问题未及时处理，扣2分。 （6）空气预热器运行过程中电流、轴承温度出现异常未及时分析处理，扣1分			
15.15	6.1.5.2 机组基建调试前期和启动前，必须做好吹灰系统、冲洗系统、消防系统的调试、消缺和维护工作，应检查吹灰、冲洗、消防行程、喷头有无死角，有无堵塞问题并及时处理。有关空气预热器的所有系统都必须在锅炉点火前达到投运状态	2	【涉及专业】锅炉 按照DL/T 750—2016《回转式空气预热器运行维护规程》"5 启动前的检查""6 检修后试验项目"做好空气预热器吹灰系统、冲洗系统、消防系统的调试、消缺和维护工作	查阅调试报告和记录	（1）机组基建调试前期和启动前，未开展消防系统检查、火灾报警传动试验，扣2分。 （2）吹灰、冲洗、消防行程、喷头存在死角或堵塞问题未及时处理，每发现一处扣1分。 （3）空气预热器的有关系统在锅炉点火前未达到投运状态，扣2分			
15.16	6.1.5.3 基建机组首次点火前或空气预热器检修后应逐项检查传动火灾报警测点和系统，确保火灾报警系统正常投用	2	【涉及专业】锅炉、热工 基建机组首次点火前或空气预热器检修后应按DL/T 750—2016《回转式空气预热器运行维护规程》第5.5要求检查："火灾监控装置、转子停运报警装置正常投入，保护罩完好。"经测点检查和传动试验，确认空气预热器火灾报警能及时、准确触发，无误发、拒发隐患	查阅调试报告、检修文件包，查看运行画面	（1）机组基建期首次点火前未开展火灾测点系统检查、火灾报警传动试验，扣2分。 （2）空气预热器检修后未开展火灾测点系统检查、火灾报警传动试验，扣2分。 （3）机组运行期间空气预热器火灾报警误报或漏报，扣2分			
15.17	6.1.5.4 基建调试或机组检修期间应进入烟道内部，就地检查、调试空气预热器各烟风挡板，确保分散控制系统显示、就地刻度和挡板实际位置一致，且动作灵活，关闭严密，能起到隔绝作用	2	【涉及专业】锅炉、热工 基建调试或机组检修期间应检查确认空气预热器各烟风挡板执行机构指示正确、动作可靠，通过调试保证分散控制系统显示、就地刻度和挡板实际位置一致，且动作灵活，关闭严密，能起到隔绝作用	查阅安装、调试报告及验收记录、检修文件包，查看运行画面	（1）机组调试期间未开展空气预热器烟风挡板校对工作，扣2分。 （2）空气预热器检修文件包缺少空气预热器烟风挡板校对项目，扣2分。 （3）机组运行期间空气预热器烟风挡板就地位置与DCS指示不一致，每发现一处扣1分			

编号	二十五项重点要求内容	标准分	评价要求	评价方法	评分标准	扣分	存在问题	改进建议
	6.1.6 机组启动前要严格执行验收和检查工作，保证空气预热器和烟风系统干净无杂物、无堵塞	3	【涉及专业】锅炉 机组启动前空气预热器和烟风系统应干净无杂物、无堵塞					
15.18	6.1.6.1 空气预热器在安装后第一次投运时，应将杂物彻底清理干净，蓄热元件必须进行全面的通透性检查，经制造、施工、建设、生产等各方验收合格后方可投入运行	2	【涉及专业】锅炉 （1）空气预热器在安装后第一次投运时，应将杂物彻底清理干净。 （2）蓄热元件必须进行全面的通透性检查，经制造、施工、建设、生产等各方验收合格后方可投入运行	查阅安装记录及验收记录	（1）空气预热器第一次投运前未开展蓄热元件通透性检查，扣2分。 （2）缺少空气预热器蓄热元件通透性检查记录，扣2分。 （3）空气预热器蓄热元件通透性检查未经过参建单位及建设单位验收签字，扣1分			
15.19	6.1.6.2 基建或检修期间，不论在炉膛或者烟风道内进行工作后，必须彻底检查清理炉膛、风道和烟道，并经过验收，防止风机启动后杂物积聚在空气预热器换热元件表面上或缝隙中	1	【涉及专业】锅炉 （1）基建或检修期间，应将风烟系统检查清理、空气预热器灭火系统检修等工作纳入标准项目。 （2）应制定风烟系统、空气预热器灭火系统质量验收标准，纳入检修文件包管理，检修结束后应确认风烟系统杂物已完全清理干净，防止机组启动过程中杂物被带入空气预热器	查阅安装记录、检修计划、检修文件包、检修总结报告	（1）基建期启动风机前，未见炉膛及烟风道杂物清理记录，扣1分。 （2）检修期间，未将风烟系统检查清理、空预器灭火系统检修等工作纳入标准项目，扣1分。 （3）机组检修时，未制定风烟系统、空气预热器灭火系统质量验收标准，并纳入检修文件包管理，扣1分。 （4）检修期间，未见炉膛及烟风道杂物清理记录，扣1分			
	6.1.7 要重视锅炉冷态点火前的系统准备和调试工作，保证锅炉冷态启动燃烧良好，特别要防止出现由于设备故障导致的燃烧不良	6	【涉及专业】锅炉、热工					

编号	二十五项重点要求内容	标准分	评价要求	评价方法	评分标准	扣分	存在问题	改进建议
15.20	6.1.7.1 新建机组或改造过的锅炉燃油系统必须经过辅汽吹扫，并按要求进行油循环，首次投运前必须经过燃油泄漏试验确保各油阀的严密性	3	【涉及专业】锅炉、热工 （1）新建机组或改造过的锅炉燃油系统应经过辅汽吹扫。 （2）燃油系统首次投运前必须经过燃油泄漏试验，确保各油阀的严密性。 （3）机组运行期间燃油系统应无泄漏问题	查阅调试记录、燃油泄漏试验操作单或操作记录，查看燃油系统	（1）新建机组或改造过的锅炉燃油系统未开展辅汽吹扫工作，扣3分。 （2）燃油系统首次投运前未开展燃油泄漏试验，扣3分。 （3）现场存在油阀漏油问题，每发现一处扣1分			
15.21	6.1.7.2 油枪、少油/无油点火系统必须保证安装正确，新设备和系统在投运前必须进行正确整定和冷态调试	2	【涉及专业】锅炉 油枪、少油/无油点火系统安装必须符合DL/T 1316—2014《火力发电厂煤粉锅炉少油点火系统设计与运行导则》"5 少油点火系统设计及燃烧器布置方式""11 少油点火系统的启停与运行"和制造厂说明书等要求。 （1）对于切向燃烧直流燃烧器，宜采用轴向方式布置或插式方式布置；少油点火燃烧器喷口外部轮廓结构尺寸应与锅炉水冷壁开孔匹配，并与设计燃用煤质燃烧性能相适应。 （2）对于墙式燃烧旋流燃烧器，少油点火燃烧器宜采用轴向方式布置，应布置在墙式燃烧锅炉的前墙或后墙。 （3）新设备和系统在投运前必须按照制造厂说明书进行正确整定和冷态调试	查阅安装记录、调试记录	（1）油枪、少油/无油点火安装记录不符合DL/T 1316—2014标准要求，每发现一处扣1分。 （2）油枪、少油/无油点火系统调试项目不齐全、调试结果未达到设计要求，每发现一处扣1分			
15.22	6.1.7.3 锅炉启动点火或锅炉灭火后重新点火前必须对炉膛及烟道进行充分吹扫，防止未燃尽物质聚集在尾部烟道造成再燃烧	1	【涉及专业】锅炉、热工 DL/T 1091—2018《火力发电厂锅炉炉膛安全监控系统技术规程》第5.2.3条规定，吹扫时炉膛的通风量一直保持相当于额定负荷通风量25%以上的吹扫风量，吹扫时间应不少于5min或相当于炉膛（包括烟道）换气5次的时间（取两者较大值）	查阅启机记录和历史参数	（1）锅炉启动点火或锅炉灭火后重新点火前未进行炉膛吹扫工作，扣1分。 （2）炉膛吹扫时间过短，不能充分吹扫，扣1分。 （3）存在锅炉炉膛吹扫强制跳过操作，扣1分。 （4）燃油点火锅炉（包括微油点火方式）缺少延时点火保护，不能及时重新吹扫，扣1分			

编号	二十五项重点要求内容	标准分	评价要求	评价方法	评分标准	扣分	存在问题	改进建议
	6.1.8 精心做好锅炉启动后的运行调整工作，保证燃烧系统各参数合理，加强运行分析，以保证燃料燃烧完全，传热合理	12	【涉及专业】锅炉					
15.23	6.1.8.1 油燃烧器运行时，必须保证油枪根部燃烧所需用氧量，以保证燃油燃烧稳定完全	1	【涉及专业】锅炉 （1）油燃烧器运行时应稳定燃烧、氧量足够，应调整一次风速符合稳定燃烧要求。 （2）DL/T 1316—2014《火力发电厂煤粉锅炉少油点火系统设计与运行导则》第11.2条及第11.3条要求： （a）贮仓式制粉系统：少油燃烧器投运时，应观察图像火焰监视器，少油点火燃烧器在投粉后30s内应达到稳定着火。否则应立即停止给粉，必要时停运少油点火燃烧器，查明原因后重新投运。 （b）直吹式制粉系统：少油燃烧器投运时，应观察图像火焰监视器，少油点火燃烧器在投粉后180s内应达到稳定着火。否则应立即手动MFT，查明原因并进行炉膛吹扫合格后，重新投运	查看运行参数历史趋势	（1）油燃烧器投油燃烧时，对应的风量不满足氧量需求，扣1分。 （2）存在燃烧不稳的情况，油燃烧器继续运行，扣1分			
15.24	6.1.8.2 锅炉燃用渣油或重油时应保证燃油温度和油压在规定值内，雾化蒸汽参数在设计值内，以保证油枪雾化良好、燃烧完全。锅炉点火时应严格监视油枪雾化情况，一旦发现油枪雾化不好应立即停用，并进行清理检修	3	【涉及专业】锅炉 （1）检修期间油枪喷嘴孔径应进行检查。 （2）锅炉燃用渣油或重油时应保证燃油温度和油压在规定值内。 （3）油枪雾化应良好，油枪投运时应就地监视油枪雾化效果。 （4）应建立油枪缺陷统计台账以分析各油枪的可靠性	查阅巡检记录、运行参数历史趋势、检修文件包	（1）检修期间油枪喷嘴孔径未进行检查，扣1分。 （2）油枪投运时燃油压力和燃油温度偏离设计值，扣3分。 （3）油枪投运时未安排人员就地监视雾化情况，扣2分。 （4）油枪雾化不良或油枪未着火时，未查明原因并继续投油枪点火，扣3分。 （5）未建立油枪缺陷统计台账，扣1分			

编号	二十五项重点要求内容	标准分	评价要求	评价方法	评分标准	扣分	存在问题	改进建议
15.25	6.1.8.3 采用少油/无油点火方式启动锅炉机组，应保证入炉煤质，调整煤粉细度和磨煤机通风量在合理范围，控制磨煤机出力和风、粉浓度，使着火稳定和燃烧充分	4	【涉及专业】锅炉 （1）少油点火或等离子点火时对应的煤质特性（包括灰分、挥发分、煤粉细度）、一次风温、风量应符合设计要求。 （2）对于等离子体燃烧器，应符合 DL/T 1127—2010《等离子体点火系统设计与运行导则》"4 等离子点火系统的煤质适应性"相关要求，锅炉设计燃用烟煤或褐煤，煤质特性满足下述要求时可采用等离子点火系统： （a）烟煤：灰分 $A_{ar} \leq 35\%$，且 $M_{ar} \leq 10\%$，$V_{daf} \leq 32\%$（即 $V_{ar} \geq 18\%$）。 （b）褐煤：灰分 $A_{ar} \leq 30\%$，且 $M_{ar} \leq 25\%$，$V_{daf} \leq 40\%$（即 $V_{ar} \geq 18\%$）。 （3）当煤质参数不满足上述规定的范围时，应通过调整煤粉细度，煤粉浓度，一、二次风速，煤粉/空气混合温度，加大等离子体发生器的功率等措施，并经试验验证后，方可采用等离子点火技术。 （4）采用少油点火方式启动锅炉机组，应满足油层点火条件，如回油、进油快关阀能全开，燃油母管供油压力正常，吹扫蒸汽压力正常等。 （5）采用无油点火方式启动锅炉机组，应保证等离子点火冷却水泵均可靠投运，冷却水泵出口母管压力正常，等离子点火装置风压、水压正常	查阅启机记录、运行参数历史趋势	（1）少油点火或等离子点火时对应的煤质灰分、挥发分偏离设计范围时，每偏离1个百分点扣1分。 （2）少油点火或等离子点火时一次风温低于设计值时，每偏低10℃扣1分。 （3）少油点火或等离子点火时，因煤质、煤粉细度或磨煤机通风量不合适导致点火失败，每出现一次扣2分。 （4）采用少油点火或等离子点火锅炉机组，回油、进油快关阀或等离子点火冷却水泵等装置设备出现故障未及时处理，每发现一次扣2分			
15.26	6.1.8.4 煤油混烧情况下应防止燃烧器超出力	2	【涉及专业】锅炉 煤、油混烧情况下应防止燃烧器超出力现象，避免燃烧不完全	查看运行参数、检修记录	煤、油混烧情况下发生燃烧器超出力情况，扣2分			

编号	二十五项重点要求内容	标准分	评价要求	评价方法	评分标准	扣分	存在问题	改进建议
15.27	6.1.8.5 采用少油/无油点火方式启动时,应注意检查和分析燃烧情况和锅炉沿程温度、阻力变化情况	2	【涉及专业】锅炉 采用少油/无油点火方式启动时,应检查确认少油/无油点火方式启动燃烧器运行参数正常,并重点监视锅炉沿程温度、阻力变化情况	查阅启机记录、运行规程、运行分析	锅炉启动期间,未对燃烧器燃烧情况和锅炉沿程温度、阻力变化情况等进行检查和分析,扣2分			
15.28	6.1.9 要重视空气预热器的吹灰,必须精心组织机组冷态启动和低负荷运行情况下的吹灰工作,做到合理吹灰	9	【涉及专业】锅炉、热工 确认空预器在机组启机及运行的不同阶段吹灰方式、吹灰频次符合要求					
15.28	6.1.9.1 投入蒸汽吹灰器前应进行充分疏水,确保吹灰要求的蒸汽过热度	3	【涉及专业】锅炉、热工 应满足 DL/T 750—2016《回转式空气预热器运行维护规程》第10.9条及第10.10条要求: (1)蒸汽吹灰系统设计时应确保管路中凝结的水不进入吹灰器,要求吹灰前必须进行彻底有效地疏水,推荐对疏水系统采取温度自动控制,使蒸汽温度达到吹灰要求。对于采取时间控制的系统,应对设定时间进行充分论证,确保蒸汽温度达到要求。 (2)吹灰蒸汽参数应满足设计要求,吹灰器进汽阀后的蒸汽过热度至少为110℃	查阅吹灰记录、吹灰疏水温度历史记录	(1)蒸汽吹灰器蒸汽温度或疏水时间未达到即执行吹灰操作,每次扣1分。 (2)吹灰疏水管没有温度测点,扣3分。 (3)吹灰蒸汽过热度低于110℃的,每低10℃扣1分。 (4)吹灰联锁逻辑存在缺陷,扣2分			
15.29	6.1.9.2 采用等离子及微油点火方式启动的机组,在锅炉启动初期,空气预热器必须连续吹灰	2	【涉及专业】锅炉、热工 等离子及微油点火期间空气预热器吹灰方式应为连续吹灰,防止空气预热器蓄热元件积聚可燃物。对于冷端蓄热元件采用搪瓷材料,若存在连续吹灰损坏搪瓷材料问题,应根据实际情况合理确定冷端吹灰频次	查阅吹灰记录	(1)等离子及微油点火期间,空气预热器未执行吹灰操作,扣2分。 (2)等离子及微油点火期间,空气预热器吹灰不符合要求,每发现一次扣2分。 (3)吹灰程控没有连续吹灰功能,待吹灰结束后靠人工重新投入,扣2分			

编号	二十五项重点要求内容	标准分	评价要求	评价方法	评分标准	扣分	存在问题	改进建议
15.30	6.1.9.3 机组启动期间，锅炉负荷低于25%额定负荷时空气预热器应连续吹灰；锅炉负荷大于25%额定负荷时至少每8h吹灰一次；当回转式空气预热器烟气侧压差增加时，应增加吹灰次数；当低负荷煤、油混烧时，应连续吹灰	4	【涉及专业】锅炉 （1）机组启动、低负荷运行、正常运行期间空预器吹灰方式及吹灰频次应设置合理。 （2）当回转式空气预热器烟气侧压差增加时，应根据实际情况适当增加吹灰次数。 （3）当低负荷煤、油混烧时，应连续吹灰。对于冷端蓄热元件采用搪瓷材料，若存在连续吹灰损坏搪瓷材料问题，应根据实际情况合理确定冷端吹灰频次	查阅吹灰记录、吹灰压力整定记录	（1）锅炉负荷低于25%额定负荷，空气预热器吹灰器未连续吹灰，扣4分。 （2）锅炉负荷大于25%额定负荷时，空气预热器吹灰器吹灰间隔超过8h，每超1h扣2分。 （3）当回转式空气预热器烟气侧压差增加时，未根据情况增加吹灰次数，扣2分。 （4）低负荷煤、油混烧时，吹灰不符合要求，扣4分			
	6.1.10 要加强对空气预热器的检查，重视发挥水冲洗的作用，及时精心组织，对回转式空气预热器正确地进行水冲洗	10	【涉及专业】锅炉					
15.31	6.1.10.1 锅炉停炉1周以上时必须对回转式空气预热器受热面进行检查，若有存挂油垢或积灰堵塞的现象，应及时清理并进行通风干燥	1	【涉及专业】锅炉 锅炉停炉1周以上时必须检查空气预热器蓄热元件存挂油垢或积灰堵塞情况，及时采用高压水等方式进行清理，并保证清理完成后充分通风干燥	查阅工作票或检查记录	（1）锅炉停炉1周以上时未开展空气预热器蓄热元件存挂油垢或积灰堵塞检查工作，扣1分。 （2）空气预热器存在蓄热元件存挂油垢或积灰堵塞情况，未进行清理扣1分。 （3）清理完成后，通风干燥不充分，扣1分			
15.32	6.1.10.2 若锅炉较长时间低负荷燃油或煤油混烧，可根据具体情况利用停炉对回转式空气预热器受热面进行检查，重点是检查中层和下层传热元件，若发现有残留物积存，应及时组织进行水冲洗	1	【涉及专业】锅炉 停炉后，应检查空气预热器中下部传热元件残留物积存情况，若发现有残留物积存，应及时进行水冲洗	查阅工作票或检查记录	锅炉较长时间低负荷燃油或煤、油混烧，停炉后未检查中下部传热元件残留物积存情况，扣1分			

编号	二十五项重点要求内容	标准分	评价要求	评价方法	评分标准	扣分	存在问题	改进建议
15.33	6.1.10.3 机组运行中，如果回转式空气预热器阻力超过对应工况设计阻力的150%，应及时安排水冲洗；机组每次大、小修应对空气预热器受热面进行检查，若发现受热元件有残留物积存，必要时可以进行水冲洗	1	【涉及专业】锅炉 （1）空气预热器阻力超过对应工况设计阻力的150%时应安排水冲洗或采取其他有效清堵措施。 （2）机组每次大、小修均应对空气预热器受热面进行检查，若发现受热元件有残留物积存，必要时应进行水冲洗	查阅检修规程、检修文件包，查看运行参数	（1）机组检修停运前空气预热器阻力超过对应工况设计阻力的150%未开展空气预热器水冲洗工作或采取其他有效清堵措施，扣1分。 （2）机组检修期间未安排空气预热器蓄热元件检查工作，扣1分			
15.34	6.1.10.4 对空气预热器不论选择哪种冲洗方式，都必须事先制定全面的冲洗措施并经过审批，整个冲洗工作严格按措施执行，必须严格达到冲洗工艺要求，一次性彻底冲洗干净，验收合格	5	【涉及专业】锅炉 （1）确认空气预热器水冲洗措施经过审批，且空气预热器水冲洗工艺符合要求，水冲洗后空气预热器烟气侧差压回归至正常值。 （2）应按DL/T 748.8—2001《火力发电厂锅炉机组检修导则 第8部分：空气预热器检修》第3.3.2条"传热元件的清洗"、DL/T 750—2016《回转式空气预热器运行维护规程》"11 水冲洗系统运行维护"等要求执行空气预热器水冲洗及其验收工作	查阅水冲洗措施审批单、运行参数历史趋势	（1）空气预热器水冲洗措施未经过审批，扣1分。 （2）空气预热器水冲洗工作结束后，未做验收扣5分。 （3）空气预热器水冲洗工作结束，在启机后达到75%负荷以上时空气预热器烟气侧差压高于正常值，每超过0.1kPa扣1分			
15.35	6.1.10.5 回转式空气预热器冲洗后必须正确地进行干燥，并保证彻底干燥。不能立即启动引送风机进行强制通风干燥，防止炉内积灰被空气预热器金属表面水膜吸附造成二次污染	2	【涉及专业】锅炉 （1）按照DL/T 750—2016《回转式空气预热器运行维护规程》第11.4条要求，空气预热器冲洗完成后应进行自然晾干或烘干，防止对蓄热元件产生腐蚀或启动时发生粘灰。 （2）在炉膛烟风系统没有清理完成、空气预热器没有充分干燥前，不得启动引、送风机	查阅水冲洗措施、运行参数历史趋势	（1）空气预热器冲洗后立即启动引、送风机进行强制通风干燥，扣2分。 （2）空气预热器水冲洗工作结束后，水平烟道或尾部受热面水冲洗时未对空预器进行有效隔离保护，扣2分。 （3）检修完成后未对空气预热器水冲洗检查确认彻底干燥，扣2分。 （4）空气预热器水冲洗工作结束后，机组启机后炉膛负压出现周期性波动，且波动周期与空气预热器回转周期一致，扣2分			

编号	二十五项重点要求内容	标准分	评价要求	评价方法	评分标准	扣分	存在问题	改进建议
	6.1.11 应重视加强对锅炉尾部再次燃烧事故风险点的监控	6	【涉及专业】锅炉、热工 锅炉尾部再次燃烧事故风险点的监控措施应符合要求					
15.36	6.1.11.1 运行规程应明确省煤器、脱硝装置、空气预热器等部位烟道在不同工况的烟气温度限制值。运行中应当加强监视回转式空气预热器出口烟风温度变化情况,当烟气温度超过规定值、有再燃前兆时,应立即停炉,并及时采取消防措施	3	【涉及专业】锅炉 (1)运行规程中应明确省煤器、脱硝装置、空气预热器、湿式电除尘器等部位烟道在不同工况的烟气温度限制值。 (2)单侧回转式空气预热器停运后,入口烟气温度推荐小于280℃,防止回转式空气预热器内部发生变形。 (3)对于采用电袋或布袋除尘器也应明确烟气温度限制值。回转式空气预热器出口烟温异常升高到160℃以上,威胁到下游设备(布袋除尘器、脱硫系统等)运行安全时应立即停炉	查阅运行规程、运行参数	(1)运行规程中未规定省煤器、脱硝装置、空气预热器、湿式电除尘器等部位烟道在不同工况的烟气温度限制值,扣3分。 (2)运行规程中规定的省煤器、脱硝装置、空气预热器、湿式电除尘器等部位烟道在不同工况的烟气温度限制值不准确,每项扣1分。 (3)对于采用电袋或布袋除尘器,未明确空气预热器出口烟气温度限制值,扣3分			
15.37	6.1.11.2 机组停运后和温热态启动时,是回转式空气预热器受热和冷却条件发生巨大变化的时候,容易产生热量积聚引发着火,应更重视运行监控和检查,如有再燃前兆,必须及早发现,及早处理	1	【涉及专业】锅炉、热工 机组停运后和温热态启动时空气预热器进/出口烟温、空气预热器电机电流、着火报警信号应在正常范围,期间应重视运行监控和检查,如有再燃前兆,必须及早发现,及早处理	查阅运行记录、运行参数历史趋势	(1)机组停运后空气预热器进/出口各烟温及电机电流偏离允许值,扣1分。 (2)机组温热态启动时空气预热器进/出口各烟温及电机电流偏离允许值,扣1分			
15.38	6.1.11.3 锅炉停炉后,严格按照运行规程和厂家要求停运空气预热器,应加强停炉后的回转式空气预热器运行监控,防止异常发生	1	【涉及专业】锅炉 应按照运行规程和制造厂要求停运空气预热器,并在机组停运期间加强对空气预热器的监控	查阅停机记录、运行参数历史趋势	空气预热器出口烟温未达到运行规程和制造厂规定值即停运空气预热器,扣1分			

编号	二十五项重点要求内容	标准分	评价要求	评价方法	评分标准	扣分	存在问题	改进建议
	6.1.12 回转式空气预热器跳闸后需要正确处理，防止发生再燃及空气预热器故障事故	3	【涉及专业】锅炉 空气预热器停转后的运行操作应符合规程要求					
15.39	6.1.12.1 若发现回转式空气预热器停转，立即将其隔绝，投入消防蒸汽和盘车装置。若挡板隔绝不严或转子盘不动，应立即停炉	2	【涉及专业】锅炉 回转式空气预热器停转，应立即将其隔绝，防止空气预热器烟气侧受热变形严重	查阅运行规程、操作记录	（1）运行规程中对回转式空气预热器停转后操作要求不合理，扣1分。 （2）回转式空气预热器停转时，空气预热器烟气侧入口挡板关闭不严密，扣1分。 （3）若挡板隔绝不严或转子盘不动，未立即停炉，扣2分			
15.40	6.1.12.2 若回转式空气预热器未设出入口烟/风挡板，发现回转式空气预热器停转，应立即停炉	1	【涉及专业】锅炉 若回转式空气预热器未设出入口烟/风挡板，回转式空气预热器停转，应立即停炉，防止空气预热器入口烟温过高引起空气预热器变形	查阅运行规程、操作记录	对于未设空气预热器入口烟/风挡板的机组，回转式空气预热器停转继续运行，扣1分			
	6.1.13 加强空气预热器外的其他特殊设备和部位防再次燃烧事故工作	7	【涉及专业】锅炉					
15.41	6.1.13.1 锅炉安装脱硝系统，在低负荷煤油混烧、等离子点火期间，脱硝反应器内必须加强吹灰，监控反应器前后阻力及烟气温度，防止反应器内催化剂区域有未燃尽物质燃烧，反应器灰斗需要及时排灰，防止沉积	3	【涉及专业】锅炉 （1）机组点火期间或启动初期脱硝反应器内必须加强吹灰。 （2）机组点火期间或启动初期脱硝反应器前后阻力、入口烟温、出口烟温应在设计范围内（一般要求420℃以下）。 （3）脱硝反应器灰斗应及时排灰，防止沉积	查阅吹灰记录、运行参数历史趋势	（1）对于脱硝反应器设置声波吹灰器的机组，低负荷煤、油混烧、等离子点火期间声波吹灰器未连续吹灰，扣1分。 （2）对于脱硝反应器仅设置蒸汽吹灰器的机组，低负荷煤、油混烧、等离子点火期间蒸汽吹灰器吹灰汽源品质达到吹灰条件时未开展吹灰操作，扣1分。 （3）低负荷煤、油混烧、等离子点火期间，脱硝反应器入口/出口烟温超过420℃，每超1℃扣1分。 （4）脱硝反应器灰斗未及时排灰，扣2分			

编号	二十五项重点要求内容	标准分	评价要求	评价方法	评分标准	扣分	存在问题	改进建议
15.42	6.1.13.2 干排渣系统在低负荷燃油、等离子点火或煤油混烧期间，防止干排渣系统的钢带由于锅炉未燃尽的物质落入钢带二次燃烧，损坏钢带。需要派人就地监控	1	【涉及专业】锅炉 机组点火期间或启动初期干排渣系统应监控到位，防止干排渣系统的钢带由于锅炉未燃尽的物质落入钢带二次燃烧，损坏钢带	查阅启机记录、干排渣系统巡检记录	低负荷燃油、等离子点火或煤、油混烧期间，干排渣系统未派人就地监控，扣1分			
15.43	6.1.13.3 新建燃煤机组尾部烟道下部省煤器灰斗应设输灰系统，以保证未燃物可以及时的输送出去。	1	【涉及专业】锅炉 对输灰系统设计阶段的要求，现役机组配置不满足时应按要求进行改造。	查阅系统图，查看省煤器输灰系统	（1）省煤器灰斗未设置输灰系统，扣1分。 （2）省煤器灰斗与输灰管线连接的竖直短管存在弯曲、变形的，扣1分。 （3）输灰管线疏灰不畅或完全堵塞没有及时疏通处理的，扣1分			
15.44	6.1.13.4 如果在低负荷燃油、等离子点火或煤油混烧期间电除尘器在投入，电除尘器应降低二次电压电流运行，防止在集尘极和放电极之间燃烧，除灰系统在此期间连续输送	1	【涉及专业】锅炉 （1）机组低负荷燃油、等离子点火或煤、油混烧运行期间，电除尘器二次电压电流控制值应符合设计要求。 （2）机组低负荷燃油、等离子点火或煤、油混烧运行期间，除灰系统应连续输灰	查阅启机记录、运行参数历史趋势	（1）低负荷燃油、等离子点火或煤、油混烧期间，电除尘器二次电压电流值超出合理范围，扣1分。 （2）低负荷燃油、等离子点火或煤、油混烧期间，除灰系统未连续输灰，扣1分			
15.45	新增：如电厂装有湿式电除尘器，应保证烟气中易燃、易爆物质浓度，烟气温度，运行压力应符合设计要求。当烟气条件不满足要求，危及设备安全时，不得投运湿式电除尘器。湿式电除尘器入口烟气温度控制在常态工作温度以下，如锅炉正常运行烟气温度长时间超过工作温度，应及时降低排烟温度并采取开启喷水系统等消防措施	1	【涉及专业】锅炉 （1）JB/T 12990—2017《湿式电除尘器运行技术规范》要求：烟气中易燃、易爆物质浓度，烟气温度，运行压力应符合设计要求。当烟气条件不满足要求，危及设备安全时，不得投运湿式电除尘器。 （2）湿式电除尘器运行过程中，应做好有关烟气流量、温度、入口粉尘浓度、出口粉尘浓度等参数记录，如发现锅炉正常运行烟气温度长时间超过工作温度等异常情况出现，应及时采取降低排烟温度并开启喷水系统等措施防止事故扩大化	查阅运行规程、运行历史参数	（1）如电厂装有湿式电除尘器，烟气中易燃、易爆物质浓度，烟气温度，运行压力不符合设计要求，扣1分。 （2）锅炉正常运行烟气温度长时间超过工作温度，未及时采取降低排烟温度并开启喷水系统等措施，扣1分			

编号	二十五项重点要求内容	标准分	评价要求	评价方法	评分标准	扣分	存在问题	改进建议
16	**6.2 防止锅炉炉膛爆炸事故**	100	【涉及专业】锅炉、热工、电气二次，共42条					
	6.2.1 防止锅炉灭火	40						
16.1	6.2.1.1 锅炉炉膛安全监控系统的设计、选型、安装、调试等各阶段都应严格执行《火力发电厂锅炉炉膛安全监控系统技术规程》（DL/T 1091—2008）	2	【涉及专业】热工、锅炉 （1）DL/T 1091—2008《火力发电厂锅炉炉膛安全监控系统技术规程》已更新为DL/T 1091—2018《火力发电厂锅炉炉膛安全监控系统技术规程》。 （2）DL/T 1091—2018《火力发电厂锅炉炉膛安全监控系统技术规程》规定了锅炉炉膛防内爆/外爆、燃烧管理、燃烧控制系统的逻辑设计以及对锅炉炉膛安全监控设备的基本要求，可用于指导安全监控系统设计、制造、安装、调试和运行维修等	查阅锅炉设计说明书、DCS设计报告、调试报告、组态逻辑	（1）锅炉设计说明书、DCS设计报告、调试报告等未执行DL/T 1091—2018，扣2分。 （2）组态逻辑中存在不符合DL/T 1091—2018要求的设计，每处扣0.5分			
16.2	6.2.1.2 根据《电站煤粉锅炉炉膛防爆规程》（DL/T 435—2004）中有关防止炉膛灭火放炮的规定以及设备的实际状况，制订防止锅炉灭火放炮的措施，应包括煤质监督、混配煤、燃烧调整、低负荷运行等内容，并严格执行	2	【涉及专业】锅炉 （1）DL/T 435—2004《电站煤粉锅炉炉膛防爆规程》已更新为DL/T 435—2018《电站煤粉锅炉炉膛防爆规程》。 （2）应依据DL/T 435—2018要求，制定防止锅炉灭火放炮的措施。根据规程给出的在设备及其系统方面的基本要求，给出对设备启、停的顺序及运行的操作指南，结合电厂实际情况，制定包括但不限于煤质监督、混配煤、燃烧调整、低负荷运行等内容的防止锅炉灭火放炮的措施	查阅防止锅炉灭火放炮措施	（1）未制定防止锅炉灭火放炮措施，扣2分。 （2）措施未包含煤质监督、混配煤、燃烧调整、低负荷运行等内容，每缺少一项扣1分			

编号	二十五项重点要求内容	标准分	评价要求	评价方法	评分标准	扣分	存在问题	改进建议
16.3	6.2.1.3　加强燃煤的监督管理，完善混煤设施。加强配煤管理和煤质分析，并及时将煤质情况通知运行人员，做好调整燃烧的应变措施，防止发生锅炉灭火	2	【涉及专业】锅炉 （1）由于当前煤炭市场行情十分复杂，各电厂由于燃料成本控制需求，采购燃料来源多样。电厂应结合自身设备的实际情况，尽可能选购与设计（校核）煤种接近的、适合本厂锅炉燃用的煤种。 （2）电厂应及时对入厂煤进行煤质分析，掌握包括煤源地、煤质特性、主要指标等信息，并将煤质情况通知运行人员，运行人员应根据煤质情况及时调整燃烧，防止因燃料问题引起的燃烧不稳等问题；并制定因燃料问题引起燃烧不稳状况的应对措施，做好事故预想，防止因燃料原因引起的锅炉灭火	查阅燃煤管理制度、配煤掺烧制度、反事故措施，查阅煤质化验报告，查看运行历史画面	（1）燃料监管制度不完善，扣1分。 （2）进行配煤掺烧时，未制定配煤掺烧制度或措施，扣1分。 （3）燃料部未及时通知运行人员煤质情况，每发生一次扣0.5分。 （4）运行人员未及时根据煤质变化调整燃烧，导致燃烧不稳，每发生一次扣1分			
16.4	6.2.1.4　新炉投产、锅炉改进性大修后或入炉燃料与设计燃料有较大差异时，应进行燃烧调整，以确定一、二次风量、风速、合理的过剩空气量、风煤比、煤粉细度、燃烧器倾角或旋流强度及不投油最低稳燃负荷等	1	【涉及专业】锅炉 （1）煤粉燃烧的稳定性与入炉煤燃料特性、锅炉燃烧方式、燃烧器性能、风煤比、配风方式、煤粉细度等有关。 （2）新炉投产、锅炉改进性大修后或入炉燃料与设计燃料有较大差异时，应及时进行燃烧调整，找出最佳运行方式，确定最优的一/二次风量、风速、合理的过剩空气量、风煤比、煤粉细度、燃烧器倾角或旋流强度及不投油最低稳燃负荷等，防止运行过程中的灭火事故	查阅检修记录、相关试验报告	（1）锅炉在新投产、锅炉改进性大修后或入炉燃料与设计燃料有较大差异时，未进行燃烧调整试验，扣1分。 （2）燃烧调整试验不规范，扣1分			

编号	二十五项重点要求内容	标准分	评价要求	评价方法	评分标准	扣分	存在问题	改进建议
16.5	6.2.1.5 当炉膛已经灭火或已局部灭火并濒临全部灭火时，严禁投助燃油枪、等离子点火枪等稳燃枪。当锅炉灭火后，要立即停止燃料（含煤、油、燃气、制粉乏气风）供给，严禁用爆燃法恢复燃烧。重新点火前必须对锅炉进行充分通风吹扫，以排除炉膛和烟道内的可燃物质	2	【涉及专业】锅炉、热工 （1）当炉膛已经灭火或已局部灭火并濒临全部灭火时，炉内存在大量未燃尽的煤粉颗粒，同时二次风还在持续送入炉膛，若此时投助燃油枪、等离子点火枪等稳燃枪，将极有可能引爆炉内积聚的煤粉。因此当锅炉灭火后，要立即停止燃料（含煤、油、燃气、制粉乏气风）供给，同时应及时通风吹扫，避免可燃物在炉膛或烟道内堆积。 （2）锅炉重新点火前也要对锅炉进行充分吹扫，重新点火前炉膛吹扫程序应满足 DL/T 1091—2018《火力发电厂锅炉炉膛安全监控系统技术规程》第 5.2 条的相关要求：炉膛的通风量一直保持相当于额定负荷通风量 25%～30% 以上的吹扫风量，吹扫时间应不少于 5min 或相当于炉膛（包括烟道）换气 5 次的时间（取二者较大值）	查阅运行规程、审核锅炉联锁保护逻辑	（1）当炉膛已经灭火或已局部灭火并濒临全部灭火时，投燃油枪、等离子点火枪等稳燃枪，扣 2 分。 （2）未对锅炉进行充分吹扫即进行重新点火，扣 2 分。 （3）炉膛吹扫时通风量低于额定负荷通风量 25% 或吹扫时间少于 5min，扣 1 分			
16.6	6.2.1.6 100MW 及以上等级机组的锅炉应装设锅炉灭火保护装置。该装置应包括但不限于以下功能：炉膛吹扫、锅炉点火、主燃料跳闸、全炉膛火焰监视和灭火保护功能、主燃料跳闸首出等	2	【涉及专业】热工、锅炉 锅炉灭火保护装置应至少具有炉膛吹扫、锅炉点火、主燃料跳闸、全炉膛火焰监视和灭火保护、主燃料跳闸首出等功能。	审核组态逻辑	（1）锅炉灭火保护装置不完善或功能有缺陷，扣 2 分。 （2）逻辑组态有缺陷，如缺少必要的主燃料跳闸保护条件、缺少必要的主燃料跳闸首出、逻辑设计不符合 DL/T 1091—2018 的要求等，扣 2 分			

编号	二十五项重点要求内容	标准分	评价要求	评价方法	评分标准	扣分	存在问题	改进建议
16.7	6.2.1.7 锅炉灭火保护装置和就地控制设备电源应可靠,电源应采用两路交流220V供电电源,其中一路应为交流不间断电源,另一路电源引自厂用事故保安电源。当设置冗余不间断电源系统时,也可两路均采用不间断电源,但两路进线应分别取自不同的供电母线上,防止因瞬间失电造成失去锅炉灭火保护功能	2	【涉及专业】热工、电气二次 (1)应确保FSSS控制柜、火检装置和等离子点火装置等供电电源可靠,防止因瞬间失电造成锅炉灭火保护误动或拒动。 (2)FSSS热控设备电源的配置、供电品质、接线等应符合要求。 (3)检修期进行FSSS热控设备电源冗余切换试验时,切换装置应迅速动作(响应时间为50ms),电源切换过程中未出现控制失灵、参数跳变及设备失电	现场查看	(1)FSSS热控设备电源配置不符合要求,扣2分。 (2)FSSS热控设备电源切换试验不合格,扣2分			
16.8	6.2.1.8 炉膛负压等参与灭火保护的热工测点应单独设置并冗余配置。必须保证炉膛压力信号取样部位的设计、安装合理,取样管相互独立,系统工作可靠。应配备四个炉膛压力变送器:其中三个为调节用,另一个作监视用,其量程应大于炉膛压力保护定值	2	【涉及专业】热工 (1)炉膛负压保护测点应冗余、独立、可靠。 (2)炉膛压力调节应配备三个模拟量测点。 (3)应配备一个用于监视的且量程大于炉膛压力保护定值的模拟量测点	现场查看,审核组态逻辑	(1)炉膛负压保护测点不冗余,扣0.5分;不独立,扣0.5分;测点不可靠,扣0.5分。 (2)用于炉膛压力调节的模拟量测点少于三个,扣1分。 (3)未配备量程大于保护定值的模拟量测点,扣1分			
16.9	6.2.1.9 炉膛压力保护定值应合理,要综合考虑炉膛防爆能力、炉底密封承受能力和锅炉正常燃烧要求;新机启动或机组检修后启动时必须进行炉膛压力保护带工质传动试验	2	【涉及专业】热工、锅炉 (1)炉膛压力保护定值由锅炉制造厂给出,经发电机组实际运行检验,应符合炉膛防爆能力、炉底密封承受能力和锅炉正常燃烧要求。 (2)新机启动或机组检修后启动时,必须进行冷态通风状态下的保护传动试验,以实际检验炉膛压力保护系统工作状态,确保炉膛压力开关和压力变送器、信号传输、保护逻辑系统等工作正常	审核保护定值、保护传动试验报告	(1)保护定值偏大或偏小,扣2分。 (2)新机启动或机组检修后启动时未进行冷态通风状态下的带工质炉膛压力保护传动试验,扣1分。 (3)用于炉膛压力保护的压力开关或变送器存在坏点,扣1分			

编号	二十五项重点要求内容	标准分	评价要求	评价方法	评分标准	扣分	存在问题	改进建议
16.10	6.2.1.10 加强锅炉灭火保护装置的维护与管理,确保锅炉灭火保护装置可靠投用。防止发生火焰探头烧毁、污染失灵、炉膛负压管堵塞等问题	2	【涉及专业】热工、锅炉 (1)应将锅炉灭火保护装置的维护管理纳入月度或季度定期工作。 (2)定期工作应包括火检冷却风系统检查,火检探头装置检查,炉膛负压管路吹扫等	查阅定期工作内容及定期工作记录	(1)灭火保护装置定期工作不全面或不合理,扣1分。 (2)灭火保护定期工作记录缺项,每个缺项扣1分			
16.11	6.2.1.11 每个煤、油、气燃烧器都应单独设置火焰检测装置。火焰检测装置应当精细调整,保证锅炉在高、低负荷以及适用煤种下都能正确检测到火焰。火焰检测装置冷却用气源应稳定可靠	2	【涉及专业】热工、锅炉 (1)每个煤、油、气燃烧器都应单独设置火焰检测装置。 (2)锅炉在高、低负荷以及适用煤种下都能正确检测到火焰。 (3)火焰检测装置冷却用气源应稳定可靠,确保运行及备用冷却风机状态良好,具备随时启动条件,确保工作电源可靠,切换正常	查阅火检装置配备情况,查看高低负荷下火检信号强度,查看火检冷却风情况(DCS画面)	(1)火检装置不满足每个煤、油、气燃烧器都单独配置的要求,扣2分。 (2)火检不能正确检测到火焰,扣2分。 (3)机组在高、低负荷下,火检强度模拟量与实际存在较大偏差,无法准确反映炉内燃烧状况,每发现一个扣1分。 (4)火检冷却风机不能保证良好备用,扣2分。 (5)未按照运行规程的要求定期开展火检冷却风机的切换工作,每发现一次扣1分			
16.12	6.2.1.12 锅炉运行中严禁随意退出锅炉灭火保护。因设备缺陷需退出部分锅炉主保护时,应严格履行审批手续,并事先做好安全措施。严禁在锅炉灭火保护装置退出情况下进行锅炉启动	2	【涉及专业】锅炉、热工 (1)锅炉运行中严禁随意退出锅炉灭火保护。 (2)因设备缺陷需退出部分锅炉主保护时,应严格履行审批手续,并事先做好安全措施。 (3)严禁在锅炉灭火保护装置退出情况下进行锅炉启动,防止人工无法及时发现的突发故障扩大为恶性炉膛灭火或爆炸事件	查阅热工保护逻辑、锅炉主保护退出审批程序、锅炉启动记录	(1)锅炉运行中随意退出锅炉灭火保护,每发现一次扣2分。 (2)因设备缺陷需退出部分锅炉主保护时,未履行审批手续,扣2分。 (3)因设备缺陷需退出部分锅炉主保护时,安全措施不到位,扣2分。 (4)在锅炉灭火保护装置退出情况下进行锅炉启动,扣2分			

编号	二十五项重点要求内容	标准分	评价要求	评价方法	评分标准	扣分	存在问题	改进建议
16.13	6.2.1.13 加强设备检修管理，重点解决炉膛严重漏风、一次风管不畅、送风不正常脉动、直吹式制粉系统磨煤机堵煤断煤和粉管堵粉、中储式制粉系统给粉机下粉不均或煤粉自流、热控设备失灵等	2	【涉及专业】锅炉、热工 应加强对燃烧相关设备的检查维护工作，避免因设备不正常导致不稳定燃烧甚至灭火事故	查阅检修规程及管理制度，查看热控设备维护情况，查阅运行 DCS 画面，查看现场炉膛漏风情况	（1）炉膛严重漏风未在检修期间处理，扣 2 分。 （2）一次风管不畅、送风机不正常脉动，未在检修期间处理，扣 1 分。 （3）制粉系统因异物堵塞等原因导致断煤、粉管堵粉，发生一次扣 1 分。 （4）中储式制粉系统给粉机下粉不均或煤粉自流，扣 1 分。 （5）热控设备缺陷超期未处理，每发生一次扣 1 分			
16.14	6.2.1.14 加强点火油、气系统的维护管理，消除泄漏，防止燃油、燃气漏入炉膛发生爆燃。对燃油、燃气速断阀要定期试验，确保动作正确、关闭严密	2	【涉及专业】锅炉 （1）点火油、气系统的维护管理工作应纳入日常工作计划中，加强巡检，如发生泄漏问题，应及时消除，防止事故扩大化。 （2）应定期进行燃油、燃气速断阀试验（一般为每月进行一次），确保动作正确、关闭严密	查阅运行、检修规程，查看燃油、燃气速断阀试验记录，查看点火油、气系统	（1）规程中未包含点火油、气系统维护的相关内容，扣 2 分。 （2）点火油、气系统存在泄漏问题未及时处理，每发现一处扣 1 分。 （3）未定期进行燃油、燃气速断阀试验，扣 2 分；燃油、燃气速断阀试验记录不完善，扣 1 分			
16.15	6.2.1.15 锅炉点火系统应能可靠备用。定期对油枪进行清理和投入试验，确保油枪动作可靠、雾化良好，能在锅炉低负荷或燃烧不稳时及时投油助燃	2	【涉及专业】锅炉 （1）近年来，火电机组参与调峰、机组低负荷运行已经常态化，因此保证点火系统能够可靠备用，是锅炉低负荷运行的必要条件。只有油枪动作可靠、雾化良好，锅炉才能在低负荷或燃烧不稳时，油枪能及时投油助燃，避免因燃油系统工作不正常引发炉膛灭火、爆炸等事故。 （2）DL/T 748.2—2016《火力发电厂锅炉机组检修导则 第 2 部分：锅炉本体检修》要求，喷嘴孔磨损量达原孔径的 1/10 或形成椭圆时应更换，以防止由于孔径增大影响油枪雾化效果	查阅检修规程、油枪投切试验记录	（1）油枪清理未纳入日常检查维护工作计划，扣 2 分。 （2）未定期开展点火油枪试验、等离子点火器远控拉弧试验工作，扣 2 分。 （3）低负荷或燃烧不稳时，需投油助燃，但油枪不能及时动作或雾化不好，发生一次扣 2 分。 （4）油枪检修中未进行油枪喷嘴孔径检查测量工作，扣 2 分			

编号	二十五项重点要求内容	标准分	评价要求	评价方法	评分标准	扣分	存在问题	改进建议
16.16	6.2.1.16 在停炉检修或备用期间，运行人员必须检查确认燃油或燃气系统阀门关闭严密。锅炉点火前应进行燃油、燃气系统泄漏试验，合格后方可点火启动	2	【涉及专业】锅炉 （1）由于燃油或燃气阀门泄漏导致炉膛内积聚一定浓度的燃油、燃气，可能引发爆炸事故，因此燃油或燃气系统阀门的严密性试验应纳入停炉检修或备用期间的工作计划中。 （2）锅炉点火前应进行燃油、燃气系统泄漏试验，保证系统的严密性	查阅运行、检修规程，查阅定期试验记录，检查锅炉点火允许条件（DCS 逻辑）	（1）燃油或燃气系统阀门关闭严密试验未纳入操作规范中，扣2分。 （2）锅炉点火前未进行燃油、燃气系统泄漏试验，扣2分			
16.17	6.2.1.17 对于装有等离子无油点火装置或小油枪微油点火装置的锅炉点火时，严禁解除全炉膛灭火保护：当采用中速磨煤机直吹式制粉系统时，任一角在180s内未点燃时，应立即停止相应磨煤机的运行；对于中储式制粉系统任一角在30s内未点燃时，应立即停止相应给粉机的运行，经充分通风吹扫、查明原因后再重新投入	2	【涉及专业】热工、锅炉 （1）等离子无油点火或小油枪微油点火时严禁解除全炉膛灭火保护。 （2）等离子无油点火或小油枪微油点火方式下，中速磨煤机直吹式制粉系统任一角180s内无火时立即停运相应磨煤机，中储式制粉系统的给粉机任一角30s内无火时立即停运相应给粉机	查阅保护投退规范及保护投退记录，检查磨煤机、给粉机保护逻辑	（1）在等离子无油点火或小油枪微油点火时退出全炉膛灭火保护，扣2分。 （2）等离子无油点火或小油枪微油点火方式下，直吹式中速磨煤机缺少任一角180s内无火保护，扣2分，中储式制粉系统给粉机缺少任一角在30s内无火保护，扣2分			
16.18	6.2.1.18 加强热工控制系统的维护与管理，防止因分散控制系统死机导致的锅炉炉膛灭火放炮事故	2	【涉及专业】热工、锅炉 （1）按规范进行热工控制系统日常巡检、月度/年度定期工作。 （2）应及时消除 DCS 缺陷，不能及时消除的应做好记录，采取补救措施，限期消除。 （3）机组检修时进行控制系统标准项检修。 （4）重视控制系统电源模块、控制器、通信模件的巡检维护，C 级及以上检修期间应进行电源模块、控制器、通信模件的切换试验。	查阅日常巡检、月度/年度定期工作、热工检修、设备台账、月度总结等工作记录，审核控制系统失灵预案，检查演习记录	（1）日常巡检有遗漏或发现缺陷未及时处理，每项遗漏或遗留缺陷扣1分。 （2）月度/年度定期工作有漏项，每项遗漏扣1分。 （3）C 级及以上检修期切换试验不全，扣2分；检修记录不全，扣1分。 （4）控制系统失灵预案不全面、可执行性差，扣2分。 （5）缺少失灵预案演习记录，扣1分			

编号	二十五项重点要求内容	标准分	评价要求	评价方法	评分标准	扣分	存在问题	改进建议
16.18		2	（5）做好控制系统台账记录。 （6）编写控制系统失灵预案，并随控制系统的改造而修订；每年进行控制系统失灵预案演习，并做好记录					
16.19	6.2.1.19　锅炉低于最低稳燃负荷运行时应投入稳燃系统。煤质变差影响到燃烧稳定性时，应及时投入稳燃系统稳燃，并加强入炉煤煤质管理	2	【涉及专业】锅炉 （1）当锅炉在低于自身最低稳燃负荷工况下运行时，应及时投入稳燃系统，保证燃烧稳定性。 （2）电厂应根据自身设备情况，制定稳燃系统投入的详细措施。 （3）根据二十五项反措第6.2.1.5条要求，当炉膛濒临灭火时，禁止投油助燃。 （4）应加强煤质管理，避免燃用偏离设计值较多或较差的煤种，影响燃烧稳定性	查阅运行规程、设备异常记录或报告，查阅煤质化验报告和配煤掺烧方案	（1）未制定稳燃系统投入的相关措施，扣2分。 （2）锅炉运行时，发生在低负荷工况下稳燃系统不能及时投入的情况，扣2分。 （3）当前燃用煤质已经影响到燃烧稳定性且未采取应对措施（如优化配煤掺烧制度），扣2分			
16.20	新增：加强密封风机及其入口挡板门的检修维护，防止因挡板门卡涩等故障导致密封风压降低，磨煤机跳闸	1	【涉及专业】锅炉 （1）密封风机及其挡板门的检修工作应纳入常规检修项目。 （2）密封风机跳闸后，备用密封风机应可靠联启，防止因入口挡板门卡涩等原因导致备用密封风机联锁投入失败，密封风压降低，引起磨煤机跳闸保护动作	查阅检修规程、密封风机缺陷记录	（1）密封风机及其挡板门的检修工作未纳入常规检修项目，扣1分。 （2）密封风机入口挡板门存在卡涩问题未及时处理，扣1分			
16.21	新增：低负荷工况时，单只燃烧器功率不宜过低，防止燃烧不稳引起灭火	1	【涉及专业】锅炉 （1）低负荷工况时，单只燃烧器功率不宜过低，防止燃烧不稳引起灭火。 （2）对于长期存在低负荷工况的机组，如有必要，应通过试验确定低负荷下投运燃烧器层数、燃烧器配风方式，保证燃烧器的稳定性	查阅锅炉燃烧器灭火记录	低负荷工况时，投运燃烧器层数过多，导致燃烧不稳引起灭火，扣1分			

编号	二十五项重点要求内容	标准分	评价要求	评价方法	评分标准	扣分	存在问题	改进建议
16.22	新增：锅炉水平烟道折焰角角度不宜过小，对于存在折焰角积灰问题的机组，应采取加装吹灰装置等措施，防止折焰角积灰严重引起垮灰，并利用检修机会及时清理折焰角积灰	1	【涉及专业】锅炉 （1）锅炉水平烟道折焰角角度不宜过小。 （2）对于存在折焰角积灰问题的机组，应采取加装吹灰装置等措施，防止折焰角积灰严重引起垮灰。 （3）检修机会应及时清理折焰角积灰	查阅折焰角积灰检查记录	（1）锅炉水平烟道折焰角角度过小，存在折焰角严重积灰问题，扣1分。 （2）存在折焰角积灰问题的机组，未采取防范措施，导致折焰角积灰严重引起垮灰，发生一次扣1分。 （3）折焰角垮灰导致锅炉灭火，扣1分。 （4）存在折焰角积灰问题的机组，检修机会未清理折焰角积灰，扣1分			
6.2.2	**防止锅炉严重结焦**	20	【涉及专业】锅炉、热工 　锅炉结焦的影响因素主要包括煤质（主要是灰成分及熔融温度）、炉膛热负荷及其分布、炉内温度场、空气动力场、煤粉细度等，还涉及锅炉的设计、燃烧器的设计布置、设计煤种以及实际运行煤种的特性及其差异等方面。 　近年来，由于高水分褐煤的大量开发，如印尼煤、准东煤等灰熔点较低的煤种被广泛应用，部分电厂因改烧、掺烧低灰熔点、易结焦煤种出现了炉膛严重结焦问题，有的电厂还因为结焦问题导致机组非停。因此防止锅炉炉膛严重结焦问题应引起相关电厂的足够重视					
16.23	6.2.2.1　锅炉炉膛的设计、选型要参照《大容量煤粉燃烧锅炉炉膛选型导则》（DL/T 831—2002）的有关规定进行	2	【涉及专业】锅炉 （1）原 DL/T 831—2002《大容量煤粉燃烧锅炉炉膛选型导则》已作废，现更新为 DL/T 831—2015《大容量煤粉燃烧锅炉炉膛选型导则》。 （2）按照 DL/T 831—2015 要求对炉膛及燃烧器进行设计，并根据设计煤种合理选取燃烧方式及炉膛特征参数，避免因炉膛设计选型不当引起锅炉运行出现严重结焦问题	查阅锅炉热力计算说明书	（1）锅炉设计容积热负荷、断面热负荷、燃烧器区域热负荷超出 DL/T 831—2015 要求，扣2分。 （2）锅炉最下层燃烧器与冷灰斗拐点距离、最上层燃烧器与屏底距离超出 DL/T 831—2015 要求，扣2分			

编号	二十五项重点要求内容	标准分	评价要求	评价方法	评分标准	扣分	存在问题	改进建议
16.24	6.2.2.2 重视锅炉燃烧器的安装、检修和维护，保留必要的安装记录，确保安装角度正确，避免一次风射流偏斜产生贴壁气流。燃烧器改造后的锅炉投运前应进行冷态炉膛空气动力场试验，以检查燃烧器安装角度是否正确，确定锅炉炉内空气动力场符合设计要求	2	【涉及专业】锅炉 （1）锅炉燃烧器安装应符合 DL 5190.2—2019《电力建设施工技术规范 第 2 部分：锅炉机组》第 6.3 条的相关要求： （a）直流式燃烧器各层燃烧器喷口标高相对误差不超过±5mm；喷嘴伸入炉膛深度偏差不大于 5mm；喷口中心轴线与燃烧切圆的切线偏差应不大于 0.5°；燃烧器外壳垂直度偏差不大于 5mm。 （b）旋流式燃烧器安装应符合以下要求：二次风挡板门与风壳间应留适当的膨胀间隙；一、二次风筒同心度允许偏差在无调整机构时不大于 5mm，带有调整机构时不大于 3mm。一、二次风筒的螺栓连接处应严密不漏。 （2）应按照 DL/T 852—2016《锅炉启动调试导则》第 5.5 条"冷态通风试验"的相关要求，在燃烧器改造后的锅炉投运前对锅炉进行冷态炉膛空气动力场试验，确保锅炉炉内空气动力场符合设计要求	查阅锅炉设备说明书，燃烧器安装记录，检修规程，相关试验报告	（1）未保留燃烧器安装记录，扣 2 分。 （2）燃烧器安装偏差大于规定值，扣 1～2 分。 （3）燃烧器改造后未进行冷态炉膛空气动力场试验即投运，扣 2 分			
16.25	6.2.2.3 加强氧量计、一氧化碳测量装置、风量测量装置及二次风门等锅炉燃烧监视调整重要设备的管理与维护，形成定期校验制度，以确保其指示准确，动作正确，避免在炉内形成整体或局部还原性气氛，从而加剧炉膛结焦	2	【涉及专业】锅炉、热工 （1）按照 DL/T 774—2015《火力发电厂热工自动化系统检修运行维护规程》的相关要求，对氧量计、一氧化碳测量装置、风量测量装置等仪器仪表进行定期校验（校验周期一般依据仪器说明书确定，如每季度应用标气对氧化锆氧量分析器示值校对一次），确保仪器的准确性。 （2）对二次风门等配风装置，应做好管理维护工作，检修时应检查其动作准确性	查看检修规程，仪器校验制度和记录，查看运行画面	（1）氧量计、一氧化碳测点数量不足，或多测点存在缺陷以致不能测出烟气中氧气或一氧化碳的含量，扣 2 分。 （2）未对氧量计、一氧化碳测量装置、风量测量装置等热工仪表进行校验或校验周期不满足要求，每项扣 1 分。 （3）检修时未对二次风门等配风装置进行检查维护，或未开展二次小风门指令、反馈及就地指示校准工作，扣 2 分			

编号	二十五项重点要求内容	标准分	评价要求	评价方法	评分标准	扣分	存在问题	改进建议
16.25		2			（4）运行中二次小风门执行机构故障造成小风门远方无法操作，每发现一处扣1分。 （5）DCS画面氧量、一氧化碳或风量显示异常且未在检修期间进行处理的，每发现一处扣0.5分			
16.26	6.2.2.4 采用与锅炉相匹配的煤种，是防止炉膛结焦的重要措施，当煤种改变时，要进行变煤种燃烧调整试验	2	【涉及专业】锅炉 煤质特性（特别是结焦特性）与锅炉相匹配较差是锅炉结焦的重要原因之一。当煤种改变时，应进行燃烧调整试验、配煤掺烧试验，以避免锅炉严重结焦	查阅锅炉设计说明书、煤质化验报告、燃烧调整试验报告	（1）当前燃用煤种与设计（校核）煤种偏差较大，机组运行中存在结焦问题，未进行燃烧调整试验，扣2分。 （2）燃用与锅炉匹配性较差的煤种，导致锅炉严重结焦而未及时采取措施，扣2分			
16.27	6.2.2.5 应加强电厂入厂煤、入炉煤的管理及煤质分析，发现易结焦煤质时，应及时通知运行人员	2	【涉及专业】锅炉 （1）应建立完善的入厂煤、入炉煤管理制度、煤质化验制度，及时进行煤质分析，关注煤的结焦特性，当结焦性较强时，应及时通知运行人员。 （2）当煤质结焦特性偏离设计值较多时，应考虑按照DL/T 1445—2015《电站煤粉锅炉燃烧掺烧技术导则》进行配煤掺烧，控制入炉混煤灰熔融温度同时满足： （a）灰软化温度 ST >设计炉膛出口温度+150℃。 （b）灰熔融温度 FT >设计屏底温度−100℃	查阅入厂煤、入炉煤管理制度、煤质化验制度，查看配煤掺烧措施	（1）入厂煤、入炉煤管理制度不健全，每缺少一项扣1分。 （2）当煤种结焦特性偏离设计值较大时，未采取措施而导致结焦，扣2分。 （3）发现煤质易结焦，燃料部或煤质化验人员未及时通知运行人员，扣2分			

编号	二十五项重点要求内容	标准分	评价要求	评价方法	评分标准	扣分	存在问题	改进建议
16.28	6.2.2.6 加强运行培训和考核，使运行人员了解防止炉膛结焦的要素，熟悉燃烧调整手段，避免锅炉高负荷工况下缺氧燃烧	2	【涉及专业】锅炉 应加强对运行人员的培训和考核。运行人员可参考 DL/T 611—2016《300MW～600MW 级机组煤粉锅炉运行导则》"4.3 燃烧调整"、DL/T 1683—2017《1000MW 等级超超临界机组运行导则》"6 机组运行调整及维护"等标准燃烧调整相关内容，从煤质管理制度（如高负荷燃用多掺烧高熔点煤，低负荷燃用低熔点煤）、配风方式、制粉系统调整（如煤粉细度控制）、燃烧器调整（如旋流强度等）、吹灰等多方面进行燃烧调整，避免锅炉高负荷工况下发生严重结焦问题	查阅运行规程、运行考核制度，查阅防止锅炉结焦措施	（1）未对运行人员定期进行培训，扣1分。 （2）运行考核制度不完善，未对高负荷工况下发生缺氧燃烧进行考核，扣2分。 （3）锅炉高负荷工况下，发生缺氧燃烧而未采取燃烧调整措施，每发现一次扣1分			
16.29	6.2.2.7 运行人员应经常从看火孔监视炉膛结焦情况，一旦发现结焦，应及时处理	1	【涉及专业】锅炉 如燃用低熔点易结焦煤种，运行人员应加强对结焦情况的日常巡查，应建立专门的巡查制度，及时发现结焦问题并处理	查阅巡检记录和相关巡查制度	（1）看火孔监视记录不完善，扣1分。 （2）炉膛发生结焦问题，运行人员未及时发现并处理，每发生一次扣1分。 （3）燃用低熔点易结焦煤种，未建立专门的巡查制度，扣1分			
16.30	6.2.2.8 大容量锅炉吹灰器系统应正常投入运行，防止炉膛沾污结渣造成超温	2	【涉及专业】锅炉 （1）对炉膛进行吹灰是防止炉膛沾污结渣造成超温的重要手段。 （2）锅炉吹灰器系统应正常投用，并合理设置吹灰参数（如吹灰压力、吹灰频次等）	查阅运行、检修总结	（1）吹灰器系统不能100%正常投用，扣2分。 （2）锅炉吹灰器吹灰参数设置不合理（如吹灰压力不足，吹灰蒸汽疏水设置不合理等），每发现一处扣1分。 （3）因吹灰器故障，导致锅炉炉膛局部超温，扣2分			

编号	二十五项重点要求内容	标准分	评价要求	评价方法	评分标准	扣分	存在问题	改进建议
16.31	6.2.2.9 受热面及炉底等部位严重结渣，影响锅炉安全运行时，应立即停炉处理	3	【涉及专业】锅炉 （1）当结焦问题不断发展，通过运行调整、吹灰等手段已经不能控制结焦加剧时，且已影响锅炉安全运行时（渣量超出排渣系统负荷、受热面大面积超温、引风机出力不足导致炉膛冒正压等），应果断采取停炉措施，防止掉大焦、受热面冲刷磨损等问题。 （2）近年来由于炉膛掉大焦、排渣系统故障（灰渣量超出排渣系统负荷）等问题引起机组非停时有发生，因此当严重结焦且无法遏制时，应及时停炉处理，防止机组非停事故发生	查阅运行、检修报告、事故分析报告	（1）受热面及炉底等部位严重结渣，影响锅炉安全运行时，未立即停炉处理，扣3分。 （2）因结焦问题引起机组非停，扣3分			
16.32	新增：排渣系统的设计应满足锅炉的排渣需求；加强排渣系统的检修维护，保证排渣系统能可靠投入，满足锅炉排渣要求。制定完善锅炉结焦积渣清理方案和安全措施并严格执行，保证打焦除渣工作安全	2	【涉及专业】锅炉 （1）排渣系统的设计应满足锅炉所有工况正常运行的排渣需求。 （2）排渣系统的检修工作应纳入检修标准项目。 （3）排渣系统应能可靠投入，满足锅炉排渣要求。 （4）排渣系统故障，结渣量超出排渣系统负荷，并且堵渣已堆积至锅炉冷灰斗喉部位置时，应及时申请停炉。无法观测判断冷灰斗斜坡灰渣堆积情况的锅炉，可按照 DL/T 831《大容量煤粉燃烧锅炉炉膛选型导则》的要求，适当增加看火孔数量。 （5）进入燃烧室、冷灰斗底部等炉膛内部空间进行工作前，必须进行炉内打焦除渣并确保焦渣除净，防止炉内高空掉焦伤人。	查阅排渣系统说明书、检修记录、打渣除焦方案和记录	（1）排渣系统的设计不满足锅炉正常运行的排渣需求，扣2分。 （2）排渣系统的检修工作未纳入检修标准项目，扣2分。 （3）排渣系统存在缺陷不能可靠投入，扣2分。 （4）锅炉结焦积渣清理安全措施不完善，扣1～2分。 （5）打焦除渣工作不规范，每发现一次扣1分			

编号	二十五项重点要求内容	标准分	评价要求	评价方法	评分标准	扣分	存在问题	改进建议
16.32		2	（6）打焦除渣工作要建立安全隔离区域，无关人员不得入内，与打焦除渣工作无关的观察孔或人孔门必须封堵或隔离，并设置警告牌。 （7）打焦除渣工作应先考虑从观火孔、人孔门等炉外部位进行。清除炉墙或水冷壁灰焦时，应从上部开始，逐步向下进行。清除冷灰斗结焦时，应采取措施防止搭桥的焦块垮塌伤人					
	6.2.3　防止锅炉内爆	20	【涉及专业】锅炉、热工 随着脱硫、脱硝装置应用和大容量机组投运，炉膛内爆的隐患越来越突出，其破坏性和炉膛外爆一样需要引起高度重视					
16.33	6.2.3.1　新建机组引风机和脱硫增压风机的最大压头设计必须与炉膛及尾部烟道防内爆能力相匹配，设计炉膛及尾部烟道防内爆强度应大于引风机及脱硫增压风机压头之和	4	【涉及专业】锅炉 新建机组引风机和脱硫增压风机（如有）的最大压头值必须与尾部烟道防内爆能力匹配，即炉膛及尾部烟道防内爆强度应大于引风机和增压风机（如有）压头之和	查阅锅炉、引风机、增压风机设计说明书	（1）炉膛及尾部烟道防内爆强度小于引风机及脱硫增压风机（如有）压头之和，扣4分。 （2）尾部烟道设计防内爆强度与炉膛设计防内爆强度不匹配，扣4分			
16.34	6.2.3.2　对于老机组进行脱硫、脱硝改造时，应高度重视改造方案的技术论证工作，要求改造方案应重新核算机组尾部烟道的负压承受能力，应及时对强度不足部分进行重新加固	4	【涉及专业】锅炉 随着环保要求日趋严格，国内老机组基本都进行了脱硫、脱硝环保改造，除此之外，还进行了加装低温省煤器等技术改造以达到节能环保目的；为了满足风机压头要求，一些机组还进行了"引增合一"技术改造，引风机全压提升较大。电厂进行脱硫、脱硝等技术改造时应重新核算机组尾部烟道的负压承受能力，并及时对强度不足部分进行重新加固，避免出现较大负压时，造成内爆事故	查阅改造相关方案和技术报告，查阅锅炉说明书	（1）进行了脱硫、脱硝改造等技术改造，改造方案未对机组尾部烟道的负压承受能力进行重新核算，扣4分。 （2）尾部烟道负压承受能力不足，未进行加固，扣4分			

编号	二十五项重点要求内容	标准分	评价要求	评价方法	评分标准	扣分	存在问题	改进建议
16.35	6.2.3.3 单机容量 600MW 及以上机组或采用脱硫、脱硝装置的机组，应特别重视防止机组高负荷灭火或设备故障瞬间产生过大炉膛负压对锅炉炉膛及尾部烟道造成的内爆危害，在锅炉主保护和烟风系统连锁保护功能上应考虑炉膛负压低跳锅炉和负压低跳引风机的连锁保护；机组快速减负荷（RB）功能应可靠投用	4	【涉及专业】热工、锅炉 （1）确认锅炉主保护和烟风系统联锁保护功能上有炉膛负压低跳锅炉和负压低于制造厂规定限值跳引风机的联锁保护。负压跳引风机的联锁信号应满足大量程要求。 （2）机组快速减负荷（RB）功能应可靠投用。 （3）锅炉联锁保护定值应设置合理，参考二十五项反措第 6.2.1.9 条，应综合考虑炉膛防爆能力、炉底密封承受能力和锅炉正常燃烧要求。 （4）按照 DL/T 5175—2003《火力发电厂热工控制系统设计技术规定》第 5.1.10 条、第 5.1.11 条的要求，应设置送风机、引风机控制关于炉膛压力的方向性闭锁。在炉膛压力低时，闭锁引风机叶片（或入口挡板）开度继续增大，送风机叶片（或入口挡板）开度继续减小；在炉膛压力高时，闭锁引风机叶片（或入口挡板）开度继续减小，锁送风机叶片（或入口挡板）开度继续增大。闭锁条件消失时控制指令无扰动退出闭锁	检查锅炉联锁保护逻辑	（1）锅炉主保护功能没有负压低跳锅炉的联锁保护逻辑，扣 4 分。 （2）锅炉主保护和烟风系统联锁保护功能没有负压低于制造厂规定限值跳引风机的联锁保护逻辑，扣 2 分；引风机跳引风机的联锁信号不满足大量程要求，扣 2 分。 （3）锅炉炉膛负压低跳锅炉和负压过低跳引风机联锁保护的保护定值不合理或保护逻辑存在缺陷，扣 2 分。 （4）机组快速减负荷（RB）功能存在缺陷，扣 2 分。 （5）未设置送风机、引风机控制关于炉膛压力的方向性闭锁，或虽然设置但是闭锁逻辑存在缺陷、隐患，扣 2 分			
16.36	6.2.3.4 加强引风机、脱硫增压风机等设备的检修维护工作，定期对入口调节装置进行试验，确保动作灵活可靠和炉膛负压自动调节特性良好，防止机组运行中设备故障时或锅炉灭火后产生过大负压	4	【涉及专业】锅炉 （1）应将引风机、脱硫增压风机等设备（特别是动叶调节机构、入口调节装置）的检查维护工作纳入检修计划，利用停机检修机会，对入口调节装置进行试验，确保动作灵活可靠和反馈正确。	查阅锅炉检修规程、检修总结、运行月报、试验记录	（1）入口调节装置试验、动叶调节结构等未纳入检修计划，每缺少一项扣 2 分。 （2）风机入口调节装置未在检修期间进行活动试验，每发现一次扣 2 分。 （3）入口调节装置、动叶可调装置等在运行过程中出现故障（如卡涩等），每出现一次扣 2 分。			

编号	二十五项重点要求内容	标准分	评价要求	评价方法	评分标准	扣分	存在问题	改进建议
16.36		4	（2）对动叶执行机构要在停机备用时做好定期活动试验，如定期启动引风机油站、全行程活动风机叶片（一般一周至少开展一次全行程活动），防止停机备用时间过长导致卡涩问题。 （3）采用了动叶可调装置的风机，应特别重视风机液压油系统的检修维护工作，做到"逢停必检"，对液压缸密封件、轴承、油管路等要检查老化腐蚀情况，将风机动叶液压控制装置、油管路接头等易损部件纳入定期检查更换工作、列入检修项目，拆卸下来的液压控制装置送外维修，修复相关易损件、密封件等		（4）对于动叶可调风机，风机动叶液压控制装置未纳入定期检查更换工作或未列入检修项目，扣2分。 （5）未将控制油管路接头等易损部件纳入定期检查更换工作或未列入检修项目，扣4分。 （6）因风机调节系统（入口调节装置、动叶调节等）故障导致风机跳闸甚至机组停机，扣4分			
16.37	6.2.3.5 运行规程中必须有防止炉膛内爆的条款和事故处理预案	4	【涉及专业】锅炉 运行规程中应有防止炉膛内爆的条款和事故处理预案	查阅锅炉运行规程	（1）运行规程中没有防止炉膛内爆的条款和事故处理预案，扣4分。 （2）运行规程中有防止炉膛内爆的条款和事故处理预案，但不完善（如没有给出具体的应对调整措施等），扣1～4分			
	6.2.4 循环流化床锅炉防爆	**20**	【涉及专业】锅炉、热工					
16.38	6.2.4.1 锅炉启动前或主燃料跳闸、锅炉跳闸后应根据床温情况严格进行炉膛冷态或热态吹扫程序，禁止采用降低一次风量至临界流化风量以下的方式点火	4	【涉及专业】锅炉、热工 （1）锅炉启动前或主燃料跳闸、锅炉跳闸后应根据床温情况严格进行炉膛冷态或热态吹扫程序，参考 DL/T 1326—2014《300MW 循环流化床锅炉运行导则》规定，吹扫时流化风量应大于最小流化风量，总风量应大于25%的额定风量，吹扫时间应不少于 5min。 （2）主燃料为生物质的循环流化床锅炉也应按照本条文要求执行，应依据制造厂要求制定运行规程，明确锅炉启动前或主燃料跳闸、锅炉跳闸后对点火的要求	查阅运行规程、锅炉联锁保护逻辑	（1）锅炉点火时，一次风量小于临界流化风量，扣4分。 （2）锅炉点火前吹扫程序不合理，吹扫时间不足或总风量小于25%的额定风量，扣2～4分			

编号	二十五项重点要求内容	标准分	评价要求	评价方法	评分标准	扣分	存在问题	改进建议
16.39	6.2.4.2 精心调整燃烧，确保床上、床下油枪雾化良好、燃烧完全。油枪投用时应严密监视油枪雾化和燃烧情况，发现油枪雾化不良应立即停用，并及时进行清理检修	4	【涉及专业】锅炉 油枪投运过程中床上、床下油枪应雾化良好，如发现雾化不良、燃烧不完全（如大量冒黑烟），应及时停用油枪并清理维修	查阅运行规程、检修规程、油系统说明书	（1）油枪投运时，未对油枪雾化和燃烧情况进行监控，扣4分。 （2）油枪投运时，发现雾化不良而继续使用未立即停运，扣4分。 （3）油枪投运时，油压偏低（低于设计值）或波动大未进行处理的，每出现一次扣2分			
16.40	6.2.4.3 对于循环流化床锅炉，应根据实际燃用煤质着火点情况进行间断投煤操作，禁止床温未达到投煤允许条件连续大量投煤	4	【涉及专业】锅炉、热工 锅炉启动点火时，禁止低床温大量投煤，按照 DL/T 1326—2014《300MW 循环流化床锅炉运行导则》第4.4条的要求：运行规程应根据实际燃用煤种情况确定投煤床温。允许投煤床温按锅炉制造厂要求执行；如果给煤成分与锅炉制造厂的要求差异较大，应根据给煤的实际着火特性确定允许投煤床温	查阅锅炉设计说明书、运行规程，查看锅炉热工联锁保护逻辑	（1）运行规程中没有投煤床温相关要求，扣4分。 （2）运行过程中，床温低于允许投煤床温即连续大量投煤，扣4分。 （3）锅炉联锁保护逻辑中连续大量投煤的允许条件没有床温要求或床温要求不符合实际燃用煤种情况，扣4分			
16.41	6.2.4.4 循环流化床锅炉压火应先停止给煤机，切断所有燃料，并严格执行炉膛吹扫程序，待床温开始下降、氧量回升时再按正确顺序停风机；禁止通过锅炉跳闸直接跳闸风机联跳主燃料跳闸的方式压火。压火后的热启动应严格执行热态吹扫程序，并根据床温情况进行投油升温或投煤启动	4	【涉及专业】锅炉、热工 （1）循环流化床锅炉压火应先停止给煤机，切断所有燃料，并严格执行炉膛吹扫程序，待床温开始下降、氧量回升时再按正确顺序停风机。 （2）禁止通过锅炉跳闸直接跳闸风机联跳主燃料跳闸的方式压火。 （3）压火后的热启动应严格执行热态吹扫程序，并根据床温情况进行投油升温或投煤启动。 （4）主燃料为生物质的循环流化床锅炉参考本条文要求执行，应结合制造厂要求制定运行规程，保证锅炉压火前后操作符合设备安全要求	查阅运行规程、锅炉联锁保护逻辑	（1）运行规程中没有压火操作相关要求，扣4分。 （2）锅炉压火采取锅炉跳闸直接跳闸风机联跳主燃料跳闸的方式，扣4分。 （3）压火后的热启动未执行热态吹扫程序，扣4分。 （4）压火后的热启动热态吹扫不符合要求（参考二十五项反措6.2.4.1），扣2~4分			

编号	二十五项重点要求内容	标准分	评价要求	评价方法	评分标准	扣分	存在问题	改进建议
16.42	6.2.4.5 循环流化床锅炉水冷壁泄漏后，应尽快停炉，并保留一台引风机运行，禁止闷炉；冷渣器泄漏后，应立即切断炉渣进料，并隔绝冷却水	4	【涉及专业】锅炉 受热面泄漏后，会产生大量水煤气和水蒸气，体积瞬间膨胀，如果闷炉将可能引发炉膛爆燃。 （1）循环流化床锅炉水冷壁泄漏后，应尽快停炉，并保留一台引风机运行，禁止闷炉。 （2）冷渣器泄漏后，应立即切断炉渣进料，并隔绝冷却水	查阅运行规程、锅炉联锁保护逻辑	（1）锅炉水冷壁泄漏后停炉未保留一台引风机运行，扣4分。 （2）冷渣器泄漏后，未立即切断炉渣进料，扣4分。 （3）冷渣器泄漏后，未隔绝冷却水，扣4分			
17	6.3 防止制粉系统爆炸和煤尘爆炸事故	100	【涉及专业】锅炉、热工，共33条					
	为防止制粉系统爆炸和煤尘爆炸事故，应严格执行《电站磨煤机及制粉系统选型导则》（DL/T 466—2004）、《火力发电厂制粉系统设计计算技术规定》（DL/T 5145—2012）、《火力发电厂烟风煤粉管道设计技术规程》（DL/T 5121—2000）、《电站煤粉锅炉炉膛防爆规程》（DL/T 435—2004）、《火力发电厂锅炉机组检修导则 第4部分：制粉系统检修》（DL/T 748.4—2001）以及《粉尘防爆安全规程》（GB 15577—2007）等有关要求以及其他有关规定		DL/T 466—2004《电站磨煤机及制粉系统选型导则》，DL/T 435—2004《电站煤粉锅炉炉膛防爆规程》，DL/T 748.4—2001《火力发电厂锅炉机组检修导则 第4部分：制粉系统检修》已作废。 现已分别更新为 DL/T 466—2017《电站磨煤机及制粉系统选型导则》，DL/T 435—2018《电站锅炉炉膛防爆规程》，DL/T 748.4—2016《火力发电厂锅炉机组检修导则 第4部分：制粉系统检修》					

编号	二十五项重点要求内容	标准分	评价要求	评价方法	评分标准	扣分	存在问题	改进建议
	6.3.1 防止制粉系统爆炸	**80**	【涉及专业】锅炉、热工					
17.1	6.3.1.1 在锅炉设计和制粉系统设计选型时期，必须严格遵照相关规程要求，保证制粉系统设计和磨煤机的选型，与燃用煤种特性和锅炉机组性能要求相匹配和适应，必须体现出制粉系统防爆设计	2	【涉及专业】锅炉 （1）在锅炉设计和制粉系统设计时，应执行二十五项反措第6.3条所列标准。 （2）磨煤机选型与入炉煤的干燥无灰基应按照DL/T 466—2017《电站磨煤机及制粉系统选型导则》"8 制粉系统防爆设计"及"9 磨煤机及制粉系统的选择"要求对应匹配	查阅锅炉及制粉系统设计说明文件、系统图纸及规程	（1）锅炉及制粉系统设计说明文件、系统图纸、规程等文件的对应部分，是否写明执行该条款所列标准，如编制依据里没有涵盖所列标准，扣2分。 （2）查询所依据标准是否保存及更新，若标准保存不全，每缺少一项扣1分，若无更新，每缺一项扣0.5分。 （3）磨机选型与入炉煤的干燥无灰基未按照DL/T 466—2017对应，扣2分			
17.2	6.3.1.2 不论是新建机组设计还是由于改烧煤种等原因进行锅炉燃烧系统改造，都不能忽视制粉系统的防爆要求，当煤的干燥无灰基挥发分大于25%（或煤的爆炸性指数大于3.0）时，不宜采用中间储仓式制粉系统，如必要时宜抽取炉烟干燥或者加入惰性气体	3	【涉及专业】锅炉 （1）当入炉煤的干燥无灰基挥发分大于25%（或煤的爆炸性指数大于3.0）时，锅炉制粉系统型式不宜采用中间储仓式制粉系统。 （2）如采用中间储仓式制粉系统，防爆措施应齐全。按惰性气氛设计的系统，其煤粉仓及磨煤机（或系统末端）应控制含氧量，并符合DL/T 466—2017《电站磨煤机及制粉系统选型导则》第8.3条要求（气粉混合物含氧量褐煤小于12%，烟煤小于14%）	查阅制粉系统图、规程、煤质化验报告以及制粉系统新建或改造后的技术交底	（1）入炉煤的干燥无灰基挥发分大于25%（或煤的爆炸性指数大于3.0）时，锅炉制粉系统型式为中间储仓式制粉系统，且未设计抽取炉烟干燥或者加入惰性气体系统，扣3分。 （2）设计抽取炉烟干燥或者加入惰性气体的系统，制粉系统出口未设置氧含量在线监测装置，扣3分。 （3）抽取炉烟干燥或者加入惰性气体的制粉系统，制粉系统出口气粉混合物氧量大于最高允许值，扣3分。 （4）当煤的干燥无灰基挥发分大于10%（或煤的爆炸性指数大于1.0），设计时未考虑防爆要求，扣3分			

121

编号	二十五项重点要求内容	标准分	评价要求	评价方法	评分标准	扣分	存在问题	改进建议
17.3	6.3.1.3　对于制粉系统，应设计可靠足够的温度、压力、流量测点和完备的连锁保护逻辑，以保证对制粉系统状态测量指示准确、监控全面、动作合理。中间储仓制粉系统的粉仓和直吹制粉系统的磨煤机出口，应设置足够的温度测点和温度报警装置，并定期进行校验	3	【涉及专业】热工、锅炉 （1）制粉系统相关重要监视表计配置齐全，如磨煤机进口风温、出口风粉混合物温度、风量、煤量、密封风压差等测点，煤粉仓温度测点、直吹式磨煤机分离器出口应设温度测点，各测点符合 DL/T 5203—2005《火力发电厂煤和制粉系统防爆设计技术规程》"4.9 仪表和控制"的要求，并引入控制室。这些参数包括但不限于： "1　磨煤机入口干燥剂温度。 2　磨煤机（粗粉分离器）出口风粉混合物温度，对爆炸感度高（挥发分高）和自燃倾向性高的烟煤和褐煤，宜增加风粉混合物温度变化梯度的测量。 3　排粉机前介质温度。 4　热风送粉时，燃烧器前风粉混合物温度。 5　磨煤机前、后介质的压力。 6　排粉机前、后（及各一次风管）介质压力。 7　直吹式制粉系统磨煤机（风扇磨煤机除外）入口干燥剂流量。 8　磨煤机（风扇磨煤机除外）进出口压差。 9　正压直吹式制粉系统密封风压力。 10　给煤机断煤信号。 11　中速磨煤机氮气（如果有时）压力。 12　当装设 CO 监测装置时，所测的 CO 值。 13　驱动磨煤机、排粉机、冷炉烟风机、给煤机给粉机和冷（热）一次风机等机械电动机的电流。" （2）磨煤机出口温度、通风量、密封风压差、煤量、磨煤机及给煤机运行状态等的异常报警和保护齐全合理。 （3）各表计定期校准，按维护检修要求进行制粉系统报警、保护逻辑维护、测试	查询监视表计清单、制粉系统联锁保护逻辑清单及投运情况，查阅运行监视画面、各表计校验记录	（1）磨煤机入口一次风温度、磨煤机入口一次风压力、磨煤机入口一次风流量、磨煤机出口温度、磨煤机出口压力、中速磨煤机进出口差压等测点有遗漏或存在缺陷，每处扣 1.5 分。 （2）未在 A 修或风量异常时开展磨煤机入口风量的标定工作，扣 3 分。 （3）磨煤机出口温度报警值、保护动作值不符合 DL/T 5203—2005 的要求，每处扣 1.5 分。 （4）未按要求开展磨煤机表计、报警及保护逻辑的检测和调试工作，扣 2 分。 （5）中间储仓制粉系统的粉仓温度测点未冗余配置，扣 1 分；中速磨煤机出口温度测点未冗余配置，扣 1 分。 （6）制粉系统温度测点异常时，未及时处理，每个异常测点扣 1 分。 （7）未设置温度报警，每处扣 1.5 分，保护逻辑存在缺陷，每处扣 1.5 分			

编号	二十五项重点要求内容	标准分	评价要求	评价方法	评分标准	扣分	存在问题	改进建议
17.4	6.3.1.4 制粉系统设计时，要尽量减少水平管段，整个系统要做到严密、内壁光滑、无积粉死角	2	【涉及专业】锅炉 制粉系统应符合预防积粉的设计要求，应符合 DL/T 5203—2005《火力发电厂煤和制粉系统防爆设计技术规程》"4.5 制粉系统的设备、管道及部件""4.6 管道和烟、风道设计"相关要求： （1）原煤管道宜垂直布置，受条件限制时，与水平面的倾斜角不宜小于 70°。原煤管道宜采用圆形，管径应根据煤的黏性和煤流量选择。 （2）制粉系统煤粉管道与水平面的倾角应不小于 50°；向磨煤机引入干燥剂的烟、风道及向排粉机引入的热风道与水平面的夹角应不小于 60°；给粉管道应顺着气流方向与气粉混合器短管相接，其与水平面的倾斜角不应小于 50°。 （3）煤粉管道（包括钢球磨煤机喉管、接头短管、变径管、设备进出口接管等）的布置和结构不应存在煤粉在管道内沉积的可能性	查阅系统图，查看实际运行情况	（1）煤粉管道水平倾角、给粉机出口给粉管水平倾角不符合 DL/T 5203—2005 相关要求，扣 2 分。 （2）钢球磨煤机接入短管和喉管、煤粉管大小头及细粉分离器、排粉机和其他设备的煤粉进出管存在积粉情况，每发现一处扣 0.5 分。 （3）煤粉管道补偿装置补偿量不满足实际要求，扣 1 分			
17.5	6.3.1.5 煤仓、粉仓、制粉和送粉管道、制粉系统阀门、制粉系统防爆压力和防爆门的防爆设计符合 DL/T 5121 和 DL/T 5145	3	【涉及专业】锅炉 制粉系统管道、阀门及防爆系统设计、防爆压力设置应符合 DL/T 5121—2000《火力发电厂烟风煤粉管道设计技术规程》"9 防爆措施"和 DL/T 5145—2012《火力发电厂制粉系统设计计算设计规范》等标准相关要求	查阅制粉系统防爆门说明书、系统图	（1）按 DL/T 5121—2000 和 DL/T 5145—2012 规定，煤粉仓和制粉系统应设计防爆装置而未设计的，扣 3 分。 （2）设计的防爆门数量、形式及防爆面积不符合 DL/T 5121—2000 和 DL/T 5145—2012 规定的，每项扣 1 分。 （3）系统管道、阀门等设备及部件应满足抗爆强度要求，不满足扣 3 分			
17.6	6.3.1.6 热风道与制粉系统连接部位，以及排粉机出入口风箱的连接部位，应达到防爆规程规定的抗爆强度	2	【涉及专业】锅炉 应符合 DL/T 5203—2005《火力发电厂煤和制粉系统防爆设计技术规程》"4.5 制粉系统的设备、管道及部件"：	查阅制粉系统设计说明书、系统图	（1）热风道、排粉机出入口风箱的连接部位设计抗爆强度不符合 DL/T 5121—2000《火力发电厂烟风煤粉管道设计技术规程》要求，扣 2 分。			

编号	二十五项重点要求内容	标准分	评价要求	评价方法	评分标准	扣分	存在问题	改进建议
17.6		2	（1）系统运行压力不超过 15kPa 的设备、管道及部件，应按承受 350kPa 的内部爆炸压力进行设计。 （2）系统运行压力超过 15kPa 时，应按承受 400kPa 的内部爆炸压力进行设计。 （3）制粉系统某些部件，如大平面、尖角等可能受到冲击波压力作用，应根据这些作用对其强度的影响进行设计		（2）热风道附近布置有控制电缆的，控制电缆处未设置隔离防护措施的，扣 1 分			
17.7	6.3.1.7　对于爆炸特性较强煤种，制粉系统应配套设计合理的消防系统和充惰系统	4	【涉及专业】锅炉 煤粉制粉系统应按照 DL/T 5121—2000《火力发电厂烟风煤粉管道设计技术规程》设置灭火系统和惰化措施，且应设置合理	查阅系统图、规程、说明书和查看实际运行情况	（1）对于燃用非无烟煤的制粉系统，制粉系统未设置消防系统和充惰系统，扣 4 分。 （2）运行中消防系统或充惰系统管道若不是永久装置，扣 3 分，接头设置不合理（DN≤25mm），扣 1 分。 （3）运行中消防系统或充惰系统上手动隔离门为关闭状态，扣 4 分；无快速动作阀门，扣 2 分			
17.8	6.3.1.8　保证系统安装质量，保证连接部位严密、光滑、无死角，避免出现局部积粉	3	【涉及专业】锅炉 制粉系统煤粉管道严密、无积粉死角	查看现场设备	（1）煤粉管道存在积粉自燃问题，每发现一处扣 1 分。 （2）煤粉管道存在漏粉，每发现一处扣 1 分			
17.9	6.3.1.9　加强防爆门的检查和管理工作，防爆薄膜应有足够的防爆面积和规定的强度。防爆门动作后喷出的火焰和高温气体，要改变排放方向或采取其他隔离措施。以避免危及人身安全、损坏设备和烧损电缆	2	【涉及专业】锅炉 制粉系统防爆门设置及安装符合 DL/T 5121—2000《火力发电厂烟风煤粉管道设计技术规程》"9 防爆措施"和 DL/T 5203—2005《火力发电厂煤和制粉系统防爆设计技术规程》"4.10 防爆门""4.11 防爆门引出管"等标准相关要求	查阅系统图，查看现场设备安装位置	（1）防爆门存在泄漏，每发现一处扣 1 分。 （2）防爆门设计数量、泄放面积及设计形式不合理，每发现一处扣 1 分。 （3）防爆门动作处存在危及人身安全、损坏设备和烧损电缆风险，扣 2 分。 （4）防爆门防爆薄膜面积及强度不符合标准要求，扣 2 分			

编号	二十五项重点要求内容	标准分	评价要求	评价方法	评分标准	扣分	存在问题	改进建议
17.10	6.3.1.10 制粉系统应设计配置齐全的磨煤机出口隔离门和热风隔绝门	2	【涉及专业】锅炉 制粉系统隔离门应配备齐全，防止停磨期间引起着火事件	查看系统图	（1）未设置磨煤机出口隔离门和热风隔绝门，扣2分。 （2）磨煤机出口隔离门和热风隔绝门存在缺陷，每发现一处扣1分			
17.11	6.3.1.11 在锅炉机组进行跨煤种改烧时，在对燃烧器和配风方式进行改造同时，必须对制粉系统进行相应配套工作，包括对干燥介质系统的改造，以保证炉膛和制粉系统全面达到安全要求	2	【涉及专业】锅炉 燃煤煤质变化较大时制粉系统改造设计及安全措施应符合DL/T 466—2017《电站磨煤机及制粉系统选型导则》"9 磨煤机及制粉系统的选择"以及DL/T 5203—2005《火力发电厂煤和制粉系统防爆设计技术规程》"4 设计"等要求	查阅系统图、设计方案、技术交底、规程，查看现场	（1）燃煤煤质与设计煤种偏差较大，存在跨煤种改烧时，未开展制粉系统相关防爆改造可研工作，扣2分。 （2）跨煤种改烧时，制粉系统改造及防爆设计不符合设计规范，扣2分。 （3）技术交底、系统图及规程未及时修正，每少1项扣1分			
17.12	6.3.1.12 加强入厂煤和入炉煤的管理工作，建立煤质分析和配煤管理制度，燃用易燃易爆煤种应及早通知运行人员，以便加强监视和检查，发现异常及时处理	3	【涉及专业】锅炉 运行人员应及时了解燃煤煤质特性，并根据煤质特性及时进行运行调整	查阅制度和煤质通报记录	（1）未建立煤质分析和配煤管理制度，扣3分。 （2）入炉煤质未及时发送至运行人员，扣3分			
17.13	6.3.1.13 做好"三块分离"和入炉煤杂物清除工作，保证制粉系统运行正常	3	【涉及专业】锅炉 输煤系统应工作正常，制粉系统状态稳定	查阅运行参数、异常分析	（1）输煤系统"三块分离"装置工作不正常，扣2分。 （2）因"三块分离"不正常造成磨煤机电流异常或原煤仓堵煤，每发现一次扣1.5分			
17.14	6.3.1.14 要做好磨煤机风门挡板和石子煤系统的检修维护工作，保证磨煤机能够隔离严密、石子煤能够清理排出干净	3	【涉及专业】锅炉 应按照DL/T 748.4—2016《火力发电厂锅炉机组检修导则 第4部分:制粉系统检修》"4 磨煤机检修""7.4.3 风门、挡板及其操作装置"相关内容开展磨煤机风门挡板、石	查阅相关设备检修维护、缺陷和异常记录	（1）检修维护记录不完善，扣1~3分。 （2）石子煤刮板与侧机体底板的间隙超出8mm或制造厂技术文件的要求，每超出2mm扣1分			

编号	二十五项重点要求内容	标准分	评价要求	评价方法	评分标准	扣分	存在问题	改进建议
17.14		3	子煤系统检修工作，并完善检修管理制度、执行到位，保证设备运行状态良好。 （1）刮板与侧机体底板之间的间隙为8±1.5 mm。 （2）裙罩与磨辊毂的连接螺栓的紧固力矩为180N·m。 （3）下裙罩与气封环间隙为0.5～1.6mm。 （4）密封垫片与磨辊毂的间隙应小于（0.5±0.075）mm		（3）排石子煤插板密封不严发生泄漏，每发现一次扣1分。 （4）发现石子煤系统故障引起停磨，扣3分。 （5）机组运行中备用磨煤机入口风门挡板不严密，每发现一处扣1分。 （6）磨煤机风门挡板和石子煤系统无定期检查维护计划，扣3分			
17.15	6.3.1.15　定期检查煤仓、粉仓仓壁内衬钢板，严防衬板磨漏、夹层积粉自燃。每次大修煤粉仓应清仓，并检查粉仓的严密性及有无死角，特别要注意仓顶板一大梁搁置部位有无积粉死角	3	【涉及专业】锅炉 煤仓、粉仓仓壁应按时清理，无积粉、无异常	查阅清扫、清仓记录以及大修计划和总结，积粉自燃记录	（1）未见煤仓、粉仓仓壁内衬钢板积粉检查、清扫记录，扣3分。 （2）大修期间煤粉仓未检查粉仓的严密性及死角区域，扣3分。 （3）近一年发现粉自燃记录，扣3分。 （4）煤仓、粉仓仓壁内衬钢板积粉，每发现一处扣1分			
17.16	6.3.1.16　粉仓、绞龙的吸潮管应完好，管内通畅无阻，运行中粉仓要保持适当负压	3	【涉及专业】锅炉 中间储仓式制粉系统粉仓及绞龙吸潮管工作正常，布置符合DL/T 5121第4.6.5条和9.3.10条要求，粉仓负压正常：应保持煤粉仓上部空间的负压值，不宜低于150Pa，也不宜高于300Pa	查看运行参数	（1）粉仓、绞龙吸潮管未能发挥吸潮作用，扣3分。 （2）吸潮管布置不符合规范，每发现一处扣1分。 （3）粉仓负压超出运行规程规定范围，每发现一次扣1分			
17.17	6.3.1.17　要坚持执行定期降粉制度和停炉前煤粉仓空仓制度	2	【涉及专业】锅炉 应符合DL/T 5203—2005"5 运行"要求： （1）"5.3.6 应定期降低煤粉仓的粉位。煤粉仓的粉位应保持在给粉机运行条件允许的最低粉位以上"。 （2）"5.5.4 煤粉在煤粉仓中允许贮存的时	查阅制度	（1）未制定定期降粉制度和停炉前煤粉仓空仓制度，扣2分。 （2）未按照定期降粉制度和停炉前煤粉仓空仓制度要求开展粉仓防自燃工作，每发现一次扣1分			

编号	二十五项重点要求内容	标准分	评价要求	评价方法	评分标准	扣分	存在问题	改进建议
17.17		2	间，应根据煤粉的黏性、自燃倾向性和爆炸感度，在制定运行规程时给出具体规定。预计长时间停止系统运行，而且超过规定的贮存时间时，应在停运前将煤粉仓的粉位降低到最低，并应将煤粉仓的煤粉放空并进行清扫。运行规程应规定具体措施"					
17.18	6.3.1.18 根据煤种的自燃特性，建立停炉清理煤仓制度，防止因长期停运导致原煤仓自燃	3	【涉及专业】锅炉 停炉后煤仓自燃工作应符合 DL/T 5203—2005 "5.5 停运"要求	查阅清理煤仓制度及执行记录	（1）未制定停炉煤仓防自燃制度，扣3分。 （2）停炉煤仓防自燃制度不符合规范，每发现一处扣1分。 （3）未按照停炉煤仓防自燃制度开展工作，每发现一次扣1分			
17.19	6.3.1.19 制粉系统的爆炸绝大部分发生在制粉设备的启动和停机阶段，因此不论是制粉系统的控制设计，还是运行规程中的操作规定和启停措施，特别是具体的运行操作，都必须遵守通风、吹扫、充惰、加减负荷等要求，保证各项操作规范，负荷、风量、温度等参数控制平稳，避免大幅扰动	5	【涉及专业】锅炉 （1）制粉系统启停操作制度有效且符合 DL/T 5203—2005 "5 运行"的要求。 （2）启停磨按照制度操作，制粉系统参数平稳可控	查阅运行规程或操作手册、参数历史趋势	（1）无启停磨操作等标准制度或规范扣5分，启停磨中发现爆燃每次扣2分，情况严重构成安全事件扣5分。 （2）运行规程或操作手册中关于磨煤机启停操作不符合防爆技术规程要求，每发现一处扣1分。 （3）磨煤机启停过程中通风吹扫时间、充惰操作等不符合要求，每发现一处扣1分			
17.20	6.3.1.20 磨煤机运行及启停过程中应严格控制磨煤机出口温度不超过规定值	5	【涉及专业】锅炉 磨煤机出口温度应控制在标准范围内，具体参考二十五项反措第 2.5.3 条相关要求	查阅运行规程、参数历史趋势	（1）磨煤机出口温度规定值不符合 DL/T 5145—2012 关于磨煤机出口最高允许温度要求，扣5分。 （2）磨煤机运行及启停过程中，磨煤机出口温度高于规定值要求，每发现一次扣1分。 （3）对于燃用混煤的磨煤机，磨煤机出口温度控制值未按照挥发分较高煤质进行控制，扣5分			

编号	二十五项重点要求内容	标准分	评价要求	评价方法	评分标准	扣分	存在问题	改进建议
17.21	6.3.1.21 针对燃用煤质和制粉系统特点，制定合理的制粉系统定期轮换制度，防止因长期停运导致原煤仓或磨煤机内部发生自燃	4	【涉及专业】锅炉 制粉系统定期轮换应符合燃煤煤质特性、制粉系统特点要求	查阅运行规程、定期试验及切换管理制度、异常分析	（1）制粉系统定期轮换制度不合理、轮换时间不符合入炉煤质特性，扣4分。 （2）未执行制粉系统轮换制度要求，每发现一次扣1分。 （3）因制粉系统未定期轮换造成原煤仓或磨煤机内部发生自燃，每发现一次扣2分			
17.22	6.3.1.22 加强运行监控，及时采取措施，避免制粉系统运行中出现断煤、满煤问题。一旦出现断煤、满煤问题，必须及时正确处理，防止出现严重超温和煤在磨煤机及系统内不正常存留	5	【涉及专业】锅炉 （1）制粉系统防堵煤、断煤措施，堵煤断煤后的处理方式应合适，要求与 DL/T 5121—2000 不冲突。 （2）检查实际运行中有无发生堵煤断煤，以及实际处理是否得当	查阅防止制粉系统堵煤断煤的措施、堵煤后的处理措施、措施执行记录、缺陷记录及异常分析，现场核实设备情况	（1）未制定防止制粉系统堵煤断煤措施或未制定堵煤断煤后处理的措施，扣5分。 （2）防止堵煤断煤的设备配置不齐全或措施不符合规范，每发现一处扣1分。 （3）未投入磨煤机出口温度高跳闸磨煤机的保护，扣5分。 （4）因堵煤导致系统超温每次扣3分，出现磨煤机出口温度高保护动作、着火等安全事件，扣5分。 （5）因堵煤断煤造成磨煤机停磨，每发现一次扣1分，造成机组减负荷每次扣3分。 （6）对于仓壁倾角小于70°的原煤仓，未设置空气炮、振打装置、中心给料机等防堵煤装置，扣5分			
17.23	6.3.1.23 定期对排渣箱渣量进行检查，及时排渣；正常运行中当排渣箱渣量较少时也要定期排渣，以防止渣箱自燃	3	【涉及专业】锅炉 中速磨煤机石子煤定期排放工作应按本条要求执行	查阅运行规程、排渣记录表	（1）运行规程中未明确中速磨煤机石子煤排放周期或石子煤排放要求，扣3分。 （2）未执行运行规程规定的排放周期或排放要求，每发现一次扣1分。 （3）因石子煤未及时排放造成石子煤刮板脱落、热一次风道内石子煤积存自燃的，扣3分			

编号	二十五项重点要求内容	标准分	评价要求	评价方法	评分标准	扣分	存在问题	改进建议
17.24	6.3.1.24 制粉系统充惰系统定期进行维护和检查，确保充惰灭火系统能随时投入	2	【涉及专业】锅炉 制粉系统充惰系统备用状态优良，能够随时投入。充惰系统若为灭火蒸汽系统，应对蒸汽参数进行规定，确保蒸汽灭火系统能随时投入	查阅充惰系统定期操作记录	（1）运行定期工作中未规定充惰系统定期试投工作时，扣2分。 （2）未定期开展充惰灭火系统的试投工作，扣2分。 （3）充惰系统电磁阀存在泄漏隔离，每发现一处扣1分			
17.25	6.3.1.25 当发现备用磨煤机内着火时，要立即关闭其所有的出入口风门挡板以隔绝空气，并用蒸汽消防进行灭火	2	【涉及专业】锅炉 制粉系统着火爆炸处理措施应符合本条文规定的要求	查阅运行规程、防止制粉系统爆炸措施	（1）运行规程或反事故措施中未明确制粉系统着火后的处理措施，扣2分。 （2）制粉系统着火后的处理措施不规范或与设备实际特点不相符，扣2分。 （3）消防蒸汽使用前未进行疏水操作，扣2分			
17.26	6.3.1.26 制粉系统煤粉爆炸事故后，要找到积粉着火点，采取针对性措施消除积粉。必要时可进行针对性改造	2	【涉及专业】锅炉 制粉系统煤粉爆炸事故后，应及时明确制粉系统爆炸原因，积粉应彻底消除	查阅运行月度报告、历年异常分析报告	（1）发生过制粉系统爆炸事故，每发现一次扣1分。 （2）制粉系统爆炸事故原因未明确，扣2分。 （3）多次同一原因发生制粉系统爆炸，扣2分			
17.27	6.3.1.27 制粉系统检修动火前应将积粉清理干净，并正确办理动火工作票手续	2	【涉及专业】锅炉 制粉系统动火检修时安全措施应到位。动火工作票要求参考二十五项反措第2.4.4条评价标准	查阅动火工作票和检修施工方案	（1）未办理动火工作票即开展磨煤机系统动火工作，扣2分。 （2）动火工作票措施不全或不到位，扣1分。 （3）动火工作票缺少审批流程，扣2分。 （4）施工方案中未注明需办理动火票，扣2分			
17.28	新增：合理控制风粉速度，防止因风速偏低造成风粉管道内积粉着火	2	【涉及专业】锅炉 依据DL/T 5121—2000《火力发电厂烟风煤粉管道设计技术规程》第9.4.9条的要求： （1）热风送风系统：在任何锅炉负荷下，从一次风箱到燃烧器之间的管道，流速不小于25m/s。	查看运行DCS画面，查阅运行规程	（1）运行规程没有关于风粉速度控制的相关要求，扣2分。 （2）实际运行过程中，风粉管道内流速长时间低于DL/T 5121要求的下限值，每低1m/s扣1分。			

编号	二十五项重点要求内容	标准分	评价要求	评价方法	评分标准	扣分	存在问题	改进建议
17.28		2	（2）干燥剂送粉系统：在任何锅炉负荷下，从排粉机到乏气燃烧器之间的管道，流速不小于18m/s。 （3）直吹式制粉系统：在任何锅炉负荷下，从磨煤机到燃烧器的管道，流速不小于18m/s		（3）发生过粉管积粉着火事故，扣2分			
	6.3.2　防止煤尘爆炸	**20**						
17.29	6.3.2.1　消除制粉系统和输煤系统的粉尘泄漏点，降低煤粉浓度。大量放粉或清理煤粉时，应制订和落实相关安全措施，应尽可能避免扬尘，杜绝明火，防止煤尘爆炸	4	**【涉及专业】锅炉** （1）输煤系统应有合理的除尘和通风装置及相应措施，且上述装置运行良好，运煤系统建筑物地面宜用水力清扫。 （2）大量放粉或清理煤粉时，应制定和落实相关安全措施，尽可能避免扬尘，杜绝明火，从源头上防止积粉爆炸。 （3）各安全措施应执行到位	查阅运行、检修规程，查看制粉和输煤系统，检查措施执行记录	（1）大量放粉或清理煤粉时，规程中未制定避免扬尘和杜绝明火的相关安全措施，扣4分。 （2）输煤系统除尘和通风装置设置不合理，地面清理不到位，每发现一处扣2分。 （3）制粉系统和输煤系统的粉尘泄漏点而未处理，每发现一处扣2分。 （4）大量放粉或清理煤粉时，现场防尘防火安全措施执行不到位，每发生一次扣2分			
17.30	6.3.2.2　煤粉仓、制粉系统和输煤系统附近应有消防设施，并备有专用的灭火器材，消防系统水源应充足、水压符合要求。消防灭火设施应保持完好，按期进行试验（试验时灭火剂不进入粉仓）	4	**【涉及专业】锅炉** 煤粉仓、制粉系统和输煤系统附近应配有充分的消防设施和灭火器材。消防水压应符合GB 50974—2014《消防给水及消火栓系统技术规范》"7.4.12　火室内消火栓栓口压力和消防水枪充实水柱"，应符合下列规定： （1）消火栓栓口动压不应大于0.50MPa，当大于0.70MPa时必须设置减压装置。 （2）高层建筑、厂房、库房和室内净空高度超过8m的民用建筑等场所，消火栓栓口动压不应小于0.35MPa，且消防水枪充实水柱应按13m计算；其他场所，消火栓栓口动压不应小于0.25MPa，且消防水枪充实水柱	查看现场消防设施和器材，查阅消防系统设计图、消防灭火设施定期试验记录	（1）煤粉仓、制粉系统和输煤系统附近没有消防设施，扣4分。 （2）煤粉仓、制粉系统和输煤系统附近没有专门的灭火器材，扣4分。 （3）煤粉仓、制粉系统和输煤系统附近灭火器材严重偏少，扣1~4分。 （4）消防系统水压不满足要求，扣4分。 （5）消防灭火设施不完好（如灭火器铭牌不完整清晰、灭火器筒体有锈蚀变形现象、喷嘴有变形、开裂、损伤等），每发现一处扣1分。 （6）未按期对消防灭火设施进行试验，扣4分			

编号	二十五项重点要求内容	标准分	评价要求	评价方法	评分标准	扣分	存在问题	改进建议
17.30		4	应按 10m 计算。消防灭火设施应按期进行试验，并做好记录。试验参考 GB 50444—2008《建筑灭火器配置验收及检查规范》相关要求进行，一般每月要求进行全面检查一次，包括配置检查和外观检查，首次维修后每两年进行一次维修					
17.31	6.3.2.3 煤粉仓投运前应做严密性试验。凡基建投产时未做过严密性试验的要补做漏风试验，如发现有漏风、漏粉现象要及时消除	4	【涉及专业】锅炉 煤粉仓投运前应进行严密性试验。凡基建投产时未做过严密性试验的应补做漏风试验	查阅试验记录	（1）煤粉仓投运前未做严密性试验，且未补做漏风试验，扣4分。 （2）漏风试验发现有漏风、漏粉现象未及时消除，每发现一处扣2分			
17.32	6.3.2.4 在微油或等离子点火期间，除灰系统储仓需经常卸料，防止在储仓未燃尽物质自燃爆炸	4	【涉及专业】锅炉 需对除灰系统储仓进行卸料，防止未燃尽物在储仓大量堆积	查阅运行规程和灰系统储仓操作记录	（1）运行规程没有针对微油或等离子点火期间，除灰系统储仓需经常卸料的相关要求，扣4分。 （2）实际运行过程中，在微油或等离子点火期间，除灰系统储仓没有经常卸料，每发现一次，扣2分			
17.33	6.3.2.5 在低负荷燃油，微油点火、等离子点火，或者煤油混烧期间，电除尘器应限二次电压、电流运行，期间除灰系统必须连续投入	4	【涉及专业】锅炉 （1）除灰系统必须连续投入，以防止未燃尽物在除尘系统大量积存。 （2）运行过程中应密切关注电除尘器运行参数，发现存在短路故障问题（如二次电压、电流急剧摆动，二次电流偏大，二次电压升不高等）应及时查明原因并处理	查阅运行规程、操作记录和查看运行参数历史曲线	（1）运行规程没有针对在低负荷燃油，微油点火、等离子点火，或者煤、油混烧期间，没有针对电除尘器和除灰系统运行的相关要求，扣4分。 （2）实际运行过程中，在低负荷燃油，微油点火、等离子点火，或者煤、油混烧期间，电除尘器没有限二次电压、电流运行，每发现一次扣2分。 （3）实际运行过程中，在低负荷燃油，微油点火、等离子点火，或者煤、油混烧期间，除灰系统未连续投入，每发现一次扣2分。 （4）电除尘器存在短路故障未及时处理，每发现一次扣2分			

编号	二十五项重点要求内容	标准分	评价要求	评价方法	评分标准	扣分	存在问题	改进建议
18	**6.4 防止锅炉满水和缺水事故**	100	**【涉及专业】热工、锅炉，共27条** 锅炉满水事故，指汽包水位严重高于正常运行水位的上限值，甚至淹没汽水分离器的汽水混合物入口，致使汽水分离器工作状况恶化。锅炉蒸汽严重带水，蒸汽温度急剧下降，管道内发生水冲击，水、冷蒸汽进入汽缸内，造成汽轮机设备严重损坏。 锅炉缺水事故，指汽包水位严重低于正常运行水位的下限值，甚至露出下降水管管口，不能维持正常炉水循环，蒸汽温度急剧上升，水冷壁超温爆管					
18.1	6.4.1 汽包锅炉应至少配置两只彼此独立的就地汽包水位计和两只远传汽包水位计。水位计的配置应采用两种以上工作原理共存的配置方式，以保证在任何运行工况下锅炉汽包水位的正确监视	4	**【涉及专业】热工** （1）汽包锅炉应至少配置两只彼此独立的就地汽包水位计和两只远传汽包水位计。 （2）DL/T 1393—2014《火力发电厂锅炉汽包水位测量系统技术规程》第5.2.1条规定，锅炉汽包水位测量系统应采用两种或两种以上工作原理共存的配置方式；第5.2.2条规定，应至少设置一套独立于（DCS）及其电源的汽包水位显示仪表。 （3）DL/T 1393—2014《火力发电厂锅炉汽包水位测量系统技术规程》第5.2.5条规定，新建机组不宜配置云母式水位计，已采用的机组增加远动隔离门	查阅汽包水位维护档案，核查就地汽包水位计和远传汽包水位计配置	（1）汽包水位测量不满足至少两只彼此独立的就地汽包水位计和两只远传汽包水位计，扣2分。 （2）汽包水位计的配置仅一种工作原理，扣2分。 （3）云母式汽包水位计未设置远动隔离门，扣2分			
	6.4.2 汽包水位计的安装	10						

132

编号	二十五项重点要求内容	标准分	评价要求	评价方法	评分标准	扣分	存在问题	改进建议
18.2	6.4.2.1 取样管应穿过汽包内壁隔层，管口应尽量避开汽包内水汽工况不稳定区（如安全阀排汽口、汽包进水口、下降管口、汽水分离器水槽处等），若不能避开时，应在汽包内取样管口加装稳流装置	2	【涉及专业】热工 DL/T 1393—2014《火力发电厂锅炉汽包水位测量系统技术规程》第 6.1.2 条规定，取样管应穿过汽包内壁隔层，管口应避开汽包内水汽工况不稳定区（如安全阀排汽口、汽包进水口、下降管口、汽水分离器水槽处等），若不能避开，应在汽包内取样管口加装稳流装置。应优先选用汽、水流稳定的汽包端头的测孔，或将取样口从汽包内部引至汽包端头。电极式汽包水位测量装置的取样孔，应避开炉内加药的区域	查阅汽包水位测量维护档案、施工图	（1）汽包水位取样管管口未避开汽包内水汽工况不稳定区域，且无稳流装置，扣1分。 （2）电极式汽包水位测量装置的取样孔未避开炉内加药的区域，扣1分			
18.3	6.4.2.2 汽包水位计水侧取样管孔位置应低于锅炉汽包水位停炉保护动作值，一般应有足够的裕量	2	【涉及专业】热工 汽包水位计水侧取样管孔位置应低于锅炉汽包水位停炉保护动作值且留有足够的裕量	核查保护动作值、汽包水位取样管孔位置	汽包水位计水侧取样管孔位置未低于锅炉汽包水位停炉保护动作值或未留有足够的裕量，扣2分			
18.4	6.4.2.3 水位计、水位平衡容器或变送器与汽包连接的取样管，一般应至少有 1:100 的斜度，汽侧取样管应向上向汽包方向倾斜，水侧取样管应向下向汽包方向倾斜	2	【涉及专业】热工 （1）DL/T 1393—2014《火力发电厂锅炉汽包水位测量系统技术规程》第 6.2.3 条规定，水位计、水位平衡容器或变送器与汽包连接的取样管，一般应至少有 1:100 的斜度；联通管式水位计，汽侧取样管取样孔侧高，水侧取样管取样孔侧低；差压式水位计，汽侧取样管取样孔侧低，水侧取样管取样孔侧高。 （2）汽包内的取样器及管路应视为取样管，其倾斜方向与汽包外取样管倾斜一致	核查汽包水位取样管路及施工图	（1）水位计、水位平衡容器或变送器与汽包连接的取样管倾斜角度小于 1:100，每发现一处扣1分。 （2）连通管式、差压式水位计取样管倾斜方向错误，每发现一处扣1分			

编号	二十五项重点要求内容	标准分	评价要求	评价方法	评分标准	扣分	存在问题	改进建议
18.5	6.4.2.4　新安装的机组必须核实汽包水位取样孔的位置、结构及水位计平衡容器安装尺寸，均符合要求	2	【涉及专业】热工 （1）新安装的机组必须核实汽包水位取样孔的位置、结构及水位计平衡容器安装尺寸，均符合要求，建立详细技术档案。 （2）DL/T 1393—2014《火力发电厂锅炉汽包水位测量系统技术规程》第 6.1.1 条规定，每个水位测量装置应具有独立的取样孔，汽包同一端两个水位测量装置之间取压口间间距应大于 400mm。不应在同一取样孔并联多个水位测量装置，不应用加连通管的方法增加取样点。 （3）为防止仪表取样发生汽塞或水阻，要求安装水位测量装置取样阀门时，应使阀门阀杆处于水平位置。 （4）应根据现场水位测量装置的实际测量的安装数据（包括汽水取样管孔的位置、平衡容器的安装尺寸等），对差压变送器的量程、水位计算公式进行逻辑组态，不可仅按制造厂提供的设计数据进行上述计算的逻辑组态	检查汽包水位计取样、逻辑组态	（1）未建立汽包水位安装技术档案，扣 2 分；安装技术档案不完善，扣 1 分。 （2）水位测量装置取样孔未完全独立，扣 2 分。 （3）同一端取样孔间间距不大于 400mm，每发现一处扣 1 分。 （4）取样阀门阀杆不在水平位置，每发现一处扣 1 分； （5）汽包水位差压变送器的量程、水位计算逻辑组态未依据实际安装数据，扣 2 分			
18.6	6.4.2.5　差压式水位计严禁采用将汽水取样管引到一个连通容器（平衡容器），再在平衡容器中段引出差压水位计的汽水侧取样的方法	2	【涉及专业】热工 禁止平衡容器的汽、水取样管自连通容器（平衡容器）中段引出，以避免产生测量死区误导运行人员，造成误判断	检查差压水位计取样管路	差压式水位计的汽侧或水侧取样管在平衡容器中段引出，扣 2 分			

编号	二十五项重点要求内容	标准分	评价要求	评价方法	评分标准	扣分	存在问题	改进建议
18.7	6.4.3 对于过热器出口压力为 13.5MPa 及以上的锅炉，其汽包水位计应以差压式（带压力修正回路）水位计为基准，汽包水位信号应采用三选中值的方式进行优选	4	【涉及专业】热工 （1）对于过热器出口压力为 13.5MPa 及以上的锅炉，其汽包水位计应以差压式（带压力修正回路）水位计为基准。 （2）汽包水位调节系统的水位差压信号应取样独立、测量回路独立。 （3）计算后的汽包水位信号应采用"三选中"优选用于汽包水位调节	检查汽包水位测量方式、汽包水位信号取样、卡件分配	（1）过热器出口压力为 13.5MPa 及以上的锅炉，汽包水位计以就地测量的水位为基准，而不以差压式水位计为基准，扣2分。 （2）汽包水位差压信号的取样或测量回路不独立，扣2分。 （3）汽包水位信号未采用"三选中"优选，扣2分			
18.8	6.4.3.1 差压水位计（变送器）应采用压力补偿。汽包水位测量应充分考虑平衡容器的温度变化造成的影响，必要时采用补偿措施	2	【涉及专业】热工 （1）差压水位计（变送器）应采用压力补偿。 （2）DL/T 1393—2014《火力发电厂锅炉汽包水位测量系统技术规程》第 8.7 条规定，锅炉运行中应监视实际参比水柱温度，当实际参比水柱温度偏离设置的参比水柱温度导致水位误差过大，应重新设定补偿温度	检查差压式水位计压力修正回路	（1）差压水位计（变送器）未采用压力补偿，扣1分。 （2）当实际参比水柱温度偏离设置的参比水柱温度导致水位误差过大，扣2分			
18.9	6.4.3.2 汽包水位测量系统，应采取正确的保温、伴热及防冻措施，以保证汽包水位测量系统的正常运行及正确性	4	【涉及专业】热工 （1）取样管、取样阀门应良好保温。 （2）引到差压水位计的正负压管路应平行敷设共同保温。 （3）外置式单室平衡容器及下部形成参比水柱的管道不应敷设保温。 （4）三取二或三取中的三个汽包水位测量装置的取样管路应保持一定距离，不应一起保温。 （5）露天布置时，汽包水位测量系统应有防雨设施	检查平衡容器、差压水位计管路的保温敷设	（1）外置式单室平衡容器及参比水柱的管道敷设保温，扣1分。 （2）引到差压水位计的正负压管路未平行敷设共同保温，扣1分。 （3）差压式水位计取样管或阀门未保温，扣1分。 （4）冗余水位测点取样管一起保温，扣1分。 （5）露天布置时，汽包水位测量系统无防雨设施，扣2分			

编号	二十五项重点要求内容	标准分	评价要求	评价方法	评分标准	扣分	存在问题	改进建议
18.10	6.4.4 汽包就地水位计的零位应以制造厂提供的数据为准，并进行核对、标定。随着锅炉压力的升高，就地水位计指示值越低于汽包真实水位。 表 6-1 给出不同压力下就地水位计的正常水位示值和汽包实际零水位的差值Δh，仅供参考。 **表 6-1 就地水位计的正常水位值和汽包实际零水位的差值** 汽包压力（MPa）：16.14～17.65、17.66～18.39、18.40～19.60 Δh（mm）：−51、−102、−150	4	【涉及专业】热工 （1）就地水位计和电接点水位计均属连通管原理，测量水柱温度低于汽包内饱和水温度，水柱密度高，故就地水位计的水位示值始终低于汽包内实际水位，且锅炉额定压力越高，水位示值越低于汽包内实际水位。因此就地水位计的零位，应以制造厂提供的数据为准，并进行核对、标定。 （2）现场应明确标注三条汽包水位基准线，即汽包几何中心线、汽包实际零水位运行线和就地水位计零水位安装线。同时应通过试验得出在不同压力、不同水位下，各汽包水位计示值与汽包内部实际水位的差值关系	查阅汽包水位维护档案，现场核对	（1）未按照制造厂数据核对、标定扣 2 分；就地水位计未标注三条汽包水位基准线，扣 2 分。 （2）运行人员以就地水位计示值作为监控基准扣 2 分			
18.11	6.4.5 按规程要求定期对汽包水位计进行零位校验，核对各汽包水位测量装置间的示值偏差，当偏差大于 30mm 时，应立即汇报，并查明原因予以消除。当不能保证两种类型水位计正常运行时，必须停炉处理	6	【涉及专业】热工 （1）按照定期检查和维护制度，校验各类型汽包水位计的零位，保证汽包水位电视图像清晰。 （2）同类型水位计之间经过修正后，偏差仍大于 30mm 时，应立即汇报并查明原因予以消除。 （3）不能保证两种类型水位计正常运行时，必须停炉处理。	查阅汽包水位运行记录及维护记录，查看运行画面	（1）未定期校验汽包水位，.扣 2 分。 （2）同类型水位计偏差大于 30mm 时未汇报或未及时处理，扣 2 分。 （3）两种类型水位计不能正常运行时未停炉，扣 3 分。 （4）用于保护、调节的同类型汽包水位计，同侧水位信号间的偏差大于 50mm 未报警，扣 1 分；两侧水位信号间的偏差大于 60mm 和 100mm 未分别报警，扣 1 分			

编号	二十五项重点要求内容	标准分	评价要求	评价方法	评分标准	扣分	存在问题	改进建议
18.11		6	（4）DL/T 1393—2014《火力发电厂锅炉汽包水位测量系统技术规程》第 5.5.9 条：锅炉汽包两侧水位应取每侧水位测量的中间值，偏差大于 60mm 和 100mm 时均应报警。第 5.5.10 条 b）：汽包同一侧的各个模拟量汽包水位信号间的偏差大于 50mm 时应报警					
18.12	6.4.6　严格按照运行规程及各项制度，对水位计及其测量系统进行检查及维护。机组启动调试时应对汽包水位校正补偿方法进行校对、验证，并进行汽包水位计的热态调整及校核。新机组验收时应有汽包水位计安装、调试及试运专项报告，列入验收主要项目之一	6	【涉及专业】热工 （1）水位计及其测量系统的检查及维护应在规程、制度中注明并严格执行。 （2）机组启动调试时应在冷、热态进行汽包水位校对、验证，确保测量准确。 （3）汽包水位计及其测量系统安装资料应归档，并列入新机组验收项目	查阅规程、制度、维护记录、汽包水位资料	（1）规程、制度中汽包水位的维护要求不完善，扣 2 分。 （2）汽包水位计及其测量系统的检查维护不到位，扣 2 分。 （3）启动过程中未进行汽包水位测量的校对、验证，扣 2 分。 （4）汽包水位计及其测量系统安装资料有缺失，扣 2 分。			
18.13	6.4.7　当一套水位测量装置因故障退出运行时，应填写处理故障的工作票，工作票应写明故障原因、处理方案、危险因素预告等注意事项，一般应在 8h 内恢复。若不能完成，应制订措施，经总工程师批准，允许延长工期，但最多不能超过 24h，并报上级主管部门备案	6	【涉及专业】热工 （1）水位测量装置故障时应填写处理的工作票，应写明故障原因、处理方案、危险因素预告等。 （2）一般应在 8h 内恢复因故障退出的水位测量装置。 （3）对不能及时恢复的水位测量装置，应制定措施，虽经批准允许延长工期，但最多不能超过 24h，并报上级主管部门备案	查阅工作票记录、汽包水位维护档案	（1）未建立完善汽包水位维护档案，扣 4 分。 （2）汽包水位测量装置故障退出运行，处理时未填写工作票，扣 2 分。 （3）工作票不完善，如未写明故障原因、处理方案、危险因素预告等，每个不完善项扣 1 分。 （4）恢复时间超过 8h，未制定措施，或无总工程师或相关厂级领导批准延长工期，扣 1 分。 （5）处理时间超过 24h，扣 1 分			

编号	二十五项重点要求内容	标准分	评价要求	评价方法	评分标准	扣分	存在问题	改进建议
	6.4.8 锅炉高、低水位保护	18						
18.14	6.4.8.1 锅炉汽包水位高、低保护应采用独立测量的三取二的逻辑判断方式。当有一点因某种原因须退出运行时,应自动转为二取一的逻辑判断方式,办理审批手续,限期(不宜超过8h)恢复;当有两点因某种原因须退出运行时,应自动转为一取一的逻辑判断方式,应制定相应的安全运行措施,严格执行审批手续,限期(8h以内)恢复,如逾期不能恢复,应立即停止锅炉运行。当自动转换逻辑采用品质判断等作为依据时,要进行详细试验确认,不可简单的采用超量程等手段作为品质判断	4	【涉及专业】热工 (1)锅炉汽包水位高、低保护应采用独立测量的三取二的逻辑判断方式。 (2)当有一点因某种原因须退出运行时,应自动转为二取一的逻辑判断方式,办理审批手续,限期(不应超过8h)恢复。 (3)当有两点因某种原因须退出运行时,应自动转为一取一的逻辑判断方式,应制定相应的安全运行措施,严格执行审批手续,限期(8h以内)恢复,如逾期不能恢复,应立即停止锅炉运行。 (4)当自动转换逻辑采用品质判断等作为依据时,应进行试验确认,不可简单的采用超量程等手段作为品质判断	检查汽包水位高、低保护逻辑、保护测量取样	(1)汽包水位高、低保护取样不独立,扣2分。 (2)锅炉汽包水位高、低保护未采用三取二的逻辑判断方式,扣2分。 (3)当有一点因某种原因须退出运行时,无法自动转为二取一的逻辑判断方式;两点退出时,无法转为一取一的逻辑判断方式,扣2分。 (4)锅炉汽包水位高、低保护一点或两点退出运行,未在8h内恢复,扣2分。 (5)自动转换逻辑采用品质判断等作为依据时,仅采用超量程手段判断,扣2分			
18.15	6.4.8.2 锅炉汽包水位保护所用的三个独立的水位测量装置输出的信号均应分别通过三个独立的I/O模件引入分散控制系统的冗余控制器。每个补偿用的汽包压力变送器也应分别独立配置,其输出信号引入相对应的汽包水位差压信号I/O模件	4	【涉及专业】热工 (1)汽包水位保护从原始测量装置到DCS的I/O模件的配置都需要独立,确保不因某DCS模件故障导致所有汽包水位信号失去。 (2)不应采用单点压力信号进行补偿,补偿用的冗余汽包压力信号也应从测量到模件全程独立配置	检查汽包水位保护测量信号、补偿用的汽包压力信号的卡件分配、控制器分配	(1)汽包水位保护测量信号I/O模件分配不独立,存在误动作可能,扣2分。 (2)补偿用的汽包压力信号的卡I/O模件分配不独立,存在误动作可能,扣2分。 (3)汽包水位采用单点压力信号补偿,扣2分			

138

编号	二十五项重点要求内容	标准分	评价要求	评价方法	评分标准	扣分	存在问题	改进建议
18.16	6.4.8.3 锅炉汽包水位保护在锅炉启动前和停炉前应进行实际传动校检。用上水方法进行高水位保护试验、用排污门放水的方法进行低水位保护试验，严禁用信号短接方法进行模拟传动替代	2	【涉及专业】热工 汽包水位保护在锅炉启动前应进行实际传动校检，传动必须到位，禁止用信号短接方法进行模拟传动试验	查阅检修文件包、汽包水位保护传动试验单	（1）汽包水位保护传动试验单未规定传动试验方法，扣1分。 （2）未用上水方法进行高水位保护试验、未用排污门放水的方法进行低水位保护试验，而用信号短接的方法模拟传动试验，扣2分			
18.17	6.4.8.4 锅炉汽包水位保护的定值和延时值随炉型和汽包内部结构不同而异，具体数值应由锅炉制造厂确定	4	【涉及专业】热工 （1）锅炉汽包水位保护的定值和延时值随炉型和汽包内部结构不同而异，具体数值应由锅炉制造厂确定，不应自行设定数值。 （2）DL/T 1393—2014《火力发电厂锅炉汽包水位测量系统技术规程》第7.3条规定，运行锅炉的保护动作值与表计（变送器）量程及取压管距离不能满足要求、需要修改保护定值时，应取得锅炉制造厂书面正式同意后，可修改保护定值比原设计定值提前，并宜设延时值来解决。延时时间应经过计算后确定：将修改后的定值与原设计定值相比，在达到保护值时，汽包应有在完全断水和满负荷运行情况下的存水量，并能维持运行的时间，设为汽包水位保护的延时时间	查阅保护定值单、锅炉说明书，检查汽包水位保护逻辑	（1）汽包水位保护实际定值和延时与保护定值单不一致，扣2分。 （2）汽包水位保护实际定值和延时与锅炉说明书不一致，扣2分。 （3）保护定值修改未取得锅炉制造厂书面正式同意，扣2分			
18.18	6.4.8.5 锅炉水位保护的停退，必须严格执行审批制度	2	【涉及专业】热工 制定机组保护投退管理制度，包括锅炉水位保护的停退审批管理	查阅保护投退管理制度	（1）未制定机组保护投退管理制度或机组保护投退管理制度不完善，扣2分。 （2）锅炉水位保护的停退未严格执行审批制度，扣2分			

编号	二十五项重点要求内容	标准分	评价要求	评价方法	评分标准	扣分	存在问题	改进建议
18.19	6.4.8.6 汽包锅炉水位保护是锅炉启动的必备条件之一，水位保护不完整严禁启动	2	【涉及专业】热工 （1）DL/T 1393—2014《火力发电厂锅炉汽包水位测量系统技术规程》第8.2条规定，锅炉启动时应以电接点汽包水位计为主要监视仪表。 （2）DL/T 1393—2014 第8.1 条规定，汽包压力达到 0.5MPa，汽包水位信号正常后，应投入汽包水位保护，正常运行中，锅炉汽包水位保护的停退，应执行审批制度	查阅保护退出申请单	（1）汽包水位异常，水位保护退出未执行审批手续或审批不完整，扣 1 分。 （2）运行机组，汽包水位保护超时未投入，扣 2 分			
18.20	6.4.9 当在运行中无法判断汽包真实水位时，应紧急停炉	4	DL/T 1393—2014《火力发电厂锅炉汽包水位测量系统技术规程》第8.4条规定，当汽包水位测量系统不能为运行人员提供水位的正确判断，或汽包水位调节和保护均失去时，应立即停炉	检查运行机组汽包水位监视、保护投入和自动调节投入情况	（1）运行机组汽包水位监视存在坏点或偏差大，扣 2 分。 （2）汽包水位调节未投自动，扣 2 分。 （3）运行中无法判断汽包真实水位，或汽包水位调节和保护均失去时，却未紧急停炉，扣 4 分			
18.21	6.4.10 对于控制循环锅炉，应设计炉水循环泵差压低停泵保护。炉水循环泵差压信号应采用独立测量的元件，对于差压低停泵保护应采用二取二的逻辑判别方式，当有一点故障退出运行时，应自动转为二取一的逻辑判断方式，并办理审批手续，限期恢复（不宜超过 8h）。当两点故障超过 4h 时，应立即停止该炉水循环泵运行	6	【涉及专业】热工 控制循环锅炉应对炉水循环泵体和锅炉提供两个级别的保护，一是差压低停泵，另一为差压低停炉，两级保护的设定值和保护对象是不一样的	检查控制循环锅炉炉水循环泵保护逻辑、保护定值单、保护投退申请单、炉水循环泵差压信号取样	（1）控制循环锅炉，未设计炉水循环泵差压低停泵保护、差压低低停炉保护，缺失每项保护扣 4 分。 （2）炉水循环泵差压信号取样不独立，或信号卡件不独立，扣 2 分。 （3）差压低停泵水循环泵保护未采取二取二，或一点故障不能自动切为二取一，扣 2 分。 （4）当一点故障退出，未办理审批手续，扣 2 分。 （5）当两点故障超过 4h，未停止该炉水循环泵运行，扣 2 分			

编号	二十五项重点要求内容	标准分	评价要求	评价方法	评分标准	扣分	存在问题	改进建议
18.22	6.4.11 对于直流炉，应设计省煤器入口流量低保护，流量低保护应遵循三取二原则。主给水流量测量应取自三个独立的取样点、传压管路和差压变送器并进行三选中后的信号	4	【涉及专业】热工 直流炉给水流量的保护包括省煤器入口流量低保护和失去所有给水泵保护，能防止受热面断水干烧，确认该项保护的取样点、差压测量元件及保护逻辑符合要求	检查直流炉省煤器入口给水流量取样、给水流量低保护逻辑	（1）省煤器入口流量低保护，未按三取二原则设置，扣2分。 （2）主给水流量测量取样点、传压管路和差压变送器不独立，扣2分。 （3）用于调节的主给水流量非取自三选中后的信号，扣2分			
18.23	6.4.12 直流炉应严格控制燃水比，严防燃水比失调。湿态运行时应严密监视分离器水位，干态运行时应严密监视微过热点（中间点）温度，防止蒸汽带水或金属壁温超温	6	【涉及专业】热工、锅炉 （1）直流炉应严格控制燃水比，严防燃水比失调。 （2）直流炉运行中，储水罐水位调节阀、储水罐溢流调节阀自动应可靠投入。 （3）湿态运行时应严密监视分离器水位，干态运行时应严密监视微过热点（中间点）温度，防止蒸汽带水或金属壁温超温。 （4）参考DL/T 611—2016《300MW～600MW级机组煤粉锅炉运行导则》、DL/T1683—2017《1000MW等级超超临界机组运行导则》等运行导则，在运行过程中主蒸汽温度主要通过调节锅炉的水煤比来调整；锅炉转干态运行后，启动分离器入口蒸汽应保持一定的过热度（中间点温度）。 （5）机组较高负荷以上运行时，锅炉启动分离器内蒸汽温度达到或接近饱和值时，是水煤比严重失调的表现，应立即针对造成蒸汽温度异常的具体原因及时、果断地采取措施处理	检查给水控制逻辑；储水罐水位调节阀、储水罐溢流调节阀自动投入情况；直流炉汽水分离器水位信号；过热点温度信号；查阅运行规程	（1）直流炉运行中，储水罐水位调节阀或储水罐溢流调节阀自动未投入，扣2分。 （2）直流炉协调控制逻辑燃水比控制特性不佳，扣2分。 （3）汽水分离器水位存在坏点未及时处理，扣2分。 （4）中间点温度失去监视，扣2分。 （5）运行规程中没有控制燃水比相关技术措施，扣2分。 （6）运行过程中分离器水位超出允许范围，每发生一次扣1分。 （7）运行过程中过热点（中间点）温度超出允许范围，每发生一次扣1分			

编号	二十五项重点要求内容	标准分	评价要求	评价方法	评分标准	扣分	存在问题	改进建议
18.24	6.4.13 高压加热器保护装置及旁路系统应正常投入，并按规程进行试验，保证其动作可靠，避免给水中断。当因某种原因需退出高压加热器保护装置时，应制订措施，严格执行审批手续，并限期恢复	6	【涉及专业】热工、汽轮机 （1）高压加热器保护装置及旁路系统应正常投入，并按规程进行试验，保证其动作可靠，避免给水中断。 （2）当因某种原因需退出高压加热器保护装置时，应制定措施，严格执行审批手续，并限期恢复。 （3）高加主路入口或出口门关应联锁开高加旁路门，避免给水中断	检查高加系统逻辑条件，查阅保护投退申请单	（1）高压加热器保护装置及旁路系统未可靠投入，扣2分。 （2）高加主路入口或出口门关不联锁开高加旁路门逻辑，扣4分。 （3）未进行高加旁路门联锁试验，扣2分。 （4）高压加热器保护退出未执行审批手续，或未在限制时间内恢复，扣2分。 （5）高加进出水管道上的阀门或旁路三通阀卡涩，扣6分			
18.25	6.4.14 给水系统中各备用设备应处于正常备用状态，按规程定期切换。当失去备用时，应制定安全运行措施，限期恢复投入备用	4	【涉及专业】锅炉 （1）给水系统中各备用设备应处于正常备用状态，按规程定期切换。 （2）当备用设备备用失效时，应制定安全运行措施，限期恢复投入备用	查阅设备定期轮换记录	（1）给水系统中存在备用设备不能正常备用问题，扣4分。 （2）给水系统中存在备用设备未按规程定期切换，发现一次扣2分。 （3）当备用设备备用失效时，未制定安全运行措施，扣4分。 （4）当备用设备备用失效时，未及时恢复投入备用（必须明确期限），扣4分			
18.26	6.4.15 建立锅炉汽包水位、炉水泵差压及主给水流量测量系统的维修和设备缺陷档案，对各类设备缺陷进行定期分析，找出原因及处理对策，并实施消缺	4	【涉及专业】热工 （1）建立锅炉汽包水位、炉水泵差压及主给水流量测量系统的维修和设备缺陷档案，至少包括基础台账、维护消缺台账、检修台账、改造台账。 （2）对各类设备缺陷进行定期分析，找出原因及处理对策，及时消缺	检查汽包水位、炉水泵差压及主给水流量测量系统的维修和设备缺陷档案、消缺记录	（1）未建立完整汽包水位、炉水泵差压及主给水流量测量系统的维修和设备缺陷档案，扣2分。 （2）消缺记录不完整，或缺陷未及时处理，扣2分			

编号	二十五项重点要求内容	标准分	评价要求	评价方法	评分标准	扣分	存在问题	改进建议
18.27	6.4.16 运行人员必须严格遵守值班纪律，监盘思想集中，经常分析各运行参数的变化，调整要及时，准确判断及处理事故。不断加强运行人员的培训，提高其事故判断能力及操作技能	2	【涉及专业】锅炉 （1）运行人员必须严格遵守值班纪律，监盘思想集中，经常分析各运行参数的变化，调整要及时，准确判断及处理事故。 （2）电厂应不断加强运行人员的培训，提高其事故判断能力及操作技能	查阅培训计划、运行记录，查看现场	（1）机组运行过程中，运行人员未严格遵守值班纪律，出现监盘思想不集中的情况，每发现一次扣1分。 （2）运行参数发生变化，运行人员没有及时调整，不能准确判断及处理事故，每发现一次扣2分。 （3）运行人员未进行定期培训或培训工作不到位，扣1～2分			
19	6.5 防止锅炉承压部件失效事故	100	【涉及专业】金属、锅炉、化学，共64条					
19.1	6.5.1 各单位应成立防止压力容器和锅炉爆漏工作小组，加强专业管理、技术监督管理和专业人员培训考核，健全各级责任制	2	【涉及专业】锅炉、金属 （1）应建立防止压力容器和锅炉爆漏工作小组。 （2）建立健全责任制度，结合电厂实际制定相应的技术标准，开展相关工作	查阅防止压力容器和锅炉爆漏工作小组任命文件、查阅相应管理制度	（1）未建立防止压力容器和锅炉爆漏工作小组或无正式任命文件，扣2分。 （2）相关管理制度不齐全，或责任不明确，技术标准不完善，扣1分			
19.2	6.5.2 严格锅炉制造、安装和调试期间的监造和监理。新建锅炉承压部件在安装前必须进行安全性能检验，并将该项工作前移至制造厂，与设备监造工作结合进行。新建锅炉承压部件在制造过程中应派有资格的检验人员到制造现场进行水压试验见证、文件见证和制造质量抽检；新建锅炉在安装阶段应进行安全性能监督检	2	【涉及专业】金属、锅炉 （1）TSGR0004—2009《固定式压力容器安全技术监察规程》已更新为TSG 21—2016《固定式压力容器安全技术监察规程》。 （2）新建机组必须按照DL 647—2004《电站锅炉压力容器检验规程》、TSG 21—2016《固定式压力容器安全技术监察规程》、DL/T 586—2008《电力设备监造技术导则》等要求，开展锅炉、压力容器等承压部件的安装前检验、质量监造以及安全性能监督检验工作。	查阅安装前检验报告、监造报告、安全性能监督检验报告、定期检验报告	（1）基建期间未开展安装前检验、质量监造以及安全性能监督检验工作，扣2分。 （2）锅炉压力容器未开展定期检验工作，扣2分。 （3）检验项目不符合标准要求，扣2分			

编号	二十五项重点要求内容	标准分	评价要求	评价方法	评分标准	扣分	存在问题	改进建议
19.2	验。在役锅炉结合每次大修开展锅炉定期检验。锅炉检验项目和程序按《特种设备安全监察条例》（国务院令第549号）、《锅炉定期检验规则》（质技监局锅发〔1999〕202号）和《电站锅炉压力容器检验规程》、《锅炉安全技术监察规程》（TSGG0001—2012）及《固定式压力容器安全技术监察规程》（TSGR 0004—2009）等相关规定进行	2	（3）在役锅炉结合每次大修按照标准规定项目开展锅炉定期检验及压力容器全面检验工作。 （a）锅炉定期项目主要参考：TSG G7002—2015《锅炉定期检验规则》、DL 647—2004《电站锅炉压力容器检验规程》第 6 条"在役锅炉定期检验"、TSG G0001—2012《锅炉安全技术监察规程》第 9 条"检验"。 （b）压力容器定期检验项目主要参考：TSG 21—2016《固定式压力容器安全技术监察规程》第 8 条"在用检验"以及第 9 条"安全附件及仪表"、DL 647—2004《电站锅炉压力容器检验规程》第 9 条"在役压力容器定期检验"					
	6.5.3　防止超压超温	16	【涉及专业】锅炉、金属、热工					
19.3	6.5.3.1　严防锅炉缺水和超温超压运行，严禁在水位表数量不足（指能正确指示水位的水位表数量）、安全阀解列的状况下运行	2	【涉及专业】锅炉、热工 电厂应制定防止锅炉缺水和超温超压的措施，在运行过程中确保足够的水位表数量和保证安全阀处于工作状态。按照 DL 647—2004《电站锅炉压力容器检验规程》第13.17e）条要求，"不得解列安全阀或任意提高起座压力"	查阅运行规程、运行画面	（1）运行规程中没有防止锅炉缺水和超温超压相应的技术措施，扣 2 分。 （2）能正确指示水位的水位表数量不足，扣 2 分。 （3）运行过程中存在安全阀处于解列状态，扣 2 分			
19.4	6.5.3.2　参加电网调峰的锅炉，运行规程中应制订相应的技术措施。按调峰设计的锅炉，其调峰性能应与汽轮机性能相匹配；非调峰设计的锅炉，其调峰负荷的下	2	【涉及专业】锅炉 参加电网调峰的锅炉，运行规程中应有调峰相关的技术措施，保证机组在能力范围内参与调峰，防止因负荷过低导致的锅炉灭火、受热面超温等问题	查阅锅炉、汽轮机说明书、运行规程，查阅水动力计算、试验及燃烧稳定性试验等相关技术报告	（1）若参与电网调峰，运行规程中没有调峰相关的技术措施，扣 2 分。 （2）按调峰设计的锅炉，其调峰性能与汽轮机性能不匹配，扣 2 分。			

编号	二十五项重点要求内容	标准分	评价要求	评价方法	评分标准	扣分	存在问题	改进建议
19.4	限应由水动力计算、试验及燃烧稳定性试验确定，并在运行规程制定相应的反事故措施	2			（3）非调峰设计的锅炉未通过水动力计算、试验及燃烧稳定性试验等确认调峰负荷下限，扣2分。 （4）运行规程中无调峰相关的反事故措施（如防止低负荷锅炉灭火等），扣2分			
19.5	6.5.3.3 直流锅炉的蒸发段、分离器、过热器、再热器出口导汽管等应有完整的管壁温度测点，以便监视各导汽管间的温度，并结合直流锅炉蒸发受热面的水动力分配特性，做好直流锅炉燃烧调整工作，防止超温爆管	2	【涉及专业】热工、锅炉 直流锅炉的蒸发段、分离器、过热器、再热器出口导汽管等管壁温度测点应完整可靠。运行过程做好燃烧调整，应参考DL/T 611—2016《300MW～600MW级机组煤粉锅炉运行导则》、DL/T 1683—2017《1000MW等级超超临界机组运行导则》等运行导则，制定锅炉运行过程中燃烧调整相关技术措施，防止超温爆管	查阅运行规程，检查管壁温度测点情况	（1）直流锅炉的蒸发段、分离器、过热器、再热器出口导汽管等管壁温度测点不足，扣1～2分；温度测点存在坏点，每处扣1分。 （2）运行规程中没有结合直流锅炉蒸发受热面的水动力分配特性的燃烧调整相关措施，扣2分			
19.6	6.5.3.4 锅炉超压水压试验和安全阀整定应严格按《锅炉水压试验技术条件》（JB/T 1612）、《电力工业锅炉压力容器监察规程》（DL/T 612—1996）、《电站锅炉压力容器检验规程》（DL/T 647）执行	2	【涉及专业】锅炉、金属 （1）JB/T 1612《锅炉水压试验技术条件》已作废，DL/T 612—1996《电力工业锅炉压力容器监察规程》已更新为DL/T 612—2017《电力行业锅炉压力容器安全监督规程》。 （2）锅炉超压水压试验和安全阀整定应严格按照DL/T 612—2017《电力行业锅炉压力容器安全监督规程》第10章"安全保护装置及仪表"、第12章"安装和调试"、第14.4.10条"水压试验压力"，DL 647—2004《电站锅炉压力容器检验规程》第6.33节"工作压力水压试验"、第6.34节"超压试验检验内容及质量要求"、第13章"安全附件与保护装置检验"等执行	查阅超压水压试验记录或报告、安全阀整定报告	（1）锅炉超压水压试验条件、过程等不符合DL/T 612—2017、DL 647—2004要求，每一项扣1分。 （2）安全阀整定过程不符合DL/T 612—2017、DL 647—2004要求，每一处扣1分			

编号	二十五项重点要求内容	标准分	评价要求	评价方法	评分标准	扣分	存在问题	改进建议
19.7	6.5.3.5 装有一、二级旁路系统的机组，机组启停时应投入旁路系统，旁路系统的减温水须正常可靠	2	【涉及专业】锅炉 装有旁路系统的机组，机组启停时应投入旁路系统，旁路系统的减温水应可靠投入	查阅运行规程、启停过程锅炉运行历史参数	（1）装有旁路系统的机组，机组启停时未投入旁路系统，扣2分。 （2）装有旁路系统的机组，旁路系统的减温水不能可靠投入，扣2分			
19.8	6.5.3.6 锅炉启停过程中，应严格控制汽温变化速率。在启动中应加强燃烧调整，防止炉膛出口烟温超过规定值	2	【涉及专业】锅炉 （1）锅炉启停过程中，汽温变化速率应低于锅炉厂提供的上限值。 （2）在启动过程中炉膛出口烟温应不超过锅炉厂规定值，防止锅炉超温	查阅运行规程，锅炉说明书，锅炉启停过程参数历史曲线	（1）锅炉启停过程中，汽温变化速率高于锅炉厂提供的上限值，每发现一次扣1分。 （2）在启动过程中炉膛出口烟温超过锅炉厂规定值，每发现一次扣1分			
19.9	6.5.3.7 加强直流锅炉的运行调整，严格按照规程规定的负荷点进行干湿态转换操作，并避免在该负荷点长时间运行	2	【涉及专业】锅炉 由于锅炉在干湿态转换过程中垂直水冷壁中有可能产生两相流，容易引起水力不均匀性，造成各水冷壁区域换热量不均，极容易造成局部水冷壁超温现象。因此应加强此时间段的燃烧调整，控制管壁温度，并尽可能缩短该负荷点的运行时间。具体参考DL/T 1683—2017《1000MW等级超超临界机组运行导则》第5.5.12条"锅炉湿态转干态运行"等运行导则的相关内容	查阅运行规程	（1）直流锅炉运行规程中没有针对干湿态转换操作的相关规定，扣2分。 （2）锅炉湿态转干态运行过程中，升负荷速率超过规定值（如1000MW等级机组超过5MW/min），扣2分。 （3）锅炉湿态转干态运行过程中，因运行调整不当，导致水冷壁超温等问题，每发现一次扣1分			
19.10	6.5.3.8 大型煤粉锅炉受热面使用的材料应合格，材料的允许使用温度应高于计算壁温并留有裕度。应配置必要的炉膛出口或高温受热面两侧烟温测点、高温受热面壁温测点，应加强对烟温偏差和受热面壁温的监视和调整	2	【涉及专业】金属、锅炉 （1）锅炉选材应留有安全裕度，管材使用温度应符合DL/T 715—2015《火力发电厂金属材料选用导则》第4.1条"高温蒸汽管道、高温联箱及高温管件用钢"、第4.5条"锅炉受热面固定件及吹灰器用钢"等条要求，建立受热面技术台账。	查阅锅炉受热面设计资料、超温记录，查看烟温和壁温测点情况，查阅受热面技术台账	（1）锅炉受热面允许使用温度低于计算壁温，扣2分，材料安全裕度不足，扣1～2分；未建立技术台账或台账不完善，扣1分。 （2）烟温和壁温测点的配置不满足实际运行监视需要，扣1分。 （3）未对烟温偏差和受热面壁温情况进行监视和调整，扣2分；存在超温情况且未采取调整措施，发生一次扣1分			

编号	二十五项重点要求内容	标准分	评价要求	评价方法	评分标准	扣分	存在问题	改进建议
19.10		2	（2）烟温测点和壁温测点的配置应符合要求，并根据运行机组状态对其位置和数量进行优化。 （3）运行过程中应加强对烟温偏差和受热面壁温的监视和调整					
	6.5.4　防止设备大面积腐蚀	20	**【涉及专业】**化学、金属、锅炉、汽轮机 应保证热力系统设备的正常运行，不发生因水汽质量较差、停炉保养效果不佳、锅炉未及时化学清洗等原因造成的设备大面积腐蚀					
19.11	6.5.4.1　严格执行《火力发电机组及蒸汽动力设备水汽质量》（GB 12145—2008）、《超临界火力发电机组水汽质量标准》（DL/T 912—2005）、《化学监督导则》（DL/T 246—2006）、《火力发电厂水汽化学监督导则》（DL/T 561—2003）、《电力基本建设热力设备化学监督导则》（DL/T 889—2004）、《火力发电厂凝汽器管选材导则》（DL/T 712—2000）、《火力发电厂停（备）用热力设备防锈蚀导则》（DL/T 956—2005）、《火力发电厂锅炉化学清洗导则》（DL/T 794—2012）等有关规定，加强化学监督工作	4	**【涉及专业】**化学 （1）GB/T 12145—2008《火力发电机组及蒸汽动力设备水汽质量》已更新为 GB/T 12145—2016《火力发电机组及蒸汽动力设备水汽质量》、DL/T 912—2005《超临界火力发电机组水汽质量标准》已废止、DL/T 246—2006《化学监督导则》已更新为 DL/T 246—2015《化学监督导则》、DL/T 561—2003《火力发电厂水汽化学监督导则》已更新为 DL/T 561—2013《火力发电厂水汽化学监督导则》、DL/T 889—2004《电力基本建设热力设备化学监督导则》已更新为 DL/T 889—2015《电力基本建设热力设备化学监督导则》、DL/T 712—2000《火力发电厂凝汽器管选材导则》已更新为 DL/T 712—2010《发电厂凝汽器及辅机冷却器管选材导则》、DL/T 956—2005《火力发电厂停（备）用热力设备防锈蚀导则》已更新为 DL/T 956—2017《火力发电厂停（备）用热力设备防锈蚀导则》。	查阅水汽质量报表、氨水检验报告、在线化学仪表校验记录、机组大修化学检查报告等	（1）水汽质量化学监督不到位，或水汽指标检测方法不规范，扣2分。 （2）重要水汽指标长期超标，扣4分。 （3）启机阶段化学监督不规范，或水汽品质不符合标准要求，扣2分。 （4）热力设备结垢、积盐、腐蚀等级达到二类扣2分，三类扣4分。 （5）氨水未检测或氯化物含量超标，扣1分。 （6）重要在线化学仪表检测数据有误，或未按标准要求进行在线化学仪表校验，扣2分。 （7）机组大修化学检查工作不到位，或对出现的问题不分析原因，整改措施不力等，扣2分			

编号	二十五项重点要求内容	标准分	评价要求	评价方法	评分标准	扣分	存在问题	改进建议
19.11		4	（2）对机组正常运行和启机阶段的水汽品质进行及时有效监督。 （3）控制水汽钠、铁、硅、pH值、（氢）电导率等指标符合GB/T 12145—2016《火力发电机组及蒸汽动力设备水汽质量》要求。 （4）按照DL/T 889—2015《电力基本建设热力设备化学监督导则》第8章的要求，进行机组启动阶段的冷态、热态冲洗。 （5）对水汽系统外购氨水进行检测，氨水中的氯化物含量应≤0.0001%。 （6）按照DL/T 677—2018《发电厂在线化学仪表检验规程》要求，进行在线化学仪表校验，保证在线仪表的准确测量。 （7）按照DL/T 1115—2019《火力发电厂机组大修化学检查导则》要求，进行机组大修时的化学监督检查，对热力设备出现的化学专业问题，应及时分析原因并进行针对性整改					
19.12	6.5.4.2 凝结水的精处理设备严禁退出运行。机组启动时应及时投入凝结水精处理设备（直流锅炉机组在启动冲洗时即应投入精处理设备），保证精处理出水质量合格	2	【涉及专业】化学 （1）应保证精处理设备的正常投运。直流锅炉凝结水应进行100%全流量处理，并且高速混床保持氢型运行；汽包锅炉在凝汽器未发生泄漏时，在保证汽水品质合格的前提下，精处理可开启部分旁路，同时高速混床宜保持氢型运行。 （2）采用海水冷却的汽包炉机组，凝结水应进行100%全流量处理，并且高速混床保持氢型运行。 （3）高速混床氢型运行的条件为，控制单床出水比电导率<0.15μS/cm。	查阅精处理系统水质报表和周期制水量，了解精处理设备的投运情况	（1）直流炉机组或海水冷却汽包炉机组精处理旁路运行，扣2分。 （2）高速混床出水水质不合格，扣2分。 （3）高速混床实际周期制水量低于理论值80%，扣1分。 （4）机组启动时，未及时投运精处理装置，扣1分			

编号	二十五项重点要求内容	标准分	评价要求	评价方法	评分标准	扣分	存在问题	改进建议
19.12		2	（4）应准确统计高速混床的周期制水量，并根据凝结水的平均含氨量 C（mmol/L）、阳树脂工作交换容量 E（mol/m³R）、阳树脂装填体积 V（m³），计算混床理论周期制水量 Q（m³），$Q=VE/C$。若实际制水量明显低于理论值时，应尽快分析原因并予以解决。 （5）根据 DL/T 561—2013《火力发电厂水汽化学监督导则》4.7 章节要求，冷态冲洗阶段，低压给水系统冲洗至凝结水及除氧器出水含铁量＜1000μg/L 时，可采取循环冲洗方式，投入凝结水精处理装置，使水在凝汽器与除氧器间循环					
19.13	6.5.4.3　精处理再生时要保证阴阳树脂的完全分离，防止再生过程的交叉污染，阴树脂的再生剂应采用高纯碱，阳树脂的再生剂应采用合成酸。精处理树脂投运前应充分正洗，防止树脂中的残留再生酸带入水汽系统造成炉水 pH 值大幅降低	2	【涉及专业】化学 （1）阴阳树脂分离后应有清晰的分界面，分界面高度应位于阴树脂输出管口以下 0.2～0.4m。树脂输送结束后，分离塔内的混脂层高度应保持在 0.8～1.0m。 （2）DL/T 333.1—2010《火电厂凝结水精处理系统技术要求　第 1 部分：湿冷机组》规定，阴阳树脂分离后，阴中阳或阳中阴的比例应＜0.1%。检测方法为：在阳塔进脂管路上加装取样管道和取样阀，在分离塔向阳塔输送阳树脂时，取一定量的树脂样品。将树脂置于量筒中并加入饱和 NaCl 溶液，待阳阴树脂彻底分离后，测量阳、阴树脂体积，计算阳中阴比例；再生后阴树脂向阳塔输送过程中，取样并通过上述检测方法，计算阴中阳比例。	查看树脂的分离和输送情况以及再生后的正洗情况，查阅再生剂的检测报告	（1）阴阳树脂分离效果不好，或树脂输送终点控制不好，造成阴（阳）树脂中夹杂过量（阳）阴树脂，扣 2 分。 （2）再生剂未检测或质量不符合标准要求，扣 1 分。 （3）树脂再生后正洗不符合标准要求，扣 1 分			

编号	二十五项重点要求内容	标准分	评价要求	评价方法	评分标准	扣分	存在问题	改进建议
19.13		2	（3）阴树脂再生剂应选用离子膜碱法生产的高纯氢氧化钠，其质量应符合 DL/T 425—2015《火电厂用工业氢氧化钠试验方法》中优等品的要求。 （4）阳树脂再生可选用盐酸或硫酸，盐酸质量应符合 DL/T 422—2015《火电厂用工业合成盐酸的试验方法》中优等品的要求，硫酸质量应符合 DL/T 424—2016《发电厂用工业硫酸试验方法》中优等品的要求。 （5）DL/T 333.1—2010《火电厂凝结水精处理系统技术要求 第1部分：湿冷机组》10.1.6、10.1.7 章节规定，阴阳树脂再生后，应先分别正洗至出水电导率 2~5μS/cm。树脂混合后，再正洗至电导率<0.1μS/cm					
19.14	6.5.4.4 应定期检查凝结水精处理混床和树脂捕捉器的完好性，防止凝结水混床在运行过程中发生跑漏树脂	1	【涉及专业】化学 （1）机组大修时应对高速混床及再生设备的水帽间隙、水帽垫片严密性、树脂捕捉器筛管和阳塔中排间隙等进行检查和消缺，并规范精处理设备的运行和再生步序操作，防止树脂在运行或再生过程中出现跑漏。 （2）阳塔中排装置和底部水帽应采用耐酸腐蚀的哈氏合金钢	了解树脂的跑漏情况以及精处理设备的检查、消缺情况	因水帽、垫片、筛管、中排等部件异常或操作不当造成树脂跑漏，扣1分			
19.15	6.5.4.5 加强循环冷却水系统的监督和管理，严格按照动态模拟试验结果控制循环水的各项指标，防止凝汽器管材腐蚀结垢和泄漏。当凝汽器管材发生泄漏造成凝结水品质超标时，应及时查找、堵漏	2	【涉及专业】化学 （1）电厂在更换阻垢剂厂家或原水水质发生重大变化时，应进行循环水动态模拟试验。运行中控制循环水的主要指标（碱度、硬度、Ca^{2+}、浓缩倍率等）不超过动态试验确定的控制值。	查阅循环水动态模拟试验报告、水质报表、阻垢剂检验报告、凝汽器检查报告	（1）未按要求进行循环水动态模拟试验，扣1分。 （2）循环水水质控制超标，扣1分。 （3）阻垢剂未检验或质量不符合标准要求，扣1分。 （4）循环水系统出现结垢、严重腐蚀、严重海生物滋生等情况，扣2分			

编号	二十五项重点要求内容	标准分	评价要求	评价方法	评分标准	扣分	存在问题	改进建议
19.15		2	（2）循环水阻垢剂的质量应满足 DL/T 806—2013《火力发电厂循环水用阻垢缓蚀剂》要求。 （3）应根据凝汽器管材质，控制循环水氯离子含量在合理范围内，防止换热管发生腐蚀。具体控制标准见 DL/T 712—2010《发电厂凝汽器及辅机冷却器管选材导则》表6、表7。 （4）海水冷却机组应采取必要的杀菌灭藻措施（电解海水制氯、投加杀生剂、人工清理等），防止凝汽器等设备出现严重海生物滋生					
19.16	6.5.4.6 当运行机组发生水汽质量劣化时，严格按《火力发电厂水汽化学监督导则》（DL/T 561—1995）中的 4.3 条、《火电厂汽水化学导则 第 4 部分：锅炉给水处理》（DL/T 805.4—2004）中的 10 条处理及《超临界火力发电机组水汽质量标准》（DL/T 912—2005）中的 9 条处理，严格执行"三级处理"原则	2	【涉及专业】化学 （1）DL/T 561—1995《火力发电厂水汽化学监督导则》已更新为 DL/T 561—2013《火力发电厂水汽化学监督导则》、DL/T 805.4—2004《火电厂汽水化学导则 第 4 部分：锅炉给水处理》已更新为 DL/T 805.4—2016《火电厂汽水化学导则 第 4 部分：锅炉给水处理》、DL/T 912—2005《超临界火力发电机组水汽质量标准》已废止。 （2）凝结水钠、炉水 pH 值、给水氢电导率等重要水汽指标信号应引至化学辅网和集控 DCS，并设置声光报警。 （3）机组出现水汽品质劣化时，应按三级处理原则进行处理，具体为： 一级处理：有因杂质造成腐蚀、结垢、积盐的可能性，应在 72h 内恢复至标准值； 二级处理：肯定有因杂质造成腐蚀、结垢、积盐的可能性，应在 24h 内恢复至标准值；	查看重要水汽指标的远传和报警设置情况，了解水汽品质劣化时现场的处理措施及处理效果	（1）重要水汽指标信号未送入化学辅网和集控 DCS，或未设置报警，扣 1 分。 （2）水汽品质劣化时，未按照"三级处理"原则进行处理，未在规定时间内恢复水汽品质或停机，扣 2 分			

编号	二十五项重点要求内容	标准分	评价要求	评价方法	评分标准	扣分	存在问题	改进建议
19.16		2	三级处理：正在发生快速腐蚀、结垢、积盐，如果 4h 内水质不好转，应停机。 具体凝结水、给水、炉水的三级处理值见 GB/T 12145—2016《火力发电机组及蒸汽动力设备水汽质量》表 19～表 21					
19.17	6.5.4.7 按照《火力发电厂停（备）用热力设备防锈蚀导则》（DL/T 956—2005）进行机组停用保护，防止锅炉、汽轮机、凝汽器（包括空冷岛）等热力设备发生停用腐蚀	2	【涉及专业】化学 （1）DL/T 956—2005《火力发电厂停（备）用热力设备防锈蚀导则》已更新为 DL/T 956—2017《火力发电厂停（备）用热力设备防锈蚀导则》。 （2）机组停用时，应参照 DL/T 956—2017《火力发电厂停（备）用热力设备防锈蚀导则》，根据机组的参数和类型，给水、炉水处理方式，停（备）用时间长短和性质，现场条件、可操作性和经济性等方面，选择合理的停炉保养方式（如氨水碱化烘干法、充氮法、干风干燥法、表面活性胺法等），防止热力设备发生停用腐蚀	查看机组停用保护记录以及热力设备的停用腐蚀情况	未采取有效的停炉保护措施，或保护措施不当，导致热力设备发生较为严重的停用腐蚀，扣 2 分			
19.18	6.5.4.8 加强凝汽器的运行管理与维护工作。安装或更新凝汽器铜管前，要对铜管进行全面涡流探伤和内应力抽检（24h 氨熏试验），必要时进行退火处理。铜管试胀合格后，方可正式胀管，以确保凝汽器铜管及胀管的质量。电厂应结合大修对凝汽器铜管腐蚀及减薄情况进行检查，必要时应进行涡流探伤检查	1	【涉及专业】化学、金属 （1）目前新换凝汽器管已不再使用铜管，应重点关注不锈钢管和钛管的安装及检查情况。 （2）新换凝汽器管在安装前应进行涡流探伤。 （3）大修时，应注意检查凝汽器管的腐蚀情况（水侧）和机械损伤情况（汽侧）。 （4）对于已出现因换热管损伤导致凝汽器泄漏的机组，应在检修时对上层和外层管进行涡流探伤，并对发现的损伤管进行完全封堵	查阅凝汽器管的涡流探伤报告、大修检查报告	（1）换管前未进行涡流探伤，扣 0.5 分。 （2）大修时，未对凝汽器管的腐蚀和机械损伤情况进行检查，扣 0.5 分			

编号	二十五项重点要求内容	标准分	评价要求	评价方法	评分标准	扣分	存在问题	改进建议
19.19	6.5.4.9 加强锅炉燃烧调整，改善贴壁气氛，避免高温腐蚀。锅炉改燃非设计煤种时，应全面分析新煤种高温腐蚀特性，采取有针对性的措施。锅炉采用主燃区过量空气系数低于1.0的低氮燃烧技术时应加强贴壁气氛监视和大小修时对锅炉水冷壁管壁高温腐蚀趋势的检查工作	1	【涉及专业】锅炉、金属 （1）入炉煤硫分和主燃烧区域还原性气氛是造成高温腐蚀的两大主要因素。 （2）当锅炉燃用具有高温腐蚀特性煤种（如硫分含量大于0.7%）时，应制定针对性的措施（如配煤掺烧控制混煤硫含量）。 （3）锅炉采用主燃区过量空气系数低于1.0的低氮燃烧技术时，有条件的可增加贴壁气氛监视测点（如监测CO、H_2S气体浓度）；在锅炉大小修时应检查水冷壁管壁高温腐蚀情况。 （4）在锅炉大小修时应检查水冷壁管壁高温腐蚀情况，对检修中发现存在严重高温腐蚀问题的锅炉，应组织开展贴壁气氛的检测，并采取针对性措施控制水冷壁近壁面气氛，避免未燃尽煤粉与还原性气体冲刷水冷壁；如有必要应采用喷涂的方法提高水冷壁管的抗腐蚀能力	查阅运行规程、检修规程、检修总结，查看配煤掺烧措施、防止设备大面积高温腐蚀措施	（1）运行规程、检修规程中没有针对高温腐蚀相关内容，扣1分。 （2）当燃用具有高温腐蚀特性煤种而未制定相应防止高温腐蚀措施，扣1分。 （3）对于主燃区过量空气系数低于1.0的低氮燃烧技术的锅炉，大小修时未对锅炉水冷壁管壁高温腐蚀趋势进行检查，扣1分。 （4）检修中发现锅炉水冷壁管存在严重高温腐蚀问题未采取针对性措施的，扣1分			
19.20	6.5.4.10 锅炉水冷壁结垢量超标时应及时进行化学清洗，对于超临界直流锅炉必须严格控制汽水品质，防止水冷壁运行中垢的快速沉积	2	【涉及专业】化学、锅炉 （1）应按照DL/T 1115—2019《火力发电厂机组大修化学检查导则》5.2.1章节要求，进行水冷壁割管垢量检测 （2）根据DL/T 794—2012《火力发电厂锅炉化学清洗导则》，直流炉在水冷壁管垢量>200g/m^{2}时需进行化学清洗，汽包炉则根据主蒸汽压力确定清洗条件，具体可参照DL/T 794—2012《火力发电厂锅炉化学清洗导则》表1的内容。	查阅锅炉水冷壁管垢量台账、清洗单位资质证书、化学清洗报告	（1）未及时进行锅炉水冷壁管垢量检测或割管部位选择不合理，不能真实反映炉管结垢情况，扣2分。 （2）水冷壁管垢量超标或其他情况应进行锅炉化学清洗时未及时清洗，扣2分。 （3）化学清洗单位资质不符合标准要求，扣2分。 （4）电厂化学清洗监督不到位，清洗过程和清洗质量不符合标准要求，扣2分。 （5）清洗废液排放不符合要求，人员进入清洗废液区域作业时，未做好防护措施，扣2分			

编号	二十五项重点要求内容	标准分	评价要求	评价方法	评分标准	扣分	存在问题	改进建议
19.20		2	（3）水冷壁垢量达到清洗标准时，应安排进行锅炉化学清洗；水冷壁发生垢下腐蚀氢脆爆管时，应尽快安排化学清洗；出现大量生水、海水进入水汽系统等异常情况，为防止水冷壁发生氢脆爆管，宜尽快安排化学清洗；水冷壁发生因结垢导致爆管或蠕胀时，应立即安排化学清洗。 （4）水冷壁管垢下腐蚀严重时，应扩大检查范围，对存在"氢脆"裂纹及垢量大于清洗标准的水冷壁管应先进行更换，然后再进行锅炉清洗。化学清洗应采用复合有机酸（羟基乙酸＋甲酸），以避免可能存在微裂纹水冷壁管的裂纹扩大。 （5）化学清洗单位应符合 DL/T 977—2013《发电厂热力设备化学清洗单位管理规定》要求，严禁无证清洗。 （6）电厂应对锅炉本体、过热器、再热器、凝汽器等设备化学清洗的全过程进行监督。包括：化学清洗小型模拟试验，清洗药品检验，清洗临时系统安装，清洗系统隔离，清洗过程清洗剂浓度、pH 值、Fe^{3+}、Fe^{2+}等参数的分析，化学清洗效果评价等。 （7）清洗废液的排放区域不应为封闭空间，以防有害气体聚集。人员进入清洗废液区域作业时，需针对废液中可能含有的有害气体做好防护措施					

编号	二十五项重点要求内容	标准分	评价要求	评价方法	评分标准	扣分	存在问题	改进建议
19.21	新增：应保证预处理系统和锅炉补给水处理系统各级设备的正常运行，保证除盐水水质合格	1	【涉及专业】化学 （1）澄清池、沉淀池等预处理设备的出水浊度应控制＜5NTU，并且不出现微生物大量滋生或"翻池"等异常情况。 （2）超滤、反渗透设备的运行参数如压差、脱盐率、产水量等，应保持在正常水平。 （3）离子交换器、EDI等除盐设备应运行正常，锅炉补给水的水质应满足GB/T 12145—2016《火力发电机组及蒸汽动力设备水汽质量》表9的要求	查看预处理设备运行情况、锅炉补给水系统设备运行记录及水质报表	（1）澄清池、沉淀池等预处理设备运行效果不佳，出水水质差，扣1分。 （2）超滤、反渗透设备出现压差上升过快，压差高而不清洗，脱盐率或产水量严重下降等异常情况，扣1分。 （3）离子交换器、EDI等除盐设备运行异常，或锅炉补给水水质不满足标准要求，扣1分。 （4）其他不符合设备规范或设计要求的项目，扣1分			
	6.5.5　防止炉外管爆破	**22**	【涉及专业】金属、锅炉					
19.22	6.5.5.1　加强炉外管巡视，对管系振动、水击、膨胀受阻、保温脱落等现象应认真分析原因，及时采取措施。炉外管发生漏气、漏水现象，必须尽快查明原因并及时采取措施，如不能与系统隔离处理应立即停炉	2	【涉及专业】金属 （1）巡检期间应对相关金属部件加强巡视检查，建立相应记录，发现问题及时处理。 （2）对管系振动、水击、膨胀受阻、保温脱落等现象应认真分析原因，对振动较大的管段采取加固或有效措施进行固定，如果管段振动较大，应及时联系支吊架检验单位，对管路吊架异常振动的原因进行分析，同时在检修期间加强对振动管道附近弯头、焊缝、吊耳焊缝等的监督检查。对于脱落的保温棉应尽快进行恢复处理。 （3）炉外管发生漏汽、漏水现象，必须尽快查明原因并及时采取措施，如不能与系统隔离处理应立即停炉	查看现场，查阅技术台账、检验报告、缺陷分析及处理记录	（1）未建立相关部件的巡检记录或技术台账，扣1分。 （2）对管道振动、膨胀受阻、管道泄漏等情况，未分析原因，且未及时处理，扣2分。 （3）炉外管发生漏汽、漏水、保温脱落，未及时进行处理，扣2分			

155

编号	二十五项重点要求内容	标准分	评价要求	评价方法	评分标准	扣分	存在问题	改进建议
19.23	6.5.5.2 按照《火力发电厂金属技术监督规程》(DL/T 438—2009)，对汽包、集中下降管、联箱、主蒸汽管道、再热蒸汽管道、弯管、弯头、阀门、三通等大口径部件及其焊缝进行检查，及时发现和消除设备缺陷。对于不能及时处理的缺陷，应对缺陷尺寸进行定量检测及监督，并做好相应技术措施	2	【涉及专业】金属 （1）DL/T 438—2009《火力发电厂金属技术监督规程》已更新为 DL/T 438—2016《火力发电厂金属技术监督规程》。 （2）按照 DL/T 438—2016《火力发电厂金属技术监督规程》第 7 条"主蒸汽管道和再热蒸汽管道及导汽管的金属监督"、第 8 条"高温集箱的金属监督"、第 10 条"锅筒、汽水分离器的检验监督"、第 11 条"给水管道和低温集箱的金属监督"等条款规定对相关部件定期进行检查： （a）每次 A 修对锅筒、汽水分离器筒体、下降管、给水管、饱和蒸汽引出管以及与汽包相联的管子及其焊缝进行抽检。 （b）每次 A 修或 B 修，对集箱筒体焊缝、管座角焊缝、吊耳焊缝以及其他与集箱相联的管座角焊缝进行抽检。 （c）每次 A 修或 B 修应对主蒸汽管道、再热蒸汽管道、弯管、弯头、阀门、三通以及与管道相联的小口径管等部件及其焊缝进行抽查。 （d）对于三通、堵阀等部件检修时应开展应力集中部位的内部缺陷检测。 （3）发现问题及时处理，暂时无法处理的问题，应进行定量检测及监督，并做好相应监督措施。 （4）建立相关部件的技术台账，为便于说明，应包含该部件示意图，历次的检修检验情况，更换、事故及处理情况内容等	查阅技术台账、检验报告、缺陷分析及处理记录、缺陷监督措施	（1）未按照标准要求，开展相关部件的检验工作，扣 2 分，检验项目不全，每一项扣 1 分。 （2）检验报告、缺陷分析报告及处理记录缺失，扣 1 分。 （3）对遗留缺陷，未进行定量检测及监督或无相应监督措施，扣 2 分。 （4）未建立相应的技术台账或技术台账不完善，扣 1 分			

156

编号	二十五项重点要求内容	标准分	评价要求	评价方法	评分标准	扣分	存在问题	改进建议
19.24	6.5.5.3 定期对导汽管、汽水联络管、下降管等炉外管以及联箱封头、接管座等进行外观检查、壁厚测量、圆度测量及无损检测，发现裂纹、冲刷减薄或圆度异常复圆等问题应及时采取打磨、补焊、更换等处理措施	1	【涉及专业】金属 （1）按照DL/T 438—2016《火力发电厂金属技术监督规程》第7条"主蒸汽管道和再热蒸汽管道及导汽管的金属监督"、第8条"高温集箱的金属监督"、第10条"锅筒、汽水分离器的检验监督"、第11条"给水管道和低温集箱的金属监督"等条款规定对相关部件定期进行检查： （a）每次A修或B修应对导汽管椭圆度、导汽管及其焊缝、与导汽管相连的其他管子及角焊缝进行抽查，特别注意导汽管与缸体连接焊缝的检查。 （b）每次A修对锅筒、汽水分离器筒体下降管等炉外管进行抽检。 （c）每次A修或B修，对集箱筒体焊缝、管座角焊缝、吊耳焊缝以及其他与集箱相连的管座角焊缝进行抽检。 （2）发现问题及时处理，暂时无法处理的问题，应进行定量检测及监督，并做好相应监督措施。 （3）建立相关部件的技术台账，为便于说明，应包含该部件示意图，历次的检修检验情况，更换、事故及处理情况内容等	查阅技术台账、检验报告、缺陷分析及处理记录、缺陷监督措施等	（1）未按照标准要求，开展相关部件的检验工作，扣1分，检验项目不全，每一项扣1分。 （2）检验报告、缺陷分析报告及处理记录缺失，扣1分。 （3）对遗留缺陷，未进行定量检测及监督或无相应监督措施，扣1分。 （4）未建立相应的技术台账或技术台账不完善，扣1分			
19.25	6.5.5.4 加强对汽水系统中的高中压疏水、排污、减温水等小径管的管座焊缝、内壁冲刷和外表腐蚀现象的检查，发现问题及时更换	1	【涉及专业】金属 （1）结合机组检修，制定汽水系统中的高中压疏水、排污、减温水等小径管的监督检查计划，参考设备运行状况，重点对温度、压力较高，存在汽液两相流，人员通道区域进行检查。	查阅技术台账、检验报告、缺陷分析及处理记录	（1）未对上述部件开展监督检验，或检验比例不符合要求，扣1分。 （2）检查重点不符合要求，扣1分；未对问题及时处理，扣1分。			

编号	二十五项重点要求内容	标准分	评价要求	评价方法	评分标准	扣分	存在问题	改进建议
19.25		1	（2）对上述管子的检查重点为对接焊缝、管座角焊缝、壁厚易减薄以及外壁易腐蚀部位，发现问题应及时进行处理。 （3）建立相关部件的技术台账，为便于说明，应包含该部件示意图，历次的检修检验情况，更换、事故及处理情况内容等		（3）未建立相关台账、记录，或台账、记录不完善，扣1分，未对问题进行及时处理，扣1分			
19.26	6.5.5.5　按照《火力发电厂汽水管道与支吊架维修调整导则》（DL/T 616—2006）的要求，对支吊架进行定期检查。运行时间达到100000h的主蒸汽管道、再热蒸汽管道的支吊架应进行全面检查和调整	2	【涉及专业】金属 （1）按照DL/T 616—2006《火力发电厂汽水管道与支吊架维修调整导则》第4.1.12条规定："主蒸汽管道、高低温再热蒸汽管道、高压给水管道等重要管道投运后30000h到40000h及以后每次大修时，应对管道和所有支吊架的管部、根部、连接件、弹簧组件、减振器与阻尼器进行一次全面检查，做好记录。"同时参考本标准，结合设备实际运行情况开展其他汽水管道、煤粉管道等部件的支吊架检验调整工作。 （2）建立基础档案、运行档案以及维修档案、运行维护历史记录、定期检查记录等	查阅支吊架检验报告、基础档案、运行档案、维修档案、运行维护历史记录、定期检查记录	（1）达到运行时间，未对主蒸汽管道、高低温再热蒸汽管道、高压给水管道的支吊架开展全面检查和调整，扣2分；其他管道支吊架存在问题，未在对应检修期间及时开展支吊架检验调整工作，扣1分。 （2）未对管道吊架进行日常巡检并建立相应记录档案，扣1分			
19.27	6.5.5.6　对于易引起汽水两相流的疏水、空气等管道，应重点检查其与母管相连的角焊缝、母管开孔的内孔周围、弯头等部位的裂纹和冲刷，其管道、弯头、三通和阀门，运行100000h后，宜结合检修全部更换	2	【涉及专业】金属 （1）C修根据检修计划安排检测，每个A修或B修应进行不少于30%的抽查，检查重点包括汽水两相流的疏水、空气管道，角焊缝、对接焊缝以及弯头等。检验计划中应包含内漏阀门后管道的抽查，发现问题及时处理。 （2）建立机炉外小管清单及台账，制订滚动检查计划。机组运行超过100000h，宜结合检修全部更换	查阅检修计划、检验报告、缺陷监督措施，查阅机炉外小管清单及台账，查阅相关部件的更换记录	（1）未开展相关工作或检验比例不符合要求，扣2分；检查项目不齐全，扣1~2分。 （2）未建立机炉外小管清单、台账及滚动检查计划，扣2分			

编号	二十五项重点要求内容	标准分	评价要求	评价方法	评分标准	扣分	存在问题	改进建议
19.28	6.5.5.7 定期对喷水减温器检查，混合式减温器每隔1.5万～3万h检查一次，应采用内窥镜进行内部检查，喷头应无脱落、喷孔无扩大，联箱内衬套应无裂纹、腐蚀和断裂。减温器内衬套长度小于8m时，除工艺要求的必须焊缝外，不宜增加拼接焊缝；若必须采用拼接时，焊缝应经100%探伤合格后方可使用。防止减温器喷头及套筒断裂造成过热器联箱裂纹，面式减温器运行2万～3万h后应抽芯检查管板变形、内壁裂纹、腐蚀情况及芯管水压检查泄漏情况，以后每大修检查一次	2	【涉及专业】金属 （1）定期检查喷水减温器，检查项目符合要求，DL/T 438—2016《火力发电厂金属技术监督规程》第8.2.3条规定： （a）对混合式（文丘里式）减温器集箱用内窥镜检查内壁、内衬套、喷嘴，应无裂纹、磨损、腐蚀脱落等情况，对安装内套管的管段进行胀粗检查。 （b）对内套筒定位螺丝封口焊缝和喷水管角焊缝进行表面探伤。 （c）表面式减温器运行20000～30000h后进行抽芯，检查冷却管板变形、内壁裂纹、腐蚀情况及冷却管水压检查泄漏情况，以后每隔约50000h检查一次。减温器对接焊缝、定位螺栓焊缝在检修中应进行抽查。 （d）机组每次A级检修，应查阅减温器筒体及环焊缝的制造、安装检验记录，根据安装前及安装过程中对焊缝质量（无损检测、硬度、金相组织以及壁厚、外观等）的检测评估，对质量相对较差、返修过的焊缝进行外观、无损探伤、硬度及壁厚检测；对正常焊缝，每个减温器宜抽查1道焊缝。以后的检验重点为质量较差、返修、受力较大部位以及壁厚较薄部位的焊缝；逐步扩大对正常焊缝的抽查，后次A级检修的抽查为前次未检的焊缝，至3～4个A级检修完成全部焊缝的检验。对一些缺陷较严重的焊缝，无论机组A级检修或B级检修，均应复查。焊缝表面探伤按NB/T 47013执行，超声波探伤按DL/T 820规定执行。	查阅相关报告及台账等	（1）未按标准要求开展监督检验工作，扣2分；检验项目不齐全，每一处扣1分。 （2）减温器频繁发现缺陷或减温水投用量较大、频次较高的电厂，未在对应检修中增加减温器的检验比例，扣2分。 （3）未建立相关台账或台账不完善，扣1分			

编号	二十五项重点要求内容	标准分	评价要求	评价方法	评分标准	扣分	存在问题	改进建议
19.28		2	（2）减温器频繁发现缺陷或减温水投用量较大、频次较高的电厂，应在对应检修中增加减温器的检验比例。 （3）建立减温器技术台账					
19.29	6.5.5.8 在检修中，应重点检查可能因膨胀和机械原因引起的承压部件爆漏的缺陷	2	【涉及专业】金属 （1）根据机组运行特点、相关案例，对存在膨胀受阻、碰撞、振动以及应力集中的部件进行梳理。 （2）在检修中进行针对性检查	查阅机组故障案例、查阅报告	（1）未按照要求对上述问题进行梳理，扣2分。 （2）未开展相关部位的隐患排查，扣2分			
19.30	6.5.5.9 机组投运的第一年内，应对主蒸汽和再热蒸汽管道的不锈钢温度套管角焊缝进行渗透和超声波检测，并结合每次A级检修进行检测	2	【涉及专业】金属 （1）GB/T 16507.3—2013《水管锅炉 第3部分：结构设计》第5.13条规定：锅筒、集箱、管道与直管或管接头连接时，不应采用奥氏体不锈钢和铁素体钢的异种钢连接。 （2）存在不锈钢温度套管焊缝的电厂，应加强对该角焊缝的监督检验，条件允许时，应增加对角焊缝的超声检测。如发现存在超标缺陷，应结合机组检修对角焊缝进行改造。 （3）应建立高温高压管道各取样、疏水、性能测点的技术台账，如果上述部件存在异种钢对接焊缝，也应加强监督检验	查阅相关报告、技术台账	（1）高温高压管道上管接头连接时存在奥氏体不锈钢和铁素体钢的异种钢焊口，扣2分。 （2）未开展相关检验，扣2分。 （3）缺少高温高压管道各取样、疏水、性能测点的技术台账清单，扣2分			
19.31	6.5.5.10 锅炉水压试验结束后，应严格控制泄压速度，并将炉外蒸汽管道存水完全放净，防止发生水击	1	【涉及专业】锅炉、金属 （1）水压试验的升降压速率、保压时间等应符合TSG G0001—2012《锅炉安全技术监察规程》第4.5.6条"水压试验"的相关规定。 （2）水压试验应做好安全防护工作，合金钢受压元件的水压试验水温应当高于所用钢种的脆性转变温度，水压试验结束后应当将炉外蒸汽管道等承压元件内的水排放干净	查阅水压试验记录报告及记录	（1）升降压速率、保压时间等内容不符合要求或炉外蒸汽管道等受压元件内的存水未排放干净，扣1分。 （2）水压记录中未对上述项目的检查情况进行记录，扣1分			

编号	二十五项重点要求内容	标准分	评价要求	评价方法	评分标准	扣分	存在问题	改进建议
19.32	6.5.5.11 焊接工艺、质量、热处理及焊接检验应符合《火力发电厂焊接技术规程》和《火力发电厂焊接热处理技术规程》的有关规定	2	【涉及专业】金属 加强焊接质量控制可以有效地提高焊接质量，降低因焊接原因导致的设备异常事故的发生次数。 （1）确认焊接工艺、质量、热处理及焊接检验符合 DL/T 869—2012 和 DL/T 819—2019 的有关规定。 （2）DL/T 869—2012《火力发电厂焊接技术规程》规定了火力发电厂设计、安装、维修、改造工程及其配套加工制造的锅炉、压力容器、压力管道、钢结构和在受压元件上焊接非受压元件的焊接工作，以及主、辅机部件的焊接修复工作的技术要求。DL/T 819—2019《火力发电厂焊接热处理技术规程》规定了火力发电设备在安装、检修及工厂化配制中对钢制焊件进行焊接热处理的要求。 （3）电厂应加强焊接施工项目全过程监督管理工作。严格审核施工单位的技术方案及工艺卡，加强对焊接过程的旁站监督工作，形成记录	查阅焊接工艺、热处理工艺、热处理曲线、无损检测报告等，焊接监督记录	（1）焊接工艺不符合 DL/T 869—2012 要求，扣 2 分；热处理工艺不符合 DL/T 869—2012、DL/T 819—2019 要求，扣 2 分。 （2）焊接检验方式及质量验收不符合 DL/T 869—2012 第 6 条"质量检验"、第 7 条"质量要求"，扣 1 分。 （3）无焊接监督记录或焊接监督记录不全，扣 1 分			
19.33	6.5.5.12 锅炉投入使用前必须按照《锅炉压力容器使用登记管理办法》（国质检锅〔2003〕207 号）办理注册登记手续，申领使用证。不按规定检验、申报注册的锅炉，严禁投入使用	1	【涉及专业】金属 （1）按照《锅炉压力容器使用登记管理办法》要求，开展锅炉的使用登记、变更登记、监督管理等工作。 （2）按照《特种设备安全法》第三十九条规定，特种设备使用单位应当对其使用的特种设备的安全附件、安全保护装置进行定期校验	查阅锅炉注册登记证书或使用证，查阅定期检验报告（记录）	（1）锅炉未按规定检验、申报注册，扣 1 分。 （2）锅炉安全阀未定期进行校验，扣 1 分。 （3）锅炉安全阀校验不合格，仍在运行中，扣 1 分。 （4）锅炉安全阀动作定值设置不合理，扣 1 分			

编号	二十五项重点要求内容	标准分	评价要求	评价方法	评分标准	扣分	存在问题	改进建议
19.34	新增：运行期间加强对高温高压管道上的流量孔板、流量计的巡查，检修期间开展流量孔板、流量计的监督检验	2	【涉及专业】金属 一个大修周期内完成所有高温高压管道上的流量孔板、流量计的监督检查，检验内容至少包括流量计、流量孔板上的对接焊缝、角焊缝以及定位销，发现问题及时处理	查阅问题记录、检验报告等	（1）未按要求在运行期间加强上述部件巡查，扣2分，无相应记录，扣1分。 （2）检修期间未开展流量孔板、流量计的监督检查或一个大修周期内未完成上述部件的监督检查，扣2分；检验内容不全，扣1分			
19.35	新增：开展高温高压管道、联箱、压力容器等设备上堵板、盲板的隐患排查工作	2	【涉及专业】金属 根据GB/T 16507.3—2013《水管锅炉 第3部分：结构设计》、GB/T 16507.4—2013《水管锅炉 第4部分：受压元件强度计算》、GB/T 16507.7—2013《水管锅炉 第7部分：检验、试验和验收》对堵板、盲板的封堵形式、结构、强度以及焊接质量开展监督检查	查阅堵板、盲板的隐患排查记录、监督检查报告	未开展堵板、盲板的隐患排查，或无相应记录，扣2分；监督检查内容不完善，扣1分			
19.36	新增：建立健全抽汽管道技术台账，定期对各级抽汽管道以及管道上的膨胀节开展监督检查，3到4个大修周期内完成所有抽汽管道以及膨胀节的监督检查	2	【涉及专业】金属 （1）目前行业标准对于抽汽管道的监督检查要求不明确，部分电厂已经发生由于抽汽管道或其膨胀节开裂造成的设备事故，考虑到抽汽管道存在安全隐患会对主设备造成较大影响，因此各电厂应在检修期间加强抽汽管道的监督检查。 （2）监督检查的项目至少应包括宏观检查、无损检测、硬度检验等，对于温度较高的抽汽管道应进行金相组织检查。 （3）完善相应的记录台账	查看定期检验记录、相关报告及台账	（1）未开展相关工作，扣2分。 （2）检查项目部不齐全或检查比例较低，扣2分。 （3）未建立相关台账，或台账不完善，扣1分			
	6.5.6　防止锅炉四管爆漏	**14**	【涉及专业】金属、锅炉、热工					

编号	二十五项重点要求内容	标准分	评价要求	评价方法	评分标准	扣分	存在问题	改进建议
19.37	6.5.6.1 建立锅炉承压部件防磨防爆设备台账，制订和落实防磨防爆定期检查计划、防磨防爆预案，完善防磨防爆检查、考核制度	2	【涉及专业】金属 （1）确认建立防磨防爆设备台账，制定和落实防磨防爆定期检查计划、防磨防爆预案，完善防磨防爆检查、考核制度。防磨防爆设备台账在收集资料基础上，应对历次检查结果、设备更换改造情况进行记录，同时可对受热面监督点的历史检查情况进行对比。 （2）防磨防爆定期检查计划做到逢停必检，根据检修工期制定相应的检查项目。 （3）防磨防爆检查方案应在充分参考 DL/T 939—2016《火力发电厂锅炉受热面管监督技术导则》基础上，结合机组自身特点，增加反复存在问题部位、造成机组设备故障部位、运行中存在异常变化易产生潜在安全风险部位的检查项目	查阅相关台账、计划、预案、方案、考核制度	（1）未建立锅炉承压部件防磨防爆设备台账、防磨防爆检查及考核制度等，或上述制度不完善，扣1分。 （2）未制定和落实防磨防爆定期检查计划，或检查计划内容不全，扣1分。 （3）防磨防爆检查方案内容不全，扣1分			
19.38	6.5.6.2 在有条件的情况下，应采用泄漏监测装置。过热器、再热器、省煤器管发生爆漏时，应及时停运，防止扩大冲刷损坏其他管段	1	【涉及专业】锅炉、金属、热工 （1）为避免受热面泄漏事故扩大，应安装泄漏监测装置。 （2）受热面泄漏后应及时停机，避免事故扩大	查看泄漏监测装置安装情况、查阅机组运行参数	（1）受热面未安装泄漏监测装置，扣1分。 （2）泄漏发生后，未及时停机，扣1分			
19.39	6.5.6.3 定期检查水冷壁刚性梁四角连接及燃烧器悬吊机构，发现问题及时处理。防止因水冷壁晃动或燃烧器与水冷壁鳍片处焊缝受力过载拉裂而造成水冷壁泄漏	1	【涉及专业】金属 锅炉运行、机组启停期间加强对水冷壁刚性梁四角连接及燃烧器悬吊机构的检查，发现问题及时处理	查阅定期检查及问题处理记录	（1）未定期检查水冷壁刚性梁四角连接以及燃烧器悬吊机构，扣1分。 （2）发现问题未及时处理，扣1分			

163

编号	二十五项重点要求内容	标准分	评价要求	评价方法	评分标准	扣分	存在问题	改进建议
19.40	6.5.6.4 加强蒸汽吹灰设备系统的维护及管理。在蒸汽吹灰系统投入正式运行前，应对各吹灰器蒸汽喷嘴伸入炉膛内的实际位置及角度进行测量、调整，并对吹灰器的吹灰压力进行逐个整定，避免吹灰压力过高。运行中遇有吹灰器卡涩、进汽门关闭不严等问题，应及时将吹灰器退出并关闭进汽门，避免受热面被吹损，并通知检修人员处理	2	【涉及专业】锅炉 （1）应加强对蒸汽吹灰设备系统的维护及管理。 （2）在蒸汽吹灰系统投入正式运行前，应对各吹灰器蒸汽喷嘴伸入炉膛内的实际位置及角度进行测量、调整，并对吹灰器的吹灰压力进行逐个整定，避免吹灰压力过高。 （3）运行中遇有吹灰器卡涩、进汽门关闭不严等问题，应及时将吹灰器退出并关闭进汽门，避免受热面被吹损，并通知检修人员处理	查阅吹灰设备系统管理制度、运行规程、检修规程、检修记录	（1）蒸汽吹灰设备系统未进行维护及管理，扣2分。 （2）在蒸汽吹灰系统投入正式运行前，未对各吹灰器蒸汽喷嘴伸入炉膛内的实际位置及角度进行测量、调整，扣2分。 （3）未对吹灰器的吹灰压力进行逐个整定，扣1分。 （4）运行中遇有吹灰器卡涩、进汽门关闭不严等问题，未及时将吹灰器退出并关闭进汽门，扣2分			
19.41	6.5.6.5 锅炉发生四管爆漏后，必须尽快停炉。在对锅炉运行数据和爆口位置、数量、宏观形貌、内外壁情况等信息做全面记录后方可进行割管和检修。应对发生爆口的管道进行宏观分析、金相组织分析和力学性能试验，并对结垢和腐蚀产物进行化学成分分析，根据分析结果采取相应措施	2	【涉及专业】金属、锅炉 （1）建立锅炉受热面泄漏台账，锅炉受热面爆漏后，必须尽快停炉。 （2）为查明泄漏原因，应对泄漏前后的锅炉运行数据、爆口位置、宏观形貌等进行仔细检查记录。 （3）爆口的失效分析工作至少应包括宏观分析、金相组织分析和力学性能试验，并对结垢和腐蚀产物进行化学成分分析，根据分析结果采取相应措施	查阅四管泄漏台账、泄漏事件分析报告	（1）未建立四管爆漏台账，或受热泄漏后，未及时停机，造成事故扩大，扣2分。 （2）受热面泄漏后，未按本条规定进行数据采集记录，扣2分。 （3）在事故原因不明确的情况下，未开展失效分析工作或失效分析报告内容不齐全，扣2分			
19.42	6.5.6.6 运行时间接近设计寿命或发生频繁泄漏的锅炉过热器、再热器、省煤器，应对受热面管进行寿命评估，并根据评估结果及时安排更换	2	【涉及专业】金属 受热面管子接近设计受寿命时，依据 DL/T 654—2009《火电机组寿命评估技术导则》相关规定，委托相关单位通过化学成分分析、性能试验、氧化皮厚度测量、金相组织检查等监督项目，开展管子寿命评估工作	查阅机组运行资料、寿命评估报告	接近或达到设计寿命，未制定或进行寿命评估工作，扣2分			

编号	二十五项重点要求内容	标准分	评价要求	评价方法	评分标准	扣分	存在问题	改进建议
19.43	6.5.6.7 达到设计使用年限的机组和设备，必须按规定对主设备特别是承压管路进行全面检查和试验，组织专家进行全面安全性评估，经主管部门审批后，方可继续投入使用	2	【涉及专业】金属 （1）达到设计使用年限的机组和设备，参考 DL/T 654—2009《火电机组寿命评估技术导则》、DL/T 940—2005《火力发电厂蒸汽管道寿命评估技术导则》规定，委托具有资质的单位开展承压管路全面安全性评估。 （2）安全评估完成后，应经主管部门审批后，继续投入使用	查阅机组设计使用年限、寿命评估报告	（1）接近或达到设计寿命，未对承压管路制定或进行全面安全性评估，扣 2 分。 （2）安全性评估后未经审批即投入使用，扣 2 分			
19.44	新增：机组运行期间，受热面管子如发生超温，应及时查明原因，做好运行调整，对经常超温的管屏（子）或超温幅度和累计时间有增加趋势的管屏（子），应加强监督和分析，同时加强对该区域管子的监督检查，防止超温爆管事故的发生	1	【涉及专业】金属 （1）建立受热面超温台账，对超温幅度、时间、次数进行记录。 （2）受热面管子发生超温运行，应及时查明原因，采取相应调整措施。 （3）检修期间应对超温受热面管及其周围管屏进行重点检查	查阅受热面超温台账、超温原因分析、检修检查记录	（1）未建立受热面超温记录或记录不齐全，扣 1 分。 （2）未对超温原因进行分析，调整措施未达到预期效果，扣 1 分。 （3）检修阶段未对超温的管子及附近区域开展检查，扣 1 分			
19.45	新增：受热面防磨防爆检查工作中，应增加对易产生应力集中位置，如锅炉集箱角焊缝、大包内水冷壁管子和鳍片焊接部位、水冷壁中间集箱及下集箱宽鳍片部位、水冷壁四角连接位置及其下部水封槽、包墙下集箱两端、鳍片焊缝、各让出管、吹灰器附近、穿顶棚、密封盒等位置的专项检验工作	2	【涉及专业】金属、锅炉 （1）机组启停过程中温度/压力升降速率超出规程要求、AGC 指令频繁波动时，锅炉受热面应力变化剧烈，容易发生疲劳泄漏。对于可疑部位应采用无损检测方法进行检查。 （2）梳理应力拉裂部件的位置特点，对于频繁泄漏位置可增加膨胀节或优化该位置的刚性约束，尽可能使该位置部件在其伸缩方向上留有较大的伸缩空间，优化对其自由度的限制	查阅受热面检修计划、检验记录和检验报告	（1）检修中未增加针对易产生应力集中位置的专项检查工作，扣 2 分。 （2）无应力集中部位的检查记录及报告，扣 1 分			

编号	二十五项重点要求内容	标准分	评价要求	评价方法	评分标准	扣分	存在问题	改进建议
	6.5.7 防止超（超超）临界锅炉高温受热面管内氧化皮大面积脱落	**18**	【涉及专业】金属、锅炉、化学、热工					
19.46	6.5.7.1 超（超超）临界锅炉受热面设计必须尽可能减少热偏差，各段受热面必须布置足够的壁温测点，测点应定期检查校验，确保壁温测点的准确性	1	【涉及专业】锅炉、热工 （1）超（超超）临界锅炉受热面设计必须尽可能减少热偏差，按照 GB/T 34348—2015《电站锅炉技术条件》要求：第 7.3.6 条：过热器两侧出口的蒸汽温度偏差应小于 5℃。第 7.4.2 条：再热器出口两侧的蒸汽温度偏差应小于 10℃。 （2）各段受热面布置的壁温测点应足够且具有代表性，没有遗漏，满足壁温监测需求。 （3）测点应定期检查校验，确保壁温测点的准确性，测点取样缺陷应借助检修机会及时解决处理，确保壁温测点的准确性	查阅锅炉设计说明书、运行画面、受热面壁温测点布置情况、测点校验记录	（1）超（超超）临界锅炉受热面设计热偏差超过标准要求，扣 1 分。 （2）各段受热面布置的壁温测点不足，扣 0.5 分。 （3）各段受热面壁温测点未定期检查校验，扣 1 分。 （4）壁温测点存在取样缺陷且未在检修期及时解决处理，每处缺陷扣 0.5 分			
19.47	6.5.7.2 高温受热面管材的选取应考虑合理的高温抗氧化裕度	1	【涉及专业】金属 高温受热面管材的选取在保证运行安全及经济性的前提下，应尽量考虑所选用材料的高温抗氧化特性	查看运行参数，查阅受热面技术台账	高温受热面高温抗氧化裕度较低，扣 0.5～1 分			
19.48	6.5.7.3 加强锅炉受热面和联箱监造、安装阶段的监督检查，必须确保用材正确，受热面内部清洁，无杂物。重点检查原材料质量证明书、入厂复检报告和进口材料的商检报告	1	【涉及专业】金属 （1）锅炉受热面和联箱用材应正确。 （2）安装前、设备改造后应进行清洁度检查。 （3）应对原材料质量证明书、入厂复检报告和进口材料的商检报告进行审核，并留存。 （4）受热面发生过热爆管，未查明原因，应开展相关部件的清洁度检查	查阅检查报告、原材料质量证明书、入厂复检报告和商检报告	（1）部件安装期间未进行材质确认，扣 1 分。 （2）安装前、设备改造后未开展清洁度检查，扣 1 分。 （3）缺少原材料质量证明书、入厂复检报告或进口材料商检报告，扣 1 分。 （4）受热面发生过热爆管，未查明原因，未开展相关部件的清洁度检查，扣 1 分			

编号	二十五项重点要求内容	标准分	评价要求	评价方法	评分标准	扣分	存在问题	改进建议
19.49	6.5.7.4 必须准确掌握各受热面多种材料拼接情况，合理制定壁温定值	1	【涉及专业】金属 （1）应对各受热面多种材料拼接情况进行统计，制定相应台账进行管理。 （2）壁温定值应在参考 DL/T 715—2015《火力发电厂金属材料选用导则》、锅炉运行规程的基础上，考虑高温抗氧化性	查看受热面技术台账、壁温定值	（1）台账中未对各受热面多种材料拼接情况进行记录统计，扣 1 分。 （2）未根据各受热面多种材料拼接情况制定壁温定值，扣 1 分。 （3）壁温定值未考虑高温抗氧化性，扣 1 分			
19.50	6.5.7.5 必须重视试运中酸洗、吹管工艺质量，吹管完成过热器高温受热面联箱和节流孔必须进行内部检查、清理工作，确保联箱及节流圈前清洁无异物	1	【涉及专业】金属、化学、锅炉 （1）重视酸洗以及吹管工艺质量，加强对酸洗以及吹管过程的质量监督。 （2）吹管、酸洗完成后应进行清洁度检查工作	查阅检修记录、检查报告	（1）酸洗以及吹管过程中未加强监督检查或无相应记录，扣 1 分。 （2）吹管、酸洗完成后，未对过热器高温受热面联箱和节流孔进行内部检查以及清洁度检查，扣 1 分			
19.51	6.5.7.6 不论是机组启动过程，还是运行中，都必须建立严格的超温管理制度，认真落实，严格执行规程，杜绝超温	1	【涉及专业】锅炉 （1）锅炉受热面超温往往发生在变负荷过程中，特别是启动过程中干湿态转换负荷点。 （2）应建立受热面超温统计台账，并保证准确、完整和可追溯性，如有条件可建立三维超温记录，对易超温的受热面区域在运行过程中要重点关注，并在运行过程中严格执行规程，避免超温	查阅运行规程、超温记录台账	（1）运行规程未建立针对超温的相关制度或措施，扣 1 分。 （2）未建立锅炉受热面超温台账，扣 1 分；超温台账不完整或不具可追溯性，扣 1 分。 （3）在机组启动或运行过程中，未严格执行规程导致锅炉受热面超温，扣 1 分			
19.52	6.5.7.7 发现受热面泄漏，必须立即停机处理	2	【涉及专业】锅炉 锅炉应有受热面泄漏监测报警装置，当发现受热面泄漏时，应立即停机处理，防止事故扩大化	查阅运行规程、设备异常分析报告，查看锅炉 DCS 画面	（1）未配置炉膛受热面泄漏监测报警装置，扣 2 分。 （2）发现受热面泄漏，未立即停机处理而继续运行，扣 2 分			
19.53	6.5.7.8 严格执行厂家设计的启动、停止方式和变负荷、变温速率	1	【涉及专业】锅炉 运行规程应严格依据锅炉厂家要求规定启动、停运方式和变负荷、变温速率	查阅锅炉设计说明书、运行规程，查看运行参数历史趋势	（1）运行规程中未按锅炉厂家要求明确锅炉启动、停运方式和变负荷、变温速率，扣 1 分。 （2）运行过程中变负荷、变温速率超过锅炉厂家规定值，每发生一次扣 0.5 分			

编号	二十五项重点要求内容	标准分	评价要求	评价方法	评分标准	扣分	存在问题	改进建议
19.54	6.5.7.9 机组运行中，尽可能通过燃烧调整，结合平稳使用减温水和吹灰，减少烟温、汽温和受热面壁温偏差，保证各段受热面吸热正常，防止超温和温度突变	1	【涉及专业】锅炉 （1）运行规程中应明确规定减少烟温、汽温和受热面壁温偏差的调整手段。 （2）锅炉运行中，应尽可能通过合理配风等燃烧调整方式，并结合控制减温水量和吹灰频次，减小烟温、汽温和受热面壁温偏差，防止超温和温度突变	查阅运行规程，查看运行参数历史趋势	（1）运行规程未明确防止锅炉各段受热面超温和温度突变的调整手段，扣1分。 （2）运行过程中，锅炉烟温、汽温和受热面壁温偏差大，受热面有超温或温度突升现象，且未采取调整措施，扣1分			
19.55	6.5.7.10 对于存在氧化皮问题的锅炉，严禁停炉后强制通风快冷	2	【涉及专业】锅炉 存在氧化皮问题的锅炉，若停炉后强制通风冷却，极易发生氧化皮大面积脱落问题。因此应采取"闷炉"方式，控制受热面的降温速率	查阅运行规程、锅炉停炉记录、防止氧化皮大面积脱落措施	（1）无防止氧化皮大面积脱落措施，扣2分。 （2）对于存在氧化皮问题的锅炉，存在停炉后强制通风快冷的情况，扣2分			
19.56	6.5.7.11 加强汽水监督，给水品质达到《超临界火力发电机组水汽质量标准》（DL/T 912—2005）	1	【涉及专业】化学 （1）DL/T 912—2005《超临界火力发电机组水汽质量标准》已废止。 （2）给水pH值、溶解氧等指标应满足GB/T 12145—2016《火力发电机组及蒸汽动力设备水汽质量》表2～表4的要求	查阅机组给水水质报表	给水水质不符合标准要求，扣1分			
19.57	6.5.7.12 新投产的超（超超）临界锅炉，必须在第一次检修时进行高温段受热面的管内氧化情况检查。对于存在氧化皮问题的锅炉，必须利用检停机会对不锈钢管弯头及水平段进行氧化层检查，以及氧化皮分布和运行中壁温指示对应性检查	1	【涉及专业】金属、锅炉 （1）新投产的超（超超）临界锅炉在第一次检修时应对高温段受热面的管内氧化情况进行检查，及时掌握受热面的状态。 （2）检修期间加强不锈钢氧化物堆积的检查，应该做到"逢停必检"，特别是对于存在氧化皮问题的锅炉，应结合检修制定相应的检查方案，开展对不锈钢管弯头及水平段的检查。此外，对于运行中超温的受热面，应开展针对性的氧化物堆积检查。	查阅检修记录及相关报告	（1）新投产的超（超超）临界锅炉，未在第一次检修时进行高温段受热面的管内氧化情况检查，扣1分。 （2）检修期间未开展不锈钢氧化物堆积检查，扣1分；对于运行中超温的受热面，未开展针对性的氧化物堆积检查，扣1分。 （3）对于铁素钢材料，运行50000h后，检修期间未开展氧化皮厚度检查及性能试验，扣1分			

编号	二十五项重点要求内容	标准分	评价要求	评价方法	评分标准	扣分	存在问题	改进建议
19.57		1	（3）对于铁素钢材料（T23、T91、A102 等），根据运行时间以及运行情况，运行 50000h 后，检修中应开展氧化皮厚度的检查及性能试验					
19.58	6.5.7.13 加强对超（超超）临界机组锅炉过热器的高温段联箱、管排下部弯管和节流圈的检查，以防止由于异物和氧化皮脱落造成的堵管爆破事故。对弯曲半径较小的弯管应进行重点检查	1	【涉及专业】金属、锅炉 超（超超）临界机组检修中应加强高温段联箱、管排下部弯管和节流圈的检查	查阅检修记录及相关报告	检修中未对高温段联箱、管排下部弯管和节流圈进行清洁度检查，扣1分			
19.59	6.5.7.14 加强新型高合金材质管道和锅炉蒸汽连接管的使用过程中的监督检验，每次检修均应对焊口、弯头、三通、阀门等进行抽查，尤其应注重对焊接接头中危害性缺陷（如裂纹、未熔合等）的检查和处理，不允许存在超标缺陷的设备投入运行，以防止泄漏事故；对于记录缺陷也应加强监督，掌握缺陷在运行过程中的变化规律及发展趋势，对可能造成的隐患提前作出预判	2	【涉及专业】金属 高合金材质管道和锅炉蒸汽连接管的使用过程中，每次检修均应对焊口、弯头、三通、阀门等进行抽查。尤其应注重对焊接接头中危害性缺陷（如裂纹、未熔合等）的检查和处理。确保不存在超标缺陷的设备投入运行，以防止泄漏事故。对于记录缺陷，应加强监督，制定监督措施	查阅检修记录、相关报告	（1）检修中未对高合金材质管道和锅炉蒸汽连接管开展监督检验的，扣2分。 （2）检验内容或项目不符合要求的，扣1分。 （3）设备带危害性缺陷运行，扣2分。 （4）对记录缺陷，未制定监督措施，扣1分			
19.60	6.5.7.15 加强新型高合金材质管道和锅炉蒸汽连接管运行过程中材质变化规律的分析，定期对 P91、P92、P122 等材质的管道和管件	1	【涉及专业】金属 （1）参考 DL/T 438—2016《火力发电厂金属技术监督规程》第 7.3 条"9%～12%Cr 系列钢制管道、管件的检验监督"要求，对 P91、P92、P122 等材质的管道和管件进行硬度和微观金相组织定点跟踪抽查。	查阅检修记录、相关报告、监督措施	（1）未定期对 P91、P92、P122 等材质的管道和管件进行硬度和微观金相组织定点跟踪抽查，扣1分。 （2）对硬度异常需要监督的部件，未制定相应的监督措施，扣1分			

编号	二十五项重点要求内容	标准分	评价要求	评价方法	评分标准	扣分	存在问题	改进建议
19.60	进行硬度和微观金相组织定点跟踪抽查，积累试验数据并与国内外相关的研究成果进行对比，掌握材质老化的规律，一旦发现材质劣化严重应及时进行更换。对于应用于高温蒸汽管道的 P91、P92、P122 等材质的管道，如果发现硬度低于 180HB，管件硬度低于 175HB，应及时分析原因，进行金相组织检验，强度计算与寿命评估，并根据评估结果进行相应措施。焊缝硬度超出控制范围，首先在原测点附近两处和原测点 180°位置再次测量；其次在原测点可适当打磨较深位置，打磨后的管子壁厚不应小于管子的最小计算壁厚	1	（2）对于硬度存在异常的部件宜采用便携式布氏硬度计测量校核。对于便携式布氏硬度计不易检测的区域，根据同一材料、相近硬度范围内便携式里氏硬度计与便携式布氏硬度计测量的对比值，对便携式里氏硬度计测量值予以校核。 （3）对于硬度异常需要监督的部件，应制定相应的监督措施					
	6.5.8 奥氏体不锈钢小管的监督	6	【涉及专业】金属					
19.61	6.5.8.1 奥氏体不锈钢管子蠕变应变大于 4.5%，低合金钢管外径蠕变应变大于 2.5%，碳素钢管外径蠕变应变大于 3.5%，T91、T122 类管子外径蠕变应变大于 1.2%，应进行更换	2	【涉及专业】金属 受热面管蠕变更换标准应符合 DL/T 438—2016《火力发电厂金属技术监督规程》第 9.3.19 f）条规定	查阅厂内关于受热面蠕变更换标准的规定，查阅蠕变测量报告记录	（1）受热面管蠕变更换标准不符合要求，扣 2 分。 （2）蠕变测量报告记录不完善，扣 1 分			

编号	二十五项重点要求内容	标准分	评价要求	评价方法	评分标准	扣分	存在问题	改进建议
19.62	6.5.8.2 对于奥氏体不锈钢管子要结合大修检查钢管及焊缝是否存在沿晶、穿晶裂纹，一旦发现应及时换管	2	【涉及专业】金属 （1）大修期间检查奥氏体不锈钢管及焊缝沿晶、穿晶裂纹情况。 （2）出现 DL/T 438—2016《火力发电厂金属技术监督规程》第 9.3.19 e）条"金相组织检验发现晶界氧化裂纹深度超过 5 个晶粒或晶界出现蠕变裂纹"的情况，应及时换管	查阅检修记录、相关报告	（1）大修期间未检查钢管及焊缝沿晶、穿晶裂纹情况，扣 2 分。 （2）发现问题但没有及时换管，扣 2 分。			
19.63	6.5.8.3 对于奥氏体不锈钢管与铁素体钢管的异种钢接头在 40000h 进行割管检查，重点检查铁素体钢一侧的熔合线是否开裂	2	【涉及专业】金属 （1）奥氏体不锈钢管与铁素体钢管的异种钢接头在 40000h 进行割管检查。 （2）锅炉运行 50000h 后，检修时应对异种钢焊缝按 10%进行无损检测	查阅检修记录、相关报告	（1）奥氏体不锈钢管与铁素体钢管的异种钢接头在 40000h 未进行割管检查，扣 2 分。 （2）锅炉运行 50000h 后，未对异种钢焊缝进行检查，扣 2 分			
20	新增：防止热力系统污染事故	100	【涉及专业】化学、汽轮机，共 2 条					
20.1	海水冷却机组发生凝汽器泄漏时，应及时采取有效措施，防止热力设备积盐、腐蚀。	60	【涉及专业】化学、汽轮机 （1）根据 DL/T 5068—2014《发电厂化学设计规范》第 8.0.9 条，采用海水冷却的亚临界及以上参数机组宜设置凝汽器检漏装置，并且检漏装置宜能同时检测每侧凝汽器的凝结水氢电导率。 （2）机组检修后启动或长期备用机组启动，必须进行凝汽器汽侧灌水查漏。 （3）当凝汽器发生泄漏时，应保证全部凝结水经过精处理设备处理，并且高速混床保持氢型运行。汽包炉应加大炉水磷酸盐的加药量，必要时混合加入氢氧化钠，以维持炉水 pH 值，同时加大锅炉排污，控制炉水水质尽量合格。	查看凝汽器检漏装置的配备及运行情况，了解机组启动前的灌水查漏情况以及机组出现海水泄漏时的处理情况	（1）亚临界及以上参数海水冷却机组未安装凝汽器检漏装置，或装置投运不正常，扣 20 分。 （2）机组检修后或长期备用机组启动前未进行凝汽器汽侧灌水查漏，扣 40 分。 （3）凝汽器泄漏发现不及时，或处理措施不当，造成热力设备严重积盐、腐蚀，扣 60 分。 （4）海水泄漏达到停机条件时未及时停机，扣 60 分。 （5）机组在发生严重海水泄漏后，未对热力系统进行清洗或清洗措施不当，扣 40 分			

编号	二十五项重点要求内容	标准分	评价要求	评价方法	评分标准	扣分	存在问题	改进建议
20.1		60	（4）根据检漏装置的监测数据和手工分析凝结水钠含量，及时判明泄漏侧。并根据凝汽器的泄漏情况，采取不同等级的处理措施（加锯末、停运半侧堵漏等），防止事故进一步扩大。当凝结水钠含量＞400μg/L 或氢电导率＞10μS/cm，并且汽包炉炉水 pH 值＜7、直流炉给水氢电导率＞0.5μS/cm 时，应紧急停机。 （5）已发生海水严重泄漏的机组，在紧急停机后，应采用加氨除盐水对热力系统进行彻底清洗，锅炉宜进行化学清洗					
20.2	应根据机组参数、水汽品质、设备材质、精处理型式等，选择合理的给水、炉水处理工艺	40	【涉及专业】化学 （1）给水处理方式的选择应满足 DL/T 805.4—2016《火电厂汽水化学导则 第 4 部分：锅炉给水处理》，其主要原则为： a）有铜给水系统宜采用还原性全挥发处理 AVT（R）。 b）无铜给水系统宜采用氧化性全挥发处理 AVT（O），不应采用 AVT（R）工艺。 c）如机组条件满足 DL/T 805.1—2011《火电厂汽水化学导则 第 1 部分：锅炉给水加氧处理导则》规定的加氧条件时，给水宜采用加氧处理 OT。 （2）炉水处理的主要原则为： a）炉水磷酸盐处理的条件应满足 DL/T 805.2—2016《火电厂汽水化学导则 第 2 部分：锅炉炉水磷酸盐处理》。 b）在保证炉水无硬度和 pH 值合格的前提下，炉水磷酸根的含量应按标准值的低限控	了解机组给水、炉水处理方式，查阅水汽质量报表	（1）未根据机组实际情况，选择适宜的给水处理工艺，扣 20 分。 （2）未根据机组实际情况，选择适宜的炉水处理工艺，扣 20 分			

编号	二十五项重点要求内容	标准分	评价要求	评价方法	评分标准	扣分	存在问题	改进建议
20.2		40	制（炉水 pH 和磷酸根的标准值见 GB/T 12145—2016《火力发电机组及蒸汽动力设备水汽质量》表 8）。 c）炉水氢氧化钠处理的条件应满足 DL/T 805.3—2013《火电厂汽水化学导则 第 3 部分：汽包锅炉炉水氢氧化钠处理》。 d）配备有凝结水精除盐的机组，在凝汽器未发生泄漏时，炉水宜采用氢氧化钠处理。 e）炉水全挥发处理的条件应满足 DL/T 805.5—2013《火电厂汽水化学导则 第 5 部分：汽包锅炉炉水全挥发处理》					
	7 防止压力容器等承压设备爆破事故							
21	**7.1 防止承压设备超压**	100	**【涉及专业】汽轮机、金属、热工，共 14 条** 防止承压设备超压，确保在任何工况下压力容器不超压、超温运行，运行中的压力容器及其安全附件应处于正常工作状态					
21.1	7.1.1 根据设备特点和系统的实际情况，制定每台压力容器的操作规程。操作规程中应明确异常工况的紧急处理方法，确保在任何工况下压力容器不超压、超温运行	10	**【涉及专业】汽轮机、热工** 汽轮机侧应制定高低压加热器、除氧器、辅汽联箱、高低旁、热网加热器等承压设备的运行操作规程，操作规程中应明确异常工况的紧急处理方法，确保在任何工况下压力容器不超压、超温运行	查阅运行规程、反事故措施	（1）运行规程中未制定汽轮机侧高低压加热器、除氧器、辅汽联箱、高低旁、热网加热器等承压设备超压、超温时紧急处理措施，扣 10 分。 （2）运行操作规程中未明确异常工况的紧急处理方法，扣 10 分。 （3）承压设备上的远传、就地压力及温度测点坏质量或者缺少远传、就地压力及温度测点的，扣 10 分			

编号	二十五项重点要求内容	标准分	评价要求	评价方法	评分标准	扣分	存在问题	改进建议
21.2	7.1.2 各种压力容器安全阀应定期进行校验	10	【涉及专业】金属、汽轮机 (1) 各高低加安全阀、辅汽联箱安全阀、除氧器安全阀以及其他压力容器上的安全阀应定期进行检验,并检验合格。 (2)《特种设备安全法》第三十九条规定,特种设备使用单位应当对其使用的特种设备的安全附件、安全保护装置进行定期校验	查阅定期检验报告(记录)、检修记录	(1) 各高低加安全阀、辅汽联箱安全阀、除氧器安全阀以及其他压力容器上的安全阀未按期进行检验,扣10分。 (2) 各压力容器安全阀校验不合格,仍在运行中,扣10分。 (3) 安全阀动作定值设置不合理,扣10分			
21.3	7.1.3 运行中的压力容器及其安全附件(如安全阀、排污阀、监视表计、连锁、自动装置等)应处于正常工作状态。设有自动调整和保护装置的压力容器,其保护装置的退出应经单位技术总负责人批准。保护装置退出后,实行远控操作并加强监视,且应限期恢复	10	【涉及专业】热工、汽轮机、金属 运行中的压力容器及安全附件(如安全阀、排污阀、安全阀后排放管道、监视表计、联锁、自动装置等)处于不正常工作状态(如有泄漏、安全阀起座等)时,其保护装置的退出给系统安全运行带来隐患	查看现场,查阅工作票、保护投退单、保护逻辑	(1) 运行中的压力容器及其安全附件处于不正常工作状态而没有及时处理,未做好相应的预防措施,扣10分。 (2) 设有自动调整和保护装置的压力容器,其保护装置的退出未办理工作票,未经单位技术总责人批准,扣10分。 (3) 保护装置退出后,未制定安全预防措施,未实行远控操作并加强监视,没有限期恢复,扣10分			
21.4	7.1.4 除氧器的运行操作规程应符合《电站压力式除氧器安全技术规定》(能源安保〔1991〕709号)的要求。除氧器两段抽汽之间的切换点,应根据《电站压力式除氧器安全技术规定》进行核算后在运行规程中明确规定,并在运行中严格执行,严禁高压汽源直接进入除氧器	5	【涉及专业】汽轮机 (1) 定压运行的除氧器,在除氧器的常用回热抽汽管道上应装设电动隔离阀和压力调节阀。当采用高一级回热抽汽作为汽轮机低负荷工况下除氧器的加热蒸汽时,应在切换蒸汽管道上装设电动隔离阀和减压阀。 (2) 对于滑压运行的除氧器,在除氧器的常用回热抽汽管道上不应装设加热蒸汽压力调节阀。当采用启动锅炉的蒸汽(或厂用辅助蒸汽)作为启动加热蒸汽,或者采用高压缸排汽(低温再热蒸汽)作为汽轮机低负荷工况下除氧器的备用加热蒸汽时,应在切	查阅设计文件、运行规程及反事故措施	(1) 定压运行的除氧器,在除氧器的常用回热抽汽管道上未装设电动隔离阀和压力调节阀,扣5分;当采用高一级回热抽汽作为汽轮机低负荷工况下除氧器的加热蒸汽时,未在切换蒸汽管道上装设电动隔离阀和减压阀,扣5分。 (2) 滑压运行的除氧器,在除氧器的常用回热加汽管道上存在装设加热蒸汽压力调节阀的情况,扣5分;当采用启动锅炉的蒸汽(或厂用辅助蒸汽)作为启动加热蒸汽,或者采用高压缸排汽(低温再热蒸汽)作为汽轮机低负荷工况下除氧器的备			

编号	二十五项重点要求内容	标准分	评价要求	评价方法	评分标准	扣分	存在问题	改进建议
21.4		5	换蒸汽管道上装设稳压联箱。 （3）除氧器在滑压运行阶段，稳压联箱处于热备用状态，其蒸汽压力通过稳压联箱入口蒸汽压力调节阀维持在除氧器的额定工作压力。除氧器在启动和低负荷运行阶段，通过稳压联箱出口蒸汽压力调节阀维持除氧器定压运行。防止高压汽源直接进入除氧器引起超压		用加热蒸汽时，未在切换蒸汽管道上装设稳压联箱，扣5分。 （3）除氧器在滑压运行阶段，稳压联箱未处于热备用状态，扣5分；除氧器在启动和低负荷运行阶段，不能通过稳压联箱出口蒸汽压力调节阀维持除氧器定压运行，扣5分			
21.5	7.1.5 使用中的各种气瓶严禁改变涂色，严防错装、错用；气瓶立放时应采取防止倾倒的措施；液氯钢瓶必须水平放置；放置液氯、液氨钢瓶、溶解乙炔气瓶场所的温度要符合要求。使用溶解乙炔气瓶者必须配置防止回火装置	5	【涉及专业】金属 严格按照规范使用、管理各种气瓶，防止发生泄漏、爆炸事故	查看现场，查阅相关制度措施	（1）未制定相应的使用管理措施，扣5分。 （2）随意改变使用中的各种气瓶涂色，扣5分。 （3）气瓶立放时未采取防止倾倒的措施，液氯钢瓶未水平放置，放置液氯、液氨钢瓶、溶解乙炔气瓶场所的温度不符合要求，扣5分。 （4）使用溶解乙炔气瓶未配置防止回火装置，扣5分			
21.6	7.1.6 压力容器内部有压力时，严禁进行任何修理或紧固工作	5	【涉及专业】金属 制定压力容器的检修规程，完善检修记录；压力容器应在停止运行后，内部无压力时方可进行检修维护，禁止带压堵漏，防止爆炸事故	查看现场，查阅规程及反事故措施、检修记录	（1）未制定压力容器的检修规程，扣5分。 （2）无检修记录或记录不完善，扣2分。 （3）压力容器内部有压力时，仍在进行修理或紧固工作，扣5分			
21.7	7.1.7 压力容器上使用的压力表，应列为计量强制检验表计，按规定周期进行强检	5	【涉及专业】热工 为防止压力容器爆破，压力容器上使用的压力表必须定期强检，防止因测量不准造成运行事故	查看现场，查阅仪表校验记录、校验报告	（1）压力容器上使用的压力表，未列为计量强制检验表计，扣5分。 （2）压力容器上使用的压力表未按规定周期进行强检，不在检定有效期内，扣5分			

编号	二十五项重点要求内容	标准分	评价要求	评价方法	评分标准	扣分	存在问题	改进建议
21.8	7.1.8 压力容器的耐压试验参考《固定式压力容器安全技术监察规程》（TSGR 0007—2009）进行	5	**【涉及专业】金属** 按照 TSG 21—2016《固定式压力容器安全技术监察规程》第 8.3.13 条要求"定期检验过程中，使用单位或者检验机构对压力容器的安全状况有怀疑时，应当进行耐压试验，耐压试验由使用单位负责实施，检验机构负责检验"。通过耐压试验定期掌握压力容器的耐压性能，防止压力容器爆破事故	查阅试验报告、记录	定期检验过程中，使用单位或者检验机构对压力容器的安全状况有怀疑时，但未按照 TSG 21—2016 进行压力容器的耐压试验，扣 5 分			
21.9	7.1.9 检查进入除氧器、扩容器的高压汽源，采取措施消除除氧器、扩容器超压的可能。推广滑压运行，逐步取消二段抽汽进入除氧器	5	**【涉及专业】汽轮机** 防止除氧器、扩容器超压	查看现场，查阅设计文件、规程及反事故措施	（1）未采取措施消除除氧器、扩容器超压，扣 5 分。 （2）滑压运行时，未取消二段抽汽进入除氧器，扣 5 分			
21.10	7.1.10 单元制的给水系统，除氧器上应配备不少于两只全启式安全阀，并完善除氧器的自动调压和报警装置	10	**【涉及专业】汽轮机、热工** 除氧器配置的安全阀宜采用全启式弹簧安全门。每台除氧器配置的安全阀不少于两只，有除氧头的除氧器应分别直接安装在除氧头和给水箱上。完善除氧器的自动调压和报警装置，防止除氧器超压	查看现场，查阅设计文件、控制逻辑、运行画面	（1）单元制的给水系统，除氧器未配备全启式安全门，数量少于两只，扣 10 分。 （2）有除氧头的除氧器，安全门未分别安装在除氧头和给水箱上，扣 10 分。 （3）除氧器的自动调压和报警装置不完善，扣 10 分			
21.11	7.1.11 除氧器和其他压力容器安全阀的总排放能力，应能满足其在最大进汽工况下不超压	10	**【涉及专业】汽轮机** 除氧器、高低加、辅汽联箱等压力容器安全阀的总排放能力能保证在最大进汽工况下不超压	查阅设计文件、运行规程、调试报告	除氧器和其他压力容器安全阀的总排放能力不足，在最大进汽工况下引起超压，扣 10 分			
21.12	7.1.12 高压加热器等换热容器，应防止因水侧换热管泄漏导致的汽侧容器筒体的冲刷减薄。全面检查时应增加对水位附近的筒体减薄的检查内容	5	**【涉及专业】金属、汽轮机** 为防止高压加热器高压水泄漏对低压汽侧筒体的冲刷减薄导致加热器爆破，应增加对水位附近筒体减薄情况的检查	查阅检修文件、查阅记录或报告	若水侧换热管发生泄漏，未对高压加热器水位附近筒体减薄情况进行检查，扣 5 分			

编号	二十五项重点要求内容	标准分	评价要求	评价方法	评分标准	扣分	存在问题	改进建议
21.13	7.1.13 氧气瓶、乙炔气瓶等气瓶在户外使用必须竖直放置，不得放置阳光下暴晒，必须放在阴凉处	10	【涉及专业】金属 严格按照规范存放氧气瓶、乙炔气瓶，防止发生爆炸事故	查看现场，查阅相关制度措施	（1）氧气瓶、乙炔气瓶等气瓶在户外使用时未竖直放置，扣10分。 （2）氧气瓶、乙炔气瓶等气瓶放置阳光下暴晒，扣10分。 （3）未制定相应的使用管理措施，扣5分			
21.14	7.1.14 氧气瓶、乙炔气瓶等气瓶不得混放，不得在一起搬运	5	【涉及专业】金属 氧气瓶、乙炔气瓶的存放与运输应符合GB 26164.1—2010《电业安全工作规程 第1部分：热力和机械》第14.3条"气焊气割"相关要求，防止发生爆炸事故	查看现场，查阅相关制度措施	（1）未制定相应的使用管理措施，扣5分。 （2）氧气瓶、乙炔气瓶等存放与运输不符合GB 26164.1—2010规定，扣5分			
22	7.2 防止氢罐爆炸事故	100	【涉及专业】金属、化学、电气一次，共5条 制氢站应设置氢气和氧气纯度分析仪及氧中氢含量报警装置，在有爆炸危险房间内，设置氢气检漏报警装置；制氢系统及氢罐的检修要进行可靠的隔离；氢罐应按照标准要求进行定期检验；长周期运行的氢罐，重点检查氢罐外形；防止漏氢及氢罐爆炸事故					
22.1	7.2.1 制氢站应采用性能可靠的压力调整器，并加装液位差越限连锁保护装置和氢侧氢气纯度表，在线氢中氧量、氧中氢量监测仪表，防止制氢设备系统爆炸	20	【涉及专业】化学 制氢设备应采用性能可靠的压力调整器（部分进口设备除外），并加装液位差越限联锁保护装置	查看制氢设备压力调整器、液位差越限联锁保护装置	制氢设备未采用性能可靠的压力调整器（部分进口设备除外）或未加装液位差越限联锁保护装置，扣20分			
22.2	7.2.2 对制氢系统及氢罐的检修要进行可靠的隔离	20	【涉及专业】化学 GB 26164.1—2010《电业安全工作规程 第1部分：热力和机械》13.1.6条规定：储氢设备（包括管道系统）和发电机氢冷系统进行检修前，必须将检修部分与相连的部分隔断，加装严密堵板，并将氢气置换为空气	查阅相关隔离操作票	制氢系统及氢罐检修时未进行可靠隔离，扣20分			

177

编号	二十五项重点要求内容	标准分	评价要求	评价方法	评分标准	扣分	存在问题	改进建议
22.3	7.2.3 氢罐应按照《压力容器定期检验规则》(TSGR 7001—2013)的要求进行定期检验	20	【涉及专业】金属 (1) TSGR 7001—2013《压力容器定期检验规则》已合并至 TSG 21—2016《固定式压力容器安全技术监察规程》。 (2) 氢罐按照 TSG 21—2016《固定式压力容器安全技术监察规程》第 8.1 条要求进行定期检验,防止氢气泄漏。使用氢瓶的单位,应保证氢瓶在安全检验周期内使用。 (3) 检修中增加对氢系统管道的监督检查	查阅定期检验报告、检修记录	(1) 氢罐未按照 TSG 21—2016 的要求进行定期检验,或校验后未提供正式报告,扣 20 分。 (2) 氢瓶无定期检验记录报告,或超过定期检验周期使用,扣 20 分。 (3) 检修中未增加对氢系统管道的监督检查,扣 5 分			
22.4	7.2.4 运行 10 年的氢罐,应该重点检查氢罐的外形,尤其是上下封头不应出现鼓包和变形现象	20	【涉及专业】金属 长周期运行的氢罐,应重点检查氢罐外形,防止上下封头出现鼓包和变形,引发氢气泄漏事故	查阅设备档案、检修记录、定期校验报告、氢罐日常检查记录及定期检验报告	(1) 运行 10 年的氢罐,未进行氢罐外形的检查,并形成检查记录,扣 15 分。 (2) 氢罐上下封头出现鼓包和变形现象后,未及时进行检查及采取措施的,扣 20 分			
22.5	新增:供氢站、氢气罐、充(灌)装站和汇流排间应按 GB 50057—2010《建筑物防雷设计规范》和 GB 50058—2014《爆炸危险环境电力装置设计规范》的要求设置防雷接地设施。防雷装置应每年检测一次。所有防雷防静电接地装置应定期检测接地电阻,每年至少检测一次;对爆炸危险环境场所的防雷装置宜每半年检测一次	20	【涉及专业】电气一次 防止因雷击电流引发氢气爆炸事故。 (1) 独立接闪杆的杆塔、架空接闪线的端部和架空接闪网的每根支柱处应至少设一根引下线。对用金属制成或有焊接、绑扎连接钢筋网的杆塔、支柱,宜利用金属杆塔或钢筋网作为引下线。 (2) 独立接闪杆和架空接闪线或网的支柱及其接地装置至被保护建筑物及与其有联系的管道、电缆等金属物之间的间隔距离应符合 GB 50057—2010《建筑物防雷设计规范》第 4.2.1 条第 5 款规定。	查看现场、查阅设备档案、试验报告	(1) 供氢站、氢气罐、充(灌)装站和汇流排间未设置防雷接地设施,扣 20 分。 (2) 防雷防静电接地装置未定期检测接地电阻(每年至少检测一次),未对爆炸危险环境场所的防雷装置每半年检测一次,扣 20 分			

编号	二十五项重点要求内容	标准分	评价要求	评价方法	评分标准	扣分	存在问题	改进建议
22.5		20	（3）独立接闪杆、架空接闪线或架空接闪网应设独立的接地装置，每一引下线的冲击接地电阻不宜大于10Ω。在土壤电阻率高的地区，可适当增大冲击接地电阻，但在3000Ω·m以下的地区，冲击接地电阻不应大于30Ω					
23	**7.3　严格执行压力容器定期检验制度**	**100**	【涉及专业】金属，共4条					
23.1	7.3.1　火电厂热力系统压力容器定期检验时，应对与压力容器相连的管系检查，特别应对蒸汽进口附近的内表面热疲劳和加热器疏水管段冲刷、腐蚀情况的检查。防止爆破汽水喷出伤人	30	【涉及专业】金属 压力容器相连的管系检查时，应对蒸汽进口附近的内表面热疲劳和加热器疏水管段冲刷、腐蚀情况的检查	查阅压力容器定期检验报告	未对与压力容器相连的管系，特别是蒸汽进口附近的内表面热疲劳和加热器疏水管段冲刷、腐蚀情况进行的检查，扣30分			
23.2	7.3.2　禁止在压力容器上随意开孔和焊接其他构件。若涉及在压力容器筒壁上开孔或修理等修理改造时，须按照《固定式压力容器安全技术监察规程》（TSGR 0004—2009）第5.3条"改造和重大维修"进行	20	【涉及专业】金属 （1）TSGR 0004—2009《固定式压力容器安全技术监察规程》已合并至TSG 21—2016《固定式压力容器安全技术监察规程》。 （2）压力容器不得随意开孔和焊接，若涉及在压力容器筒壁上开孔或修理等修理改造时，需符合TSG 21—2016相关要求	检查压力容器维修改造记录，查看现场	（1）未按标准要求，在压力容器上随意开孔和焊接，扣20分。 （2）无相应的检修记录，扣10分			
23.3	7.3.3　停用超过两年以上的压力容器重新启用时要进行再检验，耐压试验确认合格才能启用	20	【涉及专业】金属 （1）停用超过两年以上的压力容器重新启用时应进行再检验。 （2）停用超过两年以上的压力容器耐压试验合格后才允许启用	查阅检验报告、耐压试验报告	（1）停用超过两年以上的压力容器重新启用时未进行再检验，扣20分。 （2）停用超过两年以上的压力容器未经耐压试验，或耐压试验不合格而继续启用，扣20分			

编号	二十五项重点要求内容	标准分	评价要求	评价方法	评分标准	扣分	存在问题	改进建议
23.4	7.3.4 在订购压力容器前，应对设计单位和制造厂商的资格进行审核，其供货产品必须附有"压力容器产品质量证明书"和制造厂所在地锅炉压力容器监检机构签发的"监检证书"。要加强对所购容器的质量验收，特别应参加容器水压试验等重要项目的验收见证	30	【涉及专业】金属 （1）确保设计单位和制造厂商资质有效，且供货产品必须附有"压力容器产品质量证明书"和制造厂所在地锅炉压力容器监检机构签发的"监检证书"。 （2）加强对所购容器的质量验收	查阅相关见证资料及验收记录等	（1）供货产品未附有"压力容器产品质量证明书"或制造厂所在地锅炉压力容器监检机构签发的"监检证书"，扣30分。 （2）所购容器重要项目未验收见证，扣15分			
24	7.4 加强压力容器注册登记管理	100	【涉及专业】金属，共3条					
24.1	7.4.1 压力容器投入使用必须按照《压力容器使用登记管理规则》（锅质检锅〔2003〕207号）办理注册登记手续，申领使用证。不按规定检验、申报注册的压力容器，严禁投入使用	30	【涉及专业】金属 确认压力容器办理注册登记手续，申领使用证	查阅压力容器使用登记证	压力容器未办理注册登记手续及申领使用证，扣30分			
24.2	7.4.2 对其中设计资料不全、材质不明及经检验安全性能不良的老旧容器，应安排计划进行更换	40	【涉及专业】金属 （1）梳理老旧容器的设计资料，对于材质不明、资料不全或经检验安全性能不良的容器，应及时更换。 （2）压力容器相关资料需齐全	检查老旧容器的资料收集以及相关处理措施	材质不明、资料不全或经检验安全性能不合格的容器，继续使用，扣40分			

编号	二十五项重点要求内容	标准分	评价要求	评价方法	评分标准	扣分	存在问题	改进建议
24.3	7.4.3 使用单位对压力容器的管理，不仅要满足特种设备的法律法规技术性条款的要求，还要满足有关特种设备在法律法规程序上的要求。定期检验有效期届满前1个月，应向压力容器检验机构提出定期检验要求	30	【涉及专业】金属 （1）压力容器使用管理应符合法律法规程序上的要求。 （2）定期检验有效期届满前1个月，应向压力容器检验机构提出定期检验要求	查阅压力定期检验告知书及定期检验报告	（1）压力容器未按要求进行报检，扣10分。 （2）未按规定时间进行定期检验，扣30分			
25	新增：防止高温紧固件损坏失效	100	【涉及专业】金属、汽轮机，共3条					
25.1	对汽缸、汽门、各种阀门和蒸汽管道法兰螺栓，对轮螺栓、主汽门进汽滤网固定销钉、高加疏水管道法兰螺栓、汽包水位计法兰螺栓及汽包人孔门螺栓等紧固件结合检修开展定期检查	30	【涉及专业】金属、汽轮机 （1）检修期间加强对上述螺栓的监督检查。 （2）宏观检查前，应对螺栓表面进行清理，清理时不得损伤螺杆或螺纹。检查时辅以5～10倍放大镜进行观察，做好相应记录。 （3）对于宏观检查存在疑问的螺栓，应进一步进行监督检验	查阅检修报告及记录	未在检修中开展相关紧固件的检查，扣10～30分			
25.2	检修期间对大于M32的高温紧固件加强监督检查	50	【涉及专业】金属、汽轮机 （1）按照DL/T 439—2018《火力发电厂高温紧固件技术导则》第4.2条"投运后的检验"相关内容，开展紧固件的监督检验工作。 （2）对于使用材质为ALLOY783、GH4169合金螺栓的电厂，应加强对该种材质螺栓的监督检查，超声检测时应特别注意加热孔底部附近的缺陷，建议采用小角度纵波法或相控阵进行检测。 （3）关注1Cr10Co3W3NiMoVNbNB、1Cr11Co3W3NiMoVNbNB材质螺栓的高温持久强度变化，适当缩短检验周期。	查阅检修记录及检验报告	（1）未按要求开展高温紧固件及螺母检验，扣15～40分。 （2）检验内容、方法，每缺1项扣5分			

编号	二十五项重点要求内容	标准分	评价要求	评价方法	评分标准	扣分	存在问题	改进建议
25.2		50	（4）汽轮机/发电机大轴连轴器螺栓每次检修应进行外观质量检验，按数量的20%进行无损探伤。 （5）开展对螺母硬度及与螺栓匹配度的检查。 （6）凡在安装或拆卸过程中，使用加热棒对螺栓中心孔加热的螺栓，应对其中心孔进行宏观检查，必要时使用内窥镜检查中心孔内壁是否存在过热和烧伤					
25.3	紧固件安装、检查及维护工艺要求。根据厂家提供的螺母装卸方法完善检修文件包，螺栓（主汽阀、调阀、油动机及其托架、汽缸法兰、导汽管法兰、联轴器、高低加汽水管道法兰、汽包水位计法兰、汽包人孔门紧固螺栓等）回装时，注意垫圈（片）的回装工艺，螺栓回装后应在阀盖（法兰）和螺母上划线进行位置标记，作为后续监视螺母松动的记号。机组小修或停运时，对螺栓、螺母的紧固情况进行跟踪检查	20	【涉及专业】汽轮机 （1）根据厂家提供的螺母装卸方法完善检修文件包，装卸螺母严格按照检修文件包执行，并做好详细的记录。作业文件包中应对螺栓拆解和紧固的顺序作明确要求，对螺栓紧固（冷紧或热紧）的力矩和紧固程度作明确要求，并作为重要的"H"点进行现场监督和三级验收。 （2）由于垫片变形失效会造成螺母松动和螺纹磨损，导致螺栓承载力下降。因此每次解体检修时，对螺母下部垫圈（片）应全部进行更换。螺栓回装时，注意垫圈（片）的回装工艺，应保证安装对中，定位良好，受力均匀。 （3）检修回装后，应在阀盖（法兰）和螺母上划线进行位置标记，作为后续监视螺母松动的记号。机组小修或停运时，对螺栓、螺母的紧固情况进行跟踪检查，及时发现问题，确保紧固件安全可靠	查看现场、查阅检修记录及检验报告、检修文件包、运行巡检记录	（1）未根据厂家提供的螺母装卸方法完善检修文件包（文件包中未对螺栓拆解和紧固的顺序作明确要求，未对螺栓紧固的力矩和紧固程度作明确要求，未做详细的记录，未作为重要的"H"点进行现场监督和三级验收），扣15分。 （2）螺栓紧固件解体检修时，未对螺母下部垫圈（片）进行检查研磨或更换，垫圈（片）的回装工艺不当，扣10分。 （3）螺栓检修回装后，未在阀盖（法兰）和螺母上划线进行位置标记，扣5分；后续运行中未定期监视螺母松动的记号，扣10分；机组小修或停运时，未对螺栓、螺母的紧固情况进行跟踪检查，发现问题后未及时处理，扣20分			

编号	二十五项重点要求内容	标准分	评价要求	评价方法	评分标准	扣分	存在问题	改进建议
26	**8.1　防止汽轮机超速事故**	100	【涉及专业】汽轮机、化学、热工、电气二次、金属，共20条 "防止汽轮机超速"，主要指汽轮机因设计、逻辑保护、运行控制、检修、试验等方面存在缺陷和异常造成汽轮机转速上升甚至超速					
26.1	8.1.1　在额定蒸汽参数下，调节系统应能维持汽轮机在额定转速下稳定运行，甩负荷后能将机组转速控制在超速保护动作值转速以下	5	【涉及专业】汽轮机、热工 （1）通过50%、100%甩负荷试验验证调节系统的可靠性。调节系统应满足 DL/T 1270—2013《火力发电建设工程机组甩负荷试验导则》第8.4条、DL/T 711—2019《汽轮机调节保安系统试验导则》、DL/T 996—2019《火力发电厂汽轮机控制系统技术条件》第5.3.3.2条等要求。 （2）甩负荷后调节系统能将机组转速控制在超速保护动作值转速以下。试验结果不合格应查明原因消缺后方能启动	查阅甩负荷报告、启停机记录、运行机组转速显示值	（1）机组启动过程中转速难以控制，转速超调量超过额定转速的0.2%，扣5分。 （2）甩负荷试验不成功或甩负荷试验过程中，出现超速保护动作（电超速或机械超速动作），扣5分。 （3）甩负荷试验结果不合格未查明原因仍然启动机组运行，扣5分。			
26.2	8.1.2　各种超速保护均应正常投入运行，超速保护不能可靠动作时，禁止机组运行	5	【涉及专业】汽轮机、热工 （1）各项超速保护应传动正常并投入，异常状况机组禁止启动，机械超速或电超速检测不合格，禁止机组运行。 （2）就地手动打闸试验应正常可靠，危急遮断系统、AST电磁阀遮断系统、OPC电磁阀系统、快关电磁阀、机械停机电磁铁等停机保护应能够正常动作。AST电磁阀在线试验应按要求定期进行	查看热工保护投入情况，查阅机械超速或电超速试验记录	（1）超速保护一项未投入，扣5分。 （2）超速保护系统异常、不能可靠动作，扣5分。 （3）未按要求进行机械超速或电超速试验或无试验记录，扣5分。 （4）危急遮断系统不可靠，扣5分。 （5）AST电磁阀在线试验未按要求定期进行，扣5分。 （6）超速保护不能可靠动作时，机组仍运行扣5分			

编号	二十五项重点要求内容	标准分	评价要求	评价方法	评分标准	扣分	存在问题	改进建议
26.3	8.1.3 机组重要运行监视表计，尤其是转速表，显示不正确或失效，严禁机组启动。运行中的机组，在无任何有效监视手段的情况下，必须停止运行	5	【涉及专业】汽轮机、热工 （1）就地及远方转速表必须显示正确，显示不正确或失效，严禁机组启动。 （2）运行过程中，轴位移、振动、差胀、偏心等重要运行监视表计显示应正确。 （3）在无任何有效监视手段的情况下，必须停止运行	查看机组重要运行监视表计	（1）就地转速表及 TSI、DEH 转速表等有一个测点显示不正确或失效，扣 2 分。 （2）未在运行规程中对转速表失效时的启动或停机程序做出明确规定，扣 5 分。 （3）在无任何有效监视手段的情况下，未停止运行，扣 5 分			
26.4	8.1.4 透平油和抗燃油的油质应合格。油质不合格的情况下，严禁机组启动	5	【涉及专业】化学、汽轮机 （1）机组启动前，必须检测抗燃油和汽轮机油的"颗粒度、水分"指标，如不合格，严禁机组启动。抗燃油颗粒度应≤6 级、水分≤1000mg/L；汽轮机油颗粒度应≤8 级、水分≤100mg/L。 （2）汽轮机油参与机组调节时，"颗粒度"指标应按抗燃油标准执行（≤6 级）	查阅油质检测报表	机组启动前未检测汽轮机油和抗燃油"颗粒度、水分"指标，或检测不合格仍然启动机组，扣 5 分			
26.5	8.1.5 机组大修后，必须按规程要求进行汽轮机调节系统静止试验或仿真试验，确认调节系统工作正常。在调节部套有卡涩、调节系统工作不正常的情况下，严禁机组启动	5	【涉及专业】汽轮机、热工 机组大修或调节系统检修后，必须进行静止试验或仿真试验。异常情况下禁止启机，发现异常及时停机	查阅历次大修或调节系统检修后试验记录	（1）机组大修或调节系统检修后调节系统试验项目不完整，每缺一项扣 2 分。 （2）运行规程中未明确规定机组大修后必须进行汽轮机调节系统静止试验或仿真试验，扣 3 分。 （3）调节系统试验报告不规范，每发现一处扣 1 分。 （4）存在调节部套卡涩、调节系统工作不正常的情况，扣 5 分。 （5）调节系统异常时仍然启动，扣 5 分			

编号	二十五项重点要求内容	标准分	评价要求	评价方法	评分标准	扣分	存在问题	改进建议
26.6	8.1.6 机组停机时，应先将发电机有功、无功功率减至零，检查确认有功功率到零，电能表停转或逆转以后，再将发电机与系统解列，或采用汽轮机手动打闸或锅炉手动主燃料跳闸联跳汽轮机，发电机逆功率保护动作解列。严禁带负荷解列	5	【涉及专业】电气二次、热工、汽轮机 （1）按照二十五项反措要求停机，严禁带负荷解列。正常停机时，应确认发电机有功、无功功率减至零，电能表停转或逆转以后，再将发电机与系统解列。 （2）汽轮机手动打闸、锅炉手动主燃料跳闸联跳汽轮机或汽轮机保护动作跳闸，发电机应通过程序逆功率动作解列，不应设置汽轮机跳闸直接联跳发电机的热工保护	查阅运行规程、机跳电联锁保护设置情况及机炉电大联锁逻辑、历次停机记录、程序逆功率定值	（1）正常停机时发电机有功、无功功率未减至零，电能表未停转或逆转即让发电机与系统解列，扣5分。 （2）设置有汽轮机跳闸直接联跳发电机的热工保护，扣5分。 （3）未设置程序逆功率保护，扣5分；程序逆功率保护存在缺陷，扣3分。 （4）运行规程中含有带负荷解列发电机的相关描述，扣5分			
26.7	8.1.7 机组正常启动或停机过程中，应严格按运行规程要求投入汽轮机旁路系统，尤其是低压旁路；在机组甩负荷或事故状态下，应开启旁路系统。机组再次启动时，再热蒸汽压力不得大于制造商规定的压力值	5	【涉及专业】汽轮机、热工 （1）旁路系统应能可靠正常投入或处于备用状态，旁路减温水应能可靠正常投入或处于备用状态；旁路系统如具备自动、快开等各项功能，逻辑应可靠。 （2）运行人员对于旁路的逻辑及操作、事故处理应熟悉。 （3）在机组甩负荷或事故状态下，应开启旁路系统。 （4）高低旁之间的联动保护应可靠，防止高旁开启后低旁未开启引起再热器超压。部分机组设置的再热器保护应可靠，并定期进行传动试验。 （5）DL/T 5428—2009《火力发电厂热工保护系统设计规定》第 8.5.1 条规定，按 FCB 功能要求配置的快速动作旁路系统，应配有根据 FCB 命令或蒸汽压力高至规定值自动投入旁路系统的保护。按机组启动功能设计的旁路系统，不宜设置汽轮机旁路自动投入的保护功能	查阅热工联锁保护及定值清单、启停机记录，检查运行机组汽轮机旁路系统，检查甩负荷逻辑	（1）旁路系统故障，每发现一处扣3分。 （2）汽轮机旁路的控制逻辑或逻辑存在缺陷，每发现一处扣3分；旁路联锁、保护或自动未投入，每发现一处扣3分。 （3）旁路操作不符合制造厂说明书、运行规程及二十五项反措要求，扣3分。 （4）在机组甩负荷或事故状态下，未开启旁路系统，扣5分。 （5）启动时再热器压力超压，扣5分。 （6）若为液压旁路，油质未定期化验、油路存在漏油问题，扣5分			

编号	二十五项重点要求内容	标准分	评价要求	评价方法	评分标准	扣分	存在问题	改进建议
26.8	8.1.8　在任何情况下绝不可强行挂闸	5	【涉及专业】汽轮机、热工、化学 （1）超速保护异常、调速系统异常、危急遮断系统异常、汽轮机主汽阀或调阀不严密、卡涩、油质不合格等情况下必须消除缺陷后方可进行下一步工作。 （2）相关监视、控制系统及保护动作正常可靠、油质合格、旁路正常具备启动条件后才可挂闸	查阅启停机记录、保护投退记录	超速保护异常，调速系统异常，危急遮断系统异常，汽轮机主汽阀或调阀不严密、卡涩、油质不合格等条件下强行挂闸，扣5分			
26.9	8.1.9　汽轮发电机组轴系应安装两套转速监测装置，并分别装设在不同的转子上	5	【涉及专业】热工、汽轮机 （1）转速监测装置必须采取冗余配置，至少安装两套转速监测装置。按照 DL/T 996—2019《火力发电厂汽轮机控制系统技术条件》第 5.5.2 条要求，宜设置不少于两套独立的超速跳闸保护系统。 （2）防止设置在同一转子上的转速监测装置失灵，如前箱主油泵短轴断裂引起转速无法监视保护失灵。超速保护转速监测装置应装设在不同的转子上。 （3）转速监测装置应有转速测量系统故障的判断和限制功能	查看转速监测装置设置情况	（1）仅配置一套转速监测装置或冗余配置的两套转速监测装置中一套未投用或异常，扣5分。 （2）两套转速监测装置未分别装设在不同的转子上，扣5分。 （3）未设置两套及以上的独立的超速跳闸保护系统，转速探头未分别装设在不同的转子上，扣5分。 （4）转速监测装置不具备转速测量系统故障的判断和限制功能，扣5分			
26.10	8.1.10　抽汽供热机组的抽汽逆止门关闭应迅速、严密，连锁动作应可靠，布置应靠近抽汽口，并必须设置有能快速关闭的抽汽截止门，以防止抽汽倒流引起超速	5	【涉及专业】汽轮机、热工 （1）抽汽供热机组的抽汽管道应设置快关截止门，快关门及逆止门关闭时间应符合制造厂要求。逆止门及快关门应确保三断保护（断气、断电、断信号）功能可靠。供热机组逆止门应确保严密，应有防止逆止门门杆断裂等事故的检修计划和防范措施。	查阅抽汽逆止门、快关门关闭时间测试报告，检查抽汽逆止门活动试验记录及检修记录，检查抽汽逆止门、	（1）逆止门、快关截止门不严密，扣3分。 （2）逆止门、快关门关闭时间未测试，扣3分。 （3）逆止门、快关截止门关闭时间超标，扣3分。 （4）抽汽供热机组未设置快关截止门，扣3分。			

编号	二十五项重点要求内容	标准分	评价要求	评价方法	评分标准	扣分	存在问题	改进建议
26.10		5	（2）汽轮机跳闸，高、低加解列及供热抽汽解列等工况关抽汽逆止门、电动门、快关门等阀门联锁动作应可靠。尤其母管制供热机组更应注意。 （3）汽轮机跳闸，高、低加解列及供热抽汽解列等工况动作后应检查确认各抽汽（包括供热抽汽）逆止门、电动门、快关门关闭到位	电动门、快关门等阀门联锁动作逻辑	（5）联锁保护设置不合理，逆止门及快关门三断保护（断气、断电、断信号）功能不可靠，扣3分。 （6）抽汽逆止门未进行活动试验或逆止门、快关截止门存在卡涩等缺陷未处理，扣3分。 （7）未制定防止逆止门门杆断裂等事故的检修计划和防范措施，扣3分。 （8）汽轮机跳闸，高、低加解列及供热抽汽解列等工况动作后各抽汽（包括供热抽汽）逆止门、电动门、快关门未关闭，扣5分			
26.11	8.1.11 对新投产机组或汽轮机调节系统经重大改造后的机组必须进行甩负荷试验	5	【涉及专业】汽轮机 按照DL/T 1270—2013《火力发电建设工程机组甩负荷试验导则》第5.3条、第5.4条、第5.5条以及DL/T 711—2019《汽轮机调节保安系统试验导则》的要求进行试验，通过试验确定调节系统的可靠性	查阅甩负荷试验报告	（1）未按照要求进行甩负荷试验，扣5分。 （2）甩负荷试验结果不合格，扣5分			
26.12	8.1.12 坚持按规程要求进行汽门关闭时间测试、抽汽逆止门关闭时间测试、汽门严密性试验、超速保护试验、阀门活动试验	5	【涉及专业】汽轮机、热工 （1）汽轮机汽门及逆止门关闭时间测试、汽门严密性试验、超速保护试验、汽轮机汽门及逆止门活动性试验应按照DL/T 1055—2007《发电厂汽轮机、水轮机技术监督导则》附录D、DL/T 338—2010《并网运行汽轮机调节系统技术监督导则》附录A等标准导则及规程要求的周期进行试验，并确保试验结果合格，不合格时应查明原因并消缺。 （2）应定期开展汽门部分行程、全行程活动性试验，停机前也应进行汽门全行程活动性试验	查阅试验记录及报告	（1）未按照要求周期进行汽轮机汽门及逆止门关闭时间测试试验、汽门严密性试验、超速保护试验、汽轮机汽门及逆止门活动性试验，扣5分。 （2）试验过程不规范，试验结果不合格且未及时处理的，每发现一项，扣3分			

编号	二十五项重点要求内容	标准分	评价要求	评价方法	评分标准	扣分	存在问题	改进建议
26.13	8.1.13　危急保安器动作转速一般为额定转速的110%±1%	5	【涉及专业】汽轮机 应按照 DL/T 1055—2007《发电厂汽轮机、水轮机技术监督导则》第9.20条、DL/T 711—2019《汽轮机调节保安系统试验导则》等标准导则要求进行注油试验及超速试验，防止飞环或飞锤卡涩，动作转速应符合要求。不符合要求的应及时处理	查阅注油试验记录、机械超速试验记录及报告	（1）未按要求周期进行注油试验及超速试验，扣5分。 （2）危急保安器动作转速不符合二十五项反措及制造厂要求，扣5分			
26.14	8.1.14　进行危急保安器试验时，在满足试验条件下，主蒸汽和再热蒸汽压力尽量取低值	5	【涉及专业】汽轮机 进行危急保安器试验时，在满足试验条件下，主蒸汽和再热蒸汽压力尽量取低值（能够满足制造厂规定的最低汽轮机进汽参数要求即可），以防止超速	查阅试验报告	危急保安器试验过程中主蒸汽和再热蒸汽压力过高，扣1~5分			
26.15	8.1.15　数字式电液控制系统（DEH）应设有完善的机组启动逻辑和严格的限制启动条件；对机械液压调节系统的机组，也应有明确的限制条件	5	【涉及专业】汽轮机、热工 启动逻辑不完善及限制条件设置不完整，可能引起调节系统失控甚至超速。通过定期静态试验以验证可靠性。 （1）数字式电液控制系统（DEH）应设有完善的机组启动逻辑和严格的限制启动条件。 （2）电液控制系统至少应包括机组转速控制、功率控制、抽汽压力控制、主汽压力控制、同期控制、初始负荷控制、一次调频功能、AGC功能、协调控制、RB等功能	查阅DEH仿真试验报告，检查控制逻辑	（1）数字式电液控制系统或机械液压调节系统逻辑及限制条件不完善，扣1~5分。 （2）数字式电液控制系统或机械液压调节系统功能不完善，扣1~5分			
26.16	8.1.16　汽轮机专业人员，必须熟知数字式电液控制系统的控制逻辑、功能及运行操作，参与数字式电液控制系统改造方案的确定及功能设计，以确保系统实用、安全、可靠	5	【涉及专业】汽轮机、热工 汽轮机专业人员，必须熟知数字式电液控制系统的相关内容，避免误操作并能够处理事故状况。并通过定期静态试验及培训提高熟悉水平和操作能力	查看电厂技能培训考核记录、改造方案	（1）汽轮机专业人员对数字式电液控制系统相关内容不熟悉，扣2~5分。 （2）汽轮机专业人员未参与数字式电液控制系统改造方案的确定及功能设计，扣2分			

编号	二十五项重点要求内容	标准分	评价要求	评价方法	评分标准	扣分	存在问题	改进建议
26.17	8.1.17 电液伺服阀(包括各类型电液转换器)的性能必须符合要求,否则不得投入运行。运行中要严密监视其运行状态,不卡涩、不泄漏和系统稳定。大修中要进行清洗、检测等维护工作。发现问题应及时处理或更换。备用伺服阀应按制造商的要求条件妥善保管	5	【涉及专业】汽轮机、热工、化学 伺服阀检查维护不到位、伺服阀工作异常引起转速或者功率控制波动、EH 油压下降等风险。 (1)电液伺服阀(包括各类型电液转换器)应响应速度快、线性好、定位精度高。应选择性能安全可靠的伺服阀。 (2)电液伺服阀应设为失电自动关闭。 (3)应加强控制油油质的定期监督。 (4)应加强电液伺服阀的运行监视、维护管理。 (5)大修中要进行清洗、检测等维护工作。 (6)电液伺服阀出现问题应及时处理或更换,应具备在线维护和更换的功能。 (7)备用伺服阀应按制造商的要求条件妥善保管。 (8)伺服阀安装时应符合厂家要求,螺栓紧力不应超过厂家要求值。伺服阀返厂解体检修时,伺服阀所有结合面的密封圈(O 形圈)应换新	查阅检修总结、检修文件包及了解运行情况,查看油质定期检测报告,查看备用伺服阀保管管理制度及保管情况	(1)电液伺服阀的性能不符合要求,扣5分;运行机组的电液伺服阀存在异常,扣5分。 (2)电液伺服阀失电不能关闭,扣3分。 (3)油质无定期检测报告,扣3分;油质不合格,扣3分。 (4)运行时未对伺服阀进行定期巡检,扣3分。 (5)大修中未进行电液伺服阀清洗、检测、EH 油管阀及系统大流量冲洗等维护工作,扣5分;检修中检查维护记录不全,缺少电液伺服阀清洗、检测、EH 油管阀及系统大流量冲洗等维护工作,检修文件包内容不全,扣5分。 (6)电液伺服阀出现问题未及时处理或更换,扣3分;电液伺服阀不具备在线维护和更换的功能,扣3分。 (7)备用伺服阀未按制造厂的要求条件妥善保管,扣3分。 (8)伺服阀安装时未符合厂家要求,返厂解体检修时密封圈未换新,扣3分			
26.18	8.1.18 主油泵轴与汽轮机主轴间具有齿型联轴器或类似联轴器的机组,应定期检查联轴器的润滑和磨损情况,其两轴中心标高、左右偏差应严格按制造商的规定安装	5	【涉及专业】汽轮机、金属 (1)主油泵轴与汽轮机主轴间具有齿型联轴器或类似联轴器的机组易发生联轴器润滑不足和磨损甚至断裂的情况造成转速无法监视。 (2)主油泵轴与汽轮机主轴直接螺栓连接固定的机组,螺栓断裂会造成主油泵轴与大轴脱开,转速无法监视,引发汽轮机超速事故。固定螺栓强度及紧固力矩应符合厂家设计要求,每次大修及螺栓拆卸后应进行螺栓的金属探伤检测	查阅检查情况及检修总结	(1)未定期进行齿型联轴器或类似联轴器的检查维护,扣5分。 (2)大修时未对主油泵轴与汽轮机主轴的连接螺栓进行金属检测、未按要求回装,扣5分。 (3)联轴器维护记录不全,扣3分。 (4)联轴器安装参数超标,扣5分			

编号	二十五项重点要求内容	标准分	评价要求	评价方法	评分标准	扣分	存在问题	改进建议
26.19	8.1.19 要慎重对待调节系统的重大改造，应在确保系统安全、可靠的前提下，进行全面的、充分的论证	5	【涉及专业】汽轮机 调节系统的改造未充分全面论证可能引起安全隐患	查阅改造报告	（1）未进行全面充分的可行性研究即进行调节系统的改造，扣5分。 （2）调节系统改造后存在缺陷，扣5分			
26.20	新增：A 级检修期间必须对调速系统及危急遮断系统进行解体检查、清洗。若长时间机组未进行 A 级检修，则应每隔 3～5 年检修时进行解体检查、清洗	5	【涉及专业】汽轮机、热工 调速系统及危急遮断系统长期未检修存在安全隐患，可能造成汽轮机超速或者超速保护误动。早期不具备电超速保护功能或功能不完善的汽轮机组，应进一步缩短解体检查、清洗周期	查阅检修记录、检修总结、检修文件包等	（1）A 修或者连续超过 5 年未对调速系统及危急遮断系统进行解体检查、清洗的，扣5分。 （2）检查过程中未记录关键数据或发现安全隐患未进行整改的，扣5分			
27	新增：防止汽轮机主汽阀、调阀卡涩	100	【涉及专业】汽轮机、热工，共 1 条 "防止汽轮机主汽阀、调阀卡涩"，主要指汽轮机因设计、逻辑保护、运行控制、检修、试验等方面存在缺陷和异常造成汽轮机主汽阀、调阀卡涩或卡涩后处理不当引起汽轮机转速上升甚至超速、汽轮机轴向推力增大等事故					
27.1	防止汽轮机主汽阀、调阀卡涩。高中压主汽阀、调阀因氧化皮、机械故障造成卡涩，可能导致机组超速或非停事故。应定期进行阀门部分行程、全行程活动性试验，试验时注意指令和反馈偏差大时应能自动暂停试验。应按照制造厂要求的汽轮机主汽阀、调阀检修周期进行解体检修，检查并确保阀杆的	100	【涉及专业】汽轮机、热工 阀芯活动件的配合间隙偏小是引起阀门卡涩的主要原因。阀杆与十字头对中性差、操纵座弹簧性能不合格，油动机卡涩、伺服阀故障等也可能引起汽门卡涩。阀芯活动件的配合间隙偏小的原因主要有：阀杆弯曲、衬套变形；阀芯件表面（阀杆外表面、阀套内表面）高温抗氧化性不足，产生氧化皮；阀杆与套筒衬套的配合间隙设计值偏小。应防止汽轮机主汽阀、调阀卡涩，避免阀门卡涩造成机组超速事故或非停事故。	查阅汽轮机主汽阀及调阀定期活动性试验记录、检修记录、检修总结、检修文件包、汽轮机主汽阀及调阀技改可行性报告及实施方案	（1）未定期开展汽轮机主汽阀、调阀部分行程、全行程活动性试验，扣20分；运行及试验时汽阀指令和反馈偏差大时未暂停试验和检查处理，扣20分。 （2）未按照制造厂要求的汽轮机主汽阀、调阀检修周期进行解体检修，扣20分；检修后阀杆的弯曲度、阀杆与阀套配合间隙及同心度、阀杆和阀套上的汽封环尺寸、填料函等不符合要求，每发现一项，扣10分。			

编号	二十五项重点要求内容	标准分	评价要求	评价方法	评分标准	扣分	存在问题	改进建议
27.1	弯曲度、阀杆与阀套配合间隙及同心度、阀杆和阀套上的汽封环尺寸、填料函等符合要求。A 级检修时应检查主汽阀、调阀操纵座弹簧，对弹簧的刚度、伸长量进行检查试验，不符合要求的应立即更换。对于易产生氧化皮的超（超）临界机组，应利用检修机会清理阀门动静部件之间的氧化皮，必要时对主汽阀的阀杆、衬套、卡环、止动环、防转销部套和调阀的阀杆、衬套、密封环、预启阀定位销等部件进行结构及材质升级优化、阀芯件导向面喷涂司太立合金、阀芯件配合间隙优化等技术改造	100	（1）定期开展汽轮机主汽阀、调阀部分行程、全行程活动性试验，试验时汽阀指令和反馈偏差大的情况下应能自动暂停试验进行检查及处理，正常运行时汽阀指令和反馈偏差大的情况下应进行检查及处理。 （2）按照制造厂要求的汽轮机主汽阀、调阀检修周期进行解体检修，检查并确保阀杆的弯曲度、阀杆与阀套配合间隙及同心度、阀杆和阀套上的汽封环尺寸、填料函等符合要求。 （3）机组 A 修时应检查主汽阀、调阀操纵座弹簧，对弹簧的刚度、伸长量进行检查试验，不符合要求的应立即更换。 （4）对于易产生氧化皮的超（超）临界机组，应利用检修机会清理阀门动静部件之间的氧化皮，必要时对主汽阀的阀杆、衬套、卡环、止动环、防转销部套和调阀的阀杆、衬套、密封环、预启阀定位销等部件进行结构及材质升级优化、阀芯件导向面喷涂司太立合金、阀芯件配合间隙优化等技术改造。 （5）针对汽轮机主汽阀、调阀经常发生卡涩的机组，应与制造厂进行沟通，采取有效的防范措施或技术改造，并应编写防止阀门卡涩的事故预想措施。 （6）运行中若发现同侧高压主汽门和调门均无法关闭或同侧中压主汽门和调门均无法关闭，应向调度申请停机处理。		（3）机组 A 修时未检查主汽阀、调阀操纵座弹簧，未对不符合要求的弹簧进行更换，扣20分。 （4）易产生氧化皮的超（超）临界机组，未利用检修机会清理阀门动静部件之间的氧化皮，扣20分。 （5）针对汽轮机主汽阀、调阀经常发生卡涩的机组，未采取防范措施或技术改造，未编写阀门卡涩的事故预想措施或执行不到位，扣20分。 （6）运行中发现同侧高压主汽门和调门均无法关闭或同侧中压主汽门和调门均无法关闭，未向调度申请停机处理，扣20分			

编号	二十五项重点要求内容	标准分	评价要求	评价方法	评分标准	扣分	存在问题	改进建议
27.1		100	（7）应增加机组相关防超速逻辑：当汽轮机安全油压已泄，同侧高压主汽门和调门均未关到位，汽轮机转速高于 3030r/min（此转速值仅供参考），则触发锅炉 MFT，全开高旁，全开低旁（此逻辑仅供参考）。当汽轮机安全油压已泄，同侧中压主汽门和调门均未关到位，汽轮机转速高于 3030r/min（此转速值仅供参考），则触发锅炉 MFT，全关高旁，全开低旁（此逻辑仅供参考）。机组启动前应进行严格的新逻辑保护试验					
28	**8.2　防止汽轮机轴系断裂及损坏事故**	100	【涉及专业】汽轮机、热工、金属、电气二次、电气一次，共 11 条 "防止汽轮机轴系断裂及损坏事故"，主要指汽轮机因设计、安装、逻辑保护、运行控制、检修、试验、检测等方面存在缺陷和异常造成汽轮机轴系断裂及损坏事故					
28.1	8.2.1　机组主、辅设备的保护装置必须正常投入，已有振动监测保护装置的机组，振动超限跳机保护应投入运行；机组正常运行瓦振、轴振应达到有关标准的范围，并注意监视变化趋势	10	【涉及专业】汽轮机、热工 轴向位移、胀差、振动等重要保护反映汽轮机转子、轴系及动静间隙的变化情况，是防止轴系断裂及损坏的重要监控参数。尤其振动保护最为直观，故振动保护必须投入并严格监视。机组正常运行中，瓦振、轴振信号应完好，显示正确，在正常范围内。应关注振动参数及 TDM 振动频谱分析的变化趋势。振动监测的设置、分析依据 GB/T 11348.2—2012《机械振动在旋转轴上测量评价机器的振动　第 2 部分：功率大于 50MW，额定工作转速 1500r/min、1800r/min、3000r/min、3600r/min 陆地安装的汽轮机和发电机》	查阅振动等主辅机保护投入情况以及振动监测情况	（1）轴向位移、胀差、振动等主保护一项未投入，扣 10 分。 （2）振动或轴向位移、胀差等重要参数达到报警值，每一项扣 5 分。 （3）TDM 存在缺陷，扣 3 分。 （4）机组正常运行中，瓦振、轴振信号存在坏点，或偏差大等，扣 3 分。 （5）机组正常运行时未监视瓦振、轴振变化趋势，扣 5 分。 （6）运行规程中未明确振动正常值、报警值、跳机值，扣 5 分。			

编号	二十五项重点要求内容	标准分	评价要求	评价方法	评分标准	扣分	存在问题	改进建议
28.1		10	附录A、GB/T 6075.2—2012《机械振动在非旋转部件上测量评价机器的振动 第2部分：功率50MW以上，额定转速1500r/min、1800r/min、3000r/min、3600r/min陆地安装的汽轮机和发电机》附录A		（7）轴向位移、胀差的正常运行范围、报警值、跳机值与热工整定值及汽轮机通流部分实际的动静间隙不相符，扣10分			
28.2	8.2.2 运行100000h以上的机组，每隔3～5年应对转子进行一次检查。运行时间超过15年、转子寿命超过设计使用寿命、低压焊接转子、承担调峰启停频繁的转子，应适当缩短检查周期	10	【涉及专业】金属、汽轮机 （1）应按照DL/T 438—2016《火力发电厂金属技术监督规程》规定，开展对转子、叶片（包括叶根）、叶轮等部位的监督检查。 （a）机组投运后每次A级检修，应对转子大轴轴颈，特别是高中压转子调速级叶轮根部的变截面R处和前汽封槽等部位，叶轮、轮缘小角及叶轮平衡孔部位，叶片、叶片拉金、拉金孔和围带等部位，喷嘴、隔板、隔板套等部件进行表面检验，应无裂纹、严重划痕、碰撞痕印。有疑问时进行表面探伤。 （b）机组投运后首次A级检修，应对高、中压转子大轴进行硬度检验。硬度检验部位为大轴端面和调速级轮盘平面（标记记录检验点位置），此后每次A级检修在调速级叶轮侧平面首次检验点邻近区域进行硬度检验。若硬度相对前次检验有较明显变化，应进行金相组织检验。 （c）机组每次A级检修，应对低压转子末三级叶片和叶根、高中压转子末一级叶片和叶根进行无损探伤；对高、中、低压转子末级套装叶轮轴向键槽部位应进行超声波探伤，叶片探伤按DL/T 714、DL/T 925执行。 （d）机组运行10万h后的第一次A级检修，视设备状况对转子大轴进行无损探伤；	查阅检修计划、检修项目、检修总结和检验报告	未按要求开展对转子、叶片（包括叶根）、叶轮等部位的监督检查，扣5～10分			

编号	二十五项重点要求内容	标准分	评价要求	评价方法	评分标准	扣分	存在问题	改进建议
28.2		10	带中心孔的汽轮机转子,可采用内窥镜、超声波、涡流等方法对转子进行检验;若为实心转子,则对转子进行表面和超声波探伤。下次检验为 2 个 A 级检修期后。转子中心孔无损探伤按 DL/T 717 执行。焊接转子无损探伤按 DL/T 505 执行,实心转子探伤按 DL/T 930 执行。 (e)运行 20 万 h 的机组,每次 A 级检修应对转子大轴进行无损探伤。 (f)"反 T 型"结构的叶根轮缘槽,运行 10 万 h 后的每次 A 级检修,应首选相控阵技术或超声波技术对轮缘槽 90°角等易产生裂纹部位进行检查。 (g)机组运行中出现异常工况,如严重超速、超温、转子水激弯曲等,应视损伤情况对转子进行硬度、无损探伤等。 (2)服役周期较长的机组转子老化存在叶片断裂等风险。运行时间超过 15 年、转子寿命超过设计使用寿命、低压焊接转子、承担调峰启停频繁的转子,应当缩短检查周期					
28.3	8.2.3 新机组投产前、已投产机组每次大修中,必须进行转子表面和中心孔探伤检查。按照《火力发电厂金属技术监督规程》(DL/T 438—2009)相关规定对高温段应力集中部位可进行金相和探伤检查,选取不影响转子安全的部位进行硬度试验	10	【涉及专业】金属、汽轮机 (1)DL/T 438—2009《火力发电厂金属技术监督规程》已更新为 DL/T 438—2016《火力发电厂金属技术监督规程》。 (2)按照 DL/T 438—2016《火力发电厂金属技术监督规程》第 12 条"汽轮机部件的金属监督"要求,在新机组投产前、已投产机组每次大修中,开展转子和中心孔探伤检查。 (3)对于高温段应力集中部位,应增加无损检测抽查	查阅检修计划、检修项目、检修总结和检验报告	(1)未按要求开展转子表面和中心孔的检验工作,扣 10 分。 (2)检验内容、方法,每缺 1 项扣 3 分。 (3)转子表面和中心孔探伤检查报告未保存或内容不完善,扣 3 分			

编号	二十五项重点要求内容	标准分	评价要求	评价方法	评分标准	扣分	存在问题	改进建议
28.4	8.2.4 不合格的转子绝不能使用,已经过主管部门批准并投入运行的有缺陷转子应进行技术评定,根据机组的具体情况、缺陷性质制定运行安全措施,并报主管部门审批后执行	10	【涉及专业】汽轮机 查看转子检查记录、新建机组的监造记录、有缺陷转子的使用技术评定材料、安全措施、审批手续等	查阅转子档案、监造报告等	(1)转子存在影响安全的缺陷,扣10分。 (2)未经制造厂确认即使用有缺陷的转子,扣10分。 (3)转子缺陷报告、制造厂正式确认文件、使用技术评定材料、安全措施、审批手续,每缺少一项,扣10分。 (4)未按制造厂要求定期对转子进行技术评定和备案,扣10分。 (5)对于转子带病运行的机组,未采取运行安全技术措施(如控制启停和变负荷速率、降低运行参数、降低保护动作值等),扣10分			
28.5	8.2.5 严格按超速试验规程的要求,机组冷态启动带10%~25%额定负荷,运行3~4h后(或按制造商要求)立即进行超速试验	10	【涉及专业】汽轮机 转子未充分加热或受热不均匀,热应力、拉应力大,此时进行超速试验转子易发生脆性断裂。应按照DL/T 1055—2007《发电厂汽轮机、水轮机技术监督导则》附录D、DL/T 711—2019《汽轮机调节保安系统试验导则》等相关规定进行超速试验。一般应在以下条件下开展超速试验:新安装机组、机组大修后、危急保安器解体或调整后、机组甩负荷试验前和停机一个月以上再次启动时	查阅超速试验措施、试验报告	(1)运行规程中未规定超速试验周期及条件,扣10分。 (2)调节系统不正常或试验不合格,仍启动机组,扣10分。 (3)未按规程要求定期开展超速试验,扣10分			
28.6	8.2.6 新机组投产前和机组大修中,必须检查平衡块固定螺栓、风扇叶片固定螺栓、定子铁芯支架螺栓、各轴承和轴承座螺栓的紧固情况,保证各联轴器螺栓的紧固和配合间隙完好,并有完善的防松措施	10	【涉及专业】汽轮机、电气一次 螺栓脱落、断裂会造成连接部件变形、脱落,引起振动大、转子损坏等事故,各轴承和轴承座螺栓的紧固异常引起轴承及轴颈受损,联轴器螺栓紧固异常造成螺栓紧力不足,引起联轴器中心、组合晃度偏离设计值	查阅投产前安装记录、大修总结以及相关内容的检修总结	(1)缺少一项检查记录,扣5分。 (2)检修规程、检修文件包未规定易变形或松脱零部件检查要求,扣5分。 (3)安装记录、检修总结中未记录易变形或松脱零部件的检查情况及处理结果,扣5分。 (4)上述部件存在变形和松脱情况的,扣10分;各联轴器螺栓的紧固和配合间隙存在超标情况,扣10分;未采取完善的防松措施,扣10分			

编号	二十五项重点要求内容	标准分	评价要求	评价方法	评分标准	扣分	存在问题	改进建议
28.7	8.2.7 新机组投产前应对焊接隔板的主焊缝进行认真检查。大修中应检查隔板变形情况，最大变形量不得超过轴向间隙的1/3	10	【涉及专业】金属、汽轮机 新机组投产前应对焊接隔板的主焊缝进行认真检查。大修中加强隔板检查，最大变形量不得超过轴向间隙的1/3。如变形量超标，应对静叶与外环的环节部位进行相控阵检查，结构条件允许时静叶与内环焊接部位也应进行相控阵检查，并对隔板进行修复或补强	查阅投产前检查记录及检修总结	（1）隔板检查项目不全，扣5分。 （2）隔板焊缝检查记录不全，扣5分。 （3）隔板变形量超过要求时，未对隔板进行修复或补强，扣10分			
28.8	8.2.8 为防止由于发电机非同期并网造成的汽轮机轴系断裂及损坏事故，应严格落实10.9条规定的各项措施	8	【涉及专业】电气二次、汽轮机 发电机非同期并网使转子扭矩剧增，造成转子损坏及寿命下降、对轮螺栓剪切力增大甚至断裂。应严格落实二十五项反措第10.9条的规定，并与电气专业及运行人员了解发电机并网情况	查看同期装置、试验记录	（1）同期装置配置不符合规定，扣8分。 （2）未开展同期校验，未落实二十五项反措第10.9条规定的各项措施，扣8分			
28.9	8.2.9 建立机组试验档案，包括投产前的安装调试试验、大小修后的调整试验、常规试验和定期试验	8	【涉及专业】汽轮机 应建立机组试验档案，以便追溯和发现缺陷。	查阅试验档案	（1）未建立机组试验档案，扣8分。 （2）缺少一项试验记录，扣3分。 （3）一项试验不合格且未进行处理，扣3分			
28.10	8.2.10 建立机组事故档案，无论大小事故均应建立档案，包括事故名称、性质、原因和防范措施	7	【涉及专业】汽轮机 应建立机组事故档案，以便追溯和发现缺陷，及时制定防范措施	查阅事故档案	（1）未建立机组事故档案，扣7分。 （2）事故档案记录不全，扣1～7分。 （3）未及时制定事故防范措施，扣7分			

编号	二十五项重点要求内容	标准分	评价要求	评价方法	评分标准	扣分	存在问题	改进建议
28.11	8.2.11　建立转子技术档案，包括制造商提供的转子原始缺陷和材料特性等转子原始资料；历次转子检修检查资料；机组主要运行数据、运行累计时间、主要运行方式、冷热态启停次数、启停过程中的汽温汽压负荷变化率、超温超压运行累计时间、主要事故情况及原因和处理	7	【涉及专业】汽轮机 转子技术档案以便追溯和了解转子历史及当前状态，以便发现缺陷及对转子检查提供方向和依据	查阅转子技术档案和历次检修记录、运行分析总结、启停机记录等	（1）未建立转子技术档案，扣7分。 （2）转子技术档案内容不完善，每缺一项，扣2分			
29	**8.3　防止汽轮机大轴弯曲事故**	100	【涉及专业】汽轮机、热工、锅炉，共13条 "防止汽轮机大轴弯曲事故"，主要指汽轮机因设计、安装、逻辑保护、运行控制、检修、仪器仪表定期校验工作、反事故措施执行等方面存在缺陷和异常造成汽轮机大轴弯曲事故					
29.1	8.3.1　应具备和熟悉掌握的资料： （1）转子安装原始弯曲的最大晃动值（双振幅），最大弯曲点的轴向位置及在圆周方向的位置。 （2）大轴弯曲表测点安装位置转子的原始晃动值（双振幅），最高点在圆周方向的位置。 （3）机组正常启动过程中的波德图和实测轴系临界转速。	10	【涉及专业】汽轮机、锅炉 了解转子相关安装、检修参数及运行分析记录、运行参数、启停机参数，以便了解转子当前状况。 （1）应具备和熟悉掌握转子安装原始弯曲的最大晃动值（双振幅）、最大弯曲点的轴向位置及在圆周方向的位置相关资料；应具备并熟悉掌握大轴弯曲表测点安装位置转子的原始晃动值（双振幅）、最高点在圆周方向的位置、通流部分的轴向间隙和径向间隙等相关资料。	逐项排查，查阅安装记录、检修记录、运行分析记录、启停机记录、运行规程、可行性研究报告	（1）缺少一项资料或不完善，扣2分；参数异常，每发现一项，扣2分。 （2）汽封系统改造方案未进行全面充分的可行性论证，扣5分；汽封间隙的调整不合理，引起通流部分严重碰磨，扣10分。 （3）缺少机组启停机全过程中的主要参数和状态的记录，每发现一项，扣2分。 （4）运行规程中未制定机组各种状态下的典型启动曲线、停机曲线，扣5分；未制定机组启停机方案和防范措施，扣10分；未制定机组滑参数停机方案和防范措施，扣10分；违反机组启停机方案和防范措施，扣10分。			

197

编号	二十五项重点要求内容	标准分	评价要求	评价方法	评分标准	扣分	存在问题	改进建议
29.1	（4）正常情况下盘车电流和电流摆动值，以及相应的油温和顶轴油压。 （5）正常停机过程的惰走曲线，以及相应的真空值和顶轴油泵的开启时间和紧急破坏真空停机过程的惰走曲线。 （6）停机后，机组正常状态下的汽缸主要金属温度的下降曲线。 （7）通流部分的轴向间隙和径向间隙。 （8）应具有机组在各种状态下的典型启动曲线和停机曲线，并应全部纳入运行规程。 （9）记录机组启停全过程中的主要参数和状态。停机后定时记录汽缸金属温度、大轴弯曲、盘车电流、汽缸膨胀、胀差等重要参数，直到机组下次热态启动或汽缸金属温度低于150℃为止。 （10）系统进行改造、运行规程中尚未作具体规定的重要运行操作或试验，必须预先制订安全技术措施，经上级主管领导或总工程师批准后再执行	10	（2）慎重对待汽封改造，应在机组安全、可靠的前提下，对改造厂家提供的改造方案进行全面充分的可行性论证。汽封间隙的调整应兼顾安全性和经济性，防止动静部件严重碰磨导致大轴弯曲。 （3）机组启停机分析报告中应记录机组启停全过程中的主要参数和状态。具体包括：启动过程中的波德图和实测轴系临界转速、停机过程的惰走曲线及相应的真空值和顶轴油泵的开启时间、停机后定时记录的汽缸金属温度、大轴弯曲、盘车电流、汽缸膨胀、胀差等重要参数，直到机组下次热态启动或汽缸金属温度低于150℃为止。 （4）根据每台机组的具体特性及制造厂要求，运行规程中应制定出机组各种状态下典型启动曲线（冷态、温态、热态、极热态启动）、停机曲线（滑参数及正常停机的降温降压曲线、停机后汽缸金属温度的下降曲线、正常停机惰走曲线、紧急破坏真空停机惰走曲线等）。滑参数停机过程中，专业技术人员应根据停机特殊情况、各台机组的实际情况，制定出具体的滑参数停机方案和防范措施（滑参数停机时，主、再热蒸汽温度应始终保持过热度不小于50℃；高压外缸上、下缸温差不超过50℃，高压内缸上、下缸温差不超过35℃；温降速率应满足运行规程要求）。在停机过程中应制定防止燃烧不稳，汽温大幅波动的预防措施。		（5）未制定停机过程中防止燃烧不稳，汽温大幅波动的预防措施，扣5分。 （6）停机后汽缸金属温度及下降曲线与正常停机后汽缸金属温度及下降曲线相比存在异常时未查明原因，未采取措施及时处理，扣5分。 （7）系统改造、运行规程中尚未作具体规定的重要运行操作或试验，未预先制定安全技术措施，扣10分；制定安全技术措施后，未经上级主管领导或总工程师批准即实施，扣10分			

编号	二十五项重点要求内容	标准分	评价要求	评价方法	评分标准	扣分	存在问题	改进建议
29.1		10	（5）机组启动前应检查上次停机后汽缸金属温度记录和下降曲线，并与停机后机组正常状态下的汽缸金属温度的下降曲线进行比较，存在异常时应进行分析，查明原因后应及时处理。 （6）系统改造、运行规程中尚未作具体规定的重要运行操作或试验，必须预先制订安全技术措施，经上级主管领导或总工程师批准后再执行					
29.2	8.3.2 汽轮机启动前必须符合以下条件，否则禁止启动： （1）大轴晃动（偏心）、串轴（轴向位移）、胀差、低油压和振动保护等表计显示正确，并正常投入。 （2）大轴晃动值不超过制造商的规定值或原始值的±0.02mm。 （3）高压外缸上、下缸温差不超过50℃，高压内缸上、下缸温差不超过35℃。 （4）蒸汽温度必须高于汽缸最高金属温度50℃，但不超过额定蒸汽温度，且蒸汽过热度不低于50℃	10	【涉及专业】汽轮机、热工 汽轮机启动前必须符合上述条件，否则可能造成汽轮机大轴弯曲	逐项排查，查阅检修记录及运行分析记录、启停机记录	（1）汽轮机启动前一项条件不满足，扣10分。 （2）大轴晃动（偏心）、串轴（轴向位移）、胀差、油压和振动等参数异常或报警，每一项扣5分。 （3）未在运行规程及反事故措施中明确上述内容，每发现一项，扣5分。 （4）未设置或未投入报警及保护，每发现一项，扣5分			

编号	二十五项重点要求内容	标准分	评价要求	评价方法	评分标准	扣分	存在问题	改进建议
29.3	8.3.3 机组启、停过程操作措施： 8.3.3.1 机组启动前连续盘车时间应执行制造商的有关规定，至少不得少于 2～4h，热态启动不少于 4h。若盘车中断应重新计时。 8.3.3.2 机组启动过程中因振动异常停机必须回到盘车状态，应全面检查、认真分析、查明原因。当机组已符合启动条件时，连续盘车不少于 4h 才能再次启动，严禁盲目启动。 8.3.3.3 停机后立即投入盘车。当盘车电流较正常值大、摆动或有异音时，应查明原因及时处理。当汽封摩擦严重时，将转子高点置于最高位置，关闭与汽缸相连通的所有疏水（闷缸措施），保持上下缸温差，监视转子弯曲度，当确认转子弯曲度正常后，进行试投盘车，盘车投入后应连续盘车。当盘车盘不动时，严禁用起重机强行盘车。 8.3.3.4 停机后因盘车装置故障或其他原因需要暂时停止盘车时，应采取闷缸措	10	【涉及专业】汽轮机 机组启、停过程操作措施违规或不完善容易造成大轴弯曲。针对机组设计无高排逆止阀的情况，停机过程应严格按照停机曲线进行，严密监视高中压外缸上、下缸温差不超过 50℃，高中压内缸上、下缸温差不超过 35℃，防止缸体变形、大轴弯曲、动静碰磨	逐项排查，查阅检修记录及运行记录、操作记录、启停机参数	（1）汽轮机启、停机过程操作措施，一项条件不满足扣 5 分。 （2）未在运行规程及反事故措施中明确上述内容，每发现一项，扣 5 分。 （3）针对可能引起汽轮机大轴弯曲的事故原因，未编写相应的防范措施，扣 5 分			

编号	二十五项重点要求内容	标准分	评价要求	评价方法	评分标准	扣分	存在问题	改进建议
29.3	施，监视上下缸温差、转子弯曲度的变化，待盘车装置正常或暂停盘车的因素消除后及时投入连续盘车。 8.3.3.5 机组热态启动前应检查停机记录，并与正常停机曲线进行比较，若有异常应认真分析，查明原因，采取措施及时处理。 8.3.3.6 机组热态启动投轴封供汽时，应确认盘车装置运行正常，先向轴封供汽，后抽真空。停机后，凝汽器真空到零，方可停止轴封供汽。应根据缸温选择供汽汽源，以使供汽温度与金属温度相匹配。 8.3.3.7 疏水系统投入时，严格控制疏水系统各容器水位，注意保持凝汽器水位低于疏水联箱标高。供汽管道应充分暖管、疏水，严防水或冷汽进入汽轮机。 8.3.3.8 停机后应认真监视凝汽器（排汽装置）、高低压加热器、除氧器水位和主蒸汽及再热冷段管道集水罐处温度，防止汽轮机进水。 8.3.3.9 启动或低负荷运行时，不得投入再热蒸汽减	10						

编号	二十五项重点要求内容	标准分	评价要求	评价方法	评分标准	扣分	存在问题	改进建议
29.3	温器喷水。在锅炉熄火或机组甩负荷时，应及时切断减温水。 8.3.3.10 汽轮机在热状态下，锅炉不得进行打水压试验	10						
29.4	8.3.4 汽轮机发生下列情况之一，应立即打闸停机： （1）机组启动过程中，在中速暖机之前，轴承振动超过 0.03mm。 （2）机组启动过程中，通过临界转速时，轴承振动超过 0.1mm 或相对轴振动值超过 0.26mm，应立即打闸停机，严禁强行通过临界转速或降速暖机。 （3）机组运行中要求轴承振动不超过 0.03mm 或相对轴振动不超过 0.08mm，超过时应设法消除，当相对轴振动大于 0.26mm 应立即打闸停机；当轴承振动或相对轴振动变化量超过报警值的 25%，应查明原因设法消除，当轴承振动或相对轴振动突然增加报警值的 100%，应立即打闸停机；或严格按照制造商的标准执行。	10	【涉及专业】汽轮机、热工 发生异常时未能及时打闸停机会造成事故扩大，引起大轴弯曲。以上情况发生应立即打闸停机，应设置声光报警或跳机保护，且报警、保护逻辑正确，定值合理	查阅运行规程、逻辑保护及定值、反事故措施，查阅历史启停机记录和运行分析总结，检查声光报警系统	（1）发生上述情况，未按上述要求打闸停机，扣 10 分。 （2）未在运行规程及反事故措施中明确上述内容，每发现一项扣 5 分。 （3）未设置声光报警，每发现一项扣 5 分。 （4）逻辑判断有缺陷，定值不合理，每发现一项，扣 5 分			

编号	二十五项重点要求内容	标准分	评价要求	评价方法	评分标准	扣分	存在问题	改进建议
29.4	（4）高压外缸上、下缸温差超过 50℃，高压内缸上、下缸温差超过 35℃。 （5）机组正常运行时，主、再热蒸汽温度在 10min 内突然下降 50℃。调峰型单层汽缸机组可根据制造商相关规定执行	10						
29.5	8.3.5 应采用良好的保温材料和施工工艺，保证机组正常停机后的上下缸温差不超过 35℃，最大不超过 50℃	10	【涉及专业】汽轮机 上下缸温差大容易造成汽缸及转子受热不均匀引起汽缸变形、转子弯曲	查看保温敷设情况及测温，查阅启停机记录和运行分析总结	（1）未建立保温测试台账，扣 5 分。 （2）汽缸及与汽缸相连管道的保温每发现一处超温，扣 3 分。 （3）上下缸温差超标，扣 10 分			
29.6	8.3.6 疏水系统应保证疏水畅通。疏水联箱的标高应高于凝汽器热水井最高点标高。高、低压疏水联箱应分开，疏水管应按压力顺序接入联箱，并向低压侧倾斜 45°。疏水联箱或扩容器应保证在各疏水阀全开的情况下，其内部压力仍低于各疏水管内的最低压力。冷段再热蒸汽管的最低点应设有疏水点。防腐蚀汽管直径应不小于76mm	10	【涉及专业】汽轮机 疏水系统异常造成疏水不畅、汽缸进水、管道水冲击，引起汽轮机大轴弯曲	查阅图纸及查看现场	（1）不满足设计要求，一项扣 3 分。 （2）未进行疏水管道及阀门定期检查和测温，扣 3 分。 （3）疏水阀门堵塞或内漏一处扣 3 分。 （4）冷段等管道疏水罐液位未设置报警，扣 3 分。 （5）疏水阀相关联锁保护未设置或不完善，扣 3 分			

编号	二十五项重点要求内容	标准分	评价要求	评价方法	评分标准	扣分	存在问题	改进建议
29.7	8.3.7 减温水管路阀门应能关闭严密，自动装置可靠，并应设有截止阀	7	【涉及专业】汽轮机、热工 高低旁、过热、再热减温水阀门不严造成主再热蒸汽温度下降、管道水冲击、汽轮机进水引起大轴弯曲	查看运行参数及联锁保护清单	（1）减温水管路阀门不严，每内漏一处扣3分。 （2）未进行减温水管道及阀门定期检查和测温，扣3分。 （3）减温水管路阀门自动装置不可靠或联锁保护不完善，扣3分。 （4）减温水管路未设置截止阀，扣3分			
29.8	8.3.8 门杆漏汽至除氧器管路，应设置逆止阀和截止阀	7	【涉及专业】汽轮机 门杆漏汽至除氧器管路如未设置逆止阀和截止阀，会引起除氧器汽水反流至汽轮机汽门引起汽轮机进水、进低温蒸汽，造成大轴弯曲	查阅图纸及查看现场	（1）门杆漏汽至除氧器管路未设置逆止阀和截止阀，扣7分。 （2）门杆漏汽至除氧器管路逆止阀和截止阀不严，扣7分。 （3）未定期检查门杆漏汽至除氧器管路逆止阀和截止阀的严密性，扣7分			
29.9	8.3.9 高、低压加热器应装设紧急疏水阀，可远方操作和根据疏水水位自动开启	6	【涉及专业】汽轮机 高、低加未设置紧急疏水阀或水位高时不能远方快速自动开启造成高、低加满水、汽轮机进水引起大轴弯曲	查阅图纸及查看现场，查看运行参数及联锁保护清单	（1）高、低加未设置紧急疏水阀，扣6分。 （2）高、低加紧急疏水阀无法远方操作，扣6分。 （3）高、低加水位自动及联锁开启逻辑未设置或不完善，扣6分。 （4）高、低加紧急疏水阀故障或堵塞，扣6分			
29.10	8.3.10 高、低压轴封应分别供汽。特别注意高压轴封段或合缸机组的高中压轴封段，其供汽管路应有良好的疏水措施	5	【涉及专业】汽轮机 轴封管道疏水不畅或供汽管路没有良好的疏水措施或轴封供汽减温水流量调控不当等会造成轴封带水、轴封温度异常引起轴封碰磨、汽轮机进水，造成大轴弯曲。轴加风机出口高于低压缸轴封注窝中心、轴加未设计满水报警及联锁保护逻辑，当轴加爆管时可能会引起汽轮机进水，造成大轴弯曲	查阅图纸及查看现场	（1）上述评价要求一项不满足，扣3分。 （2）轴封减温水系统异常，扣5分。 （3）轴封温度偏离设计值或运行规程规定值，扣5分。 （4）轴加抽气风机出口高于低压缸轴封注窝中心、轴加未设计满水报警、轴加水位联锁保护逻辑不完善或未投入，扣5分			

编号	二十五项重点要求内容	标准分	评价要求	评价方法	评分标准	扣分	存在问题	改进建议
29.11	8.3.11　机组监测仪表必须完好、准确，并定期进行校验。尤其是大轴弯曲表、振动表和汽缸金属温度表，应按热工监督条例进行统计考核	5	**【涉及专业】热工、汽轮机** 大轴弯曲、振动和汽缸金属温度等汽轮机监测参数仪表异常造成无法正常监视，保护失灵。 （1）汽轮机大轴弯曲、振动和汽缸金属温度等汽轮机监测参数仪表必须完好、准确。 （2）机组监测仪表应按检修周期进行校验。 （3）汽轮机大轴弯曲、振动和汽缸金属温度等汽轮机监测参数报警、保护逻辑和定值应合理	检查运行监测参数，检查监测仪表校验记录，检查汽轮机大轴弯曲、振动和汽缸金属温度等监测仪表安装记录，检查汽轮机大轴弯曲、振动和汽缸金属温度等参数报警、保护逻辑和定值	（1）汽轮机大轴弯曲、振动和汽缸金属温度等监测仪表未按检修周期进行校验，一项扣3分。 （2）汽轮机大轴弯曲、振动和汽缸金属温度等监测参数存在坏点或跳变，每发现一项，扣3分。 （3）汽轮机大轴弯曲、振动和汽缸金属温度等监测仪表安装无记录或不符合要求，扣3分。 （4）汽轮机大轴弯曲、振动和汽缸金属温度等参数报警、保护逻辑和定值不合理，每发现一处，扣3分			
29.12	8.3.12　凝汽器应有高水位报警并在停机后仍能正常投入。除氧器应有水位报警和高水位自动放水装置	5	**【涉及专业】热工、汽轮机** （1）凝汽器水位高造成汽缸进水，除氧器水位高造成门杆漏汽管道、抽汽管道（常见设置为四抽）、轴封管道（部分机组设置有除氧器供轴封）、高加疏水管道等满水引起汽轮机进水、进冷蒸汽。 （2）应按照DL/T 5428—2009《火力发电厂热工保护系统设计规定》第8.4.2条"1 除氧器水位高至第一规定值时，应报警，有条件时自动开启凝结水至回收水箱电动阀。2 除氧器水位高至第二规定值时，应自动开启除氧器溢流电动阀。3 除氧器水位高至第三规定值时，应自动关闭其所有汽源电动阀及抽汽逆止阀。"的规定进行除氧器水位报警和联锁逻辑的设置。 （3）除氧器应有高水位自动放水装置	查看运行参数及报警、联锁保护逻辑清单	（1）凝汽器未设置高水位声光报警或水位高保护退出（设置有水位高联跳汽轮机保护的机组），扣5分。 （2）凝汽器高水位报警在停机后未投入，扣5分。 （3）除氧器未设置水位声光报警、高水位自动放水装置，扣5分。 （4）凝汽器、除氧器水位测点异常或联锁保护逻辑存在缺陷，扣5分			

编号	二十五项重点要求内容	标准分	评价要求	评价方法	评分标准	扣分	存在问题	改进建议
29.13	8.3.13 严格执行运行、检修操作规程，严防汽轮机进水、进冷汽	5	【涉及专业】汽轮机、热工 　　应严格执行 DL/T 834—2003《火力发电厂汽轮机防进水和冷蒸汽导则》中"3 设计、施工、运行准则""4 设计导则""5 运行导则""6 试验、检查和维护"以及国家行业相关标准导则及运行、检修操作规程，违规操作会造成汽轮机进水、进冷蒸汽。 　　（1）机组应有完善的进水检测，检测装置应能通过温度或水位及其他检测方法，检测出汽轮机内部和外部的积水，特别是能及早检测和判断出可能进入汽缸的外部积水。 　　（2）机组应具有完善的疏水排放系统，在各种不同的工况下，不仅能将储存在汽轮机和管道内的所有疏水排除，而且当发现不正常的积水时，能采用手动或最好采用自动控制方式将其隔离并排出。 　　（3）机组应具有完善的防进水保护系统，对特别危险的水源，该处设备或该设备的任何一套保护或系统单独发生故障时（包括失电、失气信号故障），不致引起汽轮机发生进水事故。 　　（4）疏水管道的安装，应保证在各种不同工况下都有朝着终点方向具有连续的疏水坡度，不应有低点或比排出端接口标高还要低的管段。如果为满足管道热补偿要求，需设置补偿管段，则该管段应位于在水平方向或垂直方向有坡度的平面内。 　　（5）大量的汽轮机进水事故是因冷段再热管道有水所致。在设计这部分管道疏水和防进水保护时，应综合考虑由于再热减温器、	查阅相关规程及运行分析总结、操作记录	（1）运行、检修操作规程中关于防汽轮机进水、进冷蒸汽的内容不完善，扣3分。 （2）违反运行、检修操作规程，每违规操作一次，扣5分。 （3）存在违反 DL/T 834 要求的，每发现一处，扣5分			

编号	二十五项重点要求内容	标准分	评价要求	评价方法	评分标准	扣分	存在问题	改进建议
29.13		5	利用冷段再热管抽汽供加热器、Ⅰ级启动旁路的减温器出现故障而导致发生汽轮机进水的可能性。 （6）机组启动前，主蒸汽系统开始暖管，被暖管段的疏水应全部打开，直至机组达到额定负荷的10%。锅炉运行工况稳定，汽缸和管道的金属温度正常，系统内不会再形成水进入汽轮机内为止。 （7）汽轮机带负荷运行中，发生主、再热蒸汽温度突降50℃及以上或汽温下降超过规定值时，应立即停机。对有热应力自动控制的机组，根据该装置的指令减负荷或做其他处理时，如果没有好转，反而继续恶化，应立即停机。 （8）在额定转速或带负荷运行时，汽轮机发生进水，主要控制指标（振动、差胀、推力、推力瓦温度）突然超过制造厂规定的允许限值时，应立即停机，迅速找出并切断水源。 （9）汽轮机停机时，汽缸疏水、导汽管疏水、抽汽管门前疏水等与汽缸直接连通的疏水和排放阀门，无特别需要，在高压缸进汽室金属温度降到150℃以前不予开启，以避免汽缸金属表面急剧冷却和形成氧化皮，甚至可能导致冷水或冷蒸汽返流进入汽缸。 （10）机组计划停机期间应清理所有疏水的集水罐、自动疏水器、节流孔、系统疏水管道，各水位开关及水位计水侧管道，以防止杂物堵塞不畅					

编号	二十五项重点要求内容	标准分	评价要求	评价方法	评分标准	扣分	存在问题	改进建议
30	**8.4 防止汽轮机、燃气轮机轴瓦损坏事故**	100	**【涉及专业】汽轮机、燃气轮机、化学、电气二次、热工、金属，共19条** "防止轴瓦损坏事故"，主要指汽轮机、燃气轮机因设计、安装、逻辑保护、运行控制、检修、仪器仪表定期校验工作、反事故措施执行等方面存在缺陷和异常造成汽轮机轴瓦载荷分配不当、油质恶化、断油、振动等原因引起轴瓦损坏事故					
30.1	8.4.1 汽轮机、燃气轮机制造商或设计院应配制或设计足够容量的润滑油储能器（如高位油箱），一旦润滑油泵及系统发生故障，储能器能够保证机组安全停机，不发生轴瓦烧坏、轴径磨损。机组启动前，润滑油储能器及其系统必须具备投用条件，否则不得启动。未设计安装润滑油储能器的机组，应补设并在机组大修期间完成安装和冲洗，具备投用条件	5	**【涉及专业】汽轮机、燃气轮机** （1）润滑油泵及系统发生故障时，储能器能够保证机组安全停机，防止发生轴瓦、轴颈损坏事故。 （2）无储能器的油系统应有其他措施保证机组安全停机，不会因此发生轴瓦烧坏、轴颈磨损事故	查看现场、查阅设计文件、检修文件、规程及反事故措施、机组启停机记录	（1）设计有润滑油储能器（如高位油箱）的机组启动前，在润滑油储能器及其系统未具备投用条件下，仍然启动，扣5分。 （2）未设计安装润滑油储能器的机组，其他措施不能保证机组安全停机而发生轴瓦烧坏及轴颈磨损事故，扣5分			
30.2	8.4.2 润滑油冷油器制造时，冷油器切换阀应有可靠的防止阀芯脱落的措施，避免阀芯脱落堵塞润滑油通道导致断油、烧瓦	5	**【涉及专业】汽轮机、燃气轮机** 防止润滑油断油、烧瓦	查看现场、查阅设计文件、检修文件、定期试验记录、反事故措施及运行规程	（1）连续运行机组油系统（如冷油器、辅助油泵、滤网等）必须在运行过程中切换操作时，未严格按照操作票执行，设备维护专业工程师未到场监视，扣3分。 （2）润滑油冷油器制造时，冷油器切换阀无可靠的防止阀芯脱落的措施，扣3分。 （3）规程中未制定冷油器切换阀时防止阀芯脱落的安全措施，扣5分			

208

编号	二十五项重点要求内容	标准分	评价要求	评价方法	评分标准	扣分	存在问题	改进建议
30.3	8.4.3 油系统严禁使用铸铁阀门,各阀门门芯应与地面水平安装。主要阀门应挂有"禁止操作"警示牌。主油箱事故放油阀应串联设置两个钢制截止阀,操作手轮设在距油箱5m以外的地方,且有两个以上通道,手轮应挂有"事故放油阀,禁止操作"标志牌,手轮不应加锁。润滑油管道中原则上不装设滤网,若装设滤网,必须采用激光打孔滤网,并有防止滤网堵塞和破损的措施	8	【涉及专业】汽轮机、燃气轮机 (1)为防止由于阀门损坏造成断油事故,油系统严禁使用铸铁阀门。 (2)油系统阀门安装时阀芯应与地面平行,防止由于门芯脱落导致断油。 (3)为防止误操作,在紧急情况下能迅速找到阀门,要求主要阀门应有标志牌、挂有"禁止操作"警告牌。 (4)为防止滤网堵塞造成断油事故,润滑油管道上不宜设置滤网,若装设滤网,必须采用激光打孔滤网,并有防止滤网堵塞和破损的措施	查看现场,查阅设计文件、检修文件、规程及反事故措施	(1)阀门安装方式不符合要求,扣8分。 (2)未挂有"禁止操作"警示牌,扣5分。 (3)操作通道少于两个通道,阀门手轮加锁,扣5分。 (4)缺少防止滤网堵塞和破损的措施,扣5分。 (5)未采用激光打孔滤网,扣5分			
30.4	8.4.4 安装和检修时要彻底清理油系统杂物,严防遗留杂物堵塞油泵入口或管道	5	【涉及专业】汽轮机、燃气轮机 防止油系统杂物遗留堵塞油泵入口或管道,发生断油烧瓦事故	查看现场,查阅检修文件、规程及反事故措施	(1)发现油系统遗留杂物,扣5分。 (2)安装和检修记录中,没有体现检查遗留杂物堵塞油泵入口或管道内容,扣5分			
30.5	8.4.5 油系统油质应按规程要求定期进行化验,油质劣化应及时处理。在油质不合格的情况下,严禁机组启动	5	【涉及专业】化学、汽轮机 (1)应根据 DL/T 571—2014《电厂用磷酸酯抗燃油运行维护导则》、GB/T 7596—2017《电厂运行中矿物涡轮机油质量》、GB/T 14541—2017《电厂用矿物涡轮机油维护管理导则》做好抗燃油、汽轮机油的日常分析和维护管理工作。 (2)化学专业发现油质不合格,应及时通知汽轮机专业,共同分析原因并进行处理。在油质处理过程中,化学专业应加强油质监督,直至闭环处理。 (3)应配备具有良好滤油效果的在线及旁路油净化装置,并保证装置的正常使用	查阅油质报表及油质劣化时的处理记录	(1)未按标准规定的检测项目和检测周期进行抗燃油、汽轮机油油质检测,每一项扣2分。 (2)抗燃油、汽轮机油的维护管理不符合标准要求,每一项扣2分。 (3)油质不合格未及时处理,或处理效果不佳,导致抗燃油、汽轮机油油质长期超标,扣5分			

编号	二十五项重点要求内容	标准分	评价要求	评价方法	评分标准	扣分	存在问题	改进建议
30.6	8.4.6 润滑油压低报警、联启油泵、跳闸保护、停止盘车定值及测点安装位置应按照制造商要求整定和安装，整定值应满足直流油泵联启的同时必须跳闸停机。对各压力开关应采用现场试验系统进行校验，润滑油压低时应能正确、可靠的联动交流、直流润滑油泵	5	【涉及专业】汽轮机、燃气轮机、热工 （1）润滑油压低报警、联启油泵、跳闸保护、停止盘车定值及测点安装位置应按照制造厂要求整定和安装。 （2）直流油泵联启的同时必须跳闸停机。若油压低汽轮机跳闸定值低于直流油泵联锁启动定值，直流润滑油泵联锁启动后，汽轮机无备用的油泵。 （3）压力开关应采用现场试验系统进行校验，目的有两个：一是检验压力开关设定是否正确，二是检验辅助泵联启的过程中润滑油压力是否满足要求。 （4）润滑油压低时应能正确、可靠的联动交流、直流润滑油泵	检查润滑油压力低启动直流油泵硬接线回路，检查交、直流油泵的联锁逻辑、润滑油泵启动允许条件，检查压力开关现场试验系统试验记录	（1）润滑油压低报警、联启油泵、跳闸保护、停止盘车定值不合理，扣5分。 （2）润滑油压低保护测点取样不独立，扣5分。 （3）润滑油压低联启油泵定值与润滑油压低跳机定值不一致，扣5分。 （4）交、直流润滑油泵因故障不能启动，扣3分。 （5）无压力开关现场试验记录，扣5分。			
30.7	8.4.7 直流润滑油泵的直流电源系统应有足够的容量，其各级保险应合理配置，防止故障时熔断器熔断使直流润滑油泵失去电源	5	【涉及专业】电气二次、热工 直流油泵失去电源可能使直流油泵不能正常联启或跳闸，造成断油烧瓦	现场检查直流润滑油泵电源配置、查阅设计文件、定期试验记录	（1）直流润滑油泵的直流电源系统设计容量不够，扣5分。 （2）直流润滑油泵的直流电源系统各级保险配置不合理，扣5分			
30.8	8.4.8 交流润滑油泵电源的接触器，应采取低电压延时释放措施，同时要保证自投装置动作可靠	5	【涉及专业】电气二次、热工 （1）交流润滑油泵电源的接触器应采取低电压延时释放措施，主要目的是提高其抗电压暂降的能力。GB/T 30137—2013《电能质量电压暂降与短时中断》第3.1条规定，电力系统中某点工频电压方均根值突然降低至0.1p.u.～0.9p.u.，并在短暂持续10ms～1min后恢复正常的现象。在电气短路故障或大容量设备启动时往往存在电压暂降的现象，交流润滑油泵电源的接触器可能释放，	检查交流润滑油泵电源的接触器、设备台账、定期试验记录	（1）交流润滑油泵电源的接触器未采取低电压延时释放措施，扣5分。 （2）交流润滑油泵电源自投装置动作不可靠，扣5分			

编号	二十五项重点要求内容	标准分	评价要求	评价方法	评分标准	扣分	存在问题	改进建议
30.8		5	造成交流润滑油泵退出运行，GB 14048.4—2010《低压开关设备和控制设备　第 4-1 部分：接触器和电动机起动器机电式接触器和电动机起动器（含电动机保护器）》第 8.2.1.2 条规定，交流接触器释放和完全断开的极限值是其额定控制电源电压的 20%～75%。 （2）低压延时释放措施主要有：①采用延时释放回路；②采用抗晃电接触器；③采用双位置继电器；④采用直流控制电源；⑤采用交流不间断电源 UPS 供电等。 （3）交流润滑油泵电源系统使用自投装置的，应按照 DL/T 995—2016《继电保护和电网安全自动装置检验规程》要求进行检验，并开展空载及带负荷试验，确保自投装置动作可靠					
30.9	8.4.9　应设置主油箱油位低跳机保护，必须采用测量可靠、稳定性好的液位测量方法，并采取三取二的方式，保护动作值应考虑机组跳闸后的惰走时间。机组运行中发生油系统泄漏时，应申请停机处理，避免处理不当造成大量跑油，导致烧瓦	8	【涉及专业】热工、汽轮机、燃气轮机 （1）应设置主油箱油位低跳机保护。 （2）主油箱油位必须采用测量可靠、稳定性好的液位测量方法。 （3）主油箱油位低跳机保护应采取三取二的方式，保护动作值应考虑机组跳闸后的惰走时间	检查主油箱油位低跳机保护逻辑、延时，查看主油箱油位测点	（1）未设置主油箱油位低跳机保护，扣 8 分。 （2）主油箱油位测量装置不可靠，扣 5 分。 （3）主油箱油位保护测点不独立，扣 5 分。 （4）主油箱油位低保护延时时间过长（＞5s），油位保护动作值偏低，扣 5 分。 （5）机组运行中发生油系统泄漏且影响机组安全运行时，未申请停机处理，扣 5 分，造成大量跑油，导致烧瓦，扣 8 分			
30.10	8.4.10　油位计、油压表、油温表及相关的信号装置，必须按要求装设齐全、指示正确，并定期进行校验	5	【涉及专业】热工、汽轮机、燃气轮机 油位、油压、油温是重要表计，其报警、联锁和保护装置必须安装齐全，指示正确，并按仪表检定周期（如：1 年）进行校验。如发现缺陷应立即处理好，避免留下事故隐患	查阅油位计、油压表、油温表及相关的信号装置的校验记录，相关信号消缺记录	（1）油位计、油压表、油温表及相关的信号装置不齐全或设置不符合要求的，扣 5 分。 （2）油位计、油压表、油温表及相关的信号装置存在缺陷未及时消除的，扣 5 分。 （3）油位计、油压表、油温表及相关的信号装置，未定期进行校验，扣 5 分			

编号	二十五项重点要求内容	标准分	评价要求	评价方法	评分标准	扣分	存在问题	改进建议
30.11	8.4.11　辅助油泵及其自启动装置，应按运行规程要求定期进行试验，保证处于良好的备用状态。机组启动前辅助油泵必须处于联动状态。机组正常停机前，应进行辅助油泵的全容量启动试验	5	【涉及专业】热工、汽轮机、燃气轮机 （1）汽轮机、燃气轮机的调速油泵、启动油泵、交流润滑油泵、直流润滑油泵等辅助油泵及其自启动装置，应按运行规程要求定期进行试验，保证处于良好的备用状态。 （2）机组启动前辅助油泵必须处于联动状态。辅助油泵启允许条件中不应设置单点判据。 （3）机组正常停机前，应进行辅助油泵的全容量启动试验	查阅辅助油泵及其自启动装置定期试验记录；检查辅助油泵启允许条件；检查启机前辅助油泵的全容量启动试验	（1）辅助油泵及其自启动装置未进行定期试验或试验记录不全，扣5分。 （2）辅助油泵因故障不能启动，扣5分。 （3）机组启动前辅助油泵未处于联动状态，扣2分，辅助油泵启允许条件中设置了单点判据，每处扣1分。 （4）启机前和停机前辅助油泵的全容量启动试验无记录或不规范，扣5分			
30.12	8.4.12　油系统（如冷油器、辅助油泵、滤网等）进行切换操作时，应在指定人员的监护下按操作票顺序缓慢进行操作，操作中严密监视润滑油压的变化，严防切换操作过程中断油	5	【涉及专业】汽轮机、燃气轮机 （1）油系统（如冷油器、辅助油泵、滤网等）进行切换操作前，应该开具操作票，操作票应有事故预防措施。 （2）操作时应在指定人员的监护下按操作票顺序缓慢进行操作，操作中严密监视润滑油压的变化，防止切换操作过程中断油	查阅定期试验记录、工作票及运行规程、反事故措施内容	（1）油系统（如冷油器、辅助油泵、滤网等）进行切换操作前，未开具操作票或操作票中无事故预防措施，扣5分。 （2）未在指定人员的监护下按操作票顺序缓慢进行操作，操作中未监视记录润滑油压的变化，扣5分			
30.13	8.4.13　机组启动、停机和运行中要严密监视推力瓦、轴瓦钨金温度和回油温度。当温度超过标准要求时，应按规程规定果断处理	5	【涉及专业】汽轮机、燃气轮机、热工 （1）机组运行中，各支持轴承、推力轴承和密封瓦的金属温度，均不应高于制造厂规定值。 （2）回油温度不宜超过制造厂规定值，超过报警规定值时应进行报警提示，超过保护规定值时应立即打闸停机，防止轴瓦损坏	现场检查、查阅启停机记录、运行报表数据、运行规程及反事故措施	（1）推力瓦、轴瓦钨金温度和回油温度测点显示不准确而没有处理的，扣3分。 （2）机组启动、停机和运行中推力瓦、轴瓦钨金温度和回油温度超过标准要求时，未按规程规定果断处理的，扣5分			
30.14	8.4.14　在机组启、停过程中，应按制造商规定的转速停止、启动顶轴油泵	5	【涉及专业】汽轮机、燃气轮机 在机组启停过程中，要严格按照制造厂的规定启停顶轴油泵	查阅启停机记录、事故档案、运行规程及反事故措施	在机组启、停过程中，未按照制造厂规定的转速停止、启动顶轴油泵，扣5分			

编号	二十五项重点要求内容	标准分	评价要求	评价方法	评分标准	扣分	存在问题	改进建议
30.15	8.4.15 在运行中发生了可能引起轴瓦损坏的异常情况（如水冲击、瞬时断油、轴瓦温度急升超过 120℃ 等），应在确认轴瓦未损坏之后，方可重新启动	5	【涉及专业】汽轮机、燃气轮机 （1）如果出现可能引起轴承损坏的异常情况时，立即停机，查明原因。 （2）应在确认轴承没有损坏后，方可重新启动，严防轴瓦损坏	查阅启停机记录、事故档案、检修记录、运行规程及反事故措施	（1）运行中发生了可能引起轴瓦损坏的异常情况（如水冲击、瞬时断油、轴瓦温度急升超过 120℃ 等），仍未停机，扣 5 分。 （2）未确认轴瓦是否损坏情况下，重新启动，扣 5 分			
30.16	8.4.16 检修中应注意主油泵出口逆止阀的状态，防止停机过程中断油	5	【涉及专业】汽轮机、燃气轮机 运行中主油泵出口逆止阀不严或卡涩时，造成停机过程中，高压油经主油泵出口逆止阀回流，润滑油压大幅度下降导致断油事故，机组检修中要认真检查主油泵出口逆止阀的状态，确保其灵活、关闭严密。防止逆止阀销子断裂，应结合检修机会对销子及其连接方式进行检查，应采取销子紧固防松、防断措施	现场检查、查阅泵轮换及试启定期试验记录、启停机记录、检修记录、运行规程及反事故措施	（1）机组检修中未检查主油泵出口逆止阀的状态，逆止阀不够灵活或关闭不严时未进行检修的，扣 5 分。 （2）机组检修中未对销子及其连接方式进行检查，未采取销子紧固防松、防断措施，扣 3 分；发现问题未及时进行处理，扣 5 分			
30.17	8.4.17 严格执行运行、检修操作规程，严防轴瓦断油	5	【涉及专业】汽轮机、燃气轮机、金属 （1）严格执行运行、检修操作规程，措施得当，防止轴瓦断油。 （2）检修中应对轴瓦开展金属检测工作，检验项目至少应包括超声检测、渗透检测等	查阅运行、检修规程、检验报告	（1）运行、检修规程中关于防止断油烧瓦规定不完善的，每处扣 2 分。 （2）违反运行、检修操作规程操作，导致有可能轴瓦断油，扣 5 分。 （3）检修中未开展轴瓦的金属监督或检验项目不全，扣 3 分			
30.18	新增：直流油泵管路设计应保证出口不经过滤网和冷油器，直接供至各轴瓦	5	【涉及专业】汽轮机、燃气轮机 直流油泵管路设计出口不经过滤网和冷油器，直接供至各轴瓦，防止油路堵塞或泄漏	查看直流油泵管路系统及设备	直流油泵管路出口设置有滤网和冷油器的，扣 5 分			

编号	二十五项重点要求内容	标准分	评价要求	评价方法	评分标准	扣分	存在问题	改进建议
30.19	新增：严格执行集团公司《发电厂操作票技术规范》中设备联锁、保护投退规定。电气设备、热力设备、热工设备，应根据实际设置列出设备联锁、保护清单，制定投退管理规定，并明确重要联锁、保护的投退由本单位主管生产的副厂长或总工程师批准后执行	4	【涉及专业】热工、汽轮机、燃气轮机 （1）操作员站、热工保护回路中不应设置供运行人员切、投保护的任何操作手段。执行操作过程中，不得随意解除设备联锁逻辑或装置。 （2）完善机组设备主保护、保护定值、联锁装置、自动装置的动态跟踪制度。汽轮机润滑油系统监控画面上"热工联锁"开关的操作，应严格执行操作票制度，确保运行人员随时掌握真实情况。 （3）汽轮机的交直流润滑油泵及其自启动装置，应按运行规程要求定期进行试验，保障处于良好的备用状态。机组启动前，交直流润滑油泵必须处于联动状态。机组正常停机前，应进行交直流润滑油泵的全容量启动和联锁试验。 （4）规范交接班检查和记录等细节管理，运行交接班必须严格认真核对设备状态、运行方式	查阅运行记录、设备联锁/保护投退记录、保护投退申请单、运行交接班记录等	（1）操作员站、热工保护回路中设置了供运行人员切、投保护的操作按钮或其他操作手段，每处扣1分。 （2）未经汇报、审批程序，随意解除了设备联锁逻辑或装置，每次扣1分。 （3）汽轮机润滑油系统、辅机润滑油系统、真空泵系统、定子冷却水系统等危及机组或辅机设备安全的联锁、保护投退操作未严格执行操作票制度，扣4分。 （4）检查保护投退申请单、联锁/保护投退记录，没有严格执行相关规定的，每处扣2分。 （5）未按要求定期对交直流润滑油泵进行联动试验，扣2分。 （6）运行交接班记录不规范、存在重要事项遗漏，扣2分			
31	新增：防止汽轮机滑销系统故障	100	【涉及专业】汽轮机、金属、热工，共7条 汽轮机滑销系统异常引起的汽缸膨胀不畅、胀差超限，造成汽轮机通流部分动静碰磨、轴系损坏、大轴弯曲等，是汽轮机组中破坏性较大的事故，应采取有效措施预防					

编号	二十五项重点要求内容	标准分	评价要求	评价方法	评分标准	扣分	存在问题	改进建议
31.1	新建机组的汽轮机滑销系统、汽缸推拉装置等项目应严格按照设计图纸及安装工艺要求施工,并经施工单位、监理、建设单位逐级验收。机组大修时应检查记录滑销系统、汽缸推拉装置各项配合间隙及牢固性、横销支架结构与材料是否与设计相符,滑销、销槽、锚固板的滑动配合面应无损伤和毛刺,各配合尺寸应符合制造厂要求	20	【涉及专业】汽轮机 新建机组的安装及机组大修时的检修,未按照相关要求检查、施工、验收,造成机组运行过程中滑销系统、汽缸推拉装置等异常。汽轮机滑销系统、汽缸推拉装置等项目应按照 DL 5190.3—2019《电力建设施工技术规范 第 3 部分:汽轮发电机组》第 4.4 条"汽缸、轴承座及滑销系统"、DL/T 838—2017《燃煤火力发电企业设备检修导则》第 5.1.1 条要求执行	查阅安装记录、检修记录、验收资料	(1)新建机组未按照设计图纸、安装工艺及相关标准要求施工、记录的,一项扣 10 分。 (2)机组大修未按制造厂及相关标准要求进行检查、检修、记录的,一项扣 10 分。 (3)各项配合间隙尺寸超标,一处扣 10 分。 (4)滑销、销槽、锚固板的滑动配合面有明显损伤和毛刺且未进行处理,扣 5~10 分。 (5)横销支架等固定件的结构、材料与设计不符,扣 10 分。 (6)验收资料不全,一项扣 10 分			
31.2	采用高温润滑脂润滑的滑销系统,运行中应每年加注一次高温润滑脂,以减小轴承座与台板的摩擦系数。轴承座滑动面上的油脂孔道应清洁、畅通,轴承座周围及底部管道不得影响汽缸膨胀,滑动面采用滑块结构时应按照制造厂要求在研刮后取下滑块螺钉	15	【涉及专业】汽轮机 (1)采用高温润滑脂润滑的滑销系统,未定期加注高温润滑脂,造成轴承座与台板卡涩、拉毛,引起汽缸膨胀不畅。 (2)滑动面采用滑块结构时应按照制造厂要求在研刮后取下滑块螺钉	查阅检修记录、定期维护记录	(1)采用高温润滑脂润滑的滑销系统,未每年加注高温润滑脂,扣 15 分。 (2)轴承座滑动面上的油脂孔道存在影响滑动的异物,未进行清理,扣 10 分。 (3)轴承座周围及底部管道影响汽缸膨胀,扣 10 分。 (4)滑动面采用滑块结构的机组未按制造厂要求进行检修,扣 10 分			
31.3	机组运行中应防止轴封蒸汽漏入轴承座与台板滑动面造成积水、锈蚀,导致滑销系统卡涩	10	【涉及专业】汽轮机 轴封蒸汽压力过高或轴封损坏导致轴封蒸汽漏入轴承箱与台板滑动面,造成积水、锈蚀,导致滑销系统卡涩	查看现场,查阅运行参数、检修记录	(1)轴封压力明显高于设计值或轴封损坏引起轴封漏量大,扣 10 分。 (2)轴承箱与台板滑动面积水、锈蚀,扣 5~10 分。 (3)滑销系统卡涩、汽缸膨胀或收缩不畅、蛙跳,扣 10 分			

编号	二十五项重点要求内容	标准分	评价要求	评价方法	评分标准	扣分	存在问题	改进建议
31.4	机组大修后冷态启动时应在前箱和猫爪处安装固定可靠的机械位移指示装置，监测记录汽缸膨胀、收缩情况，作为历次机组启停汽缸膨胀的历史数据，供分析参考用。未设计高、中压胀差、绝对膨胀测点的机组，应至少增加绝对膨胀测点	10	【涉及专业】汽轮机、热工 强调汽缸膨胀监测，防止汽缸膨胀、收缩异常或滑销系统异常时无法监测，造成汽轮机通流部分动静碰磨、轴系损坏、大轴弯曲等事故	查看现场，查阅运行参数、运行记录、检修记录	（1）机组大修后冷态启动时未在前箱和猫爪处安装固定可靠的机械位移指示装置进行监测记录，扣10分。 （2）机组启停时未对汽缸膨胀、胀差进行记录及对比分析，扣10分。 （3）机组启停及运行时汽缸膨胀、胀差参数异常未进行分析及采取措施，扣10分。 （4）无法监视汽缸绝对膨胀数值，扣10分			
31.5	利用大修周期开展与汽缸相连的蒸汽管道金属检测及支吊架的检查和调整	15	【涉及专业】金属、汽轮机 （1）应利用大修周期开展与汽缸相连的蒸汽管道金属检测及支吊架的检查和调整，如未完成上述工作，可能造成汽缸膨胀受阻、焊缝开裂、支吊架失效等后果。 （2）特别是对于与汽缸相连接的管道，如果存在结构突变等部位，应尽量缩短检验周期	查看现场，查阅金属及支吊架检查与维护记录	（1）未利用大修周期开展与汽缸相连的蒸汽管道焊缝金属检测及支吊架的检查和调整，扣15分。 （2）与汽缸相连的蒸汽管道存在明显位移、强行对口，每发现一处扣10分。 （3）与汽缸相连的蒸汽管道焊缝金属检测不合格，且未进行处理，一处扣10分。 （4）与汽缸相连的蒸汽管道支吊架的检查和调整不符合要求，每发现一处扣10分			
31.6	按照制造厂要求投、退汽缸夹层加热、快冷系统和法兰螺栓加热装置，控制胀差和汽缸膨胀量	15	【涉及专业】汽轮机 强调汽缸夹层加热、快冷系统和法兰螺栓加热装置投退的管理，防止汽缸及法兰螺栓加热不当、汽缸及转子温度突变造成应力集中、膨胀量变化过大及胀差超限、汽缸变形等引起汽轮机通流部分动静碰磨	查阅运行参数、运行记录、检修记录	（1）未按照制造厂要求投、退汽缸夹层加热、快冷系统和法兰螺栓加热装置，一次扣15分。 （2）投、退汽缸夹层加热、快冷系统和法兰螺栓加热装置不当造成胀差、膨胀、轴向位移等参数异常，一项扣15分。 （3）投、退汽缸夹层加热、快冷系统和法兰螺栓加热装置不当造成汽缸变形、大轴弯曲、动静碰磨等事故，扣15分			

编号	二十五项重点要求内容	标准分	评价要求	评价方法	评分标准	扣分	存在问题	改进建议
31.7	加强滑销系统检修管理及验收，滑销系统检修应列入三级验收项目。对于上汽西门子机组，滑销系统应纳入B级及以上级别检修项目。优化高压缸保温工艺，确保机组运行中横销位置状态可目视检查	15	【涉及专业】汽轮机 （1）滑销系统检修应列入三级验收项目。对于上汽西门子机组，滑销系统应纳入B级及以上级别检修项目。 （2）确保机组运行中横销位置状态可目视检查，防止横销脱落造成汽缸移位	查看现场，查阅检修记录、验收资料	（1）滑销系统检修未列入三级验收项目，扣15分。 （2）滑销系统检修验收项目不全或记录不全，一项/一处扣10分。 （3）上汽西门子机组，滑销系统未纳入B级及以上级别检修项目，扣10分。 （4）机组运行中高、中压缸横销位置状态无法目视检查，扣10分。 （5）未定期检查高、中压缸横销位置状态，扣10分。 （6）高、中压缸横销松动或脱落，扣10分。 （7）高、中压缸横销松动或脱落未进行分析和采取措施，扣10分			
32	**8.5　防止燃气轮机超速事故**	100	【涉及专业】燃气轮机、热工、化学、电气二次，共12条					
32.1	8.5.1　在设计天然气参数范围内，调节系统应能维持燃气轮机在额定转速下稳定运行，甩负荷后能将燃气轮机组转速控制在超速保护动作值以下	5	【涉及专业】燃气轮机、热工 机组甩负荷后转速在超速保护动作值以下并能以额定转速稳定运行	查阅调节系统设计资料、运行参数、甩负荷试验报告	甩负荷试验结果不合格，扣5分			
32.2	8.5.2　燃气关断阀和燃气控制阀（包括燃气压力和燃气流量调节阀）应能关闭严密，动作过程迅速且无卡涩现象。自检试验不合格，燃气轮机组严禁启动	10	【涉及专业】燃气轮机、热工 燃气关断阀、燃气控制阀的严密性是防止燃气轮机超速和爆燃的基本条件。不仅要求其严密性合格，通过自检程序，而且应定期（每年）测试其关闭时间	查阅启动记录、阀门严密性试验记录、关闭时间测试报告	（1）燃气关断阀、控制阀启机自检程序试验不合格，每次扣5分。 （2）自检试验不合格仍启动，扣10分。 （3）未开展燃气关断阀、控制阀关闭时间测试，扣10分。 （4）燃气关断阀、控制阀关闭时间不符合制造厂技术要求，扣10分。 （5）燃气放散阀关闭不严，动作卡涩，扣10分			

编号	二十五项重点要求内容	标准分	评价要求	评价方法	评分标准	扣分	存在问题	改进建议
32.3	8.5.3 电液伺服阀（包括各类型电液转换器）的性能必须符合要求，否则不得投入运行。运行中要严密监视其运行状态，不卡涩、不泄漏和系统稳定。大修中要进行清洗、检测等维护工作。备用伺服阀应按照制造商的要求条件妥善保管	8	**【涉及专业】燃气轮机、热工、化学** 伺服阀检查维护不到位、伺服阀工作异常引起转速或者功率控制波动、EH油压下降等风险。 （1）电液伺服阀（包括各类型电液转换器）应响应速度快、线性好、定位精度高。 （2）电液伺服阀应设为失电自动关闭。 （3）应加强控制油油质的定期监督及电液伺服阀的运行监视、维护管理。 （4）大修中要进行清洗、检测等维护工作。 （5）电液伺服阀出现问题应及时处理或更换，应具备在线维护和更换的功能。 （6）备用伺服阀应按制造的要求条件妥善保管。 （7）伺服阀安装时应符合厂家要求，螺栓紧力不应超过厂家要求值。伺服阀返厂解体检修时，伺服阀所有结合面的密封圈（O形圈）应换新	查阅检修总结、检修文件包及了解运行情况，查看油质定期检测报告，查看备用伺服阀保管管理制度及保管情况	（1）运行机组的电液伺服阀存在指令偏差、卡涩、泄漏等异常，扣4分。 （2）检修中检查维护记录不全，缺少电液伺服阀清洗、检测、EH油管阀及系统大流量冲洗等维护工作，检修文件包内容不全，运行时未对伺服阀进行定期巡检，扣4分。 （3）电液伺服阀失电不能关闭，扣4分。 （4）备用伺服阀未按制造厂的要求条件妥善保管，扣4分。 （5）伺服阀安装时未符合厂家要求，返厂解体检修时密封圈未换新，扣4分。 （6）油质无定期检测报告，扣4分。 （7）油质不合格，扣4分			
32.4	8.5.4 燃气轮机组轴系应安装两套转速监测装置，并分别装设在不同的转子上	8	**【涉及专业】热工、燃气轮机** 对燃气轮机组转速测量装置的配置提出要求	查看设备说明书、运行画面、查看现场	（1）仅配置一套转速监测装置或冗余两套转速监测装置其中一套未投用或转速装置异常，扣8分。 （2）两套转速监测装置未分别装设在不同的转子上，扣8分。 （3）转速监控装置不具备转速测量系统的故障判断、转速限制功能，扣8分			
32.5	8.5.5 燃气轮机组重要运行监视表计，尤其是转速表，显示不正确或失效，严禁机组启动。运行中的机组，在无任何有效监视手段的情况下，必须停止运行	8	**【涉及专业】燃气轮机、热工** 转速表等重要测量表计有问题时，严禁启动；运行中失去有效转速监视手段时，应停机处理	查阅运行规程、缺陷记录，查看运行参数	（1）运行规程未对转速表失效时的启动或停机程序作出明确规定，扣8分。 （2）转速表有明显缺陷影响转速测量结果准确性，扣8分			

编号	二十五项重点要求内容	标准分	评价要求	评价方法	评分标准	扣分	存在问题	改进建议
32.6	8.5.6 透平油和液压油的油质应合格。在油质不合格的情况下，严禁燃气轮机组启动	10	【涉及专业】化学、燃气轮机 （1）燃气轮机启动前，必须检测抗燃油和涡轮机油的"颗粒度、水分"指标，如不合格，严禁燃气轮机启动。抗燃油颗粒度应≤6级、水分≤1000mg/L；涡轮机油颗粒度应≤8级、水分≤100mg/L。 （2）对于日启停的燃气轮机组，只有在冷态启动时，方检测上述指标	查阅油质检测报表	机组冷态启动前未检测抗燃油和涡轮机油"颗粒度、水分"指标，或检测不合格仍然启动机组，扣10分			
32.7	8.5.7 透平油、液压油品质应按规程要求定期化验。燃气轮机组投产初期，燃气轮机本体和油系统检修后，以及燃气轮机组油质劣化时，应缩短化验周期	8	【涉及专业】化学、燃气轮机 （1）根据DL/T 1717—2017《燃气-蒸汽联合循环发电厂化学监督技术导则》，燃气轮机用涡轮机油的质量监督，应根据其所起的润滑、液压调节作用，执行最严格的质量标准和监督要求。制造厂家有要求时按厂家要求执行。无要求时，如单纯起润滑作用，按涡轮机油要求监督；单纯起液压、调节作用时，颗粒度应满足抗燃油标准（≤6级），其他项目按液压油要求执行；同时起润滑、液压调节作用时，颗粒度应满足抗燃油标准（≤6级），其他项目按涡轮机油要求执行。 （2）应根据DL/T 1717—2017《燃气-蒸汽联合循环发电厂化学监督技术导则》、GB/T 7596—2017《电厂运行中矿物涡轮机油质量》、GB/T 14541—2017《电厂用矿物涡轮机油维护管理导则》、DL/T 571—2014《电厂用磷酸酯抗燃油运行维护导则》做好燃气轮机油的日常分析及维护管理工作。	查阅油质报表及油质劣化时的处理记录	（1）未按标准规定的检测项目和检测周期进行燃气轮机油油质检测，每一项扣2分。 （2）油质不合格未及时处理，或处理效果不佳，导致燃气轮机油油质长期超标，扣8分。 （3）燃气轮机油的维护管理不符合标准要求，每一项扣2分			

编号	二十五项重点要求内容	标准分	评价要求	评价方法	评分标准	扣分	存在问题	改进建议
32.7		8	（3）化学专业发现油质不合格，应及时通知机务，共同分析原因并进行处理。在油质处理过程中，化学专业应加强油质监督，直至闭环处理。 （4）应配备具有良好滤油效果的在线及旁路油净化装置，并保证装置的正常使用					
32.8	8.5.8　燃气轮机组电超速保护动作转速一般为额定转速的 108%～110%。运行期间电超速保护必须正常投入。超速保护不能可靠动作时，禁止燃气轮机组运行。燃气轮机组电超速保护应进行实际升速动作试验，保证其动作转速符合有关技术要求	10	【涉及专业】燃气轮机、热工 对超速保护的要求	查阅逻辑保护定值单、保护投入和动作情况、超速试验报告	（1）超速保护定值不符合要求，扣10分。 （2）超速保护未投入，扣10分。 （3）未开展实际升速动作试验，扣10分			
32.9	8.5.9　燃气轮机组大修后，必须按规程要求进行燃气轮机调节系统的静态试验或仿真试验，确认调节系统工作正常。否则，严禁机组启动	10	【涉及专业】燃气轮机、热工 机组大修或调节系统检修后，必须进行静态试验或仿真试验。异常情况下禁止启机，发现异常及时停机	查阅运行规程、试验报告	（1）机组大修或调节系统检修后试验项目不完整，每缺一项扣5分。 （2）运行规程中未明确规定机组大修后必须进行燃气轮机调节系统静态试验或仿真试验，扣10分。 （3）试验报告不规范，每发现一处扣2分。 （4）观察调门曲线，存在调节部套卡涩、调节系统工作不正常的情况，扣5分。 （5）调节系统异常时仍然启动，扣10分			

编号	二十五项重点要求内容	标准分	评价要求	评价方法	评分标准	扣分	存在问题	改进建议
32.10	8.5.10 机组停机时,联合循环单轴机组应先停运汽轮机,检查发电机有功、无功功率到零,再与系统解列;分轴机组应先检查发电机有功、无功功率到零,再与系统解列,严禁带负荷解列	10	【涉及专业】电气二次、热工、燃气轮机 所有停机操作均不得带负荷解列发电机,应实现发电机逆功率保护动作解列	查阅运行规程、逻辑保护单、停机记录	(1)停机时发电机有功、无功功率未减至零,即让发电机与系统解列,扣10分。 (2)设置了燃气轮机跳闸直接联锁发电机跳闸热工保护,扣5分。 (3)未设置逆功率保护,扣10分;逆功率保护存在缺陷,扣5分。 (4)运行规程中有允许带负荷解列发电机的描述时,扣10分			
32.11	8.5.11 对新投产的燃气轮机组或调节系统进行重大改造后的燃气轮机组必须进行甩负荷试验	8	【涉及专业】燃气轮机、热工 对机组甩负荷试验提出明确规定	查阅甩负荷试验报告	(1)未按要求开展机组甩负荷试验,扣8分。 (2)甩负荷试验结果不合格,扣8分			
32.12	8.5.12 要慎重对待调节系统的重大改造,应在确保系统安全、可靠的前提下,对燃气轮机制造商提供的改造方案进行全面充分的论证	5	【涉及专业】燃气轮机、热工 明确要求调节系统改造要慎重,要充分调研论证	查阅调节系统改造可行性研究资料	(1)未开展调节系统可行性研究即进行改造,扣5分。 (2)改造后仍存在缺陷,扣3分			
33	8.6 防止燃气轮机轴系断裂及损坏事故	100	【涉及专业】燃气轮机、热工、金属、电气二次、化学,共19条 燃气轮机轴系断裂及损坏是燃气轮发电机组可能发生的重大设备事故,应从运行、检修、设计等各个环节做好防范措施					
33.1	8.6.1 燃气轮机组主、辅设备的保护装置必须正常投入,振动监测保护应投入运行;燃气轮机组正常运行瓦振、轴振应达到有关标准的	6	【涉及专业】燃气轮机、热工 振动是反映轴系稳定状态的重要指标。燃气轮机组轴系相关测点及振动、位移、转速保护应正常投入	查阅运行规程、逻辑保护定值单、运行画面、历史运行参数	(1)主、辅设备未配置或未投入轴系振动保护,扣6分。 (2)正常运行中轴振动参数超出报警值,扣5分;正常运行中强制、屏蔽轴承振动参数的,扣6分。			

编号	二十五项重点要求内容	标准分	评价要求	评价方法	评分标准	扣分	存在问题	改进建议
33.1	优良范围，并注意监视变化趋势	6			（3）TDM 存在缺陷，扣 3 分。 （4）轴振未达到有关标准的优良范围，且未监视其变化趋势，扣 2 分。 （5）机组正常运行中，瓦振、轴振信号存在坏点，或偏差大等，扣 3 分。 （6）运行规程中未明确轴系振动正常值、报警值、跳机值，扣 6 分			
33.2	8.6.2 燃气轮机组应避免在燃烧模式切换负荷区域长时间运行	6	【涉及专业】燃气轮机 燃烧模式切换负荷下，燃烧脉动等可能会影响轴系运行稳定性，在该负荷调整时应快速通过切换点，避免停留	查阅运行规程、运行历史参数	（1）运行规程未按制造厂文件明确燃烧模式切换负荷区间及运行相关规定，扣 6 分。 （2）存在长时间在燃烧模式切换负荷区域运行的情况，每次扣 5 分			
33.3	8.6.3 严格按照燃气轮机制造商的要求，定期对燃气轮机孔探检查，定期对转子进行表面检查或无损探伤。按照《火力发电厂金属技术监督规程》（DL/T 438—2009）相关规定，对高温段应力集中部位可进行金相和探伤检查，若需要，可选取不影响转子安全的部位进行硬度试验	6	【涉及专业】燃气轮机、金属 DL/T 438—2009《火力发电厂金属技术监督规程》已更新为 DL/T 438—2016《火力发电厂金属技术监督规程》。 （1）各制造厂生产的燃气轮机对孔探检查工作要求不同，如 GE 型号燃气轮机组每年定期开展孔探检查工作（机组发生特殊情况时，不执行定期要求）。西门子型号机组每间隔 4000EOH 定期开展孔探检查工作。三菱型号机组没有定期孔探检查要求，三菱机组只有在特定的情况下（比如特殊情况下需要延长检修间隔运行时或燃气轮机的运行发生异常，怀疑内部动静发生碰磨）进行 BSI 检查。根据上述情况，燃气轮机组应严格按照制造厂要求定期孔探检查或进行金属检验。	查阅检修规程、制造厂检修维护技术文件、孔探检查报告、金属检验报告	（1）如果燃气轮机制造厂明确要求定期对燃气轮机孔探检查，则每次定期孔探检查完留存报告。孔探检查报告未保存或内容不完善，扣 3 分。 （2）结合机组（定期）大小修，对转子可视范围内的表面进行探伤。探伤检查报告未保存或内容不完善，扣 3 分。			

编号	二十五项重点要求内容	标准分	评价要求	评价方法	评分标准	扣分	存在问题	改进建议
33.3		6	（2）燃气轮机转子的表面检查以及无损探伤，可参考 DL/T 438—2016《火力发电厂金属技术监督规程》第 12 条"汽轮机部件的金属监督"要求执行。 （3）对高温段应力集中部位可进行金相和探伤检查，若需要，可选取不影响转子安全的部位进行硬度试验					
33.4	8.6.4　不合格的转子绝不能使用，已经过制造商确认可以在一定时期内投入运行的有缺陷转子应对其进行技术评定，根据燃气轮机组的具体情况、缺陷性质制订运行安全措施，并报上级主管部门备案	5	【涉及专业】燃气轮机、金属 对存在缺陷的燃气轮机转子应经制造厂确认后方可使用，并应采取相应的运行安全措施	查阅转子缺陷检验报告、制造厂正式确认文件、转子缺陷备案资料	（1）转子存在影响安全的缺陷，扣5分。 （2）未经制造厂确认即使用有缺陷的转子，扣5分。 （3）转子缺陷报告、制造厂正式确认文件不完整，扣5分。 （4）未按制造厂要求定期对转子进行技术评定和备案，扣5分。 （5）对于带病运行的转子机组，未采取运行安全技术措施（如控制启停和变负荷速率、降低运行参数、降低保护动作值等），扣5分			
33.5	8.6.5　严格按照超速试验规程进行超速试验	6	【涉及专业】燃气轮机 超速也是导致轴系断裂或损坏的重要因素，应严格执行超速试验，确保机组不超速	查阅运行规程、超速试验报告	（1）运行规程中未规定超速试验规程（包括试验条件与方法等），扣6分。 （2）调节系统不正常或试验不合格，仍启动机组，扣6分。 （3）未按规程要求定期开展超速试验，扣6分			
33.6	8.6.6　为防止发电机非同期并网造成的燃气轮机轴系断裂及损坏事故，应严格落实第10.9条规定的各项措施	5	【涉及专业】电气二次、燃气轮机 发电机非同期并网时，转子扭矩会异常增大，对转子损害较大，可能会导致轴系断裂及损坏，应严防发电机非同期并网	查阅同期装置、试验记录	（1）发电机非同期并网扣5分。 （2）同期装置配置不符合规定，扣5分。 （3）未开展同期校核、假同期试验，未落实第10.9条规定的各项措施扣5分			

编号	二十五项重点要求内容	标准分	评价要求	评价方法	评分标准	扣分	存在问题	改进建议
33.7	8.6.7 加强燃气轮机排气温度、排气分散度、轮间温度、火焰强度等运行数据的综合分析，及时找出设备异常的原因，防止局部过热燃烧引起的设备裂纹、涂层脱落、燃烧区位移等损坏	6	【涉及专业】燃气轮机 燃气轮机燃烧室设备缺陷也会对轴系产生不利影响，应加强排气温度及其分散度、轮间温度（如有）等燃烧参数的监视和分析	查阅运行规程、运行分析、异常分析	（1）运行规程未对燃烧相关参数提出监视要求，扣6分。 （2）运行分析（一般为每月）未统计、对比排气温度及其分散度、轮间温度（如有）等重要燃烧参数，扣6分。 （3）发生燃烧参数异常，未及时分析并采取措施，每次扣5分			
33.8	8.6.8 新机组投产前和机组大修中，应重点检查： （1）轮盘拉杆螺栓紧固情况、轮盘之间错位、通流间隙、转子及各级叶片的冷却风道。 （2）平衡块固定螺栓、风扇叶固定螺栓、定子铁芯支架螺栓，并应有完善的防松措施。绘制平衡块分布图。 （3）各联轴器轴孔、轴销及间隙配合满足标准要求，对轮螺栓外观及金属探伤检验，紧固防松措施完好。 （4）燃气轮机热通道内部紧固件与锁定片的装复工艺，防止因气流冲刷引起部件脱落进入喷嘴而损坏通道内的动静部件	5	【涉及专业】燃气轮机、金属 为防止运行中部分零部件可能产生变形和松脱，应在安装和大修（特别是燃气轮机透平检查、燃气轮机大修）期间严格检查。除以上需检查部位外，还应按制造厂要求检查所有项目	查阅安装记录、检修总结、检修规程、检修文件包	（1）缺少检查记录，扣5分。 （2）检查存在变形和松脱情况，扣5分。 （3）检修规程、检修文件包未规定易变形或松脱零部件检查要求，扣5分。 （4）安装记录、检修总结中未记录易变形或松脱零部件的检查情况及处理结果，扣5分			

编号	二十五项重点要求内容	标准分	评价要求	评价方法	评分标准	扣分	存在问题	改进建议
33.9	8.6.9 应按照制造商规范定期对压气机进行孔窥检查，防止空气悬浮物或滤后不洁物对叶片的冲刷磨损，或压气机静叶调整垫片受疲劳而脱落。定期对压气机进行离线水洗或在线水洗。定期对压气机前级叶片进行无损探伤等检查	5	【涉及专业】燃气轮机、金属、化学 压气机转子是影响整个轴系稳定运行的重要因素，应做好压气机定期工作。压气机水洗工作，应根据电厂所在位置的环境及燃气轮机运行时间合理制定周期，压气机离线或在线水洗应严格按制造商要求进行，并做好记录	查阅孔探检查报告、检修规程、水洗记录	（1）未按照制造商规范定期对压气机进行孔探检查的，扣5分。 （2）记录每次水洗情况并注明理由，记录不完整，每次扣2分。 （3）离线水洗在不符合制造厂设备要求条件下进行的（如水质、流量不符合要求等），扣4分。 （4）未定期对压气机前级叶片进行无损检查等，记录不完整，每次扣2分			
33.10	8.6.10 燃气轮机停止运行投盘车时，严禁随意开启罩壳各处大门和随意增开燃气轮机间冷却风机，以防止因温差大引起缸体收缩而使压气机刮缸。在发生严重刮缸时，应立即停运盘车，采取闷缸措施48h后，尝试手动盘车，直至投入连续盘车	5	【涉及专业】燃气轮机 燃气轮机停机后、投入盘车期间，此时燃气轮机温度仍较高，为避免缸体收缩变形不均匀，应严禁可能引起温度骤降的操作。具体的操作还应满足制造厂技术要求	查阅运行规程、工作票记录、操作票记录	（1）运行规程中未明确规定停机投盘车期间的运行措施，及发生刮缸时的操作程序，扣5分。 （2）运行中出现可能引起温度骤降的操作，每次扣3分			
33.11	8.6.11 机组发生紧急停机时，应严格按照制造商要求连续盘车若干小时以上，才允许重新启动点火，以防止冷热不均发生转子振动大或残余燃气引起爆燃而损坏部件	5	【涉及专业】燃气轮机 燃气轮机紧急停机后应按照制造厂要求连续盘车后才可重新点火	查阅运行规程、工作票记录、操作票记录	（1）运行规程中未明确规定紧急停机后的操作程序，扣5分。 （2）机组紧急停机后，连续盘车时间未达到制造厂要求即重新点火，扣5分			

225

编号	二十五项重点要求内容	标准分	评价要求	评价方法	评分标准	扣分	存在问题	改进建议
33.12	8.6.12 发生下列情况之一，严禁机组启动： （1）在盘车状态听到有明显的刮缸声。 （2）压气机进口滤网破损或压气机进气道可能存在残留物。 （3）机组转动部分有明显的摩擦声。 （4）任一火焰探测器或点火装置故障。 （5）燃气辅助关断阀、燃气关断阀、燃气控制阀任一阀门或其执行机构故障。 （6）具有压气机进口导流叶片和压气机防喘阀活动试验功能的机组，压气机进口导流叶片和压气机防喘阀活动试验不合格。 （7）燃气轮机排气温度故障测点数大于等于1个。 （8）燃气轮机主保护故障	5	【涉及专业】燃气轮机 规定了严禁机组启动的几种异常情况。参照DL/T 1835—2018《燃气轮机及联合循环机组启动调试导则》第6.8条规定，燃气轮机存在气体消防系统不能正常投入，罩壳通风系统不能正常投入，机组跳闸后原因未查明或缺陷未消除，机组润滑油、顶轴油、控制油工作不正常或油质不合格情况时，也应禁止机组启动。除此之外还应执行制造厂要求的禁止启动条件	查阅运行规程、运行操作记录、缺陷记录、制造商说明书	（1）运行规程中未明确规定严禁机组启动的条件，扣5分。 （2）出现启动条件不满足即启动机组的情况，扣5分。 （3）运行规程中禁止启动条件编写的不完善，扣3分			
33.13	8.6.13 发生下列情况之一，应立即打闸停机： （1）运行参数超过保护值而保护拒动。 （2）机组内部有金属摩擦声或轴承端部有摩擦产生火花。 （3）压气机失速，发生喘振。	5	【涉及专业】燃气轮机、热工 规定了打闸停机的几种异常情况。参照DL/T 1835—2018《燃气轮机及联合循环机组启动调试导则》第6.9.2条及DL/T 384—2010《9FA 燃气-蒸汽联合循环机组运行规程》第9.3条规定，燃气轮机发生润滑油系统着火，且不能尽快扑灭，严重影响机组安	查阅运行规程、运行操作记录、缺陷记录	（1）运行规程中未明确规定打闸停机的条件，扣5分。 （2）出现未按要求及时打闸停机的情况，扣5分。 （3）运行规程中对打闸停机的条件编写不完善，扣3分			

226

编号	二十五项重点要求内容	标准分	评价要求	评价方法	评分标准	扣分	存在问题	改进建议
33.13	（4）机组冒出大量黑烟。 （5）机组运行中，要求轴承振动不超过 0.03mm 或相对轴振动不超过 0.08mm，超过时应设法消除，当相对轴振动大于 0.25mm 应立即打闸停机；当轴承振动或相对轴振动变化量超过报警值的 25%，应查明原因设法消除，当轴承振动或相对轴振动突然增加报警值的 100%，应立即打闸停机；或严格按照制造商的标准执行。 （6）运行中发现燃气泄漏检测报警或检测到燃气浓度有突升，应立即停机检查	5	全运行时或润滑油系统大量泄漏时，也应立即打闸停机。除此之外还应执行制造厂要求的打闸停机条件					
33.14	8.6.14 调峰机组应按照制造商要求控制两次启动间隔时间，防止出现通流部分刮缸等异常情况	5	【涉及专业】燃气轮机 不同型号机组对启动间隔要求不一，西门子燃气轮机组两次启动时间间隔不应小于 30min，GE9F 型燃气轮机组对机组两次启动间隔时间没有明确要求。调峰机组两次启动之间的时间间隔等条件应严格执行制造厂要求	查阅运行规程、运行操作记录	（1）运行规程中未明确规定两次启动之间的时间间隔等条件，扣 5 分。 （2）出现两次启动之间的条件不符合要求的情况，扣 5 分			
33.15	8.6.15 应定期检查燃气轮机、压气机气缸周围的冷却水、水洗等管道、接头、泵压，防止运行中断裂造成冷水喷在高温气缸上，发生气缸变形、动静摩设备损坏事故	5	【涉及专业】燃气轮机 应避免燃气轮机本体辅助系统冷源对气缸的影响	查阅运行巡检项目、检修维护计划，查看现场	（1）运行巡检项目、检修维护计划中未规定燃气轮机本体辅助系统的冷源部件检查，扣 5 分。 （2）查看现场发现存在燃气轮机本体周围的冷却水、水洗等管道、接头、泵压异常，扣 5 分			

编号	二十五项重点要求内容	标准分	评价要求	评价方法	评分标准	扣分	存在问题	改进建议
33.16	8.6.16 燃气轮机热通道主要部件更换返修时,应对主要部件焊缝、受力部位进行无损探伤,检查返修质量,防止运行中发生裂纹断裂等异常事故	5	**【涉及专业】燃气轮机、金属** 燃气轮机热通道主要部件更换及返修质量对燃气轮机轴系运行至关重要	查阅返修报告、相关部件检验报告、返修记录	(1) 燃气轮机热通道主要部件更换返修时,未按制造厂要求开展相关检测,扣5分。 (2) 更换后或返修后的部件仍存在明显缺陷,且未取得制造厂继续使用许可的,扣5分			
33.17	8.6.17 建立燃气轮机组试验档案,包括投产前的安装调整试验、计划检修的调整试验、常规试验和定期试验	5	**【涉及专业】燃气轮机** 应按规定开展各项试验,并对燃气轮机组的各种试验结果进行记录,作为日后开展检修维护、状态评估的重要依据	查阅运行规程、燃气轮机组试验规定、档案	(1) 未对燃气轮机组试验项目作出规定,扣5分。 (2) 燃气轮机组试验档案,每缺一项扣2分			
33.18	8.6.18 建立燃气轮机组事故档案,记录事故名称、性质、原因和防范措施	5	**【涉及专业】燃气轮机** 应对燃气轮机组的各种事故进行详细记录,作为日后开展检修维护、状态评估的重要依据	查阅燃气轮机组事故档案	(1) 未建立燃气轮机组事故档案,扣5分。 (2) 燃气轮机组事故档案不完善,每缺一项扣2分			
33.19	8.6.19 建立转子技术档案,包括制造商提供的转子原始缺陷和材料特性等原始资料,历次转子检修检查资料;燃气轮机组主要运行数据、运行累计时间、主要运行方式、冷热态启停次数、启停过程中的负荷的变化率、主要事故情况的原因和处理;有关转子金属监督技术资料完备;根据转子档案记录,定期对转子进行分析评估,把握转子寿命状态;建立燃气轮机热通道部件返修使用记录台账	5	**【涉及专业】燃气轮机、金属** 转子技术档案对于分析评估转子实时状态具有重要意义	查阅转子技术档案、热通道部件返修使用记录台账	(1) 未建立转子技术档案,扣5分。 (2) 转子技术档案不完善,每缺一项扣2分。 (3) 未建立热通道部件返修使用记录台账,扣5分。 (4) 热通道部件记录台账不完善,每缺一项扣2分			

编号	二十五项重点要求内容	标准分	评价要求	评价方法	评分标准	扣分	存在问题	改进建议
34	**8.7　防止燃气轮机燃气系统泄漏爆炸事故**	100	【涉及专业】燃气轮机、热工、电气一次、金属，共23条 天然气系统泄漏是燃气轮机电厂的重大危险源，应高度重视，从基建安装、运行维护、检修改造各个环节做好工作					
34.1	8.7.1　按燃气管理制度要求，做好燃气系统日常巡检、维护与检修工作。新安装或检修后的管道或设备应进行系统打压试验，确保燃气系统的严密性	5	【涉及专业】燃气轮机 （1）关于燃气系统管理的总要求。新安装或检修后的天然气管道打压试验应符合 GB 50973—2014《联合循环机组燃气轮机施工及质量验收规范》第4.3条规定。 （2）可参照 GB 50251—2015《输气管道工程设计规范》第 11.2.3 条、DL 5190.5—2019《电力建设施工技术规范　第5部分：管道及系统》第 6 条等规范关于严密性试验的要求，憋压时压力取工作压力，稳压时间适当选取，以压力不下降为合格标准。采用气体做严密性试验时，由于气体体积对温度变化敏感，故观察压力是否下降应考虑温度变化因素的影响，可按理想气体状态方程修正	查阅检修规程、燃气系统安全管理制度、严密性检查记录，查看现场燃气系统	（1）未制定本厂燃气系统管理制度，扣5分。 （2）制定的燃气系统管理制度不符合实际设备情况，或内容不完善，每发现一处，扣2分。 （3）新安装或检修后的燃气管道或设备未进行严密性试验，扣5分。 （4）燃气系统严密性试验标准不明确，扣3分。 （5）日常巡检或维护未定期开展燃气系统查漏工作，如发泡剂检查、局部包裹密封后检漏仪检查等，扣4分。 （6）发现燃气系统泄漏缺陷，未及时处理，每处扣3分			
34.2	8.7.2　燃气泄漏量达到测量爆炸下限的20%时，不允许启动燃气轮机	3	【涉及专业】燃气轮机 启机前对燃气泄漏情况的规定，应严格执行	查阅运行规程、启动记录或历史参数、缺陷记录	（1）运行规程对启机前的燃气泄漏量未规定或规定值不符合要求，扣3分。 （2）机组启动前燃气泄漏量超标、仍然启动，扣3分			

编号	二十五项重点要求内容	标准分	评价要求	评价方法	评分标准	扣分	存在问题	改进建议
34.3	8.7.3 点火失败后，重新点火前必须进行足够时间的清吹，防止燃气轮机和余热锅炉通道内的燃气浓度在爆炸极限而产生爆燃事故	5	【涉及专业】燃气轮机、热工 此条是对燃气轮机点火失败后重新点火启动前的清吹技术要求；点火失败后，机组重新点火启动时必须进行清吹，是防止启动期间燃气系统爆燃的主要措施	查阅运行规程、燃气轮机控制系统逻辑、运行历史参数	（1）燃气轮机控制系统未设计启动过程或点火失败后重新点火启动时的自动清吹程序，扣5分。 （2）清吹时间不足（一般清吹周期通常应在机组点火前至少将整个排气系统的空间进行3倍体积的清吹），扣5分。 （3）启动期间发现有强制跳过清吹程序的操作，扣5分			
34.4	8.7.4 加强对燃气泄漏探测器的定期维护，每季度进行一次校验，确保测量可靠，防止发生因测量偏差拒报而发生火灾爆炸	5	【涉及专业】热工、燃气轮机 应对装设于天然气调压站、燃气轮机前置模块、本体燃料模块、燃气轮机间等的固定式燃气泄漏探测器定期维护和校验。对便携式可燃气体检测器也应定期校验，确保其可靠性	查阅运行维护规程、维护和校验记录，查看现场	（1）运行维护规程未对燃气泄漏探测器定期维护作出规定，扣5分；校验周期超过一季度，扣2分。 （2）未见定期维护工作记录（一般燃气泄漏和火灾探测器应定期（每月）维护、清洁，每季度进行一次校验，并及时更换失效的探测器），扣5分。 （3）查看现场燃气泄漏探测器运行情况，每发现一处异常，扣4分			
34.5	8.7.5 严禁在运行中的燃气轮机周围进行燃气管系燃气排放与置换作业	5	【涉及专业】燃气轮机 燃气系统排放与置换作业应严格按照CJJ 51—2016《城镇燃气设施运行、维护和抢修安全技术规程》第6.2条进行	查阅检修规程或作业指导书，查阅检修记录	（1）检修规程或作业指导书未对燃气管系燃气排放与置换作业作出规定或规定不合理，扣5分。 （2）在运行中的燃气轮机周围进行燃气管系燃气排放与置换作业，扣5分			
34.6	8.7.6 做好在役地下燃气管道防腐涂层的检查与维护工作。正常情况下高压、次高压管道（0.4MPa＜p≤4.0MPa）防腐涂层的检查应每3年一次。10年以上的管道每2年一次	5	【涉及专业】燃气轮机 对投产后的地下燃气管道定期检查与维护工作的要求	查阅运行维护规程、检查维护记录，查看现场	（1）运行维护规程未对在役地下燃气管道防腐涂层的检查与维护进行规定，或规定周期不符合要求，扣5分。 （2）在役地下燃气管道防腐涂层的检查与维护记录不全，扣5分。 （3）现场抽查地下管道情况，发现异常，每处扣2分			

编号	二十五项重点要求内容	标准分	评价要求	评价方法	评分标准	扣分	存在问题	改进建议
34.7	8.7.7 严禁在燃气泄漏现场违规操作。消缺时必须使用专用铜制工具，防止处理事故中产生静电火花引起爆炸	5	【涉及专业】燃气轮机 对发生燃气泄漏后消缺工具的要求。应使用防爆工具，如专用铜制工具、防爆型照明工具和对讲机等	查阅检修规程、反事故措施、应急预案及执行情况	检修规程、反事故措施、应急预案中未规定燃气泄漏现场的具体工作要求，扣 5 分			
34.8	8.7.8 燃气调压站内的防雷设施应处于正常运行状态。每年雨季前应对接地电阻进行检测，确保其值在设计范围内，应每半年检测一次	4	【涉及专业】电气一次、燃气轮机 对燃气调压站内防雷设施的维护检测工作要求	查阅运行维护规程、检查维护记录，查看现场	（1）燃气调压站内未设计防雷设施，扣4分。 （2）运行维护规程中未对防雷设施定期检测工作作出规定，扣4分。 （3）未定期检测防雷设施接地电阻，或周期不符合要求，扣4分。 （4）最近一次防雷设施接地电阻超标（一般要求不大于10Ω），扣3分。 （5）查看现场燃气调压站防雷设施，发现异常，每处扣2分			
34.9	8.7.9 新安装的燃气管道应在 24h 之内检查一次，并应在通气后的第一周进行一次复查，确保管道系统燃气输送稳定安全可靠	4	【涉及专业】燃气轮机 对新安装的燃气管道具体检查工作要求	查阅安装技术文件、安装检查记录、维护记录	（1）燃气管道安装技术文件未对安装后的管道检查工作作出规定，扣4分。 （2）燃气管道安装后的检查周期不符合要求，或未见检查记录，扣4分			
34.10	8.7.10 进入燃气系统区域（调压站、燃气轮机）前应先消除静电（设防静电球），必须穿防静电工作服，严禁携带火种、通信设备和电子产品	5	【涉及专业】燃气轮机 运维人员进入燃气区域，应遵守 GB/T 36039—2018《燃气电站天然气系统安全生产管理规范》第 5.2 条规定	查阅燃气系统安全管理制度，查看现场设施配备、工作执行情况	（1）燃气系统安全管理制度未规定进入燃气系统区域的防静电工作要求，扣5分。 （2）现场未设置防静电球、火种箱，扣5分			

编号	二十五项重点要求内容	标准分	评价要求	评价方法	评分标准	扣分	存在问题	改进建议
34.11	8.7.11 在燃气系统附近进行明火作业时，应有严格的管理制度。明火作业的地点所测量空气含天然气应不超过1%，并经批准后才能进行明火作业，同时按规定间隔时间做好动火区域危险气体含量检测	5	【涉及专业】燃气轮机 燃气系统动火作业的具体要求	查阅燃气系统安全管理制度、作业指导书、检修记录	（1）燃气系统安全管理制度、作业指导书无明确的动火作业规定，扣5分。 （2）检修记录未记录动火作业期间的危险气体含量检测情况，扣5分			
34.12	8.7.12 燃气调压系统、前置站等燃气管系应按规定配备足够的消防器材，并按时检查和试验	4	【涉及专业】燃气轮机 （1）燃气调压系统、前置站等燃气管系应配备足够的消防器材，设专人管理，并定期检查和试验消防器材是否可以正常使用，以确保发生火灾时可以快速有效地采取灭火措施。 （2）消防器材的配备与检查应符合GB/T 36039—2018《燃气电站天然气系统安全生产管理规范》第5.11条规定	查阅消防器材检查试验记录，查看现场消防器材配置情况	（1）未设专人负责消防器材的管理、检查和试验，扣4分。 （2）消防器材定期检查和试验记录不全，扣4分。 （3）查看现场消防器材配置，每缺一项，扣2分			
34.13	8.7.13 严格执行燃气轮机点火系统的管理制度，定期加强维护管理，防止点火器、高压点火电缆等设备因高温老化损坏而引起点火失败	5	【涉及专业】燃气轮机、热工 强调对燃气轮机点火设备的维护管理，避免因设备老化、失效造成点火失败。日常运行维护工作中发现设备存在缺陷，及时更换处理	查阅运行维护规程及维护记录、运行异常分析	（1）运行维护规程中未对点火系统设备定期维护工作作出规定，扣5分。 （2）未见点火设备系统的维护记录，扣5分。 （3）每发生一次点火设备异常引起的点火失败，扣2分			
34.14	8.7.14 严禁燃气管道从管沟内敷设使用。对于从房内穿越的架空管道，必须做好穿墙套管的严密封堵，合理设置现场燃气泄漏检测器，防止燃气泄漏引起意外事故	5	【涉及专业】燃气轮机、热工 （1）燃气管道敷设应符合DL/T 5174—2003《燃气-蒸汽联合循环电厂设计规定》第7.2.3条要求。 （2）燃气泄漏检测器配置应符合SY/T 6503—2016《石油天然气工程可燃气体检测报警系统安全规范》第5条规定	查阅燃气管道设计资料、安装及施工资料，查看现场	（1）燃气管道采用管沟敷设，扣5分。 （2）现场未按要求设置燃气泄漏检测器，扣5分。 （3）查看燃气管道，发现泄漏点，扣5分			

232

编号	二十五项重点要求内容	标准分	评价要求	评价方法	评分标准	扣分	存在问题	改进建议
34.15	8.7.15 严禁未装设阻火器的汽车、摩托车、电瓶车等车辆在燃气轮机的警示范围和调压站内行驶	4	【涉及专业】燃气轮机 对进入燃气系统的车辆的安全措施要求	查阅燃气系统安全管理制度及执行情况	（1）燃气系统安全管理制度未规定车辆行驶要求，扣4分。 （2）发现车辆行驶不符合燃气系统安全管理要求，每处扣4分			
34.16	8.7.16 运行点检人员巡检燃气系统时，必须使用防爆型的照明工具、对讲机，操作阀门尽量用手操作，必要时应用铜制阀门把钩进行。严禁使用非防爆型工器具作业	5	【涉及专业】燃气轮机 对运行点检人员使用工具的具体要求	查看燃气系统安全管理制度及执行情况	（1）燃气系统安全管理制度未对运行点检人员使用工具作出规定，扣5分。 （2）运行点检人员配备的操作工具不齐全，扣5分。 （3）发现有使用非防爆型工器具作业，扣5分			
34.17	8.7.17 进入燃气禁区的外来参观人员不得穿易产生静电的服装、带铁掌的鞋，不准带移动电话及其他易燃、易爆品进入调压站、前置站。燃气区域严禁照相、摄影	4	【涉及专业】燃气轮机 对外来参观人员的要求	查看燃气系统安全管理制度及执行情况	（1）燃气系统安全管理制度未对外来参观人员作出规定，扣4分。 （2）进入燃气系统区域的外来参观人员未被告知具体防火防爆要求，扣4分。 （3）发现有外来参观人员违规，扣4分			
34.18	8.7.18 应结合机组检修，对燃气轮机仓及燃料阀组间天然气系统进行气密性试验，以对天然气管道进行全面检查	4	【涉及专业】燃气轮机 对燃气系统气密性试验要求	查阅燃气系统安全管理制度、检修维护规程及燃气系统气密性试验记录	（1）燃气系统安全管理制度或检修维护规程未对燃气轮机仓（燃气轮机罩壳）及燃料阀组间燃气系统气密性试验规定，扣4分。 （2）未见燃气系统气密性试验记录，扣4分			
34.19	8.7.19 停机后，禁止采用打开燃料阀直接向燃气轮机透平输送天然气的方法进行法兰找漏等试验检修工作	4	【涉及专业】燃气轮机 对停机后法兰找漏方法应避免的情况进行说明	查阅燃气系统安全管理制度、检修维护规程及检修记录	（1）燃气系统安全管理制度或检修维护规程未明令禁止"打开燃料阀直接向燃气轮机透平输送天然气进行检查检修试验"，扣4分。 （2）检修记录中关于法兰找漏等试验检修工作的方法存在违规情况，扣4分			

编号	二十五项重点要求内容	标准分	评价要求	评价方法	评分标准	扣分	存在问题	改进建议
34.20	8.7.20 在天然气管道系统部分投入天然气运行的情况下，与充入天然气相邻的、以阀门相隔断的管道部分必须充入氮气，且要进行常规的巡检查漏工作	4	【涉及专业】燃气轮机 对部分投入天然气运行的管道系统要求	查阅燃气系统安全管理制度、运行维护规程，查看巡检查漏记录	（1）燃气系统安全管理制度或检修维护规程未对与运行天然气管道隔断的管道充入氮气做明确规定，扣4分。 （2）未对充入氮气的管道系统进行常规巡检查漏，扣4分			
34.21	8.7.21 对于与天然气系统相邻的，自身不含天然气运行设备，但可通过地下排污管道等通道相连的封闭区域，也应装设天然气泄漏探测器	4	【涉及专业】燃气轮机、热工 对可能窜入天然气的封闭区域提出配置天然气泄漏探测器的要求	查阅燃气系统安全管理制度、设计文件，查看现场	（1）可能窜入天然气的封闭区域未装设天然气泄漏探测器，扣4分。 （2）天然气泄漏探测器运行不正常，扣4分			
34.22	新增：加强对二氧化碳火灾保护系统的定期维护工作，确保灭火系统动作可靠，防止发生火灾时因系统故障拒动，不能及时灭火从而扩大火灾发生爆炸	3	【涉及专业】燃气轮机、热工 （1）对二氧化碳火灾保护系统进行定期维护和保养，确保其可靠性。 （2）二氧化碳气瓶检测应符合 TSG R0006—2014《气瓶安全技术监察规程》第 7.3 和 7.4.1.1 条规定	查阅维护和保养记录，查看现场	（1）运行维护规程未对二氧化碳火灾保护系统定期维护做出规定，扣3分。 （2）未建二氧化碳火灾保护系统定期维护工做记录，扣3分。 （3）查看二氧化碳火灾保护系统维护保养记录，发现有喷放管道泄漏和二氧化碳喷嘴堵塞等情况未处理，扣3分。 （4）未对储存灭火剂和驱动气体的容器和电磁阀等产品设备进行定期试验和标识的，扣3分。 （5）未定期进行气瓶检测的，扣3分			
34.23	新增：天然气管道应按照《特种设备安全法》以及属地质量监督管理部门相关，办理相关手续，并进行定期检验	3	【涉及专业】金属 （1）天然气管道按照属地质量监督管理部门办理相关手续，同时纳入厂内特种设备管理。 （2）建立相应台账，制定监督检验计划	查阅注册登记证书、技术台账、监督检验计划及报告	（1）未按照属地特种设备管理规定进行管理，扣3分。 （2）未建立天然气管道的技术台账或未制定监督检验计划，扣3分			

234

编号	二十五项重点要求内容	标准分	评价要求	评价方法	评分标准	扣分	存在问题	改进建议
35	**新增：防止燃气轮机热部件烧蚀等事故**	**100**	【涉及专业】燃气轮机、热工，共28条					
	防止燃气轮机热部件烧蚀	**20**	【涉及专业】燃气轮机、热工，共7条					
35.1	定期检查燃气轮机进气系统，防止空气未经过滤或过滤不充分而进入压气机	3	【涉及专业】燃气轮机 每月应对燃气轮机进气系统进行检查，做好检查记录	查看现场和查阅维护记录	（1）进气系统异常，扣3分。 （2）进气系统检查记录不完善，扣2分			
35.2	定期维护燃烧调整专家系统	3	【涉及专业】燃气轮机、热工 应按制造厂要求，定期维护燃烧调整专家系统	查看现场和查阅维护记录	（1）燃烧调整专家系统不能正常使用或未投用，扣3分。 （2）维护记录不完善，扣2分。 （3）燃烧调整专家系统具有互联网远程控制逻辑修改功能，扣3分			
35.3	定期检查、校验监测燃烧状况的测点、放大器、模块和卡件等	3	【涉及专业】燃气轮机、热工 应加强对燃烧系统热工卡件、测点等设备的维护工作	查看现场和查阅维护记录	（1）硬件有缺陷或不能正常投用，扣3分。 （2）维护记录不完善，扣2分			
35.4	定期检查转子冷却空气系统，检查过滤器及管道	3	【涉及专业】燃气轮机 加强对转子冷却空气系统检查工作，防止积水过多、管道锈蚀和系统泄漏	查看现场和查阅维护记录	（1）积水过多、管道锈蚀和系统泄漏，扣3分。 （2）未定期开展检查工作，扣3分。 （3）维护记录不完善，扣2分			
35.5	对存在重大缺陷的热部件需经制造厂评估，判定使用状态	3	【涉及专业】燃气轮机	查阅维护记录、评估报告和查看现场	（1）热部件无评估记录，扣3分。 （2）热部件评估报告不完善，扣3分。 （3）热部件经评估判定无法继续使用，仍然使用，扣3分。			

编号	二十五项重点要求内容	标准分	评价要求	评价方法	评分标准	扣分	存在问题	改进建议
35.6	制定高温热部件的轮换使用计划，严格做好每个高温热部件的寿命管理	3	【涉及专业】燃气轮机 （1）应建立燃气轮机热部件管理台账。 （2）如果高温热部件的寿命到期，应予以更换；若需延长使用，则需经过原始制造厂或维修单位评估	查阅高温热部件的管理记录、设备台账	（1）设备台账管理不完善，扣3分。 （2）热部件达到更换要求，未更换继续使用，且无评估文件说明的，扣3分			
35.7	燃气轮机正常运行中，气体燃料不允许含有液体，防止液体进入燃烧室造成热部件损坏	2	【涉及专业】燃气轮机 根据 JB/T 5886—2015《燃气轮机气体燃料的使用导则》第 4.1.2 条的要求，当供给的气体燃料中含有液体时，必须采取相变分离或加热达到燃料所需求的过热度	查看现场和查阅天然气系统设计文件	（1）未采取措施防止液体进入燃料系统的，扣2分。 （2）气体燃料过热度不符合要求，扣2分。 （3）气体燃料过热度裕度不足，未采取措施的，扣2分			
	防止燃气轮机叶片打伤	**20**	【涉及专业】燃气轮机，共6条					
35.8	定期检查压气机入口的终端过滤器，存在脱落风险，应及时整改处理	3	【涉及专业】燃气轮机 对压气机入口终端过滤器检查的要求	查阅检查记录	（1）未定期检查压气机入口的终端过滤器，扣3分。 （2）有脱焊、虚焊等脱落风险的情况，扣3分			
35.9	定期对压气机进行孔探检查，检查压气机叶片状况	4	【涉及专业】燃气轮机 压气机转子是影响机组稳定运行的重要因素，应按制造厂要求开展压气机孔探工作，压气机孔探检查结合本细则 第33.3、33.9 条检查	查阅压气机孔探报告	未按制造厂要求定期对压气机进行孔探检查，扣4分			
35.10	进行压气机间隙调整时，应调整通流间隙至满足设计要求	3	【涉及专业】燃气轮机 测量或调整压气机间隙，应严格按照制造厂技术规范进行	查阅检修报告	（1）通流间隙不合格且未做调整，扣3分。 （2）通流间隙调整记录不完善，扣2分			
35.11	定期检修时，检查透平动叶、静叶的状态，评估是否可以继续使用	4	【涉及专业】燃气轮机 燃气轮机检修时，应要求制造厂对透平叶片检查评估。透平叶片评估无法继续使用的应进行修复或更换	查阅检修报告和评估报告	（1）若不合格而继续使用，且无评估报告，扣4分。 （2）检修记录不完善，扣2分。 （3）评估叶片涂层寿命无法继续使用，未进行更换，扣4分			

编号	二十五项重点要求内容	标准分	评价要求	评价方法	评分标准	扣分	存在问题	改进建议
35.12	定期对进气室进行检查	3	【涉及专业】燃气轮机 每月应对燃气轮机进气系统进行检查，做好检查记录。进气室应洁净，滤网安装牢固，无破损	查阅维护记录	（1）进气室表面不洁净，进气滤网破损严重扣3分。 （2）发现压气机进气过滤器的破损时，未及时更换滤芯，扣3分。 （3）维护记录不完善，扣3分。 （4）进气滤网有脱落情况，未及时处理，扣3分			
35.13	定期对轴系振动进行分析，对燃气轮机故障进行预判	3	【涉及专业】燃气轮机 参照DL/T 384—2010《9FA 燃气-蒸汽联合循环运行规程》第8.2条要求，机组振动参数，应符合设备规范的要求。应在机组运行中做好燃气轮机轴系振动参数的记录、分析	查阅运维记录	（1）未定期对燃气轮机轴系振动检查的，扣3分。 （2）振动检查记录不完善的，扣3分。 （3）轴系振动出现异常未进行分析处理的，扣3分			
	防止燃气轮机压气机失速、喘振	**20**	**【涉及专业】燃气轮机、热工，共7条**					
35.14	运行过程中监视压气机进气过滤器的压差，如超过报警限值（非测点原因），应及时更换滤芯	2	【涉及专业】燃气轮机、热工 燃气轮机运行中进气滤网压差，应符合机组设计值，如压差升高超过报警值，及时更换进气滤网滤芯，确保过滤器压差仪表可靠投入	查看现场和查阅维护记录	（1）压气机进气过滤器的压差超过报警值的，扣2分。 （2）滤网维护记录不完善的，扣1分。 （3）压气机进气过滤器的压差超过报警限值时，未及时更换滤芯，扣2分。 （4）压气机进气过滤器压差表计不准确，未投入保护的，扣2分			
35.15	定期检修维护时应对防喘放气阀进行动作试验，保证在设计时间和转速下能够自动、快速地打开和关闭	4	【涉及专业】燃气轮机、热工 燃气轮机检修维护时，应对压气机防喘放气阀进行传动试验	查阅维护记录、调试报告	（1）未开展防喘放气阀动作试验的，扣4分。 （2）防喘放气阀动作试验的不合格，未进行消缺处理的，扣4分。 （3）防喘阀动作试验记录不完善的，扣3分			

编号	二十五项重点要求内容	标准分	评价要求	评价方法	评分标准	扣分	存在问题	改进建议
35.16	新安装机组或机组定期检修维护时应对入口可调导叶（IGV）进行角度复测及行程调整试验，保证入口可调导叶应转动灵活、无卡涩，角度复测合格	3	【涉及专业】燃气轮机、热工 在燃气轮机新安装或检修维护时，应对压气机入口可调导叶进行角度复测及行程调整试验	查阅维护记录、调试报告	（1）未开展入口可调导叶相关试验，扣3分。 （2）入口可调导叶相关试验不符合要求，未进行消缺处理，扣3分。 （3）试验记录不完善，扣2分			
35.17	应采用水洗、擦拭等措施，保持压气机通道清洁	3	【涉及专业】燃气轮机	查阅运行维护记录	（1）未按制造厂要求对压气机进行清洁保养，扣2分。 （2）运行中压气机出力下降且压气机压比下降时未及时处理，扣3分			
35.18	运行中压气机入口压力出现异常回升时，应立即停机分析原因	3	【涉及专业】燃气轮机	查阅运行维护记录、运行画面	运行中压气机入口压力出现异常回升时，未立即停机分析原因，扣3分			
35.19	检修后，本体复装时，压气机叶顶通流间隙应满足制造厂设计要求	3	【涉及专业】燃气轮机 叶顶间隙大会使空气从转子叶片叶尖处泄漏流动，使压气机流量和效率降低。严重时会导致压气机级间匹配性能变差，使压气机的压比降低，使得喘振线逼近工作线，喘振裕度降低，容易发生旋转失速	查阅检修报告、设计文件	（1）叶顶通流间隙不符合制造厂要求，且未做调整，扣3分。 （2）通流间隙测量记录不完善，扣2分			
35.20	SFC（静态变频装置）的设计，应满足燃气轮机启动过程中的需求	2	【涉及专业】燃气轮机 SFC（静态变频装置）的设计应符合制造厂要求，避免机组启动过程中因SFC容量不足，导致机组在升速过程中燃料量增加,BPT（叶片通道温度）上升，压气机压比增加，进气流量减小，造成压气机发生旋转失速、喘振	查阅燃气轮机设计文件、调试报告、运行缺陷分析记录	机组存在SFC（静态变频装置）出力不足的情况，扣2分			

238

编号	二十五项重点要求内容	标准分	评价要求	评价方法	评分标准	扣分	存在问题	改进建议
	防止燃气轮机燃烧不稳定	20	【涉及专业】燃气轮机、热工，共5条					
35.21	燃气轮机定期检修时，必须对点火系统进行全面检查。点火枪重新安装之前，必须做点火试验。点火枪的安装应符合制造厂的要求，安装完成后应做点火枪的推进试验，行程应符合制造厂要求。燃气轮机投产和定期检修后第一次点火时，应在现场观察点火枪的实际动作情况	4	【涉及专业】燃气轮机 对燃气轮机点火系统的维护保养要求	查看现场和查阅维护记录	（1）检修未开展点火火花塞组件检查和试验，扣4分。 （2）点火系统检查记录不完善，扣2分			
35.22	燃气轮机火焰检测器的电压应符合制造厂要求，如果偏低应排查原因。记录每次燃气轮机点火后检测到火焰的时间，如果检测不到火焰，或时间过长或超时，也应及时排查原因。火焰检测器的周边保温应符合制造厂要求。定期检修时应全面检查火焰检测系统的状态，如有不合格部件则应予以更换。安装之前应实施火焰检测试验	4	【涉及专业】燃气轮机、热工 对燃气轮机火检系统的维护保养要求	查看现场和查阅维护记录	（1）火焰检测器存在火检强度精度差、火检信号延时、无火有火判断不准等缺陷时，每处缺陷扣2分。 （2）火焰检测器周围保温不符合要求，扣2分。 （3）未做火焰探测器检查和试验，扣4分。 （4）火焰检测器维护保养记录不完善，扣2分			
35.23	燃气轮机定期检修后需进行燃烧调整，燃烧调整应委托有经验单位进行	4	【涉及专业】燃气轮机 对机组检修后，进行燃烧调整试验的明确要求	查阅燃烧调整报告	（1）定期检修后未实施燃烧调整，扣4分。 （2）记录不完善，扣2分			

编号	二十五项重点要求内容	标准分	评价要求	评价方法	评分标准	扣分	存在问题	改进建议
35.24	加强监视燃气成分、热值等参数，如有变化应及时与供气方沟通，必要时需要重新进行燃烧调整	4	【涉及专业】燃气轮机 应加强对气体燃料成分、热值的监测，防止燃气成分、热值变化造成燃气轮机燃烧不稳定	查阅天然气成分、热值检测报告	（1）未进行天然气成分检测的，扣4分。 （2）天然气检测报告不完善，扣2分			
35.25	定期检修时严格按制造厂要求对燃烧室进行调整复装	4	【涉及专业】燃气轮机	查阅检修报告、设计文件	（1）定期检修时未按制造厂要求对燃烧室进行调整复装的，扣4分。 （2）检修记录不完善，扣2分			
	防止燃气轮机排气温度测点异常	**20**	【涉及专业】燃气轮机、热工，共3条					
35.26	定期（每月）检查燃气轮机缸温、叶片通道温度、排气温度热电偶的使用状态，防止松动，甚至脱落，热电偶周边的保温应符合要求	7	【涉及专业】热工、燃气轮机 对燃气轮机缸温、叶片通道温度、排气温度热电偶检查的要求	查阅维护记录，查看现场	（1）维护、检修记录不完善，扣4分。 （2）热电偶周边存在影响安全运行的隐患，且未进行预防整改，扣6分。 （3）热电偶发生脱落情况、信号电缆存在高温烤焦现象，扣7分			
35.27	定期（每年）校验燃气轮机缸温、叶片通道温度、排气温度热电偶，如果不合格，则应予以更换	7	【涉及专业】热工、燃气轮机 对燃气轮机缸温、叶片通道温度、排气温度热电偶，应按制造厂要求定期校验，保证其测量准确无误	查阅校验记录	（1）校验记录不完善，扣4分。 （2）温度测点超出校验有效期，每发现一处扣2分			
35.28	加强参数监视，记录运行数据，发现异常应及时排查原因	6	【涉及专业】燃气轮机 参照 DL/T 384—2010《9FA 燃气-蒸汽联合循环运行规程》第8.2条要求，在机组运行中做好重要参数记录，发现异常及时分析	查阅运行分析报告	（1）运行异常分析记录不完善，扣3分。 （2）运行中发现异常未及时进行分析处理，导致机组跳闸，扣6分			
	9 防止分散控制系统控制、保护失灵事故							
36	**9.1 分散控制系统（DCS）配置的基本要求**	**100**	【涉及专业】热工，共17条 DCS 是监控机组启、停、运行及故障处理的中枢，DCS 工作的安全及可靠与否，对机组安全稳定运行至关重要					

编号	二十五项重点要求内容	标准分	评价要求	评价方法	评分标准	扣分	存在问题	改进建议
36.1	9.1.1 分散控制系统配置应能满足机组任何工况下的监控要求（包括紧急故障处理），控制站及人机接口站的中央处理器（CPU）负荷率、系统网络负荷率、分散控制系统与其他相关系统的通信负荷率、控制处理器周期、系统响应时间、事件顺序记录（SOE）分辨率、抗干扰性能、控制电源质量、全球定位系统（GPS）时钟等指标应满足相关标准的要求	8	【涉及专业】热工 （1）机组首次 A 级检修或 DCS 改造后应按照 DL/T 659—2016《火力发电厂分散控制系统验收测试规程》所规定的测试项目及相应的指标进行 DCS 性能的全面测试，确认 DCS 的功能和性能是否符合在线测试验收标准，评估 DCS 可靠性。 （2）分散控制系统配置应能满足机组任何工况下的监控要求（包括紧急故障处理）。 （3）性能应满足 DL/T 659—2016《火力发电厂分散控制系统验收测试规程》的要求。如：DCS 的 CPU 负荷率应满足所有控制站不大于 60%，操作员站、服务站不大于 40% 的要求。通信总线负荷率应满足以太网不大于 20%，其他网络不大于 40% 的要求。系统操作时间不应超过 2.0s。SOE 测点分辨率应不大于 1ms。DCS 控制器处理模拟量控制的扫描周期一般要求为 250ms，对于要求快速处理的控制回路可为 125ms，对于温度等慢过程控制对象，扫描周期可为 500~750ms。处理开关量控制的扫描周期一般要求为 1ms，汽轮机保护（ETS）应不大于 50ms，执行汽轮机超速保护控制（OPC）和超速跳闸保护（OPT）部分的逻辑，扫描周期应不大于 20ms	查阅 DCS 性能测试报告	（1）未及时进行 DCS 性能测试，扣 10 分，DCS 性能测试不全面，每缺一项扣 2 分。 （2）控制站及人机接口站的中央处理器（CPU）负荷率、系统网络负荷率、分散控制系统与其他相关系统的通信负荷率、控制处理器扫描周期、系统响应时间、事件顺序记录（SOE）分辨率、抗干扰性能、控制电源质量、全球定位系统（GPS）时钟等指标，任一项不满足要求扣 2 分			
36.2	9.1.2 分散控制系统的控制器、系统电源、为 I/O 模件供电的直流电源、通信网络等均应采用完全独立的冗	6	【涉及专业】热工 （1）DCS 的核心部件应冗余设计，通过冗余技术和无扰切换技术降低 DCS 部件故障时对整体安全和功能的影响，从而确保 DCS	检查 DCS 控制器、电源模块、交换机、服务器及其电	（1）DCS 的控制器、系统电源、为 I/O 模件供电的直流电源、通信网络、服务器或其供电电源等未采用完全独立的冗余配置，任一不符合项扣 4 分。			

编号	二十五项重点要求内容	标准分	评价要求	评价方法	评分标准	扣分	存在问题	改进建议
36.2	余配置，且具备无扰切换功能；采用 B/S、C/S 结构的分散控制系统的服务器应采用冗余配置，服务器或其供电电源在切换时应具备无扰切换功能	6	的安全可靠性。采用 B/S、C/S 结构 DCS 的服务器由于是系统上下位信息交换的核心节点，为此亦应通过冗余技术来提高安全性和可靠性。 （2）冗余控制部件因主部件异常或故障切为备用部件时，应为无扰切换	源的冗余配置，查阅切换记录	（2）控制器、系统电源、为 I/O 模件供电的直流电源、通信网络、服务器或其供电电源等冗余设备不能无扰切换，任一不符合项扣 4 分			
36.3	9.1.3 分散控制系统控制器应严格遵循机组重要功能分开的独立性配置原则，各控制功能应遵循任一组控制器或其他部件故障对机组影响最小的原则	8	【涉及专业】热工 （1）DL/T 261—2012《火力发电厂热工自动化系统可靠性评估技术导则》第 6.2.1.1 条规定了控制器冗余与分散配置要求： "a）机组 DCS、DEH、脱硫以及外围辅控等主要控制系统的控制器均应单独冗余配置。单元机组控制系统的控制器均应冗余配置，其对数应严格遵循机组重要保护和控制分开的独立性原则配置，并满足分散度要求，任一控制器配置原则上每对不大于 400 点。 b）MFT、ETS 等主保护系统控制器应单独冗余配置，其处理周期应不大于 30ms。 c）送风机、引风机、一次风机、空气预热器、给水泵、凝结水泵、真空泵、重要冷却水泵、重要油泵、增压风机、A 段厂用电、B 段厂用电，以及非母管制的循环水泵等多台组合或主 / 备运行的重要辅机（辅助）设备的控制，应分别配置在不同的控制器中，但允许送、引风机等按介质流程的纵向组合分配在同一控制器中。 d）300MW 及以上机组磨煤机、给煤机和油燃烧器等多台冗余或组合的重要设备控制，应按工艺流程要求纵向组合，配置至少	检查机组主控和重要辅机系统控制、保护功能的控制器分配；查阅冗余控制器无扰切换试验记录	（1）DCS、DEH、脱硫以及外围辅控等主要控制系统的控制器未单独冗余配置，扣 2 分。 （2）MFT、ETS 等主保护系统控制器应单独冗余配置，每发现一处扣 2 分。 （3）并列或主/备辅机系统的控制、保护功能未分散配置在不同的控制处理器中，每发现一处扣 2 分。 （4）无冗余控制器切换试验记录或控制器无扰切换不成功，每发现一处扣 2 分			

编号	二十五项重点要求内容	标准分	评价要求	评价方法	评分标准	扣分	存在问题	改进建议
36.3		8	三对控制器。同一控制系统控制的纵向设备布置应在同一控制器中。 e）应保证重要监控信号在控制器故障时不会失去监视；汽包水位（直流机组除外）、主蒸汽压力、主蒸汽温度、再热蒸汽温度、炉膛压力等重要的安全监视参数，应配置在不同对的控制器中（配置硬接线后备监控设备的除外）。" （2）冗余配置的控制器或模件，主控侧软件发生故障或死机时，备用侧应能够检测并及时接替控制功能，不应对系统产生扰动					
36.4	9.1.4 重要参数测点、参与机组或设备保护的测点应冗余配置，冗余 I/O 测点应分配在不同模件上	8	【涉及专业】热工 （1）应三重冗余（或同等冗余功能）配置的模拟量输入信号：机组负荷，汽轮机转数、轴向位移、给水泵汽轮机转数、凝汽器真空、主机润滑油压力、抗燃油压、主蒸汽压力、主蒸汽温度、主蒸汽流量（若设有测点）、调节级压力、汽包水位、汽包压力、水冷壁进口流量、主给水流量、除氧器水位、炉膛负压、增压风机入口压力、一次风压力、再热器压力、再热器温度、常压流化床床温及流化风量、中间点温度、调节级金属温度等。 （2）对某些仅次于关键参数的重要参数，至少应双重冗余配置的模拟量输入信号：加热器水位、凝汽器水位、凝结水流量、主机润滑油温、发电机氢温、汽轮机调门开度、分离器水箱水位、分离器出口温度、给水温度、送风风量、磨煤机一次风量、磨煤机出口	检查重要参数测点、参与机组或设备保护的测点的取样、模件分配、保护逻辑设置	（1）重要参数（炉膛负压、主蒸汽温度/压力、汽包水位、定子冷却水流量等）测点、参与机组或设备保护的测点未按要求冗余配置，每项扣 2 分。 （2）冗余 I/O 测点未分配在不同模件上，每个不符合项扣 2 分；OVATION 系统的冗余保护测点未分配在不同分支上，每项扣 2分。 （3）电气负荷信号未通过硬接线直接接入 DCS，扣 2 分。 （4）取自不同变送器用于机组和主要辅机跳闸的保护输入信号，未直接硬接线接入相对应的保护控制的输入模件，每个不符合项扣 2 分。 （5）重要的保护、联锁、设备启停允许及 RB 触发等逻辑条件采用了单一测点信号，每处缺陷扣 2 分			

编号	二十五项重点要求内容	标准分	评价要求	评价方法	评分标准	扣分	存在问题	改进建议
36.4		8	温度、磨煤机入口负压、单侧烟气含氧量、除氧器压力、非保护中间点温度、二次风流量等。 （3）主要开关量仪表应冗余配置：联锁动作用的主机跳闸（MFT、ETS、GTS）信号以及联锁主保护动作的主要辅机跳闸信号宜三重冗余，风箱与炉膛差压低，一次风和炉膛差压低等开关量信号至少双重冗余。 （4）用于温度或压力补偿计算的温度、压力测点需冗余配置（如用于给水流量补偿计算的给水温度，用于汽包水位补偿计算的汽包压力，主蒸汽流量测量信号的主蒸汽压力、温度补偿，供热流量信号的压力、温度补偿等）。 （5）冗余 I/O 信号应通过不同的 I/O 模件和通道引入/引出。 （6）所有的 I/O 模件的通道，应具有信号隔离功能。 （7）电气负荷信号应通过硬接线直接接入 DCS。 （8）取自不同变送器用于机组和主要辅机跳闸的保护输入信号，应直接接入相对应的保护控制的输入模件。 （9）重要的保护、联锁、设备启停允许及 RB 触发等逻辑条件应避免因单一测点回路故障导致逻辑信号误发或拒发，尽可能采取冗余信号判断，若确实难以获取直接的冗余信号，应根据工艺相关性构筑冗余信号判断，保证逻辑输出的可靠性。如对于重要电机设备的"停运"信号，可采用停止反馈、运行反馈取非、电机电流小于定值构建"三取二"停运判断					

编号	二十五项重点要求内容	标准分	评价要求	评价方法	评分标准	扣分	存在问题	改进建议
36.5	9.1.5 按照单元机组配置的重要设备（如循环水泵、空冷系统的辅机）应纳入各自单元控制网，避免由于公用系统中设备事故扩大为两台或全厂机组的重大事故	4	【涉及专业】热工 单元机组配置的重要设备（如循环水泵、空冷系统的辅机）应纳入各自单元控制网，避免纳入公用系统而导致简单设备事故扩大为两台或全厂机组的重大事故	检查循环水泵、空冷系统的辅机控制功能分配	按照单元机组配置的重要设备（如循环水泵、空冷系统的辅机）未纳入各自单元控制网，扣4分			
36.6	9.1.6 分散控制系统电源应设计有可靠的后备手段，电源的切换时间应保证控制器不被初始化；操作员站如无双路电源切换装置，则必须将两路供电电源分别连接于不同的操作员站；系统电源故障应设置最高级别的报警；严禁非分散控制系统用电设备接到分散控制系统的电源装置上；公用分散控制系统电源，应分别取自不同机组的不间断电源系统，且具备无扰切换功能。分散控制系统电源的各级电源开关容量和熔断器熔丝应匹配，防止故障越级	8	【涉及专业】热工 （1）热工电源可靠性配置应符合 DL/T 5455—2012《火力发电厂热工电源及气源系统设计技术规程》第三章的相关规定。 （2）独立配置的重要控制子系统（如 ETS、TSI、METS、DEH、MEH、火检、FSSS、循环水泵等远程控制站及 I/O 站电源、循泵控制碟阀、脱硫控制等），应有两路互为冗余的电源供电，任何一路外部电源失去或故障不应引起控制系统任何部分的故障、数据丢失或异常动作。 （3）操作员站如无双路电源切换装置，则必须将两路供电电源分别连接于不同的操作员站。 （4）系统电源故障应设置最高级别的报警。 （5）严禁非分散控制系统用电设备接到分散控制系统的电源装置上。 （6）公用分散控制系统电源，应分别取自不同机组的不间断电源系统，且具备无扰切换功能。 （7）分散控制系统电源的各级电源开关容量和熔断器熔丝应匹配，防止故障越级。 （8）加强冗余电源切换试验管理，定期进行电源切换	检查分散控制系统电源配置、电源失去报警、柜内风扇电源、各级电源开关容量和熔断器熔丝；查阅电源切换试验记录	（1）无冗余电源定期切换试验记录或切换不成功，每处扣2分。 （2）系统电源故障未设置最高级别的报警，扣2分。 （3）风扇电源或其他非分散控制系统电源接入分散控制系统的电源装置上，每处扣2分。 （4）公用分散控制系统电源，未分别取自不同机组的不间断电源系统，扣4分。 （5）分散控制系统电源的各级电源开关容量和熔断器熔丝不匹配，扣2分。 （6）操作员站电源不符合可靠性要求，扣2分			

编号	二十五项重点要求内容	标准分	评价要求	评价方法	评分标准	扣分	存在问题	改进建议
36.7	9.1.7　分散控制系统接地必须严格遵守相关技术要求，接地电阻满足标准要求；所有进入分散控制系统的控制信号电缆必须采用质量合格的屏蔽电缆，且可靠单端接地；分散控制系统与电气系统共用一个接地网时，分散控制系统接地线与电气接地网只允许有一个连接点	8	【涉及专业】热工 （1）DCS 的接地应符合制造厂的技术条件和 DL/T 774—2015《火力发电厂热工自动化系统检修运行维护规程》第 6.1.2 条的规定，接地电阻应定期进行检测。 （2）DL/T 659—2016《火力发电厂分散控制系统验收测试规程》第 4.9 条规定，DCS 采用独立接地网时，若制造厂无特殊要求，则其接地极与电厂电气接地网之间应保持10m 以上的距离，且接地电阻不得超过 2Ω；当 DCS 与电厂电力系统共用一个接地网时，控制系统接地线与电气接地网只允许有一个连接点，且接地电阻应小于 0.5Ω。 （3）所有进入分散控制系统的控制信号电缆必须采用质量合格的屏蔽电缆，且可靠单端接地	查阅接地电阻测试记录；检查控制柜内和电缆夹层接地垫片、螺栓等	（1）无分散控制系统接地电阻检测报告或记录，扣 3 分。 （2）未测试电子间接地汇总点至电气地网（大地）的线路电阻，扣 2 分。 （3）DCS 接地电阻检测值不合格，每处扣 3 分。 （4）电缆夹层接地垫片、螺栓等松动或锈蚀，每处扣 1 分。 （5）机柜内接地线没有通过绝缘铜芯线直接与公共地线连接，通过由螺丝固定的中间物体连接，每处扣 2 分			
36.8	9.1.8　机组应配备必要的、可靠的、独立于分散控制系统的硬手操设备（如紧急停机停炉按钮），以确保安全停机停炉	8	【涉及专业】热工 （1）GB 50660—2011《大中型火力发电厂设计规范》第 15.6.1 条规定，在控制台上必须设置总燃料跳闸、停止汽轮机和解列发电机的跳闸按钮，跳闸按钮应直接接至停炉、停机的驱动回路。 （2）GB 50660—2011《大中型火力发电厂设计规范》第 15.9.8 条规定，在控制系统发生电源消失、通信中断、全部操作员站失去功能、重要控制站失去控制和保护功能等全局性或重大故障的情况下，应设置下列确保机组紧急安全停机的独立于控制系统的硬接线后备操作手段：汽轮机跳闸、总燃料跳	查阅紧急停机停炉按钮接线图	（1）未设置独立于 DCS 的紧急停机停炉按钮，扣 8 分。 （2）缺少必要的硬手操按钮，每缺一项扣 4 分。 （3）跳闸按钮未直接接至驱动回路，每项扣 4 分			

编号	二十五项重点要求内容	标准分	评价要求	评价方法	评分标准	扣分	存在问题	改进建议
36.8		8	闸、发电机或发电机变压器组跳闸、锅炉安全门（机械式可不装）开、汽包事故放水门开、汽轮机真空破坏门开、直流润滑油泵启动、交流润滑油泵启动、发电机灭磁开关跳闸、柴油发电机启动					
36.9	9.1.9 分散控制系统与管理信息大区之间必须设置经国家指定部门检测认证的电力专用横向单向安全隔离装置。分散控制系统与其他生产大区之间应当采用具有访问控制功能的设备、防火墙或者相当功能的设施，实现逻辑隔离。分散控制系统与广域网的纵向交接处应当设置经过国家指定部门检测认证的电力专用纵向加密认证装置或者加密认证网关及相应设施。分散控制系统禁止采用安全风险高的通用网络服务功能。分散控制系统的重要业务系统应当采用认证加密机制	8	【涉及专业】热工 国家发改委第 14 号令《电力监控系统安全防护规定》第二条规定，电力监控系统安全防护工作应当落实国家信息安全等级保护制度，按照国家信息安全等级保护的有关要求，坚持"安全分区、网络专用、横向隔离、纵向认证"的原则，保障电力监控系统的安全。 （1）进行安全区划分，确定各安全区边界。 （2）分散控制系统与管理信息大区之间必须设置经国家指定部门检测认证的电力专用横向单向安全隔离装置。 （3）分散控制系统与其他生产大区之间应当采用具有访问控制功能的设备、防火墙或者相当功能的设施，实现逻辑隔离。 （4）分散控制系统与广域网的纵向交接处应当设置经过国家指定部门检测认证的电力专用纵向加密认证装置或者加密认证网关及相应设施。 （5）分散控制系统禁止采用安全风险高的通用网络服务功能。 （6）分散控制系统的重要业务系统应采用认证加密机制。	查阅全厂业务系统的网络拓扑图，查看现场	（1）未制定防病毒措施，扣 4 分。 （2）安全区划分不合理，扣 2 分。 （3）横向单向安全隔离不到位，扣 2 分。 （4）单元机组之间未实现逻辑隔离，扣 2 分。 （5）纵向加密认证不到位，扣 2 分。 （6）DCS 未设置有效权限，扣 2 分。 （7）分散控制系统与单独配置的优化控制系统未进行安全性评价，扣 2 分			

编号	二十五项重点要求内容	标准分	评价要求	评价方法	评分标准	扣分	存在问题	改进建议
36.9		8	（7）应满足 GB/T 33009.1—2016《工业自动化和控制系统网络安全集散控制系统（DCS） 第 1 部分：防护要求》。 （8）分散控制系统与单独配置的优化控制系统应进行安全性评价					
36.10	9.1.10　分散控制系统电子间环境满足相关标准要求，不应有 380V 及以上动力电缆及产生较大电磁干扰的设备。机组运行时，禁止在电子间使用无线通信工具	6	【涉及专业】热工 （1）分散控制系统电子间环境应符合 DL/T 774—2015《火力发电厂热工自动化系统检修运行维护规程》第 4.3.2.1.5 条要求：温度 15～28℃，温度变化率≤5℃/h，湿度 45～70%，振动<0.5mm，含尘量≤0.3mg/m³。 （2）分散控制系统电子间不应有 380V 及以上动力电缆及产生较大电磁干扰的设备，通信电缆同动力电缆应有效隔离。 （3）机组运行时，禁止在电子间使用无线通信工具	查阅电子间温湿度计、巡检记录及电子间管理制度；检查通信电缆、动力电缆敷设情况	（1）电子间未设置温/湿度计，扣 1 分。 （2）电子间环境不符合要求或巡检记录未记录电子间温湿度，扣 2 分。 （3）通信电缆同动力电缆未有效隔离，扣 4 分。 （4）未制定电子间管理制度，或制度中缺少电子间禁止使用无线通信工具规定，扣 2 分			
36.11	9.1.11　远程控制柜与主系统的两路通信电（光）缆要分层敷设	4	【涉及专业】热工 远程控制柜一般完成汽轮机、锅炉主体或辅助设备的重要监视功能，其与主系统通过两路互为冗余的通信电（光）缆完成通信数据传输。为了真正达到功能冗余、风险分散的目的，通信介质不应在同层敷设，而应分层敷设	检查通信电（光）缆的敷设	远程控制柜与主系统的两路通信电（光）缆未按要求分层敷设，扣 4 分			
36.12	9.1.12　对于多台机组分散控制系统网络互联的情况，以及当公用分散控制系统的网络独立配置并与两台单元机组的分散控制系统进行通信时，应采取可靠隔离措施、防止交叉操作	4	【涉及专业】热工 （1）对于多台机组分散控制系统网络互联，应采取可靠隔离措施、防止交叉操作。 （2）当公用分散控制系统的网络独立配置并与两台单元机组的分散控制系统进行通信时，应采取可靠隔离措施、防止交叉操作	检查多台机组间是否可交叉操作	（1）多台机组的分散控制系统，在同一操作台或同一操作员站交叉操作，扣 4 分；在同一工程师站组态，扣 2 分。 （2）公用分散控制系统的隔离措施不完善，不同机组间存在同时交叉操作风险，扣 4 分			

编号	二十五项重点要求内容	标准分	评价要求	评价方法	评分标准	扣分	存在问题	改进建议
36.13	9.1.13 交、直流电源开关和接线端子应分开布置，直流电源开关和接线端子应有明显的标示	4	【涉及专业】热工 应避免交、直流电源开关和接线端子混合布置，直流电源开关和接线端子应明显标示	检查交、直流电源开关和接线端子及其标示	（1）交、直流电源开关和接线端子未分开布置，扣3分。 （2）直流电源开关和接线端子无标示或标识不清晰、错误，扣3分			
36.14	新增：测点远端的组态设置应与就地的量程、测量方向一致	4	【涉及专业】热工 测点就地量程、测量值大小如何设定，远端组态中也应一致设定，避免量程不一致、测量值大小反向	检查异常测点的就地与DCS组态的量程、测量方向	测点远端的组态设置与就地的量程、测量方向不一致，每处缺陷扣2分			
36.15	新增：重要的保护/联锁信号在跨控制器使用时宜采用硬接线传输，若采用了网络通信信号，当通信信号故障时不应导致该保护/联锁拒动或误动	4	【涉及专业】热工 控制器网络中断时，跨控制器的通信信号将故障，故障信号用于保护、联锁且逻辑组态缺少信号故障防范设计时可能导致保护、联锁误动或拒动	检查用于保护、联锁的跨控制器的通信信号	用于重要保护、联锁的跨控制器的通信信号缺少信号故障防范设计，每处缺陷扣2分			
36.16	新增：DCS机柜内用于热电偶信号冷端补偿的热电阻应冗余配置，组态中应设置上下限，避免因热电阻信号故障导致所有被补偿的热电偶信号失真	4	【涉及专业】热工 对热电偶冷端补偿温度采取冗余配置、设置上下限，可有效避免因补偿用热电阻及其接线的单点信号故障造成补偿温度虚高，导致所有被补偿温度信号超限，造成相关联锁设备的误动	检查DCS机柜内用于热电偶信号冷端补偿的热电阻配置。	DCS机柜内用于热电偶信号冷端补偿的热电阻单点配置，组态未设置上下限，每处隐患扣2分			
36.17	新增：DCS逻辑组态修改、保护投退、重要信号模拟、典型缺陷处理等工作，应提前编写操作卡，对工作流程进行详细要求，使相关工作在操作、内容等方面标准化、规范化，杜绝由于人员因素带来的不规范操作行为	4	【涉及专业】热工 在机组运行中进行DCS逻辑组态修改、信号模拟、保护解投等工作是不可避免的，但热工人员误操作问题在一些电厂时有发生。为避免误操作，建议在分级授权管理的基础上，参考运行人员操作卡，编写相应DCS操作卡。操作卡详细规定操作步骤、模拟/修改逻辑信号的页码和块号等，工作时按照DCS操作卡步骤，一人操作一人监护，可有效杜绝发生误操作事件	查阅DCS逻辑组态修改、保护投退、重要信号模拟、典型缺陷处理等工作的记录	（1）必要的操作卡缺失，扣2分。 （2）缺少监护人，扣2分。 （3）产生操作错误但没有严重隐患，扣2分；产生操作错误且存在严重隐患或已引发事故，扣4分			

编号	二十五项重点要求内容	标准分	评价要求	评价方法	评分标准	扣分	存在问题	改进建议
37	**9.2 防止水电厂（站）计算机监控系统事故**	100	【涉及专业】监控自动化，共29条 监控系统是直接监视、控制全厂所有重要设备运行工况的中枢系统，也是电厂日常生产运行使用频率最高的基本系统，是水电厂最核心、最重要的生产系统，其安全性、可靠性、实时性对于保证电厂的安全、稳定运行至关重要					
	9.2.1 监控系统配置基本要求	52	【涉及专业】监控自动化					
37.1	9.2.1.1 监控系统的主要设备应采用冗余配置，服务器的存储容量和中央处理器负荷率、系统响应时间、事件顺序记录分辨率、抗干扰性能等指标应满足要求	4	【涉及专业】监控自动化 （1）监控系统的控制器、系统电源、为I/O模件供电的直流电源、通信网络等均应采用完全独立的冗余配置，且具备无扰切换功能。 （2）采用B/S、C/S结构的监控系统的服务器应采用冗余配置，服务器或其供电电源在切换时应具备无扰切换功能。 （3）计算机监控系统的服务器的存储容量、中央处理器负荷率、网络通信、数据信号的采集与输出、系统响应时间、事件顺序记录分辨率、抗干扰度、系统同步时钟等性能品质应满足DL/T 822—2012《水电厂计算机监控系统试验验收规程》的试验检测要求	查阅计算机监控系统性能测试报告	（1）控制器、系统电源、为I/O模件供电的直流电源、通信网络、服务器或其供电电源，以及上位机系统的服务器、操作员站等未采用完全独立的冗余配置，每项扣1分。 （2）服务器的存储容量、中央处理器负荷率、网络通信、数据信号的采集与输出、系统响应时间、事件顺序记录分辨率、抗干扰度、系统同步时钟等性能品质，任一项试验检测不合格，扣1分			
37.2	9.2.1.2 并网机组投入运行时，相关电力专用通信配套设施应同时投入运行	2	【涉及专业】监控自动化 （1）并网机组投入运行时，应保证调度行政通信系统及录音设备、RTU远动或调度数据网等电力专用通信配套完好。 （2）通信方式应多样互补，确保电厂内部及调度通信畅通。 （3）调度行政通信系统应能随时召唤在厂内巡视、工作或厂外待命的值守人员	检查相关电力专用通信配套设施投运情况	（1）调度行政通信系统及录音设备、RTU远动或调度数据网等电力专用通信配套未可靠投运，每项扣1分。 （2）通信方式单一，电厂内部及调度通信不畅通，扣1分			

编号	二十五项重点要求内容	标准分	评价要求	评价方法	评分标准	扣分	存在问题	改进建议
37.3	9.2.1.3 监控系统网络建设应满足电气二次系统安全防护基本原则要求	4	【涉及专业】监控自动化 国家发改委第 14 号令《电力监控系统安全防护规定》第二条规定，电力监控系统安全防护工作应当落实国家信息安全等级保护制度，按照国家信息安全等级保护的有关要求，坚持"安全分区、网络专用、横向隔离、纵向认证"的原则，保障监控系统的安全。 （1）安全分区：根据系统中业务重要性和对一次系统的影响程度分区，重点保护实时控制系统及生产业务系统。 （2）横向隔离：采用各类强度的隔离装置使核心系统得到有效保护。 （3）网络专用：在专用通道建立电力调度专用数据网络，实现与其他数据网络的物理隔离。 （4）纵向加密：采用认证、加密等手段实现数据的远方安全传输	检查监控系统分区，隔离装置，电力调度专用数据网络，认证、加密等	（1）未根据系统中业务重要性和对一次系统的影响程度分区，扣 1 分。 （2）隔离装置未实现核心系统有效保护，扣 2 分。 （3）未在专用通道建立电力调度专用数据网络，扣 1 分。 （4）未采用认证、加密等手段实现数据的远方安全传输，扣 1 分			
37.4	9.2.1.4 严格遵循机组重要功能相对独立的原则，即监控系统上位机网络故障不应影响现地控制单元功能，监控系统控制系统故障不应影响单机油系统、调速系统、励磁系统等功能，各控制功能应遵循任一组控制器或其他部件故障对机组影响最小，继电保护独立于监控系统的原则	4	【涉及专业】监控自动化 （1）现地控制单元（LCU）是一套完整的计算机控制系统，可独立于主控级运行。 （2）LCU 在脱离电站主控级的情况下可确保机组的安全运行。 （3）继电保护的事故信号应全部可靠接入监控系统 LCU，经 LCU 顺控流程处理后送上位机报警或出口事故停机流程。 （4）继电保护装置应具有独立的报警展示界面及事故信号跳闸回路，以确保设备事故时能可靠隔离，防止事故扩大和设备损坏。	检查现地控制单元配置；查阅报警及事故停机流程；检查紧急停机按钮	（1）现地控制单元（LCU）不能脱离主控级独立运行，扣 1 分。 （2）继电保护的事故信号未全部可靠接入监控系统 LCU，扣 1 分。 （3）继电保护装置未设立独立的报警展示界面及事故信号跳闸回路，扣 1 分。 （4）机组 LCU 未配置安全可靠独立于监控系统的用于紧急事故停机的水机保护设备，未在中控室控制台上配置硬接线的水机保护紧急停机按钮，扣 2 分			

编号	二十五项重点要求内容	标准分	评价要求	评价方法	评分标准	扣分	存在问题	改进建议
37.4		4	（5）机组 LCU 应配置安全可靠独立于监控系统的用于紧急事故停机的水机保护设备，并在中控室控制台上配置硬接线的水机保护紧急停机按钮，以确保及时安全停机，避免事故扩大化					
37.5	9.2.1.5　监控系统上位机应采用专用的、冗余配置的不间断电源供电，不应与其他设备合用电源，且应具备无扰自动切换功能。交流供电电源应采用两路独立电源供电	4	【涉及专业】监控自动化 （1）上位机系统应配置专用的、独立的不间断电源。 （2）交流供电电源应采用不同母线的两路独立电源进线，以热备方式工作。 （3）冗余双路电源应无扰动自动切换，不间断电源切换时间应小于 5ms（保证控制器不能初始化）。 （4）具备双电源模块的装置，两个电源模块应由不同电源供电且应具备无扰自动切换功能	检查监控系统上位机电源供电方式、切换试验记录	（1）上位机系统未配置专用的、独立的不间断电源，扣 1 分。 （2）交流供电电源未采用不同母线的两路独立电源进线，或未以热备方式工作，每处扣 1 分。 （3）冗余双路电源未实现无扰动自动切换，不间断电源切换时间大于 5ms，每处扣 1 分。 （4）具备双电源模块的装置，两个电源模块由同一电源供电，每处扣 1 分			
37.6	9.2.1.6　现地控制单元及其自动化设备应采用冗余配置的不间断电源或站内直流电源供电。具备双电源模块的装置，两个电源模块应由不同电源供电且应具备无扰自动切换功能	4	【涉及专业】监控自动化 （1）现地控制单元及其自动化设备应采用冗余配置的不间断电源或由厂内直流蓄电池及厂用交流电源供电，并配备交直流双输入电源装置。 （2）操作员站等如无双电源模块，则必须将两路供电电源分别连接于不同的操作员站。 （3）系统不间断电源装置等应能在外电源电压范围内（交流：220V/380V±10%，直流电压：176～253V）正常工作和不遭损坏。 （4）系统不间断电源的额定容量应按1.5～2 倍正常负载容量考虑，不间断供电时间应不少于 30min，输出电压应为 AC 220V	检查现地控制单元供电方式、操作员站供电方式，报警系统；查阅 UPS 测试记录	（1）现地控制单元及其自动化设备未采用冗余配置的不间断电源或未由厂内直流蓄电池及厂用交流电源供电，扣 2 分。 （2）操作员站等无双电源模块，两路供电电源也未分别连接于不同的操作员站，扣 1 分。 （3）电源装置耐压能力达不到要求，扣 1 分。 （4）UPS 电源无过压过流保护及电源故障报警信号，扣 1 分			

编号	二十五项重点要求内容	标准分	评价要求	评价方法	评分标准	扣分	存在问题	改进建议
37.6		4	±2%，输出电压波形应为正弦波，频率为50Hz±1%，波形失真应小于5%，电压超调量应小于10%额定电压（当负载突变50%时）。 （5）系统不间断电源装置应有过压过流保护及电源故障报警信号，并接入计算机监控系统实时监视，同时系统电源故障应在控制室内设有独立于监控系统之外的声光报警。 （6）系统设备的电源输入端应有隔离变压器和抑制噪声的滤波器。当输入电压下降到下限以下或正负极性颠倒时，本系统设备不应遭到破坏。 （7）在外电源内阻小于0.1Ω时，由本系统设备所产生的电噪声（1~100kHz）在电源输入端上的峰-峰值电压应小于外部电源电压的1.5%。 （8）系统不间断电源严禁接入非监控系统用电设备，定期对蓄电池进行充放电检查试验，定期检查电源回路端子排、配线、电缆接线螺栓有无松动和过热现象，电源熔断器是否完好，容量是否符合要求		（5）系统不间断电源接入了非监控系统用电设备，未定期对蓄电池进行充放电检查试验，未定期检查电源回路端子排、配线、电缆接线螺栓状况，每项扣1分			
37.7	9.2.1.7 监控系统相关设备应加装防雷（强）电击装置，相关机柜及柜间电缆屏蔽层应通过等电位网可靠接地	4	【涉及专业】监控自动化 （1）监控系统防雷工作须满足IEC 1312-1《雷电电磁脉冲防护标准》的相关要求。 （2）建筑物同所有电子设备及系统都应纳入等电位联结范围而形成一个公用接地系统。	检查电子设备间设备接地方式、接地线、通信线屏蔽	（1）监控系统防雷工作不满足IEC 1312-1相关要求，扣2分。 （2）建筑物内所有电子设备及系统未纳入等电位联结范围而形成一个公用接地系统，扣1分。 （3）计算机系统未实现一点接地的原则，扣1分。			

编号	二十五项重点要求内容	标准分	评价要求	评价方法	评分标准	扣分	存在问题	改进建议
37.7		4	（3）计算机系统内电气相连的各设备的各种性质的接地应用绝缘导体引至总接地板，由总接地板以电缆或绝缘导体与接地网连接，以保证一点接地的原则。 （4）与电厂级系统电气不直接相连的现地控制单元的接地应按单独的计算机系统处理。总接地板与接地点连接的接地线截面应不小于35mm²，系统地与总接地板连接的接地线截面应不小于16mm²，机柜间链式接地连接线截面应不小于2.5mm²。 （5）为了彻底消除雷电引起的破坏性电位差，需要把建筑物内的各类金属结构部件，不论水平的、垂直的都将它互连，并以最短线路连到最近的等电位联结带，对不能用导线直接连接的电源线、信号线等都要通过过电压保护器进行等电位联结。 （6）为防止雷击对系统造成的电磁干扰，所有通信线路都必须有屏蔽；架空电力线在进入机房前必须改为屏蔽电缆或穿铁管。屏蔽电缆的铠装外皮和铁管的两端都要就近接地。进机房前的屏蔽电缆和穿线铁管埋地长度一般要10m以上，埋地深度0.6m～1m，才能达到安全。电力和信号电缆的屏蔽层应通过两端相接设备的金属外壳可靠接地		（4）与电厂级系统电气不直接相连的现地控制单元的接地未单独接地，扣1分。 （5）总接地板与接地点连接的接地线截面、系统地与总接地板连接的接地线截面、机柜间链式接地连接线截面不满足要求，每处扣1分。 （6）建筑物内的各类金属结构部件未互连，每处扣1分。 （7）通信线路屏蔽不符合要求，每处扣1分			
37.8	9.2.1.8 监控系统及其测控单元、变送器等自动化设备（子站）必须是通过具有国家级检测资质的质检机构检验合格的产品	4	【涉及专业】监控自动化 （1）监控系统及其测控单元、变送器等设备选型采购时应保证系统设备必须是通过具有国家级检测资质的质检机构检验合格，且在有效期以内以及有运行经验的设备。	查阅监控系统及设备合格证书、出厂试验报告、验收报告，消缺记	（1）监控系统及其测控单元、变送器等设备质量不合格，每处扣1分。 （2）监控系统及其测控单元、变送器等设备无出厂试验报告、现场验收报告等，扣1分。			

编号	二十五项重点要求内容	标准分	评价要求	评价方法	评分标准	扣分	存在问题	改进建议
37.8		4	（2）应严格按照国家标准、行业标准和合同中规定的技术条件，对采购的设备和系统进行完整的型式试验、出厂试验和检验、出厂验收、现场试验和验收。 （3）设备投运后发现缺陷应及时消除，并定期检修校验	录、定期检定记录	（3）监控系统设备投运后发现缺陷未及时消除，每处扣1分。 （4）监控系统设备未定期检修校验，每处扣1分			
37.9	9.2.1.9 监控设备通信模块应冗余配置，优先采用国内专用装置，采用专用操作系统；支持调控一体化的厂站间隔层应具备双通道组成的双网，至调度主站（含主调和备调）应具有两路不同路由的通信通道（主／备双通道）	4	【涉及专业】监控自动化 （1）监控系统应具备双通道组成的冗余双网结构，并针对中心交换机、服务器及工作站网卡、调度通信机、PLC以太网模块、内部I/O网络模块等通信模块冗余配置双网。 （2）优先采用国内专用装置及专用操作系统。 （3）应按照电力调度数据网双平面建设的有关要求，保证至调度主站（含主调和备调）具有两路不同物理路由的通信通道，互为冗余备用，可无扰切换	检查监控系统交换机、服务器及工作站网卡、调度通信机、PLC以太网模块、内部I/O网络模块等通信模块配置；操作系统版本检查；查阅调度通信机冗余切换测试记录	（1）中心交换机、服务器及工作站网卡、调度通信机、PLC以太网模块、内部I/O网络模块等通信模块未冗余配置，每处扣2分。 （2）操作系统非专用，扣1分。 （3）无调度通信机冗余切换测试记录，未实现冗余无扰切换，每项扣1分。 （4）至调度主站（含主调和备调）不具有两路不同路由的通信通道，扣1分			
37.10	9.2.1.10 水电厂基（改、扩）建工程中监控设备的设计、选型应符合自动化专业有关规程规定。现场监控设备的接口和传输规约必须满足调度自动化主站系统的要求	6	【涉及专业】监控自动化 （1）水电厂基（改、扩）建工程中监控系统设备的设计、选型应符合自动化专业有关规程规定的要求。 （2）与调度自动化主站系统的接口和传输规约等必须符合调度要求，并与调度端调试对点合格，经调度批准通过方可投运	查阅监控系统设备技术资料，监控系统与调度自动化主站系统的接口和传输规约	（1）水电厂基（改、扩）建工程中监控系统设备的设计、选型不符合自动化专业有关规程规定的要求，扣2分。 （2）与调度自动化主站系统的接口和传输规约等不符合调度要求，扣2分。 （3）缺少与调度端对点调试的记录，扣2分			

编号	二十五项重点要求内容	标准分	评价要求	评价方法	评分标准	扣分	存在问题	改进建议
37.11	9.2.1.11　自动发电控制（AGC）和自动电压控制（AVC）子站应具有可靠的技术措施，对调度自动化主站下发的自动发电控制指令和自动电压控制指令进行安全校核，确保发电运行安全	8	【涉及专业】监控自动化 （1）当电厂运行人员通过监控系统将机组从当地控制方式切换至电网 AGC 远方控制（当地电网不要求的除外）方式时，监控系统应能保证机组的平稳切换。 （2）对于接收到的超过机组调节上、下限或超过机组最大调节幅度等指令，监控系统应拒绝执行，并保持原指令不变，同时自动向现场运行人员和调度自动化主站发出告警信息。 （3）当电网周波小于 49.9Hz（可通过画面修改）时，监控系统不应执行 AGC 减负荷指令，当电网周波大于 50.1Hz（可通过画面修改）时，监控系统不应执行 AGC 增负荷指令，而应保持机组的出力不变，同时自动向现场运行人员和调度自动化主站发出告警信息。 （4）调度自动化主站掉电/复位时，监控系统应保持机组出力不变而且退出电网 AGC，并发出告警信息。 （5）监控系统掉电/复位时，监控系统应自动退出电网 AGC 保持机组出力不变，并发出告警信息。 （6）监控系统的机组 LCU 离线、机组测量为坏数据、机组遥信为坏数据等情况时，监控系统应保持全厂实际出力不变而且退出 AGC，并发出告警信息。 （7）监控系统与水情等与 AGC 有关的其他系统通信中断，例如：所采集到的水位为 0 时，监控系统应保持机组出力不变而且不退出 AGC，并发出告警信息。	检查监控系统控制逻辑，AGC 和就地切换功率曲线；报警系统	（1）不能保证 AGC 远方控制切与当地控制的无扰切换，扣 1 分。 （2）指令超过机组调节上、下限或超过机组最大调节幅度等，未自动向现场运行人员和调度自动化主站发出告警信息，扣 1 分。 （3）监控系统未设置增、减负荷闭锁，或发生闭锁情况未向现场运行人员和调度自动化主站发出告警信息，扣 1 分。 （4）调度自动化主站掉电/复位时，未发出告警信息或机组出力跃变，每项扣 1 分。 （5）监控系统掉电/复位时，未发出告警信息，扣 1 分。 （6）监控系统的机组 LCU 离线、机组测量为坏数据、机组遥信为坏数据等情况时，监控系统未发出告警信息，扣 1 分。 （7）监控系统与水情等与 AGC 有关的其他系统通信中断，监控系统未发出告警信息，扣 1 分。 （8）AVC 未设置无功调节上、下限或者母线电压上、下限闭锁，或发生闭锁情况未向现场运行人员和调度自动化主站发出告警信息，扣 1 分			

编号	二十五项重点要求内容	标准分	评价要求	评价方法	评分标准	扣分	存在问题	改进建议
37.11		8	（8）对于接收到的超过机组无功调节上、下限或者母线电压上、下限等指令，应拒绝执行，并保持原指令不变，同时自动向现场运行人员和调度自动化主站发出告警信息。 （9）当电厂运行人员通过监控系统将机组从当地控制方式切换至电网 AVC 远方控制方式时，应能保证机组无功功率的平稳切换。同时应满足电网 AVC 的远方遥调指令与实际母线电压相一致，否则系统拒绝切换，同时自动向现场运行人员和调度自动化主站发出告警信息。当电厂运行人员通过监控系统将机组从电网 AVC 远方控制方式切换至当地控制方式时，应无条件将机组切至当地控制方式，并保持切换前的无功功率不变					
37.12	9.2.1.12 监控机房应配备专用空调、环境条件应满足有关规定要求	4	【涉及专业】监控自动化 （1）应配备专用空调，必要时还应配备除湿机，确保机房温度维持在 20～24℃，相对湿度维持在 45%～65%。 （2）机房应远离粉尘源，产生尘埃及废物的设备应集中布置在靠近机房的回风口处。 （3）设备在正常工作时，距离设备 1m 处所产生的噪声应小于 70dB。 （4）机房应尽量避开强电磁场干扰，不应有 380V 及以上动力电缆及产生较大电磁干扰的设备，并采用金属网或钢筋网格实现电磁屏蔽。所有设备均应可靠等电位接地，同时禁止在机房使用无线通信工具。机房内无线电干扰场强，在频率范围为 0.15～1000MHz 时不大于 120dB。磁场干扰场强不大于 800A/m。	检查监控机房环境；机柜接地；防静电、防电磁干扰措施	（1）监控机房未配备专用空调和温湿度计，或温湿度不达标，扣 1 分。 （2）机房粉尘不达标，扣 1 分。 （3）机房无防静电、防电磁干扰措施，扣 1 分。 （4）电子设备间机柜未按要求接地，扣 1 分。 （5）机房内的振动加速度值超过范围，扣 1 分。 （6）进出机房电缆桥架及机柜的孔洞防火、防小动物不严密，未配备二氧化碳灭火和声光报警装置，扣 1 分			

编号	二十五项重点要求内容	标准分	评价要求	评价方法	评分标准	扣分	存在问题	改进建议
37.12		4	（5）机房内的振动加速度值在振动频率为5～200Hz范围内不大于5m/s²。 （6）机房应采用可导静电的活动地板，地板下部空间的高度不小于30cm，严禁暴露金属部分，且活动地板、工作台面必须进行静电接地，同时为保证工作人员的安全，接地系统必须串联一个1.0MΩ的限流电阻。 （7）进出机房电缆桥架及机柜的孔洞应做好防火、防小动物封堵，并应配备二氧化碳灭火和声光报警装置。 （8）监控机房宜与中央控制室处于同一层，且尽可能临近。					
	9.2.2　防止监控系统误操作措施	**8**	【涉及专业】监控自动化					
37.13	9.2.2.1　严格执行操作票、工作票制度，使两票制度标准化，管理规范化。 9.2.2.2　严格执行操作指令。当操作产生疑问时，应立即停止工作，并向发令人汇报，待发令人再行许可，确认无误后，方可进行操作	4	【涉及专业】监控自动化 （1）工作票应对当次工作任务、人员组成、工作中须注意事项等做出了明确规定，同时对检修设备的状态和安全措施提出了具体要求。 （2）严格执行操作票、工作票制度，使两票制度标准化，管理规范化。 （3）严格执行操作指令，不得改变工作范围、变更安全措施，不得改变操作顺序、变更操作内容。 （4）当操作产生疑问时，应立即停止工作，并向发令人汇报，待发令人再行许可，确认无误后，方可进行操作。 （5）工作完成后必须及时做好设备台账记录，并对运行值班人员进行检修交待，涉及设备异动的须及时填写异动记录表	检查工作票、操作票制度；查阅台账记录、设备异动申请单	（1）工作票内容不符合要求，扣1分。 （2）工作票、操作票制度不健全，扣1分。 （3）工作票、操作票台账不完善，扣1分。 （4）工作票、操作票审批流程不完整，扣1分。 （5）未严格按照审批过的操作票、工作票执行，扣1分。 （6）未填写异动记录表，扣1分			

编号	二十五项重点要求内容	标准分	评价要求	评价方法	评分标准	扣分	存在问题	改进建议
37.14	9.2.2.3 计算机监控系统控制流程应具备闭锁功能，远方、就地操作均应具备防止误操作闭锁功能	2	【涉及专业】监控自动化 （1）监控系统闭锁功能包括，主控级人机接口的远方操作闭锁，现地控制单元人机接口的就地操作闭锁，以及 PLC 顺控流程的程序闭锁。 （2）建立系统用户权限管理，分为系统管理员级、维护管理员级、运行人员级和一般级别	检查监控系统闭锁功能，用户权限	（1）闭锁功能不健全，扣 1 分。 （2）未设置操作权限，扣 1 分			
37.15	9.2.2.4 非监控系统工作人员未经批准，不得进入机房进行工作（运行人员巡回检查除外）	2	【涉及专业】监控自动化 （1）监控机房须严格实行准入制度，任何其他人员均须通过监控专业人员批准和陪同才可进入机房（运行人员巡回检查、火灾、紧急事故处理等除外）。 （2）任何人进出机房均须登记	查阅监控机房准入制度、登记记录本	（1）监控机房未实行准入制度，扣 1 分。 （2）无进出机房登记本，扣 1 分			
	9.2.3 防止网络瘫痪要求	**22**	【涉及专业】监控自动化					
37.16	9.2.3.1 计算机监控系统的网络设计和改造计划应与技术发展相适应，充分满足各类业务应用需求，强化监控系统网络薄弱环节的改造力度，力求网络结构合理、运行灵活、坚强可靠和协调发展。同时，设备选型应与现有网络使用的设备类型一致，保持网络完整性	2	【涉及专业】监控自动化 （1）监控系统的网络设计和改造计划应委托专业设计单位及监控系统生产厂家进行设计，并编制详细的可行性分析报告及技术实施方案，经论证审批通过后方可进行。 （2）应选用成熟可靠的主流技术和产品，具有良好的兼容性和可扩展性，无明显薄弱环节和瓶颈，并充分考虑制造厂售后支持力度及备品备件的采购难度	查阅改造的可行性分析报告及技术实施方案	改造前未委托专业设计单位及监控系统生产厂家进行设计，未编制详细的可行性分析报告及技术实施方案，每项扣 2 分			

编号	二十五项重点要求内容	标准分	评价要求	评价方法	评分标准	扣分	存在问题	改进建议
37.17	9.2.3.2 电站监控系统与上级调度机构、集控中心（站）之间应具有两个及以上独立通信路由	2	【涉及专业】监控自动化 （1）电站监控系统与上级调度机构之间应按照电力调度数据网双平面建设的有关要求，保证至调度主站（含主调和备调）具有两路不同物理路由的通信通道。 （2）与集控中心之间可采用自建网络或租用电力、电信运营商专用网络及卫星通道等方式构建两个及以上不同物理路由的通信通道。 （3）物理路由各通道之间应互为冗余备用，并可无扰切换	检查电站监控系统与上级调度机构、集控中心（站）之间通信配置	（1）电站监控系统与上级调度机构、集控中心（站）之间通信路由未冗余，扣1分。 （2）备用通信通道不能无扰切换，扣1分			
37.18	9.2.3.3 通信光缆或电缆应采用不同路径的电缆沟（竖井）进入监控机房和主控室；避免与一次动力电缆同沟（架）布放，并完善防火阻燃和阻火分隔等安全措施，绑扎醒目的识别标志；如不具备条件，应采取电缆沟（竖井）内部分隔离等措施进行有效隔离	4	【涉及专业】监控自动化 （1）冗余配置的通信光缆或电缆应采用不同路径的电缆沟（竖井）进入监控机房和主控室。 （2）架空电缆与热体管路要保持一定距离，不得在密集敷设电缆的电缆夹层和电缆沟内布置热力管道、油气管以及其他可能引起着火的管道和设备。 （3）对于高温热体附近敷设的电缆，应采取隔热槽盒和密封电缆沟盖板等措施，防止高温烘烤或油系统泄漏起火引起电缆着火。 （4）电缆敷设时应避免一次动力电缆与二次信号电缆同沟（架）敷设，防止出现电磁干扰，同时应尽量减少电缆中间接头的数量。 （5）电缆竖井、电缆沟要采取分区、分段隔离封堵措施，对敷设在隧道和厂房内构架上的电缆要采取分段阻燃措施。	检查电缆敷设，阻燃材料、电缆沟清洁	（1）冗余配置的通信光缆或电缆未独立敷设，扣1分。 （2）架空电缆与热力管路、油气管路距离不符合要求，每处扣1分。 （3）高温热体附近敷设的电缆未使用隔热槽盒和密封电缆沟盖板，每处扣1分。 （4）信号电缆与一次动力电缆同沟（架）布放，每处扣2分。 （5）防火封堵不严密，每处扣1分。 （6）电缆夹层或电缆沟内积水或清洁度不佳，每处扣1分			

编号	二十五项重点要求内容	标准分	评价要求	评价方法	评分标准	扣分	存在问题	改进建议
37.18		4	（6）主控室、开关室、监控机房等通往电缆夹层、隧道、穿越楼板、墙壁、柜、盘等处的所有电缆孔洞和盘面之间的缝隙（含电缆穿墙套管与电缆之间缝隙），必须采用合格的不燃或阻燃材料封堵严密。 （7）保持电缆沟、隧道内干燥、清洁，避免电缆泡在水中，致使绝缘强度下降					
37.19	9.2.3.4 监控设备（含电源设备）的防雷和过电压防护能力应满足电力系统通信站防雷和过电压防护要求	2	【涉及专业】监控自动化 监控设备（含电源设备）的防雷和过电压防护能力应满足电力系统通信站防雷和过电压防护要求	检查防雷和过电压防护	监控设备（含电源设备）的防雷和过电压防护能力不满足电力系统通信站防雷和过电压防护要求，扣2分			
37.20	9.2.3.5 在基建或技改工程中，若改变原有监控系统的网络结构、设备配置、技术参数时，工程建设单位应委托设计单位对监控系统进行设计，深度应达到初步设计要求，并按照基建和技改工程建设程序开展相关工作	2	【涉及专业】监控自动化 在基建或技改工程中，若需改变原有监控系统的网络结构、设备配置、技术参数时，工程建设单位应委托专业设计单位及监控系统原厂家对监控系统进行重新设计，并编制详细的可行性分析报告及技术实施方案。经论证审批通过后方可进行，确保改造后系统运行稳定，各项功能达到预期目标	查阅基建或技改工程监控系统可行性分析报告及技术实施方案	基建或技改工程监控系统未编制可行性分析报告及技术实施方案，扣2分			
37.21	9.2.3.6 监控网络设备应采用独立的自动空气开关供电，禁止多台设备共用一个分路开关。各级开关保护范围应逐级配合，避免出现分路开关与总开关同时跳开，导致故障范围扩大的情况发生	4	【涉及专业】监控自动化 （1）中心交换机、光端机等网络设备应配置冗余电源，并分别通过独立的自动空气开关接入监控系统UPS供电。 （2）禁止多台设备共用一个分路开关，防止因多台设备同时断电导致监控系统网络瘫痪。 （3）各级开关应充分考虑供电容量，保护范围应逐级配合，避免出现因分路开关故障连跳总开关，导致故障范围扩大的情况发生	检查中心交换机、光端机等网络设备供电电源，空气开关	（1）中心交换机、光端机等网络设备未配置冗余电源，或未通过独立的自动空气开关接入监控系统UPS供电，扣2分。 （2）多台设备共用一个分路开关，扣2分。 （3）空气开关与供电容量不匹配，扣1分			

编号	二十五项重点要求内容	标准分	评价要求	评价方法	评分标准	扣分	存在问题	改进建议
37.22	9.2.3.7 实时监视及控制所辖范围内的监控网络的运行情况，及时发现并处理网络故障	4	【涉及专业】监控自动化 （1）应能通过监控系统上位机人机接口（或专用的网络安全设备），对系统上下位机各个网络节点的运行状况进行实时监视和控制切换，并能在出现故障时及时给出报警信号。 （2）网络设备应有明确的指示灯来表明设备的运行状态，系统管理人员应加强日常巡视，及时发现并处理网络故障	查阅网络节点监控画面、报警画面、巡检记录、数据存取接口使用制度	（1）监控系统上位机不能实时监控下位机各个网络节点的运行状况，或故障时不能及时发出报警信号，扣2分。 （2）日常巡检路线未包括网络设备巡检，扣1分。 （3）通信网络存在报警或故障，扣1分			
37.23	9.2.3.8 机房内温度、湿度应满足设计要求	2	【涉及专业】监控自动化 为保证网络设备的稳定运行，机房内的温度、湿度等环境条件应满足设计要求，机房温度应维持在20～24℃，相对湿度应维持在45%～65%	检查机房温湿度	温湿度不符合要求，扣2分			
	9.2.4 监控系统管理要求	18	【涉及专业】监控自动化					
37.24	9.2.4.1 建立健全各项管理办法和规章制度，必须制定和完善监控系统运行管理规程、监控系统运行管理考核办法、机房安全管理制度、系统运行值班与交接班制度、系统运行维护制度、运行与维护岗位职责和工作标准等	2	【涉及专业】监控自动化 建立健全各项管理办法和规章制度，必须制定和完善监控系统运行管理规程、监控系统运行管理考核办法、机房安全管理制度、系统运行值班与交接班制度、系统运行维护制度、运行与维护岗位职责和工作标准等，并加强监督考核，确保执行落实到位	查阅监控系统运行管理规程、监控系统运行管理考核办法、机房安全管理制度、系统运行值班与交接班制度、系统运行维护制度、运行与维护岗位职责和工作标准等	未制定完善的监控系统运行管理规程、监控系统运行管理考核办法、机房安全管理制度、系统运行值班与交接班制度、系统运行维护制度、运行与维护岗位职责和工作标准等，每项扣2分			

编号	二十五项重点要求内容	标准分	评价要求	评价方法	评分标准	扣分	存在问题	改进建议
37.25	9.2.4.2　建立完善的密码权限使用和管理制度	4	【涉及专业】监控自动化 （1）应建立完善的密码权限使用和管理制度，并严格执行落实。 （2）系统各服务器、工作站、触摸屏及交换机、防火墙等网络设备均应设置满足强度要求的管理员密码，并定期修改。 （3）系统管理人员应定期检查设备日志，检查有无异常及未授权登录情况。 （4）操作员站等多人使用的设备应根据使用者用途需要设置不同权限等级的用户。 （5）监控系统的运行和维护应进行授权管理，明确各级人员的权限和范围。被授权人员应由技术主管部门进行考核，并经考试合格后持证上岗	查阅密码权限使用和管理制度	（1）未建立完善的密码权限使用和管理制度，或执行落实不到位，扣1分。 （2）系统各服务器、工作站、触摸屏及交换机、防火墙等网络设备未设置满足强度要求的管理员密码，并定期修改，扣1分。 （3）系统管理人员未定期检查设备日志，扣1分。 （4）操作员站未设置不同权限等级的用户，扣1分。 （5）监控系统的运行维护人员未进行授权管理，扣1分			
37.26	9.2.4.3　制订监控系统应急预案和故障恢复措施，落实数据备份、病毒防范和安全防护工作	4	【涉及专业】监控自动化 （1）制定监控系统网络瘫痪、操作员站死机、电源中断、机房火灾等应急预案和相应的故障恢复措施，保证切实可行并定期组织演练和总结完善。 （2）系统应具备完善的自动监测预警机制，并加强日常巡视检查。 （3）定期做好系统上下位机程序、数据等的备份，并通过刻录光盘、移动硬盘等方式单独保存归档。 （4）严格按照电力二次系统安全防护的有关规定要求，做好病毒防范和系统安全防护工作	查阅应急预案、防病毒措施、备份记录	（1）未制定应急预案和相应的故障恢复措施，扣2分。 （2）无系统上下位机程序、数据等的备份记录，扣2分。 （3）无防病毒措施或措施不完善，扣2分			

编号	二十五项重点要求内容	标准分	评价要求	评价方法	评分标准	扣分	存在问题	改进建议
37.27	9.2.4.4 定期对调度范围内厂站远动信息进行测试。遥信传动试验应具有传动试验记录,遥测精度应满足相关规定要求	2	【涉及专业】监控自动化 (1)应定期(结合一次设备检修)与调度自动化主站侧进行传动对点试验,确保远动信息的实时性和精度满足相关规定要求,并做好试验记录。 (2)测试、传动试验中,不得随意修改调度远动信息,确需修改应先经调度批准,并按要求履行工作票手续。改完后应与调度自动化主站侧完成对点试验确定无误后方可投运	查阅调度自动化传动试验记录,调度远动信息修改工作票	(1)无调度自动化传动试验记录,扣1分。 (2)未经审批程序,随意修改调度远动信息或修改工作票记录不完善,扣1分			
37.28	9.2.4.5 规范监控系统软件和应用软件的管理,软件的修改、更新、升级必须履行审批授权及责任人制度。在修改、更新、升级软件前,应对软件进行备份。未经监控系统厂家测试确认的任何软件严禁在监控系统中使用,必须建立有针对性的监控系统防病毒、防黑客攻击措施	4	【涉及专业】监控自动化 (1)软件的修改、更新、升级必须履行审批授权及责任人制度。 (2)在修改、更新、升级软件前,应对软件进行备份。 (3)未经监控系统制造厂测试确认的任何软件严禁在监控系统中使用。 (4)必须建立有针对性的监控系统防病毒、防黑客攻击措施	检查软件修改、更新、升级责任制度,上位机软件,防病毒措施	(1)未制定严格软件修改、更新、升级管理制度,扣1分。 (2)备份记录不完善,扣1分。 (3)监控系统软件未经过确认,扣1分。 (4)未制定监控系统防病毒、防黑客攻击措施,扣1分			
37.29	9.2.4.6 定期对监控设备的滤网、防尘罩进行清洗,做好设备防尘、防虫工作	2	【涉及专业】监控自动化 (1)监控系统设备机柜应根据不同使用场地充分考虑防尘措施,应采用密闭机柜和带过滤器的通风孔,防护等级应不低于IP41。 (2)定期对防尘罩和滤网进行清扫		(1)未采用密闭机柜和带过滤器的通风孔,或防护等级低于IP41,扣1分。 (2)未定期对防尘罩和滤网进行清扫,扣1分			

编号	二十五项重点要求内容	标准分	评价要求	评价方法	评分标准	扣分	存在问题	改进建议
38	**9.3　分散控制系统故障的紧急处理措施**	100	【涉及专业】热工，共9条 DCS是一种大型综合控制系统，其故障类型很多，主要有控制电源失电、控制电源冗余切换故障、控制器冗余切换故障、控制器离线、I/O通道故障、网络通信故障、网络通信设备失电、操作员站死机、操作员站失电等。各类故障现象不同，原因各异，对DCS控制功能的影响程度亦不同。因此必须针对DCS各种故障类型，观察不同故障现象，分析真实故障原因，及时采取积极正确的应对手段，减小事故影响范围，保证人身和设备安全					
38.1	9.3.1　已配备分散控制系统的电厂，应根据机组的具体情况，建立分散控制系统故障时的应急处理机制，制订在各种情况下切实可操作的分散控制系统故障应急处理预案，并定期进行反事故演习	15	【涉及专业】热工 （1）建立分散控制系统故障时的应急处理机制。 （2）根据DL/T 1340—2014《火力发电厂分散控制系统故障应急处理导则》表1对重大故障源的分级原则，制定在各种情况下切实可操作的分散控制系统故障应急处理预案。 （3）定期进行反事故演习	检查DCS故障应急处理预案，查阅反事故演习记录	（1）无DCS故障应急处理预案扣15分。 （2）DCS故障应急处理预案未对故障分级，扣8分。 （3）未定期进行反事故演习扣8分			
38.2	9.3.2　当全部操作员站出现故障时（所有上位机"黑屏"或"死机"），若主要后备硬手操及监视仪表可用且暂时能够维持机组正常运行，则转用后备操作方式运行，同时排除故障并恢复操作员站运行方式，否则应立即执行停机、停炉预案。若无可靠的后备操作监视手段，应执行停机、停炉预案	10	【涉及专业】热工 所有操作员站故障意味着机组处于失去控制的危险工况，因此应认真检验现有后备硬手操及监视仪表功能，是否满足维持机组运行要求。如果现有后备手段无法满足维持机组运行要求，必须立即执行停机、停炉预案	查阅后备硬手操可靠性、停机停炉应急预案	（1）后备硬手操及监视仪表不完善，扣5分。 （2）检修期未检测后备硬手操可靠性，扣3分；后备硬手操及其监视仪表存在缺陷，每个缺陷扣3分。 （3）无全部操作员站故障停机、停炉预案或停机、停炉预案不完善，扣10分			

编号	二十五项重点要求内容	标准分	评价要求	评价方法	评分标准	扣分	存在问题	改进建议
38.3	9.3.3 当部分操作员站出现故障时，应由可用操作员站继续承担机组监控任务，停止重大操作，同时迅速排除故障，若故障无法排除，则应根据具体情况启动相应应急预案	10	【涉及专业】热工 部分操作员站发生故障时，应及时检修并启动相应应急预案	检查应急预案	无部分操作员站故障应急预案，并未及时检修，扣10分			
38.4	9.3.4 当系统中的控制器或相应电源故障时，应采取以下对策： 9.3.4.1 辅机控制器或相应电源故障时，可切至后备手动方式运行并迅速处理系统故障，若条件不允许则应将该辅机退出运行。 9.3.4.2 调节回路控制器或相应电源故障时，应将执行器切至就地或本机运行方式，保持机组运行稳定，根据处理情况采取相应措施，同时应立即更换或修复控制器模件。 9.3.4.3 涉及机炉保护的控制器故障时应立即更换或修复控制器模件，涉及机炉保护电源故障时则应采用强送措施，此时应做好防止控制器初始化的措施。若恢复失败则应紧急停机停炉	15	【涉及专业】热工 （1）辅机控制器相关故障将导致相应辅机失去控制，危及辅机设备安全，应及时确认后备手动方式是否可行，各项辅机保护测点能否得到监测，受控辅机运行是否正常，不满足时，应停止辅机运行。 （2）调节回路控制器故障或失电后，为防止控制指令回零导致就地调节阀全开或全关，应在就地调节阀控制回路加装断气断电信号保位装置。 （3）汽轮机、锅炉主保护控制器出现故障视为机组丧失主要保护，应限时恢复控制器功能，若超时仍不能恢复必须立即停机停炉。在进行控制器功能恢复操作期间，应严密监视锅炉炉膛压力、汽包水位、汽轮机超速、汽轮机振动等主保护参数	检查DCS失灵应急预案、备品备件，查阅缺陷处理记录	（1）DCS失灵应急预案中，辅机、调节回路、涉及重要保护的控制器或电源故障时的应急措施不完善，每项扣10分。 （2）辅机控制器或相应电源故障未按要求处理，扣5分。 （3）调节回路控制器或相应电源故障未按要求处理，扣5分。 （4）就地调节阀控制回路未加装断气断电信号保位装置，每一处扣5分。 （5）涉及机炉保护的控制器故障未按要求处理，扣10分。 （6）控制器、电源备品备件不全，扣5分			

编号	二十五项重点要求内容	标准分	评价要求	评价方法	评分标准	扣分	存在问题	改进建议
38.5	9.3.5 冗余控制器（包括电源）故障和故障后复位时，应采取必要措施，确认保护和控制信号的输出处于安全位置	10	【涉及专业】热工 （1）冗余控制器（包括电源）故障和故障后复位时，应采取必要措施。 （2）应预先进行主备控制器或主备电源切换试验，确认系统的无扰切换。 （3）在逻辑设计中，尽量避免设计长指令信号（特殊要求的除外）	查阅缺陷处理记录、检查控制逻辑	（1）冗余控制器（包括电源）故障和故障后复位时，未采取必要防误动措施，扣10分。 （2）冗余控制器（包括电源）的切换试验不合格或切换试验记录不全面，扣5分。 （3）存在不合理的长指令信号，每处扣5分			
38.6	9.3.6 加强对分散控制系统的监视检查，当发现中央处理器、网络、电源等故障时，应及时通知运行人员并启动相应应急预案	10	【涉及专业】热工 发生故障时，应迅速确认受到故障影响的被控设备，评估对机组正常运行的影响程度，及时通告机组运行人员启动相应应急预案	检查DCS失灵应急预案，查阅巡检记录	（1）DCS失灵应急预案中无中央处理器、网络、电源等故障应急预案，每项扣5分。 （2）未定期巡检，DCS巡检记录缺项，扣5分			
38.7	9.3.7 规范分散控制系统软件和应用软件的管理，软件的修改、更新、升级必须履行审批授权及责任人制度。在修改、更新、升级软件前，应对软件进行备份。拟安装到分散控制系统中使用的软件必须严格履行测试和审批程序，必须建立有针对性的分散控制系统防病毒措施	10	【涉及专业】热工 （1）软件的修改、更新、升级必须履行审批授权及责任人制度。 （2）在修改、更新、升级软件前，应对软件进行备份。 （3）拟安装到分散控制系统中使用的软件必须严格履行测试和审批程序，必须建立有针对性的分散控制系统防病毒措施	查阅软件修改、更新、升级记录；检查软件备份，检查分散控制系统防病毒措施	（1）软件修改、更新、升级记录审批程序不完整，扣5分。 （2）在修改、更新、升级软件前，未对软件进行备份，扣5分。 （3）未建立有针对性的分散控制系统防病毒措施，扣5分			

编号	二十五项重点要求内容	标准分	评价要求	评价方法	评分标准	扣分	存在问题	改进建议
38.8	9.3.8 加强分散控制系统网络通信管理，运行期间严禁在控制器、人机接口网络上进行不符合相关规定许可的较大数据包的存取，防止通信阻塞	10	【涉及专业】热工 DL/T 659—2016《火力发电厂分散控制系统验收测试规程》第 6.9.2 条规定，在繁忙工况（快速减负荷、跳磨工况等）下数据通信总线的负荷率不得超过 30%，对以太网，则不得超过 20%。该规定主要目的是为防止因通信阻塞造成 DCS 控制失灵。因此应禁止随意增加 DCS 网络通信负担	查阅热控检修维护规程及网络维护记录	（1）检修维护规程中网络数据的存取规定不完善，扣 10 分。 （2）机组运行期间，曾进行较大数据包的存取操作，存在网络阻塞风险，扣 10 分			
38.9	新增：应建立并保存控制系统（DCS、DEH 等）故障及检修维护台账，定期（月度或季度）对系统故障和缺陷进行统计分析工作，掌握系统的健康状况，保证备品备件充足。当控制系统硬件故障频发，市场上难以购买备品备件时，结合控制系统的运行时间，在其运行满 10~12 年时，应对之升级改造。控制系统电源模块、操作员站主机、工程师站主机、服务器主机等运行超过 8 年，宜及时替换更新	10	【涉及专业】热工 对控制系统硬件的使用寿命做出要求： （1）当控制系统硬件故障频发，市场上难以购买备品备件时，结合控制系统的运行时间，在其运行满 10~12 年时，应对之升级改造。 （2）控制系统电源模块、操作员站主机、工程师站主机、服务器主机等运行超过 8 年，宜及时替换更新	查阅控制系统台账，实施寿命管理	（1）控制系统（DCS、DEH 等）的故障及检修维护台账记录不全，扣 5 分，对系统的故障和缺陷未定期统计分析，扣 5 分，控制系统常用备品备件不足，扣 5 分。 （2）控制系统硬件故障频发或难以购买备品备件时，且控制系统使用年限超 12 年仍未升级改造，扣 5 分。 （3）控制系统电源模块、操作员站主机、工程师站主机、服务器主机等运行超过 8 年仍未替换更新，每处扣 2 分			
39	9.4 防止热工保护失灵	100	【涉及专业】热工、汽轮机，共 13 条					
39.1	9.4.1 除特殊要求的设备外（如紧急停机电磁阀控制），其他所有设备都应采用脉冲信号控制，防止分散控制系统失电导致停机停炉时，引起该类设备误停运，造成重要主设备或辅机的损坏	9	【涉及专业】热工 如果在软件设计中采用长指令启动设备，DCS 失电后长指令消失，会导致设备停运。采用脉冲指令后，受控设备只有接到 DCS 停机指令时才会停止，消除了设备误停的可能性	检查控制逻辑	（1）非特殊要求，重要阀门控制逻辑开关量输出采用长指令，每处扣 2 分。 （2）非特殊要求设备，重要辅机（送风机、引风机、一次风机、磨煤机、给煤机、闭式泵、循环水泵、汽轮机油泵、润滑油箱油位等）开关量输出采用长指令，每处扣 3 分			

编号	二十五项重点要求内容	标准分	评价要求	评价方法	评分标准	扣分	存在问题	改进建议
39.2	9.4.2 涉及机组安全的重要设备应有独立于分散控制系统的硬接线操作回路。汽轮机润滑油压力低信号应直接送入事故润滑油泵电气启动回路，确保在没有分散控制系统控制的情况下能够自动启动，保证汽轮机的安全	6	【涉及专业】热工、汽轮机 （1）DL/T 5428—2009《火力发电厂热工保护系统设计规定》第9.1.1条规定，为确保紧急安全停机，应在控制盘（台）上装设独立于任何机组保护系统和机组控制系统的硬接线后备手动操作手段，专用手动开关或按钮应独立且直接接至相应的驱动回路。 （2）汽轮机润滑油压力低信号应直接送入事故润滑油泵电气启动回路	检查操盘台硬手操按钮及其接线图纸	（1）根据机组情况，MFT、汽轮机跳闸、发电机跳闸、锅炉安全阀（机械式可不装）、汽包事故放水阀、汽包紧急补水泵（当常压流化床锅炉设有汽包紧急补水泵时）、汽轮机真空破坏阀、直流润滑油泵、交流润滑油泵的硬手操按钮，缺一项扣3分，按钮控制回路不符合独立性要求，每处扣3分。 （2）汽轮机润滑油压力低信号未直接送入事故润滑油泵电气启动回路，扣3分			
39.3	9.4.3 所有重要的主、辅机保护都应采用"三取二"的逻辑判断方式，保护信号应遵循从取样点到输入模件全程相对独立的原则，确因系统原因测点数量不够，应有防保护误动措施	9	【涉及专业】热工 （1）按照DL/T 5428—2009《火力发电厂热工保护系统设计规定》第5.3.6条的要求，炉膛正压、炉膛负压、火检冷却风与炉膛差压、火检冷却风压力、凝汽器真空、润滑油压、抗燃油压、发电机冷却水流量应采用"三取二"的逻辑判断触发保护。 （2）按照DL/T 5428—2009第5.3.5条的要求，保护信号应遵循从取样点到输入模件全程相对独立的原则。 （3）确因系统原因测点数量不够，应有防止单一测点、回路故障而导致保护误动的技术措施	检查重要的主、辅机保护逻辑及测点取样、通道分配	（1）重要的主、辅机保护取样点不独立，每处扣3分。 （2）重要的主、辅机保护的通道分配违反全程独立性原则，每处扣3分。 （3）重要的主、辅机保护未采取"三取二"的逻辑判断方式，且无防保护误动措施，每处扣3分。 （4）无防止单一测点、回路故障而导致保护误动的技术措施，每处扣3分			
39.4	9.4.4 热工保护系统输出的指令应优先于其他任何指令。机组应设计硬接线跳闸回路，分散控制系统的控制器发出的机、炉跳闸信号应冗余配置。机、炉主保护回	9	【涉及专业】热工 （1）DL/T 5428—2009《火力发电厂热工保护系统设计规定》第5.2.6条规定，应执行"保护优先"的原则，热工保护系统输出的操作指令应优先于其他任何指令，由被控对象驱动装置的控制回路执行。	检查热工保护逻辑及输出信号、检查操作画面	（1）热工保护系统输出指令未优先于其他指令，每处扣3分。 （2）触发MFT、ETS保护动作的输入信号未冗余配置，每处扣3分。 （3）操作员画面存在保护投退按钮，每个按钮扣3分。			

编号	二十五项重点要求内容	标准分	评价要求	评价方法	评分标准	扣分	存在问题	改进建议
39.4	路中不应设置供运行人员切（投）保护的任何操作手段	9	（2）机组应设计硬接线跳闸回路，分散控制系统的控制器发出的机、炉跳闸信号应冗余配置。 （3）GB 50660—2011《大中型火力发电厂设计规范》第15.6.1条规定，保护系统中不应设置供运行人员切、投保护的控制盘、台按钮和操作员站软操作等任何操作手段。 （4）热工主要保护条件的投入和切除宜在操控画面有状态显示，以防止保护解除或恢复不到位。 （5）保护投退操作不宜采用保护逻辑回路直接强制输入信号值或在机柜进行端子解线/接线的方式，避免操作失误造成的保护误动或拒动。对PLC模式ETS保护条件中有投切需求的保护信号输入端可增设逻辑相与的切投隔离装置，通过该隔离装置的接通、断开操作实现保护条件的投入、切除，同时把该隔离装置的接通、断开状态送入DCS监控画面，显示保护投切状态。 （6）因设备故障需退出保护时，必须严格履行保护投退审批制度，解除相关设备的自动、保护联锁条件，安全措施执行到位后，方可进行缺陷处理		（4）DCS操控画面不显示主要保护的投入/切除状态，扣3分。 （5）以保护逻辑回路直接强制输入信号值或在机柜进行端子解线/接线的方式进行主要保护的投退操作，扣3分			
39.5	9.4.5 独立配置的锅炉灭火保护装置应符合技术规范要求，并配置可靠的电源。系统涉及的炉膛压力取样装置、压力开关、传感器、火焰检测器及冷却风系统等设备应符合相关规程的规定	6	**【涉及专业】热工** 独立配置的锅炉灭火保护装置应在设备配置、运行监控、联锁保护等方面符合以下标准的规定：	检查锅炉火检电源、炉膛压力取样、火检冷却风系统	（1）火检电源未独立分散配置或未设置容量匹配的电源保险，扣3分。 （2）炉膛压力变送器量程不合适，扣3分。 （3）火检冷却风压力无可靠监测，扣3分。			

编号	二十五项重点要求内容	标准分	评价要求	评价方法	评分标准	扣分	存在问题	改进建议
39.5		6	（1）DL/T 435—2018《电站锅炉炉膛防爆规程》规定了防止电站煤粉锅炉炉膛外爆/内爆的有关设备及其系统基本要求，给出了对设备启、停的顺序及运行操作指南。 （2）DL/T 655—2017《火力发电厂锅炉炉膛安全监控系统验收测试规程》规定了火力发电厂燃煤锅炉炉膛安全监控系统及燃气轮机燃烧室和余热锅炉保护系统验收测试的内容、方法及应达到的技术要求。 （3）DL/T 5428—2009《火力发电厂热工保护系统设计技术规定》规定了火力发电厂热工保护系统在电源、逻辑、保护系统配置及设备选择等方面应遵循的设计原则和设计方法		（4）其他不符合技术标准要求的锅炉灭火保护项，每项扣2分			
39.6	9.4.6 定期进行保护定值的核实检查和保护的动作试验，在役的锅炉炉膛安全监视保护装置的动态试验（指在静态试验合格的基础上，通过调整锅炉运行工况，达到 MFT 动作的现场整套炉膛安全监视保护系统的闭环试验）间隔不得超过3年	8	【涉及专业】热工 （1）每两年一次全面核查修订报警联锁保护定值表。 （2）检修或停机超过 15 天以上，启机前应进行检修涉及的或例行的保护传动试验。 （3）炉膛安全监视保护系统的动态试验间隔不得超过3年	检查保护报警定值单、保护传动试验单	（1）报警联锁保护定值表超过两年未修订，扣2分。 （2）实际逻辑中保护定值与保护报警值单不符，每项扣3分。 （3）保护传动试验单记录不全，保护传动试验超期，扣3分。 （4）炉膛安全监视保护装置的动态试验间隔超过3年，扣3分			
39.7	9.4.7 汽轮机紧急跳闸系统和汽轮机监视仪表应加强定期巡视检查，所配电源应可靠，电压波动值不得大于±5%，且不应含有高次谐波。汽轮机监视仪表的中央	9	【涉及专业】热工、汽轮机 （1）汽轮机紧急跳闸系统和汽轮机监视仪表应加强定期巡视检查。 （2）ETS 系统和 TSI 系统所配电源应可靠，电压波动值不得大于±5%，且不应含有高次谐波。	查阅巡检记录、I/O 清册，检查 TSI 配置、ETS 继电器柜	（1）汽轮机紧急跳闸系统和汽轮机监视仪表定期巡检记录不完善，扣2分。 （2）ETS 系统和 TSI 系统电源未冗余配置或电源不可靠，或含有高次谐波的，扣3分。			

编号	二十五项重点要求内容	标准分	评价要求	评价方法	评分标准	扣分	存在问题	改进建议
39.7	处理器及重要跳机保护信号和通道必须冗余配置，输出继电器必须可靠	9	（3）汽轮机监视仪表的中央处理器及重要跳机保护信号和通道必须冗余配置，输出继电器必须可靠		（3）重要跳机保护信号和通道未冗余配置，每处扣2分			
39.8	9.4.8 汽轮机紧急跳闸系统跳机继电器应设计为失电动作，硬手操设备本身要有防止误操作、动作不可靠的措施。手动停机保护应具有独立于分散控制系统（或可编程逻辑控制器PLC）装置的硬跳闸控制回路，配置有双通道四跳闸线圈汽轮机紧急跳闸系统的机组，应定期进行汽轮机紧急跳闸系统在线试验	8	【涉及专业】热工、汽轮机 （1）为防止因设备失电导致汽轮机失去控制，ETS应设计为失电跳机逻辑。 （2）手动停机开关或按钮回路应完全独立于任何机组控制系统，确保手动停机功能在任何时间均有效。 （3）配备有ETS电磁阀在线试验功能的机组应定期进行试验，如果存在误跳机风险可在机组停机阶段择机进行	检查跳机继电器接线、手动硬跳闸控制回路，查阅汽轮机紧急跳闸系统在线试验记录、ETS跳闸电磁阀线圈阻值检测记录	（1）ETS未设计为失电动作，扣2分。 （2）手动停机保护不具备独立于分散控制系统（或可编程逻辑控制器PLC）装置的硬跳闸控制回路，扣2分。 （3）配置有双通道四跳闸线圈汽轮机紧急跳闸系统的机组，未定期进行汽轮机紧急跳闸系统在线试验，扣2分			
39.9	9.4.9 重要控制回路的执行机构应具有三断保护（断汽、断电、断信号）功能，特别重要的执行机构，还应设有可靠的机械闭锁措施	6	【涉及专业】热工 断气、断电、断信号或内部故障可能导致执行机构全开或全关。重要执行机构全开或全关将影响机组运行，严重时可导致停机停炉。因此必须对重要执行机构配备三断保护装置及加装机械闭锁，防止其误动	检查执行机构设置	（1）重要执行机构不具备断气、断电、断信号保位功能，每个扣3分。 （2）重要的执行机构（定子冷却水调节阀等）有必要但未采用机械限位方式限制阀门开度，每个扣3分			
39.10	9.4.10 主机及主要辅机保护逻辑设计合理，符合工艺及控制要求，逻辑执行时序、相关保护的配合时间配置合理，防止由于取样延迟等时间参数设置不当而导致的保护失灵	6	【涉及专业】热工 主、辅机保护逻辑的设计应可靠、实用、简洁，相关逻辑应集中安排。按照最优方案确定处理器扫描执行顺序，避免过多逻辑嵌套。在控制软件出厂或机组逻辑重大修改后，应对涉及的保护逻辑进行静态传动，排除逻辑缺陷，确认保护逻辑正确、准确	检查主机、主要辅机保护逻辑，查阅保护传动试验记录	（1）主机、辅机保护逻辑条件设计不合理，每处扣3分。 （2）主机、辅机保护逻辑条件延时参数设置不当，时序不合理，每处扣3分。 （3）主机、辅机保护传动试验记录不全，每一项扣3分			

272

编号	二十五项重点要求内容	标准分	评价要求	评价方法	评分标准	扣分	存在问题	改进建议
39.11	9.4.11 重要控制、保护信号根据所处位置和环境，信号的取样装置应有防堵、防震、防漏、防冻、防雨、防抖动的等措施。触发机组跳闸的保护信号的开关量仪表和变送器应单独设置，当确有困难而需与其他系统合用时，其信号应首先进入保护系统	8	【涉及专业】热工 保护信号装置、取样装置经常面临粉尘、振动、高温、潮湿、雨雪、冰冻、电磁干扰等恶劣环境，因此应改善重要装置所处环境，采取防范恶劣环境影响的有效措施。为提高保护信号的可靠性，应尽量避免与其他系统共用一套测量回路	检查重要控制、保护信号取样装置防护措施，检查现场变送器标识牌，检查逻辑中用于保护的信号引用位置	（1）重要控制、保护信号的取样装置无防堵、防震、防漏、防冻、防雨、防抖动等必要安全措施，每项扣4分。 （2）触发机组或重要辅机跳闸的保护信号的开关量仪表和变送器未单独设置，无可明显区分的颜色标识，每项扣4分。 （3）触发设备跳闸保护的信号需与其他系统合用时，信号未首先进入保护系统，每项扣4分			
39.12	9.4.12 若发生热工保护装置（系统、包括一次检测设备）故障，应开具工作票，经批准后方可处理。锅炉炉膛压力、全炉膛灭火、汽包水位（直流炉断水）和汽轮机超速、轴向位移、机组振动、低油压等重要保护装置在机组运行中严禁退出，当其故障被迫退出运行时，应制定可靠的安全措施，并在8h内恢复；其他保护装置被迫退出运行时，应在24h内恢复	8	【涉及专业】热工、锅炉、汽轮机 （1）热工保护退出，需严格执行审批程序，热工保护装置故障处理，应开具工作票，经批准后方可处理。 （2）重要保护装置在机组运行中严禁长时间退出。 （3）重要保护装置在机组运行中因故障被迫退出运行时，应制定可靠的安全措施，并在8h内恢复。 （4）其他保护装置被迫退出运行时，应在24h内恢复。 （5）重要保护被迫退出后，如未能在规定时间内消除故障，应立即执行停机、停炉预案	检查运行机组保护投入情况，查阅保护投退申请单，核查申请原因、保护退出时间、投入时间、审批责任人签字	（1）运行机组热工保护条件或装置未投入，每项扣4分。 （2）主机、辅机缺少必要的热工保护条件，每项扣4分。 （3）保护投退申请单未写明退出原因、再次投入原因、无退出/投入时间、退出/投入时间未精确到分钟、无审批责任人签字，每项扣2分。 （4）保护退出未执行热工操作票，扣4分			
39.13	9.4.13 检修机组启动前或机组停运15天以上，应对机、炉主保护及其他重要热工保护装置进行静态模拟试验，检查跳闸逻辑、报警及	8	【涉及专业】热工 （1）机组长期停用期间，主机、辅机保护装置有可能进行设备投退、电源停送、元器件更换、机柜清扫、电缆接线检查、信号取样回路吹扫、控制逻辑修改等操作，易发生保护系统恢复不彻底等问题。机组停用或检	查阅检修文件包、热工保护传动试验卡、报警及保护定值清册，	（1）检修机组启动前或机组停运15天以上，未进行机、炉主保护及其他重要热工保护装置静态模拟试验，每项试验扣4分。 （2）机、炉主保护及其他重要热工保护的传动试验卡与实际逻辑或定值不符合，			

编号	二十五项重点要求内容	标准分	评价要求	评价方法	评分标准	扣分	存在问题	改进建议
39.13	保护定值。热工保护连锁试验中，尽量采用物理方法进行实际传动，如条件不具备，可在现场信号源处模拟试验，但禁止在控制柜内通过开路或短路输入端子的方法进行试验		修期间，保护系统局部或个别元件可能发生故障，保护装置存在设备隐患。因此，在机组重新启动前，应对涉及的主机、辅机保护项目进行传动实验。 （2）采用物理方法进行传动能够检验传感器测量、信号传送、保护装置等全部保护回路的可靠性。如仅在控制机柜侧进行试验，则无法确认传感器测量及信号传送回路功能是否正常，保护回路仍有可能存在隐患，存在误判，因此禁止以控制柜内开路、短路、模拟信号的方法验证整个保护回路。 （3）应采取模拟试验、检查保护定值等方式验证保护定值的可靠性。同时，联锁试验中，优先采用物理方法来实际验证保护回路的功能。当不具备上述条件时，可采用现场信号源模拟来验证	检查热工保护逻辑	每项试验扣4分。 （3）热工保护联锁试验中，可采用物理方法进行实际传动而未采用，或条件不具备又未在现场信号源处模拟试验，每项试验扣2分			
40	**9.5　防止水机保护失灵**	**100**	【涉及专业】监控自动化、水轮机、化学，共23条					
	9.5.1　水机保护设置	24	【涉及专业】监控自动化					
40.1	9.5.1.1　水轮发电机组应设置电气、机械过速保护、调速系统事故低油压保护、导叶剪断销剪断保护（导叶破断连杆破断保护）、机组振动和摆度保护、轴承温度过高保护、轴承冷却水中断、轴承外循环油流中断、快速闸门（或主阀）、真空破坏阀等水机保护功能或装置	5	【涉及专业】监控自动化 水轮发电机组保护功能或装置应包括： 电气、机械过速保护、调速系统事故低油压保护、导叶剪断销剪断保护（导叶破断连杆破断保护）、机组振动和摆度保护、轴承温度过高保护、轴承冷却水中断、轴承外循环油流中断、快速闸门（或主阀）、真空破坏阀等	检查水轮机各项保护功能或装置	缺少必要的保护功能或装置，每项扣2分			

编号	二十五项重点要求内容	标准分	评价要求	评价方法	评分标准	扣分	存在问题	改进建议
40.2	9.5.1.2 在机组停机检修状态下，应对水机保护装置报警及出口回路等进行检查及联动试验，合格后在机组开机前按照相关规定投入	5	【涉及专业】监控自动化 （1）在机组停机检修状态下，进行水机保护报警及出口回路等检查，通过联动试验确认各项保护正确、准确。 （2）机组开机前按照相关规定应投入各项保护功能	查阅水轮机各项保护的检修记录、传动试验记录	（1）保护的报警、控制回路有缺陷，每项缺陷扣3分。 （2）联动试验方法错误或联动试验不合格，每项问题扣3分。 （3）检修记录、联动试验记录不完整，扣2分。 （4）必要的保护功能或装置未投入，每缺少一项扣2分			
40.3	9.5.1.3 所有水机保护模拟量信息、开关量信息应接入电站计算机监控系统，实现远方监视	5	【涉及专业】监控自动化 所有水机保护模拟量信息、开关量信息应接入电站计算机监控系统	检查电站计算机监控系统中的水轮机各项保护信号	（1）接入电站计算机监控系统的水机保护模拟量信息、开关量信息不全，每项扣3分。 （2）电站计算机监控系统中的保护信号、保护逻辑有缺陷，每项扣2分			
40.4	9.5.1.4 设置的紧急事故停机按钮应能在现地控制单元失效情况下完成事故停机功能，必要时可在远方设置紧急事故停机按钮	5	【涉及专业】监控自动化 应具有远方紧急事故停机按钮，测试紧急事故停机按钮能在现地控制单元失效情况下完成事故停机功能	查阅紧急事故停机按钮的测试记录	（1）未设置远方紧急事故停机按钮，扣3分。 （2）未定期进行紧急事故停机按钮测试，扣3分			
40.5	9.5.1.5 水机保护连接片应与其他保护压板分开布置，并粘贴标示	4	【涉及专业】监控自动化 水机保护连接片与其他保护压板分开布置，并粘贴标示	检查水机保护连接片的布置和标示	（1）水机保护连接片与其他保护压板未分开布置，扣2分。 （2）水机保护连接片未明显标示或标示错误，每处扣2分			
	9.5.2 防止机组过速保护失效	**13**	【涉及专业】监控自动化					

编号	二十五项重点要求内容	标准分	评价要求	评价方法	评分标准	扣分	存在问题	改进建议
40.6	9.5.2.1 机组电气和机械过速出口回路应单独设置，装置应定期检验，检查各输出触点动作情况	4	【涉及专业】监控自动化 （1）水轮发电机电气、机械测速的测速原理、测速信号源不同，回路独立，并分别设有不同的过速等级保护（如过速115%、过速140%）。 （2）测速装置按照检修规程随机组检修定期校验，检查测速装置工作情况及输出触点动作情况	检查电气、机械过速保护	（1）电气、机械过速出口回路未单独设置，扣2分。 （2）测速装置未随机组检修定期校验，扣2分。 （3）传动试验中输出触点未按设计值动作，扣2分			
40.7	9.5.2.2 装置校验过程中应检查装置测速显示连续性，不得有跳变及突变现象，如有应检查原因或更换装置	4	【涉及专业】监控自动化 测速装置在检验过程中，输入信号要求是连续的测量齿盘信号或电压信号，因此输出的测速信号也必须是连续性的，不得有跳变或阶跃	查阅测速装置检定记录	（1）输出的测速信号有跳变，扣2分。 （2）缺少测速装置检定记录，扣4分，检定记录不完善或不合格，扣2分			
40.8	9.5.2.3 电气过速装置、输入信号源电缆应采取可靠的抗干扰措施，防止对输入信号源及装置造成干扰	5	【涉及专业】监控自动化 电气测速装置测的信号源极易受强电信号的干扰，可能造成装置误动，引起事故停机。因此电气测速装置和输入信号源必须采取可靠的抗干扰措施，如输入信号电缆采用屏蔽电缆、电气测速装置壳体接地、设置滤波模块等	检查电气测速装置的抗干扰措施	电气测速装置和输入信号源的抗干扰措施不完善，如屏蔽电缆不合格、壳体接地不合格、未设置滤波模块等，每项不合格扣2分			
	9.5.3 防止调速系统低油压保护失效	12	【涉及专业】监控自动化					
40.9	9.5.3.1 调速系统油压监视变送器或油压开关应定期进行检验，检查定值动作正确性	4	【涉及专业】监控自动化 随机组检修对油压变送器每年校验一次，对油压开关每半年校验一次，确保变送器、油压开关动作的正确性	检查油压变送器、油压开关的检定情况	未按期检定调速系统油压变送器、油压开关，扣4分			

276

编号	二十五项重点要求内容	标准分	评价要求	评价方法	评分标准	扣分	存在问题	改进建议
40.10	9.5.3.2 在无水情况下模拟事故低油压保护动作，导叶应能从最大开度可靠全关	4	【涉及专业】监控自动化 机组在大修后开机前应完成事故低油压联动试验，在机组压力钢管无水条件下，将导水叶开到当前水头最大开度，并将油压降到事故低油压动作值，检查保护回路是否触发事故停机信号，检查事故低油压情况下导水叶能否可靠关闭	检查无水情况下模拟事故低油压试验	模拟试验未触发事故停机信号，或者事故低油压情况下导水叶未关闭，扣4分			
40.11	9.5.3.3 油压变送器或油压开关信号触点不得接反，并检查变送器或油压开关供油手阀在全开位置	4	【涉及专业】监控自动化 如果触点接反将导致输出触点在油压正常情况下报出低油压信号，误触发水机事故停机指令。同时在检查变送器或油压开关触点接线正确时，还应检查变送器或油压开关供油手阀的状态，确认在全开状态，否则在机组运行过程中，如果打开供油阀，将误触发水机事故停机指令	检查油压变送器或油压开关信号触点及供油手阀状态	油压变送器或油压开关信号触点接反、接错，或变送器或油压开关供油手阀未在全开位置，扣4分			
	9.5.4 防止机组剪断销剪断保护（破断连杆破断保护）失效	14	【涉及专业】监控自动化					
40.12	9.5.4.1 定期检查剪断销剪断保护装置（导叶破断连杆破断保护装置），在发现有装置报警时，应立即安排机组停机，检查导叶剪断销及剪断销保护装置（导叶破断连杆及连杆破断保护装置）	5	【涉及专业】监控自动化 （1）在接力器带动控制环关闭水轮机导水机构时，可能会有异物卡在两导叶之间，使得导水机构无法关闭。为了保证除有异物的导叶之外的其他导叶都能关闭，不至于破坏传动机构，在导叶臂上设置了容易剪断的剪断销装置。当导叶间有异物卡住时，导叶轴和导叶臂不能动，而连接板在控制环带动下转动。因此对剪断销产生剪切力。当该剪切力大于正常操作应力的一定倍数时，剪断销	检查导叶剪断销剪断报警、剪断销剪断保护装置	缺少导叶剪断销剪断报警或剪断销剪断保护存在缺陷，扣5分			

277

编号	二十五项重点要求内容	标准分	评价要求	评价方法	评分标准	扣分	存在问题	改进建议
40.12		5	剪断，该导叶脱离连接板控制，但其他导叶仍可正常转动关闭，同时由装在剪断销上的信号器发出剪断销剪断报警信号，避免事故扩大。 （2）按照水机保护回路设计，当有一个导叶剪断销剪断时，只报出剪断销剪断报警，如果此时恰好发生事故低油压或轴承温度过高或机组电气事故，则启动紧急事故停机流程，调速器关机、落快速闸门或关闭进口球阀。因此剪断销报警后，应立即到现场检查、确认，并安排机组停机					
40.13	9.5.4.2 剪断销（破断连杆）信号电缆应绑扎牢固，防止电缆意外损伤	4	【涉及专业】监控自动化 如果剪断销信号电缆损伤，剪断销剪断信号将无法上送监控系统，运行人员无法及时掌握剪断销运行情况，在接力器操作过程中该导叶处于失控状态，极易造成设备损坏。另一方面，电缆损伤也可能误报"剪断销剪断"信号，若又遇机组事故，可能造成机组快速闸门误落门（进水口主阀误关闭）	检查剪断销（破断连杆）信号电缆绑扎防护情况	剪断销（破断连杆）信号电缆绑扎防护不符合要求或信号电缆有损坏，扣4分			
40.14	9.5.4.3 应定期对机组顺控流程进行检查，检查机组剪断销剪断（破断连杆破断）与机组事故停机信号判断逻辑，并在无水情况下进行联动试验	5	【涉及专业】监控自动化 在机组检修中需对剪断销剪断、机组事故停机信号流程逻辑进行检查，并通过无水联动试验检查流程逻辑动作正确性	查阅检修中的联动试验记录	（1）检修中未对剪断销剪断与机组事故停机信号流程逻辑进行检查，或逻辑存在缺陷，每项扣2分。 （2）检修后未进行无水联动试验，扣5分			
	9.5.5 防止轴承温度过高保护失效。	10	【涉及专业】监控自动化					

编号	二十五项重点要求内容	标准分	评价要求	评价方法	评分标准	扣分	存在问题	改进建议
40.15	9.5.5.1 应定期检查机组轴承温度过高保护逻辑及定值的正确性，并在无水情况下进行联动试验。运行机组发现轴承温度有异常升高，应根据具体情况立即安排机组减出力运行或停机，查明原因	4	【涉及专业】监控自动化 为避免单块瓦因温度跳变引起保护回路误出口，在温度过高保护逻辑中设置了相邻两块瓦温定值逻辑。如果相邻两块瓦温均超过温度过高定值，则启动水机保护出口回路及事故停机流程。在机组检修中检查瓦温判断逻辑，并在无水情况下，试验轴承温度过高水机保护出口回路动作的正确性。如果有单块瓦温异常升高现象，应及时检查判断温度的正确性	查阅机组轴承温度过高保护逻辑及定值、联动试验记录。	（1）机组轴承温度过高保护逻辑存在缺陷，或定值不合理，扣2分。 （2）检修期未进行机组轴承温度过高保护联动试验，扣2分			
40.16	9.5.5.2 机组轴承测温电阻输出信号电缆应采取可靠的抗干扰措施	2	【涉及专业】监控自动化 轴承测温电阻电缆传送信号为低电压信号，如果电缆不采取抗干扰措施，在强电场作用下，测温信号可能跳变进而误触发轴承温度过高水机保护	检查轴承测温电阻输出信号电缆	抗干扰措施不完备，扣2分			
40.17	9.5.5.3 测温电阻线缆在油槽内需绑扎牢固	2	【涉及专业】监控自动化 如果测温电阻线缆绑扎不牢固，容易随油流晃动而造成断线或接头松脱，无法正常监视瓦温。此时如遇瓦温升高，会导致烧瓦事故。另外，轴承测温线缆外皮破损，在导致绝缘下降的同时，还可能触碰到转动部件，形成轴电流回路，对轴瓦造成电腐蚀，并加速油质劣化	检查轴承测温电阻输出信号电缆	测温电阻线缆绑扎不牢固，扣2分			
40.18	9.5.5.4 机组检修过程中应对轴承测温电阻进行校验，对线性度不好的测温电阻应检查原因或进行更换	2	【涉及专业】监控自动化 定期随机组检修对测温电阻进行校验以检查电阻线性度。线性度不好的电阻易在运行中发生温度跳变，不能真实反映轴瓦温度	检查轴承测温电阻检定情况	轴承测温电阻未及时检定，扣2分			
	9.5.6 防止轴电流保护失效	15	【涉及专业】监控自动化、化学、水轮机					

编号	二十五项重点要求内容	标准分	评价要求	评价方法	评分标准	扣分	存在问题	改进建议
40.19	9.5.6.1 机组检修过程中应对轴电流保护装置定值进行检验，检查定值动作正确性，并在无水情况下进行联动试验	3	【涉及专业】监控自动化 轴电流保护装置应随机组检修定期对装置进行校验，检查定值，并在无水情况下验证轴电流保护出口动作正确性和事故停机流程正确性	查阅轴电流保护装置联动试验记录	轴电流保护装置测量仪表未定期检定，或未随检修期进行轴电流保护装置联动试验，扣3分			
40.20	9.5.6.2 机组大修过程中应对各导轴承进行绝缘检查，发现轴承绝缘下降时应进行检查、处理	3	【涉及专业】监控自动化 轴承绝缘的好坏将直接影响轴电流的大小，应利用机组大修检查导轴承的轴承绝缘，处理绝缘不合格的轴承	检查各导轴承绝缘情况	机组大修期未检查各导轴承绝缘情况，或导轴承绝缘不合格且未及时处理，扣3分			
40.21	9.5.6.3 定期对导轴承润滑油质进行化验，检查有无劣化现象。如有劣化现象应查明原因，并及时进行更换处理	3	【涉及专业】化学、水轮机 机组运行中因存在不平衡磁通及漏磁通，在端轴会产生轴电压，并且因导轴承绝缘下降和接地炭刷接地性能降低，会产生一定量值的轴电流，润滑油如果有杂质将放电，加速油质碳化，油的润滑性能不断降低，导致烧瓦事故	检查导轴承润滑油质	（1）未定期化验导轴承润滑油质或化验报告项目不齐全，扣3分。（2）化验发现导轴承润滑油质劣化而未及时处理，扣3分			
40.22	9.5.6.4 轴电流输出信号电缆应采取可靠的抗干扰措施	3	【涉及专业】监控自动化 轴电流输出信号的二次电缆通道为强磁场区，如果电缆没有采取抗干扰措施，强磁场所产生的感应电将可能引起轴电流保护误动作，导致机组非停事件	检查轴电流输出信号电缆的抗干扰措施	轴电流输出信号电缆抗干扰措施不完备，扣3分			
40.23	9.5.6.5 轴电流互感器应安装可靠、牢固	3	【涉及专业】监控自动化 轴电流互感器一般安装在发电机转子上平面主轴端相邻的上机架处，若轴电流互感器安装不牢靠脱落，将与主轴和发电机转子发生碰撞，导致严重的设备事故发生。因此，轴电流互感器与发电机上机架应可靠牢固安装，并在每次检修中对固定部位、二次电缆进行检查，固定螺栓应采取防松措施，二次电缆应绑扎牢固，避免与主轴发生摩擦接触可能	检查轴电流互感器安装情况	轴电流互感器的固定部位、二次电缆、固定螺栓的防松动措施不完备，扣3分			

编号	二十五项重点要求内容	标准分	评价要求	评价方法	评分标准	扣分	存在问题	改进建议
41	**新增：信息安全技术及网络安全等级保护**	100	**【涉及专业】热工、监控自动化，共8条**					
41.1	发电企业、电网企业内部基于计算机和网络技术的业务系统，应当划分为生产控制大区和管理信息大区。生产控制大区可以分为控制区（安全区Ⅰ）和非控制区（安全区Ⅱ）；管理信息大区内部在不影响生产控制大区安全的前提下，可以根据各企业不同安全要求划分安全区。安全区划分应当避免形成不同安全区的纵向交叉连接	8	**【涉及专业】热工、监控自动化** （1）为国家发改委第14号令《电力监控系统安全防护规定》第六条的规定，规定了安全分区要求。 （2）安全分区。应根据电厂各网络系统的实时性、使用者、功能、场所、与各业务系统的相互关系、广域网通信的方式以及受到攻击之后所产生的影响，将其分置于四个安全区之中，即安全区Ⅰ实时控制区、安全区Ⅱ非控制生产、安全区Ⅲ生产管理区、安全区Ⅳ管理信息区，选用不同的安全等级和防护水平	查阅全厂业务系统的网络拓扑图，查看现场	（1）企业内部业务系统未划分为生产控制大区和管理信息大区，扣2分。 （2）生产控制大区未分为控制区（安全区Ⅰ）和非控制区（安全区Ⅱ），扣2分。 （3）安全区划分存在不同安全区的纵向交叉连接，扣2分。 （4）安全分区边界不合理，存在安全漏洞、入侵风险，扣2分			
41.2	在生产控制大区与管理信息大区之间必须设置经国家指定部门检测认证的电力专用横向单向安全隔离装置。生产控制大区内部的安全区之间应当采用具有访问控制功能的设备、防火墙或者相当功能的设施，实现逻辑隔离。安全接入区与生产控制大区中其他部分的连接处必须设置经国家指定部门检测认证的电力专用横向单向安全隔离装置	8	**【涉及专业】热工、监控自动化** （1）为国家发改委第14号令《电力监控系统安全防护规定》第九条的规定，规定了横向隔离的要求。 （2）安全区之间的隔离。具体隔离装置的选择不仅需要考虑网络安全的要求，还需要考虑带宽及实时性的要求。隔离装置必须是国产并经过国家或电力系统有关部门认证。安全区Ⅰ与安全区Ⅱ、安全区Ⅲ与安全区Ⅳ之间的隔离应采用经有关部门认定核准的硬件防火墙（禁止E-mail、Web、Telnet、Rlogin等访问）；安全区Ⅰ、Ⅱ不得与安全区Ⅳ直接联系。安全区Ⅰ、Ⅱ与安全区Ⅲ之间必须采用经有关部门认定核准的单bit专用隔离装置。专用隔离装置分为正向隔离装	查阅全厂业务系统的网络拓扑图，查看现场	（1）在生产控制大区与管理信息大区之间未设置经国家指定部门检测认证的电力专用横向单向安全隔离装置，扣2分。 （2）生产控制大区内部的安全区之间未采用具有访问控制功能的设备、防火墙或者相当功能的设施，未实现逻辑隔离，扣4分。 （3）安全接入区与生产控制大区中其他部分的连接处未设置经国家指定部门检测认证的电力专用横向单向安全隔离装置，扣2分。 （4）安全区之间的隔离不符合要求，存在安全漏洞、入侵风险。每处扣2分			

编号	二十五项重点要求内容	标准分	评价要求	评价方法	评分标准	扣分	存在问题	改进建议
41.2		8	置和反向隔离装置。从安全区Ⅰ、Ⅱ往安全区Ⅲ单向传输信息须采用正向隔离装置，由安全区Ⅲ往安全区Ⅱ甚至安全区Ⅰ的单向数据传输必须采用反向隔离装置。反向隔离装置采取签名认证和数据过滤措施（禁止EMAIL WEB、TEL net、Rlogin等访问）					
41.3	在生产控制大区与广域网的纵向连接处应当设置经过国家指定部门检测认证的电力专用纵向加密认证装置或者加密认证网关及相应设施	4	【涉及专业】热工、监控自动化 （1）为国家发改委第14号令《电力监控系统安全防护规定》第十条的规定，规定了生产控制大区与广域网的纵向连接处纵向认证的要求。 （2）安全区与远方通信的安全防护要求。安全区Ⅰ、Ⅱ所连接的广域网为国家电力调度数据网SPDnet。SPDnet的VPN子网和一般子网可为安全区Ⅰ、Ⅱ分别提供两个逻辑隔离的子网。安全区Ⅲ所连接的广域网为国家电力数据通信网（SPTnet），SPDnet与SPTnet物理隔离。安全区Ⅰ、Ⅱ接入SPDne及远方集控中心时，应配置IP认证加密装置，实现网络层双向身份认证、数据加密和访问控制。安全区Ⅲ接入SPTnet应配置硬件防火墙	查阅全厂业务系统的网络拓扑图，查看现场	（1）在生产控制大区与广域网的纵向连接处未设置经过国家指定部门检测认证的电力专用纵向加密认证装置或者加密认证网关及相应设施，扣4分。 （2）安全区Ⅲ接入SPTnet未配置硬件防火墙，扣4分			
41.4	安全区边界应当采取必要的安全防护措施，禁止任何穿越生产控制大区和管理信息大区之间边界的通用网络服务。生产控制大区中的业务系统应当具有高安全性和高可靠性，禁止采用安全风险高的通用网络服务功能	6	【涉及专业】热工、监控自动化 为国家发改委第14号令《电力监控系统安全防护规定》第十一条的规定，要求在安全区边界、生产控制大区中的业务系统禁用安全风险高的通用网络服务功能	查阅全厂业务系统的网络拓扑图，查看现场	（1）生产控制大区和管理信息大区之间的安全区边界采用了通用网络服务，存在安全风险，扣3分。 （2）生产控制大区中的业务系统采用了安全风险高的通用网络服务功能，扣3分			

编号	二十五项重点要求内容	标准分	评价要求	评价方法	评分标准	扣分	存在问题	改进建议
41.5	电力监控系统在设备选型及配置时，应当禁止选用经国家相关管理部门检测认定并经国家能源局通报存在漏洞和风险的系统及设备；对于已经投入运行的系统及设备，应当按照国家能源局及其派出机构的要求及时进行整改，同时应当加强相关系统及设备的运行管理和安全防护。生产控制大区中除安全接入区外，应当禁止选用具有无线通信功能的设备	8	【涉及专业】热工、监控自动化 为国家发改委第 14 号令《电力监控系统安全防护规定》第十三条的规定，规定了电力监控系统设备选型及配置的网络安全要求	查阅全厂信息网络设备选型及配置档案，查看现场	（1）投用的系统及设备中存在经国家相关管理部门检测认定并经国家能源局通报存在漏洞和风险的系统及设备，且未及时按照国家能源局及其派出机构的要求整改，也未采取有效的安全防护措施，扣 4 分。 （2）生产控制大区中除安全接入区外，还存在具有无线通信功能的设备，扣 4 分			
41.6	建立健全电力监控系统安全防护评估制度，采取以自评估为主、检查评估为辅的方式，将电力监控系统安全防护评估纳入电力系统安全评价体系	8	【涉及专业】热工、监控自动化 为国家发改委第 14 号令《电力监控系统安全防护规定》第十六条规定，规定了安全防护评估要求	查阅全厂信息网络安全评估报告	（1）未进行自评估或专门机构检查评估，扣 8 分。 （2）安全评估报告不完整，扣 4 分。 （3）安全评估报告中存在安全漏洞或风险，且未及时采取有效解决措施，扣 4 分			
41.7	建立健全的网络安全联合防护和应急机制，制定应急预案。当遭受网络攻击，生产控制大区出现网络异常或者故障时，应当立即向其上级电力调度机构以及当地国家能源局派出机构报告，并联合采取紧急防护措施，防止事态扩大，同时应当注意保护现场，以便进行调查取证	8	【涉及专业】热工、监控自动化 为国家发改委第 14 号令《电力监控系统安全防护规定》第十七条规定，规定了网络安全应急机制、应急预案的要求	查阅信息网络安全应急预案、信息网络安全演练记录	（1）未制定切实可行的网络安全应急预案，扣 8 分。 （2）生产控制大区因遭受网络攻击出现网络异常或者故障却未上报，扣 4 分。 （3）遭受网络攻击，未采取紧急防护措施，导致事故扩大，扣 4 分			

编号	二十五项重点要求内容	标准分	评价要求	评价方法	评分标准	扣分	存在问题	改进建议
41.8	发电企业全厂的信息安全技术及网络安全等级保护体系应符合国家发改委第 14 号令《电力监控系统安全防护规定》及相关标准的要求。委托有资质的机构定期进行安全等级保护测评，对测评中发现的问题及时整改，并按期向当地市级公安机关提交资质机构签章的安全等级测评报告，获得信息系统安全等级保护备案证书，备案证书具有安全等级有效期，不得逾期	50	【涉及专业】热工、监控自动化 （1）发电企业全厂信息网络安全体系应符合国家发改委第 14 号令《电力监控系统安全防护规定》、GB/T 22239—2019《信息安全技术网络安全等级保护基本要求》、GB/T 25070—2019《信息安全技术网络安全等级保护安全设计技术要求》、GB/T 28448—2019《信息安全技术 网络安全等级保护测评要求》、GB/T 33009.1—2016《工业自动化和控制系统网络安全 集散控制系统（DCS） 第 1 部分：防护要求》、GB/T 33008.1—2016《工业自动化和控制系统网络安全 可编程序控制器（PLC） 第 1 部分：系统要求》等的相关要求。 （2）发电企业全厂信息网络安全体系应委托有资质的机构定期进行安全等级保护测评，对测评中发现的问题及时整改。按期向当地市级公安机关提交资质机构签章的安全等级测评报告，获得信息系统安全等级保护备案证书，备案证书不得逾期	查阅全厂信息网络安全等级测评报告，查看现场	（1）不符合国家发改委第 14 号令及相关标准的要求，每项扣 2 分。 （2）未委托有资质的机构定期进行安全等级保护测评，扣 20 分，或进行了等级保护测评，但是存在不合格项，且未及时整改，每项扣 5 分。 （3）未按期向当地市级公安机关提交资质机构签章的安全等级测评报告，扣 20 分；或虽然提交，但是测评报告不合格，当地市级公安机关予以安全等级降级备案或不予备案，扣 20 分。 （4）备案证书逾期，扣 10 分			
	10　防止发电机损坏事故		【涉及专业】电气一次、电气二次、化学、金属、汽轮机					
42	**10.1　防止定子绕组端部松动引起相间短路**	100	【涉及专业】电气一次，共 1 条					
42.1	10.1.1　200MW 及以上容量汽轮发电机安装、新投运 1 年后及每次大修时都应检查定子绕组端部的紧固、	100	【涉及专业】电气一次 （1）GB/T 20140—2006《透平型发电机定子绕组端部动态特性和振动试验方法及评定》已更新为 GB/T 20140—2016《隐极同步	查阅大修文件包和交接、预防性试验报告	（1）大修文件包无端部检查相关内容，扣 40 分。			

编号	二十五项重点要求内容	标准分	评价要求	评价方法	评分标准	扣分	存在问题	改进建议
42.1	磨损情况，并按照《大型汽轮发电机绕组端部动态特性的测量及评定》（DL/T 735—2000）和《透平型发电机定子绕组端部动态特性和振动试验方法及评定》（GB/T 20140—2006）进行模态试验，试验不合格或存在松动、磨损情况应及时处理。多次出现松动、磨损情况应重新对发电机定子绕组端部进行整体绑扎；多次出现大范围松动、磨损情况应对发电机定子绕组端部结构进行改造，如设法改变定子绕组端部结构固有频率，或加装定子绕组端部振动在线监测系统监视运行，运行限值按照GB/T 20140—2006设定	100	发电机定子绕组端部动态特性和振动测量方法及评定》。 （2）按照制造厂产品说明的要求，在规定时间内开展检查性大修工作，及时发现可能存在的隐患。检修时应重点关注定子端部绕组、螺栓紧固件及止动锁片、槽楔、绑环、支架、引线压板等；如发现有过热变色、油泥、松动、环氧粉末等现象应及时分析和处理，并做好记录。 （3）应重点关注定子铁芯定位筋、穿心螺杆、通风孔、阶梯齿情况。硅钢片应叠压整齐、无松动、无过热痕迹，风道无异物堵塞。发现有局部松齿、铁芯片短缺、外表面附着黑色油污等情况时，应结合实际异常情况进行发电机定子铁芯故障诊断试验，或温升及铁损试验，检查铁芯片间绝缘有无短路以及铁芯发热情况，分析缺陷原因，并及时进行处理。发现定位筋及穿心螺杆紧力不符合出厂设计值时，应及时处理。 （4）交接及大修时开展发电机端部固有振动频率测试及模态分析，引线固有振动频率测试。端部模态分析时测点位置应沿圆周均匀布置，至少16个测点。引线固有频率应躲开95～108Hz范围，整体椭圆振型固有频率应躲开95～110Hz范围		（2）大修未开展模态试验，扣30分；试验开展不规范，扣10～20分；试验结果不合格未采取措施，扣20分。 （3）端部有明显磨损但未采取相应措施，每处扣20分			
43	**10.2 防止定子绕组绝缘损坏和相间短路**	100	**【涉及专业】电气一次、化学、汽轮机、热工，共5条** 定期开展预防性试验，运行期间保证氢油水品质	查看发电机氢油水历史运行参数和预防性试验报告				

285

编号	二十五项重点要求内容	标准分	评价要求	评价方法	评分标准	扣分	存在问题	改进建议
43.1	10.2.1 加强大型发电机环形引线、过渡引线、鼻部手包绝缘、引水管水接头等部位的绝缘检查，并对定子绕组端部手包绝缘施加直流电压测量试验，及时发现和处理设备缺陷。	20	【涉及专业】电气一次 （1）环形引线、过渡引线、鼻部手包绝缘、引水管水接头等处的机械强度和电气强度都是比较薄弱的部位。因此，应加强对上述部位的检查。 （2）定子绕组端部手包绝缘施加直流电压测量试验只针对水内冷发电机，其余机型不涉及	查阅检修文件包及试验报告	（1）检修文件包中无端部部件检查内容扣10分；无试验项目，扣10分。 （2）发电机励侧进油严重或大修时未开展手包绝缘施加直流电压测量试验，扣15分。 （3）试验结果中泄漏电流不符合 DL/T 1612—2016《发电机定子绕组手包绝缘施加直流电压测量方法及评定导则》的要求且未对手包绝缘进行处理，扣20分			
	10.2.2 严格控制氢气湿度	30	【涉及专业】电气一次、化学、汽轮机 氢气湿度过低，将会对发电机绝缘造成不利影响，长期运行发电机绝缘会产生干燥性龟裂，缩短发电机绝缘寿命。氢气湿度过高可能会造成定子线棒绝缘性能下降和护环应力腐蚀，严重时会在发电机定子线圈表面结露，造成定子绕组线棒绝缘受潮，易于发生表面爬电、闪络等放电现象，造成短路事故。同时伴随的发电机氢气纯度降低也会增加通风损耗及转子摩擦损耗，降低发电机冷却效果，直接影响发电机运行效率					
43.2	10.2.2.1 按照《氢冷发电机氢气湿度技术要求》（DL/T 651—1998）的要求，严格控制氢冷发电机机内氢气湿度。在氢气湿度超标情况下，禁止发电机长时间运行。运行中应确保氢气干燥器始终处于良好工作状态。氢气干燥器的选型宜采用分子筛吸附式产品，并且应具有发电机充氢停机时继续除湿功能	15	【涉及专业】电气一次、化学 （1）DL/T 651—1998《氢冷发电机氢气湿度技术要求》已更新为 DL/T 651—2017。 （2）在发电机运行规程中明确规定发电机运行期间控制氢气指标在合格范围内，运行氢压下湿度的低限为露点温度−25℃，当机内最低温度大于等于10℃时，湿度高限为露点温度 0℃；当机内最低温度为 5℃时，湿度高限为露点温度−5℃。氢气干燥器出口和入口均应合格，如频繁存在超标情况应考虑开展干燥器改造工作	查看历史运行参数，查阅干燥器投退记录	（1）氢气湿度不达标，扣15分。 （2）机组运行和充氢停机时未进行除湿，扣15分			

编号	二十五项重点要求内容	标准分	评价要求	评价方法	评分标准	扣分	存在问题	改进建议
43.3	10.2.2.2 密封油系统回油管路必须保证回油畅通，加强监视，防止密封油进入发电机内部。密封油系统油净化装置和自动补油装置应随发电机组投入运行。发电机密封油含水量等指标，应达到《运行中氢冷发电机用密封油质量标准》（DL/T 705—1999）的规定要求	15	【涉及专业】汽轮机、化学、电气一次 在发电机运行规程中明确规定，机组运行期间应密切监视密封油系统运行状况。发电机密封油的水分含量应控制≤50mg/L。发现密封油油质不合格时，应及时通知汽轮机、化学专业处理	查阅漏液报警器记录、密封油化验报告	（1）密封油系存在回油不畅通的情况，扣10分。 （2）发电机漏液报警器未定期校验，扣10分；发电机漏液报警器频繁报警、发电机有进油现象，扣10分。 （3）密封油系统油净化装置和自动补油装置未随发电机组投入运行，扣5分。 （4）密封油质量标准项目一项不达标，扣5分。 （5）密封油油质未按照标准规定的检验周期检验，一项扣5分			
43.4	10.2.3 水内冷定子绕组内冷水箱应加装氢气含量检测装置，定期进行巡视检查，做好记录。在线监测限值按照《隐极同步发电机技术要求》（GB/T 7064—2008）设定（见10.5.2条），氢气含量检测装置的探头应结合机组检修进行定期校验，具备条件的宜加装定子绕组绝缘局部放电和绝缘局部过热监测装置	25	【涉及专业】电气一次、汽轮机、热工 （1）通常氢气对引水管有微渗透作用，内冷水箱中平时含有少量氢气。当内冷水箱中含氢量突然增加或绝对氢气含量过大时，则表明存在氢气泄漏的事故隐患。因此，应加装氢气含量检测装置，检测水系统的密闭性。电厂可根据实际情况决定是否加装定子绕组绝缘局部放电和绝缘局部过热监测装置。 （2）内冷水箱氢气体积含量超过2%，应加强对发电机的监视，超过10%应立即停机消缺。局部放电和绝缘局部过热监测装置均为解读式仪器，该类仪器的使用需要厂家技术支持，如考虑安装，应选择可靠、有效的产品	查看漏氢装置配置及运行情况	（1）未安装漏氢传感器，扣25分。 （2）如定冷水箱氢气含量超标，未查明原因且未采取措施，扣25分。 （3）漏氢装置就地与远方数据传输存在问题，扣10分。 （4）漏氢检测装置探头未结合机组检修进行定期校验，扣10分			

编号	二十五项重点要求内容	标准分	评价要求	评价方法	评分标准	扣分	存在问题	改进建议
43.5	10.2.4 汽轮发电机新机出厂时应进行定子绕组端部起晕试验,起晕电压满足《隐极同步发电机技术要求》(GB/T 7064—2008)。大修时应按照《发电机定子绕组端部电晕与评定导则》(DL/T 298—2011)进行电晕检查试验,并根据试验结果指导防晕层检修工作	25	【涉及专业】电气一次 (1) GB/T 7064—2008《隐极同步发电机技术要求》已更新为 GB/T 7064—2017。 (2) 设计不合理、制造工艺不良、检修误碰、运行过热都可能造成防晕性能不满足要求,本条款用于检查端部防晕性能。 (3) 电晕试验分两个阶段,第一阶段施加额定相电压,第二阶段施加额定线电压。存在集中亮点和火花、连续晕带时应处理	查阅出厂报告或监造报告、检修文件包和试验报告	(1) 出厂未进行起晕试验或起晕电压不满足要求扣 15 分,上述情况投运后大修补做电晕检查并且结果合格者可不扣分。 (2) 发电机抽转子检修时,检修文件包中无电晕检查项目,扣 20 分。 (3) 电晕检查开展不规范,未分相分阶段进行试验,扣 15 分。 (4) 厂房内光线明亮时使用目视法进行电晕检查,扣 20 分。 (5) 试验结果不合格(端部存在明显放电火花或连续电晕带等)但未进行处理,扣 25 分			
44	10.3 防止定、转子水路堵塞、漏水	100	【涉及专业】电气一次、汽轮机、化学、热工,共 15 条					
	10.3.1 防止水路堵塞过热	47	【涉及专业】电气一次、汽轮机、化学、热工					
44.1	10.3.1.1 水内冷系统中的管道、阀门的橡胶密封圈宜全部更换成聚四氟乙烯垫圈,并应定期(1~2 个大修期)更换	4	【涉及专业】电气一次、汽轮机 防止垫圈老化破损造成泄漏,应将定子水内冷系统中采用的易老化变质或破损掉渣的材料更换为化学性能稳定、耐老化性能优越的聚四氟乙烯垫圈	确认密封圈材质	密封圈未定期(1~2 个大修期)更换,扣 4 分			
44.2	10.3.1.2 安装定子内冷水反冲洗系统,定期对定子线棒进行反冲洗,定期检查和清洗滤网,宜使用激光打孔的不锈钢板新型滤网,反冲洗回路不锈钢滤网应达到 200 目	4	【涉及专业】电气一次、汽轮机 发电机在长期运行中,定子内冷水沿一个固定方向流动,有可能在内冷水管的某些部位沉积杂质和污垢。安装定子内冷水反冲洗系统,改变水流方向,定期对定子线棒进行反冲洗,就可以将这些积存的杂质和污垢冲洗掉,确保内冷水的冷却效果	查阅定期工作及滤网规格	(1) 运行中发现可能存在水路堵塞情况的,未采取措施,扣 4 分。 (2) 未定期进行定子线棒反冲洗,扣 4 分。 (3) 反冲洗滤网不符合要求,扣 2 分			

编号	二十五项重点要求内容	标准分	评价要求	评价方法	评分标准	扣分	存在问题	改进建议
44.3	10.3.1.3 大修时对水内冷定子、转子线棒应分路做流量试验。必要时应做热水流试验	10	【涉及专业】电气一次 发电机大修期间按二十五项反措要求开展流量试验，通过试验检查个别线棒的堵塞现象。不具备试验条件的发电机，可以开展热水流试验。具体方法参考 JB/T 6228—2014《汽轮发电机绕组内部水系统检验方法及评定》	查阅检修文件包及试验报告	（1）文件包无检测水路流通性项目，扣10分。 （2）流量试验或热水流试验结果不合格且未进行分析处理，扣10分			
44.4	10.3.1.4 扩大发电机两侧汇水母管排污口，并安装不锈钢阀门，以利于清除母管中的杂物	4	【涉及专业】电气一次、汽轮机 扩大排污口以便于清除汇水母管中的杂物	现场查看、查阅图纸	母管排污口未安装不锈钢阀门，扣4分			
44.5	10.3.1.5 水内冷发电机的内冷水质应按照《大型发电机内冷却水质及系统技术要求》（DL/T 801—2010）进行优化控制，长期不能达标的发电机宜对水内冷系统进行设备改造	5	【涉及专业】化学、电气一次 （1）发电机内冷水的 pH、电导率、铜含量应符合 GB/T 12145—2016《火力发电机组及蒸汽动力设备水汽质量》表14、表15的要求。 （2）如内冷水铜含量短期超标，应及时加大换水将铜含量控制在合格范围内（≤20μg/L），并采用更换离子交换树脂等方式尽快使水质恢复正常。 （3）如因内冷水处理装置处理效果不佳或未配备内冷水处理装置，导致水质长期超标时，应尽快采取更为有效的内冷水处理方式。 （4）内冷水补充水采用凝结水时，应控制凝结水氢电导率≤0.15μS/cm，以防止凝汽器泄漏导致内冷水水质被污染	查阅内冷水水质报表，查看内冷水处理装置运行情况	（1）发电机内冷水水质未规范检测，扣5分。 （2）发电机内冷水水质长期超标，扣5分			

编号	二十五项重点要求内容	标准分	评价要求	评价方法	评分标准	扣分	存在问题	改进建议
44.6	10.3.1.6 严格保持发电机转子进水支座石棉盘根冷却水压低于转子内冷水进水压力,以防石棉材料破损物进入转子分水盒内	4	【涉及专业】电气一次 转子进水支座石棉盘根属于易损材料,在运行中容易产生破损物。为防止这些破损物进入转子分水盒内,堵塞转子水系统,必须严格保持发电机进水支座石棉盘根冷却水压低于转子内冷水进水压力	查看现场压力表计	不符合要求,扣4分			
44.7	10.3.1.7 按照《汽轮发电机运行导则》(DL/T 1164—2012)要求,加强监视发电机各部位温度,当发电机(绕组、铁芯、冷却介质)的温度、温升、温差与正常值有较大的偏差时,应立即分析、查找原因。温度测点的安装必须严格执行规范,要有防止感应电影响温度测量的措施,防止温度跳变、显示误差。对于水氢冷定子线棒层间测温元件的温差达 8℃或定子线棒引水管同层出水温差达 8℃报警时,应检查定子三相电流是否平衡,定子绕组水路流量与压力是否异常,如果发电机的过热是由于内冷水中断或内冷水量减少引起,则应立即恢复供水。当定子线棒温差达 14℃或定子引水管出水温差达 12℃,或任一定子槽内层间测温元件温度超过 90℃或出水温	15	【涉及专业】电气一次、热工 加强对定子线棒各层间及引出管出水间的温差监视,当发电机内部温度测点发生异常时,尽快确定异常原因。确定线棒有堵塞情况后,应加强监视,严重时应停机处理	查阅运行记录	(1)温度、温升或温差不符合要求,一项扣10分。 (2)未按照要求查明原因或采取相应措施,扣15分			

编号	二十五项重点要求内容	标准分	评价要求	评价方法	评分标准	扣分	存在问题	改进建议
44.7	度超过 85℃时，应立即降低负荷，在确认测温元件无误后，为避免发生重大事故，应立即停机，进行反冲洗及有关检查处理	15						
44.8	新增：发电机内冷水旁路离子交换器树脂投运前必须经过严格冲洗，合格后方可并入系统运行。防止内冷水电导率超标引发发电机定子接地保护动作	5	【涉及专业】化学、电气一次 （1）发电机内冷水旁路离子交换器（混床、分床等型式）在树脂再生后或新树脂装填进离子交换器前，应使用合格除盐水对树脂进行充分冲洗。H 型、OH 型树脂冲洗至电导率小于 0.5μS/cm，Na 型、NH₄ 型树脂冲洗至电导率小于 2μS/cm，混合树脂冲洗至电导率小于 2μS/cm。 （2）通过技改完善内冷水系统，增加离子交换器旁路正洗管道（除盐水进水支管）和排污管道，并设置电导率测点。对装填进离子交换器的新树脂用除盐水进行正洗，当出水电导率小于 2μS/cm 时方可并入系统运行。 （3）按照 DL/T 519—2014《发电厂水处理用离子交换树脂验收标准》，对新进厂的内冷水树脂进行质量验收	查看新树脂冲洗记录，查阅树脂检测报告	（1）新树脂装填进内冷水旁路离子交换器前后，未进行严格冲洗，扣 5 分。 （2）未对内冷水新树脂进行质量验收，或检测不合格仍在使用，扣 5 分			
	10.3.2　防止定子绕组和转子绕组漏水	49	【涉及专业】电气一次、热工					
44.9	10.3.2.1　绝缘引水管不得交叉接触，引水管之间、引水管与端罩之间应保持足够的绝缘距离。检修中应加强绝缘引水管检查，引水管外表应无伤痕	4	【涉及专业】电气一次 绝缘引水管的布置和间距应满足设计要求，防止运行中搭接碰磨造成漏水。如果引水管交叉接触，在正常运行中就会产生相对运动互相摩擦，使管壁磨损变薄而漏水。如果引水管之间以及与端间距离较近，有可能互相之间放电，烧损引水管引起漏水	查阅检修文件包、检修记录	（1）检修文件包无相关内容（引水管之间、引水管与端罩之间绝缘距离），扣 4 分。 （2）检修期间未对引水管表面进行检查清理，扣 4 分			

编号	二十五项重点要求内容	标准分	评价要求	评价方法	评分标准	扣分	存在问题	改进建议
44.10	10.3.2.2 认真做好漏水报警装置调试、维护和定期检验工作，确保装置反应灵敏、动作可靠，同时对管路进行疏通检查，确保管路畅通	10	【涉及专业】电气一次、热工 定期检验确保漏水报警装置运行良好，信号回路正常	查阅检验及报警记录	（1）未进行定期检验，扣10分。 （2）历史记录有多次报警，未查明原因继续运行，扣10分。 （3）漏水报警装置未进行调试、维护，扣5分。 （4）检修期间未对管路进行疏通检查，扣5分			
44.11	10.3.2.3 水内冷转子绕组复合引水管应更换为具有钢丝编织护套的复合绝缘引水管	4	【涉及专业】电气一次 防止因水管材质强度不够造成漏水或漏氢，钢丝编制护套具有较高的机械强度和一定的弹性，它能有效地保护复合绝缘引水管	确认材质	不符合要求，扣4分			
44.12	10.3.2.4 为防止转子线圈拐角断裂漏水，100MW及以上机组的出水铜拐角应全部更换为不锈钢材质	4	【涉及专业】电气一次 转子绕组拐角承受转子转动时自身和相应绕组端部离心力引起的拉伸应力作用。运行久后，拐角易发生疲劳断裂漏水问题。因此，应将出水铜拐角更换为高强度耐腐蚀的不锈钢拐角，以防止转子绕组拐角断裂漏水事故	确认材质	不符合要求，扣4分			
44.13	10.3.2.5 机组大修期间，按照《汽轮发电机漏水、漏氢的检验》（DL/T 607）对水内冷系统密封性进行检验。当对水压试验结果不确定时，宜用气密试验查漏	8	【涉及专业】电气一次 在发电机检修规程中明确要求，水内冷发电机大修中安排进行水压试验，定子水压试验压力为0.5MPa、持续8h	查阅检修规程及试验报告	（1）未进行试验或密封性不合格，扣8分。 （2）水压试验或气密试验不规范，试验压力不符合标准要求扣6分			
44.14	10.3.2.6 对于不需拔护环即可更换转子绕组导水管密封件的特殊发电机组，大修期需更换密封件，以保证转子冷却的可靠性	4	【涉及专业】电气一次 双水内冷发电机执行本条要求	查阅检修记录	符合条件的发电机组未更换密封件，扣4分			

编号	二十五项重点要求内容	标准分	评价要求	评价方法	评分标准	扣分	存在问题	改进建议
44.15	10.3.2.7 水内冷发电机发出漏水报警信号，经判断确认是发电机漏水时，应立即停机处理	15	【涉及专业】电气一次 发电机线棒一旦漏水，会沿水流路径产生放电，造成定子接地。因此，在发电机运行规程中应明确规定：发电机漏水时，应立即停机	查阅漏水报警记录及运行规程	（1）运行规程中无相关内容，扣10分。 （2）漏水报警但未查明原因继续运行，扣10分。 （3）确认发电机漏水未停机，扣15分			
45	**10.4 防止转子匝间短路**	100	【涉及专业】电气一次，共2条 转子匝间短路可能导致局部过热、振动增大，严重时引起转子接地故障、大轴磁化等，影响机组安全运行					
45.1	10.4.1 频繁调峰运行或运行时间达到20年的发电机，或者运行中出现转子绕组匝间短路迹象的发电机（如振动增加或与历史比较同等励磁电流时对应的有功和无功功率下降明显），或者在常规检修试验（如交流阻抗或分包压降测量试验）中认为可能有匝间短路的发电机，应在检修时通过探测线圈波形法或RSO脉冲测试法等试验方法进行动态及静态匝间短路检查试验，确认匝间短路的严重情况，以此制订安全运行条件及检修消缺计划，有条件的可加装转子绕组动态匝间短路在线监测装置	80	【涉及专业】电气一次 针对本条二十五项反措规定的频繁调峰运行或运行时间达到20年的发电机，或者运行中出现转子绕组匝间短路迹象的发电机，应在规程中明确规定，根据转子匝间绝缘的状况，采取相应的运行监视、试验检测措施。电厂视情况可加装转子绕组动态匝间短路在线监测装置	查阅在线装置结果、试验报告、消缺计划	（1）未按要求开展匝间短路诊断试验，扣50分。 （2）转子有匝间短路继续运行，未制定相关运行措施及消缺计划，扣30分。 （3）对于装设匝间短路在线装置的电厂，确认存在匝间短路但未对在线监测结果进行定期记录的，扣30分。 （4）确认有匝间短路并且严重威胁机组运行仍然投运的，扣80分			

293

编号	二十五项重点要求内容	标准分	评价要求	评价方法	评分标准	扣分	存在问题	改进建议
45.2	10.4.2 经确认存在较严重转子绕组匝间短路的发电机应尽快消缺,防止转子、轴瓦等部件磁化。发电机转子、轴承、轴瓦发生磁化(参考值:轴瓦、轴颈大于10×10⁻⁴T,其他部件大于50×10⁻⁴T)应进行退磁处理。退磁后要求剩磁参考值为:轴瓦、轴颈不大于2×10⁻⁴T,其他部件小于10×10⁻⁴T	20	【涉及专业】电气一次 在发电机运行和检修规程中明确规定,各厂认真监视发电机运行参数,在厂家的技术支持下,判断转子匝间短路的严重程度后采取相应的措施	查阅试验报告	转子、轴承、轴瓦等发生磁化且剩磁大于参考值,未进行退磁处理,扣20分			
46	10.5 防止漏氢	100	【涉及专业】电气一次、汽轮机、热工,共4条 防止氢气从轴瓦、机壳法兰、水路等处泄漏,存在安全风险					
46.1	10.5.1 发电机出线箱与封闭母线连接处应装设隔氢装置,并在出线箱顶部适当位置设排气孔。同时应加装漏氢监测报警装置,当氢气含量达到或超过1%时,应停机查漏消缺	25	【涉及专业】电气一次、汽轮机、热工 发电机出线箱与封闭母线连接处应装设隔氢装置,以防止氢气漏入封闭母线。并在封闭母线上加装可靠的漏氢探测装置,以及早发现漏氢。封闭母线外套内的氢气含量超过1%时应停机处理	查看就地仪表、查阅运行数据	(1)出线箱与封闭母线连接处无隔氢措施,扣25分。 (2)出线箱未设排气孔,扣15分。 (3)未安装漏氢检测装置,扣25分。 (4)氢气含量达到或超过1%时,未停机查漏消缺,扣10分			
46.2	10.5.2 严密监测氢冷发电机油系统、主油箱内的氢气体积含量,确保避开含量在4%~75%的可能爆炸范围。内冷水箱中含氢(体积含量)超过2%应加强对发	35	【涉及专业】电气一次、汽轮机、热工 在发电机运行规程中明确,密切监视氢冷发电机油系统、主油箱、内冷水箱等处的氢气体积含量。内冷水箱、主油箱等位置应照DL/T 1164—2012《汽轮发电机运行导则》第8.7.9、8.7.11条的要求设置报警值	查看漏氢检测仪读数及历史记录	(1)主油箱内的氢气体积含量超过1%,扣35分。 (2)内冷水箱氢气含量超过2%时未加强监视,扣20分。 (3)内冷水箱漏氢量达到0.3m³/d时,未在计划停机时安排消缺,扣20分。			

编号	二十五项重点要求内容	标准分	评价要求	评价方法	评分标准	扣分	存在问题	改进建议
46.2	电机的监视，超过 10%应立即停机消缺。内冷水系统中漏氢量达到 0.3m³/d 时应在计划停机时安排消缺，漏氢量大于 5m³/d 时应立即停机处理	35			（4）内冷水箱氢气含量超过 10%或内冷水箱漏氢量达到 5m³/d，未立即停机，扣 35 分			
46.3	10.5.3 密封油系统平衡阀、压差阀必须保证动作灵活、可靠，密封瓦间隙必须调整合格。发现发电机大轴密封瓦处轴颈存在磨损沟槽，应及时处理	20	【涉及专业】汽轮机 要求密封油系统平衡阀、压差阀必须动作灵活、可靠，以确保在机组运行中油氢压差在规定的范围内，防止发电机漏氢	查看现场、查阅检修文件	检查发现发电机大轴密封瓦处轴颈存在磨损沟槽，未及时处理，扣 20 分			
46.4	10.5.4 对发电机端盖密封面、密封瓦法兰面以及氢系统管道法兰面等所使用的密封材料（包含橡胶垫、圈等），必须进行检验合格后方可使用。严禁使用合成橡胶、再生橡胶制品	20	【涉及专业】电气一次、汽轮机 密封材料的材质和质量应符合要求	确认密封材料材质	密封材料不符合要求，扣 20 分			
47	**10.6 防止发电机局部过热**	100	【涉及专业】电气一次，共 3 条 主要通过发电机绝缘过热装置，判断发电机内特定部位的运行温度是否超标，防止局部过热加速绝缘老化，造成设备损坏					
47.1	10.6.1 发电机绝缘过热监测器发生报警时，运行人员应及时记录并上报发电机运行工况及电气和非电量运行参数，不得盲目将报警信号复位或随意降低监测仪检	20	【涉及专业】电气一次 当发电机由于某种原因发生绝缘局部过热时，绝缘体将分解散发出特有的烟气物质，该报警装置捕捉到烟气微粒会立即报警	查阅报警记录及运行情况	（1）电厂无专人负责绝缘过热监测器，扣 20 分。 （2）报警时未采取相应措施，扣 15 分。 （3）绝缘过热监测装置故障，扣 10 分			

编号	二十五项重点要求内容	标准分	评价要求	评价方法	评分标准	扣分	存在问题	改进建议
47.1	测灵敏度。经检查确认非监测仪器误报，应立即取样进行色谱分析，必要时停机进行消缺处理	20						
47.2	10.6.2 大修时对氢内冷转子进行通风试验，发现风路堵塞及时处理	30	【涉及专业】电气一次 氢内冷转子绕组因有杂物进入、槽楔垫条未开孔、槽楔下垫条在运行中发生位移等情况，造成端部、槽部通风孔堵塞，转子过热、导线变形等缺陷，严重影响转子绝缘和发电机的正常运行。气隙取气或槽底副槽通风的转子应按照 JB/T 6229—2014《隐极同步发电机转子气体内冷通风道检验方法及限值》开展试验	查阅检修文件包及试验报告	（1）大修时未开展通风试验，扣 30 分。 （2）试验开展不规范如风区标识不清、检验方法与转子通风方式不匹配等，一项扣 10 分。 （3）试验结果存在以下情况时，未进行分析处理，扣 30 分： 　a. 端部通风道平均等效风速低于 10m/s; 　b. 在等效风速低于 6m/s 的通风道； 　c. 整个转子内，端部等效风速低于 8m/s 的通风道超过 10 个，每端每槽超过 1 个			
47.3	10.6.3 全氢冷发电机定子线棒出口风温差达到 8℃ 或定子线棒间温差超过 8℃ 时，应立即停机处理	50	【涉及专业】电气一次 出口风温温差超过规定值时，说明个别线棒风路被堵塞产生局部过热，有发展成绝缘事故的危险。在发电机运行规程中明确温度控制要求，发电机运行期间严格执行运行规程，出口风温差或定子线棒温差超过限值时，应立即停机	查阅运行规程和运行温度记录	（1）运行规程中无相关内容，扣 50 分。 （2）温差超标未停机处理，扣 50 分			
48	**10.7 防止发电机内遗留金属异物故障的措施**	**100**	【涉及专业】电气一次，共 2 条 检修工器具管理及发电机本体异物检查					
48.1	10.7.1 严格规范现场作业标准化管理，防止锯条、螺钉、螺母、工具等金属杂物遗留定子内部，特别应对端部线圈的夹缝、上下渐伸线之间位置作详细检查	50	【涉及专业】电气一次 制定现场作业管理规定，加强发电机检修现场的管理，监督现场执行情况。严格执行检修项目三级验收制度	查阅检修现场管理制度及人员进出发电机记录，查看检修作业现场	（1）检修规程或检修现场管理文件无相关内容，扣 50 分。 （2）无人员及工器具进出记录，扣 50 分。 （3）进入腔内作业人员服装、鞋等不符合要求，扣 30 分			

编号	二十五项重点要求内容	标准分	评价要求	评价方法	评分标准	扣分	存在问题	改进建议
48.2	10.7.2　大修时应对端部紧固件（如压板紧固的螺栓和螺母、支架固定螺母和螺栓、引线夹板螺栓、汇流管所用卡板和螺栓、定子铁芯穿心螺栓等）紧固情况以及定子铁芯边缘硅钢片有无过热、断裂等进行检查	50	【涉及专业】电气一次 在发电机检修规程中明确大修发电机紧固件检查要求，发电机大修工作中重点检查端部紧固件及定子铁芯，有条件时可以请制造厂专业人员进行检查	查阅检修文件包及检修记录	（1）未规定端部检查要求，扣50分。 （2）端部紧固件存在松动、铁芯有油泥断裂等情况未处理，扣50分。 （3）异常部位处理后无相关记录，扣30分			
49	**10.8　防止护环开裂**	100	【涉及专业】电气一次、金属，共2条					
49.1	10.8.1　发电机转子在运输、存放及大修期间应避免受潮和腐蚀。发电机大修时应对转子护环进行金属探伤和金相检查，检出有裂纹或蚀坑应进行消缺处理，必要时更换为18Mn18Cr材料的护环	70	【涉及专业】金属、电气一次 （1）在发电机检修规程中明确相关要求，发电机大修时应根据DL/T 438—2016《火力发电厂金属技术监督规程》第13.2条"在役机组的检验监督"要求，开展对转子护环的监督检验。 （2）开展对转子滑环、风扇叶的监督检查	查阅检修规程、检查报告	（1）检修规程中无相关要求，扣70分。 （2）未进行护环探伤，扣70分。 （3）检修期间未开展转子滑环、风扇叶的监督检查或检验内容不齐全，每一项扣20分			
49.2	10.8.2　大修中测量护环与铁芯轴向间隙，做好记录，与出厂及上次测量数据比对，以判断护环是否存在位移	30	【涉及专业】电气一次 在发电机检修规程中明确间隙测量要求，在检修项目中安排检查护环位移测量工作	查阅检修规程及文件包	（1）检修规程无明确要求，扣30分。 （2）检修无测量记录，扣20～30分			
50	**10.9　防止发电机非同期并网**	100	【涉及专业】电气二次，共4条					
50.1	10.9.1　微机自动准同期装置应安装独立的同期鉴定闭锁继电器	40	【涉及专业】电气二次 发电机非同期并网过程类似电网系统中的短路故障，其后果是非常严重的。发电机	查阅图纸、查看现场	未安装独立的同期鉴定闭锁继电器，扣40分			

编号	二十五项重点要求内容	标准分	评价要求	评价方法	评分标准	扣分	存在问题	改进建议
50.1		40	非同期并网产生的强大冲击电流，不仅危及电网的安全稳定，而且对并网发电机组、主变压器以及汽轮发电机组的整个轴系也将产生巨大的破坏作用。本条内容主要是防止同期装置故障造成非同期并网					
	10.9.2 新投产、大修机组及同期回路（包括电压交流回路、控制直流回路、整步表、自动准同期装置及同期把手等）发生改动或设备更换的机组，在第一次并网前必须进行以下工作	60	【涉及专业】电气二次					
50.2	10.9.2.1 对装置及同期回路进行全面、细致的校核、传动	20	【涉及专业】电气二次 对同期回路进行全面、细致的校核（尤其是同期继电器、整步表和自动准同期装置应定期校验），可以通过在电压互感器二次侧施加试验电压（注意必须断开电压互感器二次空开或保险）的方法进行模拟断路器的手动准同期及自动准同期合闸试验。同时检查整步表与自动准同期装置的一致性。断路器操作控制二次回路电缆绝缘满足要求	查阅试验报告或相关资料	（1）同期装置及同期回路未检查、传动，扣20分。 （2）缺少试验项目，每项扣5分			
50.3	10.9.2.2 利用发电机-变压器组带空载母线升压试验，校核同期电压检测二次回路的正确性，并对整步表及同期检定继电器进行实际校核	20	【涉及专业】电气二次 倒送电试验（新投产机组）或发电机-变压器组带空载母线升压试验（检修机组）。校核同期电压检测二次回路的正确性，并对整步表及同期检定继电器进行实际校核	查阅试验报告或相关资料	未校核同期电压回路的正确性，扣20分			

298

编号	二十五项重点要求内容	标准分	评价要求	评价方法	评分标准	扣分	存在问题	改进建议
50.4	10.9.2.3 进行机组假同期试验，试验应包括断路器的手动准同期及自动准同期合闸试验、同期（继电器）闭锁等内容	20	【涉及专业】电气二次 进行断路器的手动准同期及自动准同期合闸试验，同期（继电器）闭锁试验，检查整步表与自动同期装置的一致性	查阅试验报告或相关资料	（1）未开展机组假同期试验，扣20分。 （2）缺少试验项目，每项扣5分			
51	**10.10　防止发电机定子铁芯损坏**	100	【涉及专业】电气一次，共1条 在发电机检修规程中明确大修期间铁芯检查、试验、处理等要求					
51.1	检修时对定子铁芯进行仔细检查，发现异常现象，如局部松齿、铁芯片短缺、外表面附着黑色油污等，应结合实际异常情况进行发电机定子铁芯故障诊断试验，或温升及铁损试验，检查铁芯片间绝缘有无短路以及铁芯发热情况，分析缺陷原因，并及时进行处理	100	【涉及专业】电气一次 检修时应重视铁芯目视检查工作，需要专业人员开展目视检查，视实际情况开展额定磁通法铁损试验和铁芯电磁故障诊断试验（ELCID）	查阅试验报告及检修记录	（1）铁芯存在以下异常，如受到异物砸伤、严重过热痕迹、油泥附着、铁芯间隙过大等，未开展铁芯试验，扣100分。 （2）试验结果存在以下情况，未处理，扣100分： a. 最大温升超过25K； b. 相同部位温差超过15K； c. ELCID特征电流大于100mA。 （3）检修时对铁芯进行过修复工作但未开展铁损试验，扣100分。 （4）试验开展不规范，如磁感应强度不达标、试验时间不够、判断标准不正确等，一项扣20分			
52	**10.11　防止发电机转子绕组接地故障**	100	【涉及专业】电气一次，共2条 防止转子整个励磁回路因对地绝缘问题造成接地，进一步造成发电机非计划停机甚至转子受损					
52.1	10.11.1 当发电机转子回路发生接地故障时，应立即查明故障点与性质，如系稳	60	【涉及专业】电气一次 转子回路接地报警时，应立即查明故障点与性质，对于无法排除的稳定性金属接地，	查阅运行规程	（1）运行规程中无相关内容及排查措施，扣60分。			

编号	二十五项重点要求内容	标准分	评价要求	评价方法	评分标准	扣分	存在问题	改进建议
52.1	定性的金属接地且无法排除故障时，应立即停机处理	60	应立即停机处理。运行规程中应明确上述转子接地处理方案		（2）转子回路发生接地故障，未查明故障点与性质继续运行，扣60分。 （3）对于无法排除的稳定性金属接地，未立即停机，扣60分			
52.2	10.11.2　机组检修期间要定期对交直流励磁母线箱内进行清擦、连接设备定期检查，机组投运前励磁绝缘应无异常变化	40	【涉及专业】电气一次 利用检修机会，检查清理励磁母线箱并测量绝缘，保证设备安全投运	查阅检修规程及记录	（1）检修规程无相关内容，扣40分。 （2）未开展清扫检查工作，扣40分。 （3）无清扫记录，扣20分			
53	**10.13　防止励磁系统故障引起发电机损坏**	**100**	【涉及专业】电气二次、电气一次，共4条					
53.1	10.13.1　有进相运行工况的发电机，其低励限制的定值应在制造厂给定的容许值和保持发电机静稳定的范围内，并定期校验	20	【涉及专业】电气二次 防止低励限制定值超出厂家允许值和发电机安全运行范围，引起发电机损坏	查阅定值、厂家资料和校验记录	（1）低励限制的定值不合理，扣20分。 （2）未开展定期校验工作，扣10分			
53.2	10.13.2　自动励磁调节器的过励限制和过励保护的定值应在制造厂给定的容许值内，并定期校验	20	【涉及专业】电气二次 防止过励限制定值、过励保护定值超出厂家允许值和发电机安全运行范围，引起发电机损坏	查阅定值、厂家资料和校验记录	（1）过励限制的定值不合理，扣20分。 （2）未开展定期校验工作，扣10分			
53.3	10.13.3　励磁调节器的自动通道发生故障时应及时修复并投入运行。严禁发电机在手动励磁调节（含发电机或交流励磁机的磁场电流的闭环调节）下长期运行。在手动励磁调节运行期间，	20	【涉及专业】电气二次 要求励磁调节器在自动方式运行，并尽可能缩短手动励磁运行时间，主要防止手动操作不当超出厂家允许值和发电机安全运行范围，引起发电机失去静态稳定	查看现场和运行规程	（1）发电机励磁调节器长期在手动方式下运行，扣20分。 （2）运行规程中，无励磁系统手动运行相关要求，扣20分			

编号	二十五项重点要求内容	标准分	评价要求	评价方法	评分标准	扣分	存在问题	改进建议
53.3	在调节发电机的有功负荷时必须先适当调节发电机的无功负荷,以防止发电机失去静态稳定性	20						
53.4	10.13.4 运行中应坚持红外成像检测滑环及碳刷温度,及时调整,保证电刷接触良好;必要时检查集电环椭圆度,椭圆度超标时应处理,运行中碳刷打火应采取措施消除,不能消除的要停机处理,一旦形成环火必须立即停机	40	【涉及专业】电气一次、电气二次 规程中明确规定,确保滑环及碳刷工作正常,定期开展红外检测工作,主要包括以下几点: (1)发电机集电环与碳刷巡视检查及维护项目包括:外观目视检查、集电环与碳刷红外测温仪(红外热像仪)测温、钳形表监测碳刷电流分配、碳刷提刷检查与刷面打磨、磨损碳刷更换、集电环小室漏氢检测及通风检查等。 (2)定期由运行和检修人员共同对集电环与碳刷进行专项检查维护,包括用红外热像仪测量集电环和碳刷的温度,用钳形表监测碳刷电流分配情况,对集电环小室进行漏氢检测,记录有关参数;重点检查碳刷磨损情况,对达到更换标准的碳刷进行更换,对位置不正、滑动受阻的碳刷进行调整。 (3)根据集电环磨损程度,定期调换集电环的极性;更换磨损严重、压力不均的碳刷,严禁不同型号产品混用;大修时应对集电环进行检查;检查集电环与转子间的绝缘套筒,是否存在接头脱开,玻璃丝带甩落等问题;彻底清理集电环、碳刷周围碳粉、灰尘、油污等。运行人员应加强设备检修后的质量验收工作,并明确质量验收项目及标准	查阅规程及巡检记录	(1)规程中无相关要求,扣40分。 (2)无碳刷更换记录,扣40分。 (3)无测温记录扣40分;无红外成像图谱扣20分。 (4)红外检测记录未比对分析,扣20分。 (5)未对集电环及刷架进行检查,扣20分。 (6)存在不同品牌碳刷混用现象,扣40分			

编号	二十五项重点要求内容	标准分	评价要求	评价方法	评分标准	扣分	存在问题	改进建议
54	**10.14 防止封闭母线凝露引起发电机跳闸故障**	100	【涉及专业】电气一次，共3条					
54.1	10.14.1 加强封闭母线微正压装置的运行管理。微正压装置的气源宜取用仪用压缩空气，应具有滤油、滤水过滤（除湿）功能，定期进行封闭母线内空气湿度的测量。有条件时在封闭母线内安装空气湿度在线监测装置	30	【涉及专业】电气一次 微正压装置运行管理，按照条款要求执行	查看微正压装置功能及运行情况	（1）未配备微正压装置，扣30分。 （2）微正压装置运行存在故障，扣30分。 （3）微正压装置功能不全，一项扣10分			
54.2	10.14.2 机组运行时微正压装置根据气候条件（如北方冬季干燥）可以退出运行，机组停运时投入微正压装置，但必须保证输出的空气湿度满足在环境温度下不凝露。有条件的可加装热风保养装置，在机组启动前将其投入，母线绝缘正常后退出运行	30	【涉及专业】电气一次 微正压装置运行管理要求，停运时应保证微正压装置投运，防止启机前母线绝缘过低影响机组并网	查看装置运行要求	（1）无微正压装置运行管理文件，扣30分。 （2）气候条件不满足要求，且停运期间未投入微正压装置，扣30分			
54.3	10.14.3 利用机组检修期间定期对封母内绝缘子进行耐压试验、保压试验，如果保压试验不合格禁止投入运行，并在条件许可时进行清擦；增加主变压器低压侧与封闭母线连接的升高座应设置排污装置，定期检查是否	40	【涉及专业】电气一次 将离相封闭母线气密封试验及保压试验加入大修项目，具体按照DL/T 1768—2017《发电厂封闭母线运行与维护导则》执行，封闭母线外壳内充压力为1500Pa的压缩空气，记录压缩空气压力由1500Pa降至300Pa的时间不应小于15min。重点对盘式绝缘子、支持绝缘子密封圈、外壳焊缝及外壳上的其	查阅试验报告、检修文件包及记录，查看现场排污装置运行情况	（1）检修文件包中无试验及检修内容扣40分，缺一项扣5分。 （2）未配置排污装置，扣30分，排污装置未引到工作人员可触及区域，扣10分，排污装置无阀门，扣10分。 （3）检修中未开展密封垫检查，扣20分			

编号	二十五项重点要求内容	标准分	评价要求	评价方法	评分标准	扣分	存在问题	改进建议
54.3	堵塞，运行中定期检查是否存在积液；封闭母线护套回装后应采取可靠的防雨措施；机组大修时应检查支持绝缘子底座密封垫、盘式绝缘子密封垫、窥视孔密封垫和非金属伸缩节密封垫，如有老化变质现象，应及时更换	40	他装配连接密封面、与主变压器和厂变压器连接的橡胶伸缩套等位置进行检查					
55	**11　防止发电机励磁系统事故**	100	【涉及专业】电气二次，共26条					
	11.1　加强励磁系统的设计管理	28	【涉及专业】电气二次					
55.1	11.1.1　励磁系统应保证良好的工作环境，环境温度不得超过规定要求。励磁调节器与励磁变压器不应置于同一场地内，整流柜冷却通风入口应设置滤网，必要时应采取防尘降温措施	4	【涉及专业】电气二次 （1）励磁系统环境温度条件应符合 DL/T 843—2010《大型汽轮发电机励磁系统技术条件》第4.1条要求。 （2）励磁整流柜冷却通风入口应设置滤网，应定期对滤网进行清理。整流柜的温度宜送至DCS进行监视	查看现场	（1）励磁系统环境温度超过规定要求，扣4分。 （2）整流柜冷却通风入口未装设滤网，扣4分。 （3）未定期清理滤网，扣2分			
55.2	11.1.2　励磁系统中两套励磁调节器的电压回路应相互独立，使用机端不同电压互感器的二次绕组，防止其中一个故障引起发电机误强励	4	【涉及专业】电气二次 　一般励磁系统运行时，要求自动电压调节器（AVR）运行在自动方式。所谓"自动方式"是指电压闭环运行方式，即 AVR 根据其参考电压与电压互感器（TV）的二次电压的比较差值进行调节。若双套调节器电压回路不独立，则在 TV 二次短路、TV 空开误跳、熔断器熔断（慢熔）等情况下，调节器如果不能识别，不能进行通道切换，则可能引起误强励事故	查阅图纸或查看现场	励磁系统中两套励磁调节器的电压回路不独立，扣4分			

编号	二十五项重点要求内容	标准分	评价要求	评价方法	评分标准	扣分	存在问题	改进建议
55.3	11.1.3 励磁系统的灭磁能力应达到国家标准要求，且灭磁装置应具备独立于调节器的灭磁能力。灭磁开关的弧压应满足误强励灭磁的要求	4	【涉及专业】电气二次、电气一次 （1）励磁系统的灭磁能力是保证励磁设备和发电机组运行安全的重要性能。灭磁能力强的励磁设备，一方面可以保证发电机正常运行时的安全停机，还可使故障时发电机转子免受过电压和过电流的损害；另一方面可靠快速地灭磁，防止事故的扩大化。 （2）励磁系统的灭磁能力应符合 GB/T 7409.3—2007《同步电机励磁系统大、中型同步发电机励磁系统技术要求》中"5 基本性能"的要求	查阅说明书或相关资料	励磁系统的灭磁能力不符合要求，扣 4 分			
55.4	11.1.4 自并励系统中，励磁变压器不应采取高压熔断器作为保护措施。励磁变压器保护定值应与励磁系统强励能力相配合，防止机组强励时保护误动作	4	【涉及专业】电气二次 （1）励磁变压器高压侧熔断器无故障熔断后，将造成机组停运，因此不应采取高压熔断器作为保护措施。 （2）励磁变压器保护定值应与励磁系统强励能力相配合，机组强励时保护不应误动作	查阅定值	（1）励磁变压器采取高压熔断器作为保护措施，扣4分。 （2）励磁变压器保护定值与励磁强励能力不配合，扣4分			
55.5	11.1.5 励磁变压器的绕组温度应具有有效的监视手段，并控制其温度在设备允许的范围之内。有条件的可装设铁芯温度在线监视装置	4	【涉及专业】电气二次 励磁系统中励磁变压器是运行中最容易发热的设备之一，发热的原因是其带有能产生高次谐波的整流负荷，而设备运行寿命在一般情况下与运行温度密切相关。因此，应在设计阶段保证对励磁变压器配置必要的温度监视手段	查看现场	（1）励磁变压器未设置温度控制器或存在缺陷，扣4分。 （2）运行人员无巡检记录，扣2分			

304

编号	二十五项重点要求内容	标准分	评价要求	评价方法	评分标准	扣分	存在问题	改进建议
55.6	11.1.6 当励磁系统中过励限制、低励限制、定子过压或过流限制的控制失效后，相应的发电机保护应完成列灭磁	4	【涉及专业】电气二次 励磁系统的核心 AVR 中除有发电机正常运行的电压闭环控制外，还设计有其他的辅助限制环节：当发电机转子回路异常过电流时有过励限制，进相运行时有低励限制，当定子有异常的过无功电流时有过流限制，有些 AVR 中还含有过电压保护环节。这些环节功能的设计都是为保证发电机的安全及维持电网的稳定考虑的，但是发电机组的继电保护设备工作时有自身的独立性，不能因为励磁系统有相应的限制功能就忽略相关的监控职能，大型发电机组更应配置完善的保护设施	查阅定值	励磁系统中过励限制、低励限制、定子过压或过流限制与保护配合不合理，扣 4 分			
55.7	11.1.7 励磁系统电源模块应定期检查，且备有备件，发现异常时应及时予以更换	4	【涉及专业】电气二次 励磁系统中 AVR 运行的安全性，很大程度上取决于其中的电源模块。一般情况下除要求电源模块带负荷能力强、输出电压平稳外，还要求不发生异常。比较标准要求和故障及事故案例，措施中的"发现异常"有两方面含义，一方面可能来自电源模块的输入，另一方面可能来自电源模块本身。对于来自电源模块输入的异常，要求在设计和安装初期就应解决，而来自电源模块本身的异常可以依靠加强监视和更换部件来实现安全性管理	查阅试验报告及相关记录	（1）励磁系统电源模块未定期检查，扣 4 分。 （2）励磁系统电源模块无备件扣 2 分			

305

编号	二十五项重点要求内容	标准分	评价要求	评价方法	评分标准	扣分	存在问题	改进建议
	11.2 加强励磁系统的基建安装及设备改造的管理	**13**						
55.8	11.2.1 励磁变压器高压侧封闭母线外壳用于各相别之间的安全接地连接应采用大截面金属板，不应采用导线连接，防止不平衡的强磁场感应电流烧毁连接线	2	【涉及专业】电气一次 封闭外壳完全连接截面符合安装要求，防止过热现象	查阅红外测温记录	（1）未开展封闭母线外壳红外测温扣2分。 （2）外壳连接截面过小或采用导线连接扣2分			
55.9	11.2.2 发电机转子一点接地保护装置原则上应安装于励磁系统柜。接入保护柜或机组故障录波器的转子正、负极采用高绝缘的电缆且不能与其他信号共用电缆	4	【涉及专业】电气二次 发电机转子由灭磁开关下口的铝质母排实现与励磁系统的连接，一般情况下额定励磁电压为400V～500V，强励或逆变灭磁时电压可达1000V以上，一般选取2500V～3000V绝缘等级电缆(参考型号ZR-YJVP22-1.8/3kV 3×2.5)。为加强隔离保证设备安全、减少保护装置受干扰的程度，做出以上的规定是很有必要的。二十五项反措的要点实际有三个方面，其一，是用于保护的设备接线距离应尽可能短，这样对于注入式原理的保护设备可以减少干扰，提高动作可靠性。其二，对于直接与发电机转子连接而未采取隔离措施的故障录波器，要求相关通道有足够的承受过电压能力。其三，与发电机转子相连的电缆应采用高压屏蔽且相对独立的电缆：一方面是安全需要，另一方面可以避免影响其他电气信号。一般情况下装在发电机变压器组保护盘柜上的电量信号不超过250V，而励磁电压信号经常可达上千伏，因此要求转子一点接地保护装置安装于励	查看现场	（1）发电机转子一点接地保护装置未安装于励磁系统柜，扣4分。 （2）接入保护柜或机组故障录波器的转子正、负极未采用高绝缘的电缆，与其他信号共用电缆时，每处扣4分。 （3）未对转子的延伸回路进行绝缘强度试验或试验结果不符合要求，扣4分			

编号	二十五项重点要求内容	标准分	评价要求	评价方法	评分标准	扣分	存在问题	改进建议
55.9		4	磁系统柜是合理的。若保护装置、录波器、变送器、仪表等转子电压（电流）直接引接于转子正、负极，则应视为转子的延伸回路，其绝缘强度应满足要求					
55.10	11.2.3 励磁系统的二次控制电缆均应采用屏蔽电缆，电缆屏蔽层应可靠接地	3	【涉及专业】电气二次 按制造厂或设计院图纸要求，励磁系统中有相当数量的二次控制电缆应采用屏蔽电缆，并按要求可靠接地。但是有些安装部门由于预算或工程进度的某些原因，未按要求施工，给以后的设备调试及运行带来安全隐患，应严格按照设计图纸施工	查阅图纸或查看现场	二次控制电缆未采用屏蔽电缆，电缆屏蔽层未可靠接地，每处扣3分			
55.11	11.2.4 励磁系统设备改造后，应重新进行阶跃扰动性试验和各种限制环节、电力系统稳定器功能的试验，确认新的励磁系统工作正常，满足标准的要求。控制程序更新升级前，对旧的控制程序和参数进行备份，升级后进行空载试验及新增功能或改动部分功能的测试，确认程序更新后励磁系统功能正常。做好励磁系统改造或程序更新前后的试验记录并备案	4	【涉及专业】电气二次 （1）励磁系统设备改造或控制程序更新升级后，相关控制参数发生变化或某些控制逻辑发生变更，励磁系统某些特性存在不确定性，可能会影响发电机的正常运行或引发异常故障。因此本条要求，在励磁系统设备改造后，应重新进行阶跃扰动性试验和各种限制环节、电力系统稳定器功能的试验。改造后的励磁系统的性能应满足 DL/T 843—2010《大型汽轮发电机励磁系统技术条件》第 5 部分"系统性能"的要求；阶跃扰动性试验和各种限制环节试验内容、方法及评判标准应符合 DL/T 1166—2012《大型发电机励磁系统现场试验导则》第 5 部分"现场试验"的要求；电力系统稳定器功能的试验内容、方法及评判标准应符合 DL/T 1231—2013《电力系统稳定器整定试验导则》第 5 部分"PSS 整定试验内容、方法、步骤和试验结果评判"的要求。	查阅试验报告及相关记录	（1）励磁系统改造或程序更新后，相关试验未开展，扣4分。 （2）励磁磁系统控制程序更新升级前，未对旧的控制程序和参数进行备份，扣4分。 （3）励磁系统改造或程序更新后技术资料未详细记录、归档备案，扣4分			

编号	二十五项重点要求内容	标准分	评价要求	评价方法	评分标准	扣分	存在问题	改进建议
55.11			（2）励磁系统控制程序更新升级前，应对旧的控制程序和参数进行备份；升级后进行空载试验及新增功能或改动部分功能的测试，确认程序更新后励磁系统功能正常。励磁系统改造或程序更新前后的试验情况应详细记录，及时归档、备案					
	11.3　加强励磁系统的调整试验管理	32	【涉及专业】电气二次					
55.12	11.3.1　电力系统稳定器的定值设定和调整应由具备资质的科研单位或认可的技术监督单位按照相关行业标准进行。试验前应制定完善的技术方案和安全措施上报相关管理部门备案，试验后电力系统稳定器的传递函数及自动电压调节器（AVR）最终整定参数应书面报告相关调度部门	4	【涉及专业】电气二次 电力系统稳定器（PSS）对于抑制电网系统中，由于负阻尼因素带来的低频振荡具有显著功效。但是若其参数控制不当，或未计及电网及设备中其他因素的影响，也可能使这种阻尼效果减弱，甚至带来相反的结果。因此，电力系统稳定器的定值设定和调整应由具备资质的单位按照 DL/T 1231—2018《电力系统稳定器整定试验导则》要求及所接入电网要求进行	查阅试验报告和相关资料	（1）电力系统稳定器（PSS）的定值设定和调整不是由具备资质的科研单位或认可的技术监督单位进行的，扣4分。 （2）无电力系统稳定器（PSS）试验报告、调度部门下发定值和相关参数记录，扣 4 分。 （注：部分电厂调度部门不要求投入 PSS，本条不扣分。）			
55.13	11.3.2　机组基建投产或励磁系统大修及改造后，应进行发电机空载和负载阶跃扰动性试验，检查励磁系统动态指标是否达到标准要求。试验前应编写包括试验项目、安全措施和危险点分析等内容的试验方案并经批准	4	【涉及专业】电气二次 发电机组基建完成投产前，因安装后的励磁系统中各部件还未通电检查，不能确定其性能是否满足设计及指标的要求。而励磁系统大修及改造后，新更换的部件或修改的功能是否能满足技术要求都具有一定程度的不确定性。因此要求机组基建投产或励磁系统大修及改造后，应进行发电机空载和负载阶跃扰动性试验，检查励磁系统动态指标应	查阅试验报告和相关资料	（1）未进行发电机空载和负载阶跃扰动性试验，无相关试验报告，扣4分。 （2）试验方案中试验项目、安全措施和危险点分析等内容不完善，每处扣 1 分；试验方案未经审批，扣4分。 （3）励磁系统动态指标不达标，扣4分			

编号	二十五项重点要求内容	标准分	评价要求	评价方法	评分标准	扣分	存在问题	改进建议
55.13		4	达到 GB/T 7409.3—2007《同步电机励磁系统大、中型同步发电机励磁系统技术要求》第 5 部分"基本性能"及 DL/T 843—2010《大型汽轮发电机励磁系统技术条件》第 5 部分"系统性能"的要求					
55.14	11.3.3 励磁系统的 V/Hz 限制环节特性应与发电机或变压器过激磁能力低者相匹配，无论使用定时限还是反时限特性，都应在发电机组对应继电保护装置动作前进行限制。V/Hz 限制环节在发电机空载和负载工况下都应正确工作	4	【涉及专业】电气二次 励磁系统中的 V/Hz 限制环节是保证发电机变压器组不发生过励磁或过电压的第一道防线，对于发电机的安全及电网电压的平稳具有重要意义，应充分关注与相关保护的配合关系	查阅定值	V/Hz 限制环节特性与发电机或变压器过激磁能力配合不合理，扣4分			
55.15	11.3.4 励磁系统如设有定子过电压限制环节，应与发电机过压保护定值相配合，该限制环节应在机组保护之前动作	4	某些励磁系统 AVR 中除有 V/Hz 限制环节外还设计了定子过电压限制环节，其中有些有一定限制作用，但相当数量的 AVR 将其作为保护环节使用，动作后可能逆变灭磁直接引起发电机跳闸，因此本条款是二十五项反措第 11.1.6 条的补充和延续。这里再次提出是要强调"励磁调节装置的内部保护应动作于切至备用"，即 AVR 的定子过压限制(或保护)环节的定值应低于发电机保护的定值，延时时间也应适当缩短，在保护动作前切至备用。而对于软件控制逻辑不能修改，只能进行逆变灭磁的 AVR 装置，应仔细考察 V/Hz 限制环节在发电机负载运行时是否有效，并考虑将过压限制（或保护）的跳闸功能退出	查阅定值	定子过电压限制环节，与发电机过电压保护定值相不配合，扣4分			

编号	二十五项重点要求内容	标准分	评价要求	评价方法	评分标准	扣分	存在问题	改进建议
55.16	11.3.5 励磁系统低励限制环节动作值的整定应主要考虑发电机定子边段铁芯和结构件发热情况及对系统静态稳定的影响，并与发电机失磁保护相配合在保护之前动作。当发电机进相运行受到扰动瞬间进入励磁调节器低励限制环节工作区域时，不允许发电机组进入不稳定工作状态	4	【涉及专业】电气二次 　　励磁系统低励限制环节是 AVR 中重要的限制环节。与 AVR 中其他环节配合工作时，其性能的优劣直接影响发电机的安全和电网的稳定。对于 AVR 中 UEL 环节的调整试验管理有三个要点必须引起关注：其一是必须与机组的保护设备在动作定值上合理配合；其二是充分关注 UEL 环节本身的增益调整；其三是根据 UEL 环节和 AVR 的 PID 组成结构，认真仔细的调整其他控制参数，才能保证发电机的安全和电网的稳定	查阅定值	励磁系统低励限制环节动作值设置不合理，扣4分			
55.17	11.3.6 励磁系统的过励限制（即过励磁电流反时限限制和强励电流瞬时限制）环节的特性应与发电机转子的过负荷能力相一致，并与发电机保护中转子过负荷保护定值相配合在保护之前动作	4	【涉及专业】电气二次 　　励磁系统的过励限制在 AVR 中称 OEL 环节，它的主要作用是保证发电机转子不发生危险的过电流情况；同时还应在发电机强励时充分发挥转子的短时过负荷能力，以满足电网电压的支撑要求	查阅定值	过励磁电流反时限限制和强励电流瞬时限制与发电机转子的过负荷能力不配合，扣4分			
55.18	11.3.7 励磁系统定子电流限制环节的特性应与发电机定子的过电流能力相一致，但是不允许出现定子电流限制环节先于转子过励限制动作从而影响发电机强励能力的情况	4	【涉及专业】电气二次 　　励磁系统的 AVR 中有些设计了发电机定子过电流限制环节（SCL），目的是限制发电机定子电流中的无功分量不超过规定值。但是由于在电网中运行的发电机故障的多样性及复杂性，对该限制环节的动作特性有较高的要求且参数不容易控制，因此规定了上述原则性要求	查阅定值、查阅制造厂说明书及相关资料	（1）励磁系统定子电流限制定值与发电机定子的过电流保护不配合，扣4分。 （2）定子电流限制环节设置影响发电机强励能力，扣4分			

编号	二十五项重点要求内容	标准分	评价要求	评价方法	评分标准	扣分	存在问题	改进建议
55.19	11.3.8 励磁系统应具有无功调差环节和合理的无功调差系数。接入同一母线的发电机的无功调差系数应基本一致。励磁系统无功调差功能应投入运行	4	【涉及专业】电气二次 发电机运行时,发出迟相无功的作用是给机组提供同步力矩,为充分调动同个电厂中各台机组的有功出力,避免在受到电网扰动时出现内部无功环流的不稳定情况,应尽量使各台机组在统一的功率因数下运行。总结经验发现,凡是认真执行了"无功调差系数应基本一致"整定原则的电厂,在设备运行后都能获得运行稳定的较好效果。研究表明,并非所有的发电机组在投入无功调差环节后都能获得满意的稳定运行效果,特别对于弱联系电网系统更应谨慎。因此本措施条款要求有"合理的无功调差系数"。另外在机组进相运行时,作为补偿主变压器电抗压降的无功调差环节的作用与迟相运行时正好相反,会进一步降低机端电压,即可形成正反馈,使机组稳定运行工况恶化	查阅定值及试验报告	(1)无功调差系数设置不合理,扣4分。 (2)无功调差功能未按调度要求投入,扣4分			
	11.4 加强励磁系统运行安全管理	**27**	【涉及专业】电气二次、电气一次					
55.20	11.4.1 并网机组励磁系统应在自动方式下运行。如励磁系统故障或进行试验需退出自动方式,必须及时报告调度部门	4	【涉及专业】电气二次 本措施条款要求"如励磁系统故障或进行试验需退出自动方式,必须及时报告调度部门"是为使生产管理部门做好应急措施和技术准备,防止出现电网电压不稳定情况	查阅运行规程或相关记录	并网机组励磁系统正常情况下未在自动方式下运行,扣4分			
55.21	11.4.2 励磁调节器的自动通道发生故障时应及时修复并投入运行。严禁发电机在手动励磁调节(含按发电机或交流励磁机的磁场电流的闭环调节)下长期运行。	4	【涉及专业】电气二次 发电机除尽量避免在手动励磁调节方式运行外,还应在运行中加强自动通道故障时的及时修复管理,并在短期励磁手动运行期间加强发电机无功出力的协调,保证机组稳定运行	查阅运行规程或相关资料	运行规程中无励磁调节器的手动运行时的措施,扣4分			

编号	二十五项重点要求内容	标准分	评价要求	评价方法	评分标准	扣分	存在问题	改进建议
55.21	在手动励磁调节运行期间，在调节发电机的有功负荷时必须先适当调节发电机的无功负荷，以防止发电机失去静态稳定性	4						
55.22	11.4.3 进相运行的发电机励磁调节器应投入自动方式，低励限制器必须投入	4	【涉及专业】电气二次 除少数励磁调节器手动运行时有相应的无功进相限制功能，大多数 AVR 都将低励限制器（也称欠励限制器）UEL 环节设计为配合自动通道运行。因有 UEL 的限制功能才可以保证不发生发电机过度进相运行情况	查看现场，查阅定值单	（1）进相运行时励磁调节器未投自动方式，扣 4 分。 （2）低励限制器未投入，扣 4 分			
55.23	11.4.4 励磁系统各限制和保护的定值应在发电机安全运行允许范围内，并定期校验	4	【涉及专业】电气二次 保证发电机运行的安全，励磁系统各限制和保护的定值应在制造厂提供的 P-Q 曲线限定范围内。当发电机组受到各种扰动后，经一定的动态过程延时后也应回到该安全区域；出于可靠性的要求，应对励磁系统各限制和保护的定值进行定期校验	查阅定值单和试验记录	（1）限制和保护的定值配合不合理，扣 4 分。 （2）限制功能未定期校验，扣 4 分			
55.24	11.4.5 修改励磁系统参数必须严格履行审批手续，在书面报告有关部门审批并进行相关试验后，方可执行，严禁随意更改励磁系统参数设置	4	【涉及专业】电气二次 投入运行的励磁系统参数是经过静态定值校核并通过发电机空载及负载各种工况、各种扰动检验的可靠参数，因此不允许擅自改动	查阅定值单和变更单	修改励磁系统参数未履行审批手续，扣 4 分			
55.25	11.4.6 利用自动电压控制（AVC）对发电机调压时，受控机组励磁系统应投入自动方式	3	【涉及专业】电气二次 AVR 中除自动及手动运行方式外，许多制造厂还设计了其他控制方式供用户选择，如恒功率因数或恒无功功率控制方式。这些控	查看现场	利用自动电压控制（AVC）对发电机调压时，受控机组励磁系统未投入自动方式，扣 3 分			

编号	二十五项重点要求内容	标准分	评价要求	评价方法	评分标准	扣分	存在问题	改进建议
55.25		3	制方式一般是叠加在 AVR 电压控制主环的辅助控制，由于程序处理中需要计算功率因数或无功功率，实际造成了控制滞后的局面，等效增加了信号处理时间，在某些情况下会给发电机稳定运行带来不利影响。因此利用自动电压控制（AVC）对发电机调压时，AVR 必须采用恒电压调节方式					
55.26	11.4.7 加强励磁系统设备的日常巡视，检查内容至少包括：励磁变压器各部件温度应在允许范围内，整流柜的均流系数应不低于 0.9，温度无异常，通风孔滤网无堵塞。发电机或励磁机转子碳刷磨损情况在允许范围内，滑环火花不影响机组正常运行等	4	【涉及专业】电气二次、电气一次 条款基本涵盖了目前运行的自并励励磁系统和交流励磁机励磁系统中，容易发热的主要部件及接口部位，通过这些地方的日常巡视管理，可以掌握励磁系统运行有无危险点	查看现场，查阅记录	（1）励磁系统设备的日常巡视记录不齐全，每次扣 2 分。 （2）励磁变内未加装温度传感器，无法监视变压器温度变化，扣 2 分。 （3）整流柜的均流系数低于 0.9，未及时处理，扣 2 分。 （4）整流柜内未加装温度传感器，无法监视温度变化，扣 2 分。 （5）未定期清扫滤网，扣 4 分。 （6）未定期对碳刷磨损情况进行检查，扣 4 分			
	12 防止大型变压器损坏和互感器事故		【涉及专业】电气一次、化学，共 103 条					
56	**12.1 防止变压器出口短路事故**	**100**	【涉及专业】电气一次，共 2 条					
56.1	12.1.1 加强变压器选型、订货、验收及投运的全过程管理。应选择具有良好运行业绩和成熟制造经验生产厂家的产品。240MVA 及以下容量变压器应选用通过突发短路试验验证的产品；500kV	20	【涉及专业】电气一次 变压器是电力系统中的重要设备。为了不断提高变压器的健康水平，保证设备安全经济运行，应加强变压器从设备选型、招标、制造、安装、验收到运行的全过程管理。同时在生产技术部门配置变压器专责人，明确其职责，并应使其参与变压器类设备选型、	查阅变压器技术资料	不符合要求，扣 20 分			

编号	二十五项重点要求内容	标准分	评价要求	评价方法	评分标准	扣分	存在问题	改进建议
56.1	变压器和240MVA以上容量变压器，制造厂应提供同类产品突发短路试验报告或抗短路能力计算报告，计算报告应有相关理论和模型试验的技术支持。220kV及以上电压等级的变压器都应进行抗震计算	20	招标、监造、验收等全过程管理工作中，落实好各反事故措施，从而提高变压器运行管理水平					
56.2	12.1.2 变压器在遭受近区突发短路后，应立即进行油中溶解气体色谱分析，注意数据变化趋势。变压器近区或出口短路而跳闸时，还应开展绕组变形、直流电阻及其他诊断性试验，综合判断无异常后方可投入运行。禁止未经检查试验就盲目投入运行。对判明线圈有严重变形的变压器，应吊罩（芯）检查和处理	80	【涉及专业】电气一次 在运行规程中明确故障处理程序，变压器近区短路可能会造成绕组变形甚至内部放电，因此需要通过油色谱、绕组变形及其他诊断性试验综合判断变压器状态	查阅保护动作记录及试验报告	（1）近区突发短路未开展试验，扣40分。 （2）近区短路设备跳闸后，未进行绕组变形试验，扣80分，其他试验缺一项，扣30分。 （3）绕组变形试验结果异常未进行进一步分析，扣80分			
57	12.2 防止变压器绝缘事故	100	【涉及专业】电气一次、化学，共20条					
57.1	12.2.1 工厂试验时应将供货的套管安装在变压器上进行试验；所有附件在出厂时均应按实际使用方式经过整体预装	2	【涉及专业】电气一次 变压器出厂试验时，要求制造厂执行。套管是变压器上承受高电压的重要部件，部分制造厂在工厂试验时采用专用的试验套管，使订货套管在试验中考核不到，如有问题难以发现。因此，强调将供货套管安装在变压器上进行试验，既考核了套管本身的质量，又考核了套管与变压器的安装配合（电气和机械两个方面的配合），具有重要意义	查阅监造报告或出厂记录	（1）未将套管安装在变压器上进行工厂试验，扣2分。 （2）出厂时未整体预装，扣2分			

编号	二十五项重点要求内容	标准分	评价要求	评价方法	评分标准	扣分	存在问题	改进建议
57.2	12.2.2　出厂局部放电试验测量电压为 $1.5U_m/\sqrt{3}$ 试验时，220kV 及以上电压等级变压器高、中压端的局部放电量不大于 100pC。110kV（66kV）电压等级变压器高压侧的局部放电量不大于 100pC。330kV 及以上电压等级强迫油循环变压器应在油泵全部开启时（除备用油泵）进行局部放电试验	2	【涉及专业】电气一次　变压器出厂试验时，要求制造厂执行。目前我国变压器制造厂的设计制造水平、组部件和材料的性能都有一定的提高，因此国内正规制造厂的制造工艺完全可以满足放电量不大于 100pC 的要求，同时兼顾 330kV，而且严格试验标准也利于提高变压器制造质量。国内开展局部放电试验检验多年，可借助该试验发现变压器质量问题	查阅出厂特殊性试验报告	不符合要求，扣 2 分			
57.3	12.2.3　生产厂家首次设计、新型号或有运行特殊要求的 220kV 及以上电压等级变压器在首批次生产系列中应进行例行试验、型式试验和特殊试验（承受短路能力的试验视实际情况而定）	2	【涉及专业】电气一次　首次设计、新型号或有特殊要求的 220kV 变压器，出厂试验应进行短时感应耐压试验或操作冲击试验。当一批供货达到 6 台时，对从中抽取的 1 台变压器，短时感应耐压试验和操作冲击试验都要求进行	查阅厂家提供相关证明资料或试验报告	不符合要求，扣 2 分			
57.4	12.2.4　500kV 及以上并联电抗器的中性点电抗器出厂试验应进行短时感应耐压试验	2	【涉及专业】电气一次　GB/T 1094.3—2017《电力变压器　第 3 部分：绝缘水平、绝缘试验和外绝缘空气间隙》中规定，短时感应耐压试验（ACSD）用来验证每个线端和它们连接的绕组对地，及其他绕组的耐受强度以及相间和被试绕组纵绝缘的耐受强度	查阅出厂报告	不符合要求，扣 2 分			
57.5	12.2.5　新安装和大修后的变压器应严格按照有关标准或厂家规定进行抽真空、真空注油和热油循环，真空度、抽真空时间、注油速度	5	【涉及专业】电气一次　在变压器检修规程中明确，在变压器大修工作时，执行抽真空、注油以及热油循环等要求。防止变压器遭受潮气入侵造成绝缘性能降低。按照 DL/T 573—2010《电力变压器	查阅安装及检修记录，注油过程是否规范	（1）检修规程中未明确相关内容，扣 5 分。（2）真空度、抽真空时间、注油速度及热油循环时间未达到标准要求，一项扣 2 分			

编号	二十五项重点要求内容	标准分	评价要求	评价方法	评分标准	扣分	存在问题	改进建议
57.5	及热油循环时间、温度均应达到要求。对采用有载分接开关的变压器油箱应同时按要求抽真空，但应注意抽真空前应用连通管接通本体与开关油室。为防止真空度计水银倒灌进设备中，禁止使用麦氏真空计	5	检修导则》第11.8.2条的要求，主要有以下几点： （1）110kV及以上变压器必须进行真空注油。 （2）抽真空达到指定真空度并保持大于2h（一般抽空时间为1/3~1/2暴露空气时间）后开始注油。 （3）3~5t/h的速度将油注入变压器距箱顶200~300mm时停止注油，并继续抽真空保持4h以上					
57.6	12.2.6 变压器器身暴露在空气中的时间：相对湿度不大于65%为16h。空气相对湿度不大于75%为12h。对于分体运输、现场组装的变压器有条件时宜进行真空煤油气相干燥	2	【涉及专业】电气一次 电力变压器可能会在现场组装时器身受潮，受潮后绝缘性能大幅下降。因此，应严格按照二十五项反措要求进行，保证现场变压器干燥效果	查阅检修规程及检修记录	（1）检修规程未规定，扣2分。 （2）特殊检查或吊罩检修时器身暴露时间超过要求最长时间，扣2分。 （3）特殊检查或吊罩检修时无器身暴露时间及环境条件记录，缺一项扣1分			
57.7	12.2.7 装有密封胶囊、隔膜或波纹管式储油柜的变压器，必须严格按照制造厂说明书规定的工艺要求进行注油，防止空气进入或漏油，并结合大修或停电对胶囊和隔膜、波纹管式储油柜的完好性进行检查	2	【涉及专业】电气一次 储油柜内的油位，随油温高低而上下波动，油面上的胶囊必须呼吸畅通。储油柜安装调整方法不规范会造成空气进入，严重时会造成呼吸不畅，甚至压力释放阀动作	查阅检修规程及记录	（1）检修规程中未明确注油要求、储油柜检查内容，缺一项扣1分。 （2）大修时未对储油柜进行检查，扣1分			
57.8	12.2.8 充气运输的变压器运到现场后，必须密切监视气体压力，压力过低时（低于0.01MPa）要补干燥气体，	3	【涉及专业】电气一次 变压器保证充气运输变压器器身微正压，防止潮气进入。在气体压力表与油箱联通管阀门打开的情况下测量变压器箱体内的气	查阅存放记录	未按要求存放，扣3分			

编号	二十五项重点要求内容	标准分	评价要求	评价方法	评分标准	扣分	存在问题	改进建议
57.8	现场放置时间超过 3 个月的变压器应注油保存,并装上储油柜,严防进水受潮。注油前,必须测定密封气体的压力,核查密封状况,必要时应进行检漏试验。为防止变压器在安装和运行中进水受潮,套管顶部将军帽、储油柜顶部、套管升高座及其连管等处必须密封良好。必要时应测露点。如已发现绝缘受潮,应及时采取相应措施	3	体压力,当气压低于 0.01MPa 时,潮气、水分进入变压器内部的概率将增大,对变压器的绝缘可能造成不利影响。因此应按制造厂要求或运行经验及时补气,并重视变压器运行及放置过程中的密封问题					
57.9	12.2.9 变压器新油应由厂家提供新油无腐蚀性硫、结构簇、糠醛及油中颗粒度报告,油运抵现场后,应取样在化学和电气绝缘试验合格后,方能注入变压器内	3	【涉及专业】化学、电气一次 (1)新变压器油应由厂家提供检测报告,内容包含腐蚀性硫、结构簇、糠醛、颗粒度等。 (2)电厂应根据 GB/T 14542—2017《变压器油维护管理导则》对新油油质进行检测,并进行电气绝缘试验	查阅变压器油检测报告、电气绝缘试验报告	(1)厂家未提供新变压器油检测报告,扣 3 分。 (2)电厂未进行新油检测或绝缘试验,扣 3 分。 (3)新油每项指标不合格扣 1 分。 (4)电气绝缘试验每项不合格扣 2 分			
57.10	12.2.10 110kV(66kV)及以上变压器在运输过程中,应按照相应规范安装具有时标且有合适量程的三维冲击记录仪。主变压器就位后,制造厂、运输部门、监理单位、用户四方人员应共同验收,记录纸和押运记录应提供用户留存	2	【涉及专业】电气一次 变压器运输过程中执行相关要求,防止运输中因冲撞造成变压器损伤。为了监测变压器在运输中发生冲撞而对变压器造成损伤的程度,要求安装三维记录仪	查阅运输验收记录	无验收记录或冲击记录超标,扣 2 分			

编号	二十五项重点要求内容	标准分	评价要求	评价方法	评分标准	扣分	存在问题	改进建议
57.11	12.2.11　110kV（66kV）及以上电压等级变压器、50MVA 及以上机组高压厂用电变压器在出厂和投产前，应用频响法和低电压短路阻抗测试绕组变形以留原始记录；110kV（66kV）及以上电压等级和120MVA 及以上容量的变压器在新安装时应进行现场局部放电试验；对 110kV（66kV）电压等级变压器在新安装时应抽样进行额定电压下空载损耗试验和负载损耗试验；如有条件时，500kV 并联电抗器在新安装时可进行现场局部放电试验。现场局部放电试验验收，应在所有额定运行油泵（如有）启动以及工厂试验电压和时间下，220kV 及以上变压器放电量不大于100pC	5	【涉及专业】电气一次 变压器出厂试验执行相关要求。 （1）绕组变形检测。频响法和低电压短路阻抗测试都被规定为必须进行的项目，两者应同时开展，以分析得到更为准确的诊断结果。 （2）局放试验。新安装变压器的现场局部放电试验对检验变压器经过运输和安装后的质量，有重要意义。实践表明，凡是现场局部放电性能优良的变压器，运行的安全可靠性也较高。 （3）空载损耗和负载损耗试验。大型变压器的空载损耗和负载损耗是反映其用料和工艺品质的重要参数。因此对 110kV（66kV）变压器，新增额定电压下的空载损耗试验和负载损耗试验要求	查阅出厂及交接试验报告	（1）出厂或交接时未开展试验，缺一项扣 2 分。 （2）试验结果不合格，一项扣 2 分。 （3）绕组变形试验频率响应法和低电压短路阻抗法，缺一项扣 1 分			
57.12	12.2.12　加强变压器运行巡视，应特别注意变压器冷却器潜油泵负压区出现的渗漏油，如果出现渗漏应切换停运冷却器组，进行堵漏消除渗漏点	3	【涉及专业】电气一次 负压区指潜油泵进油口，此区域存在泄漏会造成潮气进入	查看现场	（1）如潜油泵负压区有明显渗漏点，扣 3 分。 （2）存在渗漏点未采取相应措施，扣 3 分			

编号	二十五项重点要求内容	标准分	评价要求	评价方法	评分标准	扣分	存在问题	改进建议
57.13	12.2.13 对运行 10 年以上的变压器必须进行一次油中糠醛含量测试，加强油质管理，对运行中油应严格执行有关标准，对不同油种的混油应慎重	3	【涉及专业】化学、电气一次 （1）应根据 GB/T 7595—2017《运行中变压器油质量》、DL/T 722—2014《变压器油中溶解气体分析和判断导则》、GB/T 14542—2017《变压器油维护管理导则》做好变压器油的日常分析和维护管理工作。 （2）变压器油溶解气体（尤其是乙炔）或其他油质指标不符合标准要求时，应及时通知电气专业，共同分析原因并进行处理，必要时停电对变压器油进行处理，或采取其他措施消除故障。在油质处理过程中，化学专业应加强油质监督，直至闭环处理。 （3）运行 10 年以上的变压器油应进行糠醛检测，以后每 5 年做一次。 （4）变压器油进行混油时，应按照 GB/T 14542—2017《变压器油维护管理导则》第 7.1～7.6 条的规定执行	查阅变压器油检测报告、维护管理记录	（1）运行 10 年以上变压器油未进行糠醛检测，扣 2 分。 （2）未按标准规定的检测项目和检测周期进行变压器油油质检测，每一项扣 1 分。 （3）变压器油油质长期超标，扣 3 分。 （4）变压器油的维护管理不符合标准要求，每一项扣 1 分			
57.14	12.2.14 对运行年限超过 15 年的储油柜胶囊和隔膜应更换	3	【涉及专业】电气一次 更换工作宜结合变压器大修、换油或滤油时进行，部分经检查完好的变压器胶囊，可根据后续使用情况决定是否更换	查阅检修记录	运行年限超过 15 年未更换，扣 3 分，运行情况良好的储油柜胶囊和隔膜未更换可不扣分			
57.15	12.2.15 对运行超过 20 年的薄绝缘、铝线圈变压器，不宜对本体进行改造性大修，也不宜进行迁移安装，应加强技术监督工作并逐步安排更新改造	3	【涉及专业】电气一次 薄绝缘变压器是工艺质量较差的产品，绝缘易老化。如有严重缺陷，则已没有改造性大修的价值，更换下来的薄绝缘变压器，若再迁移安装，将给系统带来安全隐患。因此，要求薄绝缘变压器，如发现严重缺陷不宜再进行改造性大修，也不宜进行迁移安装，应加强技术监督工作并逐步安排更新改造	查阅设备台账	存在运行超过 20 年的薄绝缘、铝线圈变压器，未制定改造计划，扣 3 分			

319

编号	二十五项重点要求内容	标准分	评价要求	评价方法	评分标准	扣分	存在问题	改进建议
57.16	12.2.16 220kV 及以上电压等级变压器拆装套管需内部接线或进入后，应进行现场局部放电试验	5	【涉及专业】电气一次 明确大修后现场局部放电试验是否开展的前提条件，拆装套管或进人后，都应进行局部放电试验并合格，以保证变压器中无损伤、遗留杂质或物品	查阅异常处理记录异常	（1）如满足条件但未开展局放试验便投入运行，扣 5 分。 （2）拆装套管需内部接线或进入后，未严格执行注油相关要求，扣 5 分			
57.17	12.2.17 积极开展红外检测，新建、改扩建或大修后的变压器（电抗器），应在投运带负荷后不超过 1 个月内（但至少在 24h 以后）进行一次精确检测。220kV 及以上电压等级的变压器（电抗器）每年在夏季前后应至少各进行一次精确检测。在高温大负荷运行期间，对 220kV 及以上电压等级变压器（电抗器）应增加红外检测次数。精确检测的测量数据和图像应制作报告存档保存	10	【涉及专业】电气一次 红外检测可快速查出变压器各种缺陷，如直流电阻超标、套管缺油、套管介质损耗超标、储油柜缺油或过满、油箱本体发热等缺陷。尤其是因绝缘劣化、受潮等引起的电压致热型缺陷。应在规程中明确，积极开展红外检测，无红外成像仪的电厂应尽快采购，开展相关工作	查阅规程和红外检测报告	（1）规程无相关内容，扣 10 分。 （2）未定期开展红外检测工作，扣 10 分。 （3）红外检测报告不完善，如无图像、内容不明确、辐射系数不合适等，一项扣 3 分			
57.18	12.2.18 铁芯、夹件通过小套管引出接地的变压器，应将接地引线引至适当位置，以便在运行中监测接地线中有无环流，当运行中环流异常变化，应尽快查明原因，严重时应采取措施及时处理，电流一般控制在 100mA 以下	10	【涉及专业】电气一次 电厂应定期开展接地电流检测，注意趋势分析，如电流异常增大说明出现了第二个接地点，应及时处理	查阅运行规程、接地电流试验报告及检测装置参数，查看现场	（1）规程未规定定期检测铁芯、夹件接地电流，扣 10 分。 （2）未定期开展检测工作，扣 10 分。 （3）检测装置量程及精度不符合要求，扣 10 分。 （4）铁芯、夹件无专用引出接地线，扣 5 分。 （5）接地引线布置不合理，如与器身接触，扣 2 分			

编号	二十五项重点要求内容	标准分	评价要求	评价方法	评分标准	扣分	存在问题	改进建议
57.19	12.2.19 应严格按照试验周期进行油色谱检验，必要时应装设在线油色谱监测装置	30	【涉及专业】电气一次、化学 绝缘油色谱作为一种便捷准确的判断变压器绝缘状态的测试手段应严格按周期开展，视实际情况安装在线监测装置	查看厂内规程、油色谱分析台账及在线装置配置情况	（1）电气规程未规定油色谱检验内容，扣30分。 （2）未定期开展油色谱检验，扣30分。 （3）油色谱检验周期不符合DL/T 722—2014《变压器油中溶解气体分析和判断导则》的要求，扣15分。 （4）油色谱检验结果存在异常，未采取措施，扣30分。 （5）油色谱检验当特征气体超过标准规定的注意值时，原因未查明前进行滤油处理，扣30分。 （6）配置有在线装置但未有效利用，扣10分			
57.20	12.2.20 大型强迫油循环风冷变压器在设备选型阶段，除考虑满足容量要求外，应增加对冷却器组冷却风扇通流能力的要求，以防止大型变压器在高温大负荷运行条件下，冷却器全投造成变压器内部油流过快，使变压器油与内部绝缘部件摩擦产生静电，油中带电发生变压器绝缘事故	3	【涉及专业】电气一次 在强迫油循环的大型电力变压器中，由于变压器油流过绝缘纸及绝缘纸板的表面时，会发生油流带静电现象，简称油流带电。油流带电引发的静电放电是威胁国内大型变压器安全运行的重要因素之一。因此，在冷却器选型时应考虑抑制油流带电	查阅设备技术协议	不符合要求，扣3分			
58	12.3 防止变压器保护事故	100	【涉及专业】电气二次、电气一次，共8条					
58.1	12.3.1 新安装的气体继电器必须经校验合格后方可使用；气体继电器应在真空注油完毕后再安装；瓦斯保	20	【涉及专业】电气二次、电气一次 气体（瓦斯）继电器是变压器重要的主保护，新安装的气体继电器必须经校验合格才能使用，运行中应结合检修进行校验。为减	查阅试验报告、检修规程、相关标准	（1）新安装的气体继电器未经校验合格后使用，扣20分。 （2）瓦斯保护投运前未对信号跳闸回路进行保护试验，扣20分。			

编号	二十五项重点要求内容	标准分	评价要求	评价方法	评分标准	扣分	存在问题	改进建议
58.1	护投运前必须对信号跳闸回路进行保护试验	20	少变压器的停电检修时间，气体继电器宜备有经校验合格的备品。气体继电器中的干簧管和浮球真空耐受能力低，在高真空下会损坏，因此气体继电器应在真空注油完毕后再安装，而不能带着气体继电器进行真空注油，以防真空注油过程中气体继电器损坏		（3）运行中的气体继电器未按期校验，扣10分。 （4）气体继电器无校验合格的备品，扣10分。 （5）规程或相关标准对气体继电器安装注意事项未说明，扣10分			
58.2	12.3.2 变压器本体保护应加强防雨、防震措施，户外布置的压力释放阀、气体继电器和油流速动继电器应加装防雨罩	15	【涉及专业】电气二次、电气一次 户外的压力释放阀、气体继电器和油流速动继电器为防止雨水渗入引起触点或回路短路导致误动，应加装防雨罩	查看现场	（1）户外的压力释放阀、气体继电器和油流速动继电器未加装防雨罩，扣15分。 （2）变压器本体保护电缆及接线盒等部位防护不到位，存在进水隐患，扣15分。 （3）变压器本体保护无防震措施，扣10分			
58.3	12.3.3 变压器本体保护宜采用就地跳闸方式，即将变压器本体保护通过较大启动功率中间继电器的两对触点分别直接接入断路器的两个跳闸回路，减少电缆迂回带来的直流接地、对微机保护引入干扰和二次回路断线等不可靠因素	5	【涉及专业】电气二次 目前，发电厂变压器本体保护主要采用保护装置非电量开入方式（远方跳闸方式）	查看现场	就地跳闸方式，未采用大功率继电器，扣5分			
58.4	12.3.4 变压器本体、有载分接开关的重瓦斯保护应投跳闸。若需退出重瓦斯保护，应预先制订安全措施，并经总工程师批准，限期恢复	20	【涉及专业】电气二次 变压器本体、有载分接开关的重瓦斯保护是重要的主保护应投跳闸，退出时要制定安全措施并履行审批程序	查看现场及查阅瓦斯保护退出的相关措施	（1）重瓦斯保护未投跳闸，扣20分。 （2）退出重瓦斯保护未制定安全措施扣20分，未履行审批手续扣10分			

编号	二十五项重点要求内容	标准分	评价要求	评价方法	评分标准	扣分	存在问题	改进建议
58.5	12.3.5 气体继电器应定期校验。当气体继电器发出轻瓦斯动作信号时，应立即检查气体继电器，及时取气样检验，以判明气体成分，同时取油样进行色谱分析，查明原因及时排除	10	【涉及专业】电气二次、电气一次 结合变压器检修，应校验气体继电器。对大型变压器应配备经校验性能良好、整定正确的气体继电器作为备品，并做好相应的管理工作。气体继电器的轻瓦斯气体即使是空气也是不允许的，要做好相关安全措施、查明原因，及时处理	查阅试验报告和相关记录	（1）气体继电器未定期校验，扣10分。 （2）当气体继电器发出轻瓦斯动作信号时，未及时处理、无相关记录，扣10分			
58.6	12.3.6 压力释放阀在交接和变压器大修时应进行校验	10	【涉及专业】电气一次 根据对一些变压器压力释放装置的校验发现，不少产品质量存在问题，因此，必须加强对压力释放阀的校验工作，同时要准备备品，发现不合格及时更换，以免影响停电时间	查阅试验报告	变压器交接和大修试验时，压力释放阀未校验，扣10分			
58.7	12.3.7 运行中的变压器的冷却器油回路或通向储油柜各阀门由关闭位置旋转至开启位置时，以及当油位计的油面异常升高或呼吸系统有异常现象，需要打开放油或放气阀门时，均应先将变压器重瓦斯保护退出改投信号	10	【涉及专业】电气一次、电气二次 防止变压器油流扰动引起重瓦斯保护误动，需要打开放油或放气阀门时，应提前将重瓦斯保护退出改投信号	查阅相关记录	（1）运行中的变压器的冷却器油回路或通向储油柜各阀门由关闭位置旋转至开启位置时，重瓦斯未改投信号，扣10分。 （2）运行中的变压器，当油位计的油面异常升高或呼吸系统有异常现象，需要打开放油或放气阀门时，重瓦斯未改投信号，扣10分			
58.8	12.3.8 变压器运行中，若需将气体继电器集气室的气体排出时，为防止误碰探针，造成瓦斯保护跳闸可将变压器重瓦斯保护切换为信号方式；排气结束后，应将重瓦斯保护恢复为跳闸方式	10	【涉及专业】电气一次、电气二次 需将气体继电器集气室的气体排出时，应将变压器重瓦斯保护切换为信号方式。排气结束后，将重瓦斯保护恢复为跳闸方式，防止误碰探针使重瓦斯保护跳闸	查阅相关记录	（1）气体继电器集气室的气体排出时，未应将变压器重瓦斯保护切换为信号方式，扣10分。 （2）排气结束后，未将重瓦斯保护恢复为跳闸方式，扣10分			

编号	二十五项重点要求内容	标准分	评价要求	评价方法	评分标准	扣分	存在问题	改进建议
59	**12.4　防止分接开关事故**	**100**	【涉及专业】电气一次，共5条					
59.1	12.4.1　无励磁分接开关在改变分接位置后，必须测量使用分接的直流电阻和变比；有载分接开关检修后，应测量全程的直流电阻和变比，合格后方可投运	25	【涉及专业】电气一次 厂内规程应有相关规定。对于长期未操作的分接开关，应在检修时手动改变挡位。触头接触情况可通过测量直流电阻和变比来反映。试验及检修项目按照DL/T 574—2010《变压器分接开关运行维修导则》执行	查阅试验报告及规程相关内容	（1）规程中无相关内容，扣25分。 （2）未开展直流电阻和变比试验，扣25分。 （3）试验开展不规范，未进行全程试验扣15分，缺项扣10分			
59.2	12.4.2　安装和检修时应检查无励磁分接开关的弹簧状况、触头表面镀层及接触情况、分接引线是否断裂及紧固件是否松动，机械指示到位后触头所处位置是否到位	30	【涉及专业】电气一次 在变压器检修规程中明确无励磁分接开关检查项目，在检修工作中重点检查弹簧状况、触头接触情况、分接引线是否松动以及机械指示与实际情况是否一致	查阅检修规程或检修文件包	（1）规程或文件包无相关内容，扣30分。 （2）分接开关部件存在异常，未进行处理，扣30分。 （3）无相关检查记录，扣10分			
59.3	12.4.3　新购有载分接开关的选择开关应有机械限位功能，束缚电阻应采用常接方式	10	【涉及专业】电气一次 机械限位功能可以有效防止有载分接开关的越位发生，对于新购置设备应具备并使用此功能	查阅有载分接开关技术说明书	不符合要求，扣10分			
59.4	12.4.4　有载分接开关在安装时应按出厂说明书进行调试检查。要特别注意分接引线距离和固定状况、动静触头间的接触情况和操作机构指示位置的正确性。新安装的有载分接开关，应对切换程序与时间进行测试	10	【涉及专业】电气一次 通过有载分接开关安装时试验检查，确认开关动作正确、动作可靠，保证设备投运后可靠工作	查阅安装记录及交接试验报告	（1）安装时未进行特定部位检查，扣10分。 （2）未开展切换程序时间测试，扣10分			

编号	二十五项重点要求内容	标准分	评价要求	评价方法	评分标准	扣分	存在问题	改进建议
59.5	12.4.5　加强有载分接开关的运行维护管理。当开关动作次数或运行时间达到制造厂规定值时，应进行检修，并对开关的切换程序与时间进行测试	25	【涉及专业】电气一次 　　部分变压器的有载分接开关长期调整，或只在很少几个分接位置上运行。长期不使用的分接开关挡位的触点会由于热和化学等因素的作用而生成氧化膜，使接触状态变差。当变压器运行中，分接开关动作时，可能会造成放电故障。因此，对动作次数或运行时间达到制造厂规定值的有载分接开关，应按 DL/T 265—2012《变压器有载分接开关现场试验导则》的要求进行试验和定期检查	查阅电气规程、开关动作次数及试验报告	（1）规程未按照制造厂要求规定分接开关检修条件，扣25分。 （2）如次数达到规定值未开展试验，扣25分。 （3）试验开展不规范，不符合 DL/T 265—2012 规定，每项扣 5 分			
60	**12.5　防止变压器套管事故**	**100**	【涉及专业】电气一次，共 7 条					
60.1	12.5.1　新套管供应商应提供型式试验报告，用户必须存有套管将军帽结构图	10	【涉及专业】电气一次 　　设备订货阶段执行本条款要求，强调资料保管要求	查阅厂家提供的技术文件	（1）无型式试验报告，扣 10 分。 （2）无将军帽结构图，扣 5 分			
60.2	12.5.2　检修时当套管水平存放，安装就位后，带电前必须进行静放，其中330kV及以上套管静放时间应大于36h，110～220kV 套管静放时间应大于 24h。事故抢修所装上的套管，投运后的 3个月内，应取油样进行一次色谱试验	15	【涉及专业】电气一次 　　套管通常应采取垂直或斜放保存，按制造厂规定可以水平放置的套管，安装就位后须按要求静放再带电，防止气泡进入电容芯	查阅检修记录及油色谱化验记录	（1）静放时间不符合要求，扣5～15分。 （2）事故抢修所装上的套管，投运后的 3个月内未进行油色谱化验，扣 15 分			
60.3	12.5.3　如套管的伞裙间距低于规定标准，应采取加硅橡胶伞裙套等措施，防止污秽闪络。在严重污秽地区运行的变压器，可考虑在瓷套涂防污闪涂料等措施	10	【涉及专业】电气一次 　　常见外绝缘防污闪措施，例如加伞裙套、喷涂 RTV 涂料等	查阅电厂外绝缘爬电比距台账、憎水性试验报告	（1）爬电比距不满足要求未采取提高耐污闪能力措施，扣 10 分。 （2）如采用喷涂 RTV 材料或采用复合绝缘子，未定期开展憎水性试验扣 10 分。 （3）憎水性试验无图片留底对比憎水性等级，扣 5 分			

编号	二十五项重点要求内容	标准分	评价要求	评价方法	评分标准	扣分	存在问题	改进建议
60.4	12.5.4 作为备品的 110kV（66kV）及以上套管，应竖直放置。如水平存放，其抬高角度应符合制造厂要求，以防止电容芯子露出油面受潮。对水平放置保存期超过一年的 110kV（66kV）及以上套管，当不能确保电容芯子全部浸没在油面以下时，安装前应进行局部放电试验、额定电压下的介损试验和油色谱分析	15	【涉及专业】电气一次 （1）套管存放管理，防止因保管不当造成电容芯受潮，备用套管投运时存在爆炸隐患。 （2）油色谱分析应参照厂家要求。 （3）额定电压下的介损试验存在困难时，可采用替代试验证明其绝缘性能	查看备品套管存放情况，查阅试验记录	（1）存放不符合要求，扣 5～15 分。 （2）水平放置且不能保证电容芯子全部浸没在油面下的套管，投运前未开展试验，缺一项扣 10 分			
60.5	12.5.5 油纸电容套管在最低环境温度下不应出现负压，应避免频繁取油样分析而造成其负压。运行人员正常巡视应检查记录套管油位情况，注意保持套管油位正常。套管渗漏油时，应及时处理，防止内部受潮损坏	10	【涉及专业】电气一次 套管属于少油设备，频繁取油应注意避免造成套管内负压状态，必要时及时补油。应根据设备制造厂的规定和要求，开展相关工作	查阅运行巡查记录	（1）无套管油位记录，扣 10 分。 （2）套管油位不清晰，扣 5 分。 （3）取油及补油未按照厂家要求，扣 10 分			
60.6	12.5.6 加强套管末屏接地检测、检修及运行维护管理，每次拆接末屏后应检查末屏接地状况，在变压器投运时和运行中开展套管末屏接地状况带电测量	20	【涉及专业】电气一次 进行套管试验时需要对末屏引线进行拆接，如恢复不好造成末屏悬浮，运行中会产生放电，持续发展会造成绝缘击穿事故	查阅检修文件包	（1）检修文件包中无末屏拆接相关内容，扣 20 分。 （2）末屏存在异常温度高、放电声响或渗漏油等现象，但未采取措施，扣 20 分			
60.7	12.5.7 运行中变压器套管油位视窗无法看清时，继续运行过程中应按周期结合红外成像技术掌握套管内部油位变化情况，防止套管事故发生	20	【涉及专业】电气一次 套管属于少油设备，如油位过低，则电容芯子暴露，运行中会产生局部放电。运行规程中应明确套管巡视要求，通过红外成像掌握套管油位	查阅红外检测报告	（1）无红外成像检测报告，扣 20 分。 （2）报告不规范，如无红外图谱、设备无标识等，一项扣 5 分			

编号	二十五项重点要求内容	标准分	评价要求	评价方法	评分标准	扣分	存在问题	改进建议
61	**12.6　防止冷却系统事故**	**100**	**【涉及专业】电气一次，共 11 条**					
61.1	12.6.1　优先选用自然油循环风冷或自冷方式的变压器	/	**【涉及专业】电气一次** 强油循环变压器的油泵故障率较高，也曾发生油泵故障导致的变压器事故，因此240MVA 及以下的变压器可不采用强油循环冷却方式	查阅设备技术文档	/			
61.2	12.6.2　潜油泵的轴承应采取 E 级或 D 级，禁止使用无铭牌、无级别的轴承。对强油导向的变压器油泵应选用转速不大于 1500r/min 的低速油泵	6	**【涉及专业】电气一次** 设备订货阶段执行本条款要求，对潜油泵轴承、质量以及转速提出具体要求	查看潜油泵型式	不符合要求，扣 6 分			
61.3	12.6.3　对强油循环的变压器，在按规定程序开启所有油泵（包括备用）后整个冷却装置上不应出现负压	10	**【涉及专业】电气一次** 变压器冷却系统潜油泵的入口管段、出油管、冷却器进油口附近油流速度较大的管道以及变压器顶部等部位，虽然有储油柜油位的静压力，但由于潜油泵的吸力，在变压器温度剧烈变化时，可能会出现负压情况	查阅冷却系统技术参数	不符合要求，扣 10 分			
61.4	12.6.4　强油循环的冷却系统必须配置两个相互独立的电源，并具备自动切换功能	10	**【涉及专业】电气一次** 按二十五项反措要求，配置具备自动切换功能的两套相互独立的冷却系统电源，保证变压器冷却系统可靠投入	检查冷却系统电源配置	（1）仅配置一个电源，或两路电源不独立，扣 10 分。 （2）配置两个相互独立的电源但不具备自动切换功能，扣 10 分			
61.5	12.6.5　新建或扩建变压器一般不采用水冷方式。对特殊场合必须采用水冷却系统的，应采用双层铜管冷却系统	6	**【涉及专业】电气一次** 为了减少因水冷却器泄漏而造成变压器的进水，要求新建或扩建变压器一般不采用水冷却方式	查看现场	不符合配置要求，扣 6 分			

327

编号	二十五项重点要求内容	标准分	评价要求	评价方法	评分标准	扣分	存在问题	改进建议
61.6	12.6.6 变压器冷却系统的工作电源应有三相电压监测，任一相故障失电时，应保证自动切换至备用电源供电	10	【涉及专业】电气一次 变压器冷却系统的工作电源必须具备三相电压监测功能及任一相失电自动切换至备用电源供电的功能	检查冷却系统电源电压监测配置	（1）不符合三相监测，扣10分。 （2）不具备自动切换功能，扣10分			
61.7	12.6.7 强油循环冷却系统的两个独立电源应定期进行切换试验，有关信号装置应齐全可靠	20	【涉及专业】电气一次 强油循环或自然循环风冷的冷却装置必须配置两个独立的电源，并能自动切换，保证及时投入备用电源	查阅定期试验报告	（1）未开展切换试验，扣20分。 （2）信号装置不齐全或故障，扣10分			
61.8	12.6.8 强油循环结构的潜油泵启动应逐台启用，延时间隔应在30s以上，以防止气体继电器误动	6	【涉及专业】电气一次 油泵启动间隔过小或同时启动多台，造成油流速度和压力突变，可能引起瓦斯保护动作	查阅运行规程	运行规程中无相关要求，扣6分			
61.9	12.6.9 对于盘式电机油泵，应注意定子和转子的间隙调整，防止铁芯的平面摩擦。运行中如出现过热、振动、杂音及严重漏油等异常时，应安排停运检修	20	【涉及专业】电气一次 执行本条二十五项反措要求，防止潜油泵故障影响冷却能力，另外潜油泵定转子发生碰磨时，会在油色谱中检测到特征气体，影响对变压器绝缘状态的正常判断	查看现场	（1）潜油泵存在重大缺陷未及时安排停运，扣20分。 （2）潜油泵渗漏油，扣10分			
61.10	12.6.10 为保证冷却效果，管状结构变压器冷却器每年应进行1～2次冲洗，并宜安排在大负荷来临前进行	6	【涉及专业】电气一次 冲洗目的在于保证冷却效果，可利用红外检测等手段判断冷却效果。变压器冷却器通常每年应至少进行1次冲洗或根据实际情况多次冲洗	查阅检修规程及查看现场	（1）未每年开展冲洗工作，扣6分。 （2）冷却器存在严重锈蚀，扣6分。 （3）冷却风扇运行振动大、磨损严重，扣3分			
61.11	12.6.11 对目前正在使用的单铜管水冷却变压器，应始终保持油压大于水压，并加强运行维护工作，同时	6	【涉及专业】电气一次 水冷变压器运行要求	查看现场	不符合要求，扣6分			

编号	二十五项重点要求内容	标准分	评价要求	评价方法	评分标准	扣分	存在问题	改进建议
61.11	应采取有效的运行监视方法,及时发现冷却系统泄漏故障	6						
62	**12.7 防止变压器火灾事故**		【涉及专业】电气一次,共7条					
62.1	12.7.1 按照有关规定完善变压器的消防设施,并加强维护管理,重点防止变压器着火时的事故扩大	10	【涉及专业】电气一次 大型主变压器火灾事故时有发生,造成的后果极其严重。应采取各类措施,防止变压器火灾事故。按照 GB 50229—2006《火力发电厂与变电站设计防火规范》第 6.6 条、7.4 的要求配置变压器防火设施	查阅防火设计图纸,查看现场	(1)户外油浸式变压器与各建(构)筑物间距不符合要求,扣10分。 (2)挡油设施容量小于变压器油量20%,扣10分			
62.2	12.7.2 采用排油注氮保护装置的变压器应采用具有联动功能的双浮球结构的气体继电器	10	【涉及专业】电气一次 双浮球气体继电器的采用,使得注气和排油时均能动作。对于条款提及的变压器,应执行本条款要求	查看继电器型式	继电器不具备联动功能,扣10分			
62.3	12.7.3 排油注氮保护装置应满足: (1)排油注氮启动(触发)功率应大于 220V 启动(触发)功。 (2)注油阀动作线圈功率应大于 220V 作线圈功率应大。 (3)注氮阀与排油阀间应设有机械连锁阀门。 (4)动作逻辑关系应满足本体重瓦斯保护、主变压器断路器跳闸、油箱超压开关(火灾探测器)同时动作时才能启动排油充氮保护	20	【涉及专业】电气一次 为了减少误动,目前采用的方式是增加排油注氮启动的触发功率,增加其他保护设备的关联度	查阅继电器技术说明	不满足要求,一项扣10分			

编号	二十五项重点要求内容	标准分	评价要求	评价方法	评分标准	扣分	存在问题	改进建议
62.4	12.7.4 水喷淋动作功率应大于8W，其动作逻辑关系应满足变压器超温保护与变压器断路器跳闸同时动作	15	【涉及专业】电气一次 水喷淋动作功率以及其动作逻辑执行本条款要求	检查水喷淋动作逻辑关系	（1）水喷淋动作功率不满足要求，扣5分。 （2）动作逻辑不满足要求，扣15分			
62.5	12.7.5 变压器本体储油柜与气体继电器间应增设断流阀，以防储油柜中的油下泄而造成火灾扩大	15	【涉及专业】电气一次 一旦变压器发生爆炸火灾事故，位于油箱顶部储油柜内的大量变压器油，会在自然油压的作用下，从箱体开裂处向外猛烈喷出，助长火势的蔓延，直至储油柜中的油全部泄放完。因此变压器本体储油柜与气体继电器间应增设断流阀	查看现场	不满足要求，扣15分			
62.6	12.7.6 现场进行变压器干燥时，应做好防火措施，防止加热系统故障或线圈过热烧损	15	【涉及专业】电气一次 （1）当利用油箱加热不带油干燥时，箱壁温度不宜超过110℃，箱底温度不宜超过100℃，绕组温度不得超过95℃。 （2）带油干燥时，上层油温不得超过85℃；热风干燥时，进风温度不得超过100℃，进风口应设有空气过滤预热器。 （3）干燥过程中尚应注意加温均匀，升温速度以10～15℃/h为宜，防止产生局部过热，特别是绕组部分，不应超过其绝缘耐热等级的最高允许温度	查阅检修规程及相关记录	（1）变压器现场干燥时无防火措施，扣15分。 （2）干燥时各部分温度未控制到要求以内，扣15分			
62.7	12.7.7 应结合例行试验检修，定期对灭火装置进行维护和检查，以防止误动和拒动	15	【涉及专业】电气一次 检修时检查灭火装置回路连接及正确动作情况，保证变压器火灾时灭火装置可靠动作	查阅定期灭火装置维护检查记录	未开展定期工作，扣15分			

编号	二十五项重点要求内容	标准分	评价要求	评价方法	评分标准	扣分	存在问题	改进建议
63	**12.8 防止互感器事故**	100	**【涉及专业】电气一次、化学，共39条**					
	12.8.1 防止各类油浸式互感器事故	50	**【涉及专业】电气一次、化学，共24条**					
63.1	12.8.1.1 油浸式互感器应选用带金属膨胀器微正压结构型式	1.5	**【涉及专业】电气一次** 选型阶段保证互感器内部处于微正压状态，尤其是在低温环境运行的互感器	查看结构型式	不符合要求，扣1.5分			
63.2	12.8.1.2 所选用电流互感器的动热稳定性能应满足安装地点系统短路容量的要求，一次绕组串联时也应满足安装地点系统短路容量的要求	2	**【涉及专业】电气一次** 电流互感器不同变比下均能符合动热稳定性能	查阅设备技术参数	动热稳定不满足要求，扣2分			
63.3	12.8.1.3 电容式电压互感器的中间变压器高压侧不应装设金属氧化物避雷器（MOA）	1	**【涉及专业】电气一次** 防止避雷器故障导致CVT异常失压	查看结构型式	对于中间变压器高压侧装设MOA的，扣1分			
63.4	12.8.1.4 110(66)～500kV互感器在出厂试验时，局部放电试验的测量时间延长到5min	1.5	**【涉及专业】电气一次** 出厂阶段执行局部放电试验要求，控制互感器制造质量	查阅出厂试验报告	（1）局部放电试验缺项，扣1.5分。 （2）局部放电试验时间不符合要求，扣1分			
63.5	12.8.1.5 对电容式电压互感器应要求制造厂在出厂时进行 $0.8U_n$、$1.0U_n$、$1.2U_n$ 及 $1.5U_n$ 的铁磁谐振试验（注：U_n 指额定一次相电压，下同）	1.5	**【涉及专业】电气一次** 出厂阶段执行铁磁谐振试验要求，控制互感器制造质量	查阅出厂试验报告	铁磁谐振试验不符合要求，扣1.5分			

编号	二十五项重点要求内容	标准分	评价要求	评价方法	评分标准	扣分	存在问题	改进建议
63.6	12.8.1.6 电磁式电压互感器在交接试验时，应进行空载电流测量。励磁特性的拐点电压应大于 $1.5U_{\mathrm{m}}/\sqrt{3}$（中性点有效接地系统）或 $1.9U_{\mathrm{m}}/\sqrt{3}$ 接地（中性点非有效接地系统）	2.5	【涉及专业】电气一次 安装交接执行空载电流试验要求，留存初始数据便于后期比对	查阅交接试验报告	（1）交接试验未开展空载电流测量，扣2.5分。（2）励磁特性拐点电压未达到要求，扣2.5分			
63.7	12.8.1.7 电流互感器的一次端子所受的机械力不应超过制造厂规定的允许值，其电气连接应接触良好，防止产生过热故障及电位悬浮。互感器的二次引线端子应有防转动措施，防止外部操作造成内部引线扭断	2	【涉及专业】电气一次 防止检修过程造成一、二次端子断裂，绕组断线故障	查看结构型式，查阅运行红外监测记录	（1）互感器二次引线端子无防转动措施，扣2分。（2）运行中未对互感器进行红外监测，扣2分			
63.8	12.8.1.8 已安装完成的互感器若长期未带电运行（110kV 及以上大于半年，35kV 及以下一年以上），在投运前应按照《输变电设备状态检修试验规程》（DL/T 393—2010）进行例行试验	1.5	【涉及专业】电气一次 冷备用状态互感器投运前的试验要求	查阅试验规程及报告	冷备用互感器投运前未开展试验，扣1.5分			
63.9	12.8.1.9 在交接试验时，对 110kV（66kV）及以上电压等级的油浸式电流互感器，应逐台进行交流耐受电压试验，交流耐压试验前后应进行油中溶解气体分析。	2.5	【涉及专业】电气一次 交接试验要求，重点强调静置时间，防止因静置时间不足设备内部气泡较多，在耐压试验时造成绝缘损坏	查阅交接试验记录	（1）静置时间未达到要求，扣2.5分。（2）静置时间无详细记录，扣1.5分。（3）未逐台进行交流耐压试验，扣2.5分			

编号	二十五项重点要求内容	标准分	评价要求	评价方法	评分标准	扣分	存在问题	改进建议
63.9	油浸式设备在交流耐压试验前要保证静置时间，110kV（66kV）设备静置时间不小于 24h、220kV 设备静置时间不小于 48h、330kV 和 500kV 设备静置时间不小于 72h	2.5						
63.10	12.8.1.10　对于 220kV 及以上等级的电容式电压互感器，其耦合电容器部分是分成多节的，安装时必须按照出厂时的编号以及上下顺序进行安装，严禁互换	1.5	【涉及专业】电气一次　对于多节的电容式电压互感器，如其中一节电容器出现问题不能使用，应将整套 CVT 返厂更换或修理。因此，安装过程工艺应按照出厂时的编号及顺序进行	查阅安装记录	安装顺序不符合要求，扣1.5分			
63.11	12.8.1.11　电流互感器运输应严格遵照设备技术规范和制造厂要求，220kV 及以上电压等级互感器运输应在每台产品（或每辆运输车）上安装冲撞记录仪，设备运抵现场后应检查确认，记录数值超过 5g 的，应经评估确认互感器是否需要返厂检查	1.5	【涉及专业】电气一次　设备运输时防止冲击要求，冲撞记录不大于 5g	查阅运输记录	运输冲撞记录超过 5g，扣1.5分			
63.12	12.8.1.12　电流互感器一次直阻出厂值和设计值无明显差异，交接时测试值与出厂值也应无明显差异，且相间应无明显差异	2.5	【涉及专业】电气一次　互感器直流电阻试验在出厂、交接两个节点的要求，防止因一次端子引线内部工艺问题造成事故，需要特别注意负荷较大和负荷波动较大的线路上所使用的电流互感器	查阅交接报告及出厂报告	直流电阻值、预试与出厂、交接试验时存在明显差异未查明原因，扣2.5分			

编号	二十五项重点要求内容	标准分	评价要求	评价方法	评分标准	扣分	存在问题	改进建议
63.13	12.8.1.13 事故抢修安装的油浸式互感器，应保证静放时间，其中330kV及以上油浸式互感器静放时间应大于36h，110～220kV油浸式互感器静放时间应大于24h	2.5	【涉及专业】电气一次 静放时间不够，会造成互感器内部气体未排尽，投运会发生绝缘事故。在事故抢修时应特别注意执行静置要求	查阅事故处理记录	注油后静放时间不满足要求，扣2.5分			
63.14	12.8.1.14 对新投运的220kV及以上电压等级电流互感器，1～2年内应取油样进行油色谱、微水分析；对于厂家明确要求不取油样的产品，确需取样或补油时应由制造厂配合进行	2.5	【涉及专业】电气一次、化学 制造过程中存在的微小缺陷会在投运一到两年暴露出来，通过取油样可有效发现缺陷。互感器属于少油设备，倒立式电流互感器油更少，取油过多可能会影响微正压状态。因此，每次取油时应严密注意膨胀器油位。如需要补油，应由制造厂补油或在制造厂的指导下进行补油	查阅试验规程及报告	（1）电流互感器新投运1～2年未按规定取油样分析，扣2.5分。 （2）未按照制造厂要求补油，扣2.5分			
63.15	12.8.1.15 互感器的一次端子引线连接端要保证接触良好，并有足够的接触面积，以防止产生过热性故障。一次接线端子的等电位连接必须牢固可靠。其接线端子之间必须有足够的安全距离，防止引线线夹造成一次绕组短路	2.5	【涉及专业】电气一次 保证互感器一次引线接触良好，防止造成过热或绝缘故障	查阅检修工艺要求或记录	接线端子连接不符合要求，扣2.5分			
63.16	12.8.1.16 老型带隔膜式及气垫式储油柜的互感器，应加装金属膨胀器进行密封改造。现场密封改造应在晴好天气进行。对尚未改造的	2.5	【涉及专业】电气一次 隔膜式及气垫式储油柜应进行密封改造，防止密封不良造成绝缘受潮，引发绝缘事故	查看设备结构型式	（1）隔膜式及气垫式储油柜未进行改造且未更换胶垫和隔膜，扣2.5分。 （2）对于隔膜有积水的互感器，未开展本体和绝缘油试验，扣2.5分			

编号	二十五项重点要求内容	标准分	评价要求	评价方法	评分标准	扣分	存在问题	改进建议
63.16	互感器应每年检查顶部密封状况，对老化的胶垫与隔膜应予以更换。对隔膜上有积水的互感器，应对其本体和绝缘油进行有关试验，试验不合格的互感器应退出运行。绝缘性能有问题的老旧互感器，退出运行不再进行改造	2.5						
63.17	12.8.1.17 对硅橡胶套管和加装硅橡胶伞裙的瓷套，应经常检查硅橡胶表面有无放电或老化、龟裂现象，如果有应及时处理	2	【涉及专业】电气一次 运行巡视时应对瓷套进行观测，如出现开裂、老化应及时处理	查阅检修规程	设备停电时未开展硅橡胶检查处理，扣2分			
63.18	12.8.1.18 运行人员正常巡视应检查记录互感器油位情况。对运行中渗漏油的互感器，应根据情况限期处理，必要时进行油样分析，对于含水量异常的互感器要加强监视或进行油处理。油浸式互感器严重漏油及电容式电压互感器电容单元漏油的应立即停止运行	3	【涉及专业】电气一次 渗漏油情况可能导致潮气进入，削弱互感器绝缘强度	查看现场，查阅巡检记录	（1）存在漏油严重单元，扣3分。（2）对于长期渗漏油互感器，未进行取油样分析，扣2分。（3）无互感器油位检查记录，扣1.5分			
63.19	12.8.1.19 应及时处理或更换已确认存在严重缺陷的互感器。对怀疑存在缺陷的互感器，应缩短试验周期进	3	【涉及专业】电气一次 缺陷互感器管理要求，缩短周期跟踪检查，对于存在乙炔且有增长趋势的应进行更换	查阅厂内设备缺陷记录	（1）对于特定型号存在严重缺陷的互感器未及时更换改造，扣3分。（2）对于怀疑存在缺陷的互感器，未按照二十五项反措要求采取监视运行、停电试验等措施，扣3分			

335

编号	二十五项重点要求内容	标准分	评价要求	评价方法	评分标准	扣分	存在问题	改进建议
63.19	行跟踪检查和分析查明原因。对于全密封型互感器，油中气体色谱分析仅 H_2 单项超过注意值时，应跟踪分析，注意其产气速率，并综合诊断：如产气速率增长较快，应加强监视；如监测数据稳定，则属非故障性氢超标，可安排脱气处理；当发现油中有乙炔时，按相关标准规定执行。对绝缘状况有怀疑的互感器应运回试验室进行全面的电气绝缘性能试验，包括局部放电试验	3						
63.20	12.8.1.20 如运行中互感器的膨胀器异常伸长顶起上盖，应立即退出运行。当互感器出现异常响声时应退出运行。当电压互感器二次电压异常时，应迅速查明原因并及时处理	2	【涉及专业】电气一次 互感器运行期间异常情况的处理要求	查阅电厂互感器异常记录	不符合要求，扣2分			
63.21	12.8.1.21 当采用电磁单元为电源测量电容式电压互感器的电容分压器 C1 和 C2 的电容量和介损时，必须严格按照制造厂说明书规定进行	1.5	【涉及专业】电气一次 按照制造厂要求规范开展试验，防止设备损坏。按照 DL/T 596—1996《电力设备预防性试验》的要求，电容式电压互感器的电容的电容量和介损试验周期为 1～3 年	查阅试验报告及方案	试验不符合厂家试验要求，扣1.5分			

编号	二十五项重点要求内容	标准分	评价要求	评价方法	评分标准	扣分	存在问题	改进建议
63.22	12.8.1.22 根据电网发展情况，应注意验算电流互感器动热稳定电流是否满足要求。若互感器所在变电站短路电流超过互感器铭牌规定的动热稳定电流值时，应及时改变变比或安排更换	2.5	【涉及专业】电气一次 每年根据继保专业短路电流计算结果，与厂内互感器额定参数进行校核，不满足要求的及时更换	查阅电流互感器热稳定校验报告	（1）未根据电网变化情况及时核算电流动热稳定，扣2.5分。 （2）电流互感器动热稳定不符合要求，未及时更换，扣2.5分			
63.23	12.8.1.23 严格按照《带电设备红外诊断应用规范》（DL/T 664—2008）的规定，开展互感器的精确测温工作。新建、改扩建或大修后的互感器，应在投运后不超过1个月内（但至少在24h以后）进行一次精确检测。220kV及以上电压等级的互感器每年在夏季前后应至少各进行一次精确检测。在高温大负荷运行期间，对220kV及以上电压等级互感器应增加红外检测次数。精确检测的测量数据和图像应归档保存	2.5	【涉及专业】电气一次 （1）DL/T 664—2008《带电设备红外诊断应用规范》已更新为DL/T 664—2016《带电设备红外线诊断应用规范》 （2）高温季节、高负荷运行中应进行红外测温，提早发现过热缺陷。型号规格相同的电压致热型设备，可根据其对应点温升值的差异来判断设备是否正常。电流致热型设备的缺陷宜用允许温升或同类允许温差的判断依据确定。对于220kV及以上电压等级的互感器，每年在迎峰度夏和迎峰度冬前后应进行精确测温	查阅红外测温报告	（1）未按照二十五项反措要求的周期和时间节点开展红外测温，扣2.5分。 （2）红外测温报告不规范，一项扣1分			
63.24	12.8.1.24 加强电流互感器末屏接地检测、检修及运行维护管理。对结构不合理、截面偏小、强度不够的末屏应进行改造；检修结束后应检查确认末屏接地是否良好	2	【涉及专业】电气一次 末屏结构不合理、截面偏小、强度不够时，在运输、吊装、运行时容易发生破损、放电、断裂的情况，严重时会引发互感器爆炸。因此，投运前检查末屏接地情况	查看投运前检查要求	（1）规程文件未明确规定投运前检查末屏接地情况，扣2分。 （2）无相应检查记录，扣2分			

编号	二十五项重点要求内容	标准分	评价要求	评价方法	评分标准	扣分	存在问题	改进建议
	12.8.2　防止 110（66）～500kV 六氟化硫绝缘电流互感器事故	50	【涉及专业】电气一次，共15条					
63.25	12.8.2.1　应重视和规范气体绝缘的电流互感器的监造、验收工作	4	【涉及专业】电气一次 按照 DL/T 1054—2007《高压电气设备绝缘技术监督规程》的要求开展 220kV 及以上气体绝缘互感器监造工作。 （1）核对重要原材料如硅钢片、金属件、电磁线、绝缘支撑件、浇注用树脂、绝缘油、SF$_6$ 气体等的供货商、供货质量是否满足订货技术条件的要求。 （2）核对外瓷套或复合绝缘套管、SF$_6$ 压力表和密度继电器、防爆膜或减压阀等重要配套组件的供货商、产品性能是否满足订货技术条件的要求。 （3）见证外壳焊接工艺是否符合制造厂工艺规程规定，探伤检测和压力试验是否合格。 （4）每台设备必须按订货技术条件的要求进行试验。主要包括一次端工频耐压试验，局部放电，电容量，介质损耗，段间工频耐压，二次端工频耐压，准确度，以及技术协议规定的特殊试验	查阅监造报告	未按照要求开展监造工作，扣4分			
63.26	12.8.2.2　如具有电容屏结构，其电容屏连接筒应要求采用强度足够的铸铝合金制造，以防止因材质偏软导致电容屏连接筒移位	2.5	【涉及专业】电气一次 气体绝缘对于场强的均匀性比较敏感，相同条件下，均匀电场和不均匀电场情况下气体的绝缘特性相差较大。不均匀电场气体的绝缘耐受电压较低，当连接筒移位和变形后对电场的均匀性影响较大。因此应采取措施，保证设备内部为均匀电场	查阅订货技术协议及设备说明书	电容屏结构存在隐患，扣2.5分			

338

编号	二十五项重点要求内容	标准分	评价要求	评价方法	评分标准	扣分	存在问题	改进建议
63.27	12.8.2.3 加强对绝缘支撑件的检验控制	3	【涉及专业】电气一次 订货阶段提出，内部绝缘支撑件是SF₆绝缘电流互感器内的重要部件，承受机械应力和电气应力，应确保支撑件满足在全电压下20h无局部放电的要求	查阅订货技术协议	全电压下20h局放不符合要求，扣3分			
63.28	12.8.2.4 出厂试验时各项试验包括局部放电试验和耐压试验必须逐台进行	5	【涉及专业】电气一次 在订货阶段提出局部放电和耐压试验应逐台进行	查阅出厂试验报告	未按要求逐台进行局部放电和耐压试验，扣5分			
63.29	12.8.2.5 制造厂应采取有效措施，防止运输过程中内部构件振动移位。用户自行运输时应按制造厂规定执行	2.5	【涉及专业】电气一次 设备运输防震防移位要求	查阅运输记录	运输防移位振动措施不符合要求，扣2.5分			
63.30	12.8.2.6 110kV及以下互感器推荐直立安放运输，220kV及以上互感器必须满足卧倒运输的要求。运输时110kV（66kV）产品每批次超过10台时，每车装10g振动子2个，低于10台时每车装10g振动子1个；220kV产品每台安装10g振动子1个；330kV及以上每台安装带时标的三维冲撞记录仪。到达目的地后检查振动记录装置的记录，若记录数值超过10g一次或10g振动子落下，则产品应返厂解体检查	2.5	【涉及专业】电气一次 设备运输中如发生碰撞或冲击时，常规现场交接试验无法发现缺陷。因此，在运输过程提出冲击要求，防止设备受损	查阅运输记录	无运输振动记录或冲撞记录超标，扣2.5分			

编号	二十五项重点要求内容	标准分	评价要求	评价方法	评分标准	扣分	存在问题	改进建议
63.31	12.8.2.7 运输时所充气压应严格控制在允许的范围内	2.5	**【涉及专业】电气一次** 设备运输要求，20℃时的出厂充气绝对压强为130kPa	查阅运输记录	不符合要求，扣2.5分			
63.32	12.8.2.8 进行安装时，密封检查合格后方可对互感器充六氟化硫气体至额定压力，静置24h后进行六氟化硫气体微水测量。气体密度表、继电器必须经校验合格	4	**【涉及专业】电气一次** 六氟化硫气体内水分分布均匀需要一定时间，因此要保证静置时间足够后测量的微水结果才真实可信	查阅安装记录	（1）静置时间不符合要求，扣4分。 （2）气体密度表、继电器未校验，扣4分			
63.33	12.8.2.9 气体绝缘的电流互感器安装后应进行现场老炼试验。老炼试验后进行耐压试验，试验电压为出厂试验值的80%。条件具备且必要时还宜进行局部放电试验	4	**【涉及专业】电气一次** 经过老炼试验消除内部残存的尖端，避免直接进行耐压试验造成设备损伤	查阅试验报告	（1）未开展老炼试验扣4分。 （2）耐压试验电压高于出厂值80%，扣4分。 （3）耐压试验电压低于出厂值80%，扣3分			
63.34	12.8.2.10 运行中应巡视检查气体密度表，产品年漏气率应小于0.5%	2.5	**【涉及专业】电气一次** 运行巡视要求，产品漏气率通过密度表及补气记录进行计算	查阅运行记录及规程	（1）未规定运行应巡视检查气体密度表，扣2.5分。 （2）无气体密度表巡视记录，扣2.5分。 （3）产品漏气率大于0.5%，扣2.5分			
63.35	12.8.2.11 若压力表偏出绿色正常压力区时，应引起注意，并及时按制造厂要求停电补充合格的六氟化硫新气。一般应停电补气，个别特殊情况需带电补气时，应在厂家指导下进行	2.5	**【涉及专业】电气一次** 对于补充的新气质量以及操作要求，补充气体时需要注意充气管路的除潮干燥。为防止在补气时由于管路泄漏、接头漏气、逆止阀损坏而导致设备本体漏气，影响设备运行安全，一般情况下应停电补气	查看补气相关要求	（1）补气前未对气源进行检测，扣2.5分。 （2）无特殊情况带电补气，扣2.5分			

编号	二十五项重点要求内容	标准分	评价要求	评价方法	评分标准	扣分	存在问题	改进建议
63.36	12.8.2.12 补气较多时（表压小于 0.2MPa），应进行工频耐压试验	2	【涉及专业】电气一次 补气较多时，为防止设备内绝缘部件由于泄漏而受潮造成绝缘强度下降，应增加工频耐压试验确认绝缘强度	查阅试验报告	补气较多时未进行工频耐压试验及相关检查，扣 2 分			
63.37	12.8.2.13 交接时六氟化硫气体含水量小于 250μL/L。运行中不应超过 500μL/L（换算至 20℃算），若超标时应进行处理	3	【涉及专业】电气一次、化学 交接及运行中六氟化硫气体湿度的要求	查阅交接报告	（1）交接时未进行气体含水量检测，扣 3 分。 （2）含水量超标未进行处理，扣 3 分			
63.38	12.8.2.14 设备故障跳闸后，应进行六氟化硫气体分解产物检测，以确定内部有无放电。避免带故障强送再次放电	5	【涉及专业】电气一次 故障情况处理措施，通过气体成分检测保证内部无故障后再送电	查阅试验报告	（1）设备跳闸未进行气体分解产物检测直接投入运行，扣 5 分。 （2）气体分解产物检测结果超标，未进行分析处理投入运行，扣 5 分			
63.39	12.8.2.15 对长期微渗的互感器应重点开展六氟化硫气体微水量的检测，必要时可缩短检测时间，以掌握六氟化硫电流互感器气体微水量变化趋势	5	【涉及专业】电气一次 内部含水量较高在电弧作用下会产生腐蚀性产物，同时可能凝露，造成沿面闪络	查阅试验报告	（1）对长期微渗的互感器未开展微水检测，扣 5 分。 （2）微水含量超标未及时进行查漏处理，扣 5 分			
	13 防止 GIS、开关设备事故		【涉及专业】电气一次、电气二次、化学					
64	**13.1 防止 GIS（包括 HGIS）、六氟化硫断路器事故**	**100**	【涉及专业】电气一次、电气二次、化学，共 30 条					
64.1	13.1.1 加强对 GIS、六氟化硫断路器的选型、订货、安装调试、验收及投运的全过程管理。应选择具有良好运行业绩和成熟制造经验生产厂家的产品	1	【涉及专业】电气一次 GIS、六氟化硫断路器一旦安装，运行中出现质量问题会给用户带来很多问题，因此应选择业绩良好的厂家	查阅订货协议及设备说明书	不符合要求，扣 1 分			

编号	二十五项重点要求内容	标准分	评价要求	评价方法	评分标准	扣分	存在问题	改进建议
64.2	13.1.2 新订货断路器应优先选用弹簧机构、液压机构（包括弹簧储能液压机构）	1	【涉及专业】电气一次 弹簧机构现场维护最小，液压机构运行较为平稳而优先选用	查阅订货协议及设备说明书	不符合要求，扣1分			
64.3	13.1.3 GIS 在设计过程中应特别注意气室的划分，避免某处故障后劣化的六氟化硫气体造成 GIS 的其他带电部位的闪络，同时也应考虑检修维护的便捷性，保证最大气室气体量不超过 8h 的气体处理设备的处理能力	1	【涉及专业】电气一次 设备采购阶段执行，故障时缩小影响范围，尽量缩短现场处理时间	查阅订货协议及设备说明书	不符合要求，扣1分			
64.4	13.1.4 GIS、六氟化硫断路器设备内部的绝缘操作杆、盆式绝缘子、支撑绝缘子等部件必须经过局部放电试验方可装配，要求在试验电压下单个绝缘件的局部放电量不大于 3pC	1	【涉及专业】电气一次 GIS 和 SF₆断路器中的绝缘拉杆、盆式绝缘子、支撑绝缘子等绝缘部件，可能由开关制造厂生产也可能由制造厂外部购入，在绝缘件正式装配前，应保证 GIS 和 SF₆断路器内的各绝缘件均通过了局部放电检测试验，且要求单个绝缘件局部放电最不大于 3pC	查阅绝缘件局放出厂资料报告	（1）绝缘件未逐件进行局部放电试验，扣1分。 （2）单个绝缘件局部放电量超标仍使用，扣1分			
64.5	13.1.5 断路器、隔离开关和接地开关出厂试验时应进行不少于 200 次的机械操作试验，以保证触头充分磨合。200 次操作完成后应彻底清洁壳体内部，再进行其他出厂试验	2	【涉及专业】电气一次 制造阶段执行，参照制造厂的相关要求，出厂前保证触头磨合良好	查阅出厂资料	出厂试验操作试验不符合要求，扣2分			

编号	二十五项重点要求内容	标准分	评价要求	评价方法	评分标准	扣分	存在问题	改进建议
64.6	13.1.6 六氟化硫密度继电器与开关设备本体之间的连接方式应满足不拆卸校验密度继电器的要求。密度继电器应装设在与断路器或GIS本体同一运行环境温度的位置，以保证其报警、闭锁触点正确动作。220kV及以上GIS分箱结构的断路器每相应安装独立的密度继电器。户外安装的密度继电器应设置防雨罩，密度继电器防雨箱（罩）应能将表、控制电缆接线端子一起放入，防止指示表、控制电缆接线盒和充放气接口进水受潮	5	【涉及专业】电气一次 参照制造厂的相关要求；避免经常性拆装破坏密封，室外部分的防雨、防潮措施必须执行	查看现场，查阅密度继电器校验报告	（1）不满足不拆卸校验密度继电器，扣5分。 （2）密度继电器未定期校验，扣5分。 （3）无防雨措施，扣2分			
64.7	13.1.7 为便于试验和检修，GIS的母线避雷器和电压互感器、电缆进线间隔的避雷器、线路电压互感器应设置独立的隔离开关或隔离断口；架空进线的GIS线路间隔的避雷器和线路电压互感器宜采用外置结构	2	【涉及专业】电气一次 GIS中的避雷器、电压互感器耐压水平与GIS设备不一致，一般较GIS中断路器、隔离开关等元件的额定耐压水平低。因此对于GIS的母线避雷器和电压互感器应设置独立的隔离开关或隔离断口。对于架空进线的GIS间隔，考虑试验的方便性及设备可靠性，应将线路避雷器和电压互感器设计为外置式常规设备	查看现场	避雷器、互感器配置不符合要求，扣2分			
64.8	13.1.8 为防止机组并网断路器单相异常导通造成机组损伤，220kV及以下电压等级的机组并网的断路器应采用三相机械联动式结构	2	【涉及专业】电气一次 设备采购阶段执行，为防止单相异常导通采用三相机械联动结构	查阅订货协议及设备说明书	新投运并网断路器操动机构不符合三相机械联动要求，扣2分			

编号	二十五项重点要求内容	标准分	评价要求	评价方法	评分标准	扣分	存在问题	改进建议
64.9	13.1.9 机组并网断路器宜在并网断路器与机组侧隔离开关间装设带电显示装置，在并网操作时先合入并网断路器的母线侧隔离开关，确认装设的带电显示装置显示无电时方可合入并网断路器的机组/主变压器侧隔离开关	2	**【涉及专业】电气一次** 在并网前及解列后，应现场核对其机械位置，且根据互感器或带电显示装置确认触头状态，防止非全相并网及非全相解列	查阅订货协议及设备说明书	并网操作时未采取防止全相并网措施，扣2分			
64.10	13.1.10 用于低温（最低温度为－30℃及以下）、重污秽 e 级或沿海 d 级地区的 220kV 及以下电压等级 GIS，宜采用户内安装方式	2	**【涉及专业】电气一次** 部分 GIS 设备在设计、试验中未充分考虑户外使用环境的影响，出现 GIS 外壳、机构箱锈蚀、脱皮等现象。因此建议低温、污秽以及沿海区域 GIS 户内安装	查阅订货协议及设备说明书	特定环境 GIS 安装方式不符合要求，扣2分			
64.11	13.1.11 开关设备机构箱、汇控箱内应有完善的驱潮防潮装置，防止凝露造成二次设备损坏	3	**【涉及专业】电气一次** 采取有效的驱潮、防潮措施	查看现场	开关设备机构箱、汇控箱内没有完善的驱潮、防潮装置，扣3分			
64.12	13.1.12 室内或地下布置的 GIS、六氟化硫开关设备室，应配置相应的六氟化硫泄漏检测报警、强力通风及氧含量检测系统	5	**【涉及专业】电气一次** 按要求配置相应的六氟化硫泄漏检测报警、强力通风及氧含量检测系统	查看现场	（1）未安装六氟化硫泄漏报警装置，扣5分。 （2）未安装通风装置，扣5分。 （3）未安装氧含量装置，扣5分			
64.13	13.1.13 GIS、罐式断路器及 500kV 及以上电压等级的柱式断路器现场安装过程中，必须采取有效的防尘措施，如移动防尘帐篷等，GIS	4	**【涉及专业】电气一次** 在开关设备安装及解体检修过程中，严格执行设备厂家有关要求，控制安装质量，防止异物进入导致运行时放电	查阅安装记录及检修文件包	（1）检修文件包无防尘措施，扣4分。 （2）开关设备安装过程中未达要求，扣4分			

编号	二十五项重点要求内容	标准分	评价要求	评价方法	评分标准	扣分	存在问题	改进建议
64.13	的孔、盖等打开时，必须使用防尘罩进行封盖。安装现场环境太差、尘土较多或相邻部分正在进行土建施工等情况下应停止安装	4						
64.14	13.1.14 六氟化硫开关设备现场安装过程中，在进行抽真空处理时，应采用出口带有电磁阀的真空处理设备，且在使用前应检查电磁阀动作可靠，防止抽真空设备意外断电造成真空泵油倒灌进入设备内部。并且在真空处理结束后应检查抽真空管的滤芯有无油渍。为防止真空度计水银倒灌进行设备中，禁止使用麦氏真空计	3	【涉及专业】电气一次 GIS设备在安装及解体检修过程中抽真空处理时间较长，且一般安装现场施工电源不可靠，可能随时断电。如果真空处理设备电磁阀不可靠，极有可能将真空泵油倒吸入GIS设备内部，造成设备绝缘脏污	查阅安装记录及检修文件包	设备抽真空设备未配置电磁阀，扣3分			
64.15	13.1.15 GIS安装过程中必须对导体是否插接良好进行检查，特别对可调整的伸缩节及电缆连接处的导体连接情况应进行重点检查	4	【涉及专业】电气一次 GIS安装过程中调节伸缩节可能造成内部导体接触不良，运行中伸缩节处导体发热可能造成绝缘击穿。一般采用回路电阻测试来验证导体是否接触到位	查阅安装记录及检修文件包，查阅安装记录	设备安装过程中未达要求，扣4分			
64.16	13.1.16 严格按有关规定对新装GIS、罐式断路器进行现场耐压，耐压过程中应进行局部放电检测，有条件时可对GIS设备进行现场冲击耐压试验。GIS出厂试验、	4	【涉及专业】电气一次 工频耐压和冲击耐压试验对发现GIS内部的不同类型缺陷灵敏度不同，但由于交流电压试验现场较容易实施，故一般采用交流电压试验。在交流电压施加的同时，应该采用超声波或超高频等不同手段进行局部放	查阅交接试验报告	（1）交接耐压试验不符合GB 50150—2016要求，扣4分。 （2）耐压过程未开展局部放电检测，扣4分。			

编号	二十五项重点要求内容	标准分	评价要求	评价方法	评分标准	扣分	存在问题	改进建议
64.16	现场交接耐压试验中,如发生放电现象,不管是否为自恢复放电,均应解体或开盖检查、查找放电部位。对发现有绝缘损伤或有闪络痕迹的绝缘部件均应进行更换	4	电测量,该局部放电测量是交流耐压试验的一个极好的补充。交接试验按照 GB 50150—2016《电气装置安装工程电气设备交接试验标准》的要求执行		(3)耐压试验过程发生异常或局部放电检测不合格,未进行排查处理即投入运行,扣 4 分			
64.17	13.1.17 断路器安装后必须对其二次回路中的防跳继电器、非全相继电器进行传动,并保证在模拟手合于故障条件下断路器不会发生跳跃现象	3	【涉及专业】电气二次 如果断路器二次回路中的防跳继电器动作时间大于断路器分闸时间,则在手合于故障时会发生断路器跳跃现象	查阅交接试验报告	未进行防跳继电器、非全相继电器传动试验,扣 3 分			
64.18	13.1.18 加强断路器合闸电阻的检测和试验,防止断路器合闸电阻缺陷引发故障。在断路器产品出厂试验、交接试验及例行试验中,应对断路器主触头与合闸电阻触头的时间配合关系进行测试,有条件时应测量合闸电阻的阻值	5	【涉及专业】电气一次 (1)合闸电阻结构复杂,故障率较高,在交接和例行试验中都应进行与主触头的配合时间测试,有条件时还应测试电阻的阻值,防止合闸电阻故障。 (2)合闸电阻的投入时间是指合闸电阻的有效投入时间,就是从辅助触头刚接通到主触头闭合的一段时间。主触头与合闸电阻触头的时间配合关系应符合制造厂要求。 (3)GIS、SF_6 合闸电阻布置在内部,只有解体检修时才具备测试条件	查阅检修文件包及试验报告	(1)规程无断路器合闸电阻投入时间测试要求,扣 5 分。 (2)未开展合闸电阻投入时间测试,扣 5 分。 (3)有测试条件时未测量合闸电阻阻值,扣 5 分			
64.19	13.1.19 六氟化硫气体必须经六氟化硫气体质量监督管理中心抽检合格,并出具检测报告后方可使用	5	【涉及专业】电气一次 加强六氟化硫气体监督管理: (1)新气应具有生产厂家名称,气体净重、日期、批号及质量检验单。	查阅气体管理规定及新购置六氟化硫气体抽检记录	(1)无六氟化硫气体管理内容,扣 5 分。 (2)未进行六氟化硫气体抽检,扣 3 分			

编号	二十五项重点要求内容	标准分	评价要求	评价方法	评分标准	扣分	存在问题	改进建议
64.19		5	（2）应随机进行抽检，产品 2～40 瓶时抽检 2 瓶，41～70 瓶时抽检 3 瓶，71 瓶以上时抽检 4 瓶。 （3）当有任一项不符合技术要求时，应加倍抽检，如仍有不符合要求的气体，则判定该批次产品不合格					
64.20	13.1.20 六氟化硫气体注入设备后必须进行湿度试验，且应对设备内气体进行六氟化硫纯度检测，必要时进行气体成分分析	3	【涉及专业】电气一次 六氟化硫设备安装、补气时执行，保证气体品质达到要求：气体露点≤−49.7℃，六氟化硫纯度质量比≥99.9%	查阅补气记录及气体检测报告	（1）补气工作无相关记录，扣3分。 （2）未进行湿度、纯度检测，每项扣2分			
64.21	13.1.21 应加强运行中 GIS 和罐式断路器的带电局部放电检测工作。在大修后应进行局部放电检测，在大负荷前、经受短路电流冲击后必要时应进行局部放电检测，对于局部放电置异常的设备，应同时结合六氟化硫气体分解物检测技术进行综合分析和判断	5	【涉及专业】电气一次 在 GIS 检修、受到冲击或怀疑存在异常时应开展局部放电检测，局部放电检测异常时参考六氟化硫分解产物结果。 另外根据 DL/T 1359—2014《六氟化硫电气设备故障气体分析和判断方法》和 DL/T 1250—2013《气体绝缘金属封闭开关设备带电超声波局部放电检测应用导则》的要求，定期开展分解产物及超声波局部放电检测	查阅厂内预试规程及试验报告	（1）规程中无局部放电、六氟化硫检测内容，扣5分。 （2）规程中未明确超声波局部放电检测周期，扣3分。 （3）未明确六氟化硫检测条件，扣2分。 （4）超声波局部放电检测超期，扣2分			
64.22	13.1.22 为防止运行断路器绝缘拉杆断裂造成拒动，应定期检查分合闸缓冲器，防止由于缓冲器性能不良使绝缘拉杆在传动过程中受冲击，同时应加强监视分合闸指示器与绝缘拉杆相连	5	【涉及专业】电气一次 相关设备运行维护中执行二十五项反措要求，避免出现拉杆松脱情况	查阅厂内检修记录	（1）未进行防止拉杆松脱针对性检查工作，扣5分。 （2）厂内使用螺旋式连接结构绝缘拉杆断路器且未改造，扣5分			

编号	二十五项重点要求内容	标准分	评价要求	评价方法	评分标准	扣分	存在问题	改进建议
64.22	的运动部件相对位置有无变化，或定期进行合、分闸行程曲线测试。对于采用"螺旋式"连接结构绝缘拉杆的断路器应进行改造	5						
64.23	13.1.23 当断路器液压机构突然失压时应申请停电处理。在设备停电前，严禁人为启动油泵，防止断路器慢分	5	【涉及专业】电气一次 在运行规程中明确液压机构失压应对措施	查阅运行规程	运行规程中无断路器液压机构失压情况处理措施，扣5分			
64.24	13.1.24 对气动机构应加装汽水分离装置和排污装置，对液压机构应注意液压油油质的变化，必要时应及时滤油或换油	4	【涉及专业】电气一次、化学 防止压缩空气中湿度过大，在低温情况下结冰导致断路器拒动。液压机构中油质不合格也会造成动作故障	查看设备结构及定期工作情况	（1）气动机构无汽水分离装置和排污装置，扣4分。 （2）使用液压机构的电厂，无定期检查油质措施，扣4分			
64.25	13.1.25 加强开关设备外绝缘的清扫或采取相应的防污闪措施，当并网断路器断口外绝缘积雪、严重积污时不得进行启机并网操作	4	【涉及专业】电气一次 在规程中明确相关要求，设备停电时进行外绝缘清扫	查阅规程及定期工作	（1）规程无相关规定，扣4分。 （2）未建立外绝缘爬电距离台账，扣2分。 （3）采取喷涂RTV材料防污闪措施但未进行过憎水性试验的扣4分，憎水性试验超期，扣2分			
64.26	13.1.26 当断路器大修时，应检查液压（气动）机构分、合闸阀的阀针脱机装置是否松动或变形，防止由于阀针松动或变形造成断路器拒动	5	【涉及专业】电气一次 在开关大修项目中，重点检查阀针装置	查阅断路器检修文件包及检修记录	检修文件包无阀针检测内容，扣5分			

编号	二十五项重点要求内容	标准分	评价要求	评价方法	评分标准	扣分	存在问题	改进建议
64.27	13.1.27　弹簧机构断路器应定期进行机械特性试验，测试其行程曲线是否符合厂家标准曲线要求	4	【涉及专业】电气一次 （1）机械特性参数与断路器的开断性能密切相关。行程特性曲线的测试尤为重要，它能连续反映断路器分、合闸全行程中的"时间—行程"特性。 （2）目前已经发现多起因为弹簧材质等原因产生的弹簧性能下降，而此种性能变化不能在断路器运行中及时发现，必须通过过程特性曲线的测试来发现	查阅试验报告	（1）新装或大修时未开展机械特性试验，扣4分。 （2）分合闸速度、时间、分合闸不同期等项目，缺一项扣2分			
64.28	13.1.28　对处于严寒地区、运行10年以上的罐式断路器，应结合例行试验检查瓷质套管法兰浇装部位防水层是否完好，必要时应重新复涂防水胶	3	【涉及专业】电气一次 主变压器高压侧电压等级的瓷质套管均应按二十五项反措要求开展相关工作	查阅检修记录	（1）例行检查无相关内容，扣3分。 （2）防水层存在缺陷未及时处理，扣3分			
64.29	13.1.29　加强断路器操作机构的检查维护，保证机构箱密封良好，防雨、防尘、通风、防潮等性能良好，并保持内部干燥清洁	2	【涉及专业】电气一次 检修时开展操作机构箱密封检查及附件更换	查看现场	机构密封不良导致灰尘、潮气进入，扣2分			
64.30	13.1.30　加强辅助开关的检查维护，防止由于辅助触点腐蚀、松动变位、转换不灵活、切换不可靠等原因造成开关设备拒动	5	【涉及专业】电气一次 检修时开展辅助开关重点部位检查维护工作	查阅检修规程	（1）无辅助开关检查维护内容，扣5分。 （2）存在可能造成开关拒动的情况一项，扣3分			

编号	二十五项重点要求内容	标准分	评价要求	评价方法	评分标准	扣分	存在问题	改进建议
65	**13.2 防止敞开式隔离开关、接地开关事故**	**100**	【涉及专业】电气一次，共12条					
65.1	13.2.1 220kV及以上电压等级隔离开关和接地开关在制造厂必须进行全面组装，调整好各部件的尺寸，并做好相应的标记	5	【涉及专业】电气一次 隔离开关和接地开关在工厂内整体组装，在各项性能指标调试合格后，应对传动、转动等部位以及绝缘子配装做醒目标记，现场安装时按照出厂标识组装，保证设备性能一致	查阅出厂记录	不符合要求，扣5分			
65.2	13.2.2 隔离开关与其所配装的接地开关间应配有可靠的机械闭锁，机械闭锁应有足够的强度	5	【涉及专业】电气一次 机械闭锁强度足够保证防止误操作	查看隔离开关与接地开关之间的闭锁结构	不符合要求，扣5分			
65.3	13.2.3 同一间隔内的多台隔离开关的电机电源，在端子箱内必须分别设置独立的开断设备	10	【涉及专业】电气一次、电气二次 避免因同一间隔内的多台隔离开关的电机电源、控制电源存在共用等问题造成误动作	查阅图纸、操作票或运行规程、现场	（1）同一间隔内的多台隔离开关的电机电源、控制电源存在共用等问题，扣10分。 （2）隔离开关控制接触器、继电器、转换开关、位置开关等触点有烧伤或严重氧化现象，扣5分			
65.4	13.2.4 应在隔离开关绝缘子金属法兰与瓷件的浇装部位涂以性能良好的防水密封胶	5	【涉及专业】电气一次 防止因金属法兰锈蚀造成绝缘子断裂事故	查看现场	不符合要求，扣5分			
65.5	13.2.5 新安装或检修后的隔离开关必须进行导电回路电阻测试	5	【涉及专业】电气一次 通过试验确保隔离开关接触到位	查阅试验报告	（1）未开展导电回路电阻试验，扣5分。 （2）回路电阻超标，扣5分			
65.6	13.2.6 新安装的隔离开关手动操作力矩应满足相关技术要求	5	【涉及专业】电气一次 按照设备技术要求进行安装，防止隔离开关部件松动	查阅安装记录	不符合要求，扣5分			

编号	二十五项重点要求内容	标准分	评价要求	评价方法	评分标准	扣分	存在问题	改进建议
65.7	13.2.7 加强对隔离开关导电部分、转动部分、操作机构、瓷绝缘子等的检查，防止机械卡涩、触头过热、绝缘子断裂等故障的发生。隔离开关各运动部位用润滑脂宜采用性能良好的二硫化钼锂基润滑脂	10	【涉及专业】电气一次 防止因润滑脂性能不良造成隔离开关接触不良，电流致热型缺陷	查阅检修文件包和查看现场	（1）检修文件包不包含隔离开关重点机构的检查，扣10分。 （2）隔离开关运动部位润滑脂凝固或过少，扣5分。 （3）未开展红外测温，扣10分			
65.8	13.2.8 为预防GW6型等类似结构的隔离开关运行中"自动脱落分闸"，在检修中应检查操作机构蜗轮、蜗杆的啮合情况，确认没有倒转现象；检查并确认隔离开关主拐臂调整应过死点；检查平衡弹簧的张力应合适	10	【涉及专业】电气一次 GW6型隔离开关为单柱双臂垂直伸缩式结构（即剪刀式），曾经发生过运行中因为蜗轮蜗杆齿轮脱开啮合，机构倒转，造成运行中带负荷分隔离开关。因此，提出针对性检查要点	查阅检修文件包	操作机构啮合情况，隔离开关主拐臂调整，平衡弹簧的张力检查，缺少一项扣5分			
65.9	13.2.9 在运行巡视时，应注意隔离开关、母线支柱绝缘子瓷件及法兰无裂纹，夜间巡视时应注意瓷件无异常电晕现象	10	【涉及专业】电气一次 升压站设备运行期间，可通过运行巡视有效发现绝缘子外部裂纹缺陷。局部区域场强过高时会发生电晕，夜间巡视或通过紫外成像仪可观察变化情况	查看现场	（1）绝缘子、法兰存在裂纹，一处扣10分。 （2）绝缘子存在异常电晕或爬电，一处扣10分			
65.10	13.2.10 隔离开关倒闸操作，应尽量采用电动操作，并远离隔离开关，操作过程中应严格监视隔离开关动作情况，如发现卡滞应停止操作并进行处理，严禁强行操作	15	【涉及专业】电气一次 在运行规程中明确要求，隔离开关倒闸操作要求以及异常情况处理注意事项	查阅运行规程	（1）规程对隔离开关倒闸操作无明确要求，扣15分。 （2）发现卡涩时未明确要求严禁强行操作，扣15分			

编号	二十五项重点要求内容	标准分	评价要求	评价方法	评分标准	扣分	存在问题	改进建议
65.11	13.2.11 定期用红外测温设备检查隔离开关设备的接头、导电部分，特别是在重负荷或高温期间，加强对运行设备温升的监视，发现问题应及时采取措施	10	【涉及专业】电气一次 红外测温是发现设备过热的重要的有效手段，特别是对于设备接头、隔离开关导电回路等	查阅红外巡视记录及报告	（1）重负荷或高温期未开展红外检测工作扣10分。 （2）红外检测报告不规范，如无红外图谱、设备未标识清楚等，一项扣5分。 （3）接头、导电部分温度异常升高未处理，扣10分			
65.12	13.2.12 对新安装的隔离开关，隔离开关的中间法兰和根部进行无损探伤。对运行10年以上的隔离开关，每5年对隔离开关中间法兰和根部进行无损探伤	10	【涉及专业】电气一次 防止瓷瓶断裂造成接地故障，隔离开关因为工作特点，其支撑绝缘子受应力频繁，运行10年以上为故障多发期。通过无损探伤，对潜在缺陷绝缘子进行更换	查阅试验报告	（1）隔离开关投运时未进行无损探伤，扣10分。 （2）运行10年以上隔离开关，未定期开展探伤工作，扣10分			
66	13.3 防止开关柜事故	100	【涉及专业】电气一次，共14条					
66.1	13.3.1 高压开关柜应优先选择LSC2类（具备运行连续性功能）、"五防"功能完备的产品，其外绝缘应满足以下条件： 空气绝缘净距离：不小于125mm（对12kV），不小于300mm（对40.5kV）。 爬电比距：不小于18mm/kV（对瓷质绝缘），不小于20mm/kV（对有机绝缘）。 如采用热缩套包裹导体结构，则该部位必须满足上述空气绝缘净距离要求；如开关柜采用复合绝缘或固体绝缘封装等可靠技术，可适当降低其绝缘距离要求	10	【涉及专业】电气一次 开关柜"五防"的核心是通过开关柜的机械和电气的强制性联锁功能（误分合断路器为提示性），防止运行人员误操作，避免人身及设备受到伤害。因此，高压开关柜必须采用"五防"功能完备的产品	查阅采购技术协议及设备说明书	（1）五防功能不完备，扣10分。 （2）空气绝缘净距不满足要求，扣10分			

编号	二十五项重点要求内容	标准分	评价要求	评价方法	评分标准	扣分	存在问题	改进建议
66.2	13.3.2 开关柜应选用IAC级（内部故障级别）产品，制造厂应提供相应型式试验报告（报告中附试验试品照片）。选用开关柜时应确认其母线室、断路器室、电缆室相互独立，且均通过相应内部燃弧试验，内部故障电弧允许持续时间应不小于0.5s,试验电流为额定短时耐受电流，对于额定短路开断电流31.5kA以上产品可按照31.5kA进行内部故障电弧试验。封闭式开关柜必须设置压力释放通道	10	【涉及专业】电气一次　内部燃弧试验是考核开关柜防护能力的重要手段，对于开关柜内部可能产生电弧的隔室均应进行燃弧试验。封闭式开关柜应设计、制造压力释放通道，以防止开关柜内部发生短路故障时，高温高压气体将柜门冲开，造成运行人员人身伤害事故	查阅采购技术协议及设备说明书	开关柜内部故障级别不符合要求，扣10分			
66.3	13.3.3 高压开关柜内避雷器、电压互感器等柜内设备应经隔离开关（或隔离手车）与母线相连，严禁与母线直接连接。其前面板模拟显示图必须与其内部接线一致，开关柜可触及隔室、不可触及隔室、活门和机构等关键部位在出厂时应设置明显的安全警告、警示标识。柜内隔离金属活门应可靠接地，活门机构应选用可独立锁止的结构，防止检修时人员失误打开活门	10	【涉及专业】电气一次　防止因标识不清、错误导致人员误入间隔或危险区域	查阅采购技术协议及设备说明书	设备采购、安装过程中未达要求，扣10分			

编号	二十五项重点要求内容	标准分	评价要求	评价方法	评分标准	扣分	存在问题	改进建议
66.4	13.3.4 高压开关柜内的绝缘件（如绝缘子、套管、隔板和触头罩等）应采用阻燃绝缘材料	5	【涉及专业】电气一次 高压开关柜内的绝缘材料应采用阻燃型材料，防止开关柜内起火燃烧	查阅采购技术协议及设备说明书	材质阻燃性能不符合要求，扣5分			
66.5	13.3.5 应在开关柜配电室配置通风、除湿防潮设备，防止凝露导致绝缘事故	5	【涉及专业】电气一次 在高压配电室加装通风、除湿设备，改善开关柜运行环境，减少凝露引起的绝缘事故	查阅采购技术协议及设备说明书	防潮措施不符合要求，扣5分			
66.6	13.3.6 开关柜中所有绝缘件装配前均应进行局部放电检测，单个绝缘件局部放电量不大于3pC	5	【涉及专业】电气一次 制造阶段执行绝缘件验收要求，通过局部放电量的要求，可有效达到提高绝缘件质量的目的	查阅采购技术协议及设备说明书	局部放电量不符合要求，扣5分			
66.7	13.3.7 基建中高压开关柜在安装后应对其一、二次电缆进线处采取有效封堵措施	5	【涉及专业】电气一次 基建中按要求加强封堵工作，防止高压开关柜火灾时波及其他临近设备，造成事故范围扩大	查阅安装记录、现场查看	封堵措施不符合要求，扣5分			
66.8	13.3.8 为防止开关柜火灾蔓延，在开关柜的柜间、母线室之间及与本柜其他功能隔室之间应采取有效的封堵隔离措施	5	【涉及专业】电气一次 基建中按要求加强封堵工作，防止事故扩大，减小设备损失	查看现场	防火封堵和隔离措施不符合要求，扣5分			
66.9	13.3.9 高压开关柜应检查泄压通道或压力释放装置，确保与设计图纸保持一致	5	【涉及专业】电气一次 泄压通道和压力释放装置是防止开关柜内部电弧后，对运行操作人员造成伤害的重要保障	查阅采购技术协议及设备说明书	不符合要求，扣5分			
66.10	13.3.10 手车开关每次推入柜内后，应保证手车到位和隔离插头接触良好	10	【涉及专业】电气一次 手车推入后，保证工作位指示正确	查阅操作票	无保证手车到位措施，扣10分			

编号	二十五项重点要求内容	标准分	评价要求	评价方法	评分标准	扣分	存在问题	改进建议
66.11	13.3.11 定期开展超声波局部放电检测、暂态地电压检测，及早发现开关柜内绝缘缺陷，防止由开关柜内部局部放电演变成短路故障	10	【涉及专业】电气一次 局部放电带电检测工作可提前发现特定类型的早期放电故障	查阅试验报告	未开展过局部放电带电检测工作，扣10分			
66.12	13.3.12 开展开关柜温度检测，对温度异常的开关柜强化监测、分析和处理，防止导电回路过热引发的柜内短路故障	5	【涉及专业】电气一次 积极开展温度监测工作，及时发现因电缆与母线连接松动缺陷	查阅定期工作报告或记录	未开展温度监测工作，扣5分			
66.13	13.3.13 加强带电显示闭锁装置的运行维护，保证其与柜门间强制闭锁的运行可靠性。防误操作闭锁装置或带电显示装置失灵应作为严重缺陷尽快予以消除	10	【涉及专业】电气一次 带电闭锁装置既要满足运行可靠性，又要达到防止误操作的目的。因此装置失灵或存在严重缺陷，应尽快消除	查阅运行规程	（1）无相关安全要求，扣10分。 （2）防误操作闭锁装置或带电显示装置失灵未及时处理，扣10分			
66.14	13.3.14 加强高压开关柜巡视检查和状态评估，对操作频繁的开关柜要适当缩短巡检和维护周期	5	【涉及专业】电气一次 开关柜运行中因结构原因，内部状况难以获取，通过状态评估更好的把握绝缘状态	查阅试验报告	（1）未按要求对高压开关柜巡视检查和状态评估，扣5分。 （2）对操作频繁的开关柜未适当缩短巡检和维护周期，扣5分			
	14 防止接地网和过电压事故		【涉及专业】电气一次					
67	**14.1 防止接地网事故**	**100**	【涉及专业】电气一次，共12条					
67.1	14.1.1 在输变电工程设计中，应认真吸取接地网事故教训，并按照相关规程规定的要求，改进和完善接地网设计	5	【涉及专业】电气一次 接地装置的设计选型应依据 GB 50065—2011《交流电气装置的接地设计规范》的规定进行，审查地表电位梯度分布、跨步电势、接触电势、接地阻抗等指标的安全性和合理性，以及防腐、防盗措施的有效性	查阅设计资料	不符合要求，扣5分			

编号	二十五项重点要求内容	标准分	评价要求	评价方法	评分标准	扣分	存在问题	改进建议
67.2	14.1.2 对于110kV（66kV）及以上新建、改建变电站，在中性或酸性土壤地区，接地装置选用热镀锌钢为宜，在强碱性土壤地区或者其站址土壤和地下水条件会引起钢质材料严重腐蚀的中性土壤地区，宜采用铜质、铜覆钢（铜层厚度不小于0.8mm）或者其他具有防腐性能材质的接地网。对于室内变电站及地下变电站应采用铜质材料的接地网。铜材料间或铜材料与其他金属间的连接，须采用放热焊接，不得采用电弧焊接或压接	10	【涉及专业】电气一次 接地装置的选择、敷设及连接应符合 GB 50169—2016《电气装置安装工程接地装置施工及验收规范》的有关要求。主要有以下几点： （1）发电厂、变电站等接地装置应敷设以水平人工接地极为主的接地网，并应设置将自然接地极和人工接地极分开的测量井。 （2）接地装置采用钢材时均应热镀锌，水平敷设的应采用热镀锌的圆钢和扁钢，垂直敷设的应采用热镀锌的角钢、钢管或圆钢。 （3）不应采用铝导体作为接地极或接地线。 （4）水平接地极的截面不应小于连接至该接地装置接地线截面的75%	查阅接地装置选型资料及安装记录	（1）材质不符要求，扣10分。 （2）焊接方式不符合要求，扣10分			
67.3	14.1.3 在新建工程设计中，校验接地引下线热稳定所用电流应不小于远期可能出现的最大值，有条件地区可按照断路器额定开断电流考核；接地装置接地体的截面面积不小于连接至该接地装置接地引下线截面面积的75%，并提出接地装置的热稳定容量计算报告	10	【涉及专业】电气一次 对于新建工程接地装置设计应符合要求，对于已投运电厂，应考察年度接地装置热稳定校验报告。校验方法参考 GB 50065—2011《交流电气装置的接地设计规范》附录 E 高压电气装置接地导体（线）的热稳定校验	查阅接地装置热稳定校核报告	（1）无校验报告，扣10分。 （2）接地装置热稳定不满足要求，未进行改造，扣10分。 （3）电网短路阻抗发生变化，未对接地装置热稳定重新校核，扣5分			

编号	二十五项重点要求内容	标准分	评价要求	评价方法	评分标准	扣分	存在问题	改进建议
67.4	14.1.4 在扩建工程设计中，除应满足 14.1.3 中新建工程接地装置的热稳定容量要求以外，还应对前期已投运的接地装置进行热稳定容量校核，不满足要求的必须进行改造	10	**【涉及专业】电气一次** 扩建工程会引起系统最大运行方式下流过接地体最大接地故障不对称电流变化，在扩建工程投运后原有工程接地装置热稳定容量不满足要求	查阅接地装置热稳定校核报告	（1）扩建工程中未对已投运接地装置进行校验，扣10分。 （2）已投运接地装置热稳定不满足要求，未进行改造扣10分			
67.5	14.1.5 变压器中性点应有两根与接地网主网格的不同边连接的接地引下线，并且每根接地引下线均应符合热稳定校核的要求。主设备及设备架构等宜有两根与主接地网不同干线连接的接地引下线，并且每根接地引下线均应符合热稳定校核的要求。连接引线应便于定期进行检查测试	10	**【涉及专业】电气一次** 两根均满足热稳定要求的接地引下线保证主设备在系统发生故障时可靠接地，避免单根接地引下线因为锈蚀、热容量不足、外力破坏等因素在故障时断开，造成设备损坏	查看现场接地引下线布置情况	（1）变压器中性点、主设备及设备架构等接地引下线热稳定校核不符合要求，扣10分（包含一根不满足要求的情况）。 （2）只有一根接地引下线，扣10分			
67.6	14.1.6 施工单位应严格按照设计要求进行施工，预留设备、设施的接地引下线必须经确认合格，隐蔽工程必须经监理单位和建设单位验收合格，在此基础上方可回填土。同时，应分别对两个最近的接地引下线之间测量其回路电阻，测试结果是交接验收资料的必备内容，竣工时应全部交甲方备存	10	**【涉及专业】电气一次** 接地装置的选择、敷设及连接应符合 GB 50169—2016《电气装置安装工程接地装置施工及验收规范》的有关要求。主要有以下几点： （1）整个接地网外露部分的连接应可靠，接地线规格应正确，防腐层应完好，标识应齐全明显。 （2）避雷针、避雷线、避雷带及避雷网的安装位置及高度应符合设计要求。 （3）接地阻抗、接地电阻值及其他测试参数应符合设计规定	查阅安装记录及试验报告	安装过程以及回路电阻不符合要求，扣10分			

编号	二十五项重点要求内容	标准分	评价要求	评价方法	评分标准	扣分	存在问题	改进建议
67.7	14.1.7 接地装置的焊接质量必须符合有关规定要求，各设备与主接地网的连接必须可靠，扩建接地网与原接地网间应为多点连接。接地线与接地极的连接应用焊接，接地线与电气设备的连接可用螺栓或者焊接，用螺栓连接时应设防松螺母或防松垫片	5	【涉及专业】电气一次 接地装置的选择、敷设及连接应符合 GB 50169—2016《电气装置安装工程接地装置施工及验收规范》的有关要求。主要有以下几点： （1）接地极的连接应采用焊接，接地线与接地极的连接应采用焊接。异种金属接地极之间连接时接头处应采取防止电化学腐蚀的措施。 （2）电气设备上的接地线，应采用热镀锌螺栓连接。 （3）热镀锌钢材焊接时，在焊痕外最小100mm范围内应采取可靠的防腐处理	查阅安装记录	地网连接不符合要求，扣5分			
67.8	14.1.8 对于高土壤电阻率地区的接地网，在接地阻抗难以满足要求时，应采用完善的均压及隔离措施，防止人身及设备事故，方可投入运行。对弱电设备应有完善的隔离或限压措施，防止接地故障时地电位的升高造成设备损坏	5	【涉及专业】电气一次 接地装置的选择、敷设及连接应符合 GB 50169—2016《电气装置安装工程接地装置施工及验收规范》的有关要求。主要有以下几点： （1）在接地网附近有较低电阻率的土壤时，可敷设引外接地网或向外延伸接地极。 （2）在接地电阻不能满足要求时，应由设计确定采取相应的措施，达到要求后方可投入运行	查阅试验报告，查看现场	接地阻抗不满足要求，未采取有效措施，扣5分			
67.9	14.1.9 变电站控制室及保护小室应独立敷设与主接地网紧密连接的二次等电位接地网，在系统发生近区故障和雷击事故时，以降低二次设备间电位差，减少对二次回路的干扰	5	【涉及专业】电气一次 基建阶段执行二次保护对接地网的要求	查阅安装记录	不符合抗干扰要求，扣5分			

358

编号	二十五项重点要求内容	标准分	评价要求	评价方法	评分标准	扣分	存在问题	改进建议
67.10	14.1.10 对于已投运的接地装置，应每年根据变电站短路容量的变化，校核接地装置（包括设备接地引下线）的热稳定容量，并结合短路容量变化情况和接地装置的腐蚀程度有针对性地对接地装置进行改造。对于变电站中的不接地、经消弧线圈接地、经低阻或高阻接地系统，必须按异点两相接地校核接地装置的热稳定容量	10	【涉及专业】电气一次 每年根据继保专业短路电流计算情况，对照接地装置截面进行核对，确保热稳定容量足够，对于不满足于要求的应及时更换	查阅报告	未按照要求每年开展校核工作，扣10分			
67.11	14.1.11 应根据历次接地引下线的导通检测结果进行分析比较，以决定是否需要进行开挖检查、处理	10	【涉及专业】电气一次 依据 DL/T 475—2017《接地装置特性参数测量导则》的要求，宜每年检测一次	查阅试验报告	（1）未开展接地导通试验，扣10分。 （2）试验超过三年未开展，扣5分。 （3）试验结果不符合要求，未采取开挖检查措施，扣5分			
67.12	14.1.12 定期（时间间隔应不大于5年）通过开挖抽查等手段确定接地网的腐蚀情况，铜质材料接地体的接地网不必定期开挖检查。若接地网接地阻抗或接触电压和跨步电压测量不符合设计要求，怀疑接地网被严重腐蚀时，应进行开挖检查。如发现接地网腐蚀较为严重，应及时进行处理	10	【涉及专业】电气一次 （1）检查接地网腐蚀情况，保证地网参数符合设计要求。 （2）对于非铜质材料地网，每隔5年应进行一次开挖，对于腐蚀严重的应及时处理。 （3）依据 DL/T 475—2017《接地装置特性参数测量导则》的要求，开展接地阻抗或接触电压、跨步电压测试，时间不超过6年。结果不符合设计要求的，也可进行开挖工作	查阅试验报告及开挖记录	（1）未定期开展地网接地阻抗测量，扣10分。 （2）非铜质地网开挖检查超期，扣5分。 （3）接地阻抗不符合设计要求，未采取改造措施，扣5分			

编号	二十五项重点要求内容	标准分	评价要求	评价方法	评分标准	扣分	存在问题	改进建议
68	**14.2 防止雷电过电压事故**	**100**	【涉及专业】电气一次，共6条					
68.1	14.2.1 设计阶段应因地制宜开展防雷设计，除地闪密度小于0.78次/（km²·年）的雷区外，220kV及以上线路一般应全线架设双地线，110kV线路应全线架设地线	15	【涉及专业】电气一次 在线路投运后，降低绕击跳闸的手段非常有限。因此对于新建线路，在设计阶段减小边导线保护角（地线保护角）是行之有效的根本措施。新建输电线路应按照当地雷区分布图，逐步采用雷害评估技术取代传统雷电日和雷击跳闸率经验计算公式，并按照线路在电网中的位置、作用和沿线雷区分布，区别重要线路和一般线路进行差异化防雷设计	查阅防雷设计资料	不符合要求，扣15分			
68.2	14.2.2 对符合以下条件之一的敞开式变电站应在110~220kV进出线间隔入口处加装金属氧化物避雷器： （1）变电站所在地区年平均雷暴日不小于50日或者近3年雷电监测系统记录的平均落雷密度不小于3.5次/（km²·年）。 （2）变电站110~220kV进出线路走廊在距变电站15km范围内穿越雷电活动频繁（平均雷暴日数不小于40日或近3年雷电监测系统记录的平均落雷密度大于等于2.8次/（km²·年）的丘陵或山区。 （3）变电站已发生过雷电波侵入造成断路器等设备损坏。 （4）经常处于热备用状态的线路	20	【涉及专业】电气一次 （1）本条主要针对110~220kV进出线间隔金属氧化物避雷器配置问题。DL/T 620—1997《交流电气装置的过电压保护和绝缘配合》仅对母线避雷器配置提出要求，部分电厂出线近区发生雷击，雷电波侵入造成设备损坏。因此对符合上述4种情况的开关站，进出线间隔应配置金属氧化物避雷器。 （2）GB/T 50064—2014《交流电气装置的过电压保护和绝缘配合设计规范》第5.4.13条对范围Ⅰ发电厂高压配电装置的雷电侵入波过电压保护提出了全面详细的要求	查看现场	电厂符合上述4种情况之一，但未在进出线加装金属氧化物避雷器，扣20分			

编号	二十五项重点要求内容	标准分	评价要求	评价方法	评分标准	扣分	存在问题	改进建议
68.3	14.2.3 架空输电线路的防雷措施应按照输电线路在电网中的重要程度、线路走廊雷电活动强度、地形地貌及线路结构的不同,进行差异化配置,重点加强重要线路以及多雷区、强雷区内杆塔和线路的防雷保护。新建和运行的重要线路,应综合采取减小地线保护角、改善接地装置、适当加强绝缘等措施降低线路雷害风险。针对雷害风险较高的杆塔和线段宜采用线路避雷器保护。线路杆塔地线宜同期加装接地引下线,并与变电站内地网可靠连接	15	【涉及专业】电气一次 设计阶段执行高压架空输电线路的雷电过电压保护设计要求,按照二十五项反措内容执行	查阅线路防雷设计资料	不符合要求,扣15分			
68.4	14.2.4 加强避雷线运行维护工作,定期打开部分线夹检查,保证避雷线与杆塔接地点可靠连接。对于具有绝缘架空地线的线路,要加强放电间隙的检查与维护,确保动作可靠	15	【涉及专业】电气一次 保证避雷线接地良好,绝缘架空地线放电间隙动作可靠,减少对通信的干扰	查看避雷线运行维护工作	线路停电时未开展线夹检查工作,扣15分			
68.5	14.2.5 严禁利用避雷针、变电站构架和带避雷线的杆塔作为低压线、通信线、广播线、电视天线的支柱	20	【涉及专业】电气一次 防止雷击时避雷针及其所在构架、杆塔电位抬升,造成低压线、通信线等损坏	查看现场	不符合要求,扣20分			

编号	二十五项重点要求内容	标准分	评价要求	评价方法	评分标准	扣分	存在问题	改进建议
68.6	**14.2.6** 在土壤电阻率较高地段的杆塔，可采用增加垂直接地体、加长接地带、改变接地形式、换土或采用接地模块等措施降低杆塔接地电阻值	15	【涉及专业】电气一次 降低杆塔接地电阻值可有效降低雷击闪络故障的发生率	查看现场，查阅设计资料	高土壤电阻率区域杆塔未采取降阻措施，扣15分			
69	**14.3 防止变压器过电压事故**	100	【涉及专业】电气一次，共3条					
69.1	**14.3.1** 切合 110kV 及以上有效接地系统中性点不接地的空载变压器时，应先将该变压器中性点临时接地	30	【涉及专业】电气一次 因断路器非同期操作、线路非全相断线等原因造成变压器中性点电位异常抬升，可能导致变压器中性点绝缘损坏，或中性点避雷器（如有）发生爆炸	查阅运行规程、操作票	（1）运行规程无相关规定，扣30分。 （2）切合 110kV 及以上有效接地系统中性点不接地的空载变压器时，未先将该变压器中性点临时接地，扣30分			
69.2	**14.3.2** 为防止在有效接地系统中出现孤立不接地系统并产生较高工频过电压的异常运行工况，110～220kV不接地变压器的中性点过电压保护应采用棒间隙保护方式。对于 110kV 变压器，当中性点绝缘的冲击耐受电压不大于 185kV 时，还应在间隙旁并联金属氧化物避雷器，间隙距离及避雷器参数配合应进行校核。间隙动作后，应检查间隙的烧损情况并校核间隙距离	50	【涉及专业】电气一次 针对中性点绝缘水平较低的旧型号变压器，提出防止中性点绝缘损坏的措施	查看现场	（1）间隙动作后未检查烧蚀情况，扣30分。 （2）未开展间隙距离校核，扣50分			

编号	二十五项重点要求内容	标准分	评价要求	评价方法	评分标准	扣分	存在问题	改进建议
69.3	14.3.3 对于低压侧有空载运行或者带短母线运行可能的变压器，宜在变压器低压侧装设避雷器进行保护	20	【涉及专业】电气一次 防止高压侧雷电波耦合到低压侧，造成绝缘损坏，配置避雷器进行保护	查看避雷器配置情况	不符合要求，扣20分；如运行情况良好且雷电活动不频繁，可不扣分			
70	**14.4 防止谐振过电压事故**	**100**	**【涉及专业】电气一次，共2条**					
70.1	14.4.1 为防止110kV及以上电压等级断路器断口均压电容与母线电磁式电压互感器发生谐振过电压，可通过改变运行和操作方式避免形成谐振过电压条件。新建或改造敞开式变电站应选用电容式电压互感器	50	【涉及专业】电气一次 防止铁磁谐振过电压，发生谐振后应妥善处置，全面检查设备，项目包括外观检查、绕组直流电阻、油色谱	查阅运行操作要求	（1）未制定投切空载母线的针对性措施步骤，扣50分。 （2）发生铁磁谐振后未对电压互感器进行检查即投入运行，扣50分			
70.2	14.4.2 为防止中性点非直接接地系统发生由于电磁式电压互感器饱和产生的铁磁谐振过电压，可采取以下措施： （1）选用励磁特性饱和点较高的，在 $1.9U_m/\sqrt{3}$ 电压下，铁芯磁通不饱和的电压互感器。 （2）在电压互感器（包括系统中的用户站）一次绕组中性点对地间串接线性或非线性消谐电阻、加零序电压互感器或在开口三角绕组加阻尼或其他专门消除此类谐振的装置。	50	【涉及专业】电气一次 根据实际情况选择合适的防止铁磁谐振措施	查阅电厂防止铁磁谐振措施	未采取防止铁磁谐振措施，扣50分			

编号	二十五项重点要求内容	标准分	评价要求	评价方法	评分标准	扣分	存在问题	改进建议
70.2	（3）10kV 及以下用户电压互感器一次中性点应不直接接地	50						
71	**14.6 防止无间隙金属氧化物避雷器事故**	100	【涉及专业】电气一次，共3条					
71.1	14.6.1 对金属氧化物避雷器，必须坚持在运行中按规程要求进行带电试验。当发现异常情况时，应及时查明原因。35kV 及以上电压等级金属氧化物避雷器可用带电测试替代定期停电试验，但对 500kV 金属氧化物避雷器应 3～5 年进行一次停电试验	40	【涉及专业】电气一次 （1）带电试验包括在线泄漏电流和红外检测两个内容。 （2）注意趋势分析，对于阻性电流异常增大时应分析原因	查阅试验规程，查阅在线泄漏电流检测报告及红外检测报告	（1）规程中未规定带电试验内容，扣40分。 （2）在线泄漏电流试验不规范，如数据偏差较大、无阻性电流等，一项扣10分。 （3）阻性电流异常增大未进行复测或原因分析，扣40分			
71.2	14.6.2 严格遵守避雷器交流泄漏电流测试周期，雷雨季节前后各测量一次，测试数据应包括全电流及阻性电流	30	【涉及专业】电气一次 避雷器运行泄漏电流可有效发现阀片绝缘缺陷，本条款比 DL/T 596—1996《电力设备预防性试验规程》规定的雷雨季节前要求更加严格，雷雨季节前后测量，保证及时掌握避雷器阀片状态	查阅试验报告	（1）未开展交流泄漏电流测试，扣30分。 （2）不满足雷雨季节前后各测一次，扣20分			
71.3	14.6.3 110kV 及以上电压等级避雷器应安装交流泄漏电流在线监测表计。对已安装在线监测表计的避雷器，有人值班的变电站每天至少巡视一次，每半月记录一次，并加强数据分析。无人值班变电站可结合设备巡视周期进行巡视并记录，强雷雨天气后应进行特巡	30	【涉及专业】电气一次 避雷器泄漏电流在线监测应严格按照周期进行，试验数据应有专人进行分析，全电流增长超过 20% 时应进行带电测试，测量全电流和阻性电流，并进行分析、判断，必要时进行停电直流试验。运行巡视周期执行电厂规程	查阅运行巡视记录	（1）运行无避雷器在线标记巡视记录，扣30分。 （2）数据记录超过半月一次，扣15分。 （3）数据存在明显增长时无分析记录，扣20分			

编号	二十五项重点要求内容	标准分	评价要求	评价方法	评分标准	扣分	存在问题	改进建议
	15 防止输电线路事故		【涉及专业】电气一次、金属，共49条					
72	**15.1 防止倒塔事故**	100	【涉及专业】电气一次、金属，共13条					
72.1	15.1.1 在特殊地形、极端恶劣气象环境条件下重要输电通道宜采取差异化设计，适当提高重要线路防冰、防洪、防风等设防水平	5	【涉及专业】电气一次 为防止在特殊地形、极端恶劣气象环境条件下重要输电通道完全中断，造成较大损失	查看杆塔型式	对于上述特殊环境下杆塔无加强线路设防水平，扣5分			
72.2	15.1.2 线路设计时应预防不良地质条件引起的倒塔事故，应避让可能引起杆塔倾斜、沉陷、不均匀沉降的矿场采空区及岩溶、滑坡、泥石流等不良地质区；不能避让的线路，应进行稳定性评估，并根据评估结果采取地基处理（如灌浆）、合理的杆塔和基础型式（如大板基础）、加长地脚螺栓等预防塌陷措施	10	【涉及专业】电气一次 设计阶段执行，针对地质条件不良区域，提出加固要求	查阅设计资料	未采取防止倒塔设计要求，扣10分			
72.3	15.1.3 对于易发生水土流失、洪水冲刷、山体滑坡、泥石流等地段的杆塔，应采取加固基础、修筑挡土墙（桩）、截（排）水沟、改造上下边坡等措施，必要时改迁路径。分洪区和洪泛区的杆塔必要时应考虑冲刷作用及漂浮物的撞击影响，并采取相应防护措施	10	【涉及专业】电气一次 设计阶段执行，针对易发生地质灾害区域提出防灾要求	查阅设计资料	不符合要求，扣10分			

编号	二十五项重点要求内容	标准分	评价要求	评价方法	评分标准	扣分	存在问题	改进建议
72.4	15.1.4 对于河网、沼泽、鱼塘等区域的杆塔，应慎重选择基础型式，基础顶面应高于5年一遇洪水位，如有必要应配置基础围堰、防撞和警示设施	10	【涉及专业】电气一次 针对位于水中的杆塔基础提出要求	查看基础型式及顶高	不符合要求，扣10分			
72.5	15.1.5 新建110kV（66kV）及以上架空输电线路在农田、人口密集地区不宜采用拉线塔。已使用的拉线塔如果存在盗割、碰撞损伤等风险应按轻重缓急分期分批改造，其中拉V塔不宜连续超过3基，拉门塔等不宜连续超过5基	10	【涉及专业】电气一次 针对位于农田、人口密集地区的杆塔提出不宜采用拉线塔要求	查看杆塔型式	已使用的拉线塔如存在盗割、碰撞损伤等问题未改造，扣10分			
72.6	15.1.6 隐蔽工程应留有影像资料，并经监理单位和运行单位质量验收合格后方可掩埋	10	【涉及专业】电气一次 隐蔽工程是线路施工的重要环节，掩埋并组立杆塔、放线后，检查不便，即使发现问题也很难采取补救措施。因此，竣工验收时应加强隐蔽工程的检查验收，必须留有影像资料。考虑到目前输变电设备建设的实际情况，由运行单位配合监理单位共同负责隐蔽工程验收工作	查阅安装记录	不符合要求，扣10分			
72.7	15.1.7 新建35kV及以上线路不应选用混凝土杆；新建线路在选用混凝土杆时，应采用在根部标有明显埋入深度标识的混凝土杆	5	【涉及专业】电气一次 设计阶段执行，少量电厂外接电源时，线路杆塔应符合要求	查看杆塔情况	35kV以上新建线路如使用混凝土杆，扣5分			

编号	二十五项重点要求内容	标准分	评价要求	评价方法	评分标准	扣分	存在问题	改进建议
72.8	15.1.8 运行维护单位应结合本单位实际制订防止倒塔事故预案，并在材料、人员上予以落实；并应按照分级储备、集中使用的原则，储备一定数量的事故抢修塔	5		查阅防止倒杆事故预案	(1) 未制定预案，扣5分。 (2) 预案不详细、不具有可操作性等，扣5分			
72.9	15.1.9 应对遭受恶劣天气后的线路进行特巡，当线路导、地线发生覆冰、舞动时应做好观测记录，并进行杆塔螺栓松动、金具磨损等专项检查及处理	5	【涉及专业】电气一次 为防止因恶劣天气、基础受损等造成倒塔事故，应加强铁塔基础的检查和维护工作，加强特殊天气巡视工作	查阅线路巡检文件	(1) 未制定恶劣天气特巡要求，扣5分。 (2) 巡检无记录，扣5分。 (3) 停电时未对螺栓、金具进行专项检测，扣5分			
72.10	15.1.10 加强铁塔基础的检查和维护，对塔腿周围取土、挖沙；采石、堆积、掩埋、水淹等可能危及杆塔基础安全的行为，应及时制止并采取相应防范措施	10		查看现场	有危急杆塔基础安全隐患未及时处理，扣10分			
72.11	15.1.11 应用可靠、有效的在线监测设备加强特殊区段的运行监测；积极推广直升机航巡，包括成熟的无人机航巡	5	【涉及专业】电气一次 积极开展直升机巡视，加强重要通道的巡视，对于发现地面巡视的死角，减轻劳动强度，提升输电线路运行维护效率，具有重要意义	查看检测设备	未按要求应用可靠、有效的在线监测设备加强特殊区段的运行监测，扣5分			
72.12	15.1.12 开展金属件技术监督，加强铁塔构件、金具、导地线腐蚀状况的观测，必要时进行防腐处理；对于运行年限较长、出现腐蚀严重、有效截面损失较多、强度下降严重的，应及时更换	10	【涉及专业】金属、电气一次 对铁塔结构件开展技术监督以及腐蚀情况检查	查阅记录及报告	未开展铁塔结构件金属技术监督工作，扣10分。监督内容或检验项目不齐全，每一项扣5分			

编号	二十五项重点要求内容	标准分	评价要求	评价方法	评分标准	扣分	存在问题	改进建议
72.13	15.1.13 加强拉线塔的保护和维修。拉线下部应采取可靠的防盗、防割措施；应及时更换锈蚀严重的拉线和拉棒；对于易受撞击的杆塔和拉线，应采取防撞措施	5	【涉及专业】电气一次 按照条款要求采取防盗、防割措施	查看现场	无防盗防撞措施，扣5分			
73	**15.2 防止断线事故**	**100**	【涉及专业】电气一次，共5条					
73.1	15.2.1 应采取有效的保护措施防止导地线放线、紧线、连接及安装附件时损伤	20	【涉及专业】电气一次 （1）及时进行调整收紧，应按设计要求的初应力运行范围进行安装调整。 （2）拉线与拉线帮应呈一条直线，组合拉线的各根拉线应受理均衡	查阅安装记录	不符合要求，扣20分			
73.2	15.2.2 架空地线复合光缆（OPGW）外层线股110kV及以下线路应选取单丝直径2.8mm及以上的铝包钢线；220kV及以上线路应选取单丝直径3.0mm及以上的铝包钢线，并严格控制施工工艺	20	【涉及专业】电气一次 为提升光缆耐雷击水平，结合试验数据、近年来OPGW运行经验、各电压等级导地线的参数配合以及可供选择的OPGW参数，提出了光缆外股的材料和线径参数要求	查阅线路选型资料	导线选型不符合要求，扣20分			
73.3	15.2.3 加强对大跨越段线路的运行管理，按期进行导地线测振，发现动、弯应变值超标应及时分析、处理	10	【涉及专业】电气一次 针对大跨越线路的振动防治提出要求	查看定期工作	不符合要求，扣10分			

编号	二十五项重点要求内容	标准分	评价要求	评价方法	评分标准	扣分	存在问题	改进建议
73.4	15.2.4 在腐蚀严重地区，应选用防腐性能较好的导地线，并应根据导地线运行情况进行鉴定性试验。出现多处严重锈蚀、散股、断股、表面严重氧化时应及时换线	30	【涉及专业】电气一次 腐蚀性严重地区，导地线选型、检查维护要求	查阅导地线检查试验记录	（1）未定期进行导地线检查试验，扣30分。 （2）导地线出线严重锈蚀、断股等情况未及时处理，扣20分			
73.5	15.2.5 重要跨越档内不应有接头；后期形成且尚未及时处理的接头应采用预绞式金具加固	20	【涉及专业】电气一次 重要跨越档内如有接头，则会降低线路供电可靠性。对于已经投运的，则应采取措施加强线路连接	查看现场	不符合要求，扣20分			
74	**15.3 防止绝缘子和金具断裂事故**	100	【涉及专业】电气一次，共9条					
74.1	15.3.1 风振严重区域的导地线线夹、防振锤和间隔棒应选用加强型金具或预绞式金具	10	【涉及专业】电气一次 要求风振严重区域的导地线线夹、防振锤和子导线间隔棒应选用耐磨加强型金具或预绞式金具，以防止松动和损伤。运行经验表明预绞式金具是防止金具松脱的有效措施	查看金具型式	存在风振严重情况，未选用加强型金具或预绞式金具，扣10分			
74.2	15.3.2 按照承受静态拉伸载荷设计的绝缘子和金具，应避免在实际运行中承受弯曲、扭转载荷、压缩载荷和交变机械载荷而导致断裂故障	10	【涉及专业】电气一次 根据常见线路故障原因，仅依靠加强绝缘子及配套金具的拉伸机械强度仅能有所延长故障发生时间，应从避免弯曲载荷和交变机械载荷的角度以彻底解决问题	查阅设计资料	不符合要求，扣10分			
74.3	15.3.3 在复合绝缘子安装和检修作业时应避免损坏伞裙、护套及端部密封，不得脚踏复合绝缘子。在安装复合绝缘子时，不得反装均压环	10	【涉及专业】电气一次 安装及检修过程质量控制，以避免绝缘子硅橡胶材料损伤。反装均压环时，不仅不能降低绝缘子根部的场强，甚至导致该处场强畸变、增大。可导致该部位硅橡胶较快老化，影响绝缘子长期运行效果，甚至导致脆断等事故	查看现场	均压环反装，扣10分			

编号	二十五项重点要求内容	标准分	评价要求	评价方法	评分标准	扣分	存在问题	改进建议
74.4	15.3.4 积极应用红外测温技术检测直线接续管、耐张线夹等引流连接金具的发热情况，高温大负荷期间应增加夜巡，发现缺陷及时处理	10	【涉及专业】电气一次 在负荷较低条件下，即使接续金具存在接触不良问题，温升可能也不明显，红外设备难以检出缺陷。因此充分利用大负荷时机积极开展红外检测接续金具	查阅红外测温报告	（1）大负荷期间未安排红外测温，扣10分。 （2）红外测温无记录，报告无图谱，扣10分			
74.5	15.3.5 加强对导、地线悬垂线夹承重轴磨损情况的检查，导地线振动严重区段应按2年周期打开检查，磨损严重的应予更换	10	【涉及专业】电气一次 明确导地线检查周期，防止磨损严重导致断线	查阅检查记录或要求	未定期要求开展悬垂线夹检查，扣10分			
74.6	15.3.6 应认真检查锁紧销的运行状况，锈蚀严重及失去弹性的应及时更换；特别应加强V串复合绝缘子锁紧销的检查，防止因锁紧销受压变形失效而导致掉线事故	10	【涉及专业】电气一次 防止锁紧销缺陷造成断线，锁紧销作为配套金具，其对线路安全运行的作用不可忽视，应用不当可导致掉串、掉线等事故。因此要求使用前加强验收，确保材质、尺寸符合要求，运行中加强检查，确保无变形、脱出、丢失	查阅巡检记录及要求	锁紧销锈蚀严重或变形，未及时更换，扣10分			
74.7	15.3.7 对于直线型重要交叉跨越塔，包括跨越110kV及以上线路、铁路和高速公路、一级公路、一、二级通航河流等，应采用双悬垂绝缘子串结构，且宜采用双独立挂点；无法设置双挂点的窄横担杆塔可采用单挂点双联绝缘子串结构。同时，应采取适当措施使双串绝缘子均匀受力	10	【涉及专业】电气一次 重要交叉跨越塔绝缘子串结构要求	查阅绝缘子串选型资料	不符合要求扣10分			

编号	二十五项重点要求内容	标准分	评价要求	评价方法	评分标准	扣分	存在问题	改进建议
74.8	15.3.8 加强瓷、玻璃绝缘子的检查，及时更换零值、低值及破损绝缘子	15	【涉及专业】电气一次 低、零值绝缘子会造成绝缘子发热膨胀，严重时引起掉串事故	查阅绝缘子低、零值检测报告	未结合停电机会开展低、零值绝缘子检测，扣15分			
74.9	15.3.9 加强复合绝缘子护套和端部金具连接部位的检查，端部密封破损及护套严重损坏的复合绝缘子应及时更换	15	【涉及专业】电气一次 应重点检查绝缘子护套和金具结合处	查阅检修文件包	未规定对绝缘子护套和金具结合处重点检查，扣15分			
75	15.4 防止风偏闪络事故	100	【涉及专业】电气一次，共7条					
75.1	15.4.1 新建线路设计时应结合已有的运行经验确定设计风速	15	【涉及专业】电气一次 风偏故障发生会导致线路跳闸、电弧烧伤、断线等故障，发生风偏故障的输电线路通常以山区为主。设计阶段应结合运行经验，提高线路防风偏能力水平	查阅设计资料	不符合要求，扣10分			
75.2	15.4.2 500kV及以上架空线路45°及以上转角塔的外角侧跳线串宜使用双串绝缘子并可加装重锤；15°以内的转角塔内外侧均应加装跳线绝缘子串；15°以上、45°以内的转角塔的外角侧应加装一串或双串跳线绝缘子。对于部分微地形微气象地区，转角塔外角侧可采用硬跳线方式	15	【涉及专业】电气一次 输电线路杆塔位于风口等微地形、微气象区域时，45°及以上的大角度耐张转角塔外角侧的跳线易对塔身风偏放电，应采取防风偏措施；15°以内的小角度耐张转角塔的内、外角侧跳线均存在对塔身风偏放电风险	查阅设计资料	不符合要求，扣10分			

编号	二十五项重点要求内容	标准分	评价要求	评价方法	评分标准	扣分	存在问题	改进建议
75.3	15.4.3 沿海台风地区，跳线应按设计风压的 1.2 倍校核	20	【涉及专业】电气一次 对沿海台风地区跳线风偏的校核提出要求，综合考虑线路安全、造价等因素，最终采用了 1.2 倍的跳线设计风压	查阅设计资料	不符合要求，扣 20 分			
75.4	15.4.4 运行单位应加强山区线路大档距的边坡及新增交叉跨越的排查，对影响线路安全运行的隐患及时治理	20	【涉及专业】电气一次 运行中定期安排线路巡查，特别是发生风偏故障后，应检查受损情况，对于存在问题的应及时联系停电更换	查看线路巡视规定	未定期开展山区线路安全隐患排查，扣 20 分			
75.5	15.4.5 线路风偏故障后，应检查导线、金具、铁塔等受损情况并及时处理	10		查阅故障处理记录	不符合要求，扣 10 分			
75.6	15.4.6 更换不同型式的悬垂绝缘子串后，应对导线风偏角重新校核	10	【涉及专业】电气一次 针对悬垂绝缘子串的风偏校核提出要求，特别是重量相对较轻的复合绝缘子应重点校核。复合绝缘子具有优良防污闪性能，但因绝缘长度、电位分布、重量、芯棒耐老化性能等问题，复合绝缘子的防雷、防风偏、防鸟害（鸟啄）等性能相对于瓷、玻璃绝缘子串有所偏低，在选用时应综合考虑	查阅校核报告	不符合要求，扣 10 分			
75.7	15.4.7 设计单位应在终勘定位以后进行塔头风偏校验，并将计算书与竣工图一起归档备查	10	【涉及专业】电气一次 强调设计及安装施工资料归档的要求	查阅风偏计算书	不符合要求，扣 10 分			
76	15.5 防止覆冰、舞动事故	100	【涉及专业】电气一次，共 10 条					
76.1	15.5.1 线路路径选择应以冰区分布图、舞动区分布图为依据，宜避开重冰区及易发生导线舞动的区域	10	【涉及专业】电气一次 极端恶劣气候的频繁出现，线路覆冰故障和舞动故障时有发生，严重威胁电网安全	查阅设计资料	不符合要求，扣 10 分			

编号	二十五项重点要求内容	标准分	评价要求	评价方法	评分标准	扣分	存在问题	改进建议
76.2	15.5.2 新建架空输电线因路径选择困难无法避开重冰区及易发生导线舞动的局部区段应提高抗冰设计及采取有效的防舞措施,如采用线夹回转式间隔棒、相间间隔棒等,并逐步总结、完善防舞动产品的布置原则	10	【涉及专业】电气一次 使线路完全避开重冰区及舞动易发区极其困难,只能通过提高线路抗冰设计及采取有效的防舞措施加以解决。另外,采用预绞丝护线条保护导线可有效减少脱冰、舞动对导线的损伤	查阅设计资料	不符合要求,扣10分			
76.3	15.5.3 为减少或防止脱冰跳跃、舞动对导线造成的损伤,宜采用预绞丝护线条保护导线	10		查阅导线选型资料	导线选型不符合要求,扣10分			
76.4	15.5.4 舞动易发区的导地线线夹、防振锤和间隔棒应选用加强型金具或预绞式金具	10	【涉及专业】电气一次 运行经验表明预绞式金具是防止金具松脱的有效措施,因此要求舞动易发区的导地线线夹、防振锤和子导线间隔棒应选用耐磨加强型金具或预绞式金具,以防止松动和损伤	查阅金具选型资料	不符合要求,扣10分			
76.5	15.5.5 应加强沿线气象环境资料的调研收集,加强导地线覆冰、舞动的观测,对覆冰及舞动易发区段,安装覆冰、舞动在线监测装置,全面掌握特殊地形、特殊气候区域的资料,充分考虑特殊地形、气象条件的影响,合理绘制舞动区分布图及冰区分布图,为预防和治理线路冰害提供依据	10	【涉及专业】电气一次 绘制舞动区分布图及冰区分布图是合理设计架空线路、有效预防和治理线路冰害的有效措施	查阅设计资料	不符合要求,扣10分			

编号	二十五项重点要求内容	标准分	评价要求	评价方法	评分标准	扣分	存在问题	改进建议
76.6	15.5.6 对设计冰厚取值偏低、且未采取必要防覆冰措施的重冰区线路应逐步改造,提高抗冰能力	10	【涉及专业】电气一次 设计覆冰厚度不满足要求且防覆冰措施不到位的线路,为防止极端天气导致线路覆冰舞动引发故障,应结合线路停电进行改造,保证线路安全运行	查阅设计资料	防覆冰措施不符合要求,扣10分			
76.7	15.5.7 防舞治理应综合考虑线路防微风振动性能,避免因采取防舞动措施而造成导地线微风振动时动弯应变超标,从而导致疲劳断股、损伤;同时应加强防舞效果的观测和防舞装置的维护	10	【涉及专业】电气一次 导线上安装防舞装置的同时也在导线上形成应力集中点,易造成微风振动时安装点动弯应变超标,从而可能在长期运行条件下导致导线疲劳损伤、断股。因此,在满足防舞动需求条件下应将防舞装置的应用量降至最低	查阅设计资料	不符合要求,扣10分			
76.8	15.5.8 覆冰季节前应对线路做全面检查,落实除冰、融冰和防舞动措施	10		查看定期工作	不符合要求,扣10分			
76.9	15.5.9 线路覆冰后,应根据覆冰厚度和天气情况,对导地线采取交流短路融冰、直流融冰及安全可靠的机械除冰等措施以减少导地线覆冰。对已发生倾斜的杆塔应加强监测,可根据需要在直线杆塔上设立临时拉线以加强杆塔的抗纵向不平衡张力能力	10	【涉及专业】电气一次 在架空线路提高"抗冰"设计的同时,还应积极采取有效的"融冰"等措施,以降低覆冰事故率	查看定期工作及监测手段	不符合要求,扣10分			

编号	二十五项重点要求内容	标准分	评价要求	评价方法	评分标准	扣分	存在问题	改进建议
76.10	15.5.10 线路发生覆冰、舞动后，应根据实际情况安排停电检修，对线路覆冰、舞动重点区段的导地线线夹出口处、绝缘子锁紧销及相关金具进行检查和消缺；及时校核和调整因覆冰、舞动造成的导地线滑移引起的弧垂变化缺陷	10	【涉及专业】电气一次 线路覆冰、舞动后，按照本条款要求执行金具等重点部位检查、更换工作	查阅检修记录	重点部位金具不符合要求，扣10分			
77	**15.6 防止鸟害闪络事故**	100	【涉及专业】电气一次，共5条 防止鸟害造成线路闪络、母线接地故障等情况					
77.1	15.6.1 鸟害多发区的新建线路应设计、安装必要的防鸟装置。110（66）、220、330、500kV悬垂绝缘子的鸟粪闪络基本防护范围为以绝缘子悬挂点为圆心，半径分别为0.25、0.55、0.85、1.2m的圆。对于带有超大均压环的复合绝缘子，防护范围应作适当调整	20	【涉及专业】电气一次 防止鸟类栖息活动降低绝缘设计净距，造成闪络故障	查看现场	不符合防鸟害装置配置要求，扣20分			
77.2	15.6.2 基建阶段应做好复合绝缘子防鸟啄工作，在线路投运前应对复合绝缘子伞裙、护套进行检查	20	【涉及专业】电气一次 鸟类一旦啄破护套，绝缘子芯棒外露，则复合绝缘子有脆断、内绝缘击穿的隐患。因此，要求新建线路投运前及运行线路停电检修等情况下，应避免复合绝缘子长时间不带电；如果不带电时间较长，带电前应做检查，有护套严重受损的应予以更换	查阅基建安装记录	不符合要求，扣20分			

编号	二十五项重点要求内容	标准分	评价要求	评价方法	评分标准	扣分	存在问题	改进建议
77.3	15.6.3 鸟害多发区线路应及时安装防鸟装置，如防鸟刺、防鸟挡板、悬垂串第一片绝缘子采用大盘径绝缘子、复合绝缘子横担侧采用防鸟型均压环等。对已安装的防鸟装置应加强检查和维护，及时更换失效防鸟装置	20	【涉及专业】电气一次 鸟害多发区线路应及时安装防鸟害装置并加强检查、清扫、维护	查看现场	鸟害多发区电厂未采取有效的防鸟、驱鸟措施，扣20分			
77.4	15.6.4 及时拆除线路绝缘子上方的鸟巢，并及时清扫鸟粪污染的绝缘子	20		查看现场	未结合停电拆除鸟巢及清扫绝缘子，扣20分			
77.5	15.6.5 应加强沿线植被环境资料的调研收集，加强鸟种的行为习性，包括繁殖习性和迁徙规律观测与记录，为预防和治理线路鸟害提供依据	20		查阅相关资料	不符合要求，扣20分			
78	16 防止污闪事故	100	【涉及专业】电气一次，共13条					
78.1	16.1 新建和扩建输变电设备应依据最新版污区分布图进行外绝缘配置。中重污区的外绝缘配置宜采用硅橡胶类防污闪产品，包括线路复合绝缘子、支柱复合绝缘子、复合套管、瓷绝缘子（含悬式绝缘子、支柱绝缘子及套管）和玻璃绝缘子表面喷涂防污闪涂科等。选站时应	10	【涉及专业】电气一次 新建和改造工作中执行相关要求，主要针对中重污区，特别强调优先选用经过验证的硅橡胶防污闪产品。硅橡胶表面的憎水性及憎水迁移性可大幅度提高绝缘子的污闪放电电压，与瓷、玻璃表面相比，憎水性良好状态下可提高1～2倍	查阅厂内外绝缘防污闪设计资料，查看具体配置情况	当外绝缘爬电距离不满足所在区域污秽等级对应要求，扣10分			

编号	二十五项重点要求内容	标准分	评价要求	评价方法	评分标准	扣分	存在问题	改进建议
78.1	避让 d、e 级污区；如不能避让，变电站（含升压站）宜采用 GIS、HGIS 设备或全户内变电站	10						
78.2	16.2 污秽严重的覆冰地区外绝缘设计应采用加强绝缘、V 型串、不同盘径绝缘子组合等形式，通过增加绝缘子串长、阻碍冰凌桥接及改善融冰状况下导电水帘形成条件，防止冰闪事故	10	【涉及专业】电气一次 覆冰（雪）、大（暴）雨可直接桥接绝缘子伞裙，相当于绝缘子爬距大幅度缩小，易导致绝缘子闪络。针对此情况，一般是从改善绝缘子串外形及放置方式上采取措施，以阻碍冰凌桥接及改善连续水帘形成条件	对存在污秽严重且覆冰情况的电厂外绝缘设计进行查看	未采取措施阻碍冰凌桥接或改善水帘形成条件，扣 10 分			
78.3	16.3 中性点不接地系统的设备外绝缘配置至少应比中性点接地系统配置高一级，直至达到 e 级污秽等级的配置要求	10	【涉及专业】电气一次 当中性点不接地系统单相接地后，允许继续运行一段时间，另两相绝缘子将承受线电压，因此要求中性点不接地系统的设备外绝缘配置应比中性点接地系统配置适当提高。设计阶段执行，部分电厂有 110kV 以下电压等级线路接入升压站的适用	查看厂内外接电源外绝缘配置情况	中性点不接地系统外绝缘配置不符合要求，扣 10 分			
78.4	16.4 加强绝缘子全过程管理，全面规范绝缘子选型、招标、监造、验收及安装等环节，确保使用伞形合理、运行经验成熟、质量稳定的绝缘子	5	【涉及专业】电气一次 完善厂内绝缘子全过程监督管理，通过抽检或监造以确保每批产品质量	查阅设计、安装相关资料	不符合要求，扣 5 分			

377

编号	二十五项重点要求内容	标准分	评价要求	评价方法	评分标准	扣分	存在问题	改进建议
78.5	16.5 电力系统污区分布图的绘制、修订应以现场污秽度为主要依据之一，并充分考虑污区图修订周期内的环境、气象变化因素，包括在建或计划建设的潜在污源，极端气候条件下连续无降水日的大幅度延长等	5	【涉及专业】电气一次 每年确定厂区污秽度等级，并对外绝缘爬电距离进行校验，不满足要求的应及时采取增爬或喷涂RTV材料等措施	查阅污秽度测试工作及外绝缘爬电距离台账	（1）升压站域未悬挂污秽度取样绝缘子串扣3分。 （2）未建立外绝缘台账，扣5分。 （3）喷涂RTV材料后未按要求每年开展憎水性试验，扣5分。			
78.6	16.6 外绝缘配置不满足污区分布图要求及防覆冰（雪）闪络、大（暴）雨闪络要求的输变电设备应予以改造，中重污区的防污闪改造应优先采用硅橡胶类防污闪产品	10	【涉及专业】电气一次 参考执行当地电网企业污区分布图，提高外绝缘配置，防止外绝缘污闪	查看外绝缘配置情况	确定电厂外绝缘不满足要求未进行改造，扣10分			
78.7	16.7 应避免局部防污闪漏洞或防污闪死角，如具有多种绝缘配置的线路中相对薄弱的区段，配置薄弱的耐张绝缘子，输、变电结合部等	10	【涉及专业】电气一次 防污闪措施应全覆盖	查阅防污闪设计、检修资料，查看现场	不符合要求，扣10分			
78.8	16.8 清扫（含停电及带电清扫、带电水冲洗）作为辅助性防污闪措施，可用于暂不满足防污闪配置要求的输变电设备及污染特殊严重区域的输变电设备，如：硅橡胶类防污闪产品已不能有	10	【涉及专业】电气一次 完善厂内外绝缘防污管理，电厂外绝缘设备应全部清扫	查看检修工作内容	（1）未结合停电进行定期清扫工作，扣10分。 （2）不满足防污闪配置要求且不进行改造，长期依靠清扫作为防污闪措施，扣10分			

编号	二十五项重点要求内容	标准分	评价要求	评价方法	评分标准	扣分	存在问题	改进建议
78.8	效适应的粉尘特殊严重区域，高污染和高湿度条件同时出现的快速积污区域，雨水充沛地区出现超长无降水期导致绝缘子的现场污秽度可能超过设计标准的区域等，且应重点关注自洁性能较差的绝缘子	10						
78.9	16.9　加强零值、低值瓷绝缘子的检测，及时更换自爆玻璃绝缘子及零、低值瓷绝缘子	10	【涉及专业】电气一次 绝缘子头部瓷件存在细微裂纹等缺陷，随着运行中潮气的侵入，绝缘子头部绝缘电阻降低（形成零值绝缘子），一旦绝缘子串遭受雷击或其他原因将造成闪络，线路停电。依据 DL/T 596—1996《电力设备预防性试验规程》，零值检测 1～5 年为周期。一般区域宜每三年一次，污秽严重地区宜每年一次	查阅试验报告	（1）未开展绝缘子零值检测，扣 10 分。 （2）零值检测超期，扣 10 分			
78.10	16.10　防污闪涂料与防污闪辅助伞裙	10	【涉及专业】电气一次 对防污闪涂料与辅助伞裙的选择应用提出具体要求					
78.10	16.10.1　绝缘子表面涂覆防污闪涂料和加装防污闪辅助伞裙是防止变电设备污闪的重要措施，其中避雷器不宜单独加装辅助伞裙，宜将防污闪辅助伞裙与防污闪涂料结合使用；隔离开关动触头支持绝缘子和操作绝缘子使用防污闪辅助伞裙时要根	5	【涉及专业】电气一次 防污闪涂料通过将瓷、玻璃绝缘子表面由亲水性变为憎水性，大幅度提高绝缘子污闪电压，可有效防止大雾、小雨等气象条件下的污闪；防污闪辅助伞裙通过改善绝缘子外形，可有效防止严重覆冰、覆雪及大雨、暴雨等气象条件下沿绝缘子串形成连续导电通道。	查看现场	（1）避雷器仅加装辅助伞裙，扣 3 分。 （2）涂覆防污闪涂料后未按照 DL/T 1474 的要求开展憎水性试验，扣 5 分。 （3）憎水性能不满足要求后未进行复涂，扣 5 分			

编号	二十五项重点要求内容	标准分	评价要求	评价方法	评分标准	扣分	存在问题	改进建议
78.10	据绝缘子尺寸和间距选择合适的辅助伞裙尺寸、数量及安装位置	5	憎水性试验按照 DL/T 1474—2015《标称电压高于 1000V 交、直流系统用复合绝缘子憎水性测量方法》					
78.11	16.10.2 宜优先选用加强 RTV-Ⅱ 用型防污闪涂料，防污闪辅助伞裙的材料性能与复合绝缘子的高温硫化硅橡胶一致	3	【涉及专业】电气一次 防污闪涂料选型要求，目前多采用性能更优的 PRTV 涂料	查看防污闪涂料选用情况	不符合要求，扣 3 分			
78.12	16.10.3 加强防污闪涂料和防污闪辅助伞裙的施工和验收环节，防污闪涂料宜采用喷涂施工工艺，防污闪辅助伞裙与相应的绝缘子伞裙尺寸应吻合良好	2	【涉及专业】电气一次 防污闪产品的生产、检验、应用等环节不规范，质量良莠不齐，且必须经过现场施工环节才能达到预期效果	查阅基建安装记录	不符合要求，扣 2 分			
	16.11 户内绝缘子防污闪要求	10	【涉及专业】电气一次					
78.13	户内非密封设备外绝缘与户外设备外绝缘的防污闪配置级差不宜大于一级。应在设计、基建阶段考虑户内设备的防尘和除湿条件，确保设备运行环境良好	10	【涉及专业】电气一次 本条文明确了户内非密封设备外绝缘配置要求，便于设计单位和运行单位应用	查看户内外设备外绝缘防污闪等级差异化配置情况	（1）户内非密封设备与户外设备防污闪等级相差大于一级，扣 10 分。 （2）户内非密封设备所处环境易遭受外界雨雪、风沙等影响的，扣 10 分			

编号	二十五项重点要求内容	标准分	评价要求	评价方法	评分标准	扣分	存在问题	改进建议
	17 防止电力电缆损坏事故		【涉及专业】电气一次，共25条					
79	**17.1 防止电缆绝缘击穿事故**	100	【涉及专业】电气一次，共17条					
79.1	17.1.1 应根据线路输送容量、系统运行条件、电缆路径、敷设方式等合理选择电缆和附件结构型式	5	【涉及专业】电气一次 设计阶段执行，考虑载流量、防火、防水等要求，合理选型	查阅电缆线路设计资料	不符合要求，扣5分			
79.2	17.1.2 应避免电缆通道邻近热力管线、腐蚀性、易燃易爆介质的管道，确实不能避开时，应符合《电气装置安装工程电缆线路施工及验收规范》（GB 50168）第5.2.3条、第5.4.4条等的要求	10	【涉及专业】电气一次 设计阶段执行，电缆与高温、高压、腐蚀性管道距离满足设计要求，防止外部管道突发性故障导致电缆绝缘受损。 表见下方	查看现场	电缆桥架与高温、高压等管道间距不符合标准要求且未增加保护措施，扣10分			

79.2 评价要求中的表格：

项目		最小净距（m）	
		平行	交叉
电力电缆间及其与控制电缆间	10kV 及以下	0.1	0.5
	10kV 以上	0.25	0.5
控制电缆间		/	0.5
不同使用部门的电缆间		0.5	0.5
热管道（管沟）及热力设备		2	0.5
油管道（管沟）		1	0.5
其他管道（管沟）		0.5	0.5

编号	二十五项重点要求内容	标准分	评价要求	评价方法	评分标准	扣分	存在问题	改进建议
79.3	17.1.3 应加强电力电缆和电缆附件选型、订货、验收及投运的全过程管理。应优先选择具有良好运行业绩和成熟制造经验的制造商	5	【涉及专业】电气一次 加强全过程管理，订货阶段应确保选择成熟产品，这也是加强电缆产品入网管理的有效手段，有助于从源头把控电缆产品的质量关	查阅电缆运维记录	同批次电缆多次出现绝缘故障，扣5分			
79.4	17.1.4 同一受电端的双回或多回电缆线路宜选用不同制造商的电缆、附件。110kV（66kV）及以上电压等级电缆的GIS终端和油浸终端宜选择插拔式	/	【涉及专业】电气一次 设计阶段执行，可根据实际情况选择质量可靠的产品。保证重要受电线路供电可靠性	查阅电缆线路设计资料及查看现场	非强制性要求，不扣分			
79.5	17.1.5 10kV及以上电力电缆应采用干法化学交联的生产工艺，110kV及以上电力电缆应采用悬链或立塔式工艺	6	【涉及专业】电气一次 干法化学交联形成的交联聚乙烯材料电气性能优良，目前制品额定电压等级已达500kV，辐照交联和硅烷化学交联法一般仅用于低压电缆选型时执行	查阅电缆技术协议及说明书	不符合要求，扣6分			
79.6	17.1.6 运行在潮湿或浸水环境中的110kV（66kV）及以上电压等级的电缆应有纵向阻水功能，电缆附件应密封防潮；35kV及以下电压等级电缆附件的密封防潮性能应能满足长期运行需要	6	【涉及专业】电气一次 （1）防止密封不良水分入侵，长期运行水树枝不断发展，最终发生电缆接地故障。 （2）敷设在潮湿场合、地下或水底时应选用金属套径向防水层。 （3）对于35kV及以下交联聚乙烯电缆一般不要求有径向防水层。但110kV及以上的交联电缆应具有径向防水层	查阅电缆技术文档	电缆防潮性能不符合要求，扣6分			
79.7	17.1.7 电缆主绝缘、单芯电缆的金属屏蔽层、金属护层应有可靠的过电压保护措施。统包型电缆的金属屏蔽层、金属护层应两端直接接地	6	【涉及专业】电气一次 采取过电压保护措施，防止电缆故障情况下威胁人员安全	查看现场	无过电压保护措施，扣6分			

编号	二十五项重点要求内容	标准分	评价要求	评价方法	评分标准	扣分	存在问题	改进建议
79.8	17.1.8 合理安排电缆段长，尽量减少电缆接头的数量，层、桥架和竖井等缆线密集区域布置电力电缆接头	8	【涉及专业】电气一次 电缆中间接头需要现场制作，对工艺、人员水平要求较高，是电缆故障的多发点，合理布置电缆段长度以及电缆头的数量和位置，有助于避免故障的扩大	现场查看	不符合要求，扣8分			
79.9	17.1.9 对220kV及以上电压等级电缆、110kV（66kV）及以下电压等级重要线路的电缆，应进行工厂验收	6	【涉及专业】电气一次 按照DL/T 1054—2007《高压电气设备绝缘技术监督规程》的要求对重要电缆应进行监造。	查阅监造报告	电缆未进行监造，扣6分			
79.10	17.1.10 应严格进行到货验收，并开展到货检测	6	【涉及专业】电气一次 对于电缆及附件长期运行性能密切相关的结构尺寸、电气、物理等关键性能，应进行到货验收及检测	查阅验收记录	不符合要求，扣6分			
79.11	17.1.11 在电缆运输过程中，应防止电缆受到碰撞、挤压等导致的机械损伤，严禁倒放。电缆敷设过程中应严格控制牵引力、侧压力和弯曲半径	6	【涉及专业】电气一次 运输过程注意使用电缆盘搬运和存放电缆，电缆敷设过程应严格控制电缆的牵引力、侧压力以及弯曲半径，防止电缆受损	查阅运输记录	不符合要求，扣6分			
79.12	17.1.12 施工期间应做好电缆和电缆附件的防潮、防尘、防外力损伤措施。在现场安装高压电缆附件之前，其组装部件应试装配。安装现场的温度、湿度和清洁度应符合安装工艺要求，严禁在雨、雾、风沙等有严重污染的环境中安装电缆附件	8	【涉及专业】电气一次 基建阶段电缆的防护、安装要求。安装现场清洁度不满足要求时，灰尘、潮气等进入，运行后会产生局部放电，逐渐降低绝缘强度	查阅基建安装要求与记录	不符合要求，扣8分			

编号	二十五项重点要求内容	标准分	评价要求	评价方法	评分标准	扣分	存在问题	改进建议
79.13	17.1.13 应检测电缆金属护层接地电阻、端子接触电阻，必须满足设计要求和相关技术规范要求	5	【涉及专业】电气一次 防止电阻过大运行中发热严重，威胁电缆的正常运行。在相同温度下测量铜屏蔽层和导体的电阻，屏蔽层电阻和导体电阻之比应无明显改变。可采用红外检测替代护层、端子连接情况	查阅试验报告和技术规范资料	接地电阻、端子接触电阻不满足要求，一项扣5分			
79.14	17.1.14 金属护层采取交叉互联方式时，应逐相进行导通测试，确保连接方式正确。金属护层对地绝缘电阻应试验合格，过电压限制元件在安装前应检测合格	5	【涉及专业】电气一次 交叉互联系统目的在于降低电缆运行时金属护套产生的感应电压。如果交叉互联系统接线方式错误，将使系统失效，进行交叉互联系统逐相导通测试，主要为防止安装错误引发事故	查阅试验报告	（1）无过电压限制元件报告或金属护层绝缘电阻报告，扣5分。 （2）过电压元件或金属护层绝缘不符合要求，扣5分			
79.15	17.1.15 运行部门应加强电缆线路负荷和温度的检（监）测，防止过负荷运行，多条并联的电缆应分别进行测量。巡视过程中应检测电缆附件、接地系统等的关键接点的温度	8	【涉及专业】电气一次 电缆线路原则上不允许过负荷，过负荷将缩短电缆的使用寿命，造成导体接点的损坏，或是造成终端外部接点的损坏，或是导致电缆绝缘过热，进而造成固体绝缘变形，降低绝缘水平，加速绝缘老化。过负荷还可能会使金属铅护套发生龟裂现象，使电缆终端和接头外保护盒胀裂	查阅运行规程	运行规程无电缆线路定期测温要求，扣8分			
79.16	17.1.16 严禁金属护层不接地运行。应严格按照运行规程巡检接地端子、过电压限制元件，发现问题应及时处理	10	【涉及专业】电气一次 电缆金属护层不接地运行会对人身设备安全产生严重威胁	查阅运行规程	无明确规定金属护层接地运行，扣10分			
79.17	17.1.17 66kV及以上采用电缆进出线的GIS，宜预留电缆试验、故障测寻用的高压套管	/	【涉及专业】电气一次 非强制性要求，方便试验诊断，可参考执行	查看现场	此项非强制要求			

编号	二十五项重点要求内容	标准分	评价要求	评价方法	评分标准	扣分	存在问题	改进建议
80	**17.3 防止单芯电缆金属护层绝缘故障**	100	【涉及专业】电气一次，共7条					
80.1	17.3.1 电缆通道、夹层及管孔等应满足电缆弯曲半径的要求，110kV（66kV）及以上电缆的支架应满足电缆蛇形敷设的要求。电缆应严格按照设计要求进行敷设、固定	10	【涉及专业】电气一次 电缆承受弯曲有一定的限度，过度的弯曲将造成绝缘层和护套的损伤，因此作为电缆线路敷设的通道，无论隧道、夹层以及管井等，结构本体的转弯半径都应不小于电缆线路的转弯半径，确保电缆不受损伤	查看现场	不符合要求，扣10分			
80.2	17.3.2 电缆支架、固定金具、排管的机械强度应符合设计和长期安全运行的要求，且无尖锐棱角	10	【涉及专业】电气一次 电缆支架应具备足够的机械强度和耐腐蚀性能，避免由于支架老化、锈蚀导致电缆发生故障。电缆固定金具以及接头托架也应具备足够的机械强度和耐腐蚀性能，避免金具失效导致电缆、接头移位和故障。排管应具备一定的机械强度及耐久性，具备承受一定抗外力破坏的能力	查看现场	不符合要求，扣10分			
80.3	17.3.3 应对完整的金属护层接地系统进行交接试验，包括电缆外护套、同轴电缆、接地电缆、接地箱、互联箱等。交叉互联系统导体对地绝缘强度应不低于电缆外护套的绝缘水平	20	【涉及专业】电气一次 高压电缆护层绝缘必须完整良好才能保证电缆稳定运行，如果外护套破损，电缆线路将形成多点接地，金属套层上将产生环流，并可能导致故障。交接试验能够提早发现接地系统中存在的问题，避免接地系统绝缘缺陷以及施工缺陷引发事故	查阅试验报告	（1）交接及预试均未开展试验，扣20分。 （2）预试超期，扣15分			
80.4	17.3.4 应监视重载和重要电缆线路因运行温度变化产生的蠕变，出现异常应及时处理	15	【涉及专业】电气一次 电缆蠕变后极易与支架等部件紧密接触，长期受力下可损伤电力电缆，进而引发事故。因此，应加强重要电缆巡视工作，发现异常及时采取措施，避免电缆受	查阅相关措施	未制定针对重要电缆的巡视要求，扣15分			

编号	二十五项重点要求内容	标准分	评价要求	评价方法	评分标准	扣分	存在问题	改进建议
80.5	17.3.5 应严格按照试验规程对电缆金属护层的接地系统开展运行状态检测、试验	15	【涉及专业】电气一次 一般在电缆线路的交叉互联系统出现缺陷时，电缆护套接地电流将较明显变化，在日常运行工作中应给予重点关注。运行中应开展接地电流检测和红外测温	查阅试验报告	（1）未制定运行红外测温、接地电流检测相关规程，扣15分。 （2）运行接地电流、红外测温工作无记录，扣10分			
80.6	17.3.6 应严格按试验规程规定检测金属护层接地电流、接地线连接点温度，发现异常应及时处理	15	【涉及专业】电气一次 通过测试金属护层接地电流，可以发现接地电流不平衡现象，进而判断接地系统缺陷。定期开展电缆护层接地电流检测	查阅试验报告	金属护层的停电试验超期，扣15分			
80.7	17.3.7 电缆线路发生运行故障后，应检查接地系统是否受损，发现问题应及时修复	15	【涉及专业】电气一次 电缆线路发生故障时，产生的过电压和接地电流可能损坏电缆外护套、过电压保护装置等。所以在上线过程中应仔细检查接地系统、必要时还应进行耐压试验，避免电缆带缺陷投运后发生次生故障	查阅电缆处理记录及试验报告	电缆线路发生故障，未对接地系统进行针对性检查试验，扣15分			
81	18 防止继电保护事故	100	【涉及专业】电气二次、电气一次，共71条					
81.1	18.1 在一次系统规划建设中，应充分考虑继电保护的适应性，避免出现特殊接线方式造成继电保护配置及整定难度的增加，为继电保护安全可靠运行创造良好条件	1	【涉及专业】电气二次、电气一次 第18.1～18.3条强调了电力系统一、二次设备的相关性，要求将涉及电网安全、稳定运行的发电、输电、配电及重要用电设备的继电保护装置纳入电网统一规划、设计、运行、管理和技术监督；要求在规划阶段就要做好一、二次设备选型的协调，充分考虑继电保护的适应性，避免出现特殊接线方式造成继电保护配置和整定计算困难，保证继电保护设备能够正确地发挥作用；明确了专业主管部门在设备选型工作中的责任和义务，	查看现场	未考虑继电保护的适应性，存在特殊接线方式造成继电保护配置及整定难度的增加，扣1分			

编号	二十五项重点要求内容	标准分	评价要求	评价方法	评分标准	扣分	存在问题	改进建议
81.2	18.2 涉及电网安全、稳定运行的发电、输电、配电及重要用电设备的继电保护装置应纳入电网统一规划、设计、运行、管理和技术监督	1	强调继电保护装置的选型必须按照相关规定进行，选用技术成熟、性能可靠、质量优良的产品	查看现场	未纳入电网统一规划、设计、运行、管理和技术监督，扣1分			
81.3	18.3 继电保护装置的配置和选型，必须满足有关规程规定的要求，并经相关继电保护管理部门同意。保护选型应采用技术成熟、性能可靠、质量优良的产品。	1		查看现场	配置和选型未采用技术成熟、性能可靠、质量优良的产品，扣1分			
81.4	18.4 电力系统重要设备的继电保护应采用双重化配置。双重化配置的继电保护应满足以下基本要求	9	【涉及专业】电气二次					
81.4	18.4.1 依照双重化原则配置的两套保护装置，每套保护均应含有完整的主、后备保护，能反应被保护设备的各种故障及异常状态，并能作用于跳闸或给出信号；宜采用主、后一体的保护装置	1	【涉及专业】电气二次 双重配置是提高继电保护可靠性的关键措施，要求双套保护的电源、输入、输出回路以及通道之间完全独立，不应有电气联系，一套故障或检修退出时不影响另一套工作	查阅图纸资料和查看现场	每套保护含有的保护功能不完整，不满足双重化原则，扣1分			

编号	二十五项重点要求内容	标准分	评价要求	评价方法	评分标准	扣分	存在问题	改进建议
81.5	18.4.2 330kV 及以上电压等级输变电设备的保护应按双重化配置；220kV 电压等级线路、变压器、高压电抗器、串联补偿装置、滤波器等设备微机保护应按双重化配置；除终端负荷变电站外，220kV 及以上电压等级变电站的母线保护应按双重化配置	1		查阅图纸资料和查看现场	相关保护未实现双重化配置，扣 1 分			
81.6	18.4.3 220kV 及以上电压等级线路纵联保护的通道（含光纤、微波、载波等通道及加工设备和供电电源等）、远方跳闸及就地判别装置应遵循相互独立的原则按双重化配置	1		查看图纸资料和查看现场	通道、远方跳闸及就地判别装置未实现双重化配置，每一处扣 1 分			
81.7	18.4.4 100MW 及以上容量发电机—变压器组应按双重化原则配置微机保护（非电量保护除外）；大型发电机组和重要发电厂的启动变压器保护宜采用双重化配置	1		查阅图纸资料和查看现场	（1）发变组保护未按规定实现双重化配置，扣 1 分。 （2）300MW 及以上容量机组的启动备用变压器保护未采用双重化配置扣 0.5 分			
81.8	18.4.5 两套保护装置的交流电流应分别取自电流互感器互相独立的绕组；交流电压宜分别取自电压互感器互相独立的绕组。其保护范围应交叉重叠，避免死区	1		查阅图纸资料和查看现场	（1）两套保护装置的交流电流未取自互相独立的绕组，扣 1 分。 （2）两套保护装置的交流电压未取互相独立的绕组，扣 0.5 分			

编号	二十五项重点要求内容	标准分	评价要求	评价方法	评分标准	扣分	存在问题	改进建议
81.9	18.4.6 两套保护装置的直流电源应取自不同蓄电池组供电的直流母线段	1		查阅图纸资料和查看现场	两套保护装置的直流电源未取自不同蓄电池组供电的直流母线段,扣1分			
81.10	18.4.7 有关断路器的选型应与保护双重化配置相适应,220kV及以上断路器必须具备双跳闸线圈机构。两套保护装置的跳闸回路应与断路器的两个跳闸线圈分别一一对应	1		查阅图纸资料和查看现场	两套保护装置的跳闸回路未与断路器的两个跳闸线圈分别一一对应,扣1分			
81.11	18.4.8 双重化配置的两套保护装置之间不应有电气联系。与其他保护、设备(如通道、失灵保护等)配合的回路应遵循相互独立且相互对应的原则,防止因交叉停用导致保护功能的缺失	1		查阅图纸资料和查看现场	双重化配置的两套保护装置之间存在电气联系,扣1分			
81.12	18.4.9 采用双重化配置的两套保护装置应安装在各自保护柜内,并应充分考虑运行和检修时的安全性	1		查阅图纸资料和查看现场	双重化配置的两套保护装置安装在同一保护柜内,扣1分			
	18.6 继电保护设计与选型时须注意以下问题	**32**	【涉及专业】电气二次					

编号	二十五项重点要求内容	标准分	评价要求	评价方法	评分标准	扣分	存在问题	改进建议
81.13	18.6.1 保护装置直流空气开关、交流空气开关应与上一级开关及总路空气开关保持级差关系，防止由于下一级电源故障时，扩大失电元件范围	1	【涉及专业】电气二次 确保保护装置直流/交流电源空气开关上、下级之间的选择性，防止越级跳闸	查阅图纸资料和查看现场	直流空气开关、交流空气开关级差配合不合理，每处扣1分			
81.14	18.6.2 继电保护及相关设备的端子排，宜按照功能进行分区、分段布置，正、负电源之间、跳（合）闸引出线之间以及跳（合）闸引出线与正电源之间、交流电源与直流回路之间等应至少采用一个空端子隔开	2	【涉及专业】电气二次 距离较近容易造成短路或交直流互窜，引起事故	查阅图纸资料和查看现场	（1）端子排未按功能分区、分段布置，扣2分。 （2）各回路之间未采用一个空端子隔开，每处扣1分			
81.15	18.6.3 应根据系统短路容量合理选择电流互感器的容量、变比和特性，满足保护装置整定配合和可靠性的要求。新建和扩建工程宜选用具有多次级的电流互感器，优先选用贯穿（倒置）式电流互感器	1	【涉及专业】电气二次 合理地选择电流互感器容量、变比和特性，有利于整定配合，提高继电保护选择性、灵敏性、可靠性和速动性。新建和扩建工程推荐选用具有多次级的电流互感器，优先选用贯穿（倒置）式电流互感器	查阅图纸资料和查看现场	（1）选型不符合要求，每处扣1分。 （2）未进行铭牌核对，扣1分。 （3）保护用电流互感器未进行误差特性测试和校核，扣1分			
81.16	18.6.4 差动保护用电流互感器的相关特性宜一致	1	【涉及专业】电气二次 保证差动保护动作的正确性，应尽量保证差动保护各侧电流互感器暂态特性、相应饱和电压的一致性，以提高保护动作的灵敏性，避免保护的不正确动作	查阅图纸资料和查看现场	差动保护用电流互感器的相关特性不一致，扣1分			

编号	二十五项重点要求内容	标准分	评价要求	评价方法	评分标准	扣分	存在问题	改进建议
81.17	18.6.5 应充分考虑电流互感器二次绕组合理分配，对确实无法解决的保护动作死区，在满足系统稳定要求的前提下，可采取启动失灵和远方跳闸等后备措施加以解决	1	【涉及专业】电气二次 电流互感器二次绕组的装配位置也会影响到继电保护装置的保护范围，选择电流互感器的二次绕组，应考虑保护范围的交叉，避免在互感器内部发生故障时出现"死区"。当改造困难时，可采取启动失灵和远方跳闸等后备措施	查阅图纸资料和查看现场	（1）电流互感器二次绕组分配不合理，保护存在死区，扣1分。 （2）存在死区改造困难时，未采取后备措施，扣1分			
81.18	18.6.6 双母线接线变电站的母差保护、断路器失灵保护，除跳母联、分段的支路外，应经复合电压闭锁	1	【涉及专业】电气二次 加装复合电压闭锁回路是防止母差或失灵保护误动的重要措施。对于微机型的母差、失灵保护，复合电压闭锁可有效地防止电流互感器二次回路断线等外部原因造成保护误动	查阅图纸资料和查看现场	双母线接线变电站的母差保护、断路器失灵保护不经复合电压闭锁，扣1分			
81.19	18.6.7 变压器、电抗器宜配置单套非电量保护，应同时作用于断路器的两个跳闸线圈。未采用就地跳闸方式的变压器非电量保护应设置独立的电源回路（包括直流空气小开关及其直流电源监视回路）和出口跳闸回路，且必须与电气量保护完全分开。当变压器、电抗器采用就地跳闸方式时，应向监控系统发送动作信号	2	【涉及专业】电气二次 非电量保护的跳闸回路应同时作用于两个跳闸线圈，且驱动两个跳闸线圈的跳闸继电器不宜为同一个继电器。因非电量保护不启动失灵保护，主变压器非电量保护的工作电源及其出口跳闸回路不得与电气保护共用。采用就地跳闸方式时，应向监控后台发信号，并应该有历史记录	查阅图纸资料和查看现场	（1）单套非电量保护未同时作用于断路器的两个跳闸线圈，扣2分。 （2）非电气量保护与电气量保护出口未分开，扣2分			

续表

编号	二十五项重点要求内容	标准分	评价要求	评价方法	评分标准	扣分	存在问题	改进建议
81.20	18.6.8 非电量保护及动作后不能随故障消失而立即返回的保护（只能靠手动复位或延时返回）不应启动失灵保护	2	【涉及专业】电气二次 非电量保护及不能快速返回的保护不应启动失灵保护，主要原因是易造成失灵保护误动	查阅图纸资料和查看现场	非电量保护及不能快速返回的保护启动失灵保护，扣2分			
81.21	18.6.10 线路纵联保护应优先采用光纤通道。双回线路采用同型号纵联保护，或线路纵联保护采用双重化配置时，在回路设计和调试过程中应采取有效措施防止保护通道交叉使用。分相电流差动保护应采用同一路由收发、往返延时一致的通道	1	【涉及专业】电气二次 线路的纵联保护是由线路两侧的保护装置和通道构成一个整体，如不同纵联保护交叉使用通道，将会造成保护装置不正确动作。如果线路纵差保护的往返路由不一致，通道往返延时不同，则有可能产生计算错误，在重负荷或区外故障时，造成保护误动	查阅图纸资料和查看现场	（1）保护通道交叉使用，扣1分。 （2）分相电流差动保护往返路由不一致，通道往返延时不同，扣1分			
81.22	18.6.11 220kV及以上电气模拟量必须接入故障录波器，发电厂发电机、变压器不仅录取各侧的电压、电流，还应录取公共绕组电流、中性点零序电流和中性点零序电压。所有保护出口信息、通道收发信情况及开关分合位情况等变位信息应全部接入故障录波器	1	【涉及专业】电气二次 故障录波报告是进行事故分析的重要依据，特别是在进行复杂事故分析或保护不正确动作分析时更是如此	查阅图纸资料和查看现场	接入故障录波器的重要模拟量、开关量记录不全，每处扣1分			
81.23	18.6.12 对闭锁式纵联保护，"其他保护停信"回路应直接接入保护装置，而不应接入收发信机	1	【涉及专业】电气二次 保护装置开入信号会经过抗干扰处理，收发信机一般对开入信号没有经过抗干扰处理，容易误动	查阅图纸资料和查看现场	对闭锁式纵联保护，"其他保护停信"回路直接接入收发信机，扣1分			

392

编号	二十五项重点要求内容	标准分	评价要求	评价方法	评分标准	扣分	存在问题	改进建议
81.24	18.6.13 220kV 及以上电压等级的线路保护应采取措施，防止由于零序功率方向元件的电压死区导致零序功率方向纵联保护拒动	1	【涉及专业】电气二次 零序功率方向元件一般都有一定的零序电压门槛，对于一侧零序阻抗较小的长线路，在发生经高阻接地故障时，可能会由于该侧零序电压较低而形成一定范围的死区，从而造成纵联零序方向保护拒动	查阅保护装置说明书	未采取防止零序功率方向元件的电压死区导致零序功率方向纵联保护拒动的措施，扣1分			
81.25	18.6.14 发电厂升压站监控系统的电源、断路器控制回路及保护装置电源，应取自升压站配置的独立蓄电池组	2	【涉及专业】电气二次 升压站内应设置独立蓄电池组，且不能与厂内机组共用，防止由于其他系统设备直流隐患，造成全厂停电事故	查看现场	监控电源、断路器控制回路及保护装置电源，未取自升压站配置的独立蓄电池，扣2分			
81.26	18.6.15 发电机—变压器组的阻抗保护须经电流元件（如电流突变量、负序电流等）启动，在发生电压二次回路失压、断线以及切换过程中交流或直流失压等异常情况时，阻抗保护应具有防止误动措施	1	【涉及专业】电气二次 发变组保护装置的阻抗保护应具有电压二次回路失压、断线以及切换过程中交流或直流失压的防止误动措施	查阅装置说明书和查看现场	阻抗保护不具有防止误动措施，扣1分			
81.27	18.6.16 200MW 及以上容量发电机定子接地保护宜将基波零序过电压保护与三次谐波电压保护的出口分开，基波零序过电压保护投跳闸	2	【涉及专业】电气二次 三次谐波电压保护的出口一般投信号，基波零序电压投跳闸，故需要分开	查阅图纸资料和查看现场	基波零序过电压保护与三次谐波电压保护的出口未分开设置，扣2分			
81.28	18.6.17 采用零序电压原理的发电机匝间保护应设有负序功率方向闭锁元件	2	【涉及专业】电气二次 区外故障时有可能造成匝间保护误动作。因此，根据短路故障时产生的负序功率方向，作为发电机匝间保护的闭锁条件	查阅图纸资料	采用零序电压原理的发电机匝间保护无负序功率方向闭锁元件，扣2分			

编号	二十五项重点要求内容	标准分	评价要求	评价方法	评分标准	扣分	存在问题	改进建议
81.29	18.6.18 并网发电厂均应制定完备的发电机带励磁失步振荡故障的应急措施，300MW 及以上容量的发电机应配置失步保护，在进行发电机失步保护整定计算和校验工作时应能正确区分失步振荡中心所处的位置，在机组进入失步工况时根据不同工况选择不同延时的解列方式，并保证断路器断开时的电流不超过断路器允许开断电流	2	【涉及专业】电气二次 应制定完备的发电机带励磁失步振荡故障的应急措施，300MW 及以上容量的发电机应配置失步保护	查阅保护定值和相关资料	（1）未制定的发电机带励磁失步振荡故障的应急措施，扣 1 分。 （2）失步定值不合理，扣 2 分			
81.30	18.6.19 发电机的失磁保护应使用能正确区分短路故障和失磁故障的、具备复合判据的方案。应仔细检查和校核发电机失磁保护的整定范围和低励限制特性，防止发电机进相运行时发生误动作	2	【涉及专业】电气二次 发电机失磁后无论对系统还是对机组自身都有可能造成一定的危害，还可能导致机组失步。因此，发电机组应装设失磁保护	查阅保护定值	（1）失磁保护定值不合理，扣 2 分。 （2）未校核失磁保护与低励限制配合关系，扣 2 分			
81.31	18.6.20 300MW 及以上容量发电机应配置起、停机保护及断路器断口闪络保护	2	【涉及专业】电气二次 在未与系统并列运行期间，某些情况下，处于非额定转速的发电机被施加了励磁电流，机组的电气频率与额定值存在较大偏差。部分继电保护因受频率影响较大，在机组起、停机过程转速较低时发生定子接地短路或相间短路故障，不能正确动作或灵敏度降低，导致故障扩大。因此需装设对频率变	查阅保护定值	（1）300MW 及以上容量发电机未按要求配置起、停机保护及断路器断口闪络保护，扣 2 分。 （2）配置的起、停机保护及断路器断口闪络保护定值未按 DL/T 684—2012《大型发电机变压器继电保护整定计算导则》等标准规定的范围取值，扣 2 分			

394

编号	二十五项重点要求内容	标准分	评价要求	评价方法	评分标准	扣分	存在问题	改进建议
81.31		2	化不敏感的继电器构成的起、停机保护。无机端断路器发动机—变压器组保护应有高压侧断路器断口闪络保护功能；有机端断路器发动机—变压器组的主变压器高压侧断路器存在同期合闸方式时，发动机—变压器组保护应有高压侧断路器断口闪络保护功能。断口闪络保护宜动作于停机，延时 0.1s～0.2s，并尽量取短					
81.32	18.6.21　200MW 及以上容量发电机—变压器组应配置专用故障录波器	2	【涉及专业】电气二次　便于事故分析，要求 200MW 及以上容量发电机—变压器组应配置专用故障录波器	查阅图纸资料和查看现场	200MW 及以上容量发电机—变压器组未配置专用故障录波器，扣2分			
81.33	18.6.22　发电厂的辅机设备及其电源在外部系统发生故障时，应具有一定的抵御事故能力，以保证发电机在外部系统故障情况下的持续运行	2	【涉及专业】电气二次　（1）厂用重要高压和低压辅机电动机及变频器的保护不应先于主机保护动作。常见的问题如电压暂降（低电压穿越）问题，引起引风机、一次风机、给煤机等重要辅机跳闸，造成发电机组被迫停运。　（2）电动机低电压保护定值按照 DL/T 5153—2014《火力发电厂厂用电设计技术规程》第 8.6 条、第 8.7 条要求设置。重要辅机电动机电源防范电压暂降的措施可采取：带综保装置的可以投入欠压重启动功能；机械保持式断路器（接触器）或永磁式接触器；采用延时释放回路或双位置继电器回路；直流或 UPS 供电等方案。　（3）重要辅机变频器防范低电压穿越措施（如短时断电后转速跟踪再启动功能），按照 DL/T 1648—2016《发电厂及变电站辅机变频器高低电压穿越技术规范》第 5.1 条设置	查看现场	重要辅机设备及其电源不具备抗低电压穿越能力，每处扣 1 分			

编号	二十五项重点要求内容	标准分	评价要求	评价方法	评分标准	扣分	存在问题	改进建议
	18.7 继电保护二次回路应注意以下问题	**11**						
81.34	18.7.1 装设静态型、微机型继电保护装置和收发信机的厂、站接地电阻应按《计算机场地通用规范》（GB/T 2887—2011）和《计算机场地安全要求》（GB 9361—2011）规定；上述设备的机箱应构成良好电磁屏蔽体，并有可靠的接地措施	1	【涉及专业】电气二次 全封闭的金属机箱是电子设备抵御空间电磁干扰的有效措施，除此之外，金属机箱还必须可靠接地。GB/T 2887—2011《计算机场地通用规范》第 4.8.3 条规定，工作地的电阻大小按设备厂家的要求而定；计算机设备无明确要求时，场地的接地电阻不应大于 1Ω。GB 9361—2011《计算机场地安全要求》第 10.2.1 条规定，机房的安全接地应符合 GB/T 2887 中的规定，接地是最基本的防静电措施	查看现场和试验报告	（1）设备的机箱未可靠接地，扣 1 分。 （2）接地电阻不符合要求，扣 1 分			
81.35	18.7.2 电流互感器的二次绕组及回路，必须且只能有一个接地点。当差动保护的各组电流回路之间因没有电气联系而选择在开关场就地接地时，须考虑由于开关场发生接地短路故障，将不同接地点之间的地电位差引至保护装置后所带来的影响。来自同一电流互感器二次绕组的三相电流线及其中性线必须置于同一根二次电缆	1	【涉及专业】电气二次 独立的、与其他互感器二次回路没有电联系的 TA 二次回路，宜在开关场实现一点接地。由几组 TA 绕组组合且有电联系的回路，TA 二次回路宜在第一级和电流处一点接地。同屏多个独立 TA 二次回路的接地线不应串联接地	查看现场	电流回路未接地、多点接地或接地位置不符合要求，扣 1 分			

编号	二十五项重点要求内容	标准分	评价要求	评价方法	评分标准	扣分	存在问题	改进建议
81.36	18.7.3 公用电压互感器的二次回路只允许在控制室内有一点接地,为保证接地可靠,各电压互感器的中性线不得接有可能断开的开关或熔断器等,已在控制室一点接地的电压互感器二次绕组,宜在开关场将二次绕组中性点经放电间隙或氧化锌阀片接地,其击穿电压峰值应大于 $30I_{max}$ V(I_{max} 为电网接地故障时通过变电站的可能最大接地电流有效值,单位为 kA)。应定期检查放电间隙或氧化锌阀片,防止造成电压二次回路多点接地的现象	1	【涉及专业】电气二次 如果电压互感器二次回路出现两个及以上的接地点,则将在一次系统发生接地故障时,由于参考点电位的影响,造成保护装置感受到的二次电压与实际故障相电压不对应,引起保护装置不正确动作	查看现场	电压互感器二次回路未接地或多点接地,扣1分			
81.37	18.7.4 来自同一电压互感器二次绕组的三相电压线及其中性线必须置于同一根二次电缆,不得与其他电缆共用。来自同一电压互感器三次绕组的两(或三)根引入线必须置于同一根二次电缆,不得与其他电缆共用。应特别注意:电压互感器三次绕组及其回路不得短路	1	【涉及专业】电气二次 在系统发生短路故障时,发电厂、升压站内空间电磁干扰明显,大部分干扰信号是通过二次回路侵入保护装置。为减小对同一电缆内其他芯线的干扰,交流电流和交流电压应安排在各自独立的电缆内;交流信号的相线与中性线应安排在同一电缆内;来自同一电压互感器的三次绕组的所有回路应安排在同一电缆内;直流回路应安排在同一电缆内;直流回路的正极与负极应尽量安排在同一电缆内;强电回路和弱电回路应分别安排在各自独立的电缆内。由于电压互感器的三	查阅图纸资料和查看现场	(1)三相电压线及中性线未置于同一根二次电缆,扣1分。 (2)同一电压互感器三次绕组的两(或三)根引入线未置于同一根二次电缆,与其他电缆共用,扣1分			

编号	二十五项重点要求内容	标准分	评价要求	评价方法	评分标准	扣分	存在问题	改进建议
81.38	18.7.5 交流电流和交流电压回路、交流和直流回路、强电和弱电回路，均应使用各自独立的电缆	1	次绕组在正常运行时二次电压为零，或接近于零，此时在三次绕组及其回路发生短路时不易被发现。当系统发生不对称故障时，三次绕组及其回路产生故障电压，此时，电压互感器的三次绕组及其回路发生短路会造成电压互感器及其回路发生故障，并引起保护不正确动作	查阅图纸资料和查看现场	交流电流和交流电压回路、交流和直流回路、强电和弱电回路共用电缆，扣1分			
81.39	18.7.6 严格执行有关规程、规定及反事故措施，防止二次寄生回路的形成	1	【涉及专业】电气二次 消除二次寄生回路，防止保护误动或拒动，以及回路功能失效等问题发生。应结合图实核对、传动试验等工作，仔细排查二次回路，防止二次寄生回路形成。涉及二次回路接线变更的工作，必须履行审批手续，按图纸施工，并做好二次回路接线检查、传动等验收工作	查阅图纸资料和查看现场	（1）存在寄生回路，扣1分。 （2）未开展图实核对、传动试验等工作，扣1分。 （3）二次回路接线变更后，未履行审批手续，扣1分。 （4）二次回路接线变更后，未进行接线检查、传动等验收工作，扣1分			
81.40	18.7.7 直接接入微机型继电保护装置的所有二次电缆均应使用屏蔽电缆，电缆屏蔽层应在电缆两端可靠接地。严禁使用电缆内的空线替代屏蔽层接地	1	【涉及专业】电气二次 为抑制空间电磁干扰通过耦合的方式侵入保护装置，与继电保护相关的二次电缆应采用屏蔽电缆，屏蔽层原则上应在电缆两端接地	查看现场	（1）未使用屏蔽电缆，扣1分。 （2）电缆屏蔽层仅在电缆一端接地或接地不可靠，扣1分。 （3）使用电缆内的空线替代屏蔽层接地，扣1分			
81.41	18.7.8 对经长电缆跳闸的回路，应采取防止长电缆分布电容影响和防止出口继电器误动的措施。在运行和检修中应严格执行有关规程、规定及反事故措施，严格防止交流电压、电流串入直流回路	1	【涉及专业】电气二次 由于长电缆有较大的对地分布电容，从而使得干扰信号较容易通过长电缆窜入保护装置，严重时可导致保护装置不正确动作。分布电容大小因电缆长度和类型等差异而不同，一般现场较难把控，但应对出（入）保护室直接启动跳闸的出口继电器（直跳继	查阅图纸等资料和查看现场	（1）未排查长电缆启动出口继电器（直跳继电器）数量，扣1分。 （2）长电缆启动出口继电器的启动功率、动作电压、动作时间、交流串入等指标不达标，扣1分。 （3）交流、直流端子未分开布置，扣1分。			

编号	二十五项重点要求内容	标准分	评价要求	评价方法	评分标准	扣分	存在问题	改进建议
81.41		1	电器）进行排查,测试其启动功率大于5W、动作电压在额定直流电源电压的55%～70%范围内、额定直流电源电压下动作时间为10～35ms、加入220V工频交流电压不动作。交流、直流端子应分开布置,与二十五项反措第22.2.3.22.2条一致,并进行隔离和标示;定期检修时,应对交直流回路之间的绝缘进行检查,防止交流串入直流回路;直流绝缘监察装置应具备交流串入直流报警功能		（4）交流、直流端子之间未隔离和标示,扣1分。 （5）定期检修时,未对交、直流回路之间的绝缘进行检查,扣1分。 （6）交流串入直流回路无报警,扣1分			
81.42	18.7.9 如果断路器只有一组跳闸线圈,失灵保护装置工作电源应与相对应的断路器操作电源取自不同的直流电源系统	1	**【涉及专业】电气二次** 断路器失灵保护是装设在变电站的一种近后备保护,当保护装置动作,而断路器拒动时,失灵保护通过断开与拒动断路器有直接电气联系的断路器而隔离故障。如此要求是考虑在站内失去一组直流电源时,应仍能将故障点与运行系统隔离	查阅图纸资料和查看现场	断路器只有一组跳闸线圈时,失灵保护装置工作电源与相对应的断路器操作电源取自同一直流电源系统,扣1分			
81.43	18.7.10 主设备非电量保护应防水、防震、防油渗漏、密封性好。气体继电器至保护柜的电缆应尽量减少中间转接环节	1	**【涉及专业】电气二次** 减少电缆转接的中间环节可减少由于端子箱进水,端子排污秽、接地或误碰等原因造成的保护误动作。结合检修,应注意检查气体继电器至保护柜的电缆是否存在过多转接环节;气体继电器至保护柜的电缆芯线中间不应有续接。主设备非电量保护至保护柜的电缆应进行绝缘试验	查看现场	（1）非电量保护的防水、防震、防油渗漏、密封性效果不好,扣1分。 （2）气体继电器至保护柜的电缆中间转接环节多于两处,扣1分。 （3）气体继电器至保护柜的电缆芯线中间有续接,扣1分。 （4）主设备非电量保护至保护柜的电缆未进行绝缘试验,扣1分			

编号	二十五项重点要求内容	标准分	评价要求	评价方法	评分标准	扣分	存在问题	改进建议
81.44	18.7.11 保护室与通信室之间信号优先采用光缆传输。若使用电缆，应采用双绞双屏蔽电缆并可靠接地	1	【涉及专业】电气二次 因光缆抗电磁干扰，故保护室与通信室之间信号优先采用光缆传输；若使用电缆时，采用双绞双屏蔽电缆并可靠接地，可有效降低电磁干扰	查看现场	（1）电缆未采用双绞双屏蔽电缆，扣 1 分。 （2）双绞双屏蔽电缆接地不符合要求，扣 1 分			
	18.8 应采取有效措施防止空间磁场对二次电缆的干扰，应根据开关场和一次设备安装的实际情况，敷设与厂、站主接地网紧密连接的等电位接地网。等电位接地网应满足以下要求	5						
81.45	18.8.1 应在主控室、保护室、敷设二次电缆的沟道、开关场的就地端子箱及保护用结合滤波器等处，使用截面积不小于 100mm² 的裸铜排（缆）敷设与主接地网紧密连接的等电位接地网	1	【涉及专业】电气二次 目的在于构建一个等电位面，所有保护装置的参考电位都设置在同一个等电位面上，可有效减少由于参考电位差异所带来的干扰	查看现场	接地不符合要求，扣 1 分			
81.46	18.8.2 在主控室、保护室柜屏下层的电缆室（或电缆沟道）内，按柜屏布置的方向敷设 100mm² 的专用铜排（缆），将该专用铜排（缆）首末端连接，形成保护室内的等电位接地网。保护室内的等电位接地网与厂、站的主接地网只能存在唯一连接	1		查看现场	接地不符合要求，扣 1 分			

编号	二十五项重点要求内容	标准分	评价要求	评价方法	评分标准	扣分	存在问题	改进建议
81.46	点，连接点位置宜选择在保护室外部电缆沟道的入口处。为保证连接可靠，连接线必须用至少 4 根以上、截面面积不小于 50mm² 的铜缆（排）构成共点接地	1						
81.47	18.8.3　沿开关场二次电缆的沟道敷设截面面积不少于 100mm² 的铜排（缆），并在保护室（控制室）及开关场的就地端子箱处与主接地网紧密连接，保护室（控制室）的连接点宜设在室内等电位接地网与厂、站主接地网连接处	1	**【涉及专业】电气二次**　沿电缆沟敷设的 100mm² 保护专用铜缆可在地电位差较大时起分流作用，防止因较大电流流经屏蔽层而烧毁电缆；同时，该铜缆可减小两点之间的电位差，并能对与其并排敷设的电缆起到对空间磁场的屏蔽作用	查看现场	接地不符合要求，扣 1 分			
81.48	18.8.4　由开关场的变压器、断路器、隔离开关和电流、电压互感器等设备至开关场就地端子箱之间的二次电缆应经金属管从一次设备的接线盒（箱）引至电缆沟，并将金属管的上端与上述设备的底座和金属外壳良好焊接，下端就近与主接地网良好焊接。上述二次电缆的屏蔽层在就地端子箱处单端使用截面面积不小于 4mm² 多股铜质软导线可靠连接至等电位接地网的铜排上，在一次设备的接线盒（箱）处不接地	1	**【涉及专业】电气二次**　为防止由于一次系统接地电流经屏蔽层入地而烧毁二次电缆，由变压器、断路器、隔离开关和电流、电压互感器等设备至开关场就地端子箱之间二次电缆经金属管引至电缆沟，利用金属管作为抗干扰的防护措施，二次电缆的屏蔽层应仅在就地端子箱处单端接地	查看现场	接地不符合要求，扣 1 分			

编号	二十五项重点要求内容	标准分	评价要求	评价方法	评分标准	扣分	存在问题	改进建议
81.49	18.8.5 采用电力载波作为纵联保护通道时，应沿高频电缆敷设100mm²铜导线，在结合滤波器处，该铜导线与高频电缆屏蔽层相连且与结合滤波器一次接地引下线隔离，铜导线及结合滤波器二次的接地点应设在距结合滤波器一次接地引下线入地点3~5m处；铜导线的另一端应与保护室的等电位地网可靠连接	1	【涉及专业】电气二次 电力载波纵联保护装置的参考电位也应设置在同一个等电位上而上，可有效减少由于参考电位差异所带来的干扰	查看现场	接地不符合要求，扣1分			
	18.9 新建、扩、改建工程与验收工作中应注意的问题	8	【涉及专业】电气二次					
81.50	18.9.2 新建、扩、改建工程除完成各项规定的分步试验外，还必须进行所有保护整组检查，模拟故障检查保护连接片的唯一对应关系，模拟闭锁触点动作或断开来检查其唯一对应关系，避免有任何寄生回路存在	1	【涉及专业】电气二次 整组试验时应注意以下几方面： （1）各保护压板（包括软压板及远方投退功能）的正确性，在相关压板退出后，不应存在不经控制的迂回回路。 （2）保护功能整体逻辑的正确性，包括与相关保护、安全自动装置、通道以及对侧保护装置的配合关系。 （3）保护装置的独立性，既要保证单套保护装置能按照预定要求独立完成其功能，也要保证两套或以上保护装置同时动作时，相互之间不受影响。 （4）保护装置动作信号、异常告警的完整性和准确性，对于由远方进行监视或控制的	查阅试验报告	（1）未开展整组传动试验，扣1分。 （2）整组试验报告不完善，缺少项目，每处扣0.5分			

402

编号	二十五项重点要求内容	标准分	评价要求	评价方法	评分标准	扣分	存在问题	改进建议
81.51	18.9.3 双重化配置的保护装置整组传动验收时,应采用同一时刻,模拟相同故障性质(故障类型相同,故障量别、幅值、相位相同)的方法,对两套保护同时进行作用于两组跳闸线圈的试验	2	保护装置,还应检查、核对其远方信息的完整、准确与及时性,确保运行人员能够对其健康状况、动作行为实施有效监控	查阅试验报告	(1)保护装置整组传动试验不规范,扣1分。 (2)双重化配置的保护装置整组传动试验缺少项目,每处扣1分			
81.52	18.9.4 所有差动保护(线路、母线、变压器、电抗器、发电机等)在投入运行前,除应在能够保证互感器与测量仪表精度的负荷电流条件下,测定相回路和差回路外,还必须测量各中性线的不平衡电流、电压,以保证保护装置和二次回路接线的正确性	2	【涉及专业】电气二次 该条款是检查保护装置和二次回路接线正确性的有效措施	查阅相关记录	(1)差动保护投入运行前,未测定相回路和差回路,扣1分。 (2)未测量各中性线的不平衡电流、电压,扣1分			
81.53	18.9.5 新建、扩、改建工程的相关设备投入运行后,施工(或调试)单位应按照约定及时提供完整的一、二次设备安装资料及调试报告,并应保证图纸与实际投入运行设备相符	1	【涉及专业】电气二次 新建、扩建、改建工程的相关设备投入运行后,图纸、试验报告等技术资料必须严格把关,确保资料的完整性及与现场设备的一致性,为后期设备运行维护奠定基础	查阅相关资料	(1)设备安装资料及调试报告不齐全,扣1分。 (2)图纸与实际设备不相符,每处扣0.5分			

编号	二十五项重点要求内容	标准分	评价要求	评价方法	评分标准	扣分	存在问题	改进建议
81.54	18.9.6 验收方应根据有关规程、规定及反措要求制定详细的验收标准。新设备投产前应认真编写保护启动方案，做好事故预想，确保新投设备发生故障能可靠被切除	1	【涉及专业】电气二次 （1）验收方应根据 GB/T 50976—2014《继电保护及二次回路安装及验收规范》、GB 50171—2012《电气装置安装工程盘、柜及二次回路接线施工及验收规范》、GB 50172—2012《电气装置安装工程蓄电池施工及验收规范》、DL 5277—2012《火电工程达标投产验收规程》、国能安全〔2014〕161 号《防止电力生产事故的二十五项重点要求》等制定详细的验收标准。 （2）新设备在投运前，未经现场运行考验，一些隐蔽性问题尚未暴露。因此需要编制保护启动方案，做好事故预想，并经过相关人员把关，确保新设备投运即使发生故障也能被可靠切除	查阅相关资料	（1）未制定详细的验收标准，扣 1 分。 （2）新设备投产前未编写保护启动方案，扣 1 分			
81.55	18.9.7 新建、扩、改建工程中应同步建设或完善继电保护故障信息管理系统，并严格执行国家有关网络安全的相关规定	1	【涉及专业】电气二次 保护故障信息管理系统应随新建、扩建、改建工程同步投运	查看现场	未同步建设或完善继电保护故障信息管理系统，扣 1 分			
	18.10 继电保护定值与运行管理工作中应注意的问题：	32						
81.56	18.10.1 依据电网结构和继电保护配置情况，按相关规定进行继电保护的整定计算。当灵敏性与选择性难以兼顾时，应首先考虑以保灵	2	【涉及专业】电气二次 当遇到电网结构变化复杂、整定计算不能满足系统运行要求的情况下，应按 GB/T 14285—2006《继电保护和安全自动装置技术规程》、DL/T 684—2012《大型发电机变	查阅定值计算书	定值计算书不符合要求，扣 2 分			

编号	二十五项重点要求内容	标准分	评价要求	评价方法	评分标准	扣分	存在问题	改进建议
81.56	敏度为主，防止保护拒动，并备案报主管领导批准	2	压器继电保护整定计算导则》、DL/T 1502—2016《厂用电继电保护整定计算导则》等标准进行整定计算，侧重防止保护拒动，备案注明并报主管领导批准					
81.57	18.10.2　发电企业应按相关规定进行继电保护整定计算，并认真校核与系统保护的配合关系。加强对主设备及厂用系统的继电保护整定计算与管理工作，安排专人每年对所辖设备的整定值进行全面复算和校核，注意防止因厂用系统保护不正确动作，扩大事故范围	2	【涉及专业】电气二次 应按 GB/T 14285—2006《继电保护和安全自动装置技术规程》、DL/T 684—2012《大型发电机变压器继电保护整定计算导则》、DL/T 1502—2016《厂用电继电保护整定计算导则》等标准要求，进行继电保护整定计算。继电保护整定计算人员应每年对现运行保护装置的定值进行核查计算，不满足要求的保护定值应限期进行调整。厂用电系统是发电厂的重要组成部分，应切实做好厂用系统电气设备的继电保护定值计算与管理工作，保证保护装置动作的正确性，以确保发电设备的安全	查阅定值单	（1）未开展保护定值校核工作，扣2分。 （2）校核工作缺少厂用电系统相关内容，扣1分			
81.58	18.10.3　大型发电机高频、低频保护整定计算时，应分别根据发电机在并网前、后的不同运行工况和制造厂提供的发电机性能、特性曲线，并结合电网要求进行整定计算	2	【涉及专业】电气二次 二十五项反措第 18.10.3 条～18.10.6 条强调了高频、低频、过激磁、负序电流、励磁绕组过负荷保护的整定计算原则，现场整定值时应结合 DL/T 684—2012《大型发电机变压器继电保护整定计算导则》、Q/CSG 1204025—2017《南方电网大型发电机变压器继电保护整定计算规程》等标准要求执行	查阅定值单	发电机高频、低频保护定值整定不符合要求，扣2分			

编号	二十五项重点要求内容	标准分	评价要求	评价方法	评分标准	扣分	存在问题	改进建议
81.59	18.10.4 过激磁保护的启动元件、反时限和定时限应能分别整定，其返回系数不宜低于0.96。整定计算应全面考虑主变压器及高压厂用变压器的过励磁能力，并与励磁调节器 V/Hz 限制特性相配合，按励磁调节器 V/Hz 限制首先动作、再由过激磁保护动作的原则进行整定和校核	2		查阅定值单	过激磁保护、V/Hz 限制定值整定不符合 DL/T 684—2012、Q/CSG 1204025—2017 等标准要求，扣2分			
81.60	18.10.5 发电机负序电流保护应根据制造厂提供的负序电流暂态限值（A值）进行整定，并留有一定裕度。发电机保护启动失灵保护的零序或负序电流判别元件灵敏度应与发电机负序电流保护相配合	2		查阅定值单	定值整定不符合要求，扣2分			
81.61	18.10.6 发电机励磁绕组过负荷保护应投入运行，且与励磁调节器过励磁限制相配合	2		查阅定值单	定值整定不符合要求，扣2分			
81.62	18.10.7 严格执行工作票制度和二次工作安全措施票制度，规范现场安全措施，防止继电保护"三误"事故。相关专业人员在继电保护回路工作时，必须遵守继电保护的有关规定	2	【涉及专业】电气二次 应严格执行工作票制度、二次工作安全措施票制度、继电保护现场标准化作业指导书和继电保护的有关规定，按照规范化的作业流程及规范化的质量标准，执行规范化的安全措施，完成规范化的工作内容，是防止继电保护人员"三误"事故的有效措施	查阅相关记录	（1）未严格执行工作票制度、二次工作安全措施票制度、以及继电保护的有关规定，扣2分。 （2）未编写作业指导书及安全措施票，扣2分。 （3）作业指导书及安全措施票内容不全面，每处扣1分			

编号	二十五项重点要求内容	标准分	评价要求	评价方法	评分标准	扣分	存在问题	改进建议
81.63	18.10.8 微机型继电保护及安全自动装置的软件版本和结构配置文件修改、升级前，应对其书面说明材料及检测报告进行确认，并对原运行软件和结构配置文件进行备份。修改内容涉及测量原理、判据、动作逻辑或变动较大的，必须提交全面检测认证报告。保护软件及现场二次回路变更须经相关保护管理部门同意并及时修订相关的图纸资料	2	【涉及专业】电气二次 制定软件版本、图纸管理措施，软件变动前、后应备份，并履行审批程序	查阅相关资料	（1）软件变动前、后未备份，扣2分。 （2）未履行审批程序，扣2分			
81.64	18.10.9 加强继电保护装置运行维护工作。装置检验应保质保量，严禁超期和漏项，应特别加强对基建投产设备及新安装装置在一年内的全面校验，提高继电保护设备健康水平	2	【涉及专业】电气二次 新设备投产后的一段时间内，是故障的高发期。特别是由基建单位移交的设备，在运行一年后，进行全面的检验，有助于发现验收试验未发现的遗留问题，有助于运行维护人员掌握保护设备的缺陷处理和检验方法。应按DL/T 995—2016《继电保护和电网安全自动装置检验规程》等标准要求，做好保护装置定期检验工作，并做好保护装置检验台账	查阅检验报告和检验台账	（1）保护装置检验超期或漏项，每个装置扣1分。 （2）保护装置检验台账不完善，不能反映装置的检验情况，扣2分			
81.65	18.10.10 配置足够的保护备品、备件，缩短继电保护缺陷处理时间。微机保护装置的开关电源模件宜在运行6年后予以更换	2	【涉及专业】电气二次 微机保护装置的开关电源模块宜在运行6年后予以更换。结合《中国南方电网公司继电保护反事故措施汇编》（2014版）第4.1.15条要求，电源模块运行不能超过8年，所以应在电源模块运行6~8年时进行更换，即保护装置的开关电源模件应纳入第2次全部检验周期，逐步更换	查阅记录	（1）无保护备品、备件扣1分。 （2）电源模块运行8年以上，扣2分			

编号	二十五项重点要求内容	标准分	评价要求	评价方法	评分标准	扣分	存在问题	改进建议
81.66	18.10.11 加强继电保护试验仪器、仪表的管理工作，每 1～2 年应对微机型继电保护试验装置进行一次全面检测，确保试验装置的准确度及各项功能满足继电保护试验的要求，防止因试验仪器、仪表存在问题而造成继电保护误整定、误试验	2	【涉及专业】电气二次 微机型试验装置的检验周期应为 1～2 年	查阅检验报告	继电保护试验仪器、仪表未按周期检验，每台装置扣 1 分			
81.67	18.10.12 继电保护专业和通信专业应密切配合，加强对纵联保护通道设备的检查，重点检查是否设定了不必要的收、发信环节的延时或展宽时间。注意校核继电保护通信设备（光纤、微波、载波）传输信号的可靠性和冗余度及通道传输时间，防止因通信问题引起保护不正确动作	2	【涉及专业】电气二次 对于采用复用通道的允许式保护装置，通道传输时间将直接影响保护装置的动作时间；如果通信设备在传输信号时设置了过长的展宽时间，则可能在区外故障功率方向转移的过程中，导致允许式保护装置误动作。为此，应尽量减少不必要的延时或展宽时间，防止造成保护装置的不正确动作	查阅试验报告	纵联保护相关通道设备未检查，扣 2 分			
81.68	18.10.13 未配置双套母差保护的变电站，在母差保护停用期间应采取相应措施，严格限制母线侧隔离开关的倒闸操作，以保证系统安全	2	【涉及专业】电气二次 无快速保护切除故障，在无母差保护运行期间，应尽量避免母线的倒闸操作，以减少母线发生故障的概率	查阅运行规程或操作票	运行规程或操作票中无相关内容，扣 2 分			

编号	二十五项重点要求内容	标准分	评价要求	评价方法	评分标准	扣分	存在问题	改进建议
81.69	18.10.14　针对电网运行工况，加强备用电源自动投入装置的管理，定期进行传动试验，保证事故状态下投入成功率	2	【涉及专业】电气二次 备用电源自动投入装置是保证供电可靠性的重要设备之一，应采用与继电保护装置同等的管理机制，加强运行维护与管理工作，确保在需要时，能够可靠地发挥其作用。应将备用电源自动投入装置（回路）的管理纳入继电保护管理工作之中，确保其定值整定正确、定期检验合格	查阅检验、传动试验记录和定值单	（1）备用电源自动投入装置定值整定不合理，扣2分。 （2）备用电源自动投入装置（回路）未定期进行检验，扣2分。 （3）备自投装置未定期进行传动试验，扣2分			
81.70	18.10.15　在电压切换和电压闭锁回路，断路器失灵保护，母线差动保护，远跳、远切、联切回路以及"和电流"等接线方式有关的二次回路上工作时，以及3/2断路器接线等主设备检修而相邻断路器仍需运行时，应特别认真做好安全隔离措施	2	【涉及专业】电气二次 复杂回路工作时，应核对设计图纸，与正常运行的相关二次回路做好安全隔离措施。检修规程或作业指导书中对应的安全措施应具体、全面	查阅检修规程或作业指导书	（1）检修规程、作业指导书、或二次安全措施票中无相关内容，扣2分。 （2）检修规程、作业指导书、或二次安全措施票中对应的安全措施不具体或不全面，每处扣1分			
81.71	18.10.16　新投运或电流、电压回路发生变更的220kV及以上保护设备，在第一次经历区外故障后，宜通过打印保护装置和故障录波器报告的方式校核保护交流采样值、收发信开关量、功率方向以及差动保护差流值的正确性	2	【涉及专业】电气二次 通过故障时保护装置的记录和故障录波装置的记录可以校核相关保护及回路的正确性	查阅记录	（1）新投运的装置在第一次经历区外故障后，未通过保护装置和故障录波器记录进行校核，扣2分。 （2）校核内容不全面，每处扣1分			
82	**22　防止发电厂及变电站全停事故**	**100**	【涉及专业】电气二次、电气一次、热工，共31条					
	22.1　防止发电厂全停事故	**17**	【涉及专业】电气二次、电气一次、热工					

编号	二十五项重点要求内容	标准分	评价要求	评价方法	评分标准	扣分	存在问题	改进建议
82.1	22.1.2 自动准同期装置和厂用电切换装置宜单独配置	5	【涉及专业】电气二次 个别发电厂自动准同期装置和厂用电切换装置的功能在DCS中实现。由于DCS存在约0.5s延时，存在自动准同期装置指示与实际角度差存在较大误差的问题。因此，自动准同期装置和厂用电切换装置宜单独配置	查看现场	自动准同期装置和厂用电切换装置未单独配置，扣5分			
82.2	22.1.4 厂房内重要辅机（如送引风，给水泵，循环水泵等）电动机事故控制按钮必须加装保护罩，防止误碰造成停机事故	3	【涉及专业】电气二次 存在误碰、进水等隐患，需要加装防护罩	查看现场	事故按钮无防护罩，扣3分			
82.3	22.1.5 加强蓄电池和直流系统（含逆变电源）及柴油发电机组的运行维护，确保主机交直流润滑油泵和主要辅机小油泵供电可靠	4	【涉及专业】电气二次、电气一次 电气二次重点关注柴油机与保安段的联锁回路；直流油泵控制回路、切换电阻回路	查看现场	直流系统及柴油发电机组、主机交直流油泵电机二次回路未纳入定期检查，扣4分			
82.4	新增：燃气关断阀（ESD）电源回路应可靠。ESD阀采用双电源切换开关供电的，其二路电源应独立，应能保证切换过程中，电磁阀不误动；应结合检修开展ESD阀双电源切换试验并进行录波；对达不到ESD阀供电要求的双电源切换装置应及时进行改造。ESD阀采用UPS自带蓄电池供电的，应定期开展自带蓄电池核对性放电试验。宜配置冗余的电磁阀控制ESD阀，避免单电磁阀误动作引发ESD阀动作	5	【涉及专业】热工、电气二次、燃气轮机 （1）强调了燃气关断阀（ESD）电源供电可靠性。ESD阀电源宜取自不同的UPS段或保安段供电。应定期开展切换试验对ESD阀供电可靠性进行检查。UPS自带蓄电池供电的，因自带蓄电池独立于主机蓄电池且不具备自动维护管理功能，应加强其管理工作，定期开展自带蓄电池核对性放电试验工作。 （2）强调ESD阀应采用冗余的电磁阀控制，避免单电磁阀误动作引发ESD阀动作	查阅图纸、试验报告和查看现场	（1）ESD阀二路电源取自同一段电源，扣5分。 （2）未开展电源切换试验或切换时间不满足ESD阀供电要求，扣5分。 （3）ESD阀UPS自带蓄电池未定期开展核对性放电试验，扣5分。 （4）电源切换试验未进行录波或试验数据不齐全，每处扣3分。 （5）单电磁阀动作即触发ESD阀动作，扣3分			

编号	二十五项重点要求内容	标准分	评价要求	评价方法	评分标准	扣分	存在问题	改进建议
	22.2 防止变电站和发电厂升压站全停事故	**83**						
82.5	22.2.1.7 继电保护及安全自动装置应选用抗干扰能力符合有关规程规定的产品，在保护装置内，直跳回路开入量应设置必要的延时防抖回路，防止由于开入量的短暂干扰造成保护装置误动出口	3	【涉及专业】电气二次 装置选型时，开入量要具备延时防抖动的抗干扰能力。按照《中国南方电网公司继电保护反事故措施汇编》（2014 版）第 4.2.22 条，220kV 及以上系统保护（含机组保护）的瞬时直跳开入量防抖动延时参数应按照 10～30ms 设置	查阅保护装置说明书	（1）保护装置开入量不具备延时防抖动抗干扰能力，扣 3 分。 （2）保护装置开入量防抖动延时参数设置不合理，扣 3 分			
	22.2.3 加强直流系统配置及运行管理	80						
82.6	22.2.3.1 在新建、扩建和技改工程中，应按《电力工程直流系统设计技术规程》（DL/T 5044）和《蓄电池施工及验收规范》（GB 50172）的要求进行交接验收工作。所有已运行的直流电源装置、蓄电池、充电装置、微机监控器和直流系统绝缘监测装置都应按《蓄电池直流电源装置运行与维护技术规程》（DL/T 724）和《电力用高频开关整流模块》（DL/T 781）的要求进行维护、管理	3	【涉及专业】电气二次 直流系统的可靠、安全对电厂来说至关重要，因此该条提出总体要求。在新建、扩建和技改工程中，要严格按照 DL/T 5044—2014《电力工程直流电源系统设计技术规程》及 GB 50172—2012《电气装置安装工程蓄电池施工及验收规范》第 6 部分"质量验收"要求，做好交接验收工作；投运后要按照 DL/T 724—2000《电力系统用蓄电池直流电源装置运行与维护技术规程》第 6 部分"蓄电池运行与维护"、DL/T 781—2001《电力用高频开关整流模块》第 6 部分"检验与试验"的要求做好维护、管理工作	查看现场及查阅相关资料	直流系统设计、维护、管理不符合标准要求，每处扣 3 分			

编号	二十五项重点要求内容	标准分	评价要求	评价方法	评分标准	扣分	存在问题	改进建议
82.7	22.2.3.2 发电机组用直流电源系统与发电厂升压站用直流电源系统必须相互独立	3	【涉及专业】电气二次 机组（包括外围设备）用直流系统应与升压站直流系统相互独立，不能有任何的电气连接。这项规定是为了机组直流系统出现故障时，将故障范围减少到最小，不影响电网的稳定性，保证电网安全可靠运行	查看现场	发电机组用直流电源系统与发电厂升压站用直流电源系统共用或存在电气联系，扣3分			
82.8	22.2.3.3 变电站、发电厂升压站直流系统配置应充分考虑设备检修时的冗余，330kV 及以上电压等级变电站、发电厂升压站及重要的 220kV 变电站、发电厂升压站应采用 3 台充电、浮充电装置，两组蓄电池组的供电方式。每组蓄电池和充电机应分别接于一段直流母线上，第三台充电装置（备用充电装置）可在两段母线之间切换，任一工作充电装置退出运行时，手动投入第三台充电装置。变电站、发电厂升压站直流电源供电质量应满足微机保护运行要求	2	【涉及专业】电气二次 由于 330kV 及以上电压等级变电站、发电厂升压站及重要的 220kV 变电站、发电厂升压站直流系统在电网具有很重要的作用，因此应考虑设备检修时的冗余性	查看现场	蓄电池、充电机配置不符合要求，扣 2 分			
82.9	22.2.3.4 发电厂动力、UPS 及应急电源用直流系统，按主控单元，应采用 3 台充电、浮充电装置，两组蓄电池组的供电方式。每组蓄电池和充电机应分别接于一段直流	2	【涉及专业】电气二次 机组直流系统 3＋2 配置方式，并且直流母线分段运行，是避免机组失去直流电源的非常必要的措施。3＋2 方式也保证了当任一充电装置因检修或故障退出运行时，保证每段直流母线还有一台充电装置运行	查阅图纸资料和查看现场	蓄电池、充电机配置不符合要求，扣 2 分			

编号	二十五项重点要求内容	标准分	评价要求	评价方法	评分标准	扣分	存在问题	改进建议
82.9	母线上,第三台充电装置(备用充电装置)可在两段母线之间切换,任一工作充电装置退出运行时,手动投入第三台充电装置。其标称电压应采用220V。直流电源的供电质量应满足动力、UPS及应急电源的运行要求	2						
82.10	22.2.3.5 发电厂控制、保护用直流电源系统,按单台发电机组,应采用2台充电、浮充电装置,两组蓄电池组的供电方式。每组蓄电池和充电机应分别接于一段直流母线上。每一段母线各带一台发电机组的控制、保护用负荷。直流电源的供电质量应满足控制、保护负荷的运行要求	2	【涉及专业】电气二次 发电厂控制、保护用直流电源系统充电装置、蓄电池配置要求	查阅图纸资料和查看现场	蓄电池、充电机接线方式不符合要求,扣2分			
82.11	22.2.3.6 采用两组蓄电池供电的直流电源系统,每组蓄电池组的容量,应能满足同时带两段直流母线负荷的运行要求	2	【涉及专业】电气二次 要求每组蓄电池容量要按事故状态下,能保证两段直流母线的供电容量,以满足事故状态直流系统的供电要求	查阅图纸资料和查看现场	蓄电池容量不符合要求,扣2分			
82.12	22.2.3.7 变电站、发电厂升压站直流系统的馈出网络应采用辐射状供电方式,严禁采用环状供电方式	3	【涉及专业】电气二次 直流系统的馈出接线方式应采用辐射供电方式,而不采用环路供电,是为了保证直流系统两段母线相互独立运行,避免互相干扰,以保障上、下级开关的级差配合,提高直流系统供电可靠性	查阅图纸资料和查看现场	直流系统采用环状供电方式,扣3分			

编号	二十五项重点要求内容	标准分	评价要求	评价方法	评分标准	扣分	存在问题	改进建议
82.13	22.2.3.8 变电站直流系统对负荷供电,应按电压等级设置分电屏供电方式,不应采用直流小母线供电方式	3	【涉及专业】电气二次 由于小母线总进线断路器,很难实现与下级负荷断路器的级差配合而误动,造成停电范围扩大。另外由于直流小母线往往在保护柜顶布置,接线复杂,连接点多,其裸露部分易造成误碰或接地故障	查阅图纸资料和查看现场	采用直流小母线供电方式,扣3分			
82.14	22.2.3.9 发电机组直流系统对负荷供电,应按所供电设备所在段配设置分电屏,不应采用直流小母线供电方式	3	【涉及专业】电气二次 直流小母线容易发生短路,导致停电范围变大,其供电可靠性较差。分屏辐射状供电,支路存在问题,只切除支路,供电可靠性高	查看现场	采用直流小母线供电方式,扣3分			
82.15	22.2.3.10 直流母线采用单母线供电时,应采用不同位置的直流开关,分别带控制用负荷和保护用负荷	3	【涉及专业】电气二次 主要根据继电保护有关"控保分开"对直流电源的要求,即要求继电保护装置的控制负荷和保护负荷的电源应分别独立进线	查看现场	直流母线采用单母线供电时,未采用不同位置的直流开关分别为控制用负荷和保护用负荷供电,扣3分			
82.16	22.2.3.11 新建或改造的直流电源系统选用充电、浮充电装置,应满足稳压精度优于0.5%、稳流精度优于1%、输出电压纹波系数不大于0.5%的技术要求。在用的充电、浮充电装置如不满足上述要求,应逐步更换	2	【涉及专业】电气二次 电压不稳定,纹波系数大会影响继电保护装置对电流等模拟量的采样。阀控密封铅酸电池对浮充电压的稳定度也有严格要求,浮充电压长期不稳定会使蓄电池欠充或过充。而稳流精度的好坏,直接影响阀控密封铅酸蓄电池充电质量	查阅试验报告	(1)无相关试验报告,扣2分。 (2)稳压精度、稳流精度、输出电压纹波系数技术参数不满足要求,每处扣1分			
82.17	22.2.3.12 新、扩建或改造的直流系统用断路器应采用具有自动脱扣功能的直流断路器,严禁使用普通交流断路器	3	【涉及专业】电气二次 普通交流断路器不能熄灭直流电流电弧。当普通交流断路器遮断不了直流负荷电流时,容易将使断路器烧损,当遮断不了故障电流时,会使电缆和蓄电池组着火,引起火	查看现场	直流系统用断路器未采用具有自动脱扣功能的直流断路器,或使用普通交流断路器,扣3分			

编号	二十五项重点要求内容	标准分	评价要求	评价方法	评分标准	扣分	存在问题	改进建议
82.18	22.2.3.13 蓄电池组保护用电器,应采用熔断器,不应采用断路器,以保证蓄电池组保护电器与负荷断路器的级差配合要求	3	灾。加强直流断路器的上、下级的级差配合管理,保证当一路直流馈出线故障时,不会造成越级跳闸情况。另外,DL/T 5044—2014《电力工程直流电源系统设计技术规程》第5.1.2 条要求,蓄电池出口回路宜采用熔断器,也可采用具有选择性保护的直流断路器	查看现场	(1)蓄电池组保护电器采用断路器且不满足级差配合要求,扣3分。 (2)蓄电池组出口熔断器选择不合理,扣3分			
82.19	22.2.3.14 除蓄电池组出口总熔断器以外,逐步将现有运行的熔断器更换为直流专用断路器。当负荷直流断路器与蓄电池组出口总熔断器配合时,应考虑动作特性的不同,对级差做适当调整	3		查看现场	直流负荷未采用直流专用断路器,每处扣3分			
82.20	22.2.3.15 直流系统的电缆应采用阻燃电缆,两组蓄电池的电缆应分别铺设在各自独立的通道内,尽量避免与交流电缆并排铺设,在穿越电缆竖井时,两组蓄电池电缆应加穿金属套管	3	【涉及专业】电气二次 由于交流电缆过热着火后,引起并行直流馈线电缆着火,可能会造成全站直流电源消失情况,从而导致全站停电事故。本条文主要是针对直流电缆防火而提出的电缆选型、电缆敷设方面具体要求,竖井中直流电缆穿金属管是避免火灾的必要措施	查看现场	(1)直流系统的电缆未采用阻燃电缆,扣3分。 (2)两组蓄电池电缆未布置在独立的通道内,扣3分。 (3)穿越电缆竖井时,两组蓄电池电缆未加穿金属套管,扣3分			
82.21	22.2.3.16 及时消除直流系统接地缺陷,同一直流母线段,当出现同时两点接地时,应立即采取措施消除,避免由于直流同一母线两点接地,造成继电保护或断路器误动故障。当出现直流系统一点接地时,应及时消除	3	【涉及专业】电气二次 直流系统作为不接地系统,如果一点及以上接地,可能引起保护及自动装置误动、拒动,引发发电厂和变电站停电事故。因此,当发生直流一点及以上接地时,应在保证直流系统正常供电情况下及时、准确排除故障	查阅相关资料和查看现场	(1)无相关直流接地处理措施,扣3分。 (2)直流接地处理措施不全面,每处扣1分。 (3)直流系统接地运行,扣3分			

编号	二十五项重点要求内容	标准分	评价要求	评价方法	评分标准	扣分	存在问题	改进建议
82.22	22.2.3.17 两组蓄电池组的直流系统，应满足在运行中两段母线切换时不中断供电的要求，切换过程中允许两组蓄电池短时并联运行，禁止在两个系统都存在接地故障情况下进行切换	3	【涉及专业】电气二次 （1）在直流系统倒闸操作过程中，在任何时刻，不能失去蓄电池组供电，原因是充电、浮充电装置在倒闸操作过程中，有可能失电。 （2）当倒闸操作时，如果两段母线都分别有接地情况时，合直流母联断路器后，会出现母线两点接地	查阅相关资料和查看现场	（1）无相关处理措施，扣3分。 （2）切换过程存在失去蓄电池供电隐患，扣3分			
82.23	22.2.3.18 充电、浮充电装置在检修结束恢复运行时，应先合交流侧开关，再带直流负荷	3	【涉及专业】电气二次 充电、浮充电装置在恢复运行时，如果先合直流侧断路器，再合交流断路器很容易引起充电、浮充电装置启动电流过大，而引起交流进线断路器跳闸，容易引起操作人员误判充电、浮充电装置故障，延误送电	查阅运行规程或操作票	规程中或操作票相关内容不符合要求，扣3分			
82.24	22.2.3.19 新安装的阀控密封蓄电池组，应进行全核对性放电试验。以后每隔2年进行一次核对性放电试验。运行了4年以后的蓄电池组，每年做一次核对性放电试验	5	【涉及专业】电气二次 定期进行阀控密封蓄电池组核对性放电试验，及时发现蓄电池组容量不足的问题，以便及时对相关设备进行维护改造，确保变电站蓄电池组容量满足事故处理要求。应建立蓄电池组核对性充放电试验台账	查阅试验报告、台账	（1）蓄电池充放电试验超期，扣5分。 （2）蓄电池充放电试验开展不规范，每处扣2分。 （3）无蓄电池组核对性充放电试验台账，扣2分。 （4）蓄电池整组容量达不到额定容量的80%仍在运行，每组扣2分			
82.25	22.2.3.20 浮充电运行的蓄电池组，除制造厂有特殊规定外，应采用恒压方式进行浮充电。浮充电时，严格控制单体电池的浮充电压上、下限，每个月至少一次对蓄电池组所有的单体浮充端电压进行测量记录，防止蓄电池因充电电压过高或过低而损坏	4	【涉及专业】电气二次 运行中蓄电池端电压测量是检测电池组性能的主要方法。当检测端电压异常时，要及时分析处理	查阅相关记录	（1）未采用恒压方式进行浮充电（除制造厂有特殊规定外），扣2分。 （2）单体电池的浮充电压上、下限不符合规程或厂家要求，扣2分。 （3）未按每月至少一次的要求，定期开展蓄电池单体端电压测量记录工作，扣4分。 （4）蓄电池单体端电压测量开展不规范，每处扣2分			

编号	二十五项重点要求内容	标准分	评价要求	评价方法	评分标准	扣分	存在问题	改进建议
82.26	22.2.3.21 加强直流断路器上、下级之间的级差配合的运行维护管理。新建或改造的发电机组、变电站、发电厂升压站的直流电源系统，应进行直流断路器的级差配合试验	3	【涉及专业】电气二次 进行直流断路器的级差配合试验目的是检验直流断路器上、下级配合是否合理，避免在运行中出现越级跳闸情况	查阅图纸资料和查看现场	（1）直流断路器上、下级之间的级差配合不合理，每处扣1分。 （2）新建或改造的直流电源系统，未开展直流断路器的级差配合试验，扣3分			
	22.2.3.22 严防交流窜入直流故障出现	**10**	【涉及专业】电气二次					
82.27	22.2.3.22.1 雨季前，加强现场端子箱、机构箱封堵措施的巡视，及时消除封堵不严和封堵设施脱落缺陷	5	【涉及专业】电气二次 现场端子箱、机构箱漏水可能会导致端子排绝缘降低，端子间短路情况，从而导致操动机构误动作情况和交流窜入直流故障的发生。交、直流电源端子中间没有隔离措施，混合使用，容易造成检修、试验人员由于操作失误导致交直流短接，导致交流电源混入直流系统，进而发生发电机组、发电厂升压站线路继电保护动作，导致全厂停电事故	查看现场	端子箱（机构箱）封堵不符合要求，扣5分			
82.28	22.2.3.22.2 现场端子箱不应交、直流混装，现场机构箱内应避免交、直流接线出现在同一段或串端子排上	5		查看现场	端子箱（机构箱）的端子排交、直流回路混装，扣5分			
	22.2.3.23 加强直流电源系统绝缘监测装置的运行维护和管理	9	【涉及专业】电气二次					
82.29	22.2.3.23.1 新投入或改造后的直流电源系统绝缘监测装置，不应采用交流注入法测量直流电源系统绝缘状态。在用的采用交流注入法原理的直流电源系统绝缘监测装置，应逐步更换为直流原理的直流电源系统绝缘监测装置	3	【涉及专业】电气二次 采用交流注入法原理的直流电源系统绝缘监测装置，需要向直流网络注入低频载波脉冲信号，测量结果受网络系统的对地电容影响，误差较大，且存在干扰系统的风险，故直流电源系统进行绝缘状态监测评估与故障定位不应采用交流注入法	查看现场和查阅装置说明书	采用交流注入法原理的直流电源系统绝缘监测装置，扣3分			

编号	二十五项重点要求内容	标准分	评价要求	评价方法	评分标准	扣分	存在问题	改进建议
82.30	22.2.3.23.2 直流电源系统绝缘监测装置，应具备检监测蓄电池组和单体蓄电池绝缘状态的功能	3	【涉及专业】电气二次 便于监视蓄电池的绝缘状态，为现场分析故障提供可靠的分析依据，及时消除隐患	查看现场	（1）绝缘监测装置不具备监测蓄电池组和单体蓄电池绝缘状态的功能，扣3分。 （2）绝缘监测装置并定位接地蓄电池的误差大于1节，每多1节扣0.5分			
82.31	22.2.3.23.3 新建或改造的变电所，直流电源系统绝缘监测装置，应具备交流窜直流故障的测记和报警功能。原有的直流电源系统绝缘监测装置，应逐步进行改造，使其具备交流窜直流故障的测记和报警功能	3	【涉及专业】电气二次 在两段直流母线对地应各安装一台电压记录（录波）装置，当出现交流窜直流现象时，能够及时录波、报警，为现场分析故障提供可靠的分析依据	查看现场	直流电源系统绝缘监测装置，不具备交流窜直流故障的测记和报警功能，扣3分			
	23 防止水轮发电机组事故		【涉及专业】水轮机、电气二次、电气一次、监控自动化、水工，共104条					
83	**23.1 防止机组飞逸**	100	【涉及专业】水轮机、电气二次、监控自动化、水工，共15条 "机组飞逸"是指水轮发电机在运行中因机组故障等突然甩去负荷，发电机输出功率为零，此时如水轮机调速机构失灵或其他原因使导水机构不能关闭，水轮机转速迅速升高					
83.1	23.1.1 设置完善的剪断销剪断（破断连杆）、调速系统低油压、电气和机械过速等保护装置。过速保护装置应定期检验，并正常投入。对水机过速140%额定转速、事故停机时剪断销剪断（破断连杆破断）等保护在机组检修时应进行传动试验	8	【涉及专业】水轮机、监控自动化、电气二次 （1）应设置防止机组飞逸的保护装置并检验其功能有效。 （2）水机保护误动引起机组非计划停运，拒动会引起设备损坏甚至更为严重的后果，故应明确要求水机保护投入率和动作正确率均为100%	查阅设计技术资料，过速保护装置定期检验和投入情况，检修时是否开展了相关试验	（1）未设置完善的剪断销剪断（破断连杆）、调速系统低油压、电气和机械过速等保护装置，扣4分。 （2）过速保护装置未定期检验并正常投入，扣2分。 （3）水机过速140%额定转速、事故停机时剪断销剪断（破断连杆破断）等保护在机组检修时未进行传动试验，扣2分			

编号	二十五项重点要求内容	标准分	评价要求	评价方法	评分标准	扣分	存在问题	改进建议
83.2	23.1.2 机组调速系统安装、更新改造及大修后必须进行水轮机调节系统静态模拟试验、动态特性试验和导叶关闭规律等试验，各项指标合格方可投入运行	8	【涉及专业】水轮机、监控自动化、电气二次 （1）通过核查与试验，确认机组调速系统各项功能、性能满足要求，如：调速器静特性转速死区、电源/CPU/导叶控制状态切换、转速信号消失及越限试验、反馈断线试验、接力器关闭与开启时间、操作回路检查及模拟动作试验、低油压下的调速器动作试验、电气装置抗干扰试验、油压控制试验、手自动开停机及紧急停机试验、空载/变负荷/甩负荷试验等。 （2）调速器的常见故障有：调速器速动性差；调速器稳定性差；故障调速器静、动特性指标，调节参数最佳组合不理想，死区偏大，缓冲强度不均，转速上升率、压力上升率和尾水管最大真空度之一超标；调速系统运行故障等	查阅机组调速系统安装、更新改造及大修后的水轮机调节系统静态模拟试验、动态特性试验和导叶关闭规律等试验的试验报告	（1）机组调速系统安装、更新改造及大修后未进行水轮机调节系统静态模拟试验、动态特性试验和导叶关闭规律等试验，每缺少一项扣2分。 （2）水轮机调节系统静态模拟试验、动态特性试验和导叶关闭规律等试验各项指标，每不合格一项扣2分			
83.3	23.1.3 新机组投运前或机组大修后必须通过甩负荷和过速试验，验证水压上升率和转速上升率符合设计要求，过速整定值校验合格	8	【涉及专业】水轮机、监控自动化 （1）水压上升率和转速上升率应符合设计要求，过速保护装置功能应可靠有效。 （2）机组突然失去负荷或超负荷时，机组的转速变化和蜗壳压力变化以及尾水管最大真空度发生变化，通过选定合理的导叶关闭时间及规律，推荐合理的飞轮力矩 GD^2 值，解决压力输水系统水流惯性力矩、机组惯性力矩和调节系统稳定三者之间的矛盾，使机组既经济合理，又安全可靠。 （3）过速试验具有一定的破坏性	查阅设计要求，查阅试验报告	（1）新机组投运前或机组大修后未做甩负荷试验，扣3分。 （2）新机组投运前或机组大修后未做过速试验，扣1分。 （3）水压上升率和转速上升率不符合设计要求，扣2.5分。 （4）过速整定值校验不合格，扣1.5分			

编号	二十五项重点要求内容	标准分	评价要求	评价方法	评分标准	扣分	存在问题	改进建议
83.4	23.1.4 工作闸门（主阀）应具备动水关闭功能，导水机构拒动时能够动水关闭。应保证工作闸门（主阀）在最大流量下动水关闭时，关闭时间不超过机组在最大飞逸转速下允许持续运行的时间	8	【涉及专业】水轮机、监控自动化 （1）工作闸门（主阀）应具备动水关闭功能，导水机构拒动时能够动水关闭。应保证工作闸门（主阀）在最大流量下动水关闭时，关闭时间不超过机组在最大飞逸转速下允许持续运行的时间。 （2）装设蝶阀（球阀）或快速闸门是防飞逸的有效措施。当机组过速达到额定转速的140%或各厂设计值时，关闭蝶阀（球阀）或快速闸门截断水流，使机组停机，以缩短水轮机在过速或飞逸转速下运行的时间，起到对水轮机的保护作用	查阅工作闸门（主阀）动水关闭试验报告	（1）工作闸门（主阀）不具备动水关闭功能，导水机构拒动时不能够动水关闭，扣4分。 （2）工作闸门（主阀）在最大流量下动水关闭时，关闭时间超过机组在最大飞逸转速下允许持续运行的时间，扣4分			
83.5	23.1.5 进口工作门（事故门）应定期进行落门试验，制定定期检修规范和完成安全检测项目。水轮发电机组设计有快速门的，应当在中控室能够进行人工紧急关闭，并定期进行落门试验	5	【涉及专业】水轮机、监控自动化 （1）进口工作门（事故门）功能应可靠有效，快速门能远程紧急关闭。 （2）进行闸门现地、远方和事故落门，以手动或自动方式进行工作闸门静水启动试验，调整和记录闸门启闭时间和压力表读数，大修后应做中控室紧急停机按钮落门实验，检查后备回路	查阅进口工作门（事故门）落门试验报告	（1）进口工作门（事故门）未定期进行落门试验，扣1.5分。 （2）水轮发电机组设计有快速门的，不能在中控室能够进行人工紧急关闭，扣2分。 （3）水轮发电机组设计有快速门的，未定期进行落门试验，扣1.5分			
83.6	23.1.6 对调速系统油质进行定期化验和颗粒度超标检查，加强对调速器滤油器的维护保养工作，寒冷地区电站应做好调速系统及集油槽透平油的保温措施，防止油温低、黏度增大，导致调速器动作不灵活，在油质指标不合格的情况下，严禁机组启动	6	【涉及专业】化学、水轮机、监控自动化 （1）调速系统油质、颗粒度应合格，调速器应动作灵活。 （2）调速系统油质颗粒度超标、黏度增大会导致调速系统性能下降甚至调速系统事故	查阅调速系统油质化验和颗粒度检查报告，寒冷地区调速系统及集油槽透平油的保温措施	（1）未定期开展调速系统油质化验和颗粒度检查不得分。 （2）调速系统油质化验和颗粒度检查不合格，扣2分。 （3）调速器滤油器的维护保养工作未开展或寒冷地区调速系统及集油槽透平油未做保温措施，扣2分。 （4）在油质指标不合格的情况下启动机组，扣2分			

编号	二十五项重点要求内容	标准分	评价要求	评价方法	评分标准	扣分	存在问题	改进建议
83.7	23.1.7 机组检修时做好过速限制器的分解检查，保证机组过速时可靠动作，防止机组飞逸	8	【涉及专业】水轮机、监控自动化 （1）机组过速限制器应功能有效，能可靠动作。 （2）过速限制器上装有电磁配压阀、油阀、事故配压阀。当机组转速过高，调速器关闭导水机构操作失灵时，事故配压阀接受过速保护信号动作，紧急关闭导水机构，防止机组过速。在实际检修工作中，不仅要检查各阀的动作情况，还应检查各阀在各种工况（包括事故低油压等极端情况）的联动情况	查阅机组检修报告中过速限制器的分解检查和机组过速试验报告	（1）机组检修时未做过速限制器的分解检查，扣4分。 （2）机组过速时不能可靠动作，扣4分			
83.8	23.1.8 大中型水电站应采用"失电动作"规则，在水轮发电机组的保护和控制回路电压消失时，使相关保护和控制装置能够自动动作关闭机组导水机构	5	【涉及专业】监控自动化 在机组保护和控制回路电压消失时，相关保护和控制装置应能够自动动作关闭机组导水机构	查阅设计资料是否采用了"失电动作"规则	（1）大中型水电站未采用"失电动作"规则，扣2.5分。 （2）大中型水轮发电机组的保护和控制回路电压消失时，相关保护和控制装置不能自动动作关闭机组导水机构，扣2.5分			
83.9	23.1.9 电气和机械过速保护装置、自动化元件应定期进行检修、试验，以确保机组过速时可靠动作	8	【涉及专业】监控自动化、电气二次、水轮机 （1）机组过速时电气和机械过速保护装置、自动化元件功能有效，能可靠动作。 （2）机械过速开关及电气转速信号装置在转速上升或下降时，应在规定的转速发出信号	查阅电气和机械过速保护装置、自动化元件检修报告和机组过速试验报告	（1）电气和机械过速保护装置、自动化元件未定期进行检修、试验，扣5分。 （2）机组过速试验时未可靠动作，扣3分			
83.10	23.1.10 机组过速保护的转速信号装置采用冗余配置，其输入信号取自不同的信号源，转速信号器的选用应符合规程要求	8	【涉及专业】监控自动化 （1）确认机组过速保护的转速信号输入取自不同的信号源且采用冗余配置，转速信号器功能有效可靠。	查看机组过速保护的转速信号装置配置情况，输入信	（1）机组过速保护的转速信号装置未采用冗余配置，其输入信号未取自不同的信号源，扣4分。			

编号	二十五项重点要求内容	标准分	评价要求	评价方法	评分标准	扣分	存在问题	改进建议
83.10		8	（2）机组转速信号装置一般采用齿盘和残压两种信号，互相冗余以防止出现发电机测频丢失等情况。对电气型转速信号器，要求具有可调整的 5 种及以上的定值；对机械型转速信号装置，应满足机组过速保护的要求	号源，转速信号器的选用情况	（2）转速信号器的选用不符合规程要求，扣 4 分			
83.11	23.1.11　调速器设置交直流两套电源装置，互为备用，故障时自动转换并发出故障信号	8	【涉及专业】监控自动化 确认调速器电源装置功能可靠	查看调速器电源装置设置情况，故障时自动转换和发出故障信号情况	（1）调速器未设置交直流两套互为备用的电源装置，扣 4 分。 （2）电源故障时不自动转换，扣 2 分。 （3）电源故障时不发出故障信号，扣 2 分			
83.12	23.1.12　每年结合机组检修进行一次模拟机组事故试验，检验水轮机关闭进水口工作闸门或主阀的联动性能	7	【涉及专业】水轮机、监控自动化、水工 （1）水轮机关闭进水口工作闸门或主阀的联动性能应可靠。 （2）进水口工作阀门或主阀应能在紧急情况下实现动水关闭，是保障水轮发电机组或水泵能否正常可靠运行的关键。 （3）水轮机进水口工作闸门或主阀正常闭门、快速闭门时间应符合设计要求，闸门应既能在现地控制又能在远方控制	查阅检修机组模拟机组事故试验检验水轮机关闭进水口工作闸门或主阀的联动性能的报告	（1）机组检修时未做机组事故模拟试验检验水轮机关闭进水口工作闸门或主阀的联动性能，扣 4 分。 （2）水轮机关闭进水口工作闸门或主阀的联动性能试验，不能可靠动作，扣 3 分			
83.13	23.1.13　新投产机组或机组大修，应结合机组甩负荷试验时转速升高值，核对水轮机导叶关闭规律是否符合设计要求，并通过合理设置关闭时间或采用分段关闭，确保水压上升值不超过规定值	5	【涉及专业】水轮机、监控自动化 （1）机组甩负荷时转速升高值、水轮机导叶关闭规律符合设计要求，水压上升值应不超过规定值。 （2）分段关闭时间不正确会严重影响机组的安全稳定运行。实际甩负荷试验过程中，应统筹协调机组转速升高值、水压上升值和尾水管最大真空度，合理设置导叶关闭时间	查阅调保计算书，设计说明书，新投产机组或机组大修后的甩负荷试验数据	（1）缺失调保计算书、设计说明书，扣 3 分。 （2）新投产机组或机组大修后未做甩负荷试验，扣 2 分。 （3）水轮机导叶关闭规律不符合设计要求，未通过合理设置关闭时间或采用分段关闭确保水压上升值不超过规定值，扣 2 分			

编号	二十五项重点要求内容	标准分	评价要求	评价方法	评分标准	扣分	存在问题	改进建议
83.14	新增：进口工作门（事故门）应制定定期检修规范和完成检修项目	3	【涉及专业】水轮机、金属 进口工作门（事故门）结构应完好，功能有效	查阅检修规范文件。	（1）未制定进口工作门（事故门）定期检修、维护标准，扣1.5分。 （2）未按期开展进口工作门（事故门）及启闭机检修维护项目并形成记录的，扣1.5分			
83.15	新增：开展甩负荷试验时应校核蜗壳压力表因安装高程带来的水头损失	3	【涉及专业】水轮机 新投产机组或机组大修后甩负荷试验应校核蜗壳与蜗壳压力表计安装高程偏差带来的水头损失，避免转速上升率超标或蜗壳水压超标，应结合甩负荷试验及设计要求，复核接力器行程	查阅试验报告	甩负荷试验未校核蜗壳压力表因安装高程带来的水头损失，扣3分			
84	**23.2　防止水轮机损坏**	100	【涉及专业】水轮机、金属、监控自动化、水工，共35条 "水轮机损坏"是指水轮机过流及重要紧固部件损坏、导轴承事故、液压装置破裂、失压、机组引水管路系统事故等					
	23.2.1　防止水轮机过流及重要紧固部件损坏	45	【涉及专业】水轮机、金属、监控自动化、化学					
84.1	23.2.1.1　水电站规划设计中应重视水轮发电机组的运行稳定性，合理选择机组参数，使机组具有较宽的稳定运行范围。水电站运行单位应全面掌握各台水轮发电机组的运行特性，划分机组运行区域，并将测试结果作为机组运行控制和自动发电控制（AGC）等系统运行参	3	【涉及专业】水轮机 水轮发电机组选型设计应优先考虑水轮机的稳定性和效率，对水头变幅大的水轮机选择时应主要考虑水轮机运行的水力稳定性要求，应使其有较宽的运行范围；水电站运行单位应熟悉和全面掌握机组运行特性，减少和避免在机组振动区运行	查阅机组稳定性试验报告，振动区运行时长统计	（1）未进行振动区划分，扣2分。 （2）机组在振动区运行时长累计每超过1小时，扣1分。 （3）调度要求投入机组AGC/AVC的，投入率不得低于98%，每低于1%扣2分			

编号	二十五项重点要求内容	标准分	评价要求	评价方法	评分标准	扣分	存在问题	改进建议
84.1	数设定的依据。电力调度机构应加强与水电站的沟通联系，了解和掌握所调度范围水轮发电机组随水头、出力变化的运行特性，优化机组的安全调度	3						
84.2	23.2.1.2 水轮发电机组设计制造时应重视机组重要连接紧固部件的安全性，并说明重要连接紧固部件的安装、使用、维护要求。水电站运行单位应经常对水轮发电机组重要设备部件（如水轮机顶盖紧固螺栓等）进行检查维护，结合设备消缺和检修对易产生疲劳损伤的重要设备部件进行无损探伤，对已存在损伤的设备部件加强技术监督，对已老化和不能满足安全生产要求的设备部件要及时进行更新	3	【涉及专业】金属、水轮机 （1）确认机组重要连接紧固部件应安全可靠，常对其进行检查维护，必要部位进行无损检测、加强关注及更新替换。 （2）除了加强特种设备及金属监督管理外，其他监督管理、运行方式的管理与调整等都关系到部件的安全运行。油、水品质的好坏直接关系到油、水介质流通系统内部件的结垢、腐蚀等问题；运行方式及运行管理关系到重要部件的实际运行工况的好坏；巡检则关系到缺陷的及时发现和事故的提前预警	查阅设计说明、检查维护记录、无损检测报告、损伤设备的记录台账和设备老化更换台账	（1）设计资料缺少机组重要连接紧固部件的安装、使用、维护要求，扣1分。 （2）未定期对水轮发电机组重要设备部件开展检查维护，结合设备消缺和检修对易产生疲劳损伤的重要设备部件进行无损探伤，扣1分。 （3）未对已存在损伤的设备部件要加强技术监督，未对老化和不能满足安全生产要求的设备部件要及时进行更新，扣1分			
84.3	23.2.1.3 水轮机导水机构必须设有防止导叶损坏的安全装置，包括装设剪断销（破断连杆）、导叶限位、导叶轴向调整和止推等装置	2	【涉及专业】水轮机 导水机构应设有防止导叶损坏的安全装置	查阅设计资料和查看现场设备	（1）未设防止导叶损坏的安全装置不得分。 （2）剪断销（破断连杆）、导叶限位、导叶轴向调整和止推等装置每一项如功能不完善，扣1分			

编号	二十五项重点要求内容	标准分	评价要求	评价方法	评分标准	扣分	存在问题	改进建议
84.4	23.2.1.4 水电站应当安装水轮发电机组状态在线监测系统，对机组的运行状态进行监测、记录和分析。对于机组振动、摆度突然增大超过标准的异常情况，应当立即停机检查，查明原因和处理合格后，方可按规定程序恢复机组运行。水轮机在各种工况下运行时，应保证顶盖振动和机组轴线各处摆度不大于规定的允许值。机组异常振动和摆度超过允许值应启动报警和事故停机回路	3	【涉及专业】水轮机、监控自动化 确认水电站水轮机系统稳定性和机组状态方面相关物理量和参数状态监测数据正常，异常情况下启动报警和事故停机功能有效。 为保证电厂的高效和安全运行，电厂主要应从两个方面对水轮机系统相关物理量和参数展开状态监测： （1）水轮机稳定性方面：主要包括主轴摆度，机组结构振动、水压力脉动的状态监测。 （2）水轮机状态方面：包括水轮机能量效率、水轮机空化与泥沙磨损状态、水轮机主要部件的应力与裂纹的状态监测	查阅水轮发电机组状态在线监测系统监测、记录和分析报告，查阅异常处理报告，查看顶盖振动和机组轴线各摆度数值及启动报警和事故停机功能	（1）未开展对机组的运行状态监测、记录和分析，扣1分。 （2）机组顶盖及各轴线各处摆度超标，每处扣1分。 （3）机组异常振动和摆度不能启动报警和事故停机，扣2分			
84.5	23.2.1.5 水轮机水下部分检修应检查转轮体与泄水锥的连接牢固可靠	2	【涉及专业】水轮机 （1）转轮体与泄水锥的连接应牢固可靠。 （2）泄水锥的作用是引导经叶片流道出来的水流迅速而又顺利地向下宣泄，防止水流相互撞击，以减少水力损失，提高水轮机的效率	查看现场和查阅检修报告	（1）泄水锥焊缝有裂纹、螺栓有松动，未处理，每处扣1分。 （2）泄水锥脱落，扣2分			
84.6	23.2.1.6 水轮机过流部件应定期检修，重点检查过流部件裂纹、磨损和汽蚀，防止裂纹、磨损和大面积汽蚀等造成过流部件损坏。水轮机过流部件补焊处理后应进行修型，保证型线符合设计要求，转轮大面积补焊或更换新转轮必须做静平衡试验	2	【涉及专业】水轮机、金属 （1）过流部件应完好。 （2）水轮机过流部件损坏主要有两方面原因：一是水轮机长期在偏离设计工况下运行，二是机组的设计制造缺陷	查阅检修报告	（1）根据检修发现的裂纹、磨损和汽蚀的严重程度和处理效果，扣1~2分。 （2）发现的裂纹、磨损和汽蚀缺陷未处理，带缺陷运行扣2分			

编号	二十五项重点要求内容	标准分	评价要求	评价方法	评分标准	扣分	存在问题	改进建议
84.7	23.2.1.7　水轮机桨叶接力器与操作机构连接螺栓应符合设计要求，经无损检测合格，螺栓预紧力矩符合设计要求，止动装置安装牢固或点焊牢固	3	【涉及专业】水轮机、金属 （1）水轮机桨叶接力器与操作机构连接螺栓强度、力矩应合格，止动装置牢固。 （2）桨叶接力器与操作机构连接螺栓失效脱落将严重损害水轮机	查阅连接螺栓无损检测报告，力矩验收单，止动装置检查验收单	（1）未经无损检测或无损检测不合格未处理，扣1分。 （2）力矩不符合设计要求，扣1分。 （3）止动装置不可靠，扣1分			
84.8	23.2.1.8　水轮机的轮毂与主轴连接螺栓和销钉符合设计标准，经无损检测合格，螺栓对称紧固，预紧力矩符合设计要求，止动装置安装或点焊牢固	3	【涉及专业】水轮机、金属 （1）水轮机轮毂与主轴连接螺栓和销钉强度、力矩应合格，止动装置牢固。 （2）由于转轮在正常工作状态下是转动的，连接叶片与轮毂、轮毂与主轴的螺栓，都要承受巨大的动载荷，由此可见轮毂连接螺栓的重要性	查阅连接螺栓和销钉无损检测报告，力矩验收单，止动装置检查验收单	（1）未经无损检测或无损检测不合格未处理，扣1分。 （2）力矩不符合设计要求，扣1分。 （3）止动装置不可靠，扣1分			
84.9	23.2.1.9　水轮机桨叶接力器铜套、桨叶轴颈铜套、连杆铜套应符合设计标准，铜套完好无明显磨损，铜套润滑油沟油槽完好，铜套与轴颈配合间隙符合设计要求	3	【涉及专业】水轮机 水轮机桨叶接力器铜套、桨叶轴颈铜套、连杆铜套应完好无缺陷，符合设计要求，铜套润滑油沟油槽完好，铜套与轴颈配合间隙符合设计要求。 桨叶接力器铜套、桨叶轴颈铜套、连杆铜套磨损可产生以下危害： （1）效率明显降低。 （2）精度丧失。 （3）出现异常的声音和振动。 （4）密封失效。 （5）漏油	查阅设计标准，配合间隙数据，查看现场设备	（1）不符合设计标准，扣3分。 （2）铜套及沟槽有缺陷，扣2分。 （3）配合间隙一处不合格，扣1分			

编号	二十五项重点要求内容	标准分	评价要求	评价方法	评分标准	扣分	存在问题	改进建议
84.10	23.2.1.10 水轮机桨叶接力器、桨叶轴颈密封件应完好无渗漏，符合设计要求，并保证耐压试验、渗漏试验及桨叶动作试验合格	3	【涉及专业】水轮机 （1）水轮机浆液接力器、浆液轴颈密封件应完好无渗漏，动作可靠。 （2）桨叶接力器、桨叶轴颈密封渗漏会不仅影响转轮、调速器等设备，还会造成污染	查阅设计要求和检修、试验报告	（1）密封件有渗漏，扣1分。 （2）耐压试验、渗漏试验及桨叶动作试验一项不合格，扣1分			
84.11	23.2.1.11 水轮机所用紧固件、连接件、结构件应全面检查，经无损检测合格，水轮机轮毂与主轴等重要受力、振动较大的部位螺栓经受过两次紧固拉伸后应全部更换	3	【涉及专业】水轮机、金属 确认水轮机所用紧固件、连接件、结构件无损检测合格，轮毂与主轴等重要受力、振动较大的部位螺栓经受过两次紧固拉伸后已全部更换	查阅无损检测报告和螺栓更换台账	（1）水轮机所用紧固件、连接件、结构件未经无损检测合格，扣2分。 （2）轮毂与主轴等重要受力、振动较大的部位螺栓经受过两次紧固拉伸后未全面更换一处，扣1分			
84.12	23.2.1.12 水轮机转轮室及人孔门的螺栓、焊缝经无损检测合格，螺栓紧固无松动，密封完好无渗漏	3	【涉及专业】水轮机、金属 （1）确认水轮机转轮室及人孔门螺栓焊缝无损检测合格、紧固无松动，密封完好无渗漏。 （2）水轮机转轮室及人孔门的螺栓、焊缝失效可能造成水淹厂房等重大事故	查阅无损检测报告，查看现场渗漏情况	（1）水轮机转轮室及人孔门的螺栓、焊缝未经无损检测合格，扣1分。 （2）螺栓未紧固无松动，扣1分。 （3）密封有渗漏，扣1分			
84.13	23.2.1.13 水轮机伸缩节所用螺栓符合设计要求，经无损检测合格，密封件完好无渗漏，螺栓紧固无松动，预留间隙均匀并符合设计值	3	【涉及专业】水轮机、金属 （1）水轮机伸缩节所用螺栓应检测合格，密封应完好无渗漏，预留间隙符合设计值。 （2）水轮机伸缩节的作用是为混凝土基础及转轮室提供一个受热膨胀、受冷收缩空间，同时还能在安装过程中调整安装误差。为确保伸缩缝密封，在伸缩缝外的轴向和竖直径向各设有一道橡胶条密封，轴向密封油外部压环进行压缩	查阅无损检测报告、螺栓力矩验收单、预留间隙值，查看现场渗漏情况	（1）水轮机伸缩节所用螺栓未经无损检测合格，扣1分。 （2）密封件有渗漏，扣1分。 （3）螺栓紧固情况或预留间隙不符合设计要求，扣1分			

编号	二十五项重点要求内容	标准分	评价要求	评价方法	评分标准	扣分	存在问题	改进建议
84.14	23.2.1.14　灯泡贯流式水轮机转轮室与桨叶端间隙符合设计要求，桨叶轴向窜动量符合设计要求。混流式机组应检查上冠和下环之间的间隙符合设计要求	2	【涉及专业】水轮机 灯泡贯流式水轮机转轮室与桨叶端部间隙、桨叶轴向窜动量应符合设计要求，混流式水轮机上冠和下环之间的间隙应符合设计要求	查阅间隙检查验收数据记录	（1）灯泡贯流式水轮机转轮室与桨叶端部间隙不符合设计要求，扣1分。 （2）桨叶轴向窜动量不符合设计要求，扣1分。 （3）混流式机组上冠和下环之间的间隙不符合设计要求，扣1分			
84.15	23.2.1.15　水轮机真空破坏阀、补气阀应动作可靠，检修期间应对其进行检查、维护和测试	3	【涉及专业】水轮机 水轮机真空破坏阀、补气阀应动作可靠	查阅检修时检查、维护和测试记录，运行过程中动作故障记录	（1）机组检修时未对水轮机真空破坏阀、补气阀检查维护和测试，扣1.5分。 （2）水轮机真空破坏阀、补气阀动作不可靠，扣1.5分			
84.16	新增：水轮机导叶接力器与操作机构连接螺栓应符合设计要求，经无损检测合格，螺栓预紧力矩符合设计要求，止动装置安装牢固或点焊牢固，接力器压紧行程应在设计范围内	2	【涉及专业】水轮机、金属 （1）水轮机导叶接力器与操作机构连接螺栓应强度、力矩合格，止动装置牢固，接力器压紧行程在设计范围内。 （2）导叶接力器与操作机构连接螺栓松动将严重危害水轮机的安全稳定运行，接力器压紧行程超设计范围将导致开停机失败，导叶漏水量大，停机时间长等	查阅连接螺栓无损检测报告，安装力矩验收单，止动装置检查验收单，查看现场设备	（1）未经无损检测合格，扣1分。 （2）力矩不符合设计要求，扣1分。 （3）止动装置不牢固，扣1分。 （4）接力器压紧行程不符合设计要求，扣1分			
84.17	新增：导水机构及其控制系统紧固件应开展定期检查防止螺栓松动	1	【涉及专业】水轮机 （1）确认水轮机导水机构及其控制系统紧固件结构及功能完好有效。 （2）导水机构及其控制系统紧固件螺栓松动，会导致剪断销剪断等，造成机组非停	查阅检修资料、巡检台账和现场查看设备	（1）将剪断销疲劳检查列入机组大修标准项目，未开展扣1分。 （2）针对活动导叶剪切臂尾部有结合面间隙的水轮机，应将结合面间隙检查列入检修检查项目，未开展扣1分。 （3）活动导叶剪切臂拉紧螺栓增加机械止动措施（如使用锁片进行锁定螺母），或增加止动标记，结合月度设备专业巡检定期检查止动情况进行台账记录，未开展扣1分			

编号	二十五项重点要求内容	标准分	评价要求	评价方法	评分标准	扣分	存在问题	改进建议
84.18	新增：对于转轮裂纹严重的电厂，应避免机组空载运行，降低转轮动应力	1	【涉及专业】水轮机 （1）机组空载运行时转轮应力变化大，加剧转轮裂纹的产生和扩大，对于转轮裂纹严重的电厂，应避免长期空载运行。 （2）水轮机过流部件损坏主要有两方面原因：一是水轮机长期在偏离设计工况下运行，二是机组的设计制造缺陷	查阅检修资料和空载运行统计	（1）应对转轮裂纹产生的原因进行分析，未分析，扣0.5分。 （2）应对转轮裂纹采取相应优化运行措施，如优化开停机规律、避免空载等，未执行，扣0.5分			
	23.2.2　防止水轮机导轴承事故	25	【涉及专业】水轮机、化学、监控自动化、金属					
84.19	23.2.2.1　油润滑的水导轴承应定期检查油位、油色，并定期对运行中的油进行油质化验	3	【涉及专业】化学 （1）水导轴承油位和油质应正常、合格。 （2）应参照相关质量标准，定期对油质进行检查化验；电厂应定期对机组油位和油色进行检查并记录	查阅定期检查记录及油质化验报告	（1）水导轴承油位、油色异常，扣1.5分。 （2）水导轴承油质未定期化验或化验结果不合格，扣1.5分			
84.20	23.2.2.2　水润滑的水导轴承应保证水质清洁、水流畅通和水压正常，压力变送器和示流器等装置工作正常	3	【涉及专业】水轮机 确认水导轴承水质、水压、压力变送器和示流器正常	查阅检查记录和查看现场装置运行情况	（1）水导轴承水质、流量和水压不合格，一项扣0.5分。 （2）压力变送器和示流器装置工作不正常，一项扣0.75分			
84.21	23.2.2.3　技术供水滤水器自动排污正常，并定期人工排污	3	【涉及专业】水轮机 （1）技术供水滤水器应能正常排污。 （2）技术供水系统滤水器是机组供水的关键设备，直接影响机组的安全运行	查看现场设备情况和查阅定期检查维护记录	（1）水质较差的电厂未采用自动排污功能，扣1分，无自动排污功能不扣分。 （2）自动排污功能不正常，扣1分，无自动排污功能不扣分。 （3）未进行定期检查排污，扣1分			
84.22	23.2.2.4　应保证水轮机导轴承测温元件和表计显示正常，信号整定值正常。对设置有外循环油系统的机组，其控制系统应正常工作	4	【涉及专业】监控自动化、水轮机 水轮机导轴承测温功能应正常；外循环油系统控制系统应工作正常	查阅测温元件、标记和信号整定值；查看外循环油系统控制系统工作情况	（1）水轮机导轴承存在测温元件、表计异常，一处扣1分。 （2）信号整定值不正确，一处扣1分。 （3）外循环油系统控制系统工作不正常，扣2分			

编号	二十五项重点要求内容	标准分	评价要求	评价方法	评分标准	扣分	存在问题	改进建议
84.23	23.2.2.5 水轮机导轴承的间隙应符合设计要求,轴承瓦面完好无明显磨损,轴承瓦与主轴接触面积符合设计标准	4	【涉及专业】水轮机 水轮机导轴承间隙应合格,瓦面完好无明显磨损,轴承瓦与主轴接触面积应符合设计要求	查看间隙测量数据,轴瓦瓦面宏观检查及接触面积检查记录数据	(1)水轮机导轴承间隙不符合设计要求,扣1分。 (2)轴流转桨式水轮机受油器浮动瓦间隙设计值应对比经验值进行校核,避免间隙过小磨损瓦面,未开展扣1分。 (3)轴瓦瓦面有磨损、刮伤等,扣1.5分。 (4)轴瓦与主轴接触面积不符合设计要求,扣1.5分			
84.24	23.2.2.6 水轮机导轴承紧固螺栓应符合设计要求,经无损检测合格,对称紧固,止动装置安装牢固或焊死	4	【涉及专业】水轮机、金属 (1)水轮机导轴承紧固螺栓功能应有效,制动措施到位。 (2)水轮机导轴承紧固螺栓失效可能导致导轴承整体失效,增大机组振动摆度,破坏其他部件	查阅无损检测报告,力矩和止动措施检查报告	(1)轴承螺栓未经无损检测,扣2分。 (2)未对称紧固合格,扣1分。 (3)止动措施不可靠,扣1分			
84.25	23.2.2.7 水轮机顶盖排水系统完好,防止顶盖水位升高导致油箱进水	4	【涉及专业】水轮机、监控自动化 (1)顶盖排水系统功能应有效、运行可靠。 (2)顶盖排水系统原理简单、功能单一,但是由于得不到设计、制造、施工、运行等各有关方面足够的重视,顶盖排水系统故障造成水淹水导被迫停机的事件,在全国范围内时有发生,小小故障往往造成不应有的巨额损失	查阅顶盖排水系统运行情况和检查记录	(1)顶盖排水系统不能可靠运行或满足设计排水量要求,扣4分。 (2)顶盖水位升高导致油箱进水,一次扣2分。 (3)顶盖水位测量异常,扣2分			
	23.2.3 防止液压装置破裂、失压	15	【涉及专业】水轮机、监控自动化、金属					

编号	二十五项重点要求内容	标准分	评价要求	评价方法	评分标准	扣分	存在问题	改进建议
84.26	23.2.3.1 压力油罐油气比符合规程要求，对投入运行的自动补气阀定期清洗和试验，保证自动补气工作正常	4	【涉及专业】水轮机、金属 （1）压力油罐压力应正常，功能可靠。 （2）压油罐补气系统故障会引起压油罐油压、油位异常。对于这种故障应通过故障信号的报警和加强巡视等手段，及时发现，及时解决	查阅压力油罐油气比和定期清洗、试验记录，查看自动补气运行情况监控记录	（1）油气比不符合设计要求，扣2分。 （2）未定期清洗和试验，扣1分。 （3）补气装置故障，扣1分			
84.27	23.2.3.2 压力油罐及其附件应定期检验检测合格，焊缝检测合格。压力容器安全阀、压力开关和变送器定期校验，动作定值符合设计要求	4	【涉及专业】监控自动化、金属 压力油罐及其附件、焊缝应检测合格，压力容器安全阀、压力开关和变送器应定期校验合格，动作可靠	查阅检测报告及校验报告，动作定值设定值	（1）压力油罐及其附件未定期检验扣1分；检验不合格扣1分。 （2）压力容器安全阀、压力开关和变送器定期校验不合格，每个不合格项扣1分。 （3）动作定值设定不符合设计要求扣1分			
84.28	23.2.3.3 机组检修后对油泵启停定值、安全阀组定值进行校对并试验。油泵运转应平稳，其输油量不小于设计值	4	【涉及专业】水轮机、监控自动化 （1）油泵启停可靠，流量应符合设计要求。 （2）调速系统压油泵是水轮发电机组最重要的辅助设备之一，压油泵故障将严重影响电厂安全运行	查阅油泵启停定值、安全阀组定值校对试验报告，查看现场输油量大小是否满足设计值	（1）未开展油泵启停定值、安全阀组定值校对并试验，扣3分。 （2）输油量小于设计值扣1分			
84.29	23.2.3.4 液压系统管路应经耐压试验合格，连接螺栓经无损检测合格，密封件完好无渗漏	2	【涉及专业】水轮机、金属 液压系统管路"三漏"应能可控，避免因"三漏"引起的机组非计划停运	查看现场是否存在渗漏情况，查阅连接螺栓无损检测报告，耐压试验报告，密封更换报告	（1）新投运时耐压试验未做或不合格，扣1分。 （2）连接螺栓无损检测未做或不合格，扣1分			

编号	二十五项重点要求内容	标准分	评价要求	评价方法	评分标准	扣分	存在问题	改进建议
84.30	新增：对液压系统管路密封件的材质及安装工艺应进行监督	1	【涉及专业】水轮机、金属 液压系统管路密封件材质及安装工艺应合格，避免因材质或安装工艺造成的管路泄漏	查看现场设备，查阅安装资料和运行缺陷记录	（1）密封件材质和安装工艺不合格，扣0.5分。 （2）因密封件原因造成渗漏，扣0.5分			
	23.2.4　防止机组引水管路系统事故	**15**	【涉及专业】水轮机、水工、监控自动化、金属					
84.31	23.2.4.1　结合引水系统管路定检、设备检修检查，分析引水系统管路管壁锈蚀、磨损情况，如有异常则及时采取措施处理，做好引水系统管路外表除锈防腐工作	4	【涉及专业】水工、金属 引水系统管路防腐工作应开展到位，及时处理磨损腐蚀、气泡腐蚀和缝隙腐蚀，确保引水管路功能正常	查阅管路检查及处理报告	（1）未进行定检扣2分；超期检验扣2分；检验结论一处不合格扣1分；未处理不合格项扣4分。 （2）引水系统管路出现的磨蚀、气蚀及缝隙腐蚀未分析扣1分，未处理扣3分			
84.32	23.2.4.2　定期检查伸缩节漏水、伸缩节螺栓紧固情况，如有异常及时处理	3	【涉及专业】水轮机 伸缩节无漏水、螺栓应紧固，以满足事故时水锤压力瞬间波动引起的压力钢管变形，使压力钢管安全可靠运行	查阅定期检查报告	（1）未进行检查，扣3分。 （2）伸缩节外观缺陷扣1分；漏水扣1分；螺栓未紧固合格扣1分			
84.33	23.2.4.3　及时监测拦污栅前后压差情况，出现异常及时处理。结合机组检修定期检查拦污栅的完好性情况，防止进水口拦污栅损坏	2	【涉及专业】水轮机 拦污栅应完好，压差符合设计要求，防止压差过大导致的拦污栅变形损坏和影响机组正常出力	查看现场拦污栅压差及查阅拦污栅压差数据记录	（1）拦污栅损坏，扣1分。 （2）拦污栅前后压差超标运行，扣1分			
84.34	23.2.4.4　当引水管破裂时，事故门应能可靠关闭，并具备远方操作功能，在检修时进行关闭试验	4	【涉及专业】监控自动化、水轮机 事故门在引水管路破裂时应能可靠关闭	查阅事故门关闭试验报告，查看现场是否具备远方操作功能	（1）事故门不能可靠关闭，扣4分。 （2）不具有远方关闭功能，扣2分。 （3）检修时未进行关闭试验，扣2分			

编号	二十五项重点要求内容	标准分	评价要求	评价方法	评分标准	扣分	存在问题	改进建议
84.35	新增：漂渣多而又不能及时清理的电厂，应及时关注过流部件气蚀情况	2	【涉及专业】水轮机 对于汛期飘渣较多清理条件受限的电厂，补充和提出了在运行和检修期间需重点关注的部位和问题	查看现场，查阅运行台账、检修资料	漂渣多而又不能及时清理的电厂，运行期间重点观察机组振摆，尾水管响声，汛后重点检查过流部件的气蚀情况，未执行扣2分			
85	**23.3　防止水轮发电机重大事故**	**100**	【涉及专业】水轮机、电气一次、金属，共39条					
	23.3.1　防止定子绕组端部松动引起相间短路（参见10.1）	10	【涉及专业】电气一次 （1）定子绕组端部是发电机安全运行的薄弱部位，较易受电磁力破坏，如端部紧固结构松动，从而是绕组端部结构件振动出现异常，进而使线棒绝缘磨损，不及时处理最终将发展为对地短路事故过灾难性的相间短路事故。 （2）检修时检查端部绕组、绑环、支架、螺栓紧固件、引线压板等部件，如有发现松动、环氧粉末、油泥等应及时处理					
85.1	23.3.1.1　定子绕组在槽内应紧固，槽电位测试应符合要求	5	【涉及专业】电气一次 确认绕组在槽内紧固和槽电位符合要求。槽电位过高使槽部产生电晕，槽电位取决于定子线棒防晕和槽部固定的有效性和可靠性	结合检修进行定子绕组在槽内应紧固情况检查和槽电位测试，查阅检查报告	（1）定子绕组在槽内紧固情况不良，扣3分。 （2）槽电位不符合相关要求，扣2分			
85.2	23.3.1.2　定期检查定子绕组端部有无下沉、松动或磨损现象	5	【涉及专业】电气一次 确认定子绕组端部有无下沉、松动或磨损现象。电机运行时，槽楔下压力逐渐降低，槽楔变松，就有可能导致线棒磨损，破坏防晕层，使线棒表面电位增高，严重时产生"电腐蚀"	结合检修进行定子绕组端部下沉、松动或磨损情况的检查，查阅检查报告	（1）定子绕组端部有下沉，扣2分。 （2）定子绕组端部有松动，扣1.5分。 （3）定子绕组端部有磨损，扣1.5分			

编号	二十五项重点要求内容	标准分	评价要求	评价方法	评分标准	扣分	存在问题	改进建议
	23.3.2 防止定子绕组绝缘损坏	10	【涉及专业】电气一次 定期开展预防性试验，结合检修进行各部件检查	查阅检修检查报告和预防性试验报告				
85.3	23.3.2.1 加强大型发电机环形引线、过渡引线绝缘检查，并定期按照《电力设备预防性试验规程》（DL/T 596—1996）的要求进行试验（参见10.2.1）	3	【涉及专业】电气一次 确认大型发电机环形引线、过渡引线绝缘符合标准要求	对大型发电机的环形引线、过渡引线绝缘进行检查，查阅检查报告	（1）大型发电机环形引线绝缘检查不符合相关要求，扣1分。 （2）过渡引线绝缘检查不符合相关要求，扣1分。 （3）未按照DL/T 596—1996要求进行定期试验，扣1分			
85.4	23.3.2.2 定期检查发电机定子铁芯螺杆紧力，发现铁芯螺杆紧力不符合出厂设计值应及时处理。定期检查发电机硅钢片叠压整齐、无过热痕迹，发现有硅钢片滑出应及时处理（参见10.10）	2	【涉及专业】电气一次 确认发电机定子铁芯螺杆紧力足够，硅钢片叠压整齐、无过热痕迹、无滑出	结合检修进行铁芯螺杆紧力检查，硅钢片检查，查阅检查报告	（1）定子铁芯螺杆紧力不够，扣1分。 （2）硅钢片叠压不整齐、有热痕迹、有硅钢片滑出，扣1分			
85.5	23.3.2.3 定期对抽水蓄能发电/电动机线棒端部与端箍相对位移与磨损进行检查，发现端箍与支架连接螺栓松动应及时处理	3	【涉及专业】电气一次 确认抽水蓄能发电/电动机线棒端部与端箍相对位移与磨损正常，端箍与支架连接螺栓紧固。抽水蓄能发电/电动机定子线棒端部受力较常规机组更为复杂，频繁地改变方向、负荷大小和频繁地受到冲击，若机组正常运行时线棒端部和端箍、支架、定子铁芯间的整体性不好，粘接不强、强度不足，线棒端部与端箍在振动过程中就容易发生相对位移和磨损	结合检修进行线棒端部与端箍相对位移与磨损、端箍与支架连接螺栓紧固情况，查阅检查报告	（1）线棒端部与端箍有相对位移与磨损，扣1.5分。 （2）端箍与支架连接螺栓松动，扣1.5分。 （3）未及时处理上述两种情况，扣3分			

434

编号	二十五项重点要求内容	标准分	评价要求	评价方法	评分标准	扣分	存在问题	改进建议
85.6	23.3.2.4 卧式机组应做好发电机风洞内及引线端部油、水引排工作,定期检查发电机风洞内应无油气,机仓底部无积油、水	2	【涉及专业】电气一次 确认风洞内无油气,机仓底部无积油、水	结合检修进行检查,查阅检查报告	(1)发电机风洞内及引线端部油、水引排工作不到位,扣1分。 (2)发电机风洞内有油气,机仓底部有积油、水,扣1分			
	23.3.3 防止转子绕组匝间短路	10	【涉及专业】电气一次 定期开展预防性试验,结合检修进行各部件检查	查阅检修检查报告和预防性试验报告				
85.7	23.3.3.1 调峰运行机组参见10.4.2。 10.4.2 经确认存在较严重转子绕组匝间短路的发电机应尽快消缺,防止转子、轴瓦等部件磁化。发电机转子、轴承、轴瓦发生磁化(参考值:轴瓦、轴颈大于10×10⁻⁴T,其他部件大于50×10⁻⁴T)应进行退磁处理。退磁后要求剩磁参考值为:轴瓦、轴颈不大于2×10⁻⁴T,其他部件小于10×10⁻⁴T	4	【涉及专业】电气一次 参见二十五项反措10.4.2。 在发电机运行和检修规程中明确规定,电厂应监视发电机运行参数,在厂家的技术支持下,判断转子匝间短路的严重程度后采取相应的措施	查阅电厂针对匝间短路的运行措施及检修计划	(1)未制定检修计划及运行措施,扣2分。 (2)对于装设匝间短路在线装置的电厂,确认存在匝间短路但未对在线监测结果进行定期记录的,扣2分。 (3)转子、轴承、轴瓦等发生磁化且大于参考值,未进行退磁处理,扣2分			
85.8	23.3.3.2 加强运行中发电机的振动与无功出力变化情况监视。如果振动伴随无功变化,则可能是发电机转子有严重的匝间短路。此时,首先控制转子电流,若振动突然增大,应立即停运发电机	6	【涉及专业】电气一次 确认机组运行过程中发生转子绕组匝间短路时能按要求进行处理,避免事故扩大	查阅机组异常运行分析记录	(1)出现转子绕组匝间短路,扣3分。 (2)转子绕组匝间短路处理不当,扣3分			

编号	二十五项重点要求内容	标准分	评价要求	评价方法	评分标准	扣分	存在问题	改进建议
	23.3.4　防止发电机局部过热损坏	10						
85.9	23.3.4.1　发电机出口、中性点引线连接部分应可靠，机组运行中应定期对励磁变压器至静止励磁装置的分相电缆、静止励磁装置至转子滑环电缆、转子滑环进行红外成像测温检查	2	【涉及专业】电气一次 确认发电机出口、中性点引线连接部分可靠	查阅励磁变压器至静止励磁装置的分相电缆、静止励磁装置至转子滑环电缆、转子滑环红外成像测温检查记录	（1）励磁变压器至静止励磁装置的分相电缆、静止励磁装置至转子滑环电缆红外成像测温检查不合格，扣1分。（2）转子滑环红外成像测温检查不合格，扣1分			
85.10	23.3.4.2　定期检查电制动隔离开关动静触头接触情况，发现压紧弹簧松脱或单个触指与其他触指不平行等问题应及时处理	2	【涉及专业】电气一次 确认电制动隔离开关动静触头接触情况良好	查阅检查报告或记录	（1）压紧弹簧松脱，扣1分。（2）单个触指与其他触指不平行，扣1分			
85.11	23.3.4.3　发电机绝缘过热装置报警时参见10.6.1	2	【涉及专业】电气一次 参见10.6.1	参见10.6.1	参见10.6.1			
85.12	23.3.4.4　新投产机组或机组检修，都应注意检查定子铁芯压紧以及齿压指有无压偏情况，特别是两端齿部，如发现有松弛现象，应进行处理后方能投入运行。对铁芯绝缘有怀疑时，应进行铁损试验	2	【涉及专业】电气一次 确认定子铁芯紧量足够，齿压指无压偏情况。	查阅检查报告	（1）新投产机组或机组检修未进行定子铁芯压紧以及齿压指压偏情况检查，扣2分。（2）铁芯紧量不足，扣1分。（3）齿压指有压偏情况，扣1分			

编号	二十五项重点要求内容	标准分	评价要求	评价方法	评分标准	扣分	存在问题	改进建议
85.13	23.3.4.5 制造、运输、安装及检修过程中，应注意防止焊渣或金属屑等微小异物掉入定子铁芯通风槽内	2	【涉及专业】电气一次 确认定子铁芯通风槽内无焊渣或金属屑等微小异物掉入	结合检修进行检查，查阅检查报告	（1）未进行检查，扣2分。 （2）定子铁芯通风槽内有焊渣或金属屑等微小异物掉入，扣1分。 （3）发电机启动前检查定、转子内有焊渣或金属屑等微小异物，扣1分			
	23.3.5 防止发电机机械损伤	10						
85.14	23.3.5.1 在发电机风洞内作业，必须设专人把守发电机进人门，作业人员须穿无金属的工作服、工作鞋，进入发电机内部前应全部取出禁止带入物件，带入物品应清点记录。在工作时，不得踩踏线棒绝缘盒及连接梁等绝缘部件，工作产生的杂物应及时清理干净，工作完毕撤出时清点物品正确，确保无遗留物品。重点要防止螺钉、螺母、工具等金属杂物遗留在定子内部，特别应对端部线圈的夹缝、上下渐伸线之间位置作详细检查	3	【涉及专业】电气一次 确认风洞内带入物品已带出，定子内无异物，确认端部线圈的夹缝、上下渐伸线之间无异物	结合检修对端部线圈的夹缝、上下渐伸线之间进行检查，查阅检查报告	（1）风洞门口未设专人把守发电机进人门和登记，或携带禁止带入物品物品进入风洞，扣1分。 （2）工作产生的杂物未及时清理干净，工作完毕撤出时清点物品不正确，有遗留物品，扣1分。 （3）未对端部线圈的夹缝、上下渐伸线之间位置作详细检查，扣1分			
85.15	23.3.5.2 主、辅设备保护装置应定期检验，并正常投入。机组重要运行监视表计和装置失效或动作不正确时，严禁机组启动。机组运行中失去监控时，必须停机检查处理	3	【涉及专业】监控自动化 确认主、辅设备保护装置、重要运行监视表计和装置功能正常	结合检修进行检验，查阅报告	（1）主、辅设备保护装置未定期检验和正常投入，扣1分。 （2）机组重要运行监视表计和装置失效或动作不正确，扣1分。 （3）机组运行中主、辅设备保护装置失去监控时未停机检查处理，扣1分			

编号	二十五项重点要求内容	标准分	评价要求	评价方法	评分标准	扣分	存在问题	改进建议
85.16	23.3.5.3 应尽量避免机组在振动负荷区或气蚀区运行	2	【涉及专业】水轮机 机组不应长期在振动区和气蚀区运行	查阅机组运行分析报告	（1）机组在振动负荷区运行时间累计超过1小时，扣1分。 （2）机组在气蚀区运行时间累计超过1小时，扣1分			
85.17	23.3.5.4 大修时应对端部紧固件（如连接片紧固的螺栓和螺母、支架固定螺母和螺栓、引线夹板螺栓、汇流管所用卡板和螺栓等）紧固情况以及定子铁芯边缘硅钢片有无断裂等进行检查	2	【涉及专业】电气一次 确认端部紧固件紧固情况良好，定子铁芯边缘硅钢片无断裂	查阅检查报告	（1）端部紧固件紧固情况不良，扣1分。 （2）定子铁芯边缘硅钢片有断裂，扣1分			
	23.3.6 防止发电机轴承烧瓦	10	【涉及专业】水轮机、监控自动化、化学、金属、电气一次					
85.18	23.3.6.1 带有高压油顶起装置的推力轴承应保证在高压油顶起装置失灵的情况下，推力轴承不投入高压油顶起装置时安全停机无损伤。应定期对高压油顶起装置进行检查试验，确保其处于正常工作状态	2	【涉及专业】水轮机 推力轴承不投入高压油顶起装置时应能安全停机无损伤，高压油顶起装置应工作正常	查阅设计和检查试验报告	（1）推力轴承在不投入高压油顶起装置时不能安全停机无损伤，扣1分。 （2）未定期对高压油顶起装置进行检查试验，扣1分			
85.19	23.3.6.2 润滑油油位应具备远方自动监测功能，并定时检查。定期对润滑油进行化验，油质劣化应尽快处理，油质不合格禁止启动机组	1	【涉及专业】监控自动化、化学 润滑油油位应为正常值，未超限报警；油质品质应符合指标要求	查阅检查报告	（1）不能远方自动监测润滑油油位，扣1分。 （2）润滑油油位不正常或油质不合格，扣1分			

438

编号	二十五项重点要求内容	标准分	评价要求	评价方法	评分标准	扣分	存在问题	改进建议
85.20	23.3.6.3 冷却水温、油温、瓦温监测和保护装置应准确可靠,并加强运行监控	1	【涉及专业】监控自动化 冷却水温、油温、瓦温监测和保护装置应准确可靠	查阅表计和保护装置校验台账	(1)未定期校验,扣2分。 (2)校验不合格投入使用扣1分。 (3)冷却水保护装置存在缺陷,未及时处理,扣1分			
85.21	23.3.6.4 机组出现异常运行工况可能损伤轴承时,必须全面检查确认轴瓦完好后,方可重新启动	2	【涉及专业】水轮机 机组轴承轴瓦应完好无损伤	查阅机组异常运行分析报告	(1)异常运行情况未进行记录,扣2分。 (2)机组异常运行工况可能损伤轴承时未进行轴承检查,扣2分			
85.22	23.3.6.5 定期对轴承瓦进行检查,确认无脱壳、裂纹等缺陷,轴瓦接触面、轴领、镜板表面粗糙度应符合设计要求。对于巴氏合金轴承瓦,应定期检查合金与瓦坯的接触情况,必要时进行无损探伤检测	2	【涉及专业】水轮机、金属 轴承瓦应合格无缺陷	查阅定期检查、检测报告	(1)未结合检修对轴承瓦进行检查,扣1分。 (2)检查结论中存在脱壳、裂纹等缺陷,扣0.5分。 (3)轴瓦接触面、轴领、镜板表面粗糙度不符合设计要求,扣0.5分			
85.23	23.3.6.6 轴电流保护回路应正常投入,出现轴电流报警必须及时检查处理,禁止机组长时间无轴电流保护运行	2	【涉及专业】电气一次 确认机组轴电流保护功能正常	查看现场	(1)轴电流保护回路未正常投入或轴电流部件电阻不合格,扣1分。 (2)出现轴电流报警未及时检查处理,扣1分			
	23.3.7 防止水轮发电机部件松动	**10**	【涉及专业】水轮机、金属、电气一次、监控自动化					
85.24	23.3.7.1 旋转部件连接件应做好防止松脱措施,并定期进行检查。发电机转子风扇应安装牢固,叶片无裂纹、变形,引风板安装应牢固并与定子线棒保持足够间距	2	【涉及专业】水轮机、金属 旋转部件、连接件防止松脱措施应到位	查看现场或查阅转子金属检测报告	(1)发电机旋转部件连接件未定期进行检查,扣1分。 (2)发电机转子风扇安装不牢固或叶片有裂纹、变形,引风板安装不牢固或与定子线棒保持间距不够,扣1分			

439

编号	二十五项重点要求内容	标准分	评价要求	评价方法	评分标准	扣分	存在问题	改进建议
85.25	23.3.7.2 定子（含机座）、转子各部件、定子线棒槽楔等应定期检查。水轮发电机机架固定螺栓、定子基础螺栓、定子穿芯螺栓和拉紧螺栓应紧固良好，机架和定子支撑、转动轴系等承载部件的承载结构、焊缝、基础、配重块等应无松动、裂纹、变形等现象	3	【涉及专业】电气一次、金属 确认定子，上下机架、转动轴系刚度足够，连接无松动，确保机组振动不超标和避免机组事故	查看现场或查阅检修报告	（1）未进行定期检查，扣1分。 （2）各部件有连接螺栓松动，扣1分。 （3）各部件存在裂纹或变形，扣1分			
85.26	23.3.7.3 水轮发电机风洞内应避免使用在电磁场下易发热材料或能被电磁吸附的金属连接材料，否则应采取可靠的防护措施，且强度应满足使用要求	2	【涉及专业】电气一次 确认风洞内所使用设备部件安全，不应受磁场影响产生安全隐患	查看现场或查阅设计资料	（1）有使用在电磁场下易发热材料或能被电磁吸附的金属连接材料，材料产生变形等危害，扣1分。 （2）未采取可靠的防护措施，扣1分			
85.27	23.3.7.4 定期检查水轮发电机机械制动系统，制动闸、制动环应平整无裂纹，固定螺栓无松动，制动瓦磨损后须及时更换，制动闸及其供气、油系统应无发卡、串腔、漏气和漏油等影响制动性能的缺陷。制动回路转速整定值应定期进行校验，严禁高转速下投入机械制动	3	【涉及专业】水轮机、监控自动化 机组机械制动部件应无缺陷，控制系统不应发生误动	查看现场或查阅检查报告	（1）机械制动系统部件或安装工艺有缺陷，扣1分。 （2）制动系统运行过程中有发卡、串腔、漏气和漏油等影响制动性能的缺陷，每项缺陷扣1分。 （3）制动回路转速整定值未定期进行校验或高转速下投入机械制动，扣1分			

编号	二十五项重点要求内容	标准分	评价要求	评价方法	评分标准	扣分	存在问题	改进建议
	23.3.8 防止发电机转子绕组接地故障（参见二十五项反措10.11）	10	【涉及专业】电气一次					
85.28	10.11.1 当发电机转子回路发生接地故障时，应立即查明故障点与性质，如系稳定性的金属接地且无法排除故障时，应立即停机处理	5	【涉及专业】电气一次 转子回路接地报警时，应立即查明故障点与性质，对于无法排除的稳定性金属接地，应立即停机处理。运行规程中应明确上述转子接地处理方案	查阅运行规程	（1）运行规程中无相关内容及排查措施，扣5分。（2）转子回路发生接地故障，未查明故障点与性质继续运行，扣5分。（3）对于无法排除的稳定性金属接地，未立即停机，扣5分			
85.29	10.11.2 机组检修期间要定期对交直流励磁母线箱内进行清擦、连接设备定期检查，机组投运前励磁绝缘应无异常变化	5	【涉及专业】电气一次 利用检修机会，检查清理励磁母线箱并测量绝缘，保证设备安全投运	查阅检修规程及记录	（1）检修规程无相关内容，扣5分。（2）未开展清扫检查工作，扣5分。（3）无清扫记录，扣2分			
	23.3.9 防止发电机非同期并网（参见二十五项反措10.9）	10	【涉及专业】电气一次（参见二十五项反措10.9）	（参见二十五项反措10.9）	参见二十五项反措10.9			
85.30	10.9.1 微机自动准同期装置应安装独立的同期鉴定闭锁继电器	2	【涉及专业】电气二次 发电机非同期并网过程类似电网系统中的短路故障，其后果是非常严重的。发电机非同期并网产生的强大冲击电流，不仅危及电网的安全稳定，而且对并网发电机组、主变压器以及汽轮发电机组的整个轴系也将产生巨大的破坏作用。本条内容主要是防止同期装置故障造成非同期并网	查阅图纸、查看现场	未安装独立的同期鉴定闭锁继电器，扣2分			

编号	二十五项重点要求内容	标准分	评价要求	评价方法	评分标准	扣分	存在问题	改进建议
	10.9.2 新投产、大修机组及同期回路（包括电压交流回路、控制直流回路、整步表、自动准同期装置及同期把手等）发生改动或设备更换的机组，在第一次并网前必须进行以下工作：	8	【涉及专业】电气二次					
85.31	10.9.2.1 对装置及同期回路进行全面、细致的校核、传动	3	【涉及专业】电气二次 对同期回路进行全面、细致的校核（尤其是同期继电器、整步表和自动准同期装置应定期校验），条件允许的可以通过在电压互感器二次侧施加试验电压（注意必须断开电压互感器）的方法进行模拟断路器的手动准同期及自动准同期合闸试验。同时检查整步表与自动准同期装置的一致性。断路器操作控制二次回路电缆绝缘满足要求	查阅试验报告或相关资料	（1）同期装置及同期回路未检查、传动，扣3分。 （2）缺少试验项目，每项扣1分			
85.32	10.9.2.2 利用发电机-变压器组带空载母线升压试验，校核同期电压检测二次回路的正确性，并对整步表及同期检定继电器进行实际校核	3	【涉及专业】电气二次 倒送电试验（新投产机组）或发电机-变压器组带空载母线升压试验（检修机组）。校核同期电压检测二次回路的正确性，并对整步表及同期检定继电器进行实际校核	查阅试验报告或相关资料	未校核同期电压回路的正确性，扣3分			
85.33	10.9.2.3 进行机组假同期试验，试验应包括断路器的手动准同期及自动准同期合闸试验、同期（继电器）闭锁等内容	2	【涉及专业】电气二次 进行断路器的手动准同期及自动准同期合闸试验，同期（继电器）闭锁试验，检查整步表与自动同期装置的一致性	查阅试验报告或相关资料	（1）未开展机组假同期试验，扣1分。 （2）缺少试验项目，每项扣2分			

编号	二十五项重点要求内容	标准分	评价要求	评价方法	评分标准	扣分	存在问题	改进建议
	23.3.10 防止励磁系统故障引起发电机损坏	**10**						
85.34	23.3.10.1 严格执行调度机构有关发电机低励限制和PSS的定值要求，并在大修进行校验	1	**【涉及专业】电气二次** 确认发电机低励限制和PSS定值符合调度机构要求	查看现场或查阅报告	（1）发电机低励限制或PSS定值不符合调度机构要求，扣0.5分。 （2）未大修进行校验，扣0.5分			
85.35	23.3.10.2 自动励磁调节器的过励限制和过励保护的定值应在制造厂给定的容许值内，并定期校验	2	**【涉及专业】电气二次** 确认自动励磁调节器的过励限制和过励保护的定值符合制造厂要求	查看现场或查阅报告	（1）自动励磁调节器的过励限制和过励保护的定值不符合制造厂要求，扣1分。 （2）未定期校验扣1分			
85.36	23.3.10.3 励磁调节器的运行通道发生故障时应能自动切换通道并投入运行。严禁发电机在手动励磁调节下长期运行。在手动励磁调节运行期间，调节发电机的有功负荷时必须先适当调节发电机的无功负荷，以防止发电机失去静态稳定性	2	**【涉及专业】电气二次** 确认励磁调节器的运行通道发生故障时应能自动切换通道并投入运行，尽可能缩短手动励磁调节运行时间	查看现场或查阅试验报告	（1）励磁调节器的运行通道发生故障时不能自动切换通道并投入自动运行，扣1.5分。 （2）手动励磁调节运行发电机失去静态稳定性，扣0.5分			
85.37	23.3.10.4 在电源电压偏差为＋10%～－15%、频率偏差为＋4%～－6%时，励磁控制系统及其继电器、开关等操作系统均能正常工作	2	**【涉及专业】电气二次** 确认励磁控制系统及其继电器、开关等操作系统在电源电压偏差为＋10%～－15%、频率偏差为＋4%～－6%时均能正常工作	查阅试验报告	（1）励磁控制系统在电源电压允许偏差范围内、频差偏差允许范围内不能正常工作扣1分。 （2）励磁控制系统的继电器、开关等操作系统不能正常工作，扣1分			
85.38	23.3.10.5 在机组启动、停机和其他试验过程中，应有机组低转速时切断发电机励磁的措施	1	**【涉及专业】电气二次** 确认机组在低转速时不带励磁	查看现场或查看试验报告	机组低转速时无切断发电机励磁的措施，扣1分			

编号	二十五项重点要求内容	标准分	评价要求	评价方法	评分标准	扣分	存在问题	改进建议
85.39	23.3.10.6 励磁系统中两套励磁调节器的电压回路应相互独立，使用机端不同电压互感器的二次绕组，防止其中一个短路引起发电机误强励	2	【涉及专业】电气二次 若双套调器电压回路不独立，则在 TV 二次短路、TV 空开误跳、熔断器熔断（慢熔）等情况下，调节器如果不能识别，不能进行通道切换，则可能引起误强励事故	查阅图纸或查看现场	励磁系统中两套励磁调节器的电压回路不独立，扣2分			
	24 防止垮坝、水淹厂房及厂房坍塌事故		【涉及专业】水工、监控自动化、水轮机					
86	**24.1 加强大坝、厂房防洪设计**	100	【涉及专业】水工，共5条					
86.1	24.1.1 设计应充分考虑不利的工程地质、气象条件的影响，尽量避开不利地段，禁止在危险地段修建、扩建和改造工程	25	【涉及专业】水工 大坝及厂房的选址应经过地质勘察： （1）明确所选区域的地貌概况、地层岩性、区域构造、地震活动情况，并进行区域构造稳定性评价。 （2）论证水库区域及枢纽区域的地质条件，分析水库严重渗漏的可能性，掌握库区大型滑坡、潜在不稳定岸坡、泥石流的分布范围，以及库区淤积物的主要来源。并对水库诱发地震进行评价。 （3）对方案成立和比选有重大影响的工程地质问题，应加深勘察工作并作出初步评价。 （4）厂房的选址，应考虑不利的气象条件，避开易发生地形雨、雷击等气象灾害的不利地段。 （5）扩建、改建工程，也应考虑不利的工程地质、气象条件的影响	查阅地质勘探报告、设计及可研报告、查看现场	（1）未进行地质勘探或所选区域存在严重安全隐患的工程项目，扣25分。 （2）未按要求进行地质勘查或设计报告中针对地质情况有缺失的，每项扣5分。 （3）未评估气象条件影响，扣5分；设计报告中针对气象条件有缺失的，每项扣2分。 （4）扩建和改造工程的选址未进行工程地质、气象条件影响评估的，每项扣5分			

编号	二十五项重点要求内容	标准分	评价要求	评价方法	评分标准	扣分	存在问题	改进建议
86.2	24.1.2　大坝、厂房的监测设计需与主体工程同步设计，监测项目内容和设施的布置在符合水工建筑物监测设计规范基础上，应满足维护、检修及运行要求	20	【涉及专业】水工 　大坝、厂房的监测设计需与主体工程同步设计，监测设计要求如下： （1）大坝及厂房的监测项目如环境量、表面变形、渗流、应力应变等应符合 DL/T 5178《混凝土坝安全监测技术规范》、DL/T 5259《土石坝安全监测技术规范》的要求。 （2）DL/T 5178 关于监测项目设置的主要条款包括： （a）对于 3 级以上的混凝土重力坝：坝体、坝基、坝肩及近坝库岸的巡视检查；坝体位移；裂缝变形；渗流量；扬压力或坝基渗透压力；上下游水位；气温；降水量等为必设项目。 （b）对于 3 级以上的拱坝：坝体、坝基、坝肩及近坝库岸的巡视检查；坝体位移；坝肩位移；接缝变形；裂缝变形；坝基位移；渗流量；扬压力或坝基渗透压力；绕坝渗流；混凝土温度；坝基温度；上下游水位；气温；降水量等为必设项目。 （3）DL/T 5259 关于监测项目设置的主要条款主要包括： 　对于 3 级以上的土石坝：坝体表面垂直位移；坝体表面水平位移；渗流量；坝体渗透压力（均质土坝）；坝基渗透压力（面板堆石坝）；防渗体渗透压力（心墙堆土坝）；上下游水位；气温；降水量等为必设项目。 （4）监测设施的布置应合理，且应满足维护、检修和运行要求。自动化仪器应预留人工比测和评价鉴定的相关空间和接口，如无压式测压管管口应预留能够进行电子水位计测量的空间；差阻式仪器和振弦式仪器应配置二次仪表测量的线缆接口	查阅监测系统设计报告	（1）未按要求设计监测系统的，扣 20 分。 （2）必设监测项目缺失，每缺一项，扣 2 分。 （3）监测设施设备布置不合理的，或者不满足维护、检修和运行要求的，每项扣 5 分			

编号	二十五项重点要求内容	标准分	评价要求	评价方法	评分标准	扣分	存在问题	改进建议
86.3	24.1.3 水库设防标准及防洪标准应满足规范要求，应有可靠的泄洪等设施，启闭设备电源、水位监测设施等可靠性应满足要求	25	【涉及专业】水工 （1）水库设防标准及防洪标准应满足 GB 50201《防洪标准》的要求： （a）山区、丘陵区 1 级水工建筑物的设计防洪标准重现期为 1000～500 年；2 级水工建筑物为 500～100 年；3 级水工建筑物为 100～50 年；4 级水工建筑物为 50～30 年。 （b）平原区、滨海区 1 级水工建筑物的设计防洪标准重现期为 300～100 年；2 级水工建筑物为 100～50 年；3 级水工建筑物为 50～20 年；4 级水工建筑物为 20～10 年。 （c）当山区、丘陵区的水库枢纽工程挡水建筑物的挡水高度低于 15m，且上下游最大水头差小于 10m 时，其防洪标准宜按平原区、滨海区的规定确定；当平原区、滨海区的水库枢纽工程挡水建筑物的挡水高度高于 15m，且上下游最大水头差大于 10m 时，其防洪标准宜按山区、丘陵区的规定确定。 （d）土石坝一旦失事将对下游造成特别重大的灾害时，1 级建筑物的校核洪水标准应采用可能最大洪水或 10000 年一遇。 （e）土石坝一旦失事将对下游造成特别重大的灾害时，2 级～4 级建筑物的校核洪水标准可提高一级。 （f）混凝土坝和浆砌石坝，洪水漫顶可能造成极其严重的损失时，1 级挡水和泄水建筑物的校核洪水标准，经过专门论证并报主管部门批准后，可采用可能最大洪水或 10000 年一遇。 （g）低水头或失事后损失不大的水库工程	查阅电站的规划、设计报告	（1）水库的设防和防洪标准不满足规范要求，扣 25 分。 （2）泄洪设施设备不可靠，泄洪能力不满足设计标准。启闭设备无可靠的备用电源，容量和启动方式不满足设计标准的，每项扣 5 分。 （3）水位监测装置的布置不合理，可靠性不满足规范要求，每项扣 5 分			

编号	二十五项重点要求内容	标准分	评价要求	评价方法	评分标准	扣分	存在问题	改进建议
86.3		25	的 1 级~4 级挡水和泄水建筑物，经过专门论证并报主管部门批准后，其校核洪水标准可降低一级。 （2）应设置可靠的泄洪设施设备，泄洪能力应满足设计标准；启闭设备应有可靠的备用电源，容量和启动方式满足设计标准；水工闸门系统应至少具有两路独立的电源供电，同时配备柴油发电机作为后备电源。 （3）水位监测设施的布置应合理，运行稳定、可靠。水位观测站必须在蓄水前完成。并应设置在：①水流平稳，受风浪、泄水和抽水影响较小，便于安装设备和监测的地方；②岸坡稳固地点或永久建筑物上；③能代表上游、下游平稳水位，并能满足工程管理和监测资料分析需要的地方。 （4）水位监测应设置具有自动化数据采集功能的水位计或水尺。当采用具有自动化数据采集功能的水位计时，还应设置可人工测读的水尺，其最大测读高程应高于校核洪水位。 （5）水位监测设施精度满足 DL/T 1558《大坝安全监测系统运行维护规程》5.2.1 的"水位以 m 计，读数至 0.01m"的要求					
86.4	24.1.4 厂房设计应设有正常及应急排水系统	15	**【涉及专业】**水工、监控自动化 （1）电厂的厂房设计应满足 NB 35011《水电站厂房设计规范》的要求，厂房内部应设置有组织排水系统，对可能渗水和积水的部位应设排水设施，并保持地面沟槽整洁、排水通畅。	查阅设计报告，查看现场	（1）未按要求设计和布置排水设施的，扣 15 分；厂房未设置正常排水系统的，扣 5 分；设置的正常排水系统不符合规范要求的，每项扣 2 分。 （2）厂房未设置应急排水系统的，扣 5 分；设置的应急排水系统不符合规范要求			

続表

编号	二十五项重点要求内容	标准分	评价要求	评价方法	评分标准	扣分	存在问题	改进建议
86.4		15	（2）排水泵应配备两套，互为备用；并且要配备移动式应急潜水泵		的，每项扣2分；未设置备用泵联锁逻辑的，扣2分。 （3）未配备移动式应急潜水泵的，扣2分			
86.5	24.1.5 运行单位应在设计阶段介入工程，从保护设施、设备运行安全及维护方便等方面提出意见。设计应根据运行电站出现的问题，统筹考虑水电站大坝和厂房等工程问题的解决方案	15	【涉及专业】水工 （1）运行单位人员应参加设计审查会，针对设计方案提出意见和建议。 （2）设计单位应对运行单位所提意见和建议进行充分的论证和回复	查阅相关会议记录	（1）运行单位在设计阶段未介入工程的，扣15分。 （2）设计单位对运行单位所提意见未进行论证和回复的，每条扣5分			
87	24.2 落实大坝、厂房施工期防洪、防汛措施	100	【涉及专业】水工，共7条					
87.1	24.2.1 施工期应成立防洪度汛组织机构，机构应包含业主、设计、施工和监理等相关单位人员，明确各单位人员权利和职责	15	【涉及专业】水工 应按照《中华人民共和国防洪法》《中华人民共和国防汛条例》等有关法规设立汛期防汛机构，明确成立时间、人员组成、职责等	查阅相关文件	（1）未按规定正式发文成立防汛组织机构，扣15分，防汛机构未在汛前按时成立，扣5分。 （2）防汛组织机构中业主、设计、施工和监理等相关单位有遗漏的，相关主要负责人有遗漏，或者相关人员的权利和责任不明确，每项扣3分			
87.2	24.2.2 施工期应编制满足工程度汛及施工要求的临时挡水方案，报相关部门审查，并严格执行	15	【涉及专业】水工 （1）施工期应依据《水利水电工程施工期度汛方案编制导则》，并结合工期的阶段特点、导流方式、临时建筑物的等级，合理编制度汛方案，方案中应能满足超标洪水的度汛要求，临时围堰、泄洪洞、明渠等导流设施应经力学稳定性的计算、复核。 （2）方案应经相关部门审查备案，并严格按照方案要求逐项落实和执行	查阅度汛及挡水方案（施工期临时挡水方案）；查阅方案的批复文件	（1）未编制施工期临时挡水方案的，扣15分。 （2）临时挡水方案不满足工程度汛及施工要求的，扣5分。 （3）临时挡水方案未经相关部门审查备案的，扣5分。 （4）未按要求执行方案，根据后果严重程度扣5～15分			

编号	二十五项重点要求内容	标准分	评价要求	评价方法	评分标准	扣分	存在问题	改进建议
87.3	24.2.3 大坝、厂房改（扩）建过程中应满足各施工阶段的防洪标准	10	【涉及专业】水工 （1）大坝、厂房的改扩建应满足 GB 50201《防洪标准》的要求。 （2）大坝、厂房的改（扩）建过程中不应影响原有工程的防汛安全	查阅设计文件	（1）大坝、厂房的改（扩）建不满足防洪标准的，每项扣 5 分。 （2）大坝、厂房的改（扩）建过程中影响原有工程的防汛安全的，扣 5 分			
87.4	24.2.4 项目建设单位、施工单位应制定工程防洪应急预案，并组织应急演练	15	【涉及专业】水工 （1）项目建设单位、施工单位应按相关要求编制工程防洪应急预案。 （2）应急预案应经过专业人员的评审并报地方防汛部门备案。 （3）应在汛前组织进行应急演练的桌面或实战演练，演练应有相关的记录和总结	查阅应急预案和演练记录和总结	（1）未编制工程防洪抢险应急预案，扣 15 分。 （2）应急预案未组织评审的，扣 3 分；未报地方防汛部门备案的，扣 2 分。 （3）未组织应急演练的，扣 5 分。演练未进行记录和总结的，扣 2 分			
87.5	24.2.5 施工单位应单独编制观测设施施工方案并经设计、监理、运行单位审查后实施	15	【涉及专业】水工 （1）施工单位应按 DL/T 5308《水电水利工程施工安全监测技术规范》的要求编制观测设施施工方案，施工方案中应包括仪器的埋设、现场的率定、监测数据的整理、整编和分析等内容。 （2）方案应经设计、监理、运行单位审查后实施	查阅观测设施施工方案及其审查记录	（1）未按要求编制观测设施施工方案的，扣 15 分。 （2）施工方案内容不全的，每项扣 3 分。 （3）施工方案没有经设计、监理和运行单位审查的，缺少一个审查单位扣 2 分			
87.6	24.2.6 设计单位应于汛前提出工程度汛标准、工程形象面貌及度汛要求	15	【涉及专业】水工 设计单位应根据水文资料、工程规划设计等级和特点以及施工阶段等，确定工程的度汛标准，并提出工程的平面布置图等设计图纸，防洪度汛要求应满足 GB 50201《防洪标准》的规定	查阅工程度汛标准及要求、设计图纸	（1）设计单位未在汛前提出工程度汛标准、工程形象面貌及度汛要求的，扣 15 分，每缺少 1 项，扣 5 分。 （2）未能在汛前提供工程设计相关图纸的，每项扣 2 分。 （3）设计单位提出的工程度汛标准、工程形象面貌及度汛要求，不满足要求的，每项扣 2 分			

编号	二十五项重点要求内容	标准分	评价要求	评价方法	评分标准	扣分	存在问题	改进建议
87.7	24.2.7 施工单位应于汛前按设计要求和现场施工情况制订防汛措施报监理单位审批后成立防汛抢险队伍，配置足够的防汛物资，做好防洪抢险准备工作。建设单位应组织做好水情预报工作，提供水文气象预报信息，及时通告各参建单位	15	【涉及专业】水工 （1）施工单位应结合现场的施工情况、防汛方案制订防汛措施，报监理单位审批后执行；并成立防汛抢险队伍，配置足够的防汛物资，防汛物资应定点存放，建立相应的台账，由专人保管。 （2）建设单位应结合工程建设情况，建立水情测报系统，不具备建设条件的，应联合水文局、气象局获取水文气象预报信息，并及时告知设计、施工、监理等相关单位	查阅相关防汛措施文件、查看防汛物资	（1）施工单位未在汛前制订防汛措施的，扣10分；防汛措施不满足设计要求和现场施工情况的，每项扣3分；施工单位制订的防汛措施未提交监理单位审批的，扣3分。 （2）未成立防洪抢险队伍的，扣5分。 （3）未配置防洪物资的，扣5分；防洪物资不满足要求的，每项扣1分。 （4）建设单位未能获取有效水文气象预报信息的，扣5分；水文气象预报信息未及时通告各参建单位的，扣3分			
88	24.3 加强大坝、厂房日常防洪、防汛管理	100	【涉及专业】水工、水轮机、监控自动化，共16条					
88.1	24.3.1 建立、健全防汛组织机构，强化防汛工作责任制，明确防汛目标和防汛重点	5	【涉及专业】水工 （1）发电企业应建立、健全有关防汛组织机构的管理制度，制度内容应包括防汛组织机构的方式、时间节点，防汛组织机构的基本构成、职责范围等。 （2）发电企业应按规定成立（或调整）防汛组织机构，明确各成员的防汛工作职责。 （3）发电企业应制订年度防汛工作目标，明确年度防汛工作重点。如挡水建筑物、泄洪建筑物、厂房、进水口、水库边坡、排水设施、调压井、尾水渠等，汛前应开展全面检查工作	查阅相关文件	（1）未按要求成立防汛组织机构的，扣5分；机构中职责分工不明确的，每项扣2分；防汛组织机构的人员发生变动，未及时调整的，扣1分。 （2）防汛目标和防汛重点不明确的，每项扣2分			

编号	二十五项重点要求内容	标准分	评价要求	评价方法	评分标准	扣分	存在问题	改进建议
88.2	24.3.2 加强防汛与大坝安全工作的规范化、制度化建设，及时修订和完善能够指导实际工作的《防汛手册》	5	【涉及专业】水工 发电企业应结合电站的工程规模、工程型式、防汛任务等实际情况，制定《防汛手册》，手册中应体现防汛的重点、工作方法、防范措施等内容，并结合保障体系的动态变化，及时修订完善《防汛手册》	查阅相关文件	（1）未编制《防汛手册》等相关文件的，扣5分。 （2）《防汛手册》中内容与实际不符，或防范措施不全面的，每项扣2分。 （3）未结合动态信息及时修订《防汛手册》的，扣3分			
88.3	24.3.3 做好大坝安全检查（日常巡查、年度详查、定期检查和特种检查）、监测、维护工作，确保大坝处于良好状态。对观测异常数据要及时分析、上报和采取措施	10	【涉及专业】水工 （1）发电企业应根据国家发展和改革委员会〔2015〕第23号《水电站大坝运行安全监督管理规定》、国能发安全〔2017〕61号《水电站大坝安全监测工作管理办法》、GB/T 51416《混凝土坝安全监测技术标准》、DL/T 5178《混凝土坝安全监测技术规范》、DL/T 5259《土石坝安全监测技术规范》、SL 230《混凝土坝养护修理规程》、SL 210《土石坝养护修理规程》等有关法律条文、标准规范建立相关的检查维护制度、大坝监测规程，并按要求执行。 （2）日常巡查应明确检查内容、路线、周期等。巡视检查应满足以下要求： （a）施工期1次/周，首次蓄水期1次/天～1次/2天，运行期1次/月～2次/月（枯水期）或2次/月～4次/月（汛期）。 （b）汛期应增加巡视检查次数。 （c）日常巡视检查结束后应及时编写报告。 （d）在坝区（或其附近）发生强震、特大暴雨、大洪水或库水位骤降、骤升，以及发生其他影响大坝安全运行的特殊情况时，应及时进行巡视检查。	查阅电厂的相关制度、检查记录及总结、监测和维护报告等	（1）未按要求建立检查、维护、监测等相关制度的，每缺一项扣5分；制度内容不全或不符合相关标准要求的，每项扣1分。 （2）未开展相应的检查、监测和维护工作的，扣5分；开展工作不符合要求的，每项扣1分。 （3）检查周期不符合要求的，或记录不全、不规范的，每项扣1分。 （4）监测数据未按要求进行整编和分析的，扣2分；对观测异常数据未及时分析、上报和采取措施的，扣2分。 （5）针对检查发现的问题，未按要求落实整改的，每项扣1分。 （6）消缺、补强加固的过程文件缺失的，每项扣1分			

编号	二十五项重点要求内容	标准分	评价要求	评价方法	评分标准	扣分	存在问题	改进建议
88.3		10	（e）特殊情况下的巡视检查，在现场工作结束后立即提交简报，现场工作结束后 10 天内提出详细报告。 （3）年度详查应满足下列要求： （a）在每年汛前、汛后、枯水期、冰冻期及高水位低气温时，应对大坝进行全面的巡视检查。 （b）年度详查除按规程对大坝各种设施进行外观检查外，还应检查大坝运行、维护记录和监测数据等资料档案，每年不少于 2 次。 （c）年度详查在现场工作结束后 20 天内提出详细报告。 （4）定期检查工作应满足国能安全〔2015〕145 号《水电站大坝安全定期检查监督管理办法》的要求： （a）大坝定检一般每五年进行一次。首次定检后，定检间隔可以根据大坝安全风险情况动态调整，但不得少于三年或者超过十年。 （b）按照大坝定检提出的处理意见和要求，制定整改计划，限期完成消缺、补强加固、更新改造等整改工作，并且将整改计划及整改结果及时报送大坝中心。 （5）特种检查应满足下列要求： 　　大坝遭受超标准洪水或者破坏性地震等自然灾害以及其他严重事件后，大坝中心应当对大坝进行特种检查，重新评定大坝安全等级。 （6）监测工作应按照 GB/T 51416《混凝土坝安全监测技术标准》、DL/T 5178《混凝					

编号	二十五项重点要求内容	标准分	评价要求	评价方法	评分标准	扣分	存在问题	改进建议
88.3		10	土坝安全监测技术规范》、DL/T 5259《土石坝安全监测技术规范》要求的项目、频次、精度等相关要求开展。 （7）日常、年度监测资料整编和分析工作应满足 DL/T 5209《混凝土坝安全监测资料整编规程》、DL/T 5256《土石坝安全监测资料整编规程》的要求。 （8）根据各类大坝安全检查的情况，编制大坝年度维修计划，针对重大缺陷，应进行专项设计和施工，过程质量文件应进行记录、归档					
88.4	24.3.4 应认真开展汛前检查工作，明确防汛重点部位、薄弱环节，制订科学、具体、切合实际的防汛预案，有针对性的开展防汛演练，对汛前检查及演练情况应及时上报主管单位	7	【涉及专业】水工 （1）发电企业应在汛前组织相关部门和人员开展详细的汛前检查工作。 （a）发电企业应编制汛前检查方案，方案中应明确防汛重点部位、薄弱环节。 （b）针对检查发现的问题，应制定整改计划，落实整改责任部门、人员、期限。 （c）汛前检查情况应及时上报主管单位。 （2）依据《水库防汛抢险应急预案编制大纲》和 DL/T 1901《水电站大坝运行安全应急预案编制导则》，制定科学、具体、切合实际的大坝运行安全的应急预案。应急预案体系应包含但不限于下列综合或专项预案：《水库防洪抢险应急预案》《水电站大坝运行安全应急预案》《超标准洪水应急预案》《防台防汛防强对流天气应急预案》《垮坝事故应急预案》《水淹厂房事故应急预案》《地质灾害事故应急预案》。	查阅巡检检查记录、应急预案以及演练记录等	（1）汛前检查工作未按要求开展，扣5分。 （2）未编制汛前检查方案的，扣 3 分；方案中未明确防汛重点部位、薄弱环节的，扣 2 分；检查内容不全或记录不完整的，每项扣 1 分。 （3）针对检查发现的问题，未制定整改计划的，扣 3 分；未落实整改责任部门、人员、期限的，每项扣 1 分。 （4）汛前检查情况未上报主管单位，扣 2 分。 （5）应急预案体系不全的，每项扣 2 分；预案内容不符合规范要求的，如组织机构不健全、责任不明确、保障体系不完善、对应的附图附表不齐全的，每项扣 1 分。 （6）未按要求组织开展演练的，扣 2 分；演练未进行记录或总结，扣 1 分；未上报主管单位的，扣 1 分			

编号	二十五项重点要求内容	标准分	评价要求	评价方法	评分标准	扣分	存在问题	改进建议
88.4		7	（3）发电企业应编制防汛应急预案中长期或年度演练计划，有针对性地开展演练，演练后组织参演人员进行总结评价，形成书面演练报告或记录，上报上级主管单位					
88.5	24.3.5　水电厂应按照有关规定，对大坝、水库情况、备用电源、泄洪设备、水位计等进行认真检查。既要检查厂房外部的防汛措施，也要检查厂房内部的防水淹厂房措施，厂房内部重点应对供排水系统、廊道、尾水进人孔、水轮机顶盖等部位的检查和监视，防止水淹厂房和损坏机组设备	7	【涉及专业】水工、水轮机、监控自动化 汛前检查过程中，应对大坝、备用电源、泄洪设备、水位计等可能会影响大坝安全的重要因素进行重点检查。如： （1）大坝存在安全隐患，汛期遇到超标洪水会发生溃坝的风险。 （2）泄洪闸门、启闭设备、备用电源不可靠，无法在汛期及时泄洪，会发生漫坝的风险。 （3）水位计故障，汛期特别是夜间无法监视水位和预警，存在漫坝的风险。 （4）尾水、蜗壳进人孔应配置防止水淹厂房的设备联锁事故控制。 （5）厂房内应关注排水系统，避免水轮机顶盖漏水，防止水淹厂房	查阅检修标准、检查记录；查看现场设备	（1）未建立泄洪闸门、启闭机、备用电源检修维护标准，扣3分；标准中未明确检查维护项目、周期、技术要求的，每项扣1分。 （2）未开展相应的检查和维护工作的，扣3分；开展工作不符合要求的，每项扣1分。 （3）重点设备存在安全隐患，未及时消除的，每项扣2分；检查整改计划未按时完成的，扣1分。 （4）尾水、蜗壳进人孔未配置防止水淹厂房的设备联锁事故控制的，扣2分。 （5）顶盖有渗水情况，未设置渗漏排水泵的，扣2分			
88.6	24.3.6　汛前应做好防止水淹厂房、廊道、泵房、变电站、进厂铁（公）路以及其他生产、生活设施的可靠防范措施，防汛备用电源汛前应进行带负荷试验，特别确保地处河流附近低洼地区、水库下游地区、河谷地区排水畅通，防止河水倒灌和暴雨造成水淹	7	【涉及专业】水工、电气二次 （1）汛前应做好防止水淹厂房、廊道、泵房、变电站、进厂铁（公）路以及其他生产、生活设施的可靠防范措施，还包括火电厂零米以下部位和灰场排水设施的防范措施。 （2）防汛备用电源、柴油发电机汛前应进行带负荷试验，特别确保地处河流附近低洼地区、水库下游地区、河谷地区排水畅通，防止河水倒灌和暴雨造成水淹	查阅应急预案或相关防范措施文件；查看现场，查阅防汛备用电源检查试验记录	（1）未制定相关的防范措施，扣7分；防范措施不全面或不到位，每项扣2分。 （2）相关防范措施未在汛前完成，或未按要求落实的，每项扣2分。 （3）备用电源在汛前未进行带负荷试验，扣3分；试验记录不全，扣1分			

编号	二十五项重点要求内容	标准分	评价要求	评价方法	评分标准	扣分	存在问题	改进建议
88.7	24.3.7 汛前备足必要的防洪抢险器材、物资，并对其进行检查、检验和试验，确保物资的良好状态。确保有足够的防汛资金保障，并建立保管、更新、使用等专项使用制度	7	【涉及专业】水工 （1）发电企业应制订防洪抢险物资管理制度，明确物资的定额、检查试验周期和责任人，以及使用规定等。 （2）防洪抢险物资应按定额在汛前备足，按规定进行检查、检验和试验，确保处于良好状态。 （3）企业应制订防汛资金管理制度，确保有足够的资金保障	查阅防汛物资管理制度、查看现场防汛抢险物资、检查检验试验记录、出入库登记表	（1）未制订防洪抢险物资管理制度的，扣3分；管理制度不完善的，如未明确物资定额的，酌情扣1～2分。 （2）未储备防洪抢险物资的，扣5分；未按定额在汛前备足的，或未及时补充和更新的，扣1分；未建立防洪抢险物资台账、清单的，扣1分；未按规定进行检查、检验和试验，记录不规范的，扣1分；挪用防洪抢险物资、物资出入库不登记等，扣1分。 （3）未制订防汛资金管理制度的，扣2分；防汛资金不足，没有保障的，扣1分			
88.8	24.3.8 在重视防御江河洪水灾害的同时，应落实防御和应对上游水库垮坝、下游尾水顶托及局部暴雨造成的厂坝区山洪、支沟洪水、山体滑坡、泥石流等地质灾害的各项措施	7	【涉及专业】水工 （1）在重视防御江河洪水灾害的同时，应注重防范局部暴雨造成的厂坝区山洪、支沟洪水、山体滑坡、泥石流等地质灾害，针对山体附近坝体、厂房、溢洪道、输变电设备等应制定详细的防范措施。重视近坝库岸滑坡体的巡查和监视，制定滑坡涌浪的相关防范措施。 （2）火电厂应重点检查灰场、灰坝的排水设施，看是否存在淤堵	查阅洪水、地质灾害的防范措施文件，现场检查近坝库区边坡的稳定情况	（1）未制定相关的防范措施或应急预案，扣4分；防范措施内容不全，每项扣2分。 （2）查看现场边坡，如边坡存在滑移风险，未采取相关工程措施或未进行检查、监测的，扣4分。 （3）火电厂灰场、灰坝的排水设施未进行检查，扣5分；存在淤堵情况，扣3分			
88.9	24.3.9 加强对水情自动系统的维护，广泛收集气象信息，确保洪水预报精度。如遇特大暴雨洪水或其他严重威胁大坝安全的事件，又无法与上级联系，可按照批准的方案，采取非常措施确	7	【涉及专业】水工、监控自动化 （1）发电企业应根据DL/T 1014《水情自动测报系统运行维护规程》的要求建立《水情自动测报系统运行维护规程》，并按要求开展水情自动系统的检查和维护工作。洪水预报的精度应满足GB/T 22482《水文情报预报规范》的要求。	查阅水情自动系统的检查、维护记录、查阅近1年的洪水预报报告或记录；以及相关事故预想	（1）未编制《水情自动测报系统运行维护规程》的，扣3分；规程的内容不完善的，扣1分；未按要求开展系统的检查维护工作，扣2分。 （2）未按要求获取气象、水情资料的，扣3分；未开展洪水预报工作的扣2分；洪水预报精度不满足规范要求的，扣1分。			

编号	二十五项重点要求内容	标准分	评价要求	评价方法	评分标准	扣分	存在问题	改进建议
88.9	保大坝安全,同时采取一切可能的途径通知地方政府	7	(2)发电企业应制定特大暴雨洪水或其他严重威胁大坝安全事件的事故预想措施和实施方案,并经审核、批准,以便特殊情况下实施。 (3)发电企业应配备卫星电话等应急通讯设备,并保证其正常使用	措施和实施方案	(3)未制定相关事故预想措施和方案的,扣2分;方案操作性不强的,扣1分。 (4)未配备卫星电话的,扣2分;卫星电话未能正常使用的,扣1分			
88.10	24.3.10 强化水电厂水库运行管理,必须根据批准的调洪方案和防汛指挥部门的指令进行调洪,严格按照有关规程规定的程序操作闸门	7	【涉及专业】水工 (1)发电企业应编制水库防洪调度方案,报上级主管部门和防汛部门审批,并严格按照方案和防汛指挥部门的指令执行。 (2)发电企业应编制闸门操作规程,闸门的操作应根据设计单位提供的闸门操作顺序和闸门开度关系进行。避免撞击的水流进入发变电区域	查阅防洪调度方案、闸门操作规程及记录	(1)未编制调度方案的,扣5分;调度方案未经过审批,扣3分;未按调洪方案和防汛指挥部门的指令进行调洪的,扣2分。 (2)未编制泄洪闸门操作规程的,扣3分;规程内容不完善的,扣1分。 (3)闸门未按规程进行操作的,扣2分;远程操控闸门时,缺少就地监护的,扣1分			
88.11	24.3.11 对影响大坝、灰坝安全和防洪度汛的缺陷、隐患及水毁工程,应实施永久性的工程措施,优先安排资金,抓紧进行检修、处理。对已确认的病、险坝,必须立即采取补强加固措施,并制订险情预计和应急处理计划。检修、处理过程应符合有关规定要求,确保工程质量。隐患未除期间,应根据实际病险情况,充分论证,必要时采取降低水库运行特征水位等措施确保安全	7	【涉及专业】水工 (1)对影响大坝、灰坝安全和防洪度汛的缺陷、隐患及水毁工程,应实施永久性的工程措施,优先安排资金,抓紧进行检修、处理。 (2)对已确认的病、险坝,必须立即采取补强加固措施,并制订险情预计和应急处理计划。 (3)检修、处理过程应符合有关规定要求,确保工程质量。 (4)隐患未除期间,应根据实际病险情况,充分论证,必要时采取降低水库运行特征水位等措施确保安全	现场检查大坝及水工建筑物的状况、查阅缺陷处理过程性文件	(1)对于影响大坝、灰坝安全和防洪度汛的缺陷、隐患及水毁工程,未能及时处理或制定实施计划的,扣5分。 (2)已确认的病、险坝,未按大坝定检要求采取补强加固措施,并制订险情预计和应急处理计划的,扣3分。 (3)对于重大缺陷、补强加固的工程处理、检修,过程和工程质量不符合要求的,每项扣2分。 (4)隐患未除期间,未能采取有效措施保证安全的,扣3分			

编号	二十五项重点要求内容	标准分	评价要求	评价方法	评分标准	扣分	存在问题	改进建议
88.12	24.3.12 汛期加强防汛值班，确保水雨情系统完好可靠，及时了解和上报有关防汛信息。防汛抗洪中发现异常现象和不安全因素时，应及时采取措施，并报告上级主管部门	7	【涉及专业】监控自动化、水工 （1）发电企业应建立汛期值班制度，保证汛期24h值班。 （2）发电企业应做好水情自动测报系统的运行维护工作，系统应能准确可靠地采集和传输水情信息及相关信息、进行统计计算处理和储存、生成相应的报表和查询结果、提供符合要求的水文预报。系统的数据畅通率、可靠性（MTBF）、反应速度应满足NB/T 35003《水电工程水情自动测报系统技术规范》的要求。 （3）防汛抗洪中发现异常现象和不安全因素时，应及时采取措施，并报告上级主管部门	查阅防汛值班制度、值班记录；检查水情测报系统、异常情况上报记录	（1）未制订汛期值班制度的，扣5分；未按要求开展汛期值班的，扣2分。 （2）水情自动测报系统的数据畅通率、可靠性（MTBF）、反应速度等指标，低于规范要求或设计要求，每项扣2分。 （3）防汛抗洪中发现异常现象和不安全因素时，未能及时采取措施和上报的，扣2分			
88.13	24.3.13 汛期严格按水库汛限水位运行规定调节水库水位，在水库洪水调节过程中，严格按批准的调洪方案调洪。当水库发生特大洪水后，应对水库的防洪能力进行复核	7	【涉及专业】水工 （1）应按照《中华人民共和国防洪法》《水库大坝安全管理条例》《中华人民共和国防汛条例》等有关法规编制年度水库汛期调度运用计划，经上级主管部门审查批准后，报有管辖权的人民政府防汛指挥部备案，并严格执行，确保汛期安全。 （2）正常情况下，水库运用参数及指标宜每隔5~10年进行一次复核；因水文条件、工程情况及综合利用任务等发生变化，水库不能按设计规定运用时，应对水库运用参数及指标进行复核	查阅洪水调度方案、水库运行记录，防洪能力复核报告	（1）汛前未编制年度水库汛期调度运用计划的，扣5分；计划未上报上级主管部门审查批准或报有管辖权的人民政府防汛指挥部备案的，扣2分。 （2）未能严格按批准的调洪方案和防汛指挥部门的指令调洪的，扣2分。 （3）当水库发生特大洪水后，未对水库的防洪能力进行复核的，扣3分			

编号	二十五项重点要求内容	标准分	评价要求	评价方法	评分标准	扣分	存在问题	改进建议
88.14	24.3.14 汛期后应及时总结,对存在的隐患进行整改,总结情况应及时上报主管单位	4	【涉及专业】水工 (1)应做好防汛工作总结,总结内容包括水文气象、洪水、水情测报、防洪调度原则及执行情况、水工建筑物运行情况、防汛措施、存在问题和建议等。 (2)汛期结束后,应组织一次全面的防汛检查,建立隐患、缺陷台账,制定整改措施,明确责任人和整改期限,并严格落实。 (3)总结情况应及时上报主管单位	查阅汛后检查报告、汛后总结报告	(1)汛后检查工作未按要求开展,扣4分。 (2)未编制汛后检查方案的,扣2分;方案中未明确防汛重点部位、薄弱环节的,扣1分;检查内容不全或记录不完整的,每项扣1分。 (3)针对检查发现的问题,未制定整改计划的,扣2分;未落实整改责任部门、人员、期限的,每项扣1分。 (4)未根据要求完成防汛工作总结的,扣3分;总结未按规定格式编写、内容不完整、项目不齐全的,每项扣1分。 (5)防汛总结未按时间节点要求上报主管单位的,扣1分			
88.15	新增:按国能安全〔2015〕146号《水电站大坝安全注册登记监督管理办法》的要求开展大坝的注册、登记、换证以及变更等工作,及时向能源局大坝中心报送大坝运行安全信息	3	【涉及专业】水工 (1)对于已蓄水运行的未注册登记大坝,运行单位应当在完成工程竣工安全鉴定或者大坝安全定期检查三个月内,向大坝中心书面提出安全注册登记申请。申请时提交安全注册登记申请书、企业证照、新建水电站工程竣工安全鉴定报告等材料。 (2)对于已注册登记大坝,运行单位应当在大坝安全注册登记证有效期届满前三个月向大坝中心提出书面安全注册登记换证申请及相关变更材料。 (3)对于已注册登记大坝,主管单位、运行单位、大坝安全等级、以及工程等别等注册登记主要事项发生变化的,运行单位应当在三个月内将有关情况报大坝中心,办理安全注册登记变更。	查阅大坝的注册登记证书;报送的安全信息	(1)未按要求开展大坝的注册、登记、换证以及变更等工作的,扣3分。 (2)未及时向大坝中心报送安全信息或安全信息缺失的,每次扣1分			

编号	二十五项重点要求内容	标准分	评价要求	评价方法	评分标准	扣分	存在问题	改进建议
88.15		3	（4）按照国能安全〔2016〕261号《水电站大坝运行安全信息报送办法》的要求报送大坝安全监测信息、大坝汛情和灾情、大坝异常情况和大坝运行事故情况等日常信息以及年度报告、专题报告等安全信息					
88.16	新增：电站应按要求建立地震监测台网，并开展相应的监测工作	3	【涉及专业】水工 （1）根据《水库地震监测管理办法》要求：坝高100m以上、库容5亿m³以上的新建水库，应当建设水库地震监测台网，开展水库地震监测；未建设地震监测台网或者地震监测设施的已建水库，按《水库地震监测管理办法》要求评估，认为需补充建设水库地震监测台网或者地震监测设施的，应补充建设。 （2）应按《地震监测管理条例》《水库地震监测管理办法》对地震台网进行管理，确保地震台网正常运行。 （3）应定期收集、整理地震观测资料和成果，分析地震对水工建筑物的影响	查看现场地震监测台网和设施；查阅运行、维护记录；监测报告	（1）未按规定建立专用地震监测台网或地震监测设施的，扣3分。 （2）未按规定对地震台网进行管理和运行的，每台网扣1分。 （3）未按规定收集、整理地震观测资料和成果，分析地震对水工建筑物的影响的，扣1分			
	25 防止重大环境污染事故		【涉及专业】环保、热工、锅炉，共43条 依据中华人民共和国环境保护令第17号《突发环境事件信息报告办法》，环境污染事故分四级标准，包括特别重大环境事件（Ⅰ级）、重大环境事件（Ⅱ级）、较大环境事件（Ⅲ级）、一般环境事件（Ⅳ级）。 特别重大环境事件（Ⅰ级）：（1）死亡30人以上，或中毒（重伤）100人以上；（2）因环境事件需疏散、转移群众5万人以上，或直接经济损失1000万元以上；（3）区域生					

编号	二十五项重点要求内容	标准分	评价要求	评价方法	评分标准	扣分	存在问题	改进建议
			态功能严重丧失或濒危物种生存环境遭到严重污染，或因环境污染使当地正常的经济、社会活动受到严重影响；（4）因环境污染使当地正常的经济、社会活动受到严重影响；（5）利用放射性物质进行人为破坏事件，或 1、2 类放射源失控造成大范围严重辐射污染后果；（6）因环境污染造成重要城市主要水源地取水中断的污染事故；（7）因危险化学品（含剧毒品）生产和贮运中发生泄漏，严重影响人民群众生产、生活的污染事故；（8）造成跨国（界）的环境污染事件。 　　重大环境事件（Ⅱ级）：（1）发生 10 人以上、30 人以下死亡，或中毒（重伤）50 人以上，100 人以下。（2）区域生态功能部分丧失或濒危物种生存环境受到污染。（3）因环境污染使当地经济、社会活动受到较大影响，疏散转移群众 1 万人以上、5 万人以下的。（4）1、2 类放射源丢失、被盗或失控。（5）因环境污染造成重要河流、湖泊、水库以及沿海水域大面积污染，或县级以上城镇水源地取水中断的污染事件。电厂应制定防止重大环境污染事故应急预案及现场处置方案					
89	25.1　严格执行环境影响评价制度与环保"三同时"原则	100	【涉及专业】环保、锅炉，共 6 条 　　2015 年 1 月 1 日开始施行的《中华人民共和国环境保护法》第 41 条规定：建设项目中防治污染的设施，应当与主体工程同时设计、同时施工、同时投产使用。防治污染的设施应当符合经批准的环境影响评价文					

编号	二十五项重点要求内容	标准分	评价要求	评价方法	评分标准	扣分	存在问题	改进建议
89		100	件的要求，不得擅自拆除或者闲置。"三同时"制度是我国出台最早的一项环境管理制度，是预防为主的环保政策的重要体现。"三同时"是指在建设项目（包括新、改、扩建项目）中环境保护设施必须与主体工程同时设计、同时施工、同时投产使用。即：①建设项目的初步设计，应当按照环境保护设计规范的要求，编制环境保护篇章，并依据经批准的建设项目环境影响报告书或者环境影响报告表，在环境保护篇章中落实防治环境污染和生态破坏的措施以及环境保护设施投资概算。②建设项目的主体工程完工后，需要进行试生产的，其配套建设的环境保护设施必须与主体工程同时投入试运行。③建设项目试生产期间，建设单位应当对环境保护设施运行情况和建设项目对环境的影响进行监测。④建设项目竣工后，建设单位应组织对配套建设的环境保护设施进行验收，编制验收报告，公开相关信息，接受社会监督，应当向所在地县级以上环境保护主管部门报送相关信息，并接受监督检查。⑤分期建设、分期投入生产或者使用的建设项目，其相应的环境保护设施应当分期验收。建设项目需要配套建设的环境保护设施经验收合格，该建设项目方可正式投入生产或者使用					

编号	二十五项重点要求内容	标准分	评价要求	评价方法	评分标准	扣分	存在问题	改进建议
89.1	25.1.1 电厂废水回收系统应满足环境影响评价报告书及其批复的要求，废水处理设备必须保证正常运行，处理后废水测试数据指标应达到设计标准及《污水综合排放标准》（GB 8978）相关规定的要求	20	【涉及专业】环保 （1）电厂废水回收系统应满足环境影响评价报告批复的要求，满足电厂排污许可证要求。 （2）废水处理设备必须保证正常运行，处理后废水测试数据指标应达到设计标准并回收利用。 （3）环评批复或排污许可证允许设置废水排放口的企业，应满足 GB 8978—1996《污水综合排放标准》表1～表5 关于污染物排放限值要求，满足属地地方标准要求，如地处广东省的电厂，应满足广东省地方标准DB 44/26—2001《水污染物排放限值》要求。 （4）按照 HJ 820—2017《排污单位自行监测技术指南（火力发电及锅炉）》"5.2 废水排放监测"关于监测点位、监测项目、监测频次的要求，开展电厂废水监测	查阅环评报告及环评批复、电厂排污许可证，查看现场废水处理设备及在线监测表计运行状态，查阅废水检测报告	（1）废水回收系统不满足环评批复、电厂排污许可证要求的扣20分。 （2）废水处理设备（如生活污水处理设备、含煤废水处理设备、脱硫废水处理设备等）未投运，每套扣10分。 （3）废水处理设备（如生活污水处理设备、含煤废水处理设备、脱硫废水处理设备等），运行不正常，出水水质不满足设计要求，每套扣5分。 （4）未按要求进行废水监测扣10分，监测报告有不达标项目，每项扣2分；监测项目不全每缺少一项扣1分；未按监测周期要求进行监测缺少一次扣5分			
89.2	25.1.2 电厂宜采用干除灰输送系统、干排渣系统。如采用水力除灰电厂应实现灰水回收循环使用，灰水设施和除灰系统投运前必须做水压试验	10	【涉及专业】环保、锅炉 （1）原则上电厂宜采用干除灰输送系统、干排渣系统。 （2）如采用水力除灰电厂应实现灰水回收循环使用，为保证灰水设施和除灰系统的安全运行，灰水设施和除灰系统投运前必须做水压试验	查看现场，查阅运行规程和水压试验记录	采用水力除灰电厂灰水设施和除灰系统投运前未做水压试验，扣10分			
89.3	25.1.3 电厂应按地方烟气污染物排放标准或《火电厂大气污染物排放标准》（GB 13223—2011）规定的	20	【涉及专业】环保 （1）HJ 2040—2014《火电厂烟气治理设施运行管理技术规范》规定："4.2 烟气治理设施投运后，火电厂排放烟气中的大气污染	查阅 DCS 曲线、CEMS 统计年报等相关报表	（1）除尘器、脱硝、脱硫设备的年度投运率及脱除效率未达到设计要求，每项扣2分。			

编号	二十五项重点要求内容	标准分	评价要求	评价方法	评分标准	扣分	存在问题	改进建议
89.3	各污染物排放限制，采用相应的烟气除尘（电除尘器、袋式除尘器、电袋复合式除尘器等）、烟气脱硫与烟气脱硝设施，投运的环保设施及系统应运行正常，脱除效率应达到设计要求，各污染物排放浓度达到地方或国家标准规定的要求	20	物浓度应满足国家及地方排放标准，SO_2 和 NO_x 排放量还应满足国家及地方的总量控制要求。"电厂环保设施应正常运行，除尘器、脱硝、脱硫设备的年度投运率及脱除效率应达到设计要求。 （2）烟气污染物排放应满足 GB 13223—2011《火电厂大气污染物排放标准》规定的各污染物排放限值。 （3）经过超低排放改造后，烟气污染物排放浓度限值应满足烟尘、二氧化硫、氮氧化物超低排放要求		（2）烟气污染物烟尘、二氧化硫、氮氧化物近两年度排放达标率未达到100%，每项扣 5 分			
89.4	25.1.4 电厂的锅炉实际燃用煤质的灰分、硫分、低位发热量等不宜超出设计煤质及校核煤质	10	【涉及专业】环保、锅炉 （1）HJ 2040—2014《火电厂烟气治理设施运行管理技术规范》规定："5.4.3 火电厂烟气治理设施运行管理的绩效考核内容宜包括影响烟气治理设施达标排放的原料输入、生产运行、检修维护、设备管理等方面"。煤质是影响烟气污染物排放的源头，电厂的燃煤采购及掺配燃烧应满足设计煤质及校核煤质要求，并制定相应的煤质采购和掺配煤考核制度。 （2）按照 DL/T 1050—2016《电力环境保护技术监督导则》规定："5.2.2.1 应对燃料（煤等）的硫分、灰分、挥发分、发热量及燃煤中的重金属含量进行监督"，进行入厂煤、入炉煤的化验检测，质检率应为100%	查阅近两年入厂煤、入炉煤化验报告，查阅煤质采购和掺配煤考核制度和考核记录	（1）近两年入炉煤化验报告中灰分、硫分、低位发热量均值超出设计煤质及校核煤质的，每项扣 2 分；入厂煤、入炉煤质检率未达 100%，扣 5 分。 （2）无煤质采购和掺配煤考核制度和考核记录，扣 5 分			

编号	二十五项重点要求内容	标准分	评价要求	评价方法	评分标准	扣分	存在问题	改进建议
89.5	25.1.5 灰场大坝应充分考虑大坝的强度和安全性，大坝工程设计应最大限度地合理利用水资源并建设灰水回用系统，灰场应无渗漏设计，防止污染地下水	20	【涉及专业】环保 （1）灰场的建设和使用应按照 GB 18599—2001《一般工业固体废物贮存、处置场污染控制标准》要求，进行防渗漏处理，设置灰场导流渠、地下水质监测井，防止对地下水或海域环境造成污染。 （2）按照 HJ 820—2017《排污单位自行监测技术指南（火力发电及锅炉）》要求，开展地下水监测，监测指标为 pH 值、化学需氧量、硫化物、氟化物、石油类、总硬度、总汞、总砷、总铅、总镉等，频次为每年至少一次	查看现场，查阅灰场设计方案，查阅灰场地下水监测报告	（1）灰场未做防渗漏处理、未设置导流渠和地下水质监测井，每缺少一项扣5分。 （2）未按要求开展地下水监测，扣10分			
89.6	新增：危险废物的收集、贮存、运输按照 HJ 2025—2012《危险废弃物收集贮存运输技术规范》相关内容执行	20	【涉及专业】环保 危险废物的收集、贮存、运输应按照 HJ 2025—2012《危险废弃物收集贮存运输技术规范》中"5 危险废物的收集""6 危险废物的贮存""7 危险废物的运输"执行，建立健全规章制度，做好污染防治措施	查看危险废物贮存设施，查阅相关管理制度、台账记录等	危险废物在收集、贮存、运输过程中，每有一个环节不满足标准要求，扣10分			
90	25.2 加强灰场的运行维护管理	100	【涉及专业】环保，共6条 灰场的安全管理是电厂安全生产的重要环节，同时也是薄弱环节。由于灰场位置较偏远，管理容易被忽视。一旦出现问题，可能会造成严重的后果，不但灰场的正常储灰受到影响，还会使周围的大气环境、水体和土壤受到严重的污染，使灰场附近的农副业生产和居民生活受到危害，严重时威胁灰场大坝的安全，造成恶性垮坝和环境污染事故					

464

编号	二十五项重点要求内容	标准分	评价要求	评价方法	评分标准	扣分	存在问题	改进建议
90.1	25.2.1　加强电厂的灰坝坝体安全管理。已建灰坝要对危及大坝安全的缺陷、隐患及时处理和加固	20	【涉及专业】环保 （1）电监安全〔2013〕3号《燃煤发电厂贮灰场安全监督管理规定》第十九条规定：发电企业应对运行及闭库后的贮灰场定期组织开展安全评估，并将安全评估报告报所在地电力监管机构。不具备安全评估能力的发电企业，可以委托具备相应能力的单位开展安全评估工作。安全评估原则上每三年进行一次。第二十条规定：贮灰场根据安全评估结果确定安全等级。 （2）电监安全〔2013〕3号《燃煤发电厂贮灰场安全监督管理规定》第九条规定：运行管理单位应加强贮灰场安全巡查，认真开展隐患排查治理工作，保障贮灰场安全。贮灰场存在重大隐患且无法保证安全的，应停止继续排灰，及时采取有效措施予以控制，并制定相应应急预案。 （3）制定和完善灰场的专项应急预案并开展应急演练	查阅灰场安全评估报告、隐患排查报告及整改完成记录，查阅灰场的专项应急预案及演练记录	（1）未开展灰场的安全评估工作、无灰场安全评估报告，扣10分。 （2）未定期开展灰场的隐患排查，扣10分；对存在的隐患没有及时整改，扣5分。 （3）未制定灰场的专项应急预案扣10分；未定期修订完善灰场的专项应急预案扣5分；无应急演练记录扣2分			
90.2	25.2.2　建立灰场（灰坝坝体）安全管理制度，明确管理职责。应设专人定期对灰坝、灰管、灰场和排、渗水设施进行巡检。应坚持巡检制度并认真做好巡检记录，发现缺陷和隐患及早解决。汛期应加强灰场管理，增加巡检频率	20	【涉及专业】环保 （1）应规范灰场安全生产及环保监督管理，依据电监安全〔2013〕3号《燃煤发电厂贮灰场安全监督管理规定》和国能安全〔2016〕234号《燃煤发电厂贮灰场安全评估导则》及GB 18599—2001《一般工业固体废物贮存、处置场污染控制标准》和GB 20426—2006《煤炭工业污染物排放标准》，建立灰场（灰坝坝体）安全管理制度，明确管理职责。	查阅灰场安全管理制度、近两年巡回检查记录、防洪（防台、防风暴潮）措施及演练记录	（1）未制定灰场安全管理制度，扣20分。 （2）灰场安全管理制度内容不全面，扣1～10分。 （3）无巡回检查记录，扣5分。 （4）未制定防洪（防台、防风暴潮）措施扣10分，未按计划开展防洪度汛演练扣5分			

编号	二十五项重点要求内容	标准分	评价要求	评价方法	评分标准	扣分	存在问题	改进建议
90.2		20	（2）电监安全〔2013〕3号《燃煤发电厂贮灰场安全监督管理规定》第十三条规定：运行管理单位应加强安全监测数据分析和管理，发现监测数据异常或通过监测分析发现坝体有裂缝或滑坡征兆等严重异常情况时，应立即采取措施予以处理并及时报告。 （3）配备具有专业技能的灰场运行人员，负责贮灰场的运行操作、巡回检查、缺陷记录，缺陷处理应执行本厂的缺陷管理制度，贮灰场运行状况按时上报并记入值班记录中。 （4）电监安全〔2013〕3号《燃煤发电厂贮灰场安全监督管理规定》第十二条规定：发生地震、暴雨、洪水、泥石流或其他可能影响贮灰场灰坝安全等异常情况时，运行管理单位应加强巡视检查，并增加监测频次和监测项目。第十四条规定：发电企业和运行管理单位应加强贮灰场防汛安全管理。每年汛期前应对贮灰场排洪设施进行检查、维修和疏通。汛后应对贮灰场坝体和排洪构筑物进行全面检查与清理，发现问题及时处理					
90.3	25.2.3　加强灰水系统运行参数和污染物排放情况的监测分析，发现问题及时采取措施	10	【涉及专业】环保 GB 18599—2001《一般工业固体废物贮存、处置场污染控制标准》第7.3.1条规定：应定期检查维护防渗工程，定期监测地下水水质，发现防渗功能下降，应及时采取必要措施。地下水水质按GB/T 14848规定评定。第7.3.2条规定：应定期检查维护渗滤液集排水设施和渗滤液处理设施，定期监测渗滤液及其处理后的排放水质，发现集排水设施不通畅或处理后的水质超过GB 8978或地方的污染物排放标准，需及时采取必要措施	查阅近两年灰场水质监测报告及异常处理记录	（1）未开展灰场水质监测，扣10分。 （2）水质监测发现异常未及时处理或无异常处理记录，扣8分			

编号	二十五项重点要求内容	标准分	评价要求	评价方法	评分标准	扣分	存在问题	改进建议
90.4	25.2.4 定期对灰管进行检查，重点包括灰管的磨损和接头、各支撑装置（含支点及管桥）的状况等，防止发生管道断裂事故。灰管道泄漏时应及时停运，以防蔓延形成污染事故	20	【涉及专业】环保 （1）GB 18599—2001《一般工业固体废物贮存、处置场污染控制标准》第 7.1.4 条规定：贮存、处置场使用单位应建立检查维护制度。定期检测维护堤、坝、挡土墙、导流渠等设施，发现有损坏可能或异常，应及时采取必要措施，以保障正常运行。 （2）定期对灰管进行检查，包括管道的磨损、接头和各支撑装置（含支点及管桥）的状况等，防止泄漏造成环境污染。 （3）灰、渣管道停用时，应及时将灰渣冲净，避免堵塞管道。 （4）冬季应做好管道的防冻措施	查阅灰管检查、维护记录	（1）无灰管定期检查、维护记录，扣20分。 （2）灰管定期检查、维护记录内容不全面，扣5分。 （3）发生灰管道泄漏，每次扣5分。 （4）未制定冬季防冻措施，扣5分			
90.5	25.2.5 对分区使用或正在取灰外运的灰场，必须制定落实严格的防止扬尘污染的管理制度，配备必要的防尘设施，避免扬尘对周围环境造成污染	20	【涉及专业】环保 （1）GB 18599—2001《一般工业固体废物贮存、处置场污染控制标准》第 6.1.3 条规定：贮存、处置场应采取防止粉尘污染的措施。 （2）电监安全〔2013〕3 号《燃煤发电厂贮灰场安全监督管理规定》第十五条规定：发电企业和运行管理单位应加强贮灰场堆灰和取灰管理，制定完善堆灰和取灰方案，堆灰和取灰工作不得影响贮灰场安全。第十六条规定：运行管理单位应做好贮灰场喷淋设施运行维护管理，以及灰场植被和灰场周边的防尘绿化带维护管理，防止扬尘污染。 （3）配备必需的整平、碾压、喷洒的运行机具，运灰车辆应为专用封闭式自卸车，并有保持车辆清洁的有效措施；当采用管带、	查看现场灰场防止扬尘措施落实情况，查阅取灰及防扬尘方案或管理制度	（1）未制定灰场防扬尘方案，扣20分。 （2）防扬尘方案不全面，扣5分。 （3）查看现场灰场扬尘污染严重情况，扣1～10分。 （4）运灰路径不合理，路面不清洁，扣1～10分			

编号	二十五项重点要求内容	标准分	评价要求	评价方法	评分标准	扣分	存在问题	改进建议
90.5		20	气力管道、水路等运输方式时，应当采用封闭设施，避免泄漏导致污染环境。 （4）合理规划运灰路径，保持道路畅通和路面清洁					
90.6	25.2.6 灰场应根据实际情况进行覆土、种植或表面固化处理等措施，防止发生扬尘污染	10	【涉及专业】环保 加强灰场植被和灰场周边的防尘绿化带维护管理，对裸露灰面采取覆土、抑尘网等措施，防止扬尘污染	查看现场	灰场扬尘治理不符合要求，扣1～10分			
91	25.3 加强废水处理，防止超标排放	100	【涉及专业】环保、热工，共4条 电厂的废水主要有化学废水、工业废水、含油废水、含煤废水、脱硫废水、灰渣水、生活污水等。不同类型的废水应采用不同的处理方式，并按照环评批复或排污许可证要求进行回收利用或达标外排					
91.1	25.3.1 电厂内部应做到废水集中处理，处理后的废水应回收利用，正常工况下，禁止废水外排。环评要求厂区不得设置废水排放口的企业，一律不准设置废水排放口。环评允许设置废水排放口的企业，其废水排放口应规范化设置，满足环保部门的要求。同时应安装废水自动监控设施，并严格执行《水污染源在线监测系统安装技术规范（试行）》（HJ/T 353—2007）	30	【涉及专业】环保、热工 （1）《中华人民共和国水污染防治法》第四十四条规定：国务院有关部门和县级以上地方人民政府应当合理规划工业布局，要求造成水污染的企业进行技术改造，采取综合防治措施，提高水的重复利用率，减少废水和污染物排放量。第四十五条规定：排放工业废水的企业应当采取有效措施，收集和处理产生的全部废水，防止污染环境。含有毒有害水污染物的工业废水应当分类收集和处理，不得稀释排放。第二十三条规定：重点排污单位还应当安装水污染物排放自动监测设备，与环境保护主管部门的监控设备联网，并保证监测设备正常运行。	查看现场，查阅环评批复或排污许可证、近两年废水自动监控设施校验记录等	（1）电厂废水排放不符合环评批复或排污许可证要求，扣30分。 （2）废水总排放口未设置污水排放口提示图形标志，扣5分。 （3）废水总排放口未安装废水自动监控设施，扣15分；废水自动监控设施无校验（比对）记录，扣10分			

编号	二十五项重点要求内容	标准分	评价要求	评价方法	评分标准	扣分	存在问题	改进建议
91.1		30	（2）环评批复或排污许可证允许设置废水排放口的企业，其废水排放口应规范化设置，满足环保部门的要求。按照 GB 15562.1—1995《环境保护图形标志-排放口（源）》要求，设置污水排放口提示图形标志。 （3）废水排放口应安装废水自动监控设施，并严格执行 HJ/T 353—2019《水污染源在线监测系统（COD$_{Cr}$、NH$_3$-N 等）安装技术规范》，定期进行比对、校验、维护，做好记录。每月至少进行一次实际水样比对试验和质控样试验，进行一次现场校验，可自动校准或手工校准					
91.2	25.3.2 应对电厂废（污）水处理设施制定严格的运行维护和检修制度，加强对污水处理设备的维护、管理，确保废（污）水处理运转正常	20	【涉及专业】环保 电厂运行规程及检修规程中应包含废水处理设备的运行操作、故障处理及设备维护的相关内容，或者有专门的废水处理设备的运行规程及检修规程	查阅规程、近两年设备维护记录	未编写废水处理设备的运行规程、检修规程扣20分；无废水处理设备维护记录，扣10分			
91.3	25.3.3 做好电厂废（污）水处理设施运行记录，并定期监督废水处理设施的投运率、处理效率和废水排放达标率	30	【涉及专业】环保 （1）《中华人民共和国水污染防治法》第二十三条规定：实行排污许可管理的企业事业单位和其他生产经营者应当按照国家有关规定和监测规范，对所排放的水污染物自行监测，并保存原始监测记录。 （2）做好电厂废（污）水处理设施运行记录，做好药品的使用记录台账，做好废水的分析记录台账，做好废水处理设施的投运率、处理率的统计。 （3）有废水外排应做到100%达标排放	查阅近两年废水台账记录及现场设备运行情况	（1）无废（污）水处理设施运行记录，扣5分。 （2）无废水处理设施药品使用记录扣5分；无废水处理设施投运率、处理率的统计扣5分；无废水化验分析台账扣5分。 （3）废水外排未100%达标排放扣10分			

编号	二十五项重点要求内容	标准分	评价要求	评价方法	评分标准	扣分	存在问题	改进建议
91.4	25.3.4 锅炉进行化学清洗时，必须制订废液处理方案，并经审批后执行。清洗产生的废液经处理达标后尽量回用，降低废水排放量。酸洗废液委托外运处置的，第一要有资质，第二电厂要监督处理过程，并且留下记录	20	【涉及专业】环保 （1）按照环境保护部令第 39 号《国家危险废物名录》，锅炉酸洗后的废液属于危险废物（HW34 900-300-34）。 （2）应严格按照《中华人民共和国固体废物污染环境防治法》危险废物的处置方式要求，按照《危险废物转移联单管理办法》委托有资质的单位，进行转运处置，并在属地"固体废物管理平台"上完成申报登记。 （3）锅炉进行化学清洗应制定事故应急预案（综合性应急预案有要求或有专门应急预案），防止发生环境污染事故	查阅最近三年锅炉化学清洗方案、清洗过程化验监督记录、清洗废液转运联单及应急预案	（1）锅炉化学清洗方案不完善，扣 1～10 分；清洗过程无化验监督记录扣 5 分。 （2）清洗废液未按照危险废物处置办理转移，扣 20 分。 （3）未制定事故应急预案扣 5 分；已制定事故应急预案，但针对性不强，扣 1～3 分			
92	25.4 加强除尘、除灰、除渣运行维护管理	100	【涉及专业】环保，共 6 条 燃煤电厂的烟尘主要来源于燃煤燃烧产生的烟尘，烟尘会造成环境污染并威胁人类健康。控制烟尘排放是燃煤电厂的一项重要举措。目前电厂中常用的除尘器有静电除尘器、袋式除尘器、湿式除尘器等。灰渣是从炉膛底部排出来的大块渣和由除尘器收集的飞灰两部分，是电厂产生的固体废物，可综合利用于建材、化工等行业。确保除尘、除灰、除渣系统的正常运行，以满足国家标准、地方标准、环评批复和排污许可证的要求					
92.1	25.4.1 加强燃煤电厂电除尘器、袋式除尘器、电袋复合式除尘器的运行、维护及管理，除尘器的运行参数控制在最佳状态。及时处理	20	【涉及专业】环保 （1）HJ 2039—2014《火电厂除尘工程技术规范》第 6.1.1 条规定：火电厂除尘工程应根据生产工艺和排放要求合理配置。除尘工程出口向环境排放时应符合国家和地方	查阅除尘器运行规程、检修规程、检修维护记录、改造方案、烟尘	（1）未见电除尘器、袋式除尘器、电袋复合式除尘器的运行规程、检修规程，扣 20 分；规程内容不完善的，扣 1～10 分；无检修维护记录，扣 10 分。 （2）除尘器除尘效率不满足设计要求的，扣 10 分。			

编号	二十五项重点要求内容	标准分	评价要求	评价方法	评分标准	扣分	存在问题	改进建议
92.1	设备运行中存在的故障和问题，保证除尘器的除尘效率和投运率。烟尘排放浓度不能达到地方、国家的排放标准规定浓度限制的应进行除尘器提效等改造	20	大气污染物排放标准、建设项目环境影响评价文件和总量控制的规定；工作场所粉尘职业接触限值应符合 GBZ 1 和 GBZ 2.1、GBZ 2.2 规定的限值要求。 （2）HJ 2039—2014《火电厂除尘工程技术规范》第 6.1.2 条规定：除尘工程应适应污染源气体的变化，当烟尘特性及浓度在一定范围内变化时应能正常运行。除尘工程应与生产工艺设备同步运转，可用率应为100%。 （3）DL/T 1589—2016《湿式电除尘技术规范》第 5.1.6 条规定：装置可用率应不小于98%。 （4）烟尘排放浓度不能达到国家、地方的排放标准规定浓度限值的应进行除尘器提效等改造	排放浓度报表等相关文件资料并查看现场	（3）除尘器投运率达不到100%的，每缺少1%扣10分。 （4）湿式电除尘器投运率达不到 98%的，每缺少1%扣10分。 （5）烟尘排放浓度不能达到地方、国家的排放标准规定浓度限值，扣10分			
92.2	25.4.2 电除尘器（包括旋转电极）的除尘效率、电场投运率、烟尘排放浓度应满足设计的要求，同时烟尘排放浓度应符合地方烟气污染物排放标准和《火电厂大气污染物排放标准》(GB 13223—2011)规定排放限制。新建、改造和大修后的电除尘器应进行性能试验，性能指标未达标不得验收	20	【涉及专业】环保 （1）HJ 2028—2013《电除尘工程通用技术规范》第 5.1.4 条规定：电除尘系统工艺、技术水平、配置、自动控制和检测应与企业生产工艺和制度相适应，并符合国家技术政策和标准的要求。 （2）电除尘器的除尘效率、烟尘排放浓度应满足设计的要求，同时烟尘排放浓度应符合地方烟气污染物排放标准 GB 13223—2011《火电厂大气污染物排放标准》规定排放限制。 （3）新建、改造和大修后的电除尘器应进行性能试验，性能指标未达标不得验收	查阅电除尘器性能验收试验报告	（1）电除尘器性能验收试验报告中，除尘效率、电场投运率、烟尘排放浓度应满足设计的要求，每有一项不满足设计要求，扣10分。 （2）新建、改造和大修后的电除尘器未进行性能试验，扣10分。 （3）性能指标未达标而进行验收的，扣20分			

编号	二十五项重点要求内容	标准分	评价要求	评价方法	评分标准	扣分	存在问题	改进建议
92.3	25.4.3 袋式除尘器、电袋复合式除尘器的除尘效率、滤袋破损率、阻力、滤袋寿命等应满足设计的要求，同时烟尘排放浓度达到地方、国家的排放标准规定要求。新建、改造和大修后的袋式除尘器、电袋复合式除尘器应进行性能试验，性能指标未达标不得验收。袋式除尘器、电袋复合式除尘器运行期间出现滤袋破损应及时处理	20	【涉及专业】环保 （1）HJ 2020—2012《袋式除尘工程通用技术规范》第 5.1.1 条规定：袋式除尘工程的设计和实施应遵守国家"三同时"、清洁生产、循环经济、节能减排等政策、法规、标准的规定。 （2）HJ 2020—2012《袋式除尘工程通用技术规范》第 5.1.2 条规定：袋式除尘工程的设计应以达标排放为原则，采用成熟稳定、技术先进、安全可靠、经济合理的工艺和设备。 （3）DL/T 1371—2014《火电厂袋式除尘器运行维护导则》第 7.3.1 条规定：新投入运行的袋式除尘器，应在通过试运行后 3～6 个月内进行性能考核试验；现役袋式除尘器大修后的 1～3 个月内应进行性能考核试验。 （4）袋式除尘器、电袋复合式除尘器运行期间出现滤袋破损应及时处理	查阅袋式除尘器性能验收试验报告、检修维护记录	（1）袋式除尘器、电袋复合式除尘器能验收试验报告中，除尘效率、滤袋破损率、阻力、滤袋寿命等应满足设计的要求，同时烟尘排放浓度达到地方、国家的排放标准规定要求，每有一项不满足设计要求，扣 10 分。 （2）新建、改造和大修后的袋式除尘器、电袋复合式除尘器未进行性能试验，扣 10 分。 （3）性能指标未达标而进行验收的，扣 20 分。 （4）袋式除尘器、电袋复合式除尘器运行期间出现滤袋破损而未及时处理的，扣 10 分			
92.4	25.4.4 防止电厂干除灰输送系统、干排渣系统及水力输送系统的输送管道泄漏，应制定紧急事故措施及预案	15	【涉及专业】环保 （1）电厂应制定防止干除灰输送系统、干排渣系统及水力输送系统的输送管道泄漏的措施。 （2）根据环发〔2015〕4 号《企业事业单位突发环境事件应急预案备案管理办法（试行）》的规定，制定"电厂干除灰输送系统、干排渣系统及水力输送系统的输送管道泄漏"应急预案并备案	查阅防止灰渣输送管道泄漏的措施、应急预案等相关文件资料并查看现场	（1）干除灰输送系统、干排渣系统及水力输送系统的输送管道发生泄漏的，扣 15 分。 （2）未制定干除灰输送系统、干排渣系统及水力输送系统输送管道泄漏的应急预案并备案，扣 15 分；应急预案内容不完善的，扣 1～10 分			

编号	二十五项重点要求内容	标准分	评价要求	评价方法	评分标准	扣分	存在问题	改进建议
92.5	25.4.5 锅炉启动时油枪点火、燃油、煤油混烧、等离子投入等工况下，电除尘器应在闪络电压以下运行，袋式除尘器或电袋复合式除尘器的滤袋应提前进行预喷涂处理。同时防止除尘器内部、灰库、炉底干排渣系统的二次燃烧，要求及时输送避免堆积	15	【涉及专业】环保 （1）锅炉启动时油枪点火、燃油、煤、油混烧、等离子投入等工况下，电除尘器应在闪络电压以下运行。 （2）DL/T 1121—2009《燃煤电厂锅炉烟气袋式除尘工程技术规范》第13.2.1条规定：对新建的袋式除尘器、批量换袋后的袋式除尘器或长期停运的袋式除尘器，在除尘器热态运行前必须进行预涂灰。预涂灰的粉剂可采用粉煤灰。 （3）防止除尘器内部、灰库、炉底干排渣系统的二次燃烧，要求及时输送灰、渣，避免堆积	查阅除尘器运行规程、检修规程等相关文件资料并查看现场	（1）锅炉启动时油枪点火、燃油、煤、油混烧、等离子投入等工况下，电除尘器未在闪络电压以下运行，扣15分。 （2）新建或批量更换后的袋式除尘器或电袋复合式除尘器的滤袋未提前进行预喷涂处理的，扣15分。 （3）除尘器内部、灰库、炉底干排渣系统未及时输送，引起二次燃烧的，扣15分			
92.6	25.4.6 袋式除尘器或电袋复合式除尘器的旁路烟道及阀门应零泄漏	10	【涉及专业】环保 袋式除尘器或电袋复合式除尘器的旁路烟道及阀门应零泄漏	查阅相关文件资料并查看现场	袋式除尘器或电袋复合式除尘器的旁路烟道及阀门发生泄漏的，扣10分			
93	**25.5 加强脱硫设施运行维护管理**	**100**	【涉及专业】环保，共10条 烟气脱硫技术主要有石灰石-石膏湿法、海水脱硫法、喷雾干燥法、烟气循环流化床等工艺。石灰石-石膏湿法是应用最多和最成熟的技术，目前我国火电行业应用该技术的机组容量约占脱硫电站装机容量的90%。随着国家越来越严格的控制二氧化硫排放的措施，烟气脱硫系统成为火电厂必不可少的系统之一。确保脱硫设施的正常运行及烟气SO_2的达标排放，以满足国家标准、地方标准、环评批复和排污许可证的要求					

编号	二十五项重点要求内容	标准分	评价要求	评价方法	评分标准	扣分	存在问题	改进建议
93.1	25.5.1 制定完善的脱硫设施运行、维护及管理制度，并严格贯彻执行	10	【涉及专业】环保 （1）定期根据最新的标准要求，修订完善脱硫设施运行规程、检修规程及管理制度，并严格贯彻执行。 （2）脱硫设备进行改造后，其运行规程、检修规程及管理制度也应进行修订	查阅脱硫设施运行规程、检修规程及相关管理制度	（1）未见脱硫设施运行规程、检修规程及相关管理制度的，扣10分，内容不完善的，扣1～10分。 （2）未执行脱硫设施运行、维护及管理制度的，扣1～10分			
93.2	25.5.2 锅炉运行其脱硫系统必须同时投入，脱硫系统禁止开旁路挡板运行，脱硫效率、投运率应达到设计的要求，同时二氧化硫排放浓度达到地方、国家的排放标准。无旁路及已进行旁路烟道封堵的脱硫系统应确保脱硫系统高效稳定运行。脱硫系统运行不能达到地方、国家颁布的二氧化硫浓度排放标准的应进行提效改造	20	【涉及专业】环保 （1）锅炉运行时脱硫系统必须同时投入。满足HJ 179—2018《石灰石/石灰-石膏湿法烟气脱硫工程通用技术规范》第5.1.1条规定：新建项目的烟气脱硫工程应和主体工程同时设计、同时施工、同时投产使用。 （2）GB/T 21508—2008《燃煤烟气脱硫设备性能试验方法》第4.2条规定：如脱硫设备设有旁路烟道，旁路挡板应处于完全关闭状态。HJ 179—2018《石灰石/石灰-石膏湿法烟气脱硫工程通用技术规范》第6.3.4条规定：烟气系统挡板门应具有防止泄漏功能。 （3）性能考核试验中的脱硫效率、机组运行过程中的投运率应达到设计的要求。 （4）HJ 179—2018《石灰石/石灰-石膏湿法烟气脱硫工程通用技术规范》第5.1.3条规定：脱硫工程SO_2排放浓度应满足国家和地方排放标准的要求。 （5）无旁路及已进行旁路烟道封堵的脱硫系统应确保脱硫系统高效稳定运行。脱硫系统运行不能达到地方、国家颁布的二氧化硫浓度排放标准的应进行提效改造	查阅DCS曲线、环保统计报表等相关文件资料并查看现场	（1）脱硫系统未能与锅炉运行同时投入的，扣20分。 （2）脱硫系统开启旁路挡板运行，扣20分。 （3）性能考核试验中的脱硫效率、机组运行过程中的投运率未达到设计的要求，每一项扣10分。 （4）二氧化硫排放浓度未达到地方、国家的排放标准，扣20分。 （5）二氧化硫排放浓度未达到地方、国家的排放标准，且未进行改造的，扣20分			

编号	二十五项重点要求内容	标准分	评价要求	评价方法	评分标准	扣分	存在问题	改进建议
93.3	25.5.3 脱硫系统运行时必须投入废水处理系统，处理后的废水指标满足国家或电力行业标准	10	【涉及专业】环保 （1）DL/T 1477—2015《火力发电厂脱硫装置技术监督导则》第6.11.1条规定：脱硫废水宜处理后回用，脱硫废水的排放应满足GB 8978及地方排放标准的要求，处理后的水质应达到DL/T 997的标准，废水处理系统产生的污泥应按照国家有关规定进行无害化处理。 （2）DL/T 1477—2015《火力发电厂脱硫装置技术监督导则》第6.11.2条规定：应监督脱硫废水处理设施排水的悬浮物、COD、pH值、氟化物、硫化物、重金属。 （3）DL/T 1477—2015《火力发电厂脱硫装置技术监督导则》第6.11.3条规定：监测周期应按照DL/T 414—2012《火电厂环境监测技术规范》执行，排水的pH值每月不少于三次，氟化物每月一次，COD、悬浮物、硫化物、重金属污染物宜每季度一次。 （4）DL/T 1477—2015《火力发电厂脱硫装置技术监督导则》第6.11.4条规定：脱硫废水在脱硫废水排放处取样，采样应符合DL/T 997的规定，分析方法参照附录B	查阅废水处理系统运行记录及废水指标化验报告，同时查看现场	（1）脱硫废水处理系统不能正常投运，扣10分。 （2）废水指标未进行化验，扣10分，化验周期不满足要求，扣5分。 （3）处理后的废水指标未满足国家或电力行业标准，每一项指标超标扣5分。 （4）废水取样不符合标准要求，扣10分			
93.4	25.5.4 新建、改造和大修后的脱硫系统应进行性能试验，指标未达到标准的不得验收	10	【涉及专业】环保 （1）DL/T 1050—2016《电力环境保护技术监督导则》第5.2.3.3 c)条规定：脱硫设施新建或改造完工及机组大修前、后，应进行脱硫设施的性能验收试验。性能验收试验应在环保部门规定的时间内完成。	查阅脱硫系统性能试验报告、整改记录	（1）新建、改造和大修后的脱硫系统未进行性能试验，扣10分。 （2）性能试验指标未达到标准要求，每一项不满足要求的指标，扣5分。 （3）性能指标未达标而进行验收，扣10分。			

编号	二十五项重点要求内容	标准分	评价要求	评价方法	评分标准	扣分	存在问题	改进建议
93.4		10	（2）DL/T 1477—2015《火力发电厂脱硫装置技术监督导则》第 5.8.1 条规定：脱硫装置应按照国家及行业有关规范要求，在设施建成投运 2 个月后，6 个月内组织完成性能试验，其结果应符合设计要求。 （3）DL/T 1477—2015《火力发电厂脱硫装置技术监督导则》第 6.12.6 条规定：脱硫装置大修后 45 天内应进行性能试验，脱硫装置至少应达到下列要求： a）二氧化硫排放达标率应 100%； b）脱硫设施投运率不应低于 98%； c）脱硫废水排放达标率应 100%； d）脱硫废水处理设施投运率应 100%。 （4）DL/T 1477—2015《火力发电厂脱硫装置技术监督导则》第 5.8.2 条规定：对未达到设计要求或不符合国家和地方排放标准的，应督促相关单位整改		（4）对未达到设计要求或不符合国家和地方排放标准，且未进行整改，扣 10 分			
93.5	25.5.5 加强脱硫系统维护，对脱硫系统吸收塔、换热器、烟道等设备的腐蚀情况进行定期检查，防止发生大面积腐蚀	10	【涉及专业】环保 （1）DL/T 1477—2015《火力发电厂脱硫装置技术监督导则》第 6.12.4 条规定：石灰石/石灰-石膏湿法烟气脱硫装置至少应监督下列内容： a）吸收塔及内部支撑梁防腐、烟道防腐、吸收塔内喷嘴堵塞情况； b）所有浆液箱罐防腐、除雾器堵塞情况； c）增压风机磨损及腐蚀情况、烟气挡板密封及腐蚀情况； d）烟道积灰情况、所有浆液泵及搅拌器磨损及腐蚀情况、浆液泵入口滤网堵塞情况、浆液管道腐蚀及磨损情况；	查阅脱硫系统检修规程、检修文件包及检修台账记录，同时进行查看现场	（1）未对脱硫系统的腐蚀情况进行定期检查，扣 10 分；未建立检修台账，扣 5 分。 （2）脱硫系统发生大面积腐蚀，扣 10 分			

476

编号	二十五项重点要求内容	标准分	评价要求	评价方法	评分标准	扣分	存在问题	改进建议
93.5		10	e）GGH 堵塞及腐蚀情况、旋流器磨损情况、膨胀节磨损腐蚀情况； f）烟囱腐蚀情况检查（如条件具备）； g）重要表计如烟气在线监测仪表、pH 值计、密度计、液位计等。 （2）HJ 179—2018《石灰石/石灰-石膏湿法烟气脱硫工程通用技术规范》第 6.3.3 条规定：对于设置烟气换热器的脱硫工程，加热后的净烟气温度应考虑烟囱防腐及环保要求综合确定；第 6.3.6 条规定：脱硫吸收塔入口烟道可能接触浆液的区域，以及脱硫吸收塔出口至烟囱入口之间的净烟道应采用防腐措施					
93.6	25.5.6　对未安装烟气换热器（GGH）加热设备的脱硫设施，应定期监测脱硫后的烟气中的石膏含量，防止烟气中带出脱硫石膏	10	【涉及专业】环保 （1）HJ 179—2018《石灰石/石灰-石膏湿法烟气脱硫工程通用技术规范》第 6.10.4 条规定：脱硫吸收塔出口的低温饱和湿烟气通过烟囱排放应采取避免产生"石膏雨"的措施，如增加烟气换热器抬升排烟温度、净烟道上加装湿式除尘器、加装第三级除雾器、控制合适的浆液密度等。 （2）HJ 179—2018《石灰石/石灰-石膏湿法烟气脱硫工程通用技术规范》第 6.5.8 条规定：吸收塔除雾器除雾性能应能确保烟气中液滴全含量不大于 $50mg/m^3$（干基折算）。 HJ 2053—2018《燃煤电厂超低排放烟气治理工程技术规范》第 6.5.3.4.2 条规定：应采用出口烟气携带雾滴浓度不大于 $25mg/m^3$ 的高效除雾器，包括管束式除雾器、声波除雾器、高效屋脊式除雾器等	查阅相关监测报告，同时查看现场	（1）对未安装烟气换热器（GGH）加热设备的脱硫设施，未定期监测脱硫后的烟气中的石膏含量，扣 10 分。 （2）脱硫后烟气中石膏含量超标，扣 5 分			

编号	二十五项重点要求内容	标准分	评价要求	评价方法	评分标准	扣分	存在问题	改进建议
93.7	25.5.7 防止出现脱硫系统输送浆液管道的跑冒滴漏现象，发生泄漏及时处理	10	【涉及专业】环保 防止出现脱硫系统输送浆液管道的跑冒滴漏现象，发生泄漏及时处理。参照 DL/T 1150—2012《火电厂烟气脱硫装置验收技术规范》第 5.3c）条规定：脱硫装置的运行不应对周围环境和生态造成二次污染	查阅相关检修记录，同时查看现场	（1）出现脱硫系统输送浆液管道的跑冒滴漏现象，扣 5 分。 （2）脱硫系统出现跑冒滴漏现象且未及时处理，扣 10 分			
93.8	25.5.8 脱硫系统的副产品应按照要求进行堆放，避免二次污染	5	【涉及专业】环保 HJ 179—2018《石灰石/石灰-石膏湿法烟气脱硫工程通用技术规范》第 5.1.7 条要求：脱硫副产物即脱硫石膏，脱硫石膏应考虑综合利用。暂无综合利用条件时，其贮存场、石膏筒仓、石膏贮存间等的建设和使用应符合 GB 18599 的规定	查阅脱硫系统脱硫副产品处理记录，同时查看现场	脱硫系统的副产品应未按照要求进行堆放，导致二次污染，扣 5 分			
93.9	25.5.9 脱硫系统的上游设备除尘器应保证其出口烟尘浓度满足脱硫系统运行要求，避免吸收塔浆液中毒	5	【涉及专业】环保 脱硫系统的上游设备除尘器应保证其出口烟尘浓度满足脱硫系统运行要求，避免吸收塔浆液中毒。参照 HJ 2053—2018《燃煤电厂超低排放烟气治理工程技术规范》第 4.2.3.3 条要求：湿法脱硫系统入口烟尘浓度应采用除尘器出口浓度保证值	在 DCS 界面上调脱硫系统原烟气烟尘含量，同时查阅相关运行记录	（1）除尘器出口烟尘浓度超过设计值的，扣 5 分。 （2）除尘器应出口烟尘浓过高而导致吸收塔浆液中毒的，扣 5 分			
93.10	新增：吸收塔入口烟气温度，出口烟气温度，吸收塔液位，石膏浆液 pH 值等重要参数测量仪表应双重或三重冗余设置	10	【涉及专业】热工、环保 （1）HJ 179—2018《石灰石/石灰石膏湿法烟气脱硫工程通用技术规范》第 8.2.3 条规定：吸收塔入口烟气温度，出口烟气温度，吸收塔液位，石膏浆液 pH 值等重要参数测量仪表应双重或三重冗余设置；第 8.2.5 条规定：脱硫热工自动化控制水平，宜与主体工程的自动化控制水平相一致，脱硫工程控	查阅脱硫运行规程、运行DCS 画面、仪表校验记录	（1）吸收塔入口烟气温度，出口烟气温度，吸收塔液位，石膏浆液 pH 值等重要参数测量仪表未双重或三重冗余设置，扣 10 分，每缺少一项扣 5 分。 （2）无测量仪表校验记录，扣 5 分，每缺少一项扣 2 分			

编号	二十五项重点要求内容	标准分	评价要求	评价方法	评分标准	扣分	存在问题	改进建议
93.10		10	制系统应根据主体工程整体控制方案统筹考虑。 （2）吸收塔入口烟气温度，出口烟气温度，吸收塔液位，石膏浆液 pH 值等重要仪表应定期进行校准、维护，并做好台账记录					
94	**25.6　加强脱硝设施运行维护管理**	**100**	**【涉及专业】环保、热工，共 14 条** 燃煤电厂中降低氮氧化物排放主要有两类工艺路线：一是燃烧中脱硝，控制氮氧化物的生成，即低氮燃烧技术；二是燃烧后脱硝，对生成的氮氧化物进行处理，即烟气脱硝技术，常用的工艺为选择性催化还原法（SCR）和选择性非催化还原法（SNCR）。目前电厂的脱硝系统多为：低氮燃烧＋SCR（SNCR）。常用还原剂有液氨、氨水和尿素等。应确保脱硝设施的正常运行及烟气氮氧化物的达标排放，以满足国家标准、地方标准、环评批复和排污许可证的要求					
94.1	25.6.1　制订完善的脱硝设施运行、维护及管理制度，并严格贯彻执行	10	**【涉及专业】环保** （1）建立健全与脱硝设施运行维护相关的各项管理制度，以及运行规程和检修规程，建立脱硝设施主要设备运行状况的记录制度。 （2）定期根据最新的标准要求修订完善脱硝设施运行规程、检修规程及管理制度，并严格贯彻执行。 （3）脱硝设备进行改造后，其运行规程、检修规程及管理制度也应进行修订	查阅脱硝设施运行规程、检修规程及相关管理制度	（1）未建脱硝设施运行规程、检修规程及相关管理制度，扣 10 分，内容不完善，扣 1～10 分。 （2）未执行脱硝设施运行规程、检修规程及管理制度，扣 1～10 分。 （3）未定期完善、修订脱硝设施运行规程、检修规程维护及相关管理制度，扣 5 分			

编号	二十五项重点要求内容	标准分	评价要求	评价方法	评分标准	扣分	存在问题	改进建议
94.2	25.6.2 脱硝系统的脱硝效率、投运率应达到设计要求,同时氮氧化物排放浓度满足地方、国家的排放标准,不能达到标准要求应加装或更换催化剂	10	【涉及专业】环保 (1) 脱硝系统的投运率应达到设计要求。 (2) DL/T 335—2010《火电厂烟气脱硝(SCR)系统运行技术规范》第 10.1.2 条规定:脱硝系统按设计技术指标运行,各项污染物排放指标应满足当地环保部门的要求,达标排放。 (3) DL/T 296—2011《火电厂烟气脱硝技术导则》第 6.4.4.1 条规定:对失效或活性不符合要求的催化剂可进行清洗和再生,延长催化剂的整体寿命。催化剂再生的化学寿命可达到新催化剂的80%以上。在清洗和再生时,应考虑其综合利用价值;第 6.4.4.2 条规定:对于不能再生或不宜再生的催化剂,宜由催化剂提供商等具有相应资质和能力的单位回收或按照国家、地方相关部门要求处理。 (4) 属于危险废物的废催化剂应严格执行 HJ 2025—2012《危险废弃物收集贮存运输技术规范》的规定	查阅脱硝运行报表、废催化剂转运记录等相关文件资料并查看现场	(1) 脱硝投运率未达到设计的要求,扣5分。 (2) 氮氧化物排放浓度未达到地方、国家的排放标准,扣10分。 (3) 废催化剂未按要求处置,扣10分。 (4) 查无废催化剂转运记录,扣5分			
94.3	25.6.3 设有液氨储存设备、采用燃油热解炉的脱硝系统应进行制订事故应急预案,同时定期进行环境污染的事故预想、防火、防爆处理演习,每年至少一次	5	【涉及专业】环保 (1) DL/T 335—2010《火电厂烟气脱硝(SCR)系统运行技术规范》第 9.1.2 条规定:运行单位应建立还原剂制备区安全责任制和事故应急救援预案,配备应急救援人员和应急救援器材、设备,定期组织演练,及时消除安全事故隐患。 (2) HJ 2053—2018《燃煤电厂超低排放烟气治理工程技术规范》第 12.2.1.2 条规定:	查阅事故应急预案备案记录以及事故预想、防火、防爆处理演练记录	(1) 未制订液氨储存设备、燃油热解炉事故应急预案,扣5分;内容不完善,扣1~5分。 (2) 未定期进行环境污染的事故预想、防火、防爆处理演练,扣3分。 (3) 有制定事故应急预案,未进行备案,扣3分			

编号	二十五项重点要求内容	标准分	评价要求	评价方法	评分标准	扣分	存在问题	改进建议
94.3		5	采用液氨作为还原剂时,应根据《危险化学品安全管理条例》的规定建立本单位事故应急救援预案,配备应急救援人员和必要的应急救援器材、设备并定期组织演练。 (3)事故应急预案的备案参照环发〔2015〕4号《企业事业单位突发环境事件应急预案备案管理办法》执行					
94.4	25.6.4 氨区的设计应满足《建筑设计防火规范》(GB 50016—2006)、《储罐区防火堤设计规范》(GB 50351—2005)、地方安全监督部门的技术规范及有关要求,氨区应有防雷、防爆、防静电设计	10	【涉及专业】环保 (1)氨区的设计应满足 GB 50016—2014《建筑设计防火规范》、GB 50351—2014《储罐区防火堤设计规范》、地方安全监督部门的技术规范及有关要求。 (2)HJ/T 562—2010《火电厂烟气脱硝工程技术规范-选择性催化还原法》第 6.3.2.7 条要求:还原剂区应安装相应的气体泄漏检测报警装置、防雷防静电装置、相应的消防设施、储罐安全附件、急救设施设备和泄漏应急处理设备等。 (3)DL/T 335—2010《火电厂烟气脱硝(SCR)系统运行技术规范》第 9.2.5 条规定:还原剂制备区外宜设置火种箱、静电触摸板。 (4)国能安全〔2014〕328 号《燃煤发电厂液氨罐区安全管理规定》第六条规定:氨区应设置避雷保护装置,并采取防止静电感应的措施,储罐以及氨管道系统应可靠接地;第七条规定:氨区电气设备应满足《爆炸危险环境电力装置设计规范》,符合防爆要求;第八条规定:氨区大门入口处应装设静电释放装置。静电释放装置地面以上部分高度宜为 1.0m,底座应与氨区接地网干线可靠连接	查阅氨站设计相关文件资料并查看现场	(1)氨区的设计未满足 GB 50016—2014、GB 50351—2014、地方安全监督部门的技术规范及有关要求,扣 10 分。 (2)氨区应有防雷、防爆、防静电设计,每缺少一项扣 5 分			

编号	二十五项重点要求内容	标准分	评价要求	评价方法	评分标准	扣分	存在问题	改进建议
94.5	25.6.5 氨区的卸料压缩机、液氨供应泵、液氨蒸发槽、氨气缓冲罐、氨气稀释罐、储氨罐、阀门及管道等无泄漏	5	【涉及专业】环保 （1）DL/T 335—2010《火电厂烟气脱硝（SCR）系统运行技术规范》第9.3.2条规定：氨系统所有管道阀门应严密无渗漏，充氨前应对氨管道进行试验，发现漏点要及时进行处理。液氨储存罐的喷淋冷却系统必须经试验后投用。 （2）HJ/T 562—2010《火电厂烟气脱硝工程技术规范-选择性催化还原法》第6.6.2条规定：脱硝系统应采取控制氨气泄漏的措施，厂界氨气的浓度应符合GB 14554的要求	查看现场、查阅检修记录	（1）氨区的相关设备及其管道发生泄漏，扣2分。 （2）氨区的相关设备及其管道发生泄漏而处理不当或不及时，扣5分			
94.6	25.6.6 氨区的喷淋降温系统、消防水喷淋系统、氨气泄漏检测器，定期进行试验	5	【涉及专业】环保 （1）DL/T 335—2010《火电厂烟气脱硝（SCR）系统运行技术规范》第9.2.3条规定：还原剂制备区必须配备足够数量的灭火器，液氨储存罐喷淋系统要定期进行检查试验。灭火器应定期进行检验，发现失效及时更换。 （2）DL/T 335—2010《火电厂烟气脱硝（SCR）系统运行技术规范》第9.3.2条规定：氨系统所有管道阀门应严密无渗漏，充氨前应对氨管道进行试验，发现漏点要及时进行处理。液氨储存罐的喷淋冷却系统必须经试验后投用。 （3）DL/T 335—2010《火电厂烟气脱硝（SCR）系统运行技术规范》第9.3.10条规定：还原剂制备区应定期进行喷淋试验。液氨储存罐顶部安全阀和呼吸阀应定期检查，并做详细记录。	查阅相关试验记录并查看现场	氨区的喷淋降温系统、消防水喷淋系统、氨气泄漏检测器未定期进行试验，每缺少一项，扣2分			

编号	二十五项重点要求内容	标准分	评价要求	评价方法	评分标准	扣分	存在问题	改进建议
94.6		5	（4）国能安全〔2014〕328号《燃煤发电厂液氨罐区安全管理规定》第十四条规定：氨区应设置事故报警系统和氨气泄漏检测装置。氨气泄漏检测装置应覆盖生产区并具有远传、就地报警功能					
94.7	25.6.7 氨区应具备风向标、洗眼池及人体冲洗喷淋设备，同时氨区现场应放置防毒面具、防护服、药品以及相应的专用工具	5	【涉及专业】环保 （1）DL/T 335—2010《火电厂烟气脱硝（SCR）系统运行技术规范》第9.2.1条规定：还原剂制备区顶部安装风向标。 （2）DL/T 335—2010《火电厂烟气脱硝（SCR）系统运行技术规范》第9.2.4条规定：在还原剂制备区应设置洗眼器、快速冲洗装置，备有2%浓度的稀硼酸等清洗液、正压式呼吸器、防酸碱靴等。 （3）国能安全〔2014〕328号《燃煤发电厂液氨罐区安全管理规定》第十一条规定：氨区设置洗眼器等冲洗装置，水源宜采用生活水，防护半径不宜大于15m。洗眼器应定期放水冲洗管路，保证水质，并做好防冻措施。 （4）国能安全〔2014〕328号《燃煤发电厂液氨罐区安全管理规定》第三十八条规定：发电企业应配备必要的防护用品和应急救援物资，防护用品和应急物资配备数量不得少于规定	查看现场、查阅防护用品清单	（1）氨区未设置风向标、洗眼池及人体冲洗喷淋设备，每一项扣2分。 （2）氨区现场未放置防毒面具、防护服、药品以及相应的专用工具，每一项扣2分。 （3）防护用品和应急物资配备数量少于规定，每缺少一项扣1分			
94.8	25.6.8 氮气吹扫系统应符合设计要求，系统正常运行	5	【涉及专业】环保 DL/T 335—2010《火电厂烟气脱硝（SCR）系统运行技术规范》第9.3.5条规定：在启动之前和停运之后，宜对液氨卸料、储存、蒸发和输送等设备、容器和管道进行氮气吹扫，检查系统严密性，清除管道内存留的氨气	查阅相关文件资料并查看现场	氮气吹扫系统不满足设计要求，扣5分；氮气吹扫系统未能正常运行，扣5分			

编号	二十五项重点要求内容	标准分	评价要求	评价方法	评分标准	扣分	存在问题	改进建议
94.9	25.6.9 氨区配备完善的消防设施，定期对各类消防设施进行检查与保养，禁止使用过期消防器材	5	【涉及专业】环保 （1）DL/T 335—2010《火电厂烟气脱硝（SCR）系统运行技术规范》第9.2.3条规定：还原剂制备区必须配备足够数量的灭火器，液氨储存罐喷淋系统要定期进行检查试验。灭火器应定期进行检验，发现失效及时更换。 （2）GB/T 21509—2008《燃煤烟气脱硝技术装备》第5.6.1条规定：消防系统的设计应符合GB 50229、GB 50016的要求，消防水系统的设置应覆盖所有设备。消防水源宜由厂内管网主消防系统供给。 （3）国能安全〔2014〕328号《燃煤发电厂液氨罐区安全管理规定》第十二条规定：氨区宜设置消防水炮，消防水炮采用直流/喷雾两用，能够上下、左右调节，位置和数量以覆盖可能泄漏点确定	查阅氨区消防设施清单、检查保养记录并查看现场	（1）氨区消防设施的配备不完善，每缺少一项，扣2分。 （2）氨区消防设施未能定期进行检查与保养，扣1~5分			
94.10	25.6.10 新建、改造和大修后的脱硝系统应进行性能试验，指标未达到标准的不得验收	10	【涉及专业】环保 （1）DL/T 1050—2016《电力环境保护技术监督导则》第5.2.3.4 c）条规定：脱硝设施新建或改造完工及机组大修前、后，应进行脱硝设施的性能验收试验。性能验收试验应在环保部门规定的时间内完成。 （2）DL/T 260—2012《燃煤电厂烟气脱硝装置性能验收试验规范》第4.1.1条规定：性能验收试验期间烟气脱硝装置应处于稳定运行状态。性能验收试验应在新建、改（扩）建烟气脱硝装置168h运行移交生产后6个月内进行。	查阅脱硝系统性能试验报告、整改完成记录	（1）新建、改造和大修后的脱硝系统未进行性能试验，扣10分。 （2）性能试验报告未在规定时间内完成，扣5分。 （3）性能试验指标未达到标准要求，每一项不满足要求的指标，扣5分。 （4）性能指标未达标而进行验收，扣10分。 （5）对未达到设计要求或不符合国家和地方排放标准，且未整改，扣10分。 （6）未根据性能试验结果进行调整优化，扣5分			

编号	二十五项重点要求内容	标准分	评价要求	评价方法	评分标准	扣分	存在问题	改进建议
94.10		10	（3）DL/T 1655—2016《火电厂烟气脱硝装置技术监督导则》第 5.8.1 条规定：烟气脱硝装置应按照国家及行业有关规范要求，在设施建成投运规定时间段内组织完成性能试验。 （4）DL/T 1655—2016《火电厂烟气脱硝装置技术监督导则》第 6.8.5 条规定：脱硝装置大修后应对 SCR 反应器的氨喷射系统进行优化调整，热态运行一个月后，应进行性能考核试验。脱硝装置至少达到如下要求：a）氮氧化物排放浓度等性能考核指标符合 DL/T 260 要求。b）脱硝装置投运率不低于 98%。 （5）DL/T 1655—2016《火电厂烟气脱硝装置技术监督导则》第 5.8.4 条规定：对未达到设计要求或不符合国家和地方排放标准的，应督促相关单位整改。 （6）脱硝系统应根据性能试验结果进行调整优化					
94.11	25.6.11　输送液氨车辆在厂内运输应严格按照制定的路线、速度行进，同时输送车辆及驾驶人员应有运输液氨相应的资质及证件等	10	【涉及专业】环保 （1）GB/T 21509—2008《燃煤烟气脱硝技术装备》第 5.5.3 条规定：氨的储运和制备应遵循《安全生产法》《危险化学品安全管理条例》和《危险化学品生产储存建设项目安全审查办法》的规定，并应满足 GB Z1、GB Z2 和 GB 14554 的要求。 （2）国务院令第 344 号《危险化学品安全管理条例》第四十三条规定：从事危险化学品道路运输、水路运输的，应当分别依照有	查阅运输车辆线路、驾驶员驾驶证、道路危险货物运输操作证、押运证等相关运输资料	（1）输送液氨车辆未按照制定的路线、速度行进，扣 10 分。 （2）输送车辆及驾驶人员未持有运输液氨相应的资质及证件等，扣 10 分。 （3）未认真落实集团公司《电厂液氨运输、接卸安全管理规定》，每缺少一项扣 3 分			

编号	二十五项重点要求内容	标准分	评价要求	评价方法	评分标准	扣分	存在问题	改进建议
94.11		10	关道路运输、水路运输的法律、行政法规的规定，取得危险货物道路运输许可、危险货物水路运输许可，并向工商行政部门办理登记手续；第四十四条规定：危险化学品道路运输企业、水路运输企业的驾驶人员、船员、装卸管理人员、押运人员、申报人员、集装箱装箱现场检查员应当经交通部门考核合格，取得从业资格。具体办法由国务院交通部门制定。 （3）严格执行集团公司《电厂液氨运输、接卸安全管理规定》					
94.12	25.6.12 锅炉启动时油枪点火、燃油、煤油混烧、等离子投入等工况下，防止催化剂产生堆积可燃物燃烧	10	【涉及专业】环保 （1）锅炉启动时，及时投入SCR吹灰器。 （2）制定防止催化剂产生堆积可燃物燃烧的措施	查阅运行规程、防止催化剂产生堆积可燃物的措施、运行记录等	（1）锅炉启动时，未及时投入SCR吹灰器，扣5分。 （2）未制定防止催化剂产生堆积可燃物的措施，扣5分；造成燃烧事故，扣10分			
94.13	新增：应定期取出催化剂测试块进行性能测试，其化学寿命和机械寿命应满足催化剂运行管理的要求	5	【涉及专业】环保 （1）DL/T 296—2011《火电厂烟气脱硝技术导则》第6.4.2c)条规定：应定期取出催化剂测试块进行性能测试，其化学寿命和机械寿命应满足催化剂运行管理的要求。 （2）根据检测结果建立催化剂台账，做好再生、更换计划，防止出现催化剂失活，紧急停机的事故发生	查阅催化剂性能检测报告、台账记录	（1）未定期进行催化剂性能测试，扣5分。 （2）未建立催化剂管理台账，扣2分；台账记录不全面，扣1~2分			

编号	二十五项重点要求内容	标准分	评价要求	评价方法	评分标准	扣分	存在问题	改进建议
94.14	新增：采用 SCR 脱硝工艺的，氨逃逸浓度宜不大于 $2.3mg/m^3$，SO_2/SO_3 转化率应小于 1%（摩尔比）；采用 SNCR 工艺的，应控制氨逃逸浓度小于 $7.6mg/m^3$，以最大限度降低硫酸铵盐对空气预热器的腐蚀和堵塞，并控制飞灰中的氨含量	5	【涉及专业】环保、热工 （1）DL/T 296—2011《火电厂烟气脱硝技术导则》第 6.1.2 条规定：氨逃逸浓度宜不大于 $2.3mg/m^3$，SO_2/SO_3 转化率应小于 1%（摩尔比）；第 7.1.6 条规定：应控制氨逃逸浓度小于 $7.6mg/m^3$，以最大限度降低硫酸铵盐对空气预热器的腐蚀和堵塞，并控制飞灰中的氨含量。 （2）加强氨逃逸表的定期校准、维护，确保测量结果的准确性	查看运行 DCS 画面，查阅脱硝月报表、氨逃逸表校验记录、飞灰中氨含量检测报告等	（1）采用 SCR 脱硝工艺的，氨逃逸浓度大于 $2.3mg/m^3$，SO_2/SO_3 转化率大于 1%（摩尔比），扣 5 分；采用 SNCR 工艺的，氨逃逸浓度大于 $7.6mg/m^3$，扣 5 分。 （2）氨逃逸表运行不正常，扣 2 分，无校验记录扣 2 分			
95	**25.7　加强烟气在线连续监测装置运行维护管理**	**100**	【涉及专业】环保、热工，共 1 条 2015 年 1 月 1 日开始施行的《中华人民共和国环境保护法》第 42 条规定：重点排污单位应当按照国家有关规定和监测规范安装使用监测设备，保证监测设备正常运行，保存原始监测记录。烟气排放连续监测系统是指连续监测固定污染源颗粒物和（或）气态污染物排放浓度和排放量所需要的全部设备简称 CEMS。由颗粒物监测单元、和(或)气态污染物监测单元、烟气参数监测单元、数据采集与处理单元组成。按照规定安装、使用大气污染物排放自动监测设备并按照规定与环境保护主管部门的监控设备联网，同时保证监测设备正常运行					
95.1	25.7.1　按照环保部颁布的《固定污染源烟气排放连续监测技术规范》（HJ/T 75—2007）及《固定污染源烟气排放连续监测系统技术要	100	【涉及专业】环保、热工 HJ 75—2017《固定污染源烟气排放连续监测技术规范》及 HJ 76—2017《固定污染源烟气排放连续监测系统技术要求及检测方法》规定了固定污染源烟气排放连续监测	查阅 CEMS 校验记录、比对报告、验收报告等相关文件资料并查看现场	依据 HJ 75—2017、HJ 76—2017 进行考评： （1）CEMS 的性能、功能存在不满足要求项，每项扣 10 分。 （2）监测站房存在不符合要求项，每项扣 10 分。			

编号	二十五项重点要求内容	标准分	评价要求	评价方法	评分标准	扣分	存在问题	改进建议
95.1	求及检测方法》（HJ/T 76—2007）标准相关内容执行	100	系统的组成和功能要求、技术性能要求、监测站房要求、安装要求、技术指标调试检测、技术验收、日常运行管理、日常运行质量保证、数据审核和处理等要求		（3）安装施工、调试检测存在不符合要求项，每项扣10分。 （4）就地、联网验收存在验收方法错误项或指标不合格项，每项扣10分。 （5）未定期巡检、巡检记录不符合要求、缺陷处理不及时、未定期校准、未定期维护、未定期校验、故障分析及排除过程不符合要求，每项扣10分。 （6）数据审核和处理不符合要求，扣10分。 （7）台账记录不全面、不及时、不规范，每项扣5分。 （8）未按要求进行比对监测的，每套设备扣10分。 （9）数采仪数据传输率和有效数据捕集率不满足要求，每项扣10分。 （10）检测设备因故障不能正常采集，传输数据时未及时向主管部门报告，造成不良影响，扣20分。 （11）社会化运行单位不具备污染源自动监控设施运营资质，或超过有效期，扣10分。 （12）故意违反或不执行自动监控设施安装、运行、维护、管理工作的相关规定和技术要求，擅自改变自动监控设施的硬件、软件和工作方式，以及采取影响自动数据真实性的其他手段，导致污染源自动监控设施不正常运行的弄虚作假行为，扣100分			

引用法律法规及标准规范文件

以下文件对于本实施细则的应用是必不可少的。凡是注明日期的引用文件，仅所注日期的版本适用于本实施细则；凡是不注日期的引用文件，其最新版本适用于本实施细则。

一、电气一次

［1］国能安全〔2014〕161 号《防止电力生产事故的二十五项重点要求》

［2］GB/T 755—2019《旋转电机 定额和性能》

［3］GB 1094.1—2013《电力变压器 第 1 部分：总则》

［4］GB 1094.5—2008《电力变压器 第 5 部分：承受短路的能力》

［5］GB 1094.11—2007《电力变压器 第 11 部分：干式变压器》

［6］GB/T 7064—2017《隐极同步发电机技术要求》

［7］GB/T 7595—2017《运行中变压器油质量》

［8］GB 7674—2008《额定电压 72.5kV 及以上气体绝缘金属封闭开关设备》

［9］GB 11032—2010《交流无间隙金属氧化物避雷器》

［10］GB/T 20140—2016《隐极同步发电机定子绕组端部动态特性和振动测量方法及评定》

［11］GB/T 20835—2016《发电机定子铁心磁化试验导则》

［12］GB 20840.3—2013《互感器 第 3 部分：电磁式电压互感器的补充技术要求》

［13］GB/T 26218.1—2010《污秽条件下使用的高压绝缘子的选择和尺寸确定 第 1 部分》

［14］GB/T 26218.2—2010《污秽条件下使用的高压绝缘子的选择和尺寸确定 第 2 部分》

［15］GB/T 26218.3—2011《污秽条件下使用的高压绝缘子的选择和尺寸确定 第 3 部分》

[16] GB/T 50064—2014《交流电气装置的过电压保护和绝缘配合设计规范》

[17] GB 50065—2011《交流电气装置的接地设计规范》

[18] GB 50147—2010《电气装置安装工程　高压电器施工及验收规范》

[19] GB 50148—2010《电气装置安装工程　电力变压器、油浸电抗器、互感器施工及验收规范》

[20] GB 50150—2016《电气装置安装工程　电气设备交接试验标准》

[21] GB 50168—2006《电气装置安装工程　电缆线路施工及验收规范》

[22] GB 50169—2016《电气装置安装工程　接地装置施工及验收规范》

[23] GB 50217—2007《电力工程电缆设计规范》

[24] GB 50660—2011《大中型火力发电厂设计规范》

[25] DL/T 265—2012《变压器有载分接开关现场试验导则》

[26] DL/T 345—2010《带电设备紫外诊断技术应用导则》

[27] DL/T 402—2016《高压交流断路器》

[28] DL/T 404—2018《3.6kV～40.5kV 交流金属封闭开关设备和控制设备》

[29] DL/T 417—2019《电力设备局部放电现场测量导则》

[30] DL/T 475—2017《接地装置特性参数测量导则》

[31] DL/T 555—2004《气体绝缘金属封闭开关设备现场耐压及绝缘试验导则》

[32] DL/T 572—2010《电力变压器运行规程》

[33] DL/T 573—2010《电力变压器检修导则》

[34] DL/T 574—2010《变压器分接开关运行维修导则》

[35] DL/T 596—1996《电力设备预防性试验规程》

[36] DL/T 603—2017《气体绝缘金属封闭开关设备运行及维护规程》

[37] DL/T 651—2017《氢冷发电机氢气湿度技术要求》

[38] DL/T 664—2016《带电设备红外诊断应用规范》

[39] DL/T 722—2014《变压器油中溶解气体分析和判断导则》

[40] DL/T 727—2013《互感器运行检修导则》

[41] DL/T 801—2010《大型发电机内冷却水质及系统技术要求》

[42] DL/T 911—2016《电力变压器绕组变形的频率响应分析法》

[43] DL/T 984—2018《油浸式变压器绝缘老化判断导则》

[44] DL/T 1054—2007《高压电气设备绝缘技术监督规程》

[45] DL/T 1164—2012《汽轮发电机运行导则》

[46] DL/T 1474—2015《标称电压高于 1000V 交、直流系统用复合绝缘子憎水性测量方法》

[47] DL/T 1516—2016《相对介损及电容测试仪通用技术条件》

[48] DL/T 1522—2016《发电机定子绕组内冷水系统水流量超声波测量方法及评定导则》

[49] DL/T 1525—2016《隐极同步发电机转子匝间短路故障诊断导则》

[50] DL/T 1768—2017《旋转电机预防性试验规程》

[51] DL/T 1848—2018《220kV 和 110kV 变压器中性点过电压保护技术规范》

[52] DL/T 1884.1—2018《现场污秽度测量及评定　第 1 部分：一般原则》

[53] DL/T 1884.3—2018《现场污秽度测量及评定　第 3 部分：污秽成分测定方法》

[54] JB/T 6228—2014《汽轮发电机绕组内部水系统检验方法及评定》

[55] JB/T 8446—2013《隐极式同步发电机转子匝间短路测量方法》

二、电气二次

[1] 国能安全〔2014〕161 号《防止电力生产事故的二十五项重点要求》

[2] GB/T 2887—2011《计算机场地通用规范》

[3] GB 9361—2011《计算机场地安全要求》

[4] GB/T 7409.3—2007《同步电机励磁系统大、中型同步发电机励磁系统技术要求》

[5] GB/T 14285—2006《继电保护和安全自动装置技术规程》

[6] GB/T 31464—2015《电网运行准则》

[7] GB 50171—2012《电气装置安装工程盘、柜及二次回路接线施工及验收规范》

[8] GB 50172—2012《电气装置安装工程蓄电池施工及验收规范》

［9］GB/T 50976—2014《继电保护及二次回路安装及验收规范》

［10］DL/T 279—2012《发电机励磁系统调度管理规程》

［11］DL/T 684—2012《大型发电机变压器继电保护整定计算导则》

［12］DL/T 724—2000《电力系统用蓄电池直流电源装置运行与维护技术规程》

［13］DL/T 781—2001《电力用高频开关整流模块》

［14］DL/T 843—2010《大型汽轮发电机励磁系统技术条件》

［15］DL/T 995—2016《继电保护和电网安全自动装置检验规程》

［16］DL/T 1166—2012《大型发电机励磁系统现场试验导则》

［17］DL/T 1231—2013《电力系统稳定器整定试验导则》

［18］DL/T 1502—2016《厂用电继电保护整定计算导则》

［19］DL/T 1648—2016《发电厂及变电站辅机变频器高低电压穿越技术规范》

［20］DL/T 5044—2014《电力工程直流电源系统设计技术规程》

［21］DL/T 5153—2014《火力发电厂厂用电设计技术规程》

［22］DL 5277—2012《火电工程达标投产验收规程》

［23］Q/CSG 1204025—2017《南方电网大型发电机变压器继电保护整定计算规程》

三、锅炉

［1］国能安全〔2014〕161 号《防止电力生产事故的二十五项重点要求》

［2］GB 26164.1—2010《电业安全工作规程　第 1 部分：热力和机械》

［3］GB 50974—2014《消防给水及消火栓系统技术规范》

［4］DL/T 435—2018《电站煤粉锅炉炉膛防爆规程》

［5］DL/T 466—2017《电站磨煤机及制粉系统选型导则》

［6］DL/T 586—2008《电力设备监造技术导则》

［7］DL/T 611—2016《300MW～600MW 级机组煤粉锅炉运行导则》

［8］DL/T 748.2—2016《火力发电厂锅炉机组检修导则　第 2 部分：锅炉本体检修》

［9］DL/T 748.4—2016《火力发电厂锅炉机组检修导则　第 4 部分：制粉系统检修》

［10］DL/T 748.8—2001《火力发电厂锅炉机组检修导则　第 8 部分：空气预热器检修》

［11］DL/T 750—2016《回转式空气预热器运行维护规程》

［12］DL/T 831—2015《大容量煤粉燃烧锅炉炉膛选型导则》

［13］DL/T 852—2016《锅炉启动调试导则》

［14］DL/T 855—2004《电力基本建设火电设备维护保管规程》

［15］DL/T 1091—2018《火力发电厂锅炉炉膛安全监控系统技术规程》

［16］DL/T 1127—2010《等离子体点火系统设计与运行导则》

［17］DL/T 1316—2014《火力发电厂煤粉锅炉少油点火系统设计与运行导则》

［18］DL/T 1326—2014《300MW 循环流化床锅炉运行导则》

［19］DL/T 1445—2015《电站煤粉锅炉燃煤掺烧技术导则》

［20］DL/T 1683—2017《1000MW 等级超超临界机组运行导则》

［21］DL 5027—2015《电力设备典型消防规程》

［22］DL/T 5121—2000《火力发电厂烟风煤粉管道设计技术规程》

［23］DL/T 5145—2012《火力发电厂制粉系统设计计算技术规定》

［24］DL/T 5187.1—2016《火力发电厂运煤设计技术规范　第 1 部分：运煤系统》

［25］DL 5190.2—2019《电力建设施工技术规范　第 2 部分：锅炉机组》

［26］DL/T 5203—2005《火力发电厂煤和制粉系统防爆设计技术规程》

［27］JB/T 12990—2017《湿式电除尘器运行技术规范》

［28］NB/T 34064—2018《生物质锅炉供热成型燃料工程运行管理规范》

四、汽轮机

［1］国能安全〔2014〕161 号《防止电力生产事故的二十五项重点要求》

［2］能源安保〔1991〕709 号《电站压力式除氧器安全技术规定》

［3］GB/T 6075.2—2012《机械振动在非旋转部件上测量评价机器的振动　第 2 部分：功率 50MW 以上，额定转速 1500r/min、1800r/min、

3000r/min、3600r/min 陆地安装的汽轮机和发电机》

[4] GB/T 7596—2017《电厂运行中矿物涡轮机油质量》

[5] GB/T 11348.2—2012《机械振动在旋转轴上测量评价机器的振动　第 2 部分：功率大于 50MW，额定工作转速 1500r/min、1800r/min、3000r/min、3600r/min 陆地安装的汽轮机和发电机》

[6] GB/T 14541—2017《电厂用矿物涡轮机油维护管理导则》

[7] GB 26164.1—2010《电业安全工作规程　第 1 部分：热力和机械》

[8] DL/T 338—2010《并网运行汽轮机调节系统技术监督导则》

[9] DL/T 438—2016《火力发电厂金属技术监督规程》

[10] DL/T 439—2018《火力发电厂高温紧固件技术导则》

[11] DL/T 571—2014《电厂用磷酸酯抗燃油运行维护导则》

[12] DL/T 607—2017《汽轮发电机漏水、漏氢的检验》

[13] DL/T 711—2019《汽轮机调节保安系统试验导则》

[14] DL/T 834—2003《火力发电厂汽轮机防进水和冷蒸汽导则》

[15] DL/T 838—2017《燃煤火力发电企业设备检修导则》

[16] DL/T 996—2019《火力发电厂汽轮机控制系统技术条件》

[17] DL/T 1055—2007《发电厂汽轮机、水轮机技术监督导则》

[18] DL/T 1270—2013《火力发电建设工程机组甩负荷试验导则》

[19] DL 5190.3—2019《电力建设施工技术规范　第 3 部分：汽轮发电机组》

[20] DL/T 5428—2009《火力发电厂热工保护系统设计规定》

五、燃气轮机

[1] 国能安全〔2014〕161 号《防止电力生产事故的二十五项重点要求》

[2]《中华人民共和国安全生产法》

[3]《特种设备安全法》

[4] GB/T 7596—2017《电厂运行中矿物涡轮机油质量》

［5］GB/T 14541—2017《电厂用矿物涡轮机油维护管理导则》

［6］GB 26164.1—2010《电业安全工作规程　第 1 部分：热力和机械》

［7］GB/T 36039—2018《燃气电站天然气系统安全生产管理规范》

［8］GB 50058—2014《爆炸和火灾危险环境电力装置设计规范》

［9］GB 50183—2004《石油天然气工程设计防火规范》

［10］GB 50251—2015《输气管道工程设计规范》

［11］GB 50973—2014《联合循环机组燃气轮机施工及质量验收规范》

［12］DL/T 384—2010《9FA 燃气-蒸汽联合循环机组运行规程》

［13］DL/T 438—2016《火力发电厂金属技术监督规程》

［14］DL/T 571—2014《电厂用磷酸酯抗燃油运行维护导则》

［15］DL/T 1717—2017《燃气-蒸汽联合循环发电厂化学监督技术导则》

［16］DL/T 1835—2018《燃气轮机及联合循环机组启动调试导则》

［17］DL/T 5174—2003《燃气-蒸汽联合循环电厂设计规定》

［18］DL 5190.3—2019《电力建设施工技术规范　第 3 部分：汽轮发电机组》

［19］DL 5190.5—2019《电力建设施工技术规范　第 5 部分：管道及系统》

［20］CJJ 51—2016《城镇燃气设施运行、维护和抢修安全技术规程》

［21］TSG R0006—2014《气瓶安全技术监察规程》

［22］TSG-21—2016《固定式压力容器安全技术监察规程》

［23］JB/T 5886—2015《燃气轮机气体燃料的使用导则》

［24］SY/T 6503—2016《石油天然气工程可燃气体检测报警系统安全规范》

六、热工（含监控自动化）

［1］国能安全〔2014〕161 号《防止电力生产事故的二十五项重点要求》

［2］国家发改委第 14 号令《电力监控系统安全防护规定》

［3］GB/T 6075.2—2012《机械振动在非旋转部件上测量评价机器的振动　第 2 部分：功率 50MW 以上，额定转速 1500r/min、1800r/min、

3000r/min、3600r/min 陆地安装的汽轮机和发电机》

[4] GB/T 11348.2—2012《机械振动在旋转轴上测量评价机器的振动 第2部分：功率大于50MW，额定工作转速1500r/min、1800r/min、3000r/min、3600r/min 陆地安装的汽轮机和发电机》

[5] GB/T 22239—2019《信息安全技术网络安全等级保护基本要求》

[6] GB/T 25070—2019《信息安全技术网络安全等级保护安全设计技术要求》

[7] GB/T 28448—2019《信息安全技术 网络安全等级保护测评要求》

[8] GB/T 28566—2012《发电机组并网安全条件及评价》

[9] GB/T 33008.1—2016《工业自动化和控制系统网络安全 可编程序控制器（PLC） 第1部分：系统要求》

[10] GB/T 33009.1—2016《工业自动化和控制系统网络安全 集散控制系统（DCS） 第1部分：防护要求》

[11] GB 50217—2018《电力工程电缆设计标准》

[12] GB 50660—2011《大中型火力发电厂设计规范》

[13] DL/T 261—2012《火力发电厂热工自动化系统可靠性评估技术导则》

[14] DL/T 338—2010《并网运行汽轮机调节系统技术监督导则》

[15] DL/T 435—2018《电站锅炉炉膛防爆规程》

[16] DL/T 655—2017《火力发电厂锅炉炉膛安全监控系统验收测试规程》

[17] DL/T 659—2016《火力发电厂分散控制系统验收测试规程》

[18] DL/T 711—2019《汽轮机调节保安系统试验导则》

[19] DL/T 774—2015《火力发电厂热工自动化系统检修运行维护规程》

[20] DL/T 822—2012《水电厂计算机监控系统试验验收规程》

[21] DL/T 996—2019《火力发电厂汽轮机控制系统技术条件》

[22] DL/T 1091—2018《火力发电厂锅炉炉膛安全监控系统技术规程》

[23] DL/T 1210—2013《火力发电厂自动发电控制性能测试验收规程》

[24] DL/T1340—2014《火力发电厂分散控制系统故障应急处理导则》

[25] DL/T 1393—2014《火力发电厂锅炉汽包水位测量系统技术规程》

[26] DL/T 5174—2003《燃气-蒸汽联合循环电厂设计规定》

［27］DL/T 5175—2003《火力发电厂热控控制系统设计技术规定》

［28］DL 5190.4—2019《电力建设施工技术规范　第 4 部分：热工仪表及控制装置》

［29］DL/T 5428—2009《火力发电厂热工保护系统设计规定》

［30］DL/T 5455—2012《火力发电厂热工电源及气源系统设计技术规程》

七、金属

［1］主席令〔2014〕第 4 号《特种设备安全法》

［2］国务院令〔2009〕第 549 号《特种设备安全监察条例》

［3］国能安全〔2014〕161 号《防止电力生产事故的二十五项重点要求》

［4］国质检锅〔2003〕207 号《锅炉压力容器使用登记管理办法》

［5］TSG 08—2017《特种设备使用管理规则》

［6］TSG 21—2016《固定式压力容器安全技术监察规程》

［7］TSG G0001—2012《锅炉安全技术监察规程》

［8］TSG G7001—2015《锅炉监督检验规则》

［9］TSG G7002—2015《锅炉定期检验规则》

［10］TSG ZF001—2006《安全阀安全技术监察规程》

［11］TSG D0001—2009《压力管道安全技术监察规程——工业管道》

［12］GB 150.1～4—2011《压力容器》

［13］GB 26164.1—2010《电业安全工作规程　第 1 部分：热力和机械》

［14］GB/T 5310—2017《高压锅炉用无缝钢管》

［15］GB/T 16507.1—2013《水管锅炉　第 1 部分：总则》

［16］GB/T 16507.2—2013《水管锅炉　第 2 部分：材料》

［17］GB/T 16507.3—2013《水管锅炉　第 3 部分：结构设计》

［18］GB/T 16507.4—2013《水管锅炉　第 4 部分：受压元件强度计算》

［19］GB/T 16507.5—2013《水管锅炉　第 5 部分：制造》

[20] GB/T 16507.6—2013《水管锅炉　第6部分：检验、试验和验收》

[21] GB/T 16507.7—2013《水管锅炉　第7部分：安全附件和仪表》

[22] GB/T 16507.8—2013《水管锅炉　第8部分：安装与运行》

[23] DL 5027—2015《电力设备典型消防规程》

[24] DL 647—2004　《电站锅炉压力容器检验规程》

[25] DL/T 586—2008《电力设备监造技术导则》

[26] DL/T 612—2017《电力行业锅炉压力容器安全监督规程》

[27] DL/T 715—2015《火力发电厂金属材料选用导则》

[28] DL/T 438—2016《火力发电厂金属技术监督规程》

[29] DL/T 616—2006《火力发电厂汽水管道与支吊架维修调整导则》

[30] DL/T 869—2012《火力发电厂焊接技术规程》

[31] DL/T 819—2019《火力发电厂焊接热处理技术规程》

[32] DL/T 939—2016《火力发电厂锅炉受热面管监督技术导则》

[33] DL/T 654—2009《火电机组寿命评估技术导则》

[34] DL/T 940—2005《火力发电厂蒸汽管道寿命评估技术导则》

[35] DL/T 1113—2009《火力发电厂管道支吊架验收规程》

[36] DL/T 297—2011《汽轮发电机合金轴瓦超声波检测》

[37] DL/T 694—2012《高温紧固螺栓超声检测技术导则》

[38] DL/T 717—2013《汽轮发电机组转子中心孔检验技术导则》

[39] DL/T 884—2019《火电厂金相检验与评定技术导则》

[40] NB/T 47013.1～13—2015《承压设备无损检测》

[41] NB/T 47052—2016《简单压力容器》

八、环保

[1]《中华人民共和国安全生产法》

498

［2］《中华人民共和国环境保护法》

［3］《中华人民共和国水污染防治法》

［4］《中华人民共和国固体废物污染环境防治法》

［5］《国家危险废物名录》（2016版）

［6］中华人民共和国环境保护令第17号《突发环境事件信息报告办法》

［7］国能安全〔2016〕234号国家能源局《燃煤发电厂贮灰场安全评估导则》

［8］国能安全〔2014〕161号《防止电力生产事故的二十五项重点要求》

［9］国能安全〔2014〕328号《燃煤电厂液氨罐区安全管理规定》

［10］电监安全〔2013〕3号《燃煤发电厂贮灰场安全监督管理规定》

［11］环发〔2015〕4号《企业事业单位突发环境事件应急预案备案管理办法（试行）》

［12］GB 15562.1—1995《环境保护图形标志 排放口（源）》

［13］GB 13223—2011《火电厂大气污染物排放标准》

［14］GB 18218—2018《危险化学品重大危险源辨识》

［15］GB 18599—2001《一般工业固体废物贮存、处置场污染控制标准》

［16］GB 20426—2006《煤炭工业污染物排放标准》

［17］GB 26164.1—2010《电业安全工作规程》

［18］GB 50016—2018《建筑防火设计规范》

［19］GB 50058—2014《爆炸危险环境电力装置设计规范》

［20］GB 50140—2005《建筑灭火器配置设计规范》

［21］GB 50160—2008《石油化工企业设计防火规范》

［22］GB 50351—2014《储罐区防火堤设计规范》

［23］GB 8978—1996《污水综合排放标准》

［24］GB/T 21508—2008《燃煤烟气脱硫设备性能试验方法》

［25］GB/T 21509—2008《燃煤烟气脱硝技术装备》

［26］DB 44/26—2001《水污染物排放限值》

[27] DL 5009.1—2014《电力建设安全工作规程　第一部分火力发电》

[28] DL/T 1050—2016《电力环境保护技术监督导则》

[29] DL/T 1121—2009《燃煤电厂锅炉烟气袋式除尘工程技术规范》

[30] DL/T 1150—2012《火电厂烟气脱硫装置验收技术规范》

[31] DL/T 1371—2014《火电厂袋式除尘器运行维护导则》

[32] DL/T 1477—2015《火力发电厂脱硫装置技术监督导则》

[33] DL/T 1655—2016《火电厂烟气脱硝装置技术监督导则》

[34] DL/T 260—2012《燃煤电厂烟气脱硝装置性能验收试验规范》

[35] DL/T 296—2011《火电厂烟气脱硝技术导则》

[36] DL/T 335—2010《火电厂烟气脱硝（SCR）系统运行技术规范》

[37] HJ 179—2018《石灰石石灰-石膏湿法烟气脱硫工程通用技术规范》

[38] HJ 2020—2012《袋式除尘工程通用技术规范》

[39] HJ 2025—2012《危险废弃物收集贮存运输技术规范》

[40] HJ 2028—2013《电除尘工程通用技术规范》

[41] HJ 2039—2014《火电厂除尘工程技术规范》

[42] HJ 2040—2014《火电厂烟气治理设施运行管理技术规范》

[43] HJ 2053—2018《燃煤电厂超低排放烟气治理工程技术规范》

[44] HJ 820—2017《排污单位自行监测技术指南（火力发电及锅炉）》

[45] HJ 353—2019《水污染源在线监测系统（COD_{Cr}、$NH_3\text{-}N$ 等）安装技术规范》

[46] HJ/T 562—2010《火电厂烟气脱硝工程技术规范-选择性催化还原法》

[47] HJ/T 75—2017《固定污染源烟气排放连续监测技术规范》

[48] HJ/T 76—2017《固定污染源烟气排放连续监测系统技术要求及检测方法》

[49] 广东能源集团公司《电厂液氨运输、接卸安全管理规定》

[50] 广东能源集团公司《液氨泄漏事件应急预案》

九、化学

[1] 国能安全〔2014〕161 号《防止电力生产事故的二十五项重点要求》

[2] GB 26164.1—2010《电业安全工作规程 第 1 部分：热力和机械》

[3] GB 50140—2005《建筑灭火器配置设计规范》

[4] GB/T 12145—2016《火力发电机组及蒸汽动力设备水汽质量》

[5] GB/T 14541—2017《电厂用矿物涡轮机油维护管理导则》

[6] GB/T 14542—2017《变压器油维护管理导则》

[7] GB/T 7595—2017《运行中变压器油质量》

[8] GB/T 7596—2017《电厂运行中矿物涡轮机油质量》

[9] DL/T 1115—2019《火力发电厂机组大修化学检查导则》

[10] DL/T 1717—2017《燃气-蒸汽联合循环发电厂化学监督技术导则》

[11] DL/T 1928—2018《火力发电厂氢气系统安全运行技术导则》

[12] DL/T 246—2015《化学监督导则》

[13] DL/T 333.1—2010《火电厂凝结水精处理系统技术要求 第 1 部分：湿冷机组》

[14] DL/T 422—2015《火电厂用工业合成盐酸的试验方法》

[15] DL/T 424—2016《发电厂用工业硫酸试验方法》

[16] DL/T 425—2015《火电厂用工业氢氧化钠试验方法》

[17] DL/T 5068—2014《发电厂化学设计规范》

[18] DL/T 561—2013《火力发电厂水汽化学监督导则》

[19] DL/T 571—2014《电厂用磷酸酯抗燃油运行维护导则》

[20] DL/T 677—2018《发电厂在线化学仪表检验规程》

[21] DL/T 712—2010《发电厂凝汽器及辅机冷却器管选材导则》

[22] DL/T 722—2014《变压器油中溶解气体分析和判断导则》

[23] DL/T 794—2012《火力发电厂锅炉化学清洗导则》

[24] DL/T 805.1—2011《火电厂汽水化学导则　第 1 部分：锅炉给水加氧处理导则》

[25] DL/T 805.2—2016《火电厂汽水化学导则　第 2 部分：锅炉炉水磷酸盐处理》

[26] DL/T 805.3—2013《火电厂汽水化学导则　第 3 部分：汽包锅炉炉水氢氧化钠处理》

[27] DL/T 805.4—2016《火电厂汽水化学导则　第 4 部分：锅炉给水处理》

[28] DL/T 805.5—2013《火电厂汽水化学导则　第 5 部分：汽包锅炉炉水全挥发处理》

[29] DL/T 806—2013《火力发电厂循环水用阻垢缓蚀剂》

[30] DL/T 889—2015《电力基本建设热力设备化学监督导则》

[31] DL/T 956—2017《火力发电厂停（备）用热力设备防锈蚀导则》

[32] DL/T 977—2013《发电厂热力设备化学清洗单位管理规定》

十、水轮机

[1] 国能安全〔2014〕161 号《防止电力生产事故的二十五项重点要求》

[2] GB/T 8564—2003《水轮发电机组安装技术规范》

[3] GB/T 14478—2012《大中型水轮机进水阀门基本技术条件》

[4] GB/T 15469.1—2008《水轮机、蓄能泵和水泵水轮机空蚀评定　第 1 部分：反击式水轮机的空蚀评定》

[5] DL/T 507—2014《水轮发电机组启动试验规程》

[6] DL/T 710—1999《水轮机运行规程》

[7] DL/T 817—2014《立式水轮发电机检修技术规程》

[8] NB/T 35088—2016《水电机组机械液压过速保护装置基本技术条件》

十一、水工

[1] 主席令〔1997〕第 88 号《中华人民共和国防洪法》（2016 年修订版）

[2] 国务院令〔2015〕第 662 号《建设工程勘察设计管理条例》（2017 年修订版）

[3] 国务院令〔2004〕第 409 号《地震监测管理条例》（2011 年修订版）

[4] 国务院令〔2005〕第 441 号《中华人民共和国防汛条例》（2011 年修订版）

[5] 国能安全〔2014〕161号《防止电力生产事故的二十五项重点要求》

[6] 中国地震局令〔2011〕第9号《水库地震监测管理办法》

[7] 国家发展和改革委员会〔2015〕第23号《水电站大坝运行安全监督管理规定》

[8] 国家防汛抗旱总指挥部办海〔2006〕9号《关于印发〈水库防汛抢险应急预案编制大纲〉的通知》

[9] 国家能源局国能发安全〔2017〕61号《水电站大坝安全监测工作管理办法》

[10] 国能安全〔2014〕508号《电力企业应急预案管理办法》

[11] 国能安全〔2015〕145号 国家能源局关于印发《水电站大坝安全定期检查监督管理办法》的通知

[12] 国能安全〔2015〕146号 国家能源局关于印发《水电站大坝安全注册登记监督管理办法》的通知

[13] GB 17621—1998《大中型水电站水库调度规范》

[14] GB 50201—2014《防洪标准》

[15] GB/T 18185—2014《水文仪器可靠性技术要求》

[16] GB/T 22385—2008《大坝安全监测系统验收规范》

[17] GB/T 22482—2008《水文情报预报规范》

[18] GB/T 51416—2020《混凝土坝安全监测技术标准》

[19] DL 5180—2003《水电枢纽工程等级划分及设计安全标准》

[20] DL/T 835—2003《水工钢闸门和启闭机安全检测技术规程》

[21] DL/T 1014—2016《水情自动测报系统运行维护规程》

[22] DL/T 1259—2013《水电厂水库运行管理规范》

[23] DL/T 1558—2016《大坝安全监测系统运行与维护规程》

[24] DL/T 1901—2018《水电站大坝运行安全应急预案编制导则》

[25] DL/T 5020—2007《水电工程可行性研究报告编制规程》

[26] DL/T 5173—2012《水电水利工程施工测量规范》

[27] DL/T 5178—2016《混凝土坝安全监测技术规范》

[28] DL/T 5209—2005《混凝土坝安全监测资料整编规程》

[29] DL/T 5211—2019《大坝安全监测自动化技术规范》

［30］DL/T 5212—2005《水电工程招标设计报告编制规程》

［31］DL/T 5251—2010《水工混凝土建筑物缺陷检测和评估技术规程》

［32］DL/T 5256—2010《土石坝安全监测资料整编规程》

［33］DL/T 5259—2010《土石坝安全监测技术规范》

［34］DL/T 5272—2012《大坝安全监测自动化系统实用化要求及验收规程》

［35］DL/T 5307—2013《水电水利工程施工度汛风险评估规程》

［36］DL/T 5308—2013《水电水利工程施工安全监测技术规范》

［37］DL/T 5315—2014《水工混凝土建筑物修补加固技术规程》

［38］DL/T 5784—2019《混凝土坝安全监测系统施工技术规范》

［39］DL/T 5796—2019《水电工程边坡安全监测技术规范》

［40］SL 210—2015《土石坝养护修理规程》

［41］SL 230—2015《混凝土坝养护修理规程》

［42］NB/T 10337—2019《水电工程预可行性研究报告编制规程》

［43］NB/T 35003—2013《水电工程水情自动测报系统技术规范》

［44］NB 35011—2016《水电站厂房设计规范》

十二、风力机

［1］国能安全〔2014〕161 号《防止电力生产事故的二十五项重点要求》

［2］GB 14315—2008《电力电缆导体用压接型铜、铝接线端子和连接管》

［3］GB 26860—2011《电力安全工作规程　发电厂和变电站电气部分》

［4］GB 50116—2015《火灾自动报警系统设计规范》

［5］GB 50168—2018《电气装置安装工程　电缆线路施工及验收标准》

［6］GB/T 36490—2018《风力发电机组　防雷装置检测技术规范》

［7］DL/T 475—2017《接地装置特性参数测量导则》

索 引
（按专业归类）

一 电气一次

三 锅炉

五 燃气轮机

六 热工（含监控自动化）

七　金属

参 考 文 献

［1］国家能源局电力安全监管司、中国电机工程学会.《防止电力生产事故的二十五项重点要求》辅导教材（2014年版）. 北京：中国电力出版社，2015.

［2］中国华能集团有限公司. 火电专业反事故措施标准汇编. 北京：中国电力出版社，2020.

［3］中国南方电网有限责任公司. 南方电网公司电力系统继电保护反事故措施汇编（2014年）. 北京：中国电力出版社，2014.

［4］环境保护编委会. 火电厂生产人员必读丛书：环境保护. 北京：中国电力出版社，2010.